W0273113

Mathématiques pour l'économie

Tout le catalogue sur
www.dunod.com

DUNOD
ÉDITEUR DE SAVOIRS

Mathématiques pour l'économie

Analyse-Algèbre

Cours et exercices corrigés

Naïla Hayek
Maître de conférences
à l'université
Paris II Panthéon-Assas

Jean-Pierre Leca
Maître de conférences
à l'université
Paris I Panthéon-Sorbonne

5e édition

DUNOD

Le pictogramme qui figure ci-contre mérite une explication. Son objet est d'alerter le lecteur sur la menace que représente pour l'avenir de l'écrit, particulièrement dans le domaine de l'édition technique et universitaire, le développement massif du photocopillage.
Le Code de la propriété intellectuelle du 1er juillet 1992 interdit en effet expressément la photocopie à usage collectif sans autorisation des ayants droit. Or, cette pratique s'est généralisée dans les établissements d'enseignement supérieur, provoquant une baisse brutale des achats de livres et de revues, au point que la possibilité même pour les auteurs de créer des œuvres nouvelles et de les faire éditer correctement est aujourd'hui menacée.
Nous rappelons donc que toute reproduction, partielle ou totale, de la présente publication est interdite sans autorisation de l'auteur, de son éditeur ou du Centre français d'exploitation du droit de copie (CFC, 20, rue des Grands-Augustins, 75006 Paris).

DANGER

LE PHOTOCOPILLAGE TUE LE LIVRE

© Dunod, 2015
5 rue Laromiguière, 75005 Paris
www.dunod.com
ISBN 978-2-10-072255-6

Le Code de la propriété intellectuelle n'autorisant, aux termes de l'article L. 122-5, 2° et 3° a), d'une part, que les « copies ou reproductions strictement réservées à l'usage privé du copiste et non destinées à une utilisation collective » et, d'autre part, que les analyses et les courtes citations dans un but d'exemple et d'illustration, « toute représentation ou reproduction intégrale ou partielle faite sans le consentement de l'auteur ou de ses ayants droit ou ayants cause est illicite » (art. L. 122-4).
Cette représentation ou reproduction, par quelque procédé que ce soit, constituerait donc une contrefaçon sanctionnée par les articles L. 335-2 et suivants du Code de la propriété intellectuelle.

Table des matières

© Dunod. Toute reproduction non autorisée est un délit.

© Dunod. Toute reproduction non autorisée est un délit.

Introduction

Les modèles mathématiques ont un succès inouï dans le domaine de la physique par leur capacité à prédire les phénomènes auxquels ils s'appliquent : mécanique classique, mécanique quantique, électromagnétisme, physique des particules, astrophysique, etc. En un siècle, les mystères de la physique ont réduit comme peau de chagrin.

Ce succès, en soi fascinant, peut-il, fut-ce de manière beaucoup plus modeste, se reproduire dans le domaine de l'économie[1] ? La question est ouverte, elle est l'objet d'un débat : *l'utilisation des modèles mathématiques en économie.*

Pour participer à ce débat, il est indispensable de comprendre les modèles formalisés de l'économie. Il ne serait pas raisonnable de ne pouvoir accéder à ces modèles par peur ou méconnaissance des outils mathématiques de base.

Loin de nous l'idée que ces outils mathématiques de base sont à portée facile d'intellect : on affirme seulement qu'il faut savoir s'y prendre et ce, de manière pragmatique. Aussi, dans ce livre, quatre étapes jalonnent le chemin de la compréhension.

1) *L'écriture*, le sens des mots, la définition rigoureuse des objets mathématiques. L'expérience nous a appris qu'un étudiant qui sait et qui se trompe, est un étudiant qui, à un endroit de sa copie, n'a plus géré son écriture ou a négligé le sens des mots. Ce n'est pas l'étudiant qui déraille, c'est son écriture qui ne tient plus la route.

2) *Le raisonnement* et son catalogue de règles du jeu logique, expliquées ou démontrées (en partie) au chapitre 1 ; l'étudiant les appliquera « sans état d'intellect » tel un automobiliste le code de la route.

3) *La démonstration* pour décoder le chemin du labyrinthe qui mène au théorème ; grâce à elle, ce qui paraissait « magique » devient « vrai ». Chaque

1. Le mot « économie » a pour racine grecque « *oikonomia* » : règle de vie domestique, gestion de la maison.

© Dunod. Toute reproduction non autorisée est un délit.

fois que la généralité n'en est pas compromise, afin de ne pas alourdir inutilement l'écriture, on traite sur des exemples simples la démarche de démonstration qui conduit au résultat. Ne pas comprendre en première lecture une démonstration n'est pas gênant du tout ; par contre, faire le choix d'ignorer la démonstration, c'est décider de rester dans la magie des mots du théorème incompris. Manipuler les idées, les concepts, sans les comprendre est strictement interdit car dangereux pour l'intelligence.

4) *Le calcul*, les exercices qui rassurent et indiquent la position de l'étudiant sur le chemin de la compréhension. Pour cela, nous vous proposons des points méthode. L'intérêt d'un exercice est le questionnement qu'il amène, les idées, les initiatives qu'il nécessite d'où, parfois, l'obligation de revoir le cours mais sans la démonstration bien sûr.

À la fin de chaque chapitre, se trouvent des exercices dont les corrigés sont mis à la fin du livre. L'étudiant mesurera son assurance et son savoir-faire à l'envie qu'il a de regarder la solution avant d'avoir fini l'exercice.

De par notre expérience de l'enseignement des notions introduites dans ce livre, pour cette 5e édition, nous l'affirmons haut et fort :

Parler à tous avec simplicité tout en restant ambitieux sur le sujet.

Quelques indications :

- En début de chapitre, on désigne par mots clés des mots nouveaux importants que l'on va définir et qu'il est indispensable de connaître.
- Au sein d'un même chapitre, les définitions, propositions, théorèmes sont numérotés dans l'ordre d'arrivée.
- *Mutatis mutandis* signifie « en changeant ce qu'il faut changer ». On emploie cette expression pour dire que les arguments du raisonnement restent les mêmes, seuls changent les objets auxquels ils s'appliquent.
- Dans tout le livre, les mots « fonction » et « application » sont synonymes.

1. Langage mathématique, mode d'emploi

En mathématiques, démontrer c'est convaincre avec des arguments autorisés, répertoriés, codés, indépendants du langage parlé qui les exprime. « La logique est parfaitement intelligible, néanmoins totalement inexplicable dans ses fondements » (S. Kleene). Dans ce chapitre, on code les règles de la logique et de ses signes « ET, OU, $\neg$, $\Rightarrow$, $\forall$, $\exists$ ». Il s'agit d'apprendre à mieux cerner « ce que démontrer veut dire ».

Mots clefs : proposition, vrai, faux, connecteur, implication, pour tout x, il existe au moins un x, ensemble, union, intersection, produit de deux ensembles, fonction, application, injection, surjection, bijection.

I. Connecteurs logiques ET, OU, NON, $\Rightarrow$

A. Le vrai et le faux

• Définition 1

On appelle *proposition* tout assemblage de lettres et de signes qui vérifie les trois conditions suivantes :

- cet assemblage a une syntaxe correcte. (En d'autres termes, le lecteur sait le « lire ») ;
- cet assemblage a une sémantique correcte. (En d'autres termes le lecteur « comprend » ce qu'il lit) ;
- cet assemblage a une seule valeur de vérité : la valeur vrai ou bien la valeur faux.

© Dunod. Toute reproduction non autorisée est un délit.

→ ***Commentaires***

Dans le langage mathématique les lettres peuvent être d'alphabets différents (latins ou grec) et les signes vont de la parenthèse, virgule, +, ., =, etc. aux chiffres arabes (0, 1, 2, ..., 9) ainsi que romains (I, V X. L, C, D, M) en passant par des dessins plus ou moins parlants ($\sum$, $\int$, $\nearrow$, $\searrow$, etc.) que les mathématiciens ont l'art d'inventer au fil de leurs théories.

▶ **Exemples**

Considérons les assemblages suivants :

- $\mathrm{P}_1 = (\sum +$*oui* ! $\nearrow =)$

  Ce n'est pas une proposition car la syntaxe est incorrecte.

- P_2 = *(La racine carrée de Napoléon n'est pas carrée)*

  Ce n'est pas une proposition : on la lit très bien mais on ne comprend pas. Sémantique incorrecte.

- $\mathrm{P}_3 = (12 \times 14 = 168)$

  C'est une proposition, on sait à partir du cours moyen qu'elle a la valeur vrai.

- P_4 = (XII × XIV = CLXVIII)

  C'est une proposition, la même que P_3 *à l'écriture près. On remarquera que s'il est courant de multiplier en chiffres arabes, cela l'est beaucoup moins avec les chiffres romains. Pour faire de l'arithmétique il fallait faire le bon choix de l'écriture et de ses signes !*

- P_5 = *(dans un triangle quelconque, la somme des angles est un angle plat)*

  C'est une proposition, on sait depuis le collège qu'elle a la valeur vrai.

- P_6 = *(a et b deux nombres réels quelconques,* $||a| - |b|| \leqslant |a - b|$*)*

  C'est une proposition, vraie pour un lycéen.

- P_7 = *(si* $\alpha < 0$ *et* $f \nearrow$ *sur* $\mathbb{R}$*, alors* $\alpha f \searrow$ *sur* $\mathbb{R}$*)*

  C'est une proposition, vraie pour un bachelier. On remarquera la variété des lettres et des signes.

- P_8 = *(tout entier pair supérieur à 4 est la somme de deux nombres premiers)*

  C'est une proposition qui date de 1742, appelée la conjecture[1] *de Goldback. On ne connaît toujours pas sa valeur de vérité, en effet, s'il est facile de vérifier que* $8 = 5 + 3$, $10 = 7 + 3$, $24 = 11 + 13$, *le cas général n'a toujours pas été démontré. On sait cependant que la propriété est vraie pour tout entier pair compris entre 6 et* 33×10^6.

---

1. Une conjecture est une proposition que l'on subodore vraie quoique ni contredite ni démontrée.

– P_9 = *(Il existe au moins un triplet (x, y, z) d'entiers naturels strictement positifs tel que* $x^2 + y^2 = z^2$.*)*
Il suffit de chercher un peu. On trouve : $3^2 + 4^2 = 5^2$. *La proposition* P_9 *est donc vraie. Tel est le sens de « il existe au moins un... »*
On trouve aussi $5^2 + 12^2 = 13^2$, *puis* $99^2 + 4900^2 = 4901^2$, *puis... Mais cela est sans importance pour* P_9, *l'existence à lui seul du triplet* $(3, 4, 5)$ *pour* (x, y, z) *assure la valeur de vérité Vrai à* P_9, *qu'il y en ait d'autres, et combien, en nombre fini ou pas, est une tout autre question.*

– P_{10} = *(Pour* $n \geqslant 3$, *il n'existe pas d'entiers x, y, z non nuls tels que* $x^n + y^n = z^n$.*)*
Il s'agissait de la conjecture de Pierre Simon de Fermat (1601-1665) devenue un théorème en 1990 grâce au mathématicien anglais Andrew Wiles. Il aura donc fallu plus de trois siècles pour savoir P_{10} *vraie !*

B. ET, OU, NON

1) Définitions

• Définition 2 : connecteur NON

Soit A une proposition, on définit la nouvelle proposition notée NON A, ou encore $\neg$A (lire non A), à l'aide de la table de vérité suivante (tableau 1.1).

Tableau 1.1 – V est l'abréviation de vrai ; F est l'abréviation de faux.

A	**¬A**
V	F
F	V

• Définition 3 : connecteurs OU et ET

Soit A et B deux propositions, on définit les nouvelles propositions « A OU B » ainsi que « A ET B » à l'aide de la table de vérité suivante (tableau 1.2).

Tableau 1.2

A	**B**	**A OU B**	**A ET B**
V	V	V	V
V	F	V	F
F	V	V	F
F	F	F	F

© Dunod. Toute reproduction non autorisée est un délit.

→ ***Commentaires***

A et B sont deux propositions, chacune vraie ou bien fausse, il y a donc quatre cas possibles de valeur de vérité pour le couple (A, B).

La proposition « A ET B » a clairement le sens de « A et B » du langage courant – appelé aussi langage de l'observateur – avec « et » conjonction de coordination.

La proposition « A OU B » a le sens de « ou bien A ou bien B ou bien les deux ». Il s'agit du « ou » avec le sens inclusif (qui inclut les deux cas). Le « ou » français (langage de l'observateur) — même écriture, même phonétique — peut avoir un tout autre sens qui est « ou l'un ou l'autre mais pas les deux ». Il s'agit alors du « ou » exclusif (qui exclut les deux cas). Ainsi dans l'expression « tout ou rien », seul le « ou » exclusif est cohérent ; dans l'expression « fromage ou dessert » il faut choisir entre les deux « ou », chacun donnant un sens différent, au bon vouloir du lecteur ! Le « OU » défini tableau 1.2 est, lui, sans ambiguïté. Rigueur des mathématiques oblige !

• **Définition 4 : P = Q**

Si la proposition P et la proposition Q dépendent des mêmes propositions A,B,C..., et, sur chacune des lignes de leur table de vérité commune, ont la même valeur de vérité, alors on dit qu'elles sont égales et on écrit $P = Q$.

2) Propriétés du NON, ET, OU

Par le biais des tables de vérité on obtient les propriétés des trois connecteurs définis plus haut.

a) $\neg\neg A = A$

On construit la table de vérité (tableau 1.3).

Tableau 1.3

A	**¬A**	**¬¬A**
V	F	V
F	V	F

Les propositions A et $\neg\neg A$ (comprendre $\neg(\neg A)$ et lire NON NON A) ont les mêmes valeurs de vérité sur les mêmes lignes, donc $\neg\neg A = A$ d'après la définition 4.

→ ***Commentaires***

Dans le langage mathématique deux négations ont valeur d'affirmation. Ce n'est pas le cas dans le langage courant : « Non, je ne viendrai pas lundi », ne signifie pas : « Je viendrai lundi. »

b) ¬(A OU B) = ¬A ET ¬B

On construit la table de vérité (1.4).

Tableau 1.4

A	**B**	**¬A**	**¬B**	**A OU B**	**¬(A OU B)**	**¬A ET ¬B**
V	V	F	F	V	F	F
V	F	F	V	V	F	F
F	V	V	F	V	F	F
F	F	V	V	F	V	V

Les propositions ¬(A OU B) et ¬A ET ¬B ont mêmes valeurs de vérité sur les mêmes lignes, d'après la définition 4 : ¬(A OU B) = ¬A ET ¬B.

c) ¬(A ET B) = ¬A OU ¬B

On procède comme dans b), *mutatis mutandis*.

→ ***Commentaires***

Les écritures ci-dessus sont ambigües dans leur lecture ; on aurait dû écrire :

[¬(A OU B)]=[¬(A) ET (¬B)] pour b) et

[¬(A ET B)] = [(¬A) OU (¬B)] pour c).

On a implicitement (sans le dire !) décidé que « = » domine « ET » et « OU » qui eux-mêmes dominent « ¬ ». D'où la suppression des parenthèses et la simplification d'écriture. On continuera par la suite.

C. ⇒ ; Si..., Alors...

• Définition 5 : « ⇒ » le connecteur *implication*

Soit A et B deux propositions, on définit la nouvelle proposition « A ⇒ B » (lire « A implique B » ou bien « A entraîne B » ou encore « si A, alors B ») par (A ⇒ B) = (¬A OU B). D'où la table de vérité de « A ⇒ B » (tableau 1.5).

Tableau 1.5

A	**B**	**¬A**	**¬A OU B**	**A ⇒ B**	
V	V	F	V	V	ligne 1
V	F	F	F	F	ligne 2
F	V	V	V	V	ligne 3
F	F	V	V	V	ligne 4

© Dunod. Toute reproduction non autorisée est un délit.

→ ***Commentaires***

On retiendra que la proposition A $\Rightarrow$ B est toujours vraie sauf dans le cas où A vrai et B faux (ligne 2).

On ne tentera pas de « donner du sens » à la proposition « A $\Rightarrow$ B » en l'interprétant par le « Si A, alors B » du langage de l'observateur. Ainsi dire à un ami : « Si demain il pleut, alors je viens te voir » sous-entend : « Si demain il ne pleut pas, alors je ne viens pas te voir »... et on n'est plus dans le cadre de la définition exprimée ligne 3 de la table de vérité de « A $\Rightarrow$ B ». On doit regarder la table de vérité sans réfléchir (sans réfléchir pour une fois !). Dans le langage mathématique, le seul sens d'une proposition est sa valeur de vérité, c'est-à-dire la propriété d'être vraie ou fausse.

On ne confondra pas « A $\Rightarrow$ B », proposition dont la valeur de vérité dépend de celles de A et de B avec « l'affirmation A $\Rightarrow$ B est vraie », souvent utilisée pour énoncer un théorème.

Dans A $\Rightarrow$ B, A est appelée condition suffisante pour B, et B condition nécessaire pour A. En effet, dans le cas où A $\Rightarrow$ B est vraie (lignes 1, 3, 4 de sa table de vérité) :

- Il suffit d'avoir A vraie pour être assuré de B vraie.
- On ne peut avoir A vraie et B fausse, le vrai de B est donc nécessaire au vrai de A.

Exemple : soit p un entier naturel, A et B les propositions :

- A = (p nombre premier strictement supérieur à 2)
- B = (p nombre impair)

Il est clair que A $\Rightarrow$ B est une proposition vraie, que A est suffisant (mais pas nécessaire) pour B, que B est nécessaire (mais pas suffisant) pour A.

• Propriétés du connecteur $\Rightarrow$

a) Il est *faux* que : (A $\Rightarrow$ B) $\Rightarrow$ ($\neg$A $\Rightarrow$ $\neg$B). On le constate (ligne 3, tableau 1.6).

Tableau 1.6

A	**B**	**A $\Rightarrow$ B**	**$\neg$A $\Rightarrow$ $\neg$B**	**(A $\Rightarrow$ B) $\Rightarrow$ ($\neg$A $\Rightarrow$ $\neg$B)**
V	V	V	V	V
V	F	F	V	V
F	V	V	F	F
F	F	V	V	V

b) $(A \Rightarrow B) = (\neg B \Rightarrow \neg A)$

Propriété qui se démontre par la table de vérité suivante (tableau 1.7)

Tableau 1.7

A	B	¬A	¬B	A ⇒ B	¬B ⇒ ¬A
V	V	F	F	V	V
V	F	F	V	F	F
F	V	V	F	V	V
F	F	V	V	V	V

Ce résultat est très utile dans les démonstrations quand, pour montrer que $A \Rightarrow B$ est une proposition vraie, il est plus commode de montrer la valeur vraie de $\neg B \Rightarrow \neg A$, appelée l'implication *contraposée* de $A \Rightarrow B$. On énonce parfois ce résultat : L'implication « $A \Rightarrow B$ » est *équivalente* à « $\neg B \Rightarrow \neg A$ » sa contraposée. Nous donnerons plus loin un sens au mot « *équivalent* ».

c) $(\neg(A \Rightarrow B)) = (A \text{ ET } \neg B)$

On peut, pour démontrer ce résultat, soit construire la table de vérité *ad hoc*, soit utiliser les propriétés du NON, ET, OU vues précédemment. Ainsi :

$$\neg(A \Rightarrow B) = \neg(\neg A \text{ OU } B) = \neg\neg A \text{ ET } \neg B = A \text{ ET } \neg B$$

→ ***Commentaire***

La négation d'une implication n'est donc pas une implication.

d) L'implication est *transitive*

Propriété qui se traduit par

$$Q = \left[(A \Rightarrow B) \Rightarrow [(B \Rightarrow C) \Rightarrow (A \Rightarrow C)]\right]$$

est une proposition toujours vraie (tableau 1.8).

→ ***Commentaires***

La proposition $(A \Rightarrow B) \Rightarrow [(B \Rightarrow C) \Rightarrow (A \Rightarrow C)]$ est toujours vraie quelle que soit la valeur de vérité de ses variables A, B, C. On dit qu'elle est *valide*.

De la même manière, *mutatis mutandis*, on montre que $[(A \Rightarrow B) \text{ ET } (B \Rightarrow C)] \Rightarrow (A \Rightarrow C)$ est une proposition valide. Cette validité exprime, elle aussi, la transitivité du connecteur $\Rightarrow$.

Cette technique de preuve par table de vérité clôt toute discussion.

© Dunod. Toute reproduction non autorisée est un délit.

Tableau 1.8

A	B	C	$A \Rightarrow B$	$B \Rightarrow C$	$A \Rightarrow C$	$(B \Rightarrow C) \Rightarrow (A \Rightarrow C)$	Q
V	V	V	V	V	V	V	V
V	F	V	F	V	V	V	V
F	V	V	V	V	V	V	V
F	F	V	V	V	V	V	V
V	V	F	V	F	F	V	V
V	F	F	F	V	F	F	V
F	V	F	V	F	V	V	V
F	F	F	V	V	V	V	V

D. $\Leftrightarrow$, Bi-implication

• **Définition 6 : « $\Leftrightarrow$ » le connecteur *bi-implication***

Soit A et B deux propositions, on définit la nouvelle proposition « $A \Leftrightarrow B$ » (lire « A bi-implication B » ou encore « A si et seulement si B ») par :

$$(A \Leftrightarrow B) = (A \Rightarrow B) \text{ ET } (B \Rightarrow A)$$

La table de vérité de « $A \Leftrightarrow B$ » est la suivante (tableau 1.9).

Tableau 1.9

A	B	$A \Rightarrow B$	$B \Rightarrow A$	$A \Leftrightarrow B$
V	V	V	V	V
V	F	F	V	F
F	V	V	F	F
F	F	V	V	V

On constate, *via* la définition 4, que

- si « $A \Leftrightarrow B$ est vrai », alors « $A = B$ » ; et réciproquement.
- Si « $A \Leftrightarrow B$ est vrai », on dit que « A *équivaut logiquement* à B », ou encore les propositions A et B sont *équivalentes*.

→ ***Commentaires***

Dans la suite du cours, pour énoncer un théorème, une propriété, on écrira $A \Leftrightarrow B$ pour dire « $A \Leftrightarrow B$ est une proposition vraie », c'est-à-dire $A = B$.

De même. on écrira $A \Rightarrow B$ pour dire « $A \Rightarrow B$ est une proposition vraie ».

II. Les quantificateurs ∀ et ∃

∀ se lit « quel que soit », « pour tout ».
∃ se lit « il existe au moins un ».

Soit $a_0, a_1, a_2, \ldots, a_n, \ldots$ une famille rangée (ou suite) de nombres réels, les indices n pris dans $\mathbb{N}$ l'ensemble des entiers naturels.

On considère les propositions :

- A = les a_n sont tous nuls ;
- B = les a_n sont non tous nuls ;
- C = à partir d'un certain rang les a_n sont tous nuls.

Pour de telles propositions, l'emploi des signes ∀ et ∃, appelés *quantificateurs*, permet de rendre mécanique 1) l'écriture des contraires ; 2) la recherche de leur lien logique ; 3) la démonstration de leur valeur de vérité dans les cas où les a_n sont explicités.

A. Règles d'utilisation

1) Le quantificateur « ∀ »

La proposition A = les a_n sont tous nuls :

- s'écrit « $\forall n \in \mathbb{N}, a_n = 0$ » ;
- se lit « quel que soit n élément de $\mathbb{N}$, $a_n = 0$ » ;
- signifie « $a_0 = 0$ ET $a_1 = 0$ ET $a_2 = 0$ ET... etc. »

2) Le quantificateur « ∃ »

La proposition B = les a_n sont non tous nuls :

- s'écrit « $\exists n \in \mathbb{N}$ tel que $a_n \neq 0$ » ;
- se lit « il existe au moins un élément $n \in \mathbb{N}$ tel que $a_n \neq 0$ » ;
- signifie « l'un au moins des a_n est non nul ».

3) Passage d'une proposition à son contraire

On remarque que A et B sont des propositions contraires (*i.e.* $A = \neg B$ et $B = \neg A$). Si on remplace la proposition ($a_n \neq 0$) par $\neg(a_n = 0)$, les écritures

© Dunod. Toute reproduction non autorisée est un délit.

suivantes font apparaître les règles permettant de passer d'une proposition contenant des quantificateurs à sa proposition contraire.

$$
\begin{array}{rll}
\text{A} = \forall n \in \mathbb{N}, & & a_n = 0 \\
\downarrow & & \downarrow \\
\neg\text{A} = \exists n \in \mathbb{N} & \text{tel que} & \neg(a_n = 0) \\
\text{B} = \exists n \in \mathbb{N} & \text{tel que} & \neg(a_n = 0) \\
\downarrow & & \downarrow \\
\neg\text{B} = \forall n \in \mathbb{N}, & & a_n = 0
\end{array}
$$

Point méthode

Pour passer d'une proposition à son *contraire* :

- on remplace le signe $\forall$ par $\exists$;
- on remplace le signe $\exists$ par $\forall$;
- on remplace la proposition sur laquelle porte le signe $\forall$ par son contraire ;
- on remplace la proposition sur laquelle porte le signe $\exists$ par son contraire.

4) Propositions contenant deux quantificateurs

a) Considérons la proposition C = « à partir d'un certain rang les a_n sont tous nuls ».

C signifie : il existe au moins un rang $p \in \mathbb{N}$ tel que $a_p = 0$ ET $a_{p+1} = 0$ ET $a_{p+2} = 0$ ET, etc. La proposition $a_p = 0$ ET $a_{p+1} = 0$ ET $a_{p+2} = 0$ ET, etc. peut s'écrire :

$$\forall n \geqslant p,\ a_n = 0$$

ou encore, *via* la définition 5 de « $\Rightarrow$ » donnée plus haut :

$$\forall n \in \mathbb{N}, n \geqslant p \Rightarrow a_n = 0$$

C'est la deuxième écriture que l'on choisit.

Récapitulation :

C = « à partir d'un certain rang les a_n sont tous nuls » :

- s'écrit $\exists p \in \mathbb{N}$ tel que $\forall n \in \mathbb{N}, n \geqslant p \Rightarrow a_n = 0$;
- se lit « il existe au moins $p \in \mathbb{N}$ tel que pour tout $n \in \mathbb{N}$, si $n \geqslant p$ alors $a_n = 0$ ».

b) Considérons la proposition D $= \neg$C et appliquons le point méthode ci-dessus vu en 3 pour l'écrire à l'aide des quantificateurs.

$$\text{C} = \exists p \in \mathbb{N} \text{ tel que } \forall n \in \mathbb{N}, n \geqslant p \Rightarrow a_n = 0$$

$$\neg\text{C} = \forall p \in \mathbb{N}, \neg(\forall n \in \mathbb{N}, n \geqslant p \Rightarrow a_n = 0)$$

$$\neg\text{C} = \forall p \in \mathbb{N}, \exists n \in \mathbb{N} \text{ tel que } \neg(n \geqslant p \Rightarrow a_n = 0)$$

$$\neg\text{C} = \forall p \in \mathbb{N}, \exists n \in \mathbb{N} \text{ tel que } n \geqslant p \text{ ET } \neg(a_n = 0)$$

ou encore

$$\text{D} = \neg\text{C} = \forall p \in \mathbb{N}, \exists n \in \mathbb{N}, \text{ tel que } n \geqslant p \text{ ET } a_n \neq 0$$

On a utilisé la propriété de négation de l'implication vue plus haut, à savoir : $\neg(\text{A} \Rightarrow \text{B}) = \text{A ET } \neg\text{B}$.

Point méthode
$P(n, p)$ étant une proposition qui dépend de n et p, la négation de la proposition :

$$\forall n \in \mathbb{N}, \ \exists p \in \mathbb{N} \text{ tel que } P(n, p)$$

est :

$$\exists n \in \mathbb{N} \text{ tel que } \forall p \in \mathbb{N}, \ \neg P(n, p)$$

B. Exemples

• Soit A la proposition suivante, où $\mathbb{N} = \{0, 1, 2, \ldots\}$ désigne l'ensemble des entiers naturels.

A = Il existe dans $\mathbb{N}$ un entier plus grand que tous les autres.

À l'aide des quantificateurs, A s'écrit,

$$A = \exists n \in \mathbb{N} \text{ tel que } \forall k \in \mathbb{N} \quad k \leqslant n$$

d'où l'écriture mécanique de son contraire

$$\neg A = \forall n \in \mathbb{N}, \exists k \in \mathbb{N} \text{ tel que } \neg(k \leqslant n)$$

$$\neg A = \forall n \in \mathbb{N}, \exists k \in \mathbb{N} \text{ tel que } k > n$$

© Dunod. Toute reproduction non autorisée est un délit.

La connaissance intuitive des entiers naturels permet d'affirmer que A est fausse. Quant à la démonstration de cette affirmation faisons-la en démontrant que $\neg$A est vraie.

Soit n un entier quelconque, en considérant $k = n + 1$ on a bien $k \in \mathbb{N}$ et $k > n$.

Donc pour tout $n \in \mathbb{N}$ il existe (on l'a trouvé !) $k \in \mathbb{N}$ tel que $k > n$.

Donc « $\forall n \in \mathbb{N}, \exists k \in \mathbb{N}$ tel que $k > n$ » est une proposition vraie.

Conclusion : $\neg$A est vrai.

→ ***Commentaires***

Dans la proposition $\neg$A, l'existence de l'entier k une fois n choisi est tout à fait concrète. En effet on sait expliciter k en fonction de n : $k = n + 1$ dans notre cas.

Pour un n choisi, il n'y a pas d'unicité de l'entier k : $k = n+2$, $k = n+3$, etc., conviennent aussi.

Dans notre exemple les entiers k qui conviennent dépendent toujours de n, mais il peut ne pas en être ainsi.

Pour déterminer la valeur de vérité de A, on a étudié $\neg$A.

• Soit H = l'ensemble des humains et $\mathbb{C}$ = l'ensemble des chaussures.

Considérons la proposition : A = « Tout le monde trouve chaussure à son pied ». À l'aide des quantificateurs, A s'écrit : A $= \forall h \in$ H $\exists c \in \mathbb{C}$ tel que la pointure de c convienne à h. Si on change l'ordre des quantificateurs dans la proposition A, la nouvelle proposition B s'écrit : B $= \exists c \in \mathbb{C}$ tel que $\forall h \in$ H, la pointure de c convient à h. La traduction de B dans le langage courant est : il existe une chaussure « taille unique » qui convient à tous.

On retiendra de cet exemple, la propriété générale suivante :

- on change le sens d'une proposition en changeant l'ordre des quantificateurs ;
- la proposition B $= (\exists c \in \mathbb{C}$ tel que $\forall h \in$ H...)
  implique la proposition A $= (\forall h \in$ H $\exists c \in \mathbb{C}$ tel que...).
  Implication qui, dans notre exemple, se comprend aisément puisque la chaussure c dont B vrai assure l'existence, convient à tous les hommes h dans l'écriture de A.

III. Application : opérations sur les ensembles

A. Ensemble, élément, inclusion

On connaît les ensembles numériques :

$$\begin{aligned}
\mathbb{N} &= \{0, 1, 2, \ldots\} = \text{l'ensemble des entiers naturels,}\\
\mathbb{Z} &= \{\ldots, -2, -1, 0, 1, 2, \ldots\} = \text{l'ensemble des entiers,}\\
\mathbb{Q} &= \left\{ r = \frac{p}{q} \text{ tel que } p \in \mathbb{Z}, q \in \mathbb{Z}, q \neq 0 \right\}\\
&= \text{l'ensemble des nombres rationnels,}\\
\mathbb{R} &= \text{l'ensemble des nombres réels,}\\
\mathbb{C} &= \text{l'ensemble des nombres complexes,}\\
]a, b[&= \{x \in \mathbb{R} \text{ tel que } a < x < b\}\\
&\quad \text{appelé intervalle ouvert de bornes } a \text{ et } b \text{, etc.}
\end{aligned}$$

Plus généralement, on dit que A est un *ensemble* si on est capable de reconnaître tous ses *éléments* c'est-à-dire, si l'écriture « $a \in A$ » est une proposition (vraie ou fausse donc) pour tout objet a considéré.

« $a \in A$ » se lit « a est un élément de A » (on dit aussi « a appartient à A »). On écrit $a \notin$ A pour exprimer $\neg(a \in A)$.

→ *Commentaires*

Les termes « *ensemble* », « *élément* » sont familiers dans le cadre du langage courant et nous avons le sentiment, voire la certitude, de comprendre leurs diverses relations. En fait cette notion d'ensemble est beaucoup moins naïve qu'elle n'en a l'air et les pièges ludiques de la contradiction, découverts au début du siècle, ne peuvent être désamorcés. À partir des années 50, les logiciens – Kurt Gödel entre-autres – ont précisé les limites incontournables des formalismes dans l'écriture mathématique. Quelques ambitions mathématico-intellectuelles du début du siècle ont dû être revues à la baisse.

On désigne par E un ensemble, dit *référentiel*, où sont puisés tous les éléments servant à définir les autres ensembles.

Tout ensemble A peut alors être défini :

– soit en énumérant ses éléments (quand c'est possible) ;

© Dunod. Toute reproduction non autorisée est un délit.

– soit en donnant la propriété notée P(a) qui caractérise ses éléments a pris dans E.

▶ Exemple

$E = \mathbb{R}$ et P(a) $=$ « $a^2 + a - 2 = 0$ » *et* $A = \{a \in \mathbb{R}$ tel que P(a)$\}$, *c'est-à-dire :* $a \in A \Longleftrightarrow$ P(a).

Il est clair que $A = \{-2, 1\}$.

$E = \mathbb{R}$ *et* $A = \{a \in \mathbb{R}$ tel que $-1 < a < +1\}$ *où la propriété* P(a) *qui caractérise les éléments a de A est* $-1 < a < +1$. *Cet ensemble appelé intervalle ouvert de* $\mathbb{R}$ *se note* $A =]-1, +1[$. *Il est clair que dans ce cas on ne peut pas énumérer tous les éléments de A.*

On désigne par $\emptyset = \{\ \}$, *lire « ensemble vide », l'ensemble qui ne possède aucun élément et pour lequel donc la proposition «* $a \in \emptyset$ *» est fausse quel que soit l'objet a.*

• Définition 7 : *inclusion* de deux ensembles

On dit que l'ensemble A est inclus dans l'ensemble B si $\forall a, a \in A \Longrightarrow a \in B$. On note alors $A \subset B$ et A est appelé *sous-ensemble* ou *partie* de B.

→ *Commentaires*

$A \subset B$ signifie que tout élément de A est élément de B, et les propriétés de l'$\subset$ seront les conséquences directes des propriétés de l'implication « $\Longrightarrow$ » et du quantificateur « $\forall$ ».

• Définition 8 : *égalité* de deux ensembles

On dit que l'ensemble A est égal à l'ensemble B si $A \subset B$ et $B \subset A$. On note alors $A = B$.

B. Union, intersection, complémentaire, produit

Les connecteurs OU, ET, NON, et les quantificateurs $\forall$, $\exists$ permettent de définir de nouveaux ensembles à partir d'ensembles donnés. Leurs propriétés sont les conséquences directes des propriétés des connecteurs et quantificateurs.

On désigne par E un ensemble dit référentiel, par $A, B, C, \ldots$ des parties de E et par $A_1, A_2, \ldots, A_n, \ldots$ une famille de parties de E.

• **Définition 9**

a) ***Union*** **de deux ensembles**

À l'aide du « OU » on définit le nouvel ensemble $A \cup B$ (lire A union B) tel que :

$$A \cup B = \{x \in E \text{ tel que } x \in A \text{ OU } x \in B\}$$

b) ***Union dénombrable*** **d'une famille d'ensembles**

À l'aide du « $\exists$ » on définit le nouvel ensemble $\bigcup_{n \in \mathbb{N}} A_n$, (lire union sur $n \in \mathbb{N}$ des A_n) tel que :

$$\bigcup_{n \in \mathbb{N}} A_n = \{x \in E \text{ tel que } \exists n \in \mathbb{N} \text{ tel que } x \in A_n\}$$

c) ***Intersection*** **de deux ensembles**

À l'aide du « ET » on définit le nouvel ensemble $A \cap B$ (lire A intersection B) tel que :

$$A \cap B = \{x \in E \text{ tel que } x \in A \text{ ET } x \in B\}$$

d) ***Intersection dénombrable*** **d'une famille d'ensembles**

À l'aide du « $\forall$ » on définit le nouvel ensemble $\bigcap_{n \in \mathbb{N}} A_n$ (lire intersection sur $n \in \mathbb{N}$ des A_n) tel que :

$$\bigcap_{n \in \mathbb{N}} A_n = \{x \in E \text{ tel que } \forall n \in \mathbb{N}, x \in A_n\}$$

e) ***Complémentaire*** **d'un ensemble**

À l'aide du « NON » on définit le nouvel ensemble $C_E A$ (lire complémentaire de A dans E) tel que :

$$C_E A = \{x \in E \text{ tel que } x \notin A\}$$

ou encore :

$$C_E A = \{x \in E \text{ tel que NON}(x \in A)\}$$

On note A^c ou $\bar{A}$ cet ensemble s'il n'y a aucune ambiguïté sur le référentiel E.

f) ***Différence*** **de deux ensembles**

On définit l'ensemble $\mathrm{A} \setminus \mathrm{B}$ (lire « A moins B ») des éléments de A qui ne sont pas dans B ; c'est-à-dire $\mathrm{A} \setminus \mathrm{B} = \mathrm{A} \cap \mathrm{B}^c$.

© Dunod. Toute reproduction non autorisée est un délit.

g) *Produit* de deux ensembles

À l'aide du « ET » on définit le nouvel ensemble $A \times B$ (lire produit cartésien de A par B) tel que :

$$A \times B = \{(a, b) \text{ tel que } a \in A \text{ ET } b \in B\}$$

Pour définir $A \times B$ on introduit un nouvel élément noté (a, b) et appelé *couple*. On définit l'égalité suivante entre deux couples :

$$(a, b) = (a', b') \iff [a = a' \text{ ET } b = b']$$

→ *Commentaires*

On notera que les ensembles définis ci-dessus à l'aide de parties de E sont encore des parties de E, sauf l'ensemble $A \times B$.

Dans l'écriture $\bigcup_{n \in \mathbb{N}} A_n$ (respectivement $\bigcap_{n \in \mathbb{N}} A_n$), l'indice n est dit *muet* ce qui laisse le choix de la lettre. Ainsi $\bigcup_{n \in \mathbb{N}} A_n = \bigcup_{p \in \mathbb{N}} A_p = \bigcup_{q \in \mathbb{N}} A_q = \ldots$ (respectivement $\bigcap_{n \in \mathbb{N}} A_n = \bigcap_{p \in \mathbb{N}} A_p = \bigcap_{q \in \mathbb{N}} A_q = \ldots$).

Propriétés

On se contentera d'en donner quelques-unes. Elles sont conséquences directes des propriétés des connecteurs ou quantificateurs qui servent à les définir.

a) $A \cap (B \cup C) = (A \cap B) \cup (A \cap C)$

En effet :

$$\begin{aligned} x \in A \cap (B \cup C) &\iff (x \in A) \text{ ET}(x \in B \cup C) \\ &\iff (x \in A) \text{ ET}[(x \in B) \text{ OU}(x \in C)] \\ x \in (A \cap B) \cup (A \cap C) &\iff [(x \in A) \text{ ET}(x \in B)] \\ &\qquad \text{OU}[(x \in A) \text{ ET}(x \in C)] \end{aligned}$$

On vérifie *via* une table de vérité que la proposition P ET(Q OU R) est équivalente à la proposition (P ET Q) OU(P ET R) et en remplaçant P par $(x \in A)$, Q par $(x \in B)$, R par $(x \in C)$ on déduit :

$$x \in A \cap (B \cup C) \iff x \in (A \cap B) \cup (A \cap C)$$

d'où l'égalité ensembliste :

$$A \cap (B \cup C) = (A \cap B) \cup (A \cap C)$$

On dit que l'intersection est distributive pour l'union. De la même manière on démontrerait que l'union est distributive pour l'intersection, c'est-à-dire :

$$A \cup (B \cap C) = (A \cup B) \cap (A \cup C)$$

b) $\left(\bigcap_{n\in\mathbb{N}} A_n\right)^c = \bigcup_{n\in\mathbb{N}} A_n^c$

En effet :

$$\begin{aligned} x \in \left(\bigcap_{n\in\mathbb{N}} A_n\right)^c &\iff \neg\left(x \in \bigcap_{n\in\mathbb{N}} A_n\right) \\ &\iff \neg(\forall n \in \mathbb{N}, x \in A_n) \\ &\iff \exists n \in \mathbb{N} \text{ tel que } \neg(x \in A_n) \\ &\iff \exists n \in \mathbb{N} \text{ tel que } x \in A_n^c \\ &\iff x \in \bigcup_{n\in\mathbb{N}} A_n^c \end{aligned}$$

C. Fonction, injection, surjection, bijection

A et *B* désignent deux ensembles, et :

$$\begin{aligned} f \quad : A \quad &\rightarrow \quad B \\ x \quad &\mapsto \quad f(x) = y \end{aligned}$$

désigne une *fonction* (on dit aussi *application*) de A dans B.

Dans l'écriture $y = f(x)$, y s'appelle l'image de x par f et x l'antécédent de y par f.

1) Pour que f soit une fonction il faut que tout élément x de A ait au plus une image $y = f(x)$ dans B, ce qui peut s'écrire :

$$\forall x \in A,\ \forall x' \in A,\ f(x) \neq f(x') \Longrightarrow x \neq x'$$

Ou encore, sachant qu'une implication est équivalente à sa contraposée :

$$\forall x \in A,\ \forall x' \in A,\ x = x' \Longrightarrow f(x) = f(x')$$

On comprendra mieux avec le dessin suivant (figure 1.1).

© Dunod. Toute reproduction non autorisée est un délit.

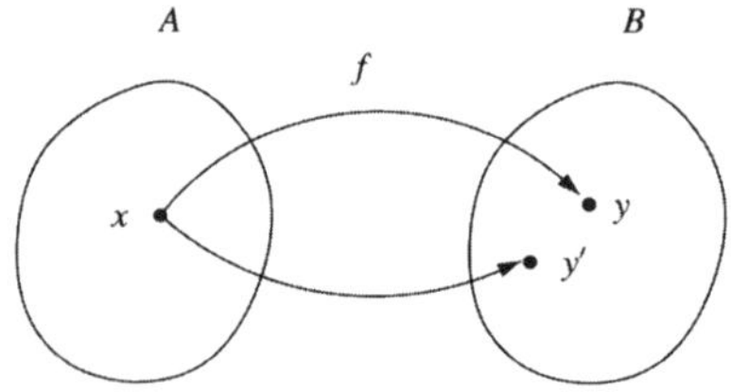

Figure 1.1 – Situation INTERDITE si on veut que f soit une application de A dans B.

2) On dit que l'application f est une *injection* de A dans B si :

$$\forall x \in A,\ \forall x' \in A,\ x \neq x' \Longrightarrow f(x) \neq f(x')$$

ou encore :

$$\forall x \in A,\ \forall x' \in A,\ f(x) = f(x') \Longrightarrow x = x'$$

ou encore si tout élément de B est image d'au plus un élément de A.

On comprendra mieux avec le dessin suivant (figure 1.2).

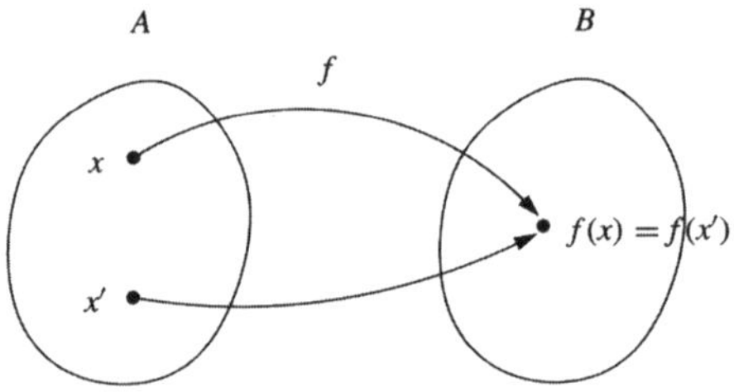

Figure 1.2 – Situation INTERDITE si on veut que f soit une injection.

3) On dit que l'application f est une *surjection* de A dans B si :

$$\forall y \in B\ \exists x \in A \text{ tel que } f(x) = y$$

ou encore si tout élément de B est image d'au moins un élément de A.

On comprendra mieux avec le dessin suivant (figure 1.3).

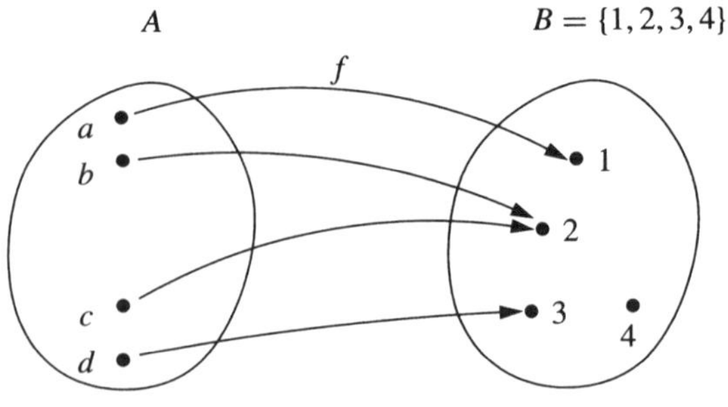

Figure 1.3 – L'élément 4 de B qui n'est image d'aucun élément de A INTERDIT à f d'être une surjection.

4) Une application qui est à la fois injection et surjection est appelée bijection :

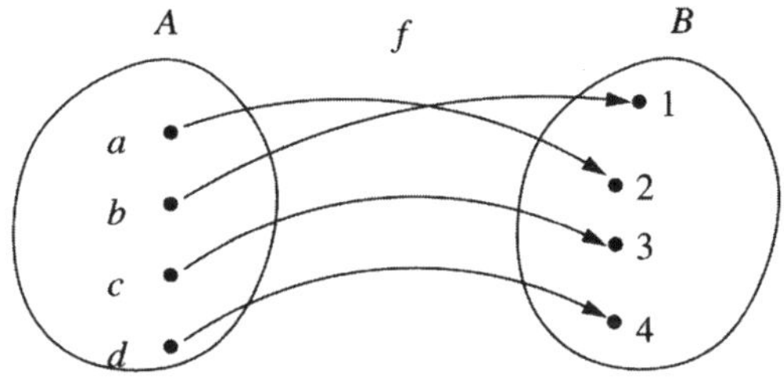

$A = \{a, b, c, d\}$ $\qquad\qquad$ $B = \{1, 2, 3, 4\}$

Figure 1.4 – Exemple de bijection de A dans B.

5) Dans le cas où

$$\begin{array}{rcll} f & : A & \rightarrow & B \\ & x & \mapsto & f(x) \end{array}$$

est une bijection (et seulement dans ce cas) on définit une nouvelle application notée f^{-1}, appelée *application réciproque* de f (on dit aussi application inverse) telle que :

$$\begin{array}{rcll} f^{-1} & : B & \rightarrow & A \\ & y & \mapsto & f^{-1}(y) = x \Leftrightarrow y = f(x) \end{array}$$

Ainsi dans l'exemple de la figure 1.4

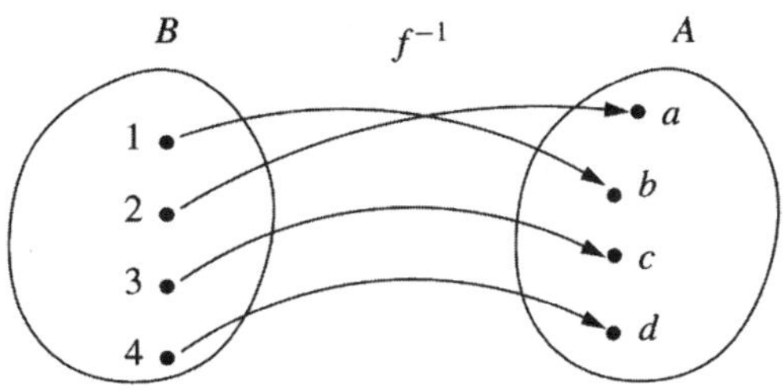

Figure 1.5

6) Égalité de deux applications f et g.

On dit que $f = g$ si f et g ont même ensemble de départ A, même ensemble d'arrivée B et $\forall x \in A, \quad f(x) = g(x)$.

7) Soit f et g deux applications telles que :

$$\begin{array}{rcll} f & : A & \rightarrow & B \\ & x & \mapsto & f(x) \end{array}$$

© Dunod. Toute reproduction non autorisée est un délit.

et
$$g : B \to C$$
$$y \mapsto g(y)$$

On définit une nouvelle application notée $g \circ f$, appelée *application composée* de g avec f, telle que :

$$g \circ f : A \to C$$
$$x \mapsto (g \circ f)(x) = g[f(x)]$$

► **Exemple**
On retiendra que $g \circ f$ peut être définie sans que $f \circ g$ le soit. C'est le cas dans l'exemple suivant :

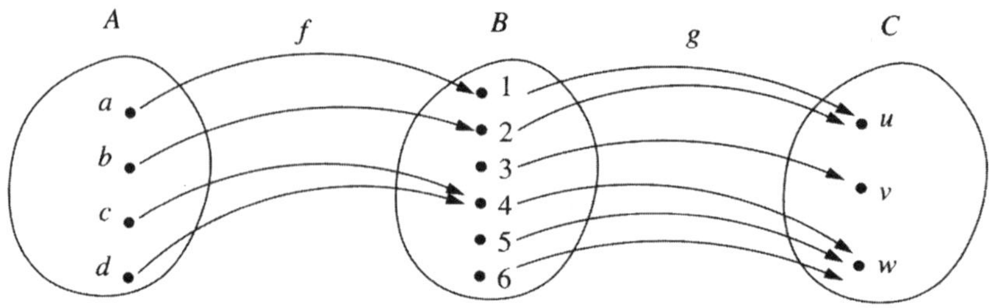

d'où

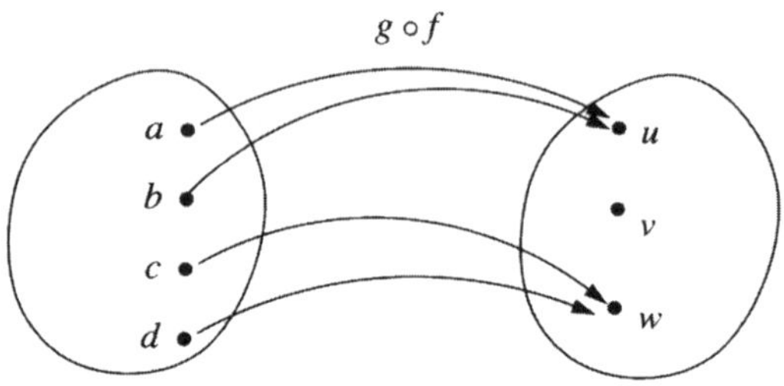

Figure 1.6

► **Exemple**
Soit f l'application de la figure 1.4, on a f^{-1} de la figure 1.5, on en déduit

$$f^{-1} \circ f : A \to A$$
$$x \mapsto f^{-1}[f(x)] = x$$

et
$$f \circ f^{-1} : B \to B$$
$$y \mapsto f[f^{-1}(y)] = y$$

→ *Commentaires*

Soit Id_A (respectivement Id_B) l'*application identique* de A dans A (respectivement de B dans B), on montre sans difficulté : si $f : A \rightarrow B$ est bijective, alors $f^{-1} \circ f = Id_A$ et $f \circ f^{-1} = Id_B$.

8) Soit

$$\begin{array}{rcccl} f & : A & \rightarrow & B \\ & x & \mapsto & y = f(x) \end{array}$$

une application quelconque de l'ensemble A dans l'ensemble B.

a) Pour toute partie X de A, on définit $f(X)$ l'ensemble des images par f des éléments de X, c'est-à-dire :

$f(X) = \{y = f(x) \text{ tel que } x \in X\}$ qui est une partie de B.

$f(X)$ est appelé *ensemble image directe* par f de l'ensemble X.

b) Pour toute partie Y de B, on définit $f^{-1}(Y)$ l'ensemble des antécédents par f des éléments de Y, c'est-à-dire :

$f^{-1}(Y) = \{x \in A \text{ tel que } f(x) \in Y\}$, qui est une partie de A.

$f^{-1}(Y)$ est appelé *ensemble image réciproque* par f de l'ensemble Y.

→ *Commentaires*

Soit $x \in X \subset A$, alors $f(x) \in B$, mais $f(X) \subset B$. Soit $y \in Y \subset B$, alors $f^{-1}(y)$ n'est défini que si f est bijective, par contre $f^{-1}(\{y\})$ et $f^{-1}(Y)$ sont des parties de X toujours définies que f soit bijective ou non.

▶ Exemple

On considère l'application f de la figure 1.3.

$f(A) = \{1,2,3\}$; $f(\{a,b\}) = \{1,2\}$; $f(\{a,b,c\}) = \{1,2\}$; $f(\{d\}) = \{3\}$ *(mais* $f(d) = 3$*).*

$f^{-1}(B) = A$; $f^{-1}(\{1,2\}) = \{a,b,c\}$; $f^{-1}(\{4\}) = \emptyset$; $f^{-1}(\{2\}) = \{b,c\}$; *(mais* $f^{-1}(2)$ *n'est pas autorisé car f n'est pas bijective).*

© Dunod. Toute reproduction non autorisée est un délit.

Exercices

Énoncés

Exercice n° 1

Démontrer que, sans parenthèses, l'écriture A $\Rightarrow$ B $\Rightarrow$ C n'est pas une proposition au sens où certaines de ses valeurs de vérité ne peuvent être définies, car elles dépendent du lecteur.

Exercice n° 2

Exprimer le contraire des propositions suivantes dans le langage courant.

A = V est vert et R est rouge

B = Le chômage régresse ou l'inflation croît (on commencera par choisir le sens du « ou » dans B dans le cadre du langage courant)

C = Si le chômage régresse, alors l'inflation croît.

Exercice n° 3

a) Donner la table de vérité du « ou exclusif ».

b) Dans une même table de vérité comparer les propositions « $\neg$A OU B » et « $\neg$A ou exclusif B ». Conclusion sur « $\Longrightarrow$ » ?

Exercice n° 4

Soit a et b deux nombres réels quelconques. L'implication suivante est-elle vraie : $a < b \Longrightarrow a \leqslant b$? Même question pour l'implication contraposée et l'implication réciproque.

Exercice n° 5

Démontrer à l'aide d'une table de vérité que $\neg$(A ET B) = $\neg$A OU $\neg$B.
Peut-on dire que les propositions $\neg$(A ET B) ainsi que ($\neg$A OU $\neg$B) sont équivalentes ?

Exercice n° 6

Déterminer l'ensemble E tel que : $E = \{a \in \mathbb{R} \text{ tel que } \forall \varepsilon > 0,\ 0 \leqslant a < \varepsilon\}$

Exercice n° 7

a) A et B deux ensembles, écrire la négation de $A \subset B$.

b) Démontrer à l'aide de la table de vérité de « $\Longrightarrow$ » que $\emptyset \subset A$ est vrai pour tout ensemble A. Comparer les ensembles $\emptyset$ et $\{\emptyset\}$.

c) Soit $A = \{a, b, c\}$, expliciter l'ensemble des parties de A. On le notera P(A).

d) Soit A un ensemble quelconque. Démontrer qu'il y a plus d'éléments dans P(A) que dans A.

Exercice n° 8

Expliciter les ensembles suivants où n est un entier naturel et $[a, b]$ et $]a, b[$ désignent des intervalles de $\mathbb{R}$.

$$A = \bigcap_{n\in\mathbb{N}} \left[-\frac{1}{n+1}, +\frac{1}{n+1}\right] \; ; \quad B = \bigcap_{n\in\mathbb{N}} \left]-\frac{1}{n+1}, +\frac{1}{n+1}\right[\; ;$$

$$C = \bigcap_{n\in\mathbb{N}} \left]0, \frac{1}{n+1}\right[\; ; \quad D = \bigcup_{n\in\mathbb{N}}]-n, +n[\; ; \quad E = \bigcup_{n\in\mathbb{N}} [-n, +n]$$

Exercice n° 9

Soit

$$\begin{array}{llll} f & : A & \rightarrow & B \\ & \quad x & \mapsto & y = f(x) \end{array}$$

a) Énoncer la propriété de f représentée par chacune des propositions suivantes :

$P_1 = (f(A) = B)$, $P_2 = (\forall y \in B, f^{-1}(\{y\}) \neq \emptyset)$,

$P_3 = (\forall y \in B, f^{-1}(\{y\})$ contient au plus un élément$)$,

$P_4 = (\forall y \in B, f^{-1}(\{y\})$ contient un élément et un seul$)$.

b) Soit B_1 et B_2 deux parties de B. Démontrer que :

$$f^{-1}(B_1 \cap B_2) = f^{-1}(B_1) \cap f^{-1}(B_2)$$

c) Soit A_1 et A_2 deux parties de A. Démontrer que :

$$f(A_1 \cap A_2) \subset f(A_1) \cap f(A_2)$$

À l'aide d'un contre-exemple démontrer que l'inclusion réciproque peut être fausse.

$x \in A_1$, $x \in A_2$

$x \in A_1 \cap A_2 \Rightarrow x \in A_1$, $x \in A_2 \Rightarrow f(x) \in f(A_1)$
$f(x) \in f(A_2)$

$\Rightarrow f(x) \in f(A_1) \cap f(A_2)$

© Dunod. Toute reproduction non autorisée est un délit.

2. Les ensembles numériques $\mathbb{N}$, $\mathbb{Z}$, $\mathbb{Q}$, $\mathbb{R}$

Les nombres, premier pas d'une pensée abstraite, ont une histoire. Quelques questions et anecdotes à leur sujet :

- Quel est le signe le plus fréquent dans un cahier de mathématiques et ce depuis le cours préparatoire ?
  Réponse : Le signe « = », dit signe d'égalité, timidement introduit par Robert Recorde (1510–1558). Ce signe mit longtemps avant d'être accepté.
- Quel est le nombre le plus « magique » de tous, tant par le concept voisin de la paranoïa qu'il représente, que par l'épanouissement libérateur qu'il eut pour l'intellect subodorant la notion de structure algébrique ?
  Réponse : On pourrait penser à des nombres tels que :
- $\sqrt{2}$, qui n'est même pas rationnel !
- i le complexe tel que $i^2 = -1$, et cela fait bizarre !
- i^i qui vaut $e^{-\pi/2}$, nombre réel auquel on ne s'attend pas.
- pi la « star » de l'histoire des nombres, avec ses fans sur internet capables de réciter plus de mille décimales (club très fermé donc !), avec ses malades de la quadrature du cercle (construire à la règle et au compas un carré de même surface qu'un cercle donné... on sait aujourd'hui que cela est impossible), avec ses ordinateurs qui, à n'en plus finir, calculent ses décimales.

  π valait :

  - 3,1 chez les Babyloniens (–2000 av. J.C.),
  - 3,141 pour Archimède (–250 av. J.C.),
  - 3,14159 pour Liuttui (+264),
  - 3,141592 pour Tsu Chung Chih (+480),

© Dunod. Toute reproduction non autorisée est un délit.

- 3,1415926536 pour Vicite (+1593).

En 1985 on connaissait 17 millions de décimales de π, en 1989 le milliard est atteint, en 1994 on en est à quatre milliards.

Sans l'ombre d'une hésitation la réponse est la suivante : le nombre le plus magique de tous est le nombre nul appelé « zéro ». Noté à l'aide du chiffre « 0 », le mot « chiffre » vient de l'arabe « sifr »... qui veut dire zéro. L'introduction du zéro est une réalisation des Hindous (vers 800 ans av. J.-C.), les Romains l'ignoraient et ne l'avaient donc pas dans leur catalogue de chiffres : I, V, X, L, C, D, M.

Gerbert (pape de 999 à 1003 sous le nom de Sylvestre II, célèbre pour son érudition et ses réformes contre les abus religieux) introduit en occident les chiffres arabes (d'origine hindoue) et le système de numérotation décimale avec les chiffres 0, 1, 2, 3, 4, 5, 6, 7, 8, 9.

Mais il faudra attendre le XIIIe siècle pour que l'usage se répande.

L'air de rien, l'introduction du concept « zéro » – qui sert à compter les objets quand il n'y en a pas et qui permet la numérotation de position – est un immense accomplissement, décisif dans l'abstrait pour notre intellect.

Pas de zéro, pas d'algèbre !

(Le mot *algèbre* vient de l'arabe « al-djabar » avec le sens de « reconstruction »).

Mots clefs : Récurrence, $\sum_{k=0}^{n} a_k$, C_n^k, majorant (resp. minorant) d'un ensemble, plus grand (resp. plus petit) élément d'un ensemble, borne supérieure (resp. inférieure) d'un ensemble, valeur absolue, intervalle de $\mathbb{R}$.

I. Les entiers naturels $\mathbb{N}$

A. Propriétés de l'addition et de la multiplication

De manière naïve, on désigne par $\mathbb{N} = \{0, 1, 2, 3, \ldots\}$ l'ensemble des *entiers naturels*. Cet ensemble est muni de deux *opérations*, l'addition et la multiplication, dont les propriétés bien connues sont les suivantes. a, b, c étant des entiers naturels quelconques.

(P_1) $a + b \in \mathbb{N}$

On dit que l'addition est *stable* dans $\mathbb{N}$.

(P_2) $a + b = b + a$

On dit que l'addition est *commutative*.

(P$_3$) $(a + b) + c = a + (b + c)$
On dit que l'addition est *associative*, propriété qui permet l'écriture $a + b + c$ sans parenthèses... et sans ambiguïté.

(P$_4$) $ab \in \mathbb{N}$
On dit que la multiplication est *stable* dans $\mathbb{N}$.

(P$_5$) $ab = ba$
On dit que la multiplication est *commutative*.

(P$_6$) $(ab)c = a(bc)$
On dit que la multiplication est *associative*, d'où l'écriture abc sans parenthèses.

(P$_7$) $a(b + c) = ab + ac$
On dit que la multiplication est *distributive* pour l'addition.

Par ailleurs, $\mathbb{N}$ est muni d'une relation *d'ordre* total qui permet de comparer les entiers. Elle est notée « $\leqslant$ » et pour a et b deux entiers quelconques on a la propriété :
(P$_8$) soit $a \leqslant b$, soit $b \leqslant a$.

→ ***Commentaires***

Ces propriétés :

– sont le fond commun calculatoire de nous tous et semblent donc « couler de source ».

– seront conservées dans les ensembles numériques plus grands que sont $\mathbb{Z}$, $\mathbb{Q}$, $\mathbb{R}$. Par contre, dans $\mathbb{C}$ on perdra la relation d'ordre total « $\leqslant$ » de (P$_8$).

– de (P$_1$) à (P$_7$) sont les sept « premiers commandements » pour définir les structures algébriques abstraites (anneau, corps) dont on connaît les développements et l'efficacité dans les modèles auxquels elles s'appliquent.

L'écriture $(\mathbb{N}, +, ., \leqslant)$ désigne l'ensemble $\mathbb{N}$ muni d'une addition, d'une multiplication, d'une relation d'ordre. Pour les mêmes raisons on écrira $(\mathbb{Q}, +, . \leqslant)$, $(\mathbb{R}, +, . \leqslant)$, etc.

B. Le raisonnement par récurrence

1) Principe

L'ensemble $\mathbb{N}$ est défini *formellement* à l'aide de cinq axiomes dus à Peano Giuseppe (1858–1932) dont l'un, dit axiome d'induction, sert à valider le raisonnement par *récurrence*. L'étudiant doit voir ce raisonnement comme une

© Dunod. Toute reproduction non autorisée est un délit.

belle machine à démontrer qu'une proposition est vraie quel que soit l'entier n ; tout état de pensée autre que pratique est à prohiber. Seule compte l'efficacité. Le principe est le suivant : « soit P(n) une proposition dépendant d'un entier naturel $n \in \mathbb{N}$. Si P(0) est vraie et si, pour tout $n \in \mathbb{N}$ l'implication "P(n) $\Longrightarrow$ P(n + 1)" est vraie, alors la proposition P(n) est vraie pour tout entier $n \in \mathbb{N}$ ».

Tout est dit entre ces guillemets ; il n'y a rien à ergoter sur la récurrence.

2) Applications

Point méthode

Dans une démonstration par récurrence, procéder de la manière suivante :

- exprimer clairement la proposition P(n) dont on veut démontrer qu'elle est vraie pour tout $n \in \mathbb{N}$.
- Étape 1 : Vérifier que P(0) est vraie.
- Étape 2 : Faire l'hypothèse, appelée *hypothèse de récurrence* : « P(n) vraie pour l'entier $n \in \mathbb{N}$ ».
  En déduire par des calculs, des raisonnements, de l'intuition, etc. que « P(n + 1) est vraie pour l'entier $n + 1 \in \mathbb{N}$ ».
- Étape 3 : Récurrence terminée. Énoncer clairement le résultat « pour tout $n \in \mathbb{N}$, P(n) est vraie ».

Exemples

a) $0 + 1 + 2 + \ldots + n = \dfrac{n(n+1)}{2}$

Montrons que cette égalité est vraie pour tout entier $n \in \mathbb{N}$. *On désigne par* P(n) *la proposition :* $0 + 1 + 2 + \ldots + n = \dfrac{n(n+1)}{n}$ *et de façon mécanique on applique le principe de récurrence.*

Étape 1 : P(0) *est vraie car :* $0 = \dfrac{0(0+1)}{2}$.

Étape 2 : Pour tout $n \in \mathbb{N}$, *l'implication* P(n) $\Longrightarrow$ P($n+1$) *est vraie. En effet : sous l'hypothèse (dite de récurrence) : «* P(n) *vraie pour l'entier* $n \in \mathbb{N}$ *», c'est-à-dire* $0 + 1 + \ldots + n = \dfrac{n(n+1)}{2}$, *on déduit :*

$$0 + 1 + \ldots + n + (n+1) = [0 + 1 + \ldots + n] + (n+1)$$

$$0 + 1 + \ldots + n + (n+1) = \frac{n(n+1)}{2} + (n+1)$$

$$0 + 1 + \ldots + n + (n+1) = \frac{(n+1)(n+2)}{2}$$

d'où « P(n + 1) vraie pour l'entier (n + 1) ».
L'entier n choisi étant quelconque, on en déduit : pour tout $n \in \mathbb{N}$, *l'implication* $P(n) \Longrightarrow P(n+1)$ *est vraie.*

Étape 3 : La récurrence est terminée. On conclut : pour tout $n \in \mathbb{N}$, $P(n)$ *est vraie, c'est-à-dire pour tout* $n \in \mathbb{N}$, $1+2+3+\ldots+n = \dfrac{n(n+1)}{2}$.

- *La formule ci-dessus donne une expression simple de la somme des entiers successif jusqu'à n. On peut s'en passer pour* $n = 10$ *et calculer directement* $1+2+\ldots+10$. *On peut s'en passer, à la rigueur, pour* $n = 1\,000\,000$ *et calculer, avec ordinateur et algorithme* ad-hoc, *la somme* $1+2+3+\ldots+1\,000\,000$. *Par contre pour* $n = 1\,000\,000^{1\,000\,000} = 10^{6\times(10^6)}$ *le calcul direct de* $1+2+3+\ldots+10^{6\times(10^6)}$ *est techniquement impossible.*
- *Le fait que* $1+2+\ldots+n = \dfrac{n^2}{2}+\dfrac{n}{2}$ *soit un trinôme du second degré en n, est un résultat utile dans le cours d'analyse.*
- *Il a bien fallu, dans un premier temps, subodorer la formule* $1+2+\ldots+n = \dfrac{n(n+1)}{2}$ *avant d'envisager sa démonstration par récurrence. Notons au passage qu'il n'y a pas de méthode pour « subodorer une formule »... fut-elle démontrable par récurrence.*

b) Soit ψ *une application de* $\mathbb{N}$ *dans* $\mathbb{N}$, ψ *strictement croissante. Montrons par récurrence : pour tout* $n \in \mathbb{N}$, $\psi(n) \geqslant n$.

On désigne par $P(n)$ *la proposition :* $\psi(n) \geqslant n$.

Étape 1 – $P(0)$ *est vraie. En effet,* $\psi(0) \in \mathbb{N} = \{0, 1, 2, \ldots\}$ *donc* $\psi(0) \geqslant 0$.

Étape 2 – Hypothèse de récurrence : $P(n)$ *vraie pour l'entier* $n \in \mathbb{N}$, *c'est-à-dire* $\psi(n) \geqslant n$.

Alors :

$$\begin{aligned} \psi(n+1) &> \psi(n) \text{ car } \psi \text{ strictement croissante} \\ \text{d'où } \psi(n+1) &> \psi(n) \geqslant n \\ \text{et donc } \psi(n+1) &> n \end{aligned}$$

$\psi(n+1)$ *est un entier strictement plus grand que l'entier n, on en déduit* $\psi(n+1) \geqslant n+1$ *c'est-à-dire* $P(n+1)$ *vraie pour l'entier* $n+1$.

Étape 3 – La récurrence est terminée. On conclut : pour tout $n \in \mathbb{N}$, $\psi(n) \geqslant n$.

© Dunod. Toute reproduction non autorisée est un délit.

C. Le signe $\sum$

On retiendra « $\sum$ » en tant que signe abréviatif d'une grande commodité.

1) Définition

Soit la suite de nombres réels $a_0, a_1, a_2, \ldots, a_n, \ldots$ On décide d'écrire la somme $a_0 + a_1 + a_2 + \ldots + a_n$ des $(n + 1)$ premiers termes de la suite de la manière suivante :

$$a_0 + a_1 + a_2 + \ldots + a_n = \sum_{k=0}^{n} a_k$$

(lire « somme de $k = 0$ à $k = n$ des a_k »).

Dans cette écriture l'indice k de a_k s'appelle *l'indice muet*, le choix de la lettre pour l'indice muet n'intervient pas dans la somme. Ainsi :

$$\sum_{k=0}^{3} a_k = \sum_{i=0}^{3} a_i = \sum_{j=0}^{3} a_j = a_0 + a_1 + a_2 + a_3$$

On a le choix des valeurs extrêmes que peut prendre l'indice muet à condition que celle du haut soit supérieure ou égale à celle du bas. Ainsi :

$$\sum_{k=2}^{5} a_k = a_2 + a_3 + a_4 + a_5,$$

mais l'écriture $\sum_{k=5}^{2} a_k$ n'est pas définie.

2) Exemples

- $\sum_{k=1}^{n} k = 1 + 2 + 3 + \ldots + n.$
- $\sum_{k=1}^{n} \frac{1}{k} = 1 + \frac{1}{2} + \frac{1}{3} + \ldots + \frac{1}{n}$
- $\sum_{k=0}^{n} q^k = 1 + q + q^2 + \ldots + q^n$ (N.B. $q^0 = 1$ et $q^1 = q$)
- $\sum_{k=0}^{n} (2k + 1) = 1 + 3 + 5 + \ldots + (2n + 1) =$ la somme des $(n + 1)$ premiers entiers impairs.

3) Propriétés

• Propriété 1

si λ désigne un nombre réel qui ne dépend pas de l'indice muet de sommation :

$$\sum_{k=0}^{n} \lambda = (n+1)\lambda \quad \text{et} \quad \sum_{k=0}^{n} \lambda a_k = \lambda \cdot \sum_{k=0}^{n} a_k$$

Démonstration : aucune difficulté. On notera les égalités :

$$\sum_{k=0}^{n} a_i a_k = a_i \sum_{k=0}^{n} a_k; \ \sum_{i=0}^{n} a_i a_k = a_k \sum_{i=0}^{n} a_i$$

• Propriété 2

$$\sum_{k=0}^{n} (a_k + b_k) = \sum_{k=0}^{n} a_k + \sum_{k=0}^{n} b_k$$

Démonstration

$$\begin{aligned}\sum_{k=0}^{n} (a_k + b_k) &= (a_0 + b_0) + (a_1 + b_1) + \ldots + (a_n + b_n) \\ &= (a_0 + a_1 + \ldots + a_n) + (b_0 + b_1 + \ldots + b_n) \\ &= \left(\sum_{k=0}^{n} a_k\right) + \left(\sum_{k=0}^{n} b_k\right)\end{aligned}$$

• Propriété 3

$$\left[\sum_{k=0}^{n} a_k\right]^2 = \sum_{i=0}^{n} \sum_{k=0}^{n} a_i a_k$$

Démonstration

$$\begin{aligned}\left[\sum_{k=0}^{n} a_k\right]^2 &= \left[\sum_{i=0}^{n} a_i\right] \times \left[\sum_{k=0}^{n} a_k\right] \\ &= a_0 \left[\sum_{k=0}^{n} a_k\right] + a_1 \left[\sum_{k=0}^{n} a_k\right] + \ldots + a_n \left[\sum_{k=0}^{n} a_k\right]\end{aligned}$$

© Dunod. Toute reproduction non autorisée est un délit.

on pose :

$$b_i = a_i \left[\sum_{k=0}^{n} a_k \right] = \sum_{k=0}^{n} a_i a_k$$

d'où :

$$\left[\sum_{k=0}^{n} a_k^2 \right] = \sum_{i=0}^{n} b_i = \sum_{i=0}^{n} \left(\sum_{k=0}^{n} a_i a_k \right)$$

• **Propriété 4**

soit $(a_{ij})_{\substack{i=1,\dots,n \\ j=1,\dots,m}}$ une famille de $n \times m$ nombres réels. Alors :

$$\sum_{i=0}^{n} \sum_{j=0}^{m} a_{ij} = \sum_{j=0}^{m} \sum_{i=0}^{n} a_{ij}$$

Démonstration : on note sous forme de tableau la famille $(a_{ij})_{\substack{i=1,\dots,n \\ j=1,\dots,m}}$, le réel a_{ij} se trouvant à la i-ième ligne et la j-ième colonne de ce tableau à n lignes et m colonnes :

$$\begin{bmatrix} a_{11} & a_{12} & \dots & a_{1j} & \dots & a_{1m} \\ \vdots & \vdots & & \vdots & & \vdots \\ a_{i1} & a_{i2} & \dots & a_{ij} & \dots & a_{im} \\ \vdots & \vdots & & \vdots & & \vdots \\ a_{n1} & a_{n2} & \dots & a_{nj} & \dots & a_{nm} \end{bmatrix}$$

On désigne par S la somme des $n \times m$ nombres a_{ij} ; S ne dépend pas de l'ordre dans lequel sont effectuées les additions.

D'une part $L_i = \sum_{j=1}^{m} a_{ij}$ = somme des termes de la ligne i et :

$$S = \sum_{i=1}^{n} L_i = \sum_{i=1}^{n} \sum_{j=1}^{m} a_{ij}$$

D'autre part $C_j = \sum_{i=1}^{n} a_{ij}$ = somme des termes de la colonne j et :

$$S = \sum_{j=1}^{m} C_j = \sum_{j=1}^{m} \sum_{i=1}^{n} a_{ij}$$

on conclut immédiatement.

D. Les nombres C_n^k

Soit 300 étudiants dans un amphithéâtre. Il en faut 30 pour faire un groupe de travaux dirigés. Combien de choix sont possibles pour faire un groupe ?

Un raisonnement simple va aboutir à une formule dite récurrente qui donnera la réponse à notre question, réponse notée C_{300}^{30}.

1) Définition

Soit A un ensemble de n éléments et B une partie de A. Dans B, il peut y avoir soit 0, soit 1, soit 2, etc., soit n éléments. On désigne par C_n^k le nombre de parties B à k éléments choisis parmi les n éléments de A. Ainsi, pour un ensemble à 4 éléments tel que $A = \{a, b, c, d\}$, les différentes parties B à trois éléments sont : $\{a, b, c\}$, $\{a, c, d\}$, $\{b, c, d\}$, $\{a, b, d\}$. Il y en a quatre d'où $C_4^3 = 4$.

2) Propriétés

a) On déduit immédiatement de la définition du nombre C_n^k : pour tout $n \in \mathbb{N}$, $C_n^0 = 1$, $C_n^n = 1$, $C_n^1 = n$, $C_n^k = 0$ si $k > n$.

b) Soit A un ensemble de n éléments ; on désigne par B_k une partie à k éléments de A et par B'_{n-k} la partie constituée par les $(n - k)$ éléments de A qui ne sont pas dans B_k.

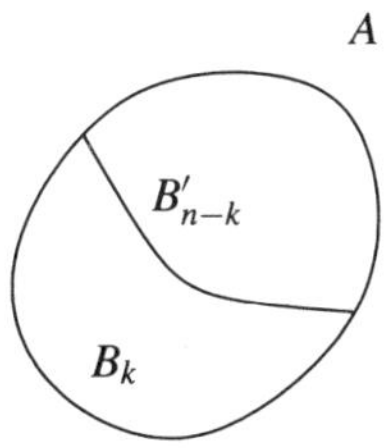

Figure 2.1

À toute partie B_k correspond une et une seule partie B'_{n-k}, et réciproquement. Donc, à toute partie à k éléments correspond une et une seule partie à $(n - k)$ éléments, d'où l'égalité :

$$C_n^k = C_n^{n-k}$$

c) Soit $a \in A$ un élément particulier de A.

© Dunod. Toute reproduction non autorisée est un délit.

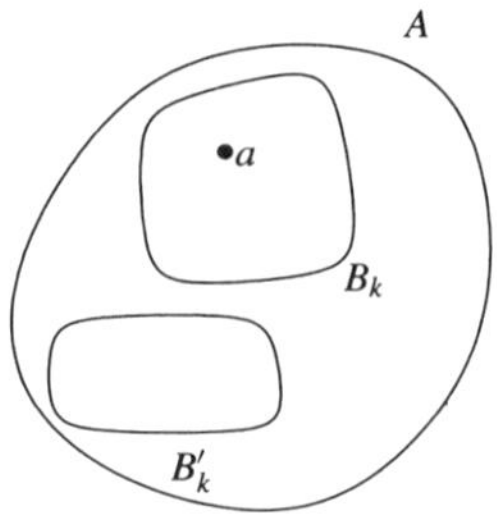

Figure 2.2

– Toute partie à k éléments de A soit contient a soit ne le contient pas.
– Pour définir une partie telle que B_k il faut choisir $(k - 1)$ éléments parmi les $(n - 1)$ éléments de A autres que a. Il y a donc C_{n-1}^{k-1} parties telles que B_k.
– Pour définir une partie telle que B'_k, il faut choisir k éléments parmi les $(n-1)$ éléments de A autres que a. II y a donc C_{n-1}^{k} parties telles que B'_k.

De ces trois points. on déduit l'égalité

$$C_n^k = C_{n-1}^{k-1} + C_{n-1}^k$$

d) Calcul des C_n^k par récurrence

On distingue par P(n) la proposition : « Les nombres $C_n^0, C_n^1, \ldots, C_n^k, \ldots, C_n^n$ sont connus. »

Étape 1 – P(0) est vraie. En effet $C_0^0 = 1$ (car la seule partie de l'ensemble vide est l'ensemble vide).

Étape 2 – Hypothèse de récurrence « P(n) vraie pour l'entier $n \in \mathbb{N}$ », c'est-à-dire les nombres $C_n^0, C_n^1, \ldots, C_n^k, \ldots, C_n^n$ sont connus.

Alors pour l'entier $(n + 1)$, d'après les résultats vus en a et c, on a les égalités suivantes : $C_{n+1}^0 = 1; C_{n+1}^1 = C_n^0 + C_n^1; C_{n+1}^2 = C_n^1 + C_n^2; \ldots; C_{n+1}^k = C_n^{k-1} + C_n^k; \ldots; C_{n+1}^{n+1} = 1$. Donc les nombres $C_{n+1}^0, C_{n+1}^1, \ldots, C_{n+1}^{n+1}$ sont connus et P($n + 1$) vraie pour l'entier $(n + 1)$.

Étape 3 – La récurrence est terminée. On conclut : pour tout $n \in \mathbb{N}$. les nombres $C_n^0, C_n^1, \ldots, C_n^k, \ldots, C_n^n$ sont connus. En d'autres termes, ces nombres sont calculables. Une présentation commode des calculs se fait à l'aide du tableau suivant, appelé *triangle de Pascal*, où l'on calcule de proche en proche les nombres C_n^k.

e) Le triangle de Pascal[1]

$n = 0,\ C_0^0$
$n = 1,\ C_1^0\ C_1^1$
$n = 2,\ C_2^0\ C_2^1\ C_2^2$
$n = 3,\ C_3^0\ C_3^1\ C_3^2\ C_3^3$
$n = 4,\ C_4^0\ C_4^1\ C_4^2\ C_4^3\ C_4^4$
$n = 5,\ C_5^0\ C_5^1\ C_5^2\ C_5^3\ C_5^4\ C_5^5$
etc.

Figure 2.3 – (Ainsi les nombres de la ligne 5 sont calculés à partir des nombres de la ligne 4 : $C_5^3 = C_4^2 + C_4^3$ par exemple.)

Ce qui donne après calcul, chaque ligne permettant de calculer la suivante :

$n = 0,\ 1$
$n = 1,\ 1\ \ 1$
$n = 2,\ 1\ \ 2\ \ 1$
$n = 3,\ 1\ \ 3\ \ 3\ \ 1$
$n = 4,\ 1\ \ 4\ \ 6\ \ 4\ \ 1$
$n = 5,\ 1\ \ 5\ \ 10\ \ 10\ \ 5\ \ 1$
etc.

Figure 2.4 – (Le 10 est obtenu par l'addition de 6 et 4.)

→ *Commentaires*

Ainsi, il est possible par cette méthode de calculer le nombre C_{300}^{30} qui répond à la question du début de ce chapitre.

Quant à la faisabilité d'un tel calcul par le triangle de Pascal ? Le calcul des nombres $C_{300}^0, C_{300}^1, \ldots C_{300}^{300}$ nécessite le calcul des 300 lignes précédentes de $C_n^k (n = 0$ à $n = 299)$, ce qui implique le calcul et l'écriture de 44 850 nombres !

(En effet, $1 + 2 + \ldots + 299 = \dfrac{299 \times 300}{2} = 44\,850$ d'après un résultat vu précédemment).

Même si, pour des considérations de symétries ($C_n^k = C_n^{n-k}$) dans le triangle de Pascal, on divise par deux les calculs, le calcul effectif de C_{300}^{30} n'est pas envisageable par cette méthode.

1. Blaise Pascal (1623–1662), mathématicien, physicien, philosophe et écrivain français. Mais le « triangle de Pascal » figure dans un ouvrage chinois de 1303.

© Dunod. Toute reproduction non autorisée est un délit.

f) La formule explicite des C_n^k

Par d'autres méthodes de dénombrement, on démontre la formule explicite suivante :

$$C_n^k = \frac{n!}{k!(n-k)!}$$

où $n!$ (lire « factorielle n ») est défini par :

$$0! = 1 \quad \text{et} \quad n! = (n-1)!.n, \quad n \in \mathbb{N}$$

Ainsi, $1! = 1$; $2! = 1 \times 2$; $3! = 1 \times 2 \times 3$; etc.

→ ***Commentaires***

Le nombre $n!$ représente le nombre de permutations d'un ensemble de n objets.

$n!$ prend très vite de grandes valeurs (par exemple $10! = 3\,628\,800$) et le nombre $C_{300}^{30} = \frac{300!}{30!270!}$ qui, après les simplifications évidentes, peut s'écrire

$$C_{300}^{30} = \frac{271 \times 272 \times \ldots \times 300}{1 \times 2 \times \ldots \times 30}$$

est lui aussi très grand. On le gardera sous cette forme.

3) La formule du binôme de Newton

a) On écrit côte à côte les identités remarquables ainsi que les premières lignes du triangle de Pascal.

$$n = 1, \quad (a+b)^1 = a + b \qquad 1\ 1$$

$$n = 2, \quad (a+b)^2 = a^2 + 2ab + b^2 \qquad 1\ 2\ 1$$

$$n = 3, \quad (a+b)^3 = a^3 + 3a^2b + 3ab^2 + b^3 \qquad 1\ 3\ 3\ 1$$

$$n = 4, \quad (a+b)^4 = a^4 + 4a^3b + 6a^2b^2 + 4ab^3 + b^4 \qquad 1\ 4\ 6\ 4\ 1$$

On constate l'écriture (cas $n = 3$ par exemple)

$$(a+b)^3 = C_3^0a^3 + C_3^1a^2b + C_3^2ab^2 + C_3^3b^3$$

On subodore alors la formule générale

$$(a+b)^n = C_n^0a^n + C_n^1a^{n-1}b + C_n^2a^{n-2}b^2 + \ldots + C_n^ka^{n-k}b^k + \ldots + C_n^nb^n$$

ou encore, en utilisant le signe $\sum$:

$$(a+b)^n = \sum_{k=0}^{n} C_n^k a^{n-k} b^k$$

dite formule du *binôme de Newton* (1642–1727).

La démonstration (très calculatoire) se fait par récurrence à l'aide de la relation : $C_n^k = C_{n-1}^{k-1} + C_{n-1}^k$ vue en 2 c).

b) Applications

– Soit A un ensemble de n éléments. Le nombre de parties, ou sous-ensembles, de A est égal à :

$$C_n^0 + C_n^1 + \ldots + C_n^k + \ldots + C_n^n$$

car, on l'a vu, C_n^k représente le nombre de parties de A ayant k éléments. D'après la formule du binôme de Newton :

$$C_n^0 + C_n^1 + \ldots + C_n^n = (1+1)^n = 2^n$$

Conclusion : un ensemble à n éléments possède 2^n parties.

– Pour $a = 1$ et $b = -1$ dans la formule du binôme de Newton, on obtient l'égalité :

$$C_n^0 - C_n^1 + C_n^2 - C_n^3 + \ldots + (-1)^n C_n^n = 0$$

II. L'ensemble $\mathbb{R}$ des nombres réels

Résoudre une équation, c'est trouver l'inconnue. Mais encore faut-il savoir où la chercher : c'est-à-dire dans quel ensemble ?

Si un ensemble ne contient pas les inconnues cherchées, il est naturel d'imaginer, dans un premier temps, un ensemble plus grand qui, lui, fait l'affaire. On pourra toujours voir, ensuite, comment légitimer par une construction rigoureuse *via* l'algèbre ou l'analyse ce nouvel ensemble.

Ainsi naquirent $\mathbb{Z}$, $\mathbb{Q}$, $\mathbb{R}$ à partir de $\mathbb{N}$.

A. Insuffisance des ensembles $\mathbb{N}$, $\mathbb{Z}$, $\mathbb{Q}$

1) Des entiers naturels aux entiers relatifs

L'équation $x + 7 = 2$ n'a pas de solution x dans $\mathbb{N}$. On imagine $\mathbb{Z} = \{\ldots, -2, -1, 0 + 1, +2, \ldots\}$ où :

– d'une part : l'équation $x + 7 = 2$ a sa solution $x = -5$ dans $\mathbb{Z}$;

– d'autre part : toute équation de la forme $x + b = a$ a une solution dans $\mathbb{Z}$, pour tout $a \in \mathbb{Z}$ pour tout $b \in \mathbb{Z}$. $\mathbb{Z}$ s'appelle l'ensemble des *entiers relatifs*.

2) Des entiers relatifs aux « fractions » de $\mathbb{Q}$

L'équation $7x = 2$ n'a pas de solution x dans $\mathbb{Z}$. On imagine $Q = \{r = \dfrac{p}{q}$ tel que $p \in \mathbb{Z}, q \in \mathbb{Z}, q \neq 0\}$ où :

– d'une part l'équation $7x = 2$ a sa solution $x = \dfrac{2}{7}$ dans $\mathbb{Q}$;

© Dunod. Toute reproduction non autorisée est un délit.

– d'autre part toute équation de la forme $ax = b$ a une solution dans $\mathbb{Q}$ pour tout $a \in \mathbb{Q}$, $a \neq 0$ et pour tout $b \in \mathbb{Q}$.

$\mathbb{Q}$ s'appelle l'ensemble des *nombres rationnels* et la notation $\frac{p}{q}$ désigne une fraction.

→ ***Commentaires***

r est un nombre rationnel (ratio veut dire rapport) si et seulement si il existe deux entiers relatifs p et q avec $q \neq 0$ tels que $r = \frac{p}{q}$.

p et q ne sont pas uniques, en effet, $\frac{2}{7} = \frac{4}{14} = \frac{6}{21}$.

Si $r = \frac{p}{q}$ et $r' = \frac{p'}{q'}$ on retiendra que :

– $r = r' \iff pq' = qp'$

– $r + r' = \dfrac{pq' + qp'}{qq'}$

– $rr' = \dfrac{pp'}{qq'}$

– $\dfrac{r}{r'} = \dfrac{pq'}{qp'}$

À partir de $\mathbb{N}$ l'ensemble des entiers naturels on a vu la nécessité de définir des ensembles plus grands $\mathbb{Z}$ et $\mathbb{Q}$ où les équations en x : $a + x = b$ et $ax = b$ avaient toujours une solution.

La construction de $\mathbb{Z}$ à partir de $\mathbb{N}$ puis de $\mathbb{Q}$ à partir de $\mathbb{Z}$ se fait par les voies de l'algèbre. $\mathbb{N} \subset \mathbb{Z} \subset \mathbb{Q}$ et les opérations d'addition et de multiplication, ainsi que la relation d'ordre $\leqslant$, définies dans $\mathbb{N}$ s'étendent à $\mathbb{Q}$ sans perdre les propriétés P_1 à P_8 vues en I-A.

3) Insuffisance de $\mathbb{Q}$ l'ensemble des rationnels

a) Le théorème de Pythagore (VIe siècle av. J.C.). Ce théorème est à l'origine de l'insuffisance des fractions. Parmi ses nombreuses démonstrations donnons celle qui fait appel à la notion de surface dans le cas particulier d'un triangle rectangle isocèle de côté 1. Considérons la figure suivante :

Surface du grand carré = 4.

Surface du petit carré = x^2

Surface du triangle $ABC = \frac{1}{2}$.

La surface du grand carré est égale à la somme de la surface du petit carré et de quatre fois la surface du triangle ABC, c'est-à-dire $4 = x^2 + 2$ d'où $x^2 = 2$.

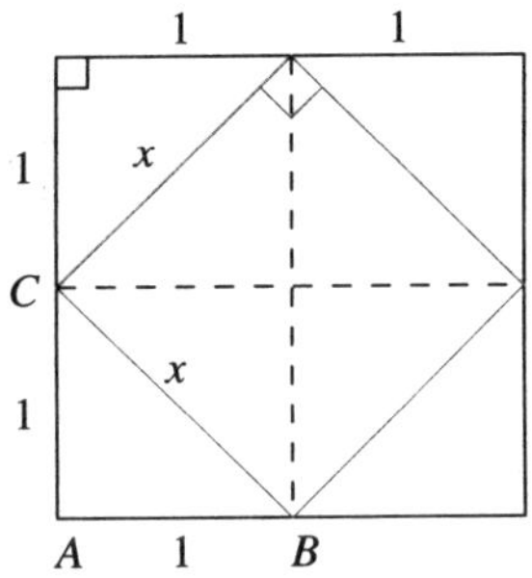

Figure 2.5

Conclusion : La longueur x de l'hypoténuse du triangle rectangle ABC est solution de l'équation $x^2 = 2$.

Il pourrait paraître naturel de chercher x parmi les rationnels. En effet, avec les fractions, on peut toujours améliorer la précision d'encadrement de x tel que $x^2 = 2$. Le tableau 2.1 nous donne des nombres rationnels de plus en plus proches – par excès ou par défaut – du nombre « idéal » x cherché tel que $x^2 = 2$.

Tableau 2.1

x	x^2
1,4	1,96
1,41	1,9881
1,414	1,999396
x= ?	2

x	x^2
1,5	2,25
1,42	2,0164
1,415	2,002225
x= ?	2

b) Aucun nombre rationnel n'a son carré égal à 2, ou encore l'équation $x^2 = 2$ n'a pas de solution dans $\mathbb{Q}$, ou encore « $x^2 = 2 \Longrightarrow x \notin \mathbb{Q}$ », ou encore « $x \in \mathbb{Q} \Longrightarrow x^2 \neq 2$ ».

Démonstration *par l'absurde* de ce résultat

Soit $x \in \mathbb{Q}$ et $x > 0$. On écrit x sous la forme $x = \dfrac{p}{q}$, $p \in \mathbb{N}$, $q \in \mathbb{N}$, $\dfrac{p}{q}$ fraction irréductible. (Par exemple $x = \dfrac{42}{70}$ a pour forme irréductible $x = \dfrac{3}{5} = \dfrac{p}{q}$.) Par des considérations élémentaires de parités sur les entiers p et q, montrons que l'égalité $x^2 = 2$ c'est-à-dire $p^2 = 2q^2$ est incompatible avec l'hypothèse $x = \dfrac{p}{q}$ fraction irréductible. En effet :

$$x^2 = 2 \Longrightarrow p^2 = 2q^2 \Longrightarrow p^2 \text{ pair} \Longrightarrow p \textit{ pair} \Longrightarrow p = 2.k,$$
$$k \in \mathbb{N} \Longrightarrow 4k^2 = 2q^2 \Longrightarrow 2k^2 = q^2 \Longrightarrow q^2 \text{ pair} \Longrightarrow q \textit{ pair}$$

© Dunod. Toute reproduction non autorisée est un délit.

→ ***Commentaires***

La propriété « p^2 *pair* $\Longrightarrow$ p pair » utilisée ci-dessus résulte de l'implication contraposée « p impair $\Longrightarrow$ p^2 impair ». En effet : p impair $\Longrightarrow$ $p = 2k+1,\ k \in \mathbb{N} \Longrightarrow p^2 = 2(2k^2+2k)+1,\ 2k^2+2k \in \mathbb{N} \Longrightarrow p^2$ impair.

Récapitulation : si $x = \dfrac{p}{q}$ est la fraction irréductible telle que $x^2 = 2$, alors p et q sont des entiers naturels pairs... et la fraction $\dfrac{p}{q}$ n'est plus irréductible. On a trouvé une contradiction ; elle clôt notre démonstration par l'absurde.

Conclusion : si $x \in \mathbb{Q}$, $x > 0$, alors $x^2 \neq 2$. Par ailleurs, si $x \in \mathbb{Q}$, $x < 0$ alors $-x > 0$, $-x \in \mathbb{Q}$ et $x^2 = (-x)^2 \neq 2$.

L'équation $x^2 = 2$ n'a donc pas de solution dans $\mathbb{Q}$, pour mesurer la longueur de la diagonale d'un carré de côté 1 on a besoin d'autres nombres que ceux écrits sous forme de fractions.

Seule consolation, on sait approcher le « nouveau nombre x » qui n'est pas dans $\mathbb{Q}$, d'aussi près que l'on veut par des éléments de $\mathbb{Q}$.

4) $\mathbb{R}$: le « clone algébrique » de $\mathbb{Q}$

On admettra l'existence, la construction par les méthodes de l'analyse mathématique, d'un ensemble $\mathbb{R}$ dit ensemble des *nombres réels* tel que :

- $\mathbb{Q} \subset \mathbb{R}$
- $(\mathbb{R}, +, ., \leqslant)$ est algébriquement la copie conforme de $(\mathbb{Q}, +, ., \leqslant)$ c'est-à-dire que les règles de calcul sont les mêmes.
- « Toute partie non vide *majorée* de $\mathbb{R}$ admet une *borne supérieure* dans $\mathbb{R}$ ». Cette propriété, qui n'est pas vraie dans $\mathbb{Q}$, caractérise l'ensemble $\mathbb{R}$ des nombres réels. Son étude est l'objet du paragraphe B ci-dessous.

L'équation $x^2 = 2$ (et plus généralement toute équation de la forme $x^2 = a$, $a \geqslant 0$, $a \in \mathbb{R}$) a des solutions dans $\mathbb{R}$.

Les nombres réels qui ne sont pas dans $\mathbb{Q}$ sont dits *nombres irrationnels* (c'est-à-dire ne peuvent être écrits sous forme de rapport).

B. Concept nouveau : borne supérieure d'une partie non vide de $\mathbb{R}$

1) Définitions

Soit E une partie non vide de $\mathbb{R}$ et a un nombre réel.

a) a est un *majorant* de E si $\forall x \in E,\ x \leqslant a$

b) a est un *minorant* de E si $\forall x \in E,\ a \leqslant x$

c) a est est le maximum de E ou encore le *plus grand élément* de E si a est un majorant de E et $a \in E$. On note alors $a = \max E$.

d) a est le minimum de E ou encore le plus *petit élément* de E si a est un minorant de E et $a \in E$. On note alors $a = \min E$.

e) a est la *borne supérieure* de E si a est le plus petit des majorants de E. On note alors $a = \sup E$.

f) a est la *borne inférieure* de E si a est le plus grand des minorants de E. On note alors $a = \inf E$.

g) On dit que E est une partie *majorée* (respectivement *minorée*) de $\mathbb{R}$ si elle admet un majorant (respectivement minorant) dans $\mathbb{R}$.

h) On dit que E est une partie *bornée* de $\mathbb{R}$ si elle est à la fois majorée et minorée.

2) Exemples

a) $E = \{1, 3, 5, 7\}$; $\max E = \sup E = 7$; $\min E = \inf E = 1$. Plus généralement, toute partie non vide finie de $\mathbb{N}$ admet un min et un max.

b) $E = \left\{1, \frac{1}{2}, \frac{1}{3}, \frac{1}{4}, \ldots\right\} = \left\{\frac{1}{n}, n \in \mathbb{N}^*\right\}$

$\max E = \sup E = 1$; $\inf E = 0$ mais $\min E$ n'existe pas. Montrons par l'absurde ce dernier résultat : s'il existe $\min E$ alors $\min E = \frac{1}{n} \in E$. On en déduit $b = \frac{1}{2n} \in E$ avec $b < \min E$ et $\min E$ n'est donc pas le plus petit élément de E.

⟶ ***Commentaires***

On notera, dans cet exemple, que E, bien que minoré, n'admet pas de plus petit élément. La situation se retrouve avec des ensembles majorés sans plus grand élément.

3) Propriétés

• Proposition 1

S'il existe, le plus grand (respectivement le plus petit) élément d'une partie E non vide de $\mathbb{R}$ est unique.

Démonstration : Soit E une partie non vide de $\mathbb{R}$, $a_1 \in \mathbb{R}$ tel que a_1 plus grand élément de E, $a_2 \in \mathbb{R}$ tel que a_2 plus grand élément de E. Alors :

$$\left.\begin{array}{ll} (1) & a_1 \in E \\ (2) & \forall x \in E,\ x \leqslant a_1 \\ (3) & a_2 \in E \\ (4) & \forall x \in E,\ x \leqslant a_2 \end{array}\right\} \quad \text{d'où} \quad \left\{\begin{array}{l} a_1 \leqslant a_2 \text{ d'après (1) et (4)} \\ a_2 \leqslant a_1 \text{ d'après (2) et (3)} \end{array}\right.$$

et donc $a_1 = a_2$.

© Dunod. Toute reproduction non autorisée est un délit.

→ ***Commentaires***

On a ainsi montré : si deux éléments a_1 et a_2 ont chacun les caractéristiques de « plus grand élément de E », alors ils sont égaux. D'où l'unicité de $\max E$ s'il existe.

Cette technique de démonstration de l'unicité (sans condition d'existence) est classique, on la retrouvera dans la suite du cours.

Exactement de la même manière – *mutatis mutandis* – on montrerait que $\min E$ est unique.

Corollaire : Si elle existe, la borne supérieure (respectivement inférieure) d'une partie E non vide de $\mathbb{R}$ est unique.

Démonstration : Soit $\mathcal{M}_E$ = l'ensemble des majorants de E. Si $\mathcal{M}_E \neq \emptyset$ alors $\sup E = \min \mathcal{M}_E$ et on conclut à l'unicité de $\sup E$ d'après la proposition 1. Idem – *mutatis mutandis* – pour l'unicité de $\inf E$.

• Proposition 2

$$\begin{array}{lllll} a = \max E & \Longrightarrow & a = \sup E & \Longrightarrow & a \text{ majore } E \\ a = \min E & \Longrightarrow & a = \inf E & \Longrightarrow & a \text{ minore } E \end{array}$$

Démonstration : Soit E une partie non vide de $\mathbb{R}$ et $a = \max E$ le plus grand élément de E.

$$\begin{aligned} a = \max E &\Longrightarrow \begin{cases} a \in E \\ a \in \mathcal{M}_E = \text{l'ensemble des majorants de } E \end{cases} \\ &\Longrightarrow \begin{cases} \forall m \in \mathcal{M}_E,\ a \leqslant m \text{ (car } a \in E) \\ a \in \mathcal{M}_E \end{cases} \\ &\Longrightarrow a \text{ est le plus petit élément de } \mathcal{M}_E \\ &\Longrightarrow a = \min \mathcal{M}_E = \text{le plus petit des majorants de } E \\ &\Longrightarrow a = \sup E \end{aligned}$$

L'implication $a = \sup E \Longrightarrow a$ majore E résulte de la définition de $\sup E$ = le plus petit des majorants de E.

De la même manière – *mutatis mutandis* – on montre les deux autres implications.

• **Proposition 3 : Caractérisation de la borne supérieure**

Soit E une partie non vide de $\mathbb{R}$, alors

$$a = \sup E \iff \begin{cases} (1)\ a \quad \text{majore} \quad E \\ (2)\ \forall \varepsilon > 0\ \exists x \in E \text{ tel que } a - \varepsilon < x \leqslant a \end{cases}$$

Démonstration : Si a est le plus petit des majorants de E alors, d'une part il est majorant (d'où (1)) et, d'autre part, il n'y a pas de majorant strictement plus petit que a (d'où (2)). Situation que l'on peut commenter à l'aide de la figure 2.6.

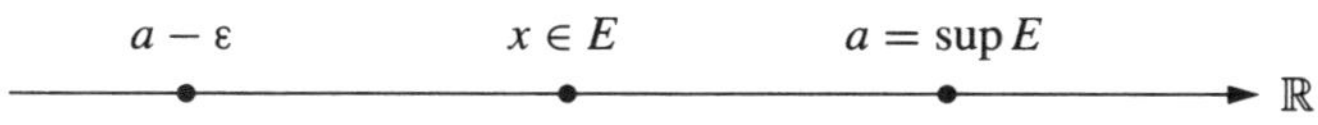

Figure 2.6

Tout nombre $a - \varepsilon$ strictement plus petit que a ne majore plus E, c'est-à-dire $\exists x \in E$ tel que $a - \varepsilon < x$.

→ ***Commentaires***

D'après les propriétés des quantificateurs vues au chapitre 1 :

$$\begin{aligned} a - \varepsilon \text{ ne majore plus } E &\iff \neg(a - \varepsilon \text{ majore } E) \\ &\iff \neg(\forall x \in E,\ x \leqslant a - \varepsilon) \\ &\iff \exists x \in E \text{ tel que } a - \varepsilon < x \end{aligned}$$

4) Axiome de la borne supérieure dans $\mathbb{R}$

L'axiome de la borne supérieure – en abrégé ABS – s'énonce : « Toute partie non vide majorée de $\mathbb{R}$ admet une borne supérieure dans $\mathbb{R}$ ». Cet axiome pose une propriété qui caractérise l'ensemble $\mathbb{R}$ des réels par rapport à l'ensemble $\mathbb{Q}$ des rationnels, sachant que dans $\mathbb{Q}$ cette propriété n'est plus vraie (voir ci-dessous). Ainsi, on peut dire que l'ABS est le « plus » de $\mathbb{R}$ par rapport à $\mathbb{Q}$ et, comme tout axiome, l'ABS ne se démontre pas.

→ ***Commentaires***

On montre sans difficulté que l'ABS est équivalent à l'axiome de la borne inférieure, en abrégé ABI : « Toute partie non vide minorée de $\mathbb{R}$ admet une borne inférieure dans $\mathbb{R}$ ».

5) $\mathbb{Q}$ n'est pas muni de l'ABS

En effet, il existe des parties non vides majorées de $\mathbb{Q}$ qui n'admettent pas de borne supérieure dans $\mathbb{Q}$.

© Dunod. Toute reproduction non autorisée est un délit.

Soit $A = \{r \in \mathbb{Q}^+ \text{ tel que } r^2 < 2\}$. $1 \in A$ donc A partie non vide.

$r \in A \Longrightarrow r^2 < 2 \Longrightarrow r^2 < 9 \Longrightarrow r < 3$. Donc 3 est un majorant de A.

$A \subset \mathbb{Q}^+ \subset \mathbb{Q} \subset \mathbb{R}$. Donc A est une partie non vide majorée de $\mathbb{Q}$.

Sachant que $\mathbb{Q} \subset \mathbb{R}$, il est clair que A est aussi une partie non vide majorée de $\mathbb{R}$.

D'après l'ABS dans $\mathbb{R}$ qui assure l'existence de $\sup A$ dans $\mathbb{R}$, posons $\alpha = \sup A$, $\alpha \in \mathbb{R}$.

Montrons par l'absurde que α n'est pas un rationnel.

Soit l'hypothèse : $\alpha \in \mathbb{Q}$.

Supposons $\alpha^2 < 2$. On considère le nombre $r = \alpha + \dfrac{2 - \alpha^2}{2 + \alpha}$. D'une part $r \in \mathbb{Q}^+$, $r^2 < 2$, donc $r \in A$, d'autre part $\alpha < r \in A$. Contradiction avec $\alpha = \sup A$ qui est un majorant de A. Conclusion $\alpha^2 \geqslant 2$.

Supposons $\alpha^2 > 2$. On considère le nombre $y = \alpha - \dfrac{\alpha^2 - 2}{2\alpha}$. D'une part $y \in \mathbb{Q}^+$, $2 < y^2$ avec pour conséquence $\forall r \in A$, $r^2 < 2 < y^2$ d'où $0 \leqslant r < y$ et y majore A, d'autre part $y < \alpha$. Contradiction avec $\alpha = \sup A$ qui est le plus petit des majorants de A. Conclusion $\alpha^2 \leqslant 2$.

Il en résulte : $\alpha^2 = 2$. Or, on l'a vu précédemment en A 3 b), aucun rationnel n'a son carré égal à 2. Contradiction avec l'hypothèse $\alpha \in \mathbb{Q}$, on conclut notre raisonnement par l'absurde : $\alpha = \sup A$ est un nombre irrationnel.

→ *Commentaires*

A, partie non vide majorée de $\mathbb{Q}$, n'a pas sa borne supérieure dans $\mathbb{Q}$, l'axiome de la borne supérieure que l'on a posé en tant que propriété de $\mathbb{R}$ l'ensemble des réels n'est donc pas vérifié par $\mathbb{Q}$ l'ensemble des rationnels. L'étude de cet exemple le prouve.

Il est clair que certaines parties non vide majorées de $\mathbb{Q}$ ont leur borne supérieure dans $\mathbb{Q}$. Ainsi $B = \{r \in \mathbb{Q}^+ \text{ tel que } r^2 < 9\}$, a pour borne supérieure $\sup B = 3 \in \mathbb{Q}$.

Les bornes supérieures, des parties non vides majorées de $\mathbb{Q}$, qui ne sont pas dans $\mathbb{Q}$ définissent tous les nombres irrationnels. On mesura là le côté « productif » de ce nouveau concept de borne supérieure.

C. L'ensemble ($\mathbb{R}$, +, ., $\leqslant$, ABS)

1) L'application valeur absolue $|.|$

a) Définition

$$\begin{array}{llll} |.| & : \mathbb{R} & \rightarrow & \mathbb{R}_+ \\ & x & \mapsto & |x| = \max\{x, -x\} \end{array}$$

D'où le graphe 2.7.

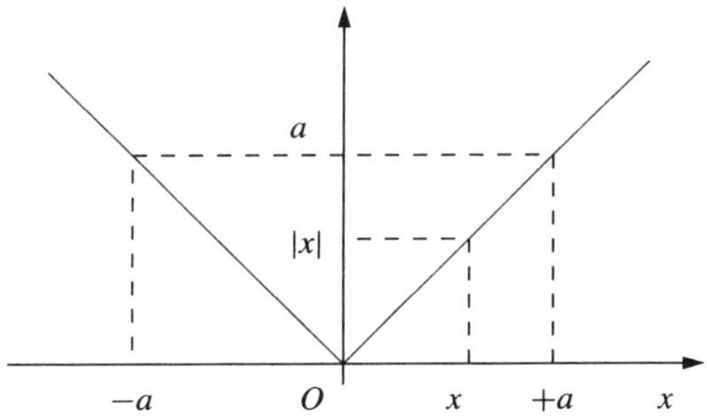

Figure 2.7

Conséquence directe du graphe, on remarque :

$$|x| = \begin{cases} +x & \text{si} \quad x \geqslant 0 \\ -x & \text{si} \quad x < 0 \end{cases}$$

$$\begin{array}{ll} |x| = 0 & \text{si et seulement si } x = 0; \\ |x| \leqslant a & \text{si et seulement si } -a \leqslant x \leqslant a; \\ |x| \geqslant a & \text{si et seulement si } x \geqslant a \text{ ou } x \leqslant -a. \end{array}$$

b) Propriétés

Pour tout x et y dans $\mathbb{R}$,

a) $|x.y| = |x|.|y|$

b) $|x + y| \leqslant |x| + |y|$

c) $||x| - |y|| \leqslant |x - y|$

© Dunod. Toute reproduction non autorisée est un délit.

Démonstration :
a) Sachant que

$$|x| = \begin{cases} +x & \text{si} \quad x \geqslant 0 \\ -x & \text{si} \quad x < 0 \end{cases}$$

dans les quatre cas possibles de signes pour x et y on montre l'égalité. Ainsi, cas $x \geqslant 0$ et $y < 0$: $|xy| = -xy = x.(-y) = |x|.|y|$ etc.
b) Il est clair que $\forall x \in \mathbb{R}$, $x \leqslant |x|$ et $-x \leqslant |x|$, d'où les inégalités :

$$\begin{array}{cc} x \leqslant |x| & -x \leqslant |x| \\ y \leqslant |y| & -y \leqslant |y| \\ \hline x + y \leqslant |x| + |y| & -(x+y) \leqslant |x| + |y| \end{array}$$

On voit que $|x| + |y|$ est un majorant de $\{x + y, -(x + y)\}$, il en résulte :

$$|x + y| = \max\{x + y, -(x + y)\} \leqslant |x| + |y|$$

c) On pense à écrire $x = (x - y) + y$ d'où $|x| \leqslant |x - y| + |y|$ d'après b) et $|x| - |y| \leqslant |x - y|$.
De même $|y| - |x| \leqslant |y - x| = |(-1).(x - y)| = |-1|.|x - y| = |x - y|$.
Récapitulation :

$$|x| - |y| \leqslant |x - y|$$
$$-(|x| - |y|) \leqslant |x - y|$$

On conclut :

$$\begin{aligned} ||x| - |y|| &= \max\{|x| - |y|, -(|x| - |y|)\} \\ &\leqslant |x - y| \end{aligned}$$

2) Intervalles de $\mathbb{R}$. Voisinage d'un point

a) Définitions

Les parties suivantes de $\mathbb{R}$ jouent un rôle important en analyse, on les appelle *intervalles* de $\mathbb{R}$. Soit $a \in \mathbb{R}$ et $b \in \mathbb{R}$

$]a, b[= \{x \in \mathbb{R}$ tel que $a < x < b\}$, appelé intervalle *ouvert* de bornes a et b

$[a, b] = \{x \in \mathbb{R}$ tel que $a \leqslant x \leqslant b\}$, appelé intervalle *fermé*, ou *segment*, de bornes a et b

$$[a,b[\ = \{x \in \mathbb{R} \text{ tel que } a \leqslant x < b\}$$

$$]a,b] = \{x \in \mathbb{R} \text{ tel que } a < x \leqslant b\}$$

$$]a,+\infty[\ = \{x \in \mathbb{R} \text{ tel que } a < x\}$$

$$[a,+\infty[\ = \{x \in \mathbb{R} \text{ tel que } a \leqslant x\}$$

$$]-\infty,a[\ = \{x \in \mathbb{R} \text{ tel que } x < a\}$$

$$]-\infty,a] = \{x \in \mathbb{R} \text{ tel que } x \leqslant a\}$$

$$]-\infty,+\infty[\ = \mathbb{R}$$

→ *Commentaires*

- Il est clair que $]a,a[=]a,a] = [a,a[= \emptyset$ et $[a,a] = \{a\}$.
  Enfin, si $b < a$, $]a,b[= [a,b[=]a,b] = [a,b] = \emptyset$.
- On a répertorié ci-dessus tous les types possibles d'intervalles de $\mathbb{R}$ (il y en a donc neuf). On remarquera la propriété caractéristique pour qu'une partie I de $\mathbb{R}$ soit un intervalle :

  I intervalle de $\mathbb{R}$ si et seulement si : $\forall a \in I, \forall b \in I,]a,b[\subset I$

  Ainsi $E\ =]0,5[\ \cup\ \{6\}\ \cup\ [9,11]$ est une partie de $\mathbb{R}$ qui n'est pas un intervalle de $\mathbb{R}$.
- Les intervalles ouverts de $\mathbb{R}$, sont :

  $$]a,b[, \quad]a,+\infty[, \quad]-\infty,a[, \quad]-\infty,+\infty[$$

  Les intervalles fermés de $\mathbb{R}$ sont :

  $$[a,b], \quad [a,+\infty[, \quad]-\infty,a], \quad]-\infty,+\infty[$$

  Si I est un intervalle *ouvert* de $\mathbb{R}$, alors :

  $$\forall x \in I, \quad \exists \alpha > 0 \text{ tel que }]x-\alpha, x+\alpha[\subset I$$

  Par exemple, si $I\ =]a,b[$:

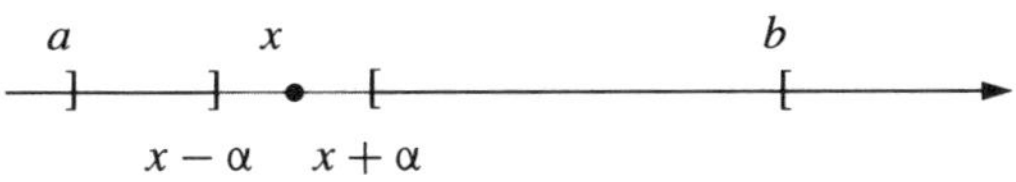

Figure 2.8

  $]x-\alpha, x+\alpha[$ s'appelle intervalle ouvert de centre x et de rayon $\alpha > 0$. Il est clair que cette propriété n'est pas vraie pour l'intervalle fermé $[a,b]$ puisque pour $x = a$, $]a-\alpha, a+\alpha[$ n'est jamais inclus dans $[a,b]$.

© Dunod. Toute reproduction non autorisée est un délit.

b) Représentation paramétrique de l'intervalle $]a, b[$

Soit l'intervalle ouvert $]a, b[$, $a < b$:

$$\begin{aligned} x \in]a, b[&\iff a < x < b \iff 0 < x - a < b - a \\ &\iff 0 < \frac{x-a}{b-a} < 1 \iff \frac{x-a}{b-a} = \lambda \in]0, 1[\\ &\iff x = a + \lambda(b - a),\ \lambda \in]0, 1[\\ &\iff x = \lambda b + (1 - \lambda)a,\ \lambda \in]0, 1[\\ &\iff x = \mu a + (1 - \mu)b,\ \mu \in]0, 1[\end{aligned}$$

Conclusion : On appelle *représentation paramétrique* de l'intervalle $]a, b[$, l'écriture suivante :

$$]a, b[= \{x = \mu a + (1 - \mu)b \text{ tel que } \mu \in]0, 1[\}$$

De la même manière on montrerait que tout élément $x \in [a, b]$ fermé, peut être écrit $x = \mu a + (1 - \mu)b$, $\mu \in [0, 1]$.

c) L'inéquation $|x - a| < \varepsilon, a \in \mathbb{R}, \varepsilon > 0$

Cette inéquation joue un rôle essentiel en analyse, nous en donnons la solution (obtenue sans difficulté) : x est solution de l'inéquation $|x - a| < \varepsilon$ si et seulement si $x \in]a - \varepsilon, a + \varepsilon[$. $|x - a|$ est la *distance* entre les points d'abscisses x et a (figure 2.9).

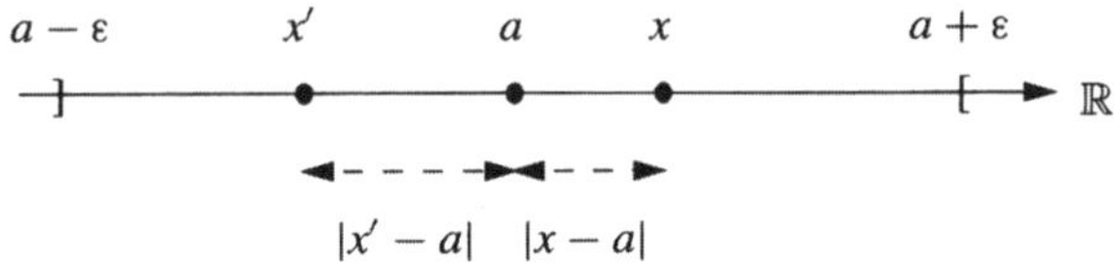

Figure 2.9

d) Voisinage d'un point de $\mathbb{R}$

On sera amené dans le chapitre 4 à parler d'une propriété « vraie au voisinage d'un point $a \in \mathbb{R}$ » avec le sens intuitif « habituel ». On exprimera cette situation de la manière suivante : « il existe $\alpha > 0$ tel que sur l'intervalle ouvert $]a - \alpha, a + \alpha[$ la propriété est vraie ».

▶ **Exemples**

- *La fonction* $x \mapsto \ln x$ *est définie au voisinage de* $a = 10^{-3}$ *car définie sur l'intervalle* $]a - 10^{-4}, a + 10^{-4}[$.

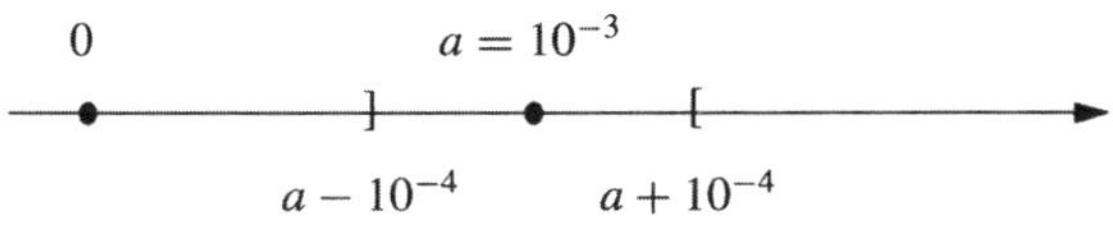

Figure 2.10

- *La fonction* $x \mapsto \sqrt{x}$ *n'est pas définie au voisinage de* $a = 0$ *car, quel que soit* $\alpha > 0$*, cette, fonction n'est pas définie sur l'intervalle* $]-\alpha, +\alpha[$*... à cause des nombres strictement négatifs qui s'y trouvent.*
- *La fonction* $x \mapsto \ln|x|$ *est définie au voisinage de* $a = 0$ *sauf en* $a = 0$*, car définie sur* $]-1, +1[\setminus\{0\}$ *(*$\ln|x|$ *est définie sur* $\mathbb{R}^*$*).*
- *La fonction* $x \mapsto \dfrac{1}{x-2}$ *est définie au voisinage de* $a = 2$ *sauf en* $a = 2$*.*

Exercices

Énoncés

Exercice n° 1

Démontrer les formules suivantes où n désigne un entier naturel quelconque. On utilisera la méthode proposée :

a)
$$1 + q + q^2 + \ldots + q^n = \frac{1 - q^{n+1}}{1 - q} \tag{2.1}$$

- Démontrer (2.1) par récurrence sur n. On traitera à part le cas $q = 1$.
- Calculer $(1 + q + q^2 + \ldots + q^n)(1 - q)$, en déduire directement la formule (2.1) pour $q \neq 1$.

b)
$$1 + 2 + 3 + \ldots + n = \frac{1}{2}n(n+1) \tag{2.2}$$

Démontrer (2.2) directement après avoir calculé

$$[1 + 2 + 3 + \ldots + (n-1) + n] + [n + (n-1) + \ldots + 2 + 1].$$

c)
$$\sum_{k=1}^{n}(2k - 1) = n^2 \tag{2.3}$$

- Démontrer (2.3) par récurrence sur n
- Démontrer (2.3) directement en utilisant (2.2) ainsi que les propriétés du signe « $\sum$ ».

© Dunod. Toute reproduction non autorisée est un délit.

Exercice n° 2

« La pêche à la formule en vue d'une récurrence ». Fort du résultat :

$$1 + 2 + \ldots + n = \frac{1}{2}n^2 + \frac{1}{2}n,$$

on peut espérer une formule P(n) telle que :

$$1^2 + 2^2 + \ldots + n^2 = \mathrm{P}(n) \tag{2.4}$$

où n est un entier quelconque.

a) Quel type de polynôme P(n) est-il raisonnable de proposer ? Est-on assuré de l'existence d'une telle formule, polynômiale ou non ?

b) On pose $\mathrm{P}(n) = an^3 + bn^2 + cn + d$. Démontrer que si P($n$) convient pour (2,4), alors a, b, c, d sont les solutions d'un système linéaire de quatre équations à quatre inconnues. Calculer a, b, c, d.

c) Démontrer par récurrence que : pour tout $n \in \mathbb{N}$,

$$1^2 + 2^2 + \ldots + n^2 = \frac{n(n+1)(2n+1)}{6}$$

d) Peut-on imaginer une généralisation de cette méthode ?

Exercice n° 3

Établir l'égalité suivante :

$$C_n^k = C_{n-2}^{k-2} + 2C_{n-2}^{k-1} + C_{n-2}^k$$

Méthode : Isoler deux éléments d'un ensemble à n éléments puis dénombrer les parties à k éléments contenant l'un, l'autre, l'un et l'autre, ni l'un ni l'autre.

Exercice n° 4

Démontrer que pour tout $n \in \mathbb{N}^*$, C_{2n}^n est pair.

Exercice n° 5

Soit A partie non vide de $\mathbb{R}$ telle que $A \subset]0, +\infty[$. Démontrer que $\inf \left\{ \frac{1}{a}, a \in A \right\} = 0$ si et seulement si $\sup A = +\infty$.

Exercice n° 6

Démontrer les relations suivantes où a et b désignent deux réels quelconques.

a) $2|ab| \leqslant a^2 + b^2$

b) $\sqrt{a^2 + b^2} \leqslant |a| + |b| \leqslant \sqrt{2}\,\sqrt{a^2 + b^2}$

c) $\max\{a, b\} = \frac{1}{2}(a + b + |a - b|)$

d) $\min\{a, b\} = \frac{1}{2}(a + b - |a - b|)$

Exercice n° 7

Soit $u_n = 1^3 + 2^3 + ... + n^3$ et $v_n = (1 + 2 + ... + n)^2$.

Démontrer que : $\forall n \in \mathbb{N}^*,\ u_n = v_n$.

Exercice n° 8

Soit $S_n = \sum_{k=1}^{n} \frac{(-1)^{k+1}}{k} = 1 - \frac{1}{2} + \frac{1}{3} - ... + \frac{(-1)^{n+1}}{n}$. On veut montrer : $\forall n \in \mathbb{N}^*,\ S_n \geqslant \frac{1}{2}$.

a) Calculer S_1, S_2, S_3.

b) Démontrer que $\forall n \geqslant 3$ on a l'implication : $[S_{n-2} \geqslant \frac{1}{2}$ et $S_{n-1} \geqslant \frac{1}{2}] \Rightarrow S_n \geqslant \frac{1}{2}$.

c) Conclure.

Exercice n° 9

Dénombrement des applications, injections, surjections, bijections d'un ensemble $A = \{a_1, a_2, ..., a_p\}$ dans un ensemble $B = \{b_1, b_2, ..., b_n\}$, $p \in \mathbb{N}^*$, $n \in \mathbb{N}^*$.

On note

$$\begin{aligned} f : A &\rightarrow B \\ x &\mapsto f(x) \end{aligned}$$

une application de A dans B.

a) Rappeler les définitions de f application, injection, surjection, bijection. On exprimera chacune de ces quatre définitions soit dans le langage de l'observateur (le français) soit dans le langage objet ($\neg$, ET, OU, $\Rightarrow$) vu au chapitre 1.

b) Nombre d'« applications » de A dans B ?

c) Démontrer que $(p = n) \Rightarrow [f$ injection $\Leftrightarrow f$ surjection $\Leftrightarrow f$ bijection$]$ ou encore, dit autrement, *via* le langage de l'observateur :
Si $p = n$, alors f injection si et seulement si f surjection si et seulement si f bijection.

d) Nombre d'« injections » de A dans B ?

e) Nombre de « surjections » de A dans B ?

f) Nombre de « bijections » de A dans B ?

g) Vérifier numériquement le résultat c).

© Dunod. Toute reproduction non autorisée est un délit.

3. Suites et séries numériques

Les suites numériques sont utilisées pour modéliser des phénomènes discrets, c'est-à-dire que l'on observe à intervalles de temps réguliers : une production annuelle, un indice mensuel, des résultats démographiques ou comptables publiés une fois par an... Le mathématicien dira : « une suite numérique est une application dont le domaine de définition est l'ensemble $\mathbb{N}$ des entiers naturels, et qui prend ses valeurs dans l'ensemble $\mathbb{R}$ des nombres réels ».

Mots clefs : suite, limite, convergence, série.

I. Notations et définitions

A. Illustrations

Illustrons par des exemples cette notion de suite.

1) Intérêts composés

Considérons un capital C placé à un taux i durant un nombre n d'années, les intérêts étant incorporés au capital à la fin de chaque année. La valeur acquise à la fin de la première année de placement sera notée x_1, celle acquise à la fin de la 2e année x_2, ... celle acquise à la fin de la n-ième année, x_n.

© Dunod. Toute reproduction non autorisée est un délit.

On a :

$$\begin{aligned} x_1 &= C(1+i) \\ x_2 &= C(1+i)^2 \\ &\vdots \\ x_{n-1} &= C(1+i)^{n-1} \\ x_n &= x_{n-1}(1+i) = C(1+i)^n \end{aligned}$$

On obtient donc une fonction qui à chaque année n associe la valeur acquise à la fin de cette année. Cette fonction est une suite :

$$\begin{aligned} \Phi \, : \, \mathbb{N} &\longrightarrow \mathbb{R} \\ n \longmapsto \Phi(n) &= x_n \text{ avec } x_n = C(1+i)^n \end{aligned}$$

On la notera $(x_n)_n$. Elle intervient en économie et en finance quand on travaille avec des intérêts composés.

Dans cet exemple, le temps était divisé en années. On pourrait envisager de le diviser en mois ou jours ou minutes ou secondes... et ainsi voir le comportement de notre fonction appelée suite lorsque l'intervalle de temps devient de plus en plus petit, et le nombre d'intervalles devient de plus en plus grand.

2) Intérêts continus

Examinons ce que devient au bout d'un an un capital de 1 000 000 euros placé respectivement aux taux : annuel de 7 %, semestriel de $\frac{7}{2}$ %, trimestriel de $\frac{7}{4}$ %, mensuel de $\frac{7}{12}$%, hebdomadaire de $\frac{7}{52}$ %, quotidien de $\frac{7}{365}$ %... et notons y_1, y_2, y_4, y_{12}, y_{52}, y_{365} les valeurs acquises. On a :

$$\begin{aligned} y_1 &= 1\,000\,000\,(1+0{,}07) &&= 1\,070\,000 \\ y_2 &= 1\,000\,000\left(1+\frac{0{,}07}{2}\right)^2 &&= 1\,071\,225 \\ y_{12} &= 1\,000\,0000\left(1+\frac{0{,}07}{12}\right)^{12} &&\approx 1\,072\,290 \\ y_{365} &= 1\,000\,000\left(1+\frac{0{,}07}{365}\right)^{365} &&\approx 1\,072\,501 \end{aligned}$$

Apparaît alors la relation suivante où n est le nombre d'intervalles de temps égaux et y_n la valeur acquise au taux $\frac{7}{n}$ % au bout d'un an :

$$y_n = 1\,000\,000 \left(1 + \frac{0{,}07}{n}\right)^n$$

Ainsi est définie une application :

$$\begin{aligned} \mathbb{N} &\longrightarrow \mathbb{R} \\ n &\longmapsto y_n \end{aligned}$$

Il paraît naturel de vouloir étudier « le comportement limite » de y_n quand n devient de plus en plus grand et l'intervalle de temps $\frac{1}{n}$ année de plus en plus petit.

B. Définitions

• Définition 1

Une *suite numérique* est une application de $\mathbb{N}$ dans $\mathbb{R}$ qui à $n \in \mathbb{N}$ fait correspondre $u_n \in \mathbb{R}$; ce que l'on note :

$$\begin{aligned} \Phi \;:\; \mathbb{N} &\longrightarrow \mathbb{R} \\ n &\longmapsto \Phi(n) = u_n \end{aligned}$$

Le domaine de définition d'une suite est $\mathbb{N}$ ou encore une partie de $\mathbb{N}$ (par exemple $\mathbb{N}^*$). On remplace, pour les suites, la notation $n \longmapsto \Phi(n)$ par $n \longmapsto u_n$, mettant ainsi la variable $n \in \mathbb{N}$ en indice.

Une suite est aussi notée

$$(u_n)_{n\in\mathbb{N}} \quad \text{ou} \quad (u_n)_n \quad \text{ou} \quad (u_n) \quad \text{ou} \quad n \longmapsto u_n \quad \text{ou} \quad u_0, u_1, u_2, \ldots$$

On utilisera dans ce livre la notation $(u_n)_n$.

u_n s'appelle le *terme* de rang n de la suite $(u_n)_n$ et u_0 le *terme initial* de la suite.

On retiendra donc que u_n désigne un nombre réel et $(u_n)_n$ une suite.

Ainsi $(1\,000\,000(1 + \frac{0{,}07}{n})^n)_n$ désigne la suite $(y_n)_n$ de l'exemple des intérêts continus.

© Dunod. Toute reproduction non autorisée est un délit.

• **Définition 2**

Une suite $(u_n)_n$ est dite *croissante* lorsque : $\forall n \in \mathbb{N},\ u_{n+1} \geqslant u_n$
Elle est dite *strictement croissante* lorsque : $\forall n \in \mathbb{N},\ u_{n+1} > u_n$
Une suite $(u_n)_n$ est dite *décroissante* lorsque : $\forall n \in \mathbb{N},\ u_{n+1} \leqslant u_n$
Elle est dite *strictement décroissante* lorsque : $\forall n \in \mathbb{N},\ u_{n+1} < u_n$
Une suite est dite *monotone* lorsqu'elle est croissante ou décroissante. Elle est dite strictement monotone lorsqu'elle est strictement croissante ou strictement décroissante.

Point méthode
Pour démontrer qu'une suite est monotone on étudie le signe de $u_{n+1} - u_n$.
Toutefois, si $u_n > 0$ pour tout n, il est parfois plus facile de comparer $\dfrac{u_{n+1}}{u_n}$ à 1 pour en déduire le signe de $u_{n+1} - u_n$.

• **Définition 3**

Une suite est dite $(u_n)_n$ *majorée* lorsque :

$$\exists A \in \mathbb{R} \quad \text{tel que} \quad \forall n \in \mathbb{N},\ u_n \leqslant A$$

ce qui se lit : il existe au moins un réel A, tel que pour tout entier naturel n dans $\mathbb{N}$, u_n est inférieur ou égal à A.
Une suite $(u_n)_n$ est dite *minorée* lorsque :

$$\exists B \in \mathbb{R} \quad \text{tel que} \quad \forall n \in \mathbb{N},\ u_n \geqslant B$$

Une suite est dite *bornée* lorsqu'elle est à la fois majorée et minorée.

C. Quelques exemples de suites

1) La suite $(u_n)_n$ définie par $u_n = a$, $(n \in \mathbb{N})$ où a est une constante (c'est-à-dire u_n ne dépend pas de n).

2) La suite $(u_n)_n$ définie par $u_n = n$, $(n \in \mathbb{N})$ est strictement croissante. 0 est un minorant, la suite n'est pas majorée.

3) La suite $(u_n)_n$ définie par $u_n = \dfrac{1}{n}$, $(n \in \mathbb{N}^*)$ est strictement décroissante. 0 est un minorant, 1 est un majorant.

4) La suite $(u_n)_n$ définie par $u_n = (-1)^n$, $(n \in \mathbb{N})$ n'est pas monotone. -1 est un minorant, 1 est un majorant.
5) La suite $(u_n)_n$ définie par $u_n = 2^n$, $(n \in \mathbb{N})$ est strictement croissante. 0 est un minorant, la suite n'est pas majorée.

6) La suite $(u_n)_n$ définie par $u_n = \left(\frac{1}{2}\right)^n$, $(n \in \mathbb{N})$ est strictement décroissante. 0 est un minorant, 1 est un majorant.

7) La suite $(u_n)_n$ définie par $u_n = \left(-\frac{1}{2}\right)^n + 1$, $(n \in \mathbb{N})$.

8) La suite $(u_n)_n$ définie par $u_n = -n^2$, $(n \in \mathbb{N})$.

9) La suite $(u_n)_n$ définie par $u_n = (-n)^n$, $(n \in \mathbb{N})$.

10) La suite $(u_n)_n$ définie par $u_n = \left(\frac{n!}{n^n}\right)$, $(n \in \mathbb{N}^*)$.

11) La suite $(u_n)_n$ définie par $u_n = \left(\frac{1+2+\ldots+n}{n^2}\right)$, $(n \in \mathbb{N}^*)$.

12) La suite $(u_n)_n$ telle que $u_0 = 0$, $u_1 = \sqrt{1}$, $u_2 = \sqrt{1+\sqrt{1}}$, $u_3 = \sqrt{1+\sqrt{1+\sqrt{1}}}$, etc.

13) La suite $(u_n)_n$ définie par $u_n = c\left(1+\frac{i}{n}\right)^n$, $(n \in \mathbb{N}^*, c \in \mathbb{R}^*, i \in \mathbb{R}^*)$.

14) La suite $(u_n)_n$ définie par $u_n = \frac{1 \times 4 \times 7 \times \ldots \times (3n+1)}{(n+1)!}c^n$, $c \in \mathbb{R}_+^*$, $(n \in \mathbb{N})$.

15) La suite $(u_n)_n$ telle que $u_0 = 2$ et $\forall n \in \mathbb{N}$, $u_{n+1} = \frac{1}{2}\left[u_n + \frac{3}{u_n}\right]$.

→ ***Commentaires***

Les exemples de suites ci-dessus ainsi que les quelques graphiques représentés nous amènent à recenser les différents comportements types des termes u_n d'une suite $(u_n)_n$ quand n devient de plus en plus grand.

Type I – Il existe $a \in \mathbb{R}$ tel que u_n est aussi proche (ou voisin) de a qu'on le veut pourvu que n soit assez grand. On dira alors que la suite $(u_n)_n$ a pour limite a, quand n tend vers $+\infty$.

Type II – u_n est aussi grand qu'on le veut pourvu que n soit assez grand. On dira alors que la suite $(u_n)_n$ a pour limite $+\infty$, quand n tend vers $+\infty$.

Type III – u_n est aussi petit (au sens de grande valeur négative) qu'on le veut pourvu que n soit assez grand. On dira alors que la suite $(u_n)_n$ a pour limite $-\infty$, quand n tend vers $+\infty$.

© Dunod. Toute reproduction non autorisée est un délit.

Type IV – Ni type I, ni type II, ni type III. On dira alors que la suite $(u_n)_n$ n'a pas de limite (ni finie ni infinie).

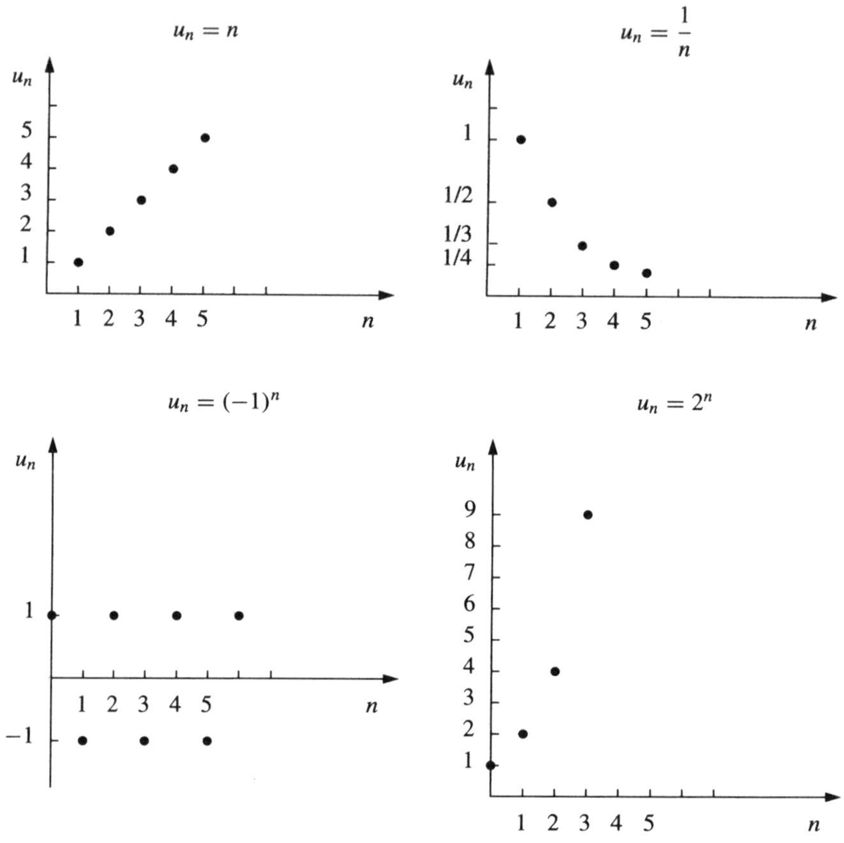

Figure 3.1

Avec ces seuls arguments, on peut « voir » que les suites 3–6–7 sont du type I (avec $a = 0$ pour 3 et 6 et $a = 1$ pour 7) ; que les suites 2 et 5 sont du type II ; que la suite 8 est du type III ; enfin que les suites 4 et 9 sont du type IV.

Par contre, pour les suites 10–11–12–13–14–15, il est difficile de « prévoir » le comportement des u_n quand n tend vers $+\infty$.

D'où la nécessité d'une définition plus fine du concept de limite pour une suite quand n tend vers $+\infty$, afin de savoir classer toute suite $(u_n)_n$ – aussi « tordue » soit-elle – dans l'un des types I, II, III, IV.

II. La notion de limite et son langage de définition

A. Suites convergentes

• **Définition 4**

On dit que la suite $(u_n)_n$ a pour limite $a \in \mathbb{R}$, quand n tend vers l'infini, lorsque :

$$\forall \epsilon > 0,\ \exists \eta_\epsilon \in \mathbb{N} \quad \text{tel que} \quad \forall n \in \mathbb{N},\ n \geqslant \eta_\epsilon \Longrightarrow |u_n - a| \leqslant \epsilon \tag{3.1}$$

• ce qui se lit : pour tout ϵ strictement positif, il existe au moins un entier naturel η_ϵ (qui dépend de ϵ), tel que pour tout entier naturel n, si $n \geqslant \eta_\epsilon$, alors $|u_n - a| \leqslant \epsilon$;

• ce qui s'écrit :

$$\lim_{n \to +\infty} u_n = a \quad \text{ou encore} \quad [u_n \to a, \text{ quand } n \to +\infty]$$

• ce qui se comprend (sachant que la condition $|u_n - a| \leqslant \epsilon$ équivaut à $u_n \in [a - \epsilon, a + \epsilon]$ c'est-à-dire la distance entre u_n et a est inférieure à ϵ) : « les u_n sont aussi voisins qu'on le veut de a, pourvu que n soit assez grand » ;

• ce qui se dessine figure 3.2.

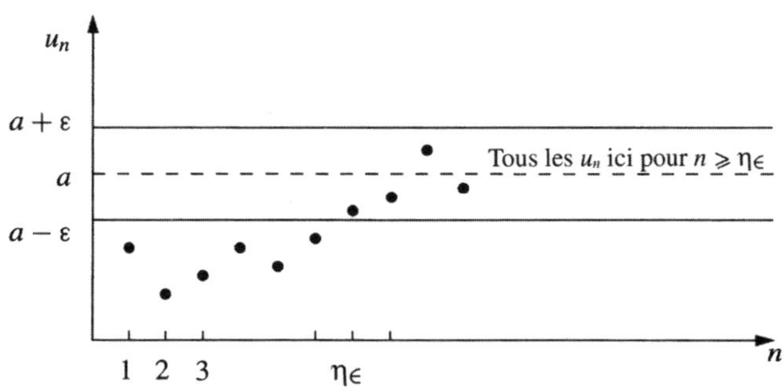

Figure 3.2

© Dunod. Toute reproduction non autorisée est un délit.

Tous les u_n sont dans $[a - \epsilon, a + \epsilon]$ à partir du rang η_ϵ ; ou encore, il est interdit à u_n de ne pas être dans $[a - \epsilon, a + \epsilon]$ si $n \geqslant \eta_\epsilon$.

Vocabulaire. Lorsque la suite $(u_n)_n$ a pour limite $a \in \mathbb{R}$, quand n tend vers $+\infty$ on dit que la suite $(u_n)_n$ *converge* vers le nombre a.

→ *Commentaires*

a) Le concept de limite finie, suggéré précédemment par le comportement type I des termes u_n d'une suite $(u_n)_n$, est contenu dans l'écriture (3.1) de la définition 4. Ce concept est difficile, décoder le sens de son écriture ne va pas de soi. Afin de mieux le cerner, appliquons la définition à des cas élémentaires de suites.

• Suite constante $(u_n)_n$ telle que $u_n = a$ pour tout $n \in \mathbb{N}$.

Alors

$$\forall n \in \mathbb{N},\ |u_n - a| = 0$$

d'où

$$\forall n \in \mathbb{N},\ n \geqslant \eta_\epsilon \Longrightarrow |u_n - a| \leqslant \epsilon$$

d'où

$$\forall \epsilon > 0,\ \exists \eta_\epsilon \in \mathbb{N} \quad \text{tel que} \quad \forall n \in \mathbb{N},\ n \geqslant \eta_\epsilon \Longrightarrow |u_n - a| \leqslant \epsilon$$

est une proposition vraie.

Conclusion : $\lim_{n\to+\infty} u_n = a$. Résultat dont on se doutait ; « l'arsenal » de l'écriture (3.1) est dans ce cas superflu.

• Suite constante à partir d'un certain rang.

Soit $(u_n)_n$ telle que $\forall n \in \mathbb{N}, n \geqslant n_0 \Longrightarrow u_n = a$.

Par exemple :

u_0	u_1	u_2	u_3	u_4	u_5	u_6	u_7	u_8	$u_9 \ldots$
3	2	1	3	9	6	2	2	2	$2\ldots$

(Ici $n_0 = 6$ et $a = 2$).

Alors

$$\forall n \in \mathbb{N},\ n \geqslant n_0 \Longrightarrow |u_n - a| = 0$$

d'où

$$\forall \epsilon > 0,\ \exists \eta_\epsilon \in \mathbb{N} \quad \text{tel que} \quad \forall n \in \mathbb{N},\ n \geqslant \eta_\epsilon \Longrightarrow |u_n - a| \leqslant \epsilon$$

est une proposition vraie puisqu'il suffit de choisir pour $\eta_\epsilon \in \mathbb{N}$ n'importe quel entier supérieur à n_0.

Conclusion : $\lim_{n\to+\infty} u_n = a$. Résultat dont on se doutait, d'autant que « tous les u_n égaux à partir d'un certain rang » correspond à la notion de limite simple et naïve que l'on garde tant que l'on n'a pas fait le tour complet de l'écriture (3.1).

• La suite $(u_n)_n$ définie par $u_n = \frac{1}{n}$, $n \in \mathbb{N}^*$ converge vers 0 *via* la définition.

En effet, écrivons (3.1) avec $u_n = \frac{1}{n}$ et $a = 0$. Cela donne :

Nous choisissons un ϵ et nous cherchons un naturel η_ϵ, tel que :

$$n \geqslant \eta_\epsilon \Longrightarrow |\frac{1}{n} - 0| \leqslant \epsilon$$

On a bien $\frac{1}{n} \leqslant \epsilon$ pour tout $n \geqslant \frac{1}{\epsilon}$, mais comme il n'y a pas de raison de supposer que $\frac{1}{\epsilon}$ est un naturel, on choisit $\eta_\epsilon = \left[\frac{1}{\epsilon}\right] + 1$, où $\left[\frac{1}{\epsilon}\right]$ désigne la partie entière de $\frac{1}{\epsilon}$, qui est bien un naturel supérieur à $\frac{1}{\epsilon}$.

Ce choix de η_ϵ garantit bien (3.1).

b) Dans l'écriture (3.1) de la définition 4, il y a trois inégalités :

La première est stricte $\forall \epsilon > 0, \ldots$, elle doit le rester sous-peine d'appauvrir complètement le concept de limite et lui donner le sens simpliste et naïf de l'exemple d'une suite constante. En effet, soit une suite $(u_n)_n$ telle que :

$$\forall \epsilon \geqslant 0,\ \exists \eta_\epsilon \in \mathbb{N} \quad \text{tel que} \quad \forall n \in \mathbb{N}, n \geqslant \eta_\epsilon \Longrightarrow |u_n - a| \leqslant \epsilon$$

alors, pour $\epsilon = 0$, il existe $\eta_0 \in \mathbb{N}$ tel que $[\forall n \in \mathbb{N}, n \geqslant \eta_0 \Longrightarrow |u_n - a| \leqslant \epsilon$ donc $u_{\eta_0}, u_{\eta_0+1}, u_{\eta_0+2}, \ldots$ tous égaux à a, et la suite $(u_n)_n$ est constante égale à a à partir du rang $\eta_0 \in \mathbb{N}$.

Quant aux deux autres inégalités « $n \geqslant \eta_\epsilon$ » et « $|u_n - a| \leqslant \epsilon$ » qu'elles soient larges ou strictes, cela ne change pas le sens de la définition. Ainsi, les propositions (3.1) et (3.2) :

$$\forall \epsilon > 0,\ \exists \eta_\epsilon \in \mathbb{N} \quad \text{tel que} \quad \forall n \in \mathbb{N},\ n \geqslant \eta_\epsilon \Longrightarrow |u_n - a| \leqslant \epsilon \qquad (3.1)$$

$$\forall \epsilon > 0,\ \exists \eta_\epsilon \in \mathbb{N} \quad \text{tel que} \quad \forall n \in \mathbb{N},\ n > \eta_\epsilon \Longrightarrow |u_n - a| < \epsilon \qquad (3.2)$$

sont équivalentes.

B. Suites divergentes

• Définition 5

On dit que la suite $(u_n)_n$ *diverge*, lorsqu'elle ne converge pas.

© Dunod. Toute reproduction non autorisée est un délit.

• Définition 6

On dit que la suite $(u_n)_n$ tend vers $+\infty$, quand n tend vers $+\infty$, lorsque :

$$\forall A > 0,\ \exists \eta_A \in \mathbb{N} \quad \text{tel que} \quad \forall n \in \mathbb{N},\ n > \eta_A \Longrightarrow u_n > A$$

On écrit :

$$\lim_{n \to +\infty} u_n = +\infty \text{ ou } [u_n \to +\infty, \quad \text{quand } n \to +\infty]$$

Cela signifie : u_n est aussi grand qu'on le veut pourvu que n soit assez grand.

▶ Exemple

La suite $(u_n)_n$ définie par $u_n = n^2$, $(n \in \mathbb{N})$ tend vers $+\infty$, quand n tend vers $+\infty$.

- *On remarque : $n > \sqrt{A} \Longrightarrow n^2 > A$, d'où $n > [\sqrt{A}] + 1 > \sqrt{A} \Longrightarrow n^2 > A$, où $[\sqrt{A}]$ désigne la partie entière de $\sqrt{A}$.*
- *Soit $A > 0$ choisi quelconque, en prenant $\eta_A \in \mathbb{N}$ tel que $\eta_A = [\sqrt{A}]+1$ on a :*

$$\forall n \in \mathbb{N},\ n > \eta_A \Longrightarrow n^2 > A$$

- *On a donc montré :*

$$\forall A > 0,\ \exists \eta_A \in \mathbb{N} \text{ tel que } \forall n \in \mathbb{N},\ n > \eta_A \Longrightarrow n^2 > A$$

c'est-à-dire $\lim_{n \to +\infty} n^2 = +\infty$.

Remarquons que :

- le choix de l'entier η_A n'est pas unique et tout entier tel que $[\sqrt{A}] + 2$, $[\sqrt{A}] + 3$, $[\sqrt{A}] + 4, \ldots$ convient pour choix de η_A ;
- $\lim_{n \to +\infty} n^2 = +\infty$ est intuitivement une évidence, ce qui l'est moins, c'est le choix de $\eta_A \in \mathbb{N}$ en fonction de $A \in \mathbb{R}_+^*$ pour retrouver ce résultat avec la définition abstraite de $\lim_{n \to +\infty} n^2 = +\infty$.

• Définition 7

On dit que la suite $(u_n)_n$ tend vers $-\infty$, quand n tend vers $+\infty$, lorsque :

$$\forall A < 0,\ \exists \eta_A \in \mathbb{N} \quad \text{tel que} \quad \forall n \in \mathbb{N},\ n > \eta_A \Longrightarrow u_n < A$$

On écrit :

$$\lim_{n \to +\infty} u_n = -\infty \text{ ou } [u_n \to -\infty, \text{ quand } n \to +\infty]$$

C. Récapitulation

Reprenons le classement des comportements types des termes u_n d'une suite $(u_n)_n$ tel que présenté en début de chapitre.

Type I – $(u_n)_n$ telle que $\lim_{n\to+\infty} u_n = a \in \mathbb{R}$.

Type II – $(u_n)_n$ telle que $\lim_{n\to+\infty} u_n = +\infty$.

Type III – $(u_n)_n$ telle que $\lim_{n\to+\infty} u_n = -\infty$.

Type IV – $(u_n)_n$ n'appartenant à aucune des 3 catégories ci-dessus (ni pour limite un nombre réel, ni pour limite $+\infty$, ni pour limite $-\infty$).

Les suites du type I sont dites convergentes dans $\mathbb{R}$, toutes les autres sont dites divergentes. Toutefois certains auteurs considèrent que les suites du type II (respectivement du type III) « convergent » vers $+\infty$ (respectivement $-\infty$). C'est une question de terminologie.

III. Propriétés des limites

• Proposition 1 : unicité de la limite

Si la limite d'une suite existe, alors elle est unique.

Point méthode

pour prouver l'unicité, on montre que si la suite $(u_n)_n$ admet deux limites alors ces deux limites sont égales.

Démonstration : Hypothèse : $\lim_{n\to+\infty} u_n = a_1 \in \mathbb{R}$, $\lim_{n\to+\infty} u_n = a_2 \in \mathbb{R}$.
On veut montrer : $a_1 = a_2$.

(1) *Via* la définition 4, l'hypothèse s'écrit :

$$\forall \epsilon > 0,\ \exists \eta_\epsilon \in \mathbb{N},\ \text{tel que } \forall n \in \mathbb{N},\ n \geqslant \eta_\epsilon \Longrightarrow |u_n - a_1| \leqslant \epsilon$$

et

$$\forall \epsilon > 0,\ \exists \eta'_\epsilon \in \mathbb{N},\ \text{tel que } \forall n \in \mathbb{N},\ n \geqslant \eta'_\epsilon \Longrightarrow |u_n - a_2| \leqslant \epsilon$$

(2) Soit $\epsilon > 0$, ϵ fixé quelconque. Alors d'après l'hypothèse il existe $\eta_\epsilon \in \mathbb{N}$, il existe $\eta'_\epsilon \in \mathbb{N}$ tels que :

$$\forall n \in \mathbb{N},\ n \geqslant \eta_\epsilon \Longrightarrow |u_n - a_1| \leqslant \epsilon$$

et

$$\forall n \in \mathbb{N},\ n \geqslant \eta'_\epsilon \Longrightarrow |u_n - a_2| \leqslant \epsilon$$

© Dunod. Toute reproduction non autorisée est un délit.

(3) On remarque l'inégalité suivante :

$$|a_1 - a_2| = |a_1 - u_n + u_n - a_2| \leqslant |a_1 - u_n| + |u_n - a_2|$$

Cette inégalité est évidente, ce qui l'est moins c'est de penser à l'utiliser sachant qu'elle est la clef de notre démonstration.

(4) Soit alors l'entier $\eta''_\epsilon = \max(\eta_\epsilon, \eta'_\epsilon)$, il est clair que $\eta''_\epsilon \geqslant \eta_\epsilon$ et $\eta''_\epsilon \geqslant \eta'_\epsilon$ et donc d'après les étapes (2) et (3) ci-dessus on a le résultat suivant :

$$\forall n \in \mathbb{N},\ n \geqslant \eta''_\epsilon \Longrightarrow |a_1 - a_2| \leqslant |a_1 - u_n| + |u_n - a_2| \leqslant \epsilon + \epsilon \leqslant 2\epsilon$$

(5) Récapitulation : $\forall \epsilon > 0,\ |a_1 - a_2| \leqslant 2\epsilon$.

(6) Montrons que : Si $A \in \mathbb{R}$ est tel que $\forall \epsilon > 0,\ 0 \leqslant A \leqslant 2\epsilon$, alors $A = 0$.
On fera un raisonnement par l'absurde.
Si $A > 0$, alors en prenant $\epsilon = \dfrac{A}{4}$ on a : $A = 4\epsilon > 2\epsilon$ ce qui contredit l'hypothèse, donc $A \leqslant 0$, or $A \geqslant 0$ et finalement $A = 0$.

(7) Conclusion : on applique (6) avec $A = |a_1 - a_2|$ dans (5), d'où $|a_1 - a_2| = 0$ et $a_1 = a_2$. C'est le résultat souhaité.

• Proposition 2

Si une suite est convergente, alors elle est bornée.

→ ***Commentaires***

La proposition 2 signifie que si $\lim_{n \to +\infty} u_n = a \in \mathbb{R}$, alors il existe $A > 0$ tel que $[\forall n \in \mathbb{N}, -A \leqslant u_n \leqslant A]$.

La réciproque est fausse. Par exemple, la suite $(u_n)_n$ définie par $u_n = (-1)^n$ est bornée, mais ne converge pas.

La proposition 2 est une implication, elle est équivalente à sa contraposée : si une suite est non bornée, alors elle est divergente. (Rappelons qu'une suite divergente est une suite qui n'a pas de limite finie $a \in \mathbb{R}$.)

La démonstration repose sur l'idée suivante :

Si $\lim_{n \to +\infty} u_n = a$, alors à partir d'un certain rang η_1, tous les u_n sont dans l'intervalle $[a - 1, a + 1]$. Quant aux autres $u_1, u_2, \ldots u_{\eta_1 - 1}$, ils sont en nombre fini. Soit $n \in \mathbb{N}$

$$\text{si } n < \eta_1 \text{ alors } |u_n| \leqslant \max\{|u_0|, \ldots |u_{\eta_1 - 1}|\}$$

$$\text{si } n \geqslant \eta_1 \text{ alors } |u_n| - |a| \leqslant ||u_n| - |a|| \leqslant |u_n - a| \leqslant 1$$

d'où

$$|u_n| \leqslant 1 + |a|$$

Et finalement,

$$\forall n \in \mathbb{N},\ |u_n| \leqslant A = \max\{1 + |a|, |u_0|, |u_1|, \ldots |u_{\eta_1 - 1}|\}$$

• Proposition 3 : opérations sur les limites

Si $(u_n)_n$ et $(v_n)_n$ sont deux suites convergentes telles que $\lim_{n\to+\infty} u_n = a$ et $\lim_{n\to+\infty} v_n = b$. Alors :

a) $\lim_{n\to+\infty}(u_n + v_n) = a + b$.

b) $\forall\lambda \in \mathbb{R}$, $\lim_{n\to+\infty} \lambda u_n = \lambda a$.

c) $\lim_{n\to+\infty} |u_n| = |a|$.

d) $\lim_{n\to+\infty}(u_n \times v_n) = a \times b$.

e) si $a \neq 0$, $\lim_{n\to+\infty} \dfrac{1}{u_n} = \dfrac{1}{a}$.

f) si $\forall n$, $u_n \leqslant v_n$, alors $a \leqslant b$.

g) si $\lim_{n\to+\infty} u_n = a$, $\lim_{n\to+\infty} v_n = a$ et $\forall n$, $u_n \leqslant w_n \leqslant v_n$, alors $\lim_{n\to+\infty} w_n = a$.

Si $(u_n)_n$ est bornée et si $\lim_{n\to+\infty} v_n = 0$, alors $\lim_{n\to+\infty}(u_n \times v_n) = 0$.

→ *Commentaires*

Pour démontrer a), on utilise l'inégalité :

$$|(u_n + v_n) - (a + b)| \leqslant |u_n - a| + |v_n - b|$$

D'après d) et e) il est clair que si $a \neq 0$,

$$\lim_{n\to+\infty} \frac{v_n}{u_n} = \lim_{n\to+\infty} \left(v_n \times \frac{1}{u_n}\right) = \lim_{n\to+\infty} v_n \times \lim_{n\to+\infty} \frac{1}{u_n} = \frac{\lim\limits_{n\to+\infty} v_n}{\lim\limits_{n\to+\infty} u_n} = \frac{b}{a}$$

Concernant f), on remarquera que l'inégalité stricte n'est pas conservée en considérant l'exemple :

$$-\frac{1}{n} < \frac{1}{n} \text{ et pourtant } \lim_{n\to+\infty} -\frac{1}{n} = \lim_{n\to+\infty} \frac{1}{n} = 0.$$

g) porte le nom de propriété d'encadrement ou théorème sandwich ou encore théorème des gendarmes. h) se déduit de g).

▶ Exemple

$\lim_{n\to+\infty} \dfrac{\cos n}{n} = 0$ *car* $\lim_{n\to+\infty} -\dfrac{1}{n} = \lim_{n\to+\infty} \dfrac{1}{n} = 0$
et $-\dfrac{1}{n} \leqslant \dfrac{\cos n}{n} \leqslant \dfrac{1}{n}$ *pour tout n.*

© Dunod. Toute reproduction non autorisée est un délit.

• Proposition 4

a) Si $\lim\limits_{n\to+\infty} u_n = +\infty$ alors $\lim\limits_{n\to+\infty} -u_n = -\infty$ et si $\lim\limits_{n\to+\infty} u_n = -\infty$ alors $\lim\limits_{n\to+\infty} -u_n = +\infty$.

b) Si $\lim\limits_{n\to+\infty} u_n = \pm\infty$ alors $\lim\limits_{n\to+\infty} \dfrac{1}{u_n} = 0$.

c) Si $\lim\limits_{n\to+\infty} u_n = +\infty$ et si $(v_n)_n$ est bornée alors $\lim\limits_{n\to+\infty} (u_n + v_n) = +\infty$.

d) Si $\lim\limits_{n\to+\infty} u_n = -\infty$ et si $(v_n)_n$ est bornée alors $\lim\limits_{n\to+\infty} (u_n + v_n) = -\infty$.

e) Si $\lim\limits_{n\to+\infty} u_n = +\infty$ et $\lim\limits_{n\to+\infty} v_n = +\infty$ alors $\lim\limits_{n\to+\infty} (u_n + v_n) = +\infty$.

f) Si $\lim\limits_{n\to+\infty} u_n = -\infty$ et $\lim\limits_{n\to+\infty} v_n = -\infty$ alors $\lim\limits_{n\to+\infty} (u_n + v_n) = -\infty$.

g) Si $\lim\limits_{n\to+\infty} u_n = +\infty$ et $\lim\limits_{n\to+\infty} v_n = +\infty$ alors $\lim\limits_{n\to+\infty} (u_n \times v_n) = +\infty$.

h) Si $\lim\limits_{n\to+\infty} u_n = -\infty$ et $\lim\limits_{n\to+\infty} v_n = -\infty$ alors $\lim\limits_{n\to+\infty} (u_n \times v_n) = +\infty$.

i) Si $\lim\limits_{n\to+\infty} u_n = +\infty$ et $\lim\limits_{n\to+\infty} v_n = -\infty$ alors $\lim\limits_{n\to+\infty} (u_n \times v_n) = -\infty$.

j) Si $\lim\limits_{n\to+\infty} u_n = +\infty$ et si $\lim\limits_{n\to+\infty} v_n = a > 0$ alors $\lim\limits_{n\to+\infty} (u_n \times v_n) = +\infty$.

k) Si $\lim\limits_{n\to+\infty} u_n = +\infty$ et si $\lim\limits_{n\to+\infty} v_n = a < 0$ alors $\lim\limits_{n\to+\infty} (u_n \times v_n) = -\infty$.

l) Si $\forall n,\ u_n \geqslant v_n$ et $\lim\limits_{n\to+\infty} v_n = +\infty$ alors $\lim\limits_{n\to+\infty} u_n = +\infty$.

m) Si $\forall n,\ u_n \leqslant v_n$ et $\lim\limits_{n\to+\infty} v_n = -\infty$ alors $\lim\limits_{n\to+\infty} u_n = -\infty$.

→ *Commentaire*

Sur les signes $+\infty$, $-\infty$... et méditation sur l'infini.

Dans le cadre de l'idée naïve que chacun peut se faire de « l'infini » – mathématique bien sûr ! – les résultats ci-dessus semblent assez naturels et les signes nouveaux « $+\infty$ », « $-\infty$ » apparus aux définitions du § II ont, à s'y méprendre, quelques faux airs de nombres réels.

Par simplification et pour mémoire, l'étudiant bien souvent, retiendra :

a) sous la forme $-(+\infty) = -\infty$, $-(-\infty) = +\infty$;

b) sous la forme $\dfrac{1}{\pm\infty} = 0$;

c) sous la forme $(+\infty)+$ bornée $= +\infty$;

d) sous la forme $(-\infty)+$ bornée $= -\infty$;

e) sous la forme $(+\infty) + (+\infty) = +\infty$;

f) sous la forme $(-\infty) + (-\infty) = -\infty$;

g) sous la forme $(+\infty) \times (+\infty) = +\infty$;

h) sous la forme $(-\infty) \times (-\infty) = +\infty$;

i) sous la forme $(+\infty) \times (-\infty) = -\infty$;

j) sous la forme $(+\infty) \times a = +\infty$ si $a > 0$;

k) sous la forme $(+\infty) \times a = -\infty$ si $a < 0$.

Les formes $((+\infty) - (+\infty))$, $\dfrac{+\infty}{+\infty}$, $(+\infty) \times 0$ sont des formes indéterminées, c'est-à-dire qu'il n'y a pas de réponse générale. Ceci ne dispense pas, bien au contraire, d'étudier les cas particuliers relevant de ces types.

On retiendra que seules les définitions 6 et 7 sont habilitées à « traiter » de $+\infty$ et $-\infty$ qui bien sûr, ne sont pas deux nouveaux nombres réels. Pour s'en convaincre on remarquera :
si $+\infty = \lambda \in \mathbb{R}$, alors d'après e) : $\lambda + \lambda = \lambda$ d'où $\lambda = 0$ et finalement $+\infty = 0$. À méditer.

IV. Premiers critères de convergence

Étant donnée une suite $(u_n)_n$, trouver a dans $\mathbb{R}$ tel que $\lim_{n\to+\infty} u_n = a$ est un cas idéal rarement atteint. On a des théorèmes qui permettent dans certains cas de savoir si la limite existe sans connaître *a priori* la valeur de cette limite. On pourra même « encadrer » cette limite.

A. Suites monotones bornées

• **Théorème 1**

Si la suite $(u_n)_n$ est croissante et majorée alors elle converge et :

$$\lim_{n\to+\infty} u_n = \sup\{u_0, \ldots, u_n, \ldots\} = \sup_{n\in\mathbb{N}} u_n$$

Si la suite $(u_n)_n$ est décroissante et minorée alors elle converge et :

$$\lim_{n\to+\infty} u_n = \inf\{u_0, \ldots, u_n, \ldots\} = \inf_{n\in\mathbb{N}} u_n$$

B. Suites adjacentes

• **Définition 8**

On dit que les deux suites $(u_n)_n$ et $(v_n)_n$ sont *adjacentes* lorsque :

a) $(u_n)_n$ est croissante,

b) $(v_n)_n$ est décroissante

c) $\lim_{n\to+\infty} (u_n - v_n) = 0$

• **Théorème 2**

Si deux suites sont adjacentes, alors elles sont convergentes et ont la même limite.

© Dunod. Toute reproduction non autorisée est un délit.

▶ **Exemple**

$u_n = 1 + \frac{1}{2^2} + \frac{1}{3^2} + \ldots + \frac{1}{n^2}, \quad v_n = u_n + \frac{1}{n}.$

$(u_n)_n$ et $(v_n)_n$ sont deux suites adjacentes car :

a) $(u_n)_n$ est croissante ;

b) $v_{n+1} - v_n = \frac{-1}{n(n+1)^2} < 0$, d'où $(v_n)_n$ est décroissante ;

c) $v_n - u_n = \frac{1}{n} \to 0$ quand $n \to \infty$.

• Proposition 5

Si la suite $(u_n)_n$ est croissante, si la suite $(v_n)_n$ est décroissante et si pour tout n, $u_n \leqslant v_n$ alors les deux suites convergent vers des limites respectives a_1 et a_2.

Si $a_1 = a_2$, alors les suites sont adjacentes.

V. Exemples

A. Suite définie par une relation explicite

▶ **Exemples**

- *On considère la suite $(u_n)_n$ définie par $u_n = 5 - \frac{1}{n}$, $(n \in \mathbb{N}^*)$.*

$$\lim_{n\to+\infty} u_n = \lim_{n\to+\infty} 5 - \lim_{n\to+\infty} \frac{1}{n} = 5, \text{ par la proposition 3.}$$

- *On considère la suite $(u_n)_n$ définie par $u_n = \frac{n!}{n^n}$, $(n \in \mathbb{N}^*)$*

$$\forall n \in \mathbb{N}^*,\ u_n > 0, \text{ donc } (u_n)_n \text{ est minorée par 0.}$$

De plus :

$$\forall n \in \mathbb{N}^*,\ \frac{u_{n+1}}{u_n} = \frac{\dfrac{(n+1)!}{(n+1)^{(n+1)}}}{\dfrac{n!}{n^n}} = \left(\frac{n}{n+1}\right)^n$$

Il est clair que $\frac{n}{n+1} < 1$, donc $\left(\frac{n}{n+1}\right)^n < 1$, ce qui montre que $(u_n)_n$ est décroissante. Donc elle converge par le théorème 1.

- *On considère la suite $(u_n)_n$ définie par :*

$$u_n = \left(\frac{1+2+\ldots+n}{n^2}\right), \ (n \in \mathbb{N}^*)$$

On utilise la formule $1+2+\ldots+n = \dfrac{n(n+1)}{2}$ *ce qui donne*

$$u_n = \frac{n(n+1)}{2n^2} = \frac{n+1}{2n} = \frac{n\left(1+\dfrac{1}{n}\right)}{n \times 2}$$

et on a $\lim_{n\to+\infty} u_n = \dfrac{1}{2}$.

B. Suite définie par une relation (ou équation) de récurrence

• Définition 9

Une suite est dite *définie par une relation (ou équation) de récurrence si* elle est définie par une relation donnant u_{n+1} à partir de $u_n, u_{n-1}, \ldots, u_0$ et n ; c'est-à-dire par une équation de récurrence.

On dit aussi que la suite est solution d'une équation de récurrence.

▶ **Exemple (suite de Fibonacci)**

Cette suite est telle que :

u_0	u_1	u_2	u_3	u_4	u_5	u_6	$u_7 \ldots$
0	1	1	2	3	5	8	13...

et on peut la définir ainsi :

$$\forall n \in \mathbb{N}^*, \ u_{n+1} = u_n + u_{n-1}$$
$$u_0 = 0 \quad et \quad u_1 = 1$$

On a : $\lim_{n\to+\infty} u_n = +\infty$. *Il est moins évident que* $\lim_{n\to+\infty} \dfrac{u_{n+1}}{u_n} = \dfrac{1+\sqrt{5}}{2} \approx 1{,}61$ *appelé nombre d'or.*

© Dunod. Toute reproduction non autorisée est un délit.

Suite définie par une équation de récurrence d'ordre 1 :
$u_{n+1} = f(u_n)$, u_0 donné

Le chapitre 12 est consacré à l'étude des équations de récurrence, et des conditions suffisantes de convergence des suites qu'elles définissent, mais nous pouvons dès maintenant étudier la convergence d'une suite définie par une équation de récurrence d'ordre 1, dans le cas particulier où cette suite se trouve être monotone, en appliquant les résultats de ce chapitre-ci.

► **Exemples**

- *On considère la suite $(u_n)_n$ telle que $u_0 = 0$, $u_1 = \sqrt{1}$, $u_2 = \sqrt{1+\sqrt{1}}$, $u_3 = \sqrt{1+\sqrt{1+\sqrt{1}}}$, etc.*
  Il serait très difficile d'étudier cette suite sous cette forme, l'écriture des u_n devenant vite ingérable, mais, si on remarque qu'elle peut se définir par :

$$u_0 = 0,\ \forall n \in \mathbb{N},\ u_{n+1} = \sqrt{1+u_n}$$

  alors on sait montrer (voir exercice 4) a)) qu'elle est croissante et majorée, donc convergente, et que sa limite est $l = \dfrac{1+\sqrt{5}}{2}$.
- *On considère la suite $(u_n)_n$ définie par $u_{n+1} = \dfrac{u_n}{u_n+3}$ $(n \in \mathbb{N})$, $u_0 > 0$.*
  La fonction f est donnée par : $f(x) = \dfrac{x}{x+3}$, $x > 0$. Cette suite est bien définie (le dénominateur n'est jamais nul) et tous ses termes sont strictement positifs.
  Elle est minorée par 0 : $\forall n \in \mathbb{N}$, $u_n > 0$.
  Elle est décroissante car $\forall n \in \mathbb{N}$, $\dfrac{u_{n+1}}{u_n} = \dfrac{1}{u_n+3} < 1$.
  Le théorème 1 implique donc qu'elle converge.
  Soit a sa limite. Calculons a.

$$\lim_{n\to+\infty} u_{n+1} = \lim_{n\to+\infty} \frac{u_n}{u_n+3} = \frac{\lim\limits_{n\to+\infty} u_n}{\lim\limits_{n\to+\infty} u_n + 3}$$

  par la proposition 3.
  On a alors $a = \dfrac{a}{a+3}$. (La limite a de la suite vérifie donc $a = f(a)$.)
  Cette équation a deux solutions 0 et -2, mais la suite étant à termes strictement positifs on a $a = 0$.

Point méthode

Pour étudier une suite de la forme $u_{n+1} = f(u_n)$, u_0 donné, on peut passer par les étapes suivantes :

a) Vérifier que la suite est bien définie. Se demander si la suite est de signe constant.

b) Calculer les termes u_1, u_2, u_3 pour « voir » ou encore tracer le graphe de f et faire une construction graphique de $u_1, u_2, u_3 \ldots$ (figure 3.3, page ci-contre.)

c) Examiner si la suite est monotone. Ceci peut se faire de plusieurs façons :

– étudier le signe de $u_{n+1} - u_n$, ou

– si $\forall n \in \mathbb{N}$, $u_n > 0$ étudier l'inégalité $\dfrac{u_{n+1}}{u_n} \geqslant 1$, ou

– étudier la croissance de f, en effet si f est croissante alors $(u_n)_n$ est monotone et on a :

$$\text{Soit : } u_0 \leqslant u_1 \Longrightarrow u_1 = f(u_0) \leqslant f(u_1) = u_2 \Longrightarrow u_1 \leqslant u_2$$

et par récurrence on obtient que $u_n \leqslant u_{n+1}$, c'est-à-dire que la suite est croissante,

$$\text{soit : } u_0 > u_1 \Longrightarrow u_1 = f(u_0) \geqslant f(u_1) = u_2 \Longrightarrow u_1 \geqslant u_2$$

et par récurrence on obtient que $u_n \geqslant u_{n+1}$, c'est-à-dire que la suite est décroissante.

Mais si f est décroissante alors $(u_n)_n$ n'est pas monotone (on a seulement $(u_{2n})_n$ et $(u_{2n+1})_n$ monotones, l'une croissante, l'autre décroissante).

d) Lorsque la suite est croissante (respectivement décroissante), essayer de trouver un majorant (respectivement un minorant) pour être assuré de l'existence d'une limite (Théorème 1). Reste à le trouver ! D'autant que parfois il faut d'abord trouver un bon majorant (respectivement minorant) pour montrer que la suite est croissante (respectivement décroissante). (voir exercice 4) b))

e) Lorsque $(u_n)_n$ est convergente, essayer de calculer sa limite a en écrivant $\lim_{n \to +\infty} u_{n+1} = \lim_{n \to +\infty} f(u_n)$ car si f est de la forme somme, produit, quotient, alors en appliquant la proposition 3, on peut espérer obtenir que a vérifie $a = f(a)$. En fait, lorsque f est continue et $(u_n)_n$ convergente, la limite a de la suite $(u_n)_n$ vérifie l'équation $f(x) = x$. (Ce résultat sera explicité au chapitre 4).

© Dunod. Toute reproduction non autorisée est un délit.

Attention : Toute solution de l'équation $f(x) = x$, n'est pas limite de la suite !

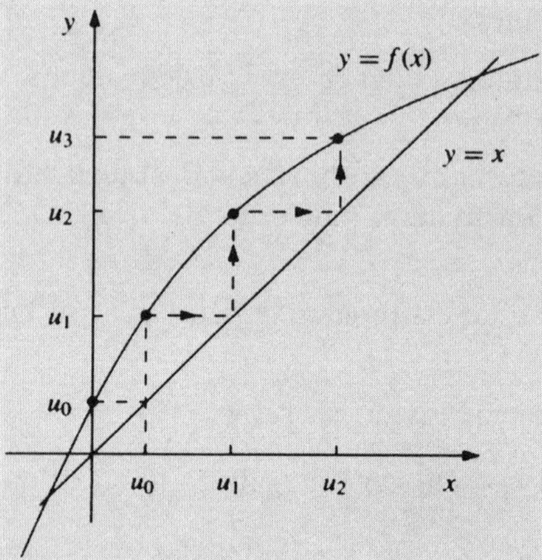

Figure 3.3

C. Suites particulières

1) Suite arithmétique

• **Définition 10**

On appelle *suite arithmétique* de raison r, la suite $(u_n)_n$ définie par l'équation de récurrence d'ordre 1 suivante :

$$\forall n \in \mathbb{N},\ u_{n+1} = u_n + r, \quad u_0 \text{ donné} \tag{3.3}$$

On peut aussi définir cette suite par la relation explicite :

$$\forall n \in \mathbb{N},\ u_n = u_0 + nr \tag{3.4}$$

En effet (3.3) $\Longleftrightarrow$ (3.4).

On peut considérer que (3.4) est la solution de l'équation (3.3).

Si $r = 0$ alors la suite est constante : pour tout $n \in \mathbb{N}$, $u_n = u_0$, si $r \neq 0$ alors la suite tend vers $+\infty$ ou $-\infty$, suivant que r est positif ou négatif. Donc c'est une suite divergente.

▶ **Exemples**

- *La suite $(u_n)_n$ définie par l'équation de récurrence suivante :*

$$\forall n \in \mathbb{N}, \; u_{n+1} = u_n + 4, \; u_0 = 2$$

est une suite arithmétique de raison 4. On peut la définir par une relation explicite :

$$\forall n \in \mathbb{N}, \; u_n = 2 + 4n$$

- *Intérêts simples*

  On considère un capital de 30 000 euros placé pendant un an au taux d'intérêt simple de 0,15 % par quinzaine.

  Au bout d'une quinzaine il va devenir $30\,000(1 + 0{,}0015)$ *euros* $=$ $30\,045$ *euros, et au bout de deux quinzaines il va devenir* $30\,000(1 + 2 \times 0{,}0015)$ *euros* $=$ $30\,090$ *euro, et au bout de n quinzaines il va devenir* $30\,000(1 + n \times 0{,}0015)$ *euros.*

Somme des premiers termes

La somme des $n + 1$ premiers termes d'une suite arithmétique est donnée par :

$$\sum_{k=0}^{n} u_k = u_0 + u_1 + \ldots + u_n = \frac{1}{2}(n+1)(u_0 + u_n)$$

En effet, posons $S_n = u_0 + u_1 + \ldots + u_n$.

On a :

$$\begin{aligned} 2S_n &= (u_0 + \ldots + u_n) + (u_n + \ldots + u_0) \\ &= (u_0 + u_n) + (u_1 + u_{n-1}) + \ldots + (u_n + u_0) \\ &= \sum_{k=0}^{n} (u_k + u_{n-k}) \end{aligned}$$

Or pour tout $k = 0, \ldots, n$ on a :

$$u_k + u_{n-k} = u_0 + kr + u_0 + (n-k)r = u_0 + (u_0 + nr) = u_0 + u_n$$

D'où $2S_n = (n+1)(u_0 + u_n)$ et $S_n = \dfrac{1}{2}(n+1)(u_0 + u_n)$.

© Dunod. Toute reproduction non autorisée est un délit.

2) Suite géométrique

• Définition 11

On appelle *suite géométrique* de raison r, la suite $(u_n)_n$ définie par l'équation de récurrence d'ordre 1 suivante :

$$\forall n \in \mathbb{N},\ u_{n+1} = ru_n, \quad u_0 \text{ donné} \tag{3.5}$$

On peut aussi définir cette suite par la relation explicite :

$$\forall n \in \mathbb{N},\ u_n = r^n u_0 \tag{3.6}$$

En effet (3.5) $\Longleftrightarrow$ (3.6).

On peut considérer que (3.6) est la solution de l'équation (3.5).

▶ **Exemples**

- *La suite $(u_n)_n$ définie par l'équation de récurrence suivante :*

$$\forall n \in \mathbb{N},\ u_{n+1} = \frac{1}{3}u_n, \quad u_0 = 2$$

est une suite géométrique de raison $\frac{1}{3}$. On peut la définir par une relation explicite :

$$\forall n \in \mathbb{N},\ u_n = \left(\frac{1}{3}\right)^n 2$$

- *Intérêts composés*

On considère un capital de 30 000 euros placé pendant un an au taux d'intérêt composé annuel de 6 %.

Au bout d'un an, il va devenir 30 000(1 + 0,06) *euros* = 31 800 *euros, et au bout de 10 ans il va devenir* $30\,000(1 + 0{,}06)^{10}$ *euros* = 53 725,43 *euros, et au bout de n ans il va devenir* $30\,000(1 + 0{,}06)^n$.

Convergence

Si $u_0 = 0$ alors la suite est constante : c'est la suite nulle.

Sinon la suite est convergente lorsque $-1 < r \leqslant 1$ et divergente dans les autres cas.

En effet :

- si $r = 1$, alors $u_n = u_0$. C'est une suite constante.
- si $0 \leqslant r < 1$, alors $(u_n)_n$ est décroissante et minorée lorsque $u_0 > 0$ donc convergente, et on montre que $\lim_{n\to+\infty} u_n = 0$. ($(u_n)_n$ est croissante et majorée lorsque $u_0 < 0$ donc convergente, et on montre que $\lim_{n\to+\infty} u_n = 0$)

- si $-1 < r < 0$, alors $u_n = (-1)^n \alpha^n u_0$, où $0 < \alpha < 1$ et on montre que $\lim_{n\to+\infty} u_n = 0$.
- si $r = -1$ alors $(u_n)_n$ est une suite qui prend les valeurs u_0 et $-u_0$ de façon alternée, elle oscille, donc elle diverge.
- si $r > 1$, alors $u_n = (1 + b)^n u_0$, où $b > 0$, ce qui donne quand $u_0 > 0$, $u_n = \sum_{p=0}^{n} C_n^p b^p u_0 > (1 + nb)u_0$, donc u_n tend vers $+\infty$ (u_n tend vers $-\infty$ quand $u_0 < 0$).
- si $r < -1$, alors $u_n = (-1 - b)^n u_0$, où $b > 0$, ce qui donne $u_n = (-1)^n \sum_{p=0}^{n} C_n^p b^p u_0$ donc u_n est une suite qui prend des valeurs strictement positives et strictement négatives de façon alternée avec $|u_n| \to +\infty$, donc elle diverge.

Somme des premiers termes

La somme des $n + 1$ premiers termes d'une suite géométrique est donnée par :

$$\sum_{k=0}^{n} u_k = \begin{cases} (n+1)u_0 & \text{si } r = 1 \\ \dfrac{1 - r^{n+1}}{1 - r} u_0 & \text{si } r \neq 1 \end{cases}$$

Démonstration : Soit $r \neq 1$ et $S_n = \sum_{k=0}^{n} u_k$

$$S_n = \sum_{k=0}^{n} u_k = \sum_{k=0}^{n} r^k u_0 = u_0 + ru_0 + r^2 u_0 + \ldots + r^n u_0$$

$$\sum_{k=0}^{n} u_k - r \sum_{k=0}^{n} u_k = u_0 + ru_0 + r^2 u_0 + \ldots$$

$$\ldots + r^n u_0 - \left(ru_0 + r^2 u_0 + \ldots + r^{n+1} u_0 \right)$$

$$= u_0 - r^{n+1} u_0$$

D'où $S_n - rS_n = u_0(1 - r^{n+1})$ et $S_n = \dfrac{1 - r^{n+1}}{1 - r} u_0$.

3) Suite $(u_n)_n$ telle que $u_n = \left(1 + \dfrac{1}{n}\right)^n$

Sa limite est $e \simeq 2{,}718$ la base du logarithme népérien (tel que $\ln e = 1$). Cette suite conduit parfois le débutant à raisonner Faux de la manière suivante :

$$1 + \frac{1}{n} \to_{n\to+\infty} 1, \quad 1^n \to_{n\to+\infty} 1$$

© Dunod. Toute reproduction non autorisée est un délit.

donc $\left(1+\frac{1}{n}\right)^n$ tendrait aussi vers 1. L'erreur commise est la suivante : confusion entre $\lim_{k\to+\infty}\left[\lim_{n\to+\infty}\left(1+\frac{1}{n}\right)^k\right]$ qui est bien égale à 1, et $\lim_{n\to+\infty}\left(1+\frac{1}{n}\right)^n$ où la variable n est la même dans le dénominateur de $\frac{1}{n}$ et dans l'exposant $(\ldots)^n$, ce qui n'est pas le cas dans $\left(1+\frac{1}{n}\right)^k$.

On sait de façon analogue calculer $\lim_{n\to+\infty}[\lim_{k\to+\infty}(1+\frac{1}{n})^k] = +\infty$. Étudions à présent la suite $(u_n)_n$.

$u_1 = 2$; $u_2 = 2{,}25$; $u_3 = 2{,}36\ldots;\ldots$

$$u_{10} = 2{,}6\ldots;\ldots u_{100} = 2{,}7048\ldots;\ldots u_{1000} = 2{,}7169\ldots;\ldots$$

Démontrons, en utilisant la formule du binôme de Newton : $(a+b)^n = \sum_{k=0}^{n} C_n^k a^{n-k} b^k$, que la suite $(u_n)_n$ est croissante. En effet :

$$\left(1+\frac{1}{n}\right)^n = \sum_{k=0}^{n} C_n^k \frac{1}{n^k} \quad \text{avec} \quad C_n^k = \frac{n!}{k!(n-k)!}.$$

Donc $C_n^k \times \frac{1}{n^k} = \frac{1}{k!} \times \frac{n}{n} \times \frac{n-1}{n} \times \ldots \times \frac{n-p}{n} \times \ldots \times \frac{n-k+1}{n}$.

Étape 1 :

$$u_n = \left(1+\frac{1}{n}\right)^n = \sum_{k=0}^{n} C_n^k \frac{1}{n^k}, n \geqslant 1$$

$$u_{n+1} = \left(1+\frac{1}{n+1}\right)^{n+1} = \sum_{k=0}^{n+1} C_{n+1}^k \frac{1}{(n+1)^k}$$

L'idée est de majorer chacun des $C_n^k \frac{1}{n^k}$ par $C_{n+1}^k \frac{1}{(n+1)^k}$ pour $k = 0, 1, \ldots, n$.

Étape 2 :

Pour $k \in \{1, 2, \ldots, n\}$

$$\begin{aligned}
C_n^k \frac{1}{n^k} &= \frac{1}{k!} \times \frac{n}{n} \times \frac{n-1}{n} \times \ldots \times \frac{n-p}{n} \times \ldots \times \frac{n-k+1}{n} \\
&= \frac{1}{k!} \times 1 \times \left(1-\frac{1}{n}\right) \ldots \times \left(1-\frac{p}{n}\right) \times \ldots \times \left(1-\frac{k-1}{n}\right) \\
&\leqslant \frac{1}{k!} \times 1 \times \left(1-\frac{1}{n+1}\right) \ldots \times \left(1-\frac{p}{n+1}\right) \times \ldots \times \left(1-\frac{k-1}{n+1}\right) \\
&= C_{n+1}^k \frac{1}{(n+1)^k}
\end{aligned}$$

(On a majoré $\left(1-\frac{p}{n}\right)$ par $\left(1-\frac{p}{n+1}\right)$ pour $p = 1, 2, \ldots, k-1$).

Conclusion : $C_n^k \frac{1}{n^k} \leqslant C_{n+1}^k \frac{1}{(n+1)^k}$, $k \in \{1, 2, \ldots, n\}$.

Étape 3 :

$$
\begin{aligned}
u_n &= 1 + \sum_{k=1}^{n} C_n^k \frac{1}{n^k} \\
&\leqslant 1 + \sum_{k=1}^{n} C_{n+1}^k \frac{1}{(n+1)^k} + C_{n+1}^{n+1} \frac{1}{(n+1)^{n+1}} \text{ d'après l'étape 2} \\
&= \sum_{k=0}^{n+1} C_{n+1}^k \frac{1}{(n+1)^k} = u_{n+1}
\end{aligned}
$$

Conclusion : $\forall n \in \mathbb{N}^*$, $u_n \leqslant u_{n+1}$. La suite $(u_n)_n$ est donc croissante.

Démontrons que la suite $(u_n)_n$ est majorée.

$$
C_n^k \frac{1}{n^k} = \frac{1}{k!} \times 1 \times \left(1 - \frac{1}{n}\right) \ldots \times \left(1 - \frac{p}{n}\right) \times \ldots \times \left(1 - \frac{k-1}{n}\right) \leqslant \frac{1}{k!}
$$

(on a majoré $\left(1-\frac{p}{n}\right)$ par 1 pour $p = 1, \ldots, k-1$)

$$
\leqslant \frac{1}{k(k-1)} = \frac{1}{k-1} - \frac{1}{k}, \; k \in \{2, 3, \ldots, n\}
$$

On en déduit la majoration suivante de $(u_n)_n$:

$$
\begin{aligned}
u_n &= \left(1 + \frac{1}{n}\right)^n = \sum_{k=0}^{n} C_n^k \frac{1}{n^k} = 1 + 1 + \sum_{k=2}^{n} C_n^k \frac{1}{n^k} \\
&\leqslant 2 + \sum_{k=2}^{n} \left(\frac{1}{k-1} - \frac{1}{k}\right) = 2 + \left(1 - \frac{1}{n}\right) \leqslant 3
\end{aligned}
$$

Conclusion : $\forall n \in \mathbb{N}^*$, $u_n \leqslant 3$.

© Dunod. Toute reproduction non autorisée est un délit.

Récapitulation : La suite $(u_n)_n$ est croissante et majorée par 3, donc d'après le théorème 1 cette suite converge. Sa limite, que l'on note e est égale à $\sup_{n\in\mathbb{N}^*} u_n$. Des calculs précédents on déduit l'approximation suivante de e :

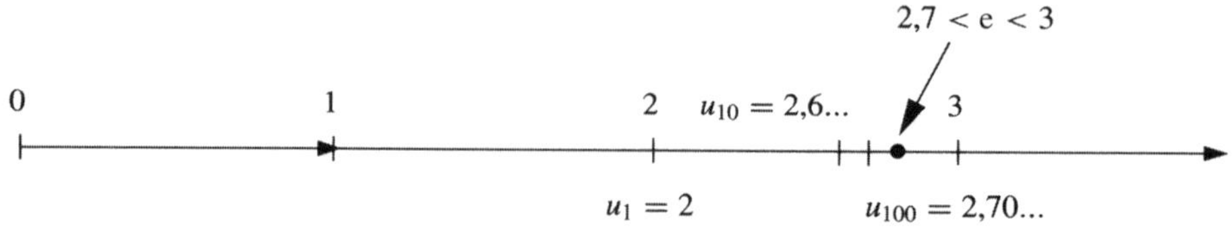

Figure 3.4

VI. Séries numériques

A. Définitions

Les *séries* sont des suites particulières, suffisamment importantes pour être étudiées séparément.

• Définition 12

Soit $(u_n)_n$ une suite numérique.

La série numérique de terme général u_n est la suite $(S_n)_n$ définie par :

$$S_n = \sum_{k=0}^{n} u_k, \quad \text{c'est-à-dire :}$$

$$S_0 = u_0$$

$$S_1 = u_0 + u_1$$

$$S_2 = u_0 + u_1 + u_2$$

$$\vdots$$

On la note $\sum u_n$.

S_n s'appelle la somme partielle de la série.

→ ***Commentaire***

Étudier la série de terme général u_n c'est étudier la suite $(S_n)_n$.

• Définition 13

Une série de terme général u_n est dite convergente si la suite $(S_n)_n$ est convergente et dans ce cas on note :

$$\lim_{n \to +\infty} S_n = \sum_{k=0}^{+\infty} u_k$$

Une série est divergente si elle ne converge pas.

→ ***Commentaire***

Il découle de cette définition les propriétés suivantes :
La somme de deux séries convergentes est une série convergente. Le produit d'une série convergente par un réel est une série convergente.

▶ **Exemples**

• La série géométrique $\sum r^n u_0$

Étudier la série de terme général $u_n = r^n u_0$, u_0 donné, c'est étudier la suite

$$S_n = \sum_{k=0}^{n} r^k u_0 = u_0(1 + r + r^2 + \ldots + r^n)$$

On reconnaît bien S_n comme étant la somme des $(n + 1)$ premiers termes d'une suite géométrique. On appelle alors la série, série géométrique. Pour étudier sa convergence il suffit de revenir à l'expression de S_n donnée dans la partie concernant les suites géométriques.

$$\begin{aligned} Si \ \ r = 1, \quad & S_n = (n+1)u_0, \\ si \ \ r \neq 1, \quad & S_n = \frac{1 - r^{n+1}}{1 - r} u_0, \end{aligned}$$

donc la série est convergente de limite $\frac{1}{1-r} u_0$ si $|r| < 1$.
Dans tous les autres cas elle est divergente.

• La série de Riemann $\sum \frac{1}{n^\alpha}$, $\alpha \in \mathbb{R}$

Elle converge si $\alpha > 1$ et diverge sinon.
Pour $\alpha = 1$ et $\alpha = 2$ voir l'exercice n° 5 c) et b) et pour le cas général voir l'exercice n° 9 du chapitre 6 (Intégration).

B. Propriétés

• Proposition 6 : condition nécessaire de convergence

Si la série $\sum u_n$ de terme général u_n converge alors $\lim_{n \to +\infty} u_n = 0$.

© Dunod. Toute reproduction non autorisée est un délit.

Démonstration : Soit $(S_n)_n$ la suite des sommes partielles de la série. Pour tout $n \in \mathbb{N}$, $u_n = S_n - S_{n-1}$. Puisque la série converge, (c'est-à-dire la suite $(S_n)_n$ converge) on a $\lim_{n\to+\infty} S_n = \lim_{n\to+\infty} S_{n-1}$. D'où $\lim_{n\to+\infty} u_n = 0$.

⟶ ***Commentaires***

La réciproque est fausse.

Si $\lim_{n\to+\infty} u_n = 0$ alors on ne peut rien conclure sur la série de terme général u_n.

Par exemple : $\lim_{n\to+\infty} \frac{1}{n} = 0$ et la série $\sum \frac{1}{n}$ est divergente (voir exercice 5) c)).

Par contre, $\lim_{n\to+\infty} \frac{1}{n^2} = 0$ et la série $\sum \frac{1}{n^2}$ est convergente (voir exercice 5) b)).

Cette propriété est un critère de divergence pour une série. En effet, la contraposée donne :

Si $\lim_{n\to+\infty} u_n \neq 0$ alors la série de terme général u_n diverge.

• **Proposition 7 : comparaison de séries à termes positifs**

Soit $(u_n)_n$ et $(v_n)_n$ deux suites qui vérifient $\forall n,\ 0 \leqslant u_n \leqslant v_n$.

Si la série $\sum v_n$ est convergente alors la série $\sum u_n$ est convergente.

Si la série $\sum u_n$ est divergente alors la série $\sum v_n$ est divergente.

Démonstration : Soit $(S_n)_n$ et $(T_n)_n$ les suites des sommes partielles respectives des séries $\sum u_n$ et $\sum v_n$. On a $S_n \leqslant T_n$, $\forall n \in \mathbb{N}$ par hypothèse. Si $\sum v_n$ converge, la suite $(T_n)_n$ est majorée donc la suite $(S_n)_n$ est majorée. Or $(S_n)_n$ est croissante car $u_n \geqslant 0$, $\forall n \in \mathbb{N}$. La suite $(S_n)_n$ converge donc puisqu'elle est croissante et majorée. Ce qui signifie que la série $\sum u_n$ converge. La deuxième partie de la proposition est la contraposée de cette implication.

• **Proposition 8 : convergence absolue**

Si la série $\sum |u_n|$ est convergente alors la série $\sum u_n$ est convergente.

La réciproque est fausse.

On dit que la série $\sum u_n$ est *absolument convergente* si $\sum |u_n|$ est convergente.

Démonstration : Soit $\sum u_n$ une série absolument convergente. On pose

$$u_n^+ = \frac{|u_n| + u_n}{2} \quad \text{et} \quad u_n^- = \frac{|u_n| - u_n}{2}, \quad \forall n \in \mathbb{N}.$$

On a $0 \leqslant u_n^+ \leqslant |u_n|$ et $0 \leqslant u_n^- \leqslant |u_n|$, $\forall n \in \mathbb{N}$. Les séries $\sum u_n^+$ et $\sum u_n^-$ sont donc convergentes d'après la Proposition 7 de comparaison des séries à termes positifs. Comme $\forall n \in \mathbb{N}$, $u_n = u_n^+ - u_n^-$, la série $\sum u_n$ converge.

• **Proposition 9 : règle de d'Alembert**

Supposons que $\lim_{n\to+\infty}\left|\dfrac{u_{n+1}}{u_n}\right| = l$.

Si $l < 1$ alors la série $\sum |u_n|$ est convergente.

Si $l > 1$ alors la série $\sum u_n$ est divergente.

Si $l = 1$, il n'y a pas de conclusion générale.

⟶ ***Commentaires***

En effet, pour la série $\sum \dfrac{1}{n^2}$ on a $\lim_{n\to+\infty}\left|\dfrac{u_{n+1}}{u_n}\right| = \lim_{n\to+\infty}\dfrac{n^2}{(n+1)^2} = 1$ et la série est convergente. (voir exercice 5) b)) ; mais pour la série $\sum \dfrac{1}{n}$ on a $\lim_{n\to+\infty}\left|\dfrac{u_{n+1}}{u_n}\right| = \lim_{n\to+\infty}\dfrac{n}{n+1} = 1$ et la série est divergente (voir exercice 5) c)).

Dans le cas où $l = 1$. on pourra continuer l'étude avec la règle de Raabe-Duhamel (voir exercice 5) g)).

• **Proposition 10 : règle de Cauchy**

Supposons que $\lim_{n\to+\infty}(|u_n|)^{\frac{1}{n}} = l$.

Si $l < 1$ alors la série $\sum |u_n|$ est convergente.

Si $l > 1$ alors la série $\sum u_n$ est divergente.

Si $l = 1$, il n'y a pas de conclusion générale.

• **Proposition 11 : un critère de convergence vers 0 pour une suite**

Si $\lim\limits_{n\longrightarrow\infty}\dfrac{|u_{n+1}|}{|u_n|} < 1$ alors $\lim\limits_{n\longrightarrow\infty} u_n = 0$.

Démonstration : Si $\lim_{n\to+\infty}\left|\dfrac{u_{n+1}}{u_n}\right| < 1$, alors la série $\sum |u_n|$ est convergente par la règle de d'Alembert et donc la série $\sum u_n$ est convergente (par la proposition 8). La proposition 6 donne alors $\lim_{n\to+\infty} u_n = 0$; donc la suite $(u_n)_n$ est convergente de limite nulle.

On peut aussi utiliser la règle de Cauchy pour obtenir un tel résultat.

© Dunod. Toute reproduction non autorisée est un délit.

▶ **Exemple**

Pour étudier la suite définie par : $u_n = \frac{n^n}{5^n n!}$, $(n \in \mathbb{N})$, *on peut considérer la série de terme* u_n. *La règle de d'Alembert donne :*

$$\lim_{n \to +\infty} \left| \frac{u_{n+1}}{u_n} \right| = \lim_{n \to +\infty} \frac{(n+1)^{n+1}}{5^{n+1}(n+1)!} \frac{5^n n!}{n^n}$$
$$= \lim_{n \to +\infty} \frac{(n+1)^n}{5n^n} = \frac{e}{5} < 1$$

donc la série converge. La proposition 6 implique alors $\lim_{n \to +\infty} u_n = 0$ *; donc la suite* $(u_n)_n$ *est convergente de limite nulle.*

Remarque : *On rappelle que* $\left(\left(1 + \frac{1}{n}\right)^n\right)_n$ *tend vers* e $\approx 2{,}718$ *quand n tend vers l'infini.*

• Proposition 12 : critère de convergence des séries alternées

Si la série $\sum u_n$ vérifie les conditions suivantes :

$\forall n \in \mathbb{N},\ u_n u_{n+1} \leqslant 0$ (série alternée)

$\forall n \in \mathbb{N},\ |u_{n+1}| \leqslant |u_n|$ (la suite $(|u_n|)_n$ est décroissante)

$\lim_{n \longrightarrow \infty} u_n = 0$

alors la série est convergente.

▶ **Exemple**

La série harmonique alternée est la série de terme général :

$$u_n = \frac{(-1)^n}{n}$$

Elle vérifie toutes les hypothèses de la Proposition 12, ce qui montre la convergence de la série, alors qu'elle n'est pas absolument convergente.

Exercices

Énoncés

Exercice n° 1

Soit $(u_n)_n$ une suite et $l \in \mathbb{R}$.

Dire si les propositions suivantes sont vraies ou fausses.

a) Si $\lim_{n \to +\infty} |u_n| = |l|$, alors $\lim_{n \to +\infty} u_n = l$. La réciproque est-elle vraie ?

b) Si $\lim_{n\to+\infty} u_n^2 = l$, alors $\lim_{n\to+\infty} u_n = \sqrt{l}$.

c) Si $\lim_{n\to+\infty} \dfrac{u_n}{u_{n+1}} = a \neq 1$, et $\lim_{n\to+\infty} u_n = l \in \mathbb{R}$, alors $\lim_{n\to+\infty} u_n = 0$.

d) $(u_n)_n$ monotone si et seulement si $\forall n \in \mathbb{N}\ (u_{n+1} - u_n)(u_n - u_{n-1}) > 0$.

Exercice n° 2

Étudier la convergence des suites $(u_n)_n$ définies par :

a) $u_n = \sqrt{n+1} - \sqrt{n}$, $(n \in \mathbb{N})$,

b) $u_n = 5 - \dfrac{8}{5}n$,

c) $u_n = 7^n$,

d) $u_n = (-\dfrac{1}{9})^n$,

e) $u_n = 1 + \dfrac{1}{3} + \dfrac{1}{9} + \ldots + \dfrac{1}{3^n}$, $(n \in \mathbb{N})$.

f) $u_n = 1 + \dfrac{1}{2^2} + \dfrac{1}{3^2} + \ldots + \dfrac{1}{n^2}$, $(n \in \mathbb{N}^*)$

g) $u_n = 1 + \dfrac{1}{2} + \ldots + \dfrac{1}{n}$, $(n \in \mathbb{N}^*)$

Exercice n° 3

Montrer que les suites $(u_n)_n$ et $(v_n)_n$ définies par :

$$u_n = 1 + \frac{1}{1!} + \frac{1}{2!} + \ldots + \frac{1}{n!},\ (n \in \mathbb{N}^*)$$

$$v_n = 1 + \frac{1}{1!} + \frac{1}{2!} + \ldots + \frac{1}{n!} + \frac{1}{n!},\ (n \in \mathbb{N}^*)$$

sont adjacentes.

Exercice n° 4

Étudier la convergence des suites $(u_n)_n$ définies par :

a) $u_0 = 0$ et $u_{n+1} = \sqrt{1 + u_n}$, $\forall n \in \mathbb{N}$.

b) $u_0 = 2$ et $u_{n+1} = \dfrac{1}{2}\left[u_n + \dfrac{2}{u_n}\right]$, $(n \in \mathbb{N})$.

c) Soit $(x_n)_n$ et $(y_n)_n$ deux suites définies par :

$$\forall n \in \mathbb{N},\ x_{n+1} = \sqrt{x_n y_n} \quad \text{et} \quad y_{n+1} = \frac{1}{2}(x_n + y_n)$$

$$0 < x_0 < y_0$$

1. Démontrer que $\forall n \in \mathbb{N}$, $x_n > 0$ et $y_n > 0$
2. Démontrer que $\forall n \in \mathbb{N}$, $x_n \leqslant y_n$. En déduire que $\forall n \in \mathbb{N}$, $x_n \leqslant x_{n+1} \leqslant y_{n+1} \leqslant y_n$
3. Démontrer que les suites $(x_n)_n$ et $(y_n)_n$ sont convergentes. Soit $\alpha = \lim_{n\to\infty} x_n$ et $\beta = \lim_{n\to+\infty} y_n$
4. Démontrer que $\forall n \in \mathbb{N}$, $y_n - x_n \leqslant \left(\dfrac{1}{2}\right)^n (y_0 - x_0)$. En déduire $\alpha = \beta$. Les suites $(x_n)_n$ et $(y_n)_n$ sont elles adjacentes ?

© Dunod. Toute reproduction non autorisée est un délit.

Exercice n° 5

Étudier la convergence des séries suivantes :

a) $\sum \frac{1}{3^n}$,

b) $\sum \frac{1}{n^2}$,

c) $\sum \frac{1}{n}$,

d) $\sum \left(1+\frac{1}{n}\right)^n$,

e) $\sum \left(\frac{-1}{3+2n+4n^2}\right)^n$,

f) $\sum \frac{n}{1+3^n}$,

g) $\sum \frac{1\times 4\times 7...\times(3n+1)}{(n+1)!}c^n, \quad c\in\mathbb{R}_+^*$,

h) $\sum \frac{(-1)^n}{\sqrt{n}}$,

i) $\sum \ln\left(1+\frac{1}{n}\right)$,

j) $\sum \frac{1}{\sqrt{n(n+2)}}$,

k) $\sum \frac{\ln n}{n^2}$.

Exercice n° 6

On considère la suite $(u_n)_n$ telle que $u_1 = 1$, $u_n = u_{n-1} + (-1)^{n-1}\frac{1}{2^{n-1}}$

a) Calculer u_2, u_3, u_4.

b) La suite est-elle monotone ? Peut-on en déduire qu'elle n'a pas de limite ?

c) Expliciter u_n en fonction de $n \in \mathbb{N}^*$. En déduire que u_n est la somme des n premiers termes d'une suite géométrique de raison q dont on donnera la valeur, c'est-à-dire que la suite $(u_n)_n$ est une série géométrique.

d) En déduire la limite de la suite $(u_n)_n$.

4. Fonctions réelles d'une variable réelle

La notion de limite pour une suite, abordée au chapitre précédent, va devenir la clef d'une nouvelle notion : celle de limite en un point ou à l'infini d'une fonction réelle d'une variable réelle. Ainsi les propriétés de la limite concernant une suite vont se transposer dans les propriétés de la limite en un point ou à l'infini d'une fonction.
À partir de cette notion on peut définir ce qu'on appelle des fonctions équivalentes au voisinage d'un point ou quand *x* tend vers l'infini.
Enfin la notion de continuité en un point d'une fonction réelle d'une variable réelle ne sera qu'un cas particulier banal, quoique riche en informations sur la fonction, de la notion de limite en un point d'une fonction.

Mots clefs : limite, fonctions équivalentes, continuité, théorème des valeurs intermédiaires, théorème d'optimisation.

© Dunod. Toute reproduction non autorisée est un délit.

I. Limite d'une fonction

A. Limite en un point

• Définition 1 (langage des voisinages)

Soit $a \in \mathbb{R}$ et f une fonction définie sur l'intervalle $I =]a - \alpha, a + \alpha[, \alpha > 0$, sauf peut-être en a. (On dit aussi f définie sur un voisinage de a, sauf peut-être en a).

On dit que la fonction *f a pour limite le nombre réel l quand x tend vers a,* lorsque :

$$\forall \epsilon > 0, \exists \eta_\epsilon > 0 \text{ tel que } \forall x \in I \setminus \{a\}, |x - a| < \eta_\epsilon \Rightarrow |f(x) - l| < \epsilon$$

• ce qui s'écrit :

$$\lim_{x \to a, x \neq a} f(x) = l \text{ ou } \lim_{x \to a} f(x) = l \text{ ou } \lim_{a} f = l \text{ ou } [f(x) \to l, \text{quand } x \to a]$$

• ce qui se comprend : $f(x)$ est aussi voisin qu'on le veut de l pourvu que x soit assez voisin de a et $x \neq a$.

• Définition 2 (langage des suites)

On dit que la fonction f a pour limite le nombre réel l quand x tend vers a, lorsque f transforme toute suite $(x_n)_n$ déléments de $I \setminus \{a\}$ qui converge vers a en une suite $(f(x_n))_n$ qui converge vers l.

→ ***Commentaires***

On peut montrer que la définition 1 et la définition 2 sont équivalentes. Ainsi les propriétés des limites des fonctions seront obtenues à partir des propriétés des limites des suites.

L'existence et la valeur de $l = \lim_{x \to a} f(x)$ dépendent du comportement local de f autour de a, mais pas de la valeur éventuelle de f au point a.

$\lim_{x \to a} f(x) = l \Leftrightarrow \lim_{x \to a} |f(x) - l| = 0.$

B. Limite à gauche, limite à droite

• Définition 3

Soit $a \in \mathbb{R}$ et f une fonction définie sur l'intervalle $I_1 =]a - \alpha, a[, \alpha > 0$.

On dit que la fonction f a pour *limite à gauche* le nombre réel l_1 quand x tend vers a, lorsque :

$$\forall \epsilon > 0, \exists \eta_\epsilon > 0 \text{ tel que } \forall x \in I_1, \ 0 < a - x < \eta_\epsilon \Rightarrow |f(x) - l_1| < \epsilon$$

• ce qui s'écrit $\lim_{x \to a^-} f(x) = l_1$ ou $\lim_{x \to a,\ x<a} f(x) = l_1$

Pour une fonction définie sur l'intervalle $I_2 =]a, a + \alpha[, \alpha > 0$, on dit que la fonction f a pour *limite à droite* le nombre réel l_2 quand x tend vers a, lorsque :

$$\forall \epsilon > 0, \exists \eta_\epsilon > 0 \text{ tel que } \forall x \in I_2, \ 0 < x - a < \eta_\epsilon \Rightarrow |f(x) - l_2| < \epsilon$$

• ce qui s'écrit $\lim_{x \to a^+} f(x) = l_2$ ou $\lim_{x \to a,\ x>a} f(x) = l_2$

→ ***Commentaire***

On peut écrire les définitions équivalentes via le langage des suites.

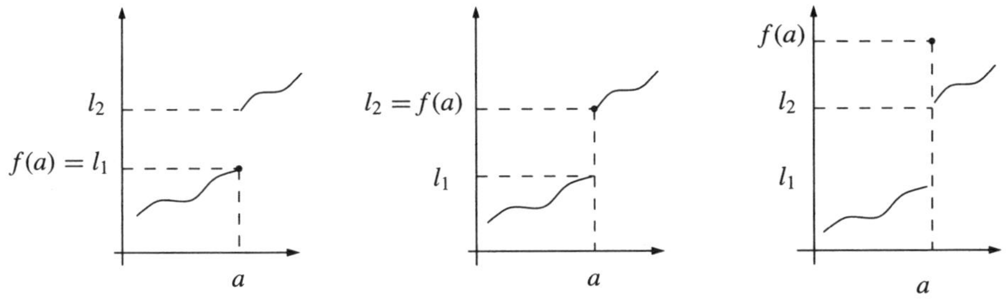

Figure 4.1

$l_1 = \lim_{x \to a^-} f(x)$, $l_2 = \lim_{x \to a^+} f(x)$. On constate :

1) Dans les trois cas de figure f n'admet pas de limite au point a, bien quelle admette une limite à gauche l_1 et une limite à droite l_2.
2) l_1 (respectivement l_2) limite de f à gauche de a (respectivement à droite de a) ne dépend pas de la valeur de f au point a.

La proposition suivante fait le lien entre la notion de limite et celle de limite à gauche, limite à droite.

• Proposition 1

$$\lim_{x \to a} f(x) = l \text{ si et seulement si } \lim_{x \to a^-} f(x) = l \text{ et } \lim_{x \to a^+} f(x) = l$$

Il est clair que $\lim_{x \to a} f(x) = l$ implique l'éxistence de la limite à gauche et de la limite à droite de f en a tout en fournissant la valeur de ces limites qui est l. Il suffit de lire les définitions respectives pour s'en convaincre. Nous admettrons la réciproque.

▶ Exemple

Soit :

$$f : \mathbb{R}^* \to \mathbb{R}$$
$$x \mapsto f(x) = \frac{|x|}{x}$$

On va montrer que $\lim_{x \to 0} f(x)$ *n'existe pas.*

$$\lim_{x \to 0^-} f(x) = \lim_{x \to 0^-} \frac{|x|}{x} = \lim_{x \to 0^-} \frac{-x}{x} = -1$$
$$\lim_{x \to 0^+} f(x) = \lim_{x \to 0^+} \frac{|x|}{x} = \lim_{x \to 0^+} \frac{x}{x} = 1$$

Comme $\lim_{x \to 0^-} f(x) \neq \lim_{x \to 0^+} f(x)$, *la proposition 1 implique que* $\lim_{x \to 0} f(x)$ *n'existe pas.*

© Dunod. Toute reproduction non autorisée est un délit.

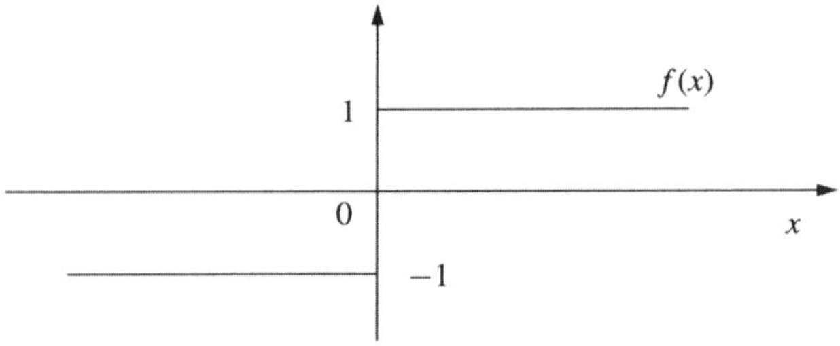

Figure 4.2

C. Limite infinie en un point

• **Définition 4 (langage des voisinages)**

Soit $a \in \mathbb{R}$ et f une fonction définie sur l'intervalle $I =]a - \alpha, a + \alpha[, \alpha > 0$ sauf peut-être en a. On dit que la fonction f tend vers $+\infty$ quand x tend vers a, lorsque :

$$\forall A > 0, \exists \eta_A > 0 \text{ tel que } \forall x \in I \setminus \{a\}, |x - a| < \eta_A \Rightarrow f(x) > A$$

• ce qui s'écrit $\lim\limits_{x \to a} f(x) = +\infty$

• ce qui est équivalent à la définition via le langage des suites suivante : f transforme toute suite $(x_n)_n$ d'éléments de $I \setminus \{a\}$, qui converge vers a, en une suite $(f(x_n))_n$ qui tend vers $+\infty$.

On définit de façon similaire : $\lim\limits_{x \to a} f(x) = -\infty$, $\lim\limits_{x \to a^-} f(x) = +\infty$, $\lim\limits_{x \to a^+} f(x) = +\infty$...

▶ **Exemple**

Soit :

$$f : \mathbb{R}^* \to \mathbb{R}$$
$$x \mapsto f(x) = \frac{1}{x}$$

On va montrer que $\lim\limits_{x \to 0^+} \frac{1}{x} = +\infty$ *en appliquant la définition via le langage des suites.*

▶ **Exemple**

Soit :

$$\begin{array}{rcccl} f & : & \mathbb{R}^* & \longrightarrow & \mathbb{R} \\ & & x & \longmapsto & f(x) = \dfrac{1}{x} \end{array}$$

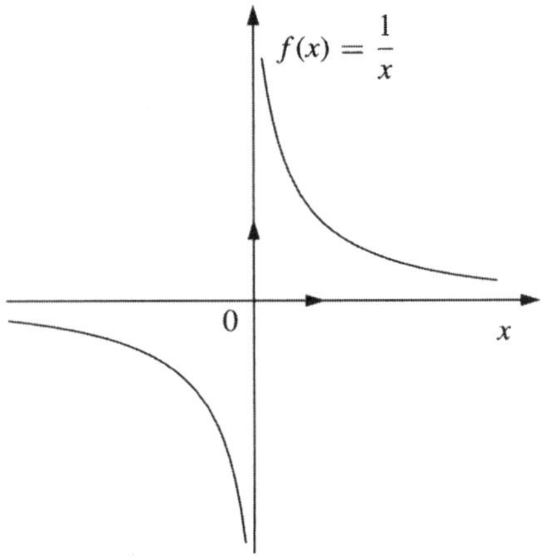

Figure 4.3

On va montrer que $\lim_{x \to 0^+} f(x) = +\infty$. *Soit* $(x_n)_n$ *une suite quelconque telle que*

$$\forall n \in \mathbb{N},\ x_n > 0 \quad et \quad \lim_{n \to +\infty} x_n = 0$$

Alors $\lim_{n \to +\infty} f(x_n) = \lim_{n \to +\infty} \dfrac{1}{x_n} = +\infty$, *donc* $\lim_{x \to 0^+} \dfrac{1}{x} = +\infty$.

De la même manière on montrerait $\lim_{x \to 0^-} \dfrac{1}{x} = -\infty$.

D. Limite à l'infini

• Définition 5 (langage des voisinages)

Soit f définie sur l'intervalle $J = [a, +\infty[$. On dit que la fonction f a pour limite le nombre réel l quand x tend vers $+\infty$ lorsque :

$$\forall \epsilon > 0, \exists A_\epsilon > 0 \text{ tel que } \forall x \in J,\ \ x > A_\epsilon \Rightarrow |f(x) - l| < \epsilon$$

• ce qui s'écrit $\lim\limits_{x \to +\infty} f(x) = l$ ou $\lim\limits_{+\infty} f = l$ ou encore [$f(x) \to l$, quand $x \to +\infty$]

• ce qui est équivalent à la définition via le langage des suites suivante : f transforme toute suite $(x_n)_n$ d'éléments de J, qui tend vers $+\infty$, en une suite $(f(x_n))_n$ qui converge vers l.

On définit de façon similaire $\lim\limits_{x \to -\infty} f(x) = l$

© Dunod. Toute reproduction non autorisée est un délit.

▶ **Exemples**

- *Soit :*

$$f : \mathbb{R}^* \to \mathbb{R}$$
$$x \mapsto f(x) = \frac{1}{x}$$

On va montrer que $\lim_{x\to+\infty} \frac{1}{x} = 0$ *en appliquant la définition via le langage des suites.*

Soit $(x_n)_n$ *une suite quelconque telle que*

$$\lim_{n\to+\infty} x_n = +\infty$$

Alors $\lim_{n\to+\infty} f(x_n) = \lim_{n\to+\infty} \frac{1}{x_n} = 0$, *par la proposition 4 b) du chapitre 3 sur les suites. La suite* $(x_n)_n$ *étant choisie arbitrairement, on obtient que* $\lim_{x\to+\infty} \frac{1}{x} = 0$.

- *Soit :*

$$f : \mathbb{R} \to \mathbb{R}$$
$$x \mapsto f(x) = \sin x$$

On va montrer que $\lim_{x\to+\infty} f(x)$ *n'existe pas en utilisant la définition via le langage des suites.*

Il suffit de considérer les suites $(x_n)_n$ *et* $(y_n)_n$ *telles que* $\forall n \in \mathbb{N}, x_n = 2\Pi n, y_n = 2\Pi n + \frac{\Pi}{2}$.

Il est clair que $\lim_{n\to+\infty} x_n = +\infty$ *et* $\lim_{n\to+\infty} y_n = +\infty$ *mais* $\lim_{n\to+\infty} f(x_n) = \lim_{n\to+\infty} \sin(2\Pi n) = 0$ *et* $\lim_{n\to+\infty} f(y_n) = \lim_{n\to+\infty} \sin(2\Pi n + \frac{\Pi}{2}) = 1$. *On constate que* f *transforme deux suites* $(x_n)_n$ *et* $(y_n)_n$ *d'éléments de* $\mathbb{R}$, *qui tendent vers* $+\infty$, *en deux suites* $(f(x_n))_n$ *et* $(f(y_n))_n$ *qui convergent vers des limites différentes. Donc* $\lim_{x\to+\infty} f(x)$ *n'existe pas.*

• Définition 6 (langage des voisinages)

Soit f définie sur l'intervalle $J = [a, +\infty[$. On dit que la fonction f tend vers $+\infty$ quand x tend vers $+\infty$ lorsque :

$$\forall B > 0, \exists A_B > 0 \text{ tel que } \forall x \in J, \quad x > A_B \Rightarrow f(x) > B$$

• ce qui s'écrit $\lim_{x\to+\infty} f(x) = +\infty$

• ce qui est équivalent à la définition via le langage des suites suivante : f transforme toute suite $(x_n)_n$ d'éléments de J, qui tend vers $+\infty$, en une suite $(f(x_n))_n$ qui tend vers $+\infty$.

On définit de façon similaire $\lim_{x\to+\infty} f(x) = -\infty$, $\lim_{x\to-\infty} f(x) = +\infty$, $\lim_{x\to-\infty} f(x) = -\infty$

E. Propriétés des limites

• Proposition 2 : unicité de la limite

Si la limite de f quand x tend vers a existe, alors elle est unique.

Démonstration : Soit l et l' deux limites éventuelles de f quand x tend vers a. Soit $(x_n)_n$ une suite quelconque qui converge vers a. La suite $(f(x_n))_n$ converge alors vers l et l' ce qui implique $l = l'$ par la propriété d'unicité de la limite d'une suite (chapitre 3, proposition 1).

• Définition 7

La *somme de deux fonctions* f et g définies sur un intervalle J de $\mathbb{R}$ est la fonction notée $f + g$ définie de la façon suivante :

$$\forall x \in J,\ (f+g)(x) = f(x) + g(x)$$

De même le *produit de deux fonctions* f et g définies sur un intervalle J de $\mathbb{R}$ est la fonction notée $f \times g$ définie de la façon suivante :

$$\forall x \in J,\ (f \times g)(x) = f(x) \times g(x)$$

Enfin le *quotient de deux fonctions* f et g définies sur un intervalle J de $\mathbb{R}$ est la fonction notée $\frac{f}{g}$ définie de la façon suivante :

$$\forall x \in J,\ \left(\frac{f}{g}\right)(x) = \frac{f(x)}{g(x)}$$

pourvu que g ne s'annule pas sur J.

• Proposition 3 : opérations sur les limites

Soit f et g deux fonctions définies sur un voisinage I de a, sauf peut-être en a. Si $\lim_{x\to a} f(x) = l$ et $\lim_{x\to a} g(x) = k$ alors :

a) $\lim_{x\to a}(f+g)(x) = l + k$

b) $\forall \lambda \in \mathbb{R}, \lim_{x\to a} \lambda f(x) = \lambda l$

c) $\lim_{x\to a} |f(x)| = |l|$

d) $\lim_{x\to a}(f \times g)(x) = l \times k$

© Dunod. Toute reproduction non autorisée est un délit.

e) $\lim_{x \to a} \frac{1}{f}(x) = \frac{1}{l}$ pourvu que $l \neq 0$

f) si $\forall x \in I,\ f(x) \leqslant g(x)$ alors $l \leqslant k$

g) si $\lim_{x \to a} f(x) = \lim_{x \to a} g(x) = l$ et $\forall x \in I,\ f(x) \leqslant h(x) \leqslant g(x)$ alors $\lim_{x \to a} h(x) = l$

Si $k \neq 0$ alors en combinant d) et e), on obtient que $\lim_{x \to a} \frac{f}{g}(x) = \frac{l}{k}$.

Démonstration : ces propriétés sont les mêmes que celles déjà vues pour les suites. Pour les démontrer il suffit d'écrire la définition de la limite qui fait intervenir les suites et d'appliquer les propriétés des suites.

Ces propriétés restent vraies si on remplace a par $+\infty$ ou $-\infty$.

▶ **Exemples**

- $$\lim_{x \to +\infty} \frac{x^3 - 5x^2 + 4}{2x^4 - 7x^2 + 6} = \lim_{x \to +\infty} \frac{x^3(1 - 5/x + 4/x^3)}{x^3(2x - 7/x + 6/x^3)} = \lim_{x \to +\infty} \frac{1 - 5/x + 4/x^3}{2x - 7/x + 6/x^3} = 0$$

  en appliquant la proposition 3 et sachant que $\lim_{x \to +\infty} \frac{1}{x} = 0$ *par l'exemple de la section I.*

- $$\lim_{x \to 6} \frac{\sqrt{x-2} - 2}{x - 6} = \lim_{x \to 6} \frac{(x-2) - 4}{(x-6)(\sqrt{x-2} + 2)} = \lim_{x \to 6} \frac{x - 6}{(x-6)(\sqrt{x-2} + 2)} = \lim_{x \to 6} \frac{1}{\sqrt{x-2} + 2)} = \frac{1}{4}$$

  en appliquant la proposition 3 e).

F. Cas d'une fonction monotone

On rappelle qu'une fonction f définie sur un intervalle J de $\mathbb{R}$ est dite *croissante* (*respectivement décroissante*) lorsque :

$$\forall x \in J,\ \forall y \in J,\ x < y \Longrightarrow f(x) \leqslant f(y)$$

(respectivement $f(x) \geqslant f(y)$).

Elle est dite strictement *croissante* (respectivement *strictement décroissante*) lorsque :

$$\forall x \in J,\ \forall y \in J,\ x < y \Longrightarrow f(x) < f(y)$$

(respectivement $f(x) > f(y)$).

Une fonction *monotone* est une fonction croissante ou décroissante.

Une fonction *strictement monotone* est une fonction strictement croissante ou strictement décroissante.

Une fonction f est dite *majorée* dans l'intervalle J si l'ensemble $f(J) = \{f(x) \text{ tel que } x \in J\}$ est majoré, c'est-à-dire :

$$\exists A \in \mathbb{R}, \text{ tel que } \forall x \in J, f(x) \leqslant A.$$

Dans ce cas, d'après l'axiome de la borne supérieure dans $\mathbb{R}$, il existe $\alpha \in \mathbb{R}$ tel que $\alpha = \sup f(J)$. α est appelé la *borne supérieure* de f dans J et se note :

$$\alpha = \sup f(J) = \sup_{x \in J} f(x) = \sup_J f$$

Mutatis mutandis, on définit f *minorée* dans J et β la *borne inférieure* de f dans J se note :

$$\beta = \inf f(J) = \inf_{x \in J} f(x) = \inf_J f.$$

On peut maintenant donner la proposition 4 suivante, qui prolonge aux fonctions le théorème 1 sur les suites monotones bornées du chapitre 3.

• Proposition 4

Si f est une fonction croissante sur $[a, +\infty[$ et majorée, alors $\lim_{x \to +\infty} f(x)$ existe et vaut $\sup_{x \in [a,+\infty[} f(x)$.

On a la proposition analogue :

Si f est une fonction décroissante sur $]-\infty, a]$ et minorée, alors $\lim_{x \to -\infty} f(x)$ existe et vaut $\inf_{x \in]-\infty,a]} f(x)$.

G. Quelques limites classiques, utiles... incontournables

Le chapitre suivant (sur la dérivation) fournira de nouveaux moyens pour calculer des limites de fonctions. On pourra s'en servir par exemple pour démontrer que :

- $\lim\limits_{x \to +\infty} \dfrac{\ln x}{x} = 0,$
- $\lim\limits_{x \to +\infty} \dfrac{e^x}{x^n} = +\infty, \forall n \in \mathbb{N}$
- $\lim\limits_{x \to +\infty} \dfrac{a^x}{x} = +\infty \text{ pour } a > 1,$
- $\lim\limits_{x \to +\infty} \left(1 + \dfrac{1}{x}\right)^x = e$

© Dunod. Toute reproduction non autorisée est un délit.

II. Fonctions équivalentes

A. Fonctions équivalentes quand *x* tend vers *a*

• **Définition 8**

Soit $a \in \mathbb{R}$, f et g deux fonctions réelles d'une variable réelle définies sur un voisinage de a, sauf peut-être en a avec $g(x) \neq 0$ pour tout x de ce voisinage, x différent de a.

On dit que f et g sont *équivalentes quand x tend vers a*, lorsque $\lim_{x \to a} \dfrac{f(x)}{g(x)} = 1$, ce qui s'écrit $f \sim_a g$.

On dit aussi f et g sont *équivalentes au voisinage* de a.

▶ **Exemples**

- *Soit f et g deux fonctions polynômes de $\mathbb{R}$ dans $\mathbb{R}$ telles que $f(x) = x^3 + 2x^2 + 5x$ et $g(x) = 5x$, alors $f \sim_0 g$*

  En effet : $\lim\limits_{x \to 0} \dfrac{f(x)}{g(x)} = \lim\limits_{x \to 0} \dfrac{x^2 + 2x + 5}{5} = 1.$

→ ***Commentaire***

D'une façon générale, un polynôme est équivalent, quand x tend vers 0, à son monôme de plus bas degré.

- *Soit*

$$\begin{array}{llll} f : & \mathbb{R} \setminus \{-1, +1\} & \longrightarrow & \mathbb{R} \\ & x & \longmapsto & f(x) = \dfrac{\sqrt{1 + 3x^4} - 2}{x^2 - 1} \end{array}$$

La fonction f n'est pas définie au point $a = 1$; on peut toutefois l'étudier au voisinage de ce point et même lui trouver une fonction équivalente. Pour cela en multipliant par la quantité conjuguée on a :

$$\forall x \in \mathbb{R} \setminus \{-1, +1\}, \quad f(x) = \frac{1 + 3x^4 - 4}{(x^2 - 1)(\sqrt{1 + 3x^4} + 2)}$$

$$= \frac{3(x^4 - 1)}{(x^2 - 1)\sqrt{1 + 3x^4} + 2)} = \frac{3(x^2 + 1)}{\sqrt{1 + 3x^4} + 2}$$

Ainsi $\lim_{x \to 1} f(x) = \dfrac{3}{2}$ *et* $\lim_{x \to 1} \dfrac{f(x)}{\frac{3}{2}} = 1$, *d'ou* $f \sim_1 \dfrac{3}{2}$.

Fonctions équivalentes quand x tend vers $+\infty$ ou $-\infty$

La définition 8 s'étend sans difficulté aux cas où x tend vers $+\infty$ ou $-\infty$, au lieu de tendre vers $a \in \mathbb{R}$.

Soit donc f et g définies sur un intervalle de la forme $]a, +\infty[$, $a \in \mathbb{R}$ (respectivement $]-\infty, a[$ $a \in \mathbb{R}$).

• Définition 9

On dit que f et g sont *équivalentes quand x tend vers* $+\infty$, (respectivement $-\infty$) lorsque $\lim_{x\to+\infty} \dfrac{f(x)}{g(x)} = 1$, (respectivement $\lim_{x\to-\infty} \dfrac{f(x)}{g(x)} = 1$) ce qui s'écrit $f \sim_{+\infty} g$ (respectivement $f \sim_{-\infty} g$).

▶ Exemples

• *Soit f et g deux fonctions polynômes de $\mathbb{R}$ dans $\mathbb{R}$ telles que* $f(x) = 5x^3 + 2x^2 + 5x$ *et* $g(x) = 5x^3$, *alors* $f \sim_{+\infty} g$ *et* $f \sim_{-\infty} g$.

En effet :

$$\lim_{x\to+\infty} \frac{f(x)}{g(x)} = \lim_{x\to+\infty} \frac{5x^3[1 + 2/(5x) + 1/(x^2)]}{5x^3} = 1.$$

De même

$$\lim_{x\to-\infty} \frac{f(x)}{g(x)} = 1.$$

⟶ *Commentaire*

D'une façon générale, un polynôme est équivalent, quand x tend vers $+\infty$ (respectivement $-\infty$), à son monôme de plus haut degré.

• *Soit*

$$\begin{array}{rccl} f : & \mathbb{R}^* & \longrightarrow & \mathbb{R} \\ & x & \longmapsto & f(x) = e^x + x^3 + \ln|x| + \dfrac{1}{|x|} \end{array}$$

On cherche un équivalent de f en $+\infty$, en $-\infty$, en 0. Sachant (cf. *I-G de ce chapitre) qu'en $+\infty$ l'exponentielle l'emporte sur la fonction puissance qui elle-même l'emporte sur la fonction* ln, *on peut « prévoir » un équivalent de f en $+\infty$, à savoir* $f(x) \sim_{+\infty} e^x$.

En effet :

$$\lim_{x\to+\infty} \frac{f(x)}{e^x} = \lim_{x\to+\infty} \left(1 + \frac{x^3}{e^x} + \frac{\ln|x|}{e^x} + \frac{1}{|x|.e^x}\right) = 1 + 0 + 0 + 0 = 1.$$

© Dunod. Toute reproduction non autorisée est un délit.

Même raisonnement en $-\infty$, où x^3 l'emporte sur $\ln|x|$, d'où $f(x) \sim_{-\infty} x^3$, en effet

$$\lim_{x\to-\infty} \frac{f(x)}{x^3} = \lim_{x\to-\infty} \left(\frac{e^x}{x^3} + 1 + \frac{\ln|x|}{x^3} + \frac{1}{|x|.x^3} \right) = 0 + 1 + 0 + 0 = 1.$$

Enfin au voisinage de 0,

$$\lim_{x\to 0} \frac{f(x)}{1/|x|} = \lim_{x\to 0}(|x|.e^x + |x|.x^3 + |x|.\ln|x| + 1) = 0 + 0 + 0 + 1$$

d'où $f(x) \sim_0 \dfrac{1}{|x|}$.

B. Propriétés des fonctions équivalentes quand x tend vers a ou vers $\pm\infty$

• Proposition 5

Soit f_1, g_1, f_2, g_2 des fonctions définies sur un voisinage de a sauf peut-être en a.

$$\text{Si } f_1 \sim_a g_1 \text{ et } f_2 \sim_a g_2 \text{ alors : } \quad \begin{cases} f_1 f_2 \sim_a g_1 g_2 & (4.1) \\ f_1/f_2 \sim_a g_1/g_2 & (4.2) \end{cases}$$

Démonstration :

(4.1) $\lim_{x\to a} \dfrac{(f_1 f_2)(x)}{(g_1 g_2)(x)} = \lim_{x\to a} \dfrac{f_1(x)}{g_1(x)} \dfrac{f_2(x)}{g_2(x)} = \lim_{x\to a} \dfrac{f_1(x)}{g_1(x)} \lim_{x\to a} \dfrac{f_2(x)}{g_2(x)}$ par la proposition 3 d) de ce chapitre sachant que $\lim_{x\to a} \dfrac{f_1(x)}{g_1(x)}$ et $\lim_{x\to a} \dfrac{f_2(x)}{g_2(x)}$ existent.

Et comme $\lim_{x\to a} \dfrac{f_1(x)}{g_1(x)} = 1$ et $\lim_{x\to a} \dfrac{f_2(x)}{g_2(x)} = 1$ on a $\lim_{x\to a} \dfrac{(f_1 f_2)(x)}{(g_1 g_2)(x)} = 1$ ce qui montre que $f_1 f_2 \sim_a g_1 g_2$

(4.2) se démontre de façon similaire.

→ ***Commentaire***

Ces propriétés restent vraies si ou remplace a par $\pm\infty$.

Attention $f_1 \sim_a g_1$ et $f_2 \sim_a g_2$ ne donne aucune information concernant l'équivalence, au voisinage de a, entre $(f_1 + f_2)$ et $(g_1 + g_2)$. De même si $f_1 \sim_a g_1$, on ne peut pas en déduire $h \circ f_1 \sim_a h \circ g_1$, où h est une fonction telle que $h \circ f_1$ et $h \circ g_1$ soient définies au voisinage de a. (voir exercices 4 et 6 de ce chapitre et exercice 9 du chapitre 5).

III. Continuité

A. La notion de continuité

1) Continuité en un point

• Définition 10

Soit $a \in \mathbb{R}$ et f une fonction définie sur un voisinage de a.

On dit que la fonction f est *continue* en a, lorsque $\lim_{x \to a} f(x) = f(a)$.

• Ce qui se comprend :

– f est définie en a ;

– la limite de f quand x tend vers a existe ;

– la limite de f quand x tend vers a est égale à la valeur de f en a.

• Ce qui s'écrit en utilisant la définition de la limite dans le langage des voisinages (chapitre 4 définition 1) :

$$\forall \epsilon > 0,\ \exists \eta_\epsilon > 0,\ \text{tel que } \forall x \in]a-\alpha, a+\alpha[,\ |x-a| < \eta_\epsilon \Rightarrow |f(x) - f(a)| < \epsilon$$

Pour parler de la limite de f quand x tend vers a, f doit être définie sur un voisinage de a mais pas nécessairement en a, mais pour parler de la continuité de f en a on doit en plus connaître la valeur $f(a)$. Dans la définition de la continuité en a intervient la limite de f quand x tend vers a ; si on remplace cette limite par la limite à gauche (respectivement à droite), on obtient la continuité à gauche (respectivement à droite) comme on le voit ci-dessous.

2) Continuité à gauche, continuité à droite

• Définition 11

Soit f une fonction définie sur $]a-\alpha, a]$, $\alpha > 0$.

On dit que la fonction f est *continue* à gauche en a, lorsque $\lim_{x \to a^-} f(x) = f(a)$.

De même pour une fonction f définie sur $[a, a+\alpha[$, $\alpha > 0$, on dit que f est *continue à droite* en a, lorsque $\lim_{x \to a^+} f(x) = f(a)$.

© Dunod. Toute reproduction non autorisée est un délit.

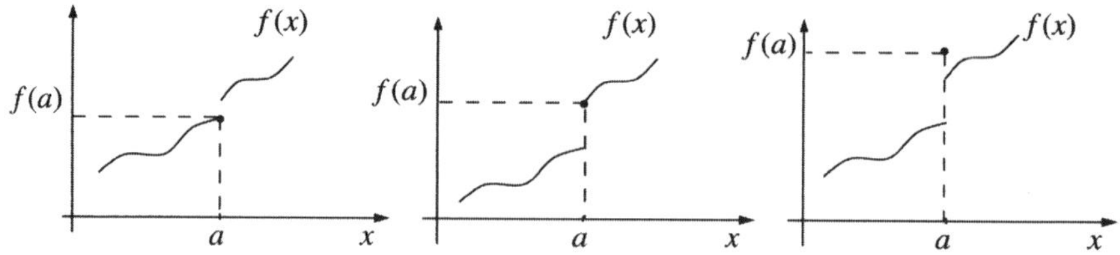

f est continue à gauche en *a*.

f est continue à droite en *a*.

f n'est ni continue à gauche, ni continue à droite en *a*.

Figure 4.4

La proposition suivante fait le lien entre la continuité en a et la continuité à gauche et à droite en a.

• Proposition 6

f est continue en a si et seulement si f est continue à gauche en a et f est continue à droite en a.

Démonstration : cette proposition résulte de la proposition 1 sur les limites :

$$\lim_{x \to a} f(x) = f(a) \Longleftrightarrow \lim_{x \to a^-} f(x) = \lim_{x \to a^+} f(x) = f(a)$$

▶ Exemple

La fonction de demande d'un bien est donnée par

$$f(p) = \begin{cases} 1 & si\ 0 \leqslant p \leqslant 1 \\ -p + 3 & si\ 1 < p < 3 \end{cases}$$

f n'est pas continue en $p = 1$. En effet $\lim_{p \to 1^-} f(p) = 1 = f(1)$ donc f est continue à gauche en 1 mais $\lim_{p \to 1^+} f(p) = 2 \neq f(1)$ donc f n'est pas continue à droite en 1. D'où f n'est pas continue en 1.

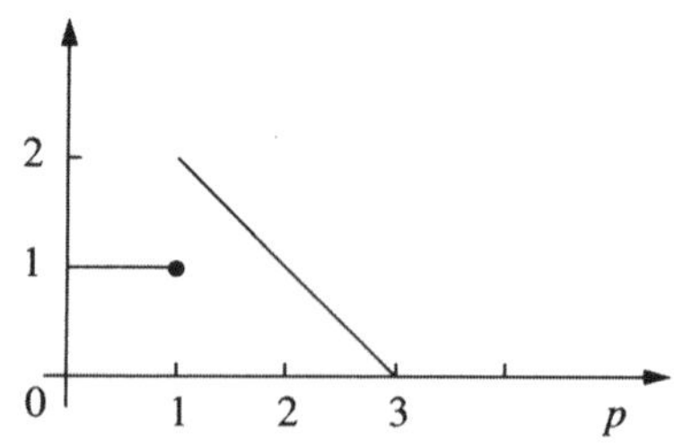

Figure 4.5

3) Continuité sur un intervalle

a) Continuité sur un intervalle ouvert

• Définition 12

Soit f définie sur un intervalle ouvert J de $\mathbb{R}$. On dit que f est *continue sur J* lorsque f est continue en tout point de J.

Ainsi f est continue sur $]a, b[$ si $\forall x_0 \in]a, b[$, $\lim_{x \to x_0} f(x) = f(x_0)$.

b) Continuité sur un segment

• Définition 13

On dit que f est *continue sur un segment* $[a, b]$ lorsque f est continue sur $]a, b[$, continue à droite en a et continue à gauche en b.

De même on dit que f est continue sur $[a, +\infty[$ lorsque f est continue sur $]a, +\infty[$ et continue à droite en a. La continuité de f sur $]-\infty, b]$ se définit de façon analogue.

▶ Exemples

- *La fonction constante :*

$$\begin{array}{rccl} f : & \mathbb{R} & \longrightarrow & \mathbb{R} \\ & x & \longmapsto & f(x) = 1 \end{array}$$

est continue sur $\mathbb{R}$. En effet f est continue en tout point a de $\mathbb{R}$: $\lim_{x \to a} f(x) = 1 = f(a)$.

- *La fonction identité :*

$$\begin{array}{rccl} f : & \mathbb{R} & \longrightarrow & \mathbb{R} \\ & x & \longmapsto & f(x) = x \end{array}$$

est continue sur $\mathbb{R}$. En effet f est continue en tout point a de $\mathbb{R}$: $\lim_{x \to a} f(x) = \lim_{x \to a} x = a = f(a)$.

- *La fonction :*

$$\begin{array}{rccl} f : & \mathbb{R}_+ & \longrightarrow & \mathbb{R}_+ \\ & x & \longmapsto & f(x) = \sqrt{x} \end{array}$$

est continue sur $\mathbb{R}_+ = [0, +\infty[$. *En effet f est continue sur* $]0, +\infty[$ *et f est continue à droite en* 0 *(voir l'exercice n° 1 de ce chapitre).*

- *La fonction suivante obtenue à partir des tarifs postaux français pour une lettre en service rapide (tableau 4.1) :*

© Dunod. Toute reproduction non autorisée est un délit.

Tableau 4.1

Poids jusqu'à	20	50	100	250	500	1000	2000	3000
Tarifs	0,50	0,75	1,11	1,90	2,65	3,48	4,64	5,47

(les poids étant donnés en grammes et les tarifs en euros) est une fonction en escalier non continue. En effet f n'est pas continue en 20 par exemple car f n'est pas continue à droite en 20 : $\lim_{x \to 20^+} f(x) = 0{,}75 \neq f(20) = 0{,}5$.

B. Propriétés des fonctions continues

• Proposition 7 : opérations sur les fonctions continues

Soit $a \in \mathbb{R}$ et f et g deux fonctions définies sur un voisinage de a. Si f et g sont continues en a alors :

a) $f + g$ est continue en a ;

b) $\forall \lambda \in \mathbb{R}$, λf est continue en a ;

c) $f \times g$ est continue en a ;

d) $\dfrac{1}{f}$ est continue en a, pourvu que $f(a) \neq 0$.

Si $g(a) \neq 0$ alors en combinant c) et d), on obtient que $\dfrac{f}{g}$ est continue en a.

Démonstration : cette proposition est une conséquence de la proposition 3 de ce chapitre : Opérations sur les limites. Démontrons par exemple a).

$$\begin{aligned}\lim_{x \to a}(f+g)(x) &= \lim_{x \to a}(f(x)+g(x)) = \lim_{x \to a} f(x) + \lim_{x \to a} g(x) \text{ (Proposition 3 a))}\\ &= f(a) + g(a) \quad \text{(continuité de } f \text{ et } g \text{ en } a)\\ &= (f+g)(a) \quad \text{ce qui prouve a)}\end{aligned}$$

On démontre les autres propriétés de façon analogue.

Ces propriétés restent les mêmes pour la continuité à gauche, à droite et la continuité sur un intervalle.

• Proposition 8 : continuité d'une fonction composée

Si f est continue en a et g continue en $f(a)$, alors $g \circ f$ est continue en a.

Cette propriété est valable pour la continuité sur un intervalle pourvu que $g \circ f$ soit défini.

C. Les fonctions continues usuelles

Les fonctions polynômes sont continues sur $\mathbb{R}$ et les fonctions rationnelles sont continues sur leur ensemble de définition. En effet, la fonction constante et la fonction identité étant continues sur $\mathbb{R}$ (voir exemples précédents), la proposition 7 permet d'établir le résultat.

La fonction valeur absolue est continue sur $\mathbb{R}$.

Les fonctions puissance, exponentielle, logarithme, sinus, cosinus sont continues sur leur ensemble de définition. (Ce résultat sera admis).

Toutes les autres fonctions obtenues par des combinaisons de fonctions continues *via* les propositions 7 et 8 sont des fonctions continues.

• Proposition 9 : limite d'une fonction composée

Si $\lim_{x\to a} f(x) = l$ et g continue en l, alors $\lim_{x\to a}(g \circ f)(x) = g(l)$.

De même : si $\lim_{x\to\pm\infty} f(x) = l$ et g continue en l,
alors $\lim_{x\to\pm\infty}(g \circ f)(x) = g(l)$.

▶ Exemple

Calculer $\lim_{x\to 0} e^{x\sin(\frac{1}{x})}$

$e^{x\sin(\frac{1}{x})} = (g \circ f)(x)$ *où* $f(x) = x\sin\left(\frac{1}{x}\right)$ *et* $g(z) = e^z$. *On a* $\lim_{x\to 0} x\sin\left(\frac{1}{x}\right) = 0$ *et g est la fonction exponentielle donc g est continue sur* $\mathbb{R}$.

Donc $\lim_{x\to 0} e^{x\sin(\frac{1}{x})} = \lim_{x\to 0}(g \circ f)(x) = g(\lim_{x\to 0} f(x)) = g(0) = e^0 = 1$.

D. Théorèmes fondamentaux

• Théorème 1 : le théorème des valeurs intermédiaires (TVI)

Si f est continue sur l'intervalle fermé borné $[a,b]$, alors pour tout d compris entre $f(a)$ et $f(b)$, il existe $c \in [a,b]$ tel que $f(c) = d$.

Ce théorème signifie que tout point d compris entre $f(a)$ et $f(b)$ est l'image d'un point c de l'intervalle $[a,b]$. Le point c n'est pas nécessairement unique comme l'indique la figure 4.6.

© Dunod. Toute reproduction non autorisée est un délit.

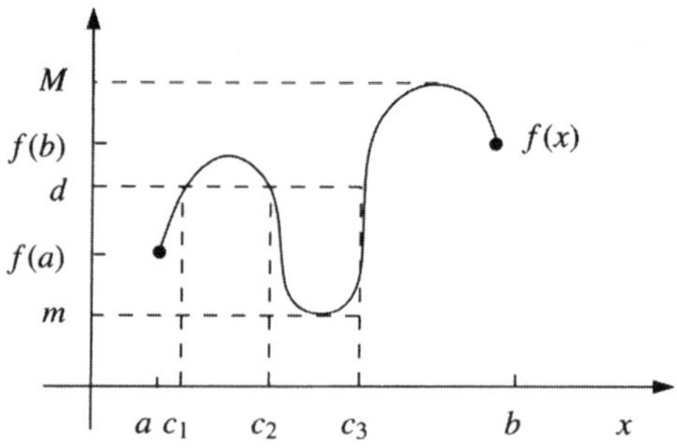

Figure 4.6

Examinons un cas où f n'est pas continue sur $[a, b]$ comme l'indique la figure 4.7.

Le point $d \in [f(a), f(b)]$ n'est pas l'image d'un point c de l'intervalle $[a, b]$.

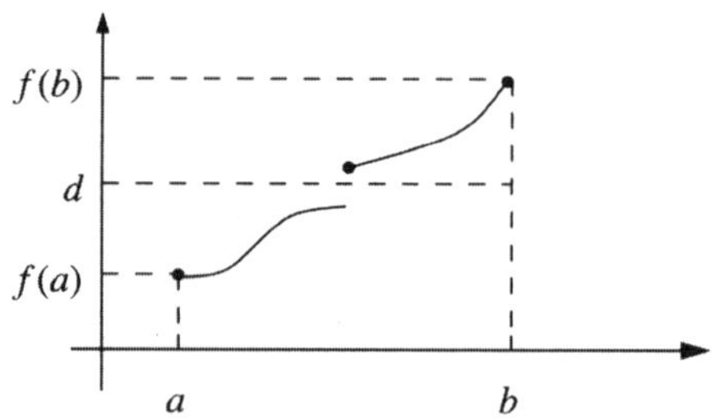

Figure 4.7

• Théorème 2 : le théorème d'optimisation de Weierstrass (cas le plus simple)

Si f est continue sur l'intervalle fermé borné $[a, b]$, alors f atteint son maximum M et son minimum m sur $[a, b]$, c'est-à-dire : il existe $x^* \in [a, b]$ tel que pour tout $x \in [a, b]$, $f(x) \leqslant f(x^*) = M$ et il existe $x_* \in [a, b]$ tel que pour tout $x \in [a, b]$, $f(x) \geqslant f(x_*) = m$.

→ *Commentaires*

Examinons des cas où l'une des hypothèses de ce théorème ne serait pas vérifiée :

Premier cas : l'intervalle n'est pas fermé.
Soit :

$$\begin{array}{rcccl} f & : &]0, 2] & \longrightarrow & \mathbb{R} \\ & & x & \longmapsto & f(x) = \dfrac{1}{x} \end{array}$$

f est continue sur l'intervalle borné $]0, 2]$ mais f n'admet pas de maximum sur $]0, 2]$ et $\lim_{x \to 0^+} f(x) = +\infty$ (figure 4.8).

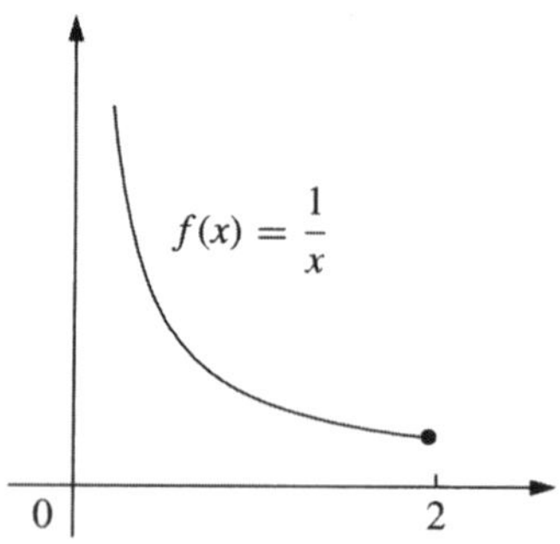

Figure 4.8

Deuxième cas : l'intervalle n'est pas borné.
Soit :

$$f \ : \ \mathbb{R} \longrightarrow \mathbb{R}$$
$$x \longmapsto f(x) = \mathrm{e}^x$$

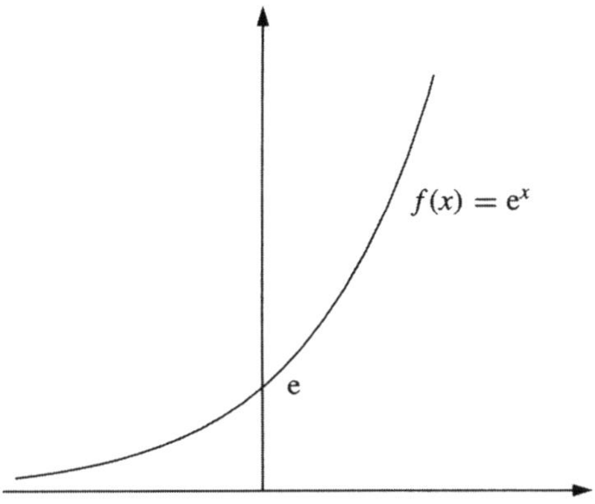

Figure 4.9

f est continue sur $\mathbb{R}$ qui est fermé mais f n'admet ni maximum ni minimum sur $\mathbb{R}$ et

$$\lim_{x \to +\infty} f(x) = +\infty,$$
$$\lim_{x \to -\infty} f(x) = 0$$

mais 0 n'est pas atteint (figure 4.9).

Troisième cas : f n'est pas continue sur un intervalle fermé borné.
Soit :

$$f \ : \ [0,2] \longrightarrow \mathbb{R}$$
$$x \longmapsto f(x) = \begin{cases} \dfrac{1}{x} \text{ si } x \neq 0 \\ 1 \text{ si } x = 0 \end{cases}$$

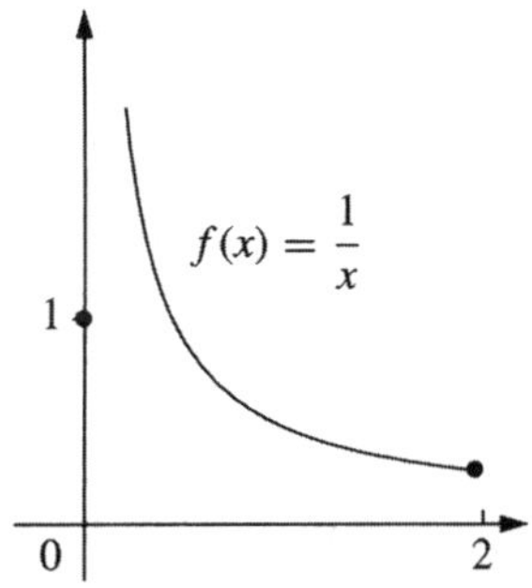

Figure 4.10

f est définie sur l'intervalle fermé borné $[0,2]$ mais f n'est pas continue en 0. f n'admet pas de maximum sur $[0,2]$.

Les deux théorèmes précédents sont souvent « résumés » en un seul théorème qui est le suivant :

• Théorème 3

Si f est continue sur l'intervalle fermé borné $[a,b]$, alors il existe m et M dans $\mathbb{R}$ tels que $f([a,b]) = [m,M]$.

→ *Commentaire*

Ce théorème s'énonce parfois de la manière suivante : « L'image d'un intervalle fermé borné, par une fonction continue, est encore un intervalle fermé borné. »

© Dunod. Toute reproduction non autorisée est un délit.

E. Applications

1) Existence de racines de l'équation $f(x) = 0$

• Proposition 10

Si f est continue sur l'intervalle fermé borné $[a, b]$, $f(a) \geqslant 0$ et $f(b) \leqslant 0$ (ou vice versa), alors il existe $x \in [a, b]$ tel que $f(x) = 0$.

Démonstration : c'est un résultat immédiat du théorème des valeurs intermédiaires : les hypothèses de ce théorème étant satisfaites on l'applique pour $d = 0$ qui est compris entre $f(a)$ et $f(b)$; on obtient ainsi l'existence de $x \in [a, b]$ tel que $f(x) = 0$.

2) Encadrement des racines de l'équation $f(x) = 0$

Après avoir utilisé la Proposition 10 pour prouver l'existence d'une racine de l'équation $f(x) = 0$, on peut construire une technique d'encadrement de cette racine comme le montre l'exemple suivant où $f(x) = x^5 + x^4 + x^3 + x^2 + x - 1$. On a $f(0) = -1 < 0$, $f(1) = 4 > 0$ et f continue sur $[0, 1]$. La proposition 10 implique l'existence de $x_0 \in [0, 1]$ tel que $f(x_0) = 0$.

On divise l'intervalle $[0, 1]$ en deux parties égales. Comme $f(1/2) = -0{,}53 < 0$ on applique la Proposition 10 sur l'intervalle $[1/2, 1]$. Puis on le divise en en deux parties égales. $f(3/4) = 1,2 > 0$, on réitère l'opération sur $[1/2, 3/4]$...

3) Théorème 4 : le théorème du point fixe

Si f est continue sur l'intervalle fermé borné $[a, b]$ et $f([a, b]) \subset [a, b]$ alors f admet un *point fixe*, c'est-à-dire il existe $x \in [a, b]$ tel que $f(x) = x$.

En économie un point fixe s'appelle un *équilibre*.

Démonstration : Soit g la fonction définie par : $g(x) = f(x) - x$. g est continue sur $[a, b]$ car somme de deux fonctions continues. De plus on a :

$$f(a) \in [a, b] \Longrightarrow f(a) \geqslant a \Longrightarrow g(a) \geqslant 0$$

et

$$f(b) \in [a, b] \Longrightarrow f(b) \leqslant b \Longrightarrow g(b) \leqslant 0$$

La proposition 10 implique alors l'existence de $x \in [a, b]$ tel que $g(x) = 0$ c'est-à-dire $f(x) = x$.

4) Suite définie par une relation de récurrence

• **Proposition 11**

Soit $(u_n)_n$ une suite définie par $u_{n+1} = f(u_n)$ pour tout $n \in \mathbb{N}$ et par un terme initial u_0. Si $(u_n)_n$ est convergente et si f est continue alors la limite l de la suite vérifie $f(l) = l$.

Démonstration : on a $\lim_{n\to+\infty} u_n = l$ d' où $\lim_{n\to+\infty} u_{n+1} = l$. En passant à la limite dans $u_{n+1} = f(u_n)$ on a $\lim_{n\to+\infty} u_{n+1} = \lim_{n\to+\infty} f(u_n) = f(\lim_{n\to+\infty} u_n)$ par la continuité de f ce qui donne $l = f(l)$.

On avait signalé ce résultat dans le chapitre sur les suites.

▶ **Exemple**

On reprend un exemple traité au chapitre 3 consacré aux suites sans parler de continuité. Il s'agit de la suite $(u_n)_n$ défnie par $u_{n+1} = \dfrac{u_n}{u_n + 3}$ $(n \in \mathbb{N})$, $u_0 > 0$.

On avait montré que la suite $(u_n)_n$ est convergente car minorée et décroissante. Comme la fonction f donnée par $f(x) = \dfrac{x}{x+3}$, $x > 0$ est continue sur $\mathbb{R}_+$, la limite l de la suite vérifie $f(l) = l$ c'est-à-dire $\dfrac{l}{l+3} = l$ soit $l(l+2) = 0$. Comme d'autre part $l \geqslant 0$, on conclut que $l = 0$.

F. Fonction réciproque d'une fonction continue strictement monotone sur un intervalle

• **Proposition 12**

Soit I un intervalle de $\mathbb{R}$. Si $f : I \longrightarrow \mathbb{R}$ est continue, strictement monotone sur I, alors

a) $f(I) = J$ est un intervalle de $\mathbb{R}$, fermé borné si I est fermé borné.

b) f est une bijection de I sur J

c) l'application réciproque de f, notée $f^{-1} : J \longrightarrow I$ telle que $f^{-1}(y) = x$ si et seulement si $y = f(x)$ est continue, strictement monotone sur J (de même nature que f).

d) les graphes de f et f^{-1} sont symétriques par rapport à la première bissectrice.

© Dunod. Toute reproduction non autorisée est un délit.

Exercices

Énoncés

Exercice n° 1

Soit $f : \mathbb{R}_+ \longrightarrow \mathbb{R}_+$
$x \longmapsto f(x) = \sqrt{x}$

a) $a \in \mathbb{R}_+^*$. En appliquant directement la définition 1, démontrer que $\lim_{x \to a} f(x) = \sqrt{a}$.

b) $a \in \mathbb{R}_+^*$. En appliquant la proposition 3 g), démontrer que $\lim_{x \to a} f(x) = \sqrt{a}$.

c) $a = 0$. En appliquant directement la définition 3, démontrer que $\lim_{x \to 0^+} f(x) = 0$ et que $\lim_{x \to 0^-} f(x)$ n'est pas définie.

d) Déduire l'étude de la continuité de f sur $\mathbb{R}_+$.

Exercice n° 2

a) Trouver un équivalent de la fonction f dans les cas suivants (puis en déduire la limite) :
$f(x) = \dfrac{(x^2 + 7x^3)(x + 3)}{x^5 + x^2}$ lorsque x tend vers 0, vers $+\infty$, vers -1.

b) Trouver la limite de $f(x) = \dfrac{x^2 - 1}{\sqrt{x - 1}}$ lorsque x tend vers 1^+.

Exercice n° 3

On considère la fonction f définie sur son ensemble de définition par :

$$f(x) = \begin{cases} \dfrac{\sqrt{1 + x^2} - \sqrt{1 - x^2}}{x} & \text{si } x \neq 0 \\ 1 & \text{si } x = 0 \end{cases}$$

a) Quel est l'ensemble de définition de f ?

b) Calculer la limite de f quand x tend vers 0 ; f est-elle continue en 0 ?

Exercice n° 4

Un agent immobilier perçoit des frais de location de la façon suivante :

14 % pour un loyer allant jusqu'à 1 000 €

10 % sur la tranche de loyer de 1 000 à 1 500 €

6 % sur la tranche de 1 500 à 3 000 €

4 % au-delà de 3 000 €

a) Écrire la fonction qui donne le montant des frais perçus en fonction du loyer.

b) Étudier la continuité de cette fonction.

Exercice n° 5

a) On considère les fonctions $f_1(x) = x + x^2$, $g_1(x) = x + x^3$, $f_2(x) = -x + x^2$ et $g_2(x) = -x + x^3$.

Démontrer que $f_1 \sim_0 g_1$ et $f_2 \sim_0 g_2$ mais que les fonctions $(f_1 + f_2)$ et $(g_1 + g_2)$ ne sont pas équivalentes au voisinage de 0. Commentaires ?

b) On considère les fonctions $h_1(x) = x+1$ et $h_2(x) = x$ ainsi que la fonction $\exp(x) = e^x$ Démontrer que $h_1 \sim_{+\infty} h_2$ mais que les fonctions $\exp \circ h_1$ et $\exp \circ h_2$ ne sont pas équivalentes au voisinage de $+\infty$. Commentaires ?

c) Démontrer que $f_1 \sim_{+\infty} f_2$ puis calculer $\lim_{x\to+\infty} |f_1(x) - f_2(x)|$. Commentaires ?

Exercice n° 6

Une fonction f définie sur une réunion d'intervalles disjoints est continue sur cet ensemble si f est continue sur chacun des intervalles.

Soit

$$\begin{array}{rcccl} f & : & [0,1] \cup [2,3] & \to & \mathbb{R} \\ & & x & \mapsto & f(x) = \begin{cases} 1 \text{ si } x \in [0,1] \\ 2 \text{ si } x \in [2,3] \end{cases} \end{array}$$

a) Démontrer que le théorème 3 ne peut s'appliquer à f.

b) Démontrer que la conclusion du théorème n'est pas satisfaite par f.

Exercice n° 7

Soit les suites $(u_n)_n$, $n \geqslant 1$ et $(v_n)_n$, $n \geqslant 2$ telles que

$$u_n = \frac{1}{n^{1+\frac{1}{n}}} \quad \text{et} \quad v_n = \frac{1}{n(\ln n)^2}$$

Démontrer que $\ln u_n \sim_{+\infty} \ln \dfrac{1}{n}$, que $u_n \sim_{+\infty} \dfrac{1}{n}$, que $\ln v_n \sim_{+\infty} \ln \dfrac{1}{n}$, mais que v_n n'est pas équivalente à $\dfrac{1}{n}$ quand x tend vers $+\infty$.

© Dunod. Toute reproduction non autorisée est un délit.

5. Dérivation

Ce chapitre est consacré à la notion de dérivabilité d'une fonction réelle d'une variable réelle. Pour un économiste la dérivée d'une fonction est la valeur marginale de cette fonction ainsi la dérivée d'une fonction coût est le coût marginal.
On réalisera dans ce chapitre que le théorème des accroissements finis est un outil très puissant qui permet de démontrer un grand nombre de résultats très importants comme les formules de Taylor, les conditions nécessaires et suffisantes (du second ordre) que l'on rencontre dans l'étude des extrema d'une fonction. Avec ce dernier sujet on introduira les fonctions convexes et les fonctions concaves.

Mots clefs : dérivée, différentielle, théorème des accroissements finis, formule de Taylor, extrema d'une fonction, fonction convexe, fonction concave.

© Dunod. Toute reproduction non autorisée est un délit.

I. La notion de dérivée

A. Nombre dérivé

• Définition 1

Soit $a \in \mathbb{R}$ et f une fonction définie sur un voisinage de a.

On dit que la fonction f est *dérivable* en a lorsque $\lim_{x \to a} \dfrac{f(x) - f(a)}{x - a}$ existe.

Cette limite est alors appelée *nombre dérivé* de f en a et elle est notée $f'(a)$. Si f est dérivable en a, on écrit $f'(a) = \lim_{x \to a} \dfrac{f(x) - f(a)}{x - a}$ ou de façon équivalente $f'(a) = \lim_{h\to 0} \dfrac{f(a+h) - f(a)}{h}$. Il faudra choisir l'écriture qui convient le mieux au problème.

▶ Exemple

Soit :

$$f : \mathbb{R}_+ \longrightarrow \mathbb{R}$$
$$x \longmapsto f(x) = \sqrt{x}$$

Soit $a \in \mathbb{R}_+^*$. On va montrer que f est dérivable en a et que $f'(a) = \dfrac{1}{2\sqrt{a}}$.

En effet :

$$\lim_{x\to a} = \frac{f(x) - f(a)}{x - a} = \lim_{x\to a} \frac{\sqrt{x} - \sqrt{a}}{x - a}$$
$$= \lim_{x\to a} \frac{x - a}{(x - a)(\sqrt{x} + \sqrt{a})} = \frac{1}{2\sqrt{a}}$$

car $a \neq 0$.

Donc f est dérivable en a puisque $\lim_{x\to a} \dfrac{f(x) - f(a)}{x - a}$ existe et on a $f'(a) = \dfrac{1}{2\sqrt{a}}$.

Interprétation géométrique :

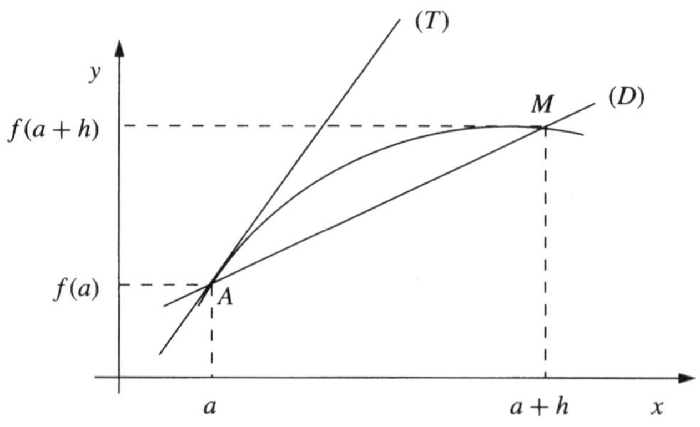

Figure 5.1

Soit Γ le graphe de la fonction f. L'équation de la droite (D) passant par les deux points $A\,(a, f(a))$ et $M\,(a + h, f(a + h))$ est donnée par :

$$y = \frac{f(a + h) - f(a)}{h}(x - a) + f(a)$$

Lorsque « le point M tend vers le point A » tout en restant sur Γ, la droite (D) tend vers la droite (T) appelée tangente à Γ au point A et dont l'équation est :

$$y = \lim_{h \to 0} \left(\frac{f(a+h) - f(a)}{h} \right) (x - a) + f(a)$$

c'est-à-dire :

$$y = f'(a)(x - a) + f(a)$$

Le nombre dérivé de f en a s'interprète donc comme la pente de la tangente à Γ au point a.

En économie $f'(a)$ est la valeur marginale de f en a. Par exemple, si $C(q)$ est le coût total pour une production q, $C'(q)$ est le coût marginal. Les praticiens assimilent cette limite au quotient $\dfrac{C(q+1) - C(q)}{1}$ à condition que q soit assez grand. Ils disent alors que le coût marginal est le supplément de coût entraîné par la fabrication d'une unité supplémentaire.

• Définition 2

On dit que la fonction f est *différentiable* en a lorsqu' il existe un nombre réel b et une fonction ϵ tels que pour tout h avec $a + h$ au voisinage de a

$$f(a+h) = f(a) + bh + h\epsilon(h) \quad \text{avec} \quad \lim_{h \to 0} \epsilon(h) = 0$$

• Proposition 1

f est dérivable en a si et seulement si f est différentiable en a.

Attention : ceci ne sera pas vrai pour les fonctions de plusieurs variables.

Démonstration : si f est dérivable en a, alors en posant

$$\epsilon(h) := \frac{f(a+h) - f(a)}{h} - f'(a)$$

on a bien $\lim_{h \to 0} \epsilon(h) = 0$ et $f(a+h) = f(a) + f'(a)h + h\epsilon(h)$ avec $b = f'(a)$. La réciproque est immédiate.

Pour parler de $f'(a)$, f doit être définie en a et sur un voisinage de a donc sur un intervalle de la forme $]a - \alpha, a + \alpha[$, avec $\alpha > 0$.

• Définition 3

Soit f une fonction définie sur un intervalle de la forme $]a - \alpha, a]$ avec $\alpha > 0$.

On dit que la fonction f est *dérivable à gauche* en a lorsque

$$\lim_{x \to a^-} \frac{f(x) - f(a)}{x - a}$$

existe.

© Dunod. Toute reproduction non autorisée est un délit.

Cette limite est alors appelée nombre dérivé de f à gauche en a et elle est notée $f'_-(a)$.

De même pour f définie sur $[a, a+\alpha[$, avec $\alpha > 0$. on dit que la fonction f est *dérivable à droite* en a lorsque $\lim_{x\to a^+} \dfrac{f(x)-f(a)}{x-a}$ existe et on note cette limite $f'_+(a)$.

• Proposition 2

f est dérivable en a si et seulement si f est dérivable à gauche en a, f est dérivable à droite en a et $f'_-(a) = f'_+(a)$.

Démonstration : cette proposition résulte de la proposition 1 sur les limites (chapitre 4).

▶ Exemple

Soit :

$$\begin{array}{cccccc} f & : & \mathbb{R} & \longrightarrow & \mathbb{R} \\ & & x & \longmapsto & f(x) = |x| \end{array}$$

On va montrer que f n'est pas dérivable en 0.

En effet :

$$\lim_{x\to 0^-} \frac{f(x)-f(0)}{x-0} = \lim_{x\to 0^-} \frac{|x|}{x} = \lim_{x\to 0^-} \frac{-x}{x} = -1 = f'_-(0)$$

$$\textit{et } \lim_{x\to 0^+} \frac{f(x)-f(0)}{x-0} = \lim_{x\to 0^+} \frac{|x|}{x} = \lim_{x\to 0^+} \frac{x}{x} = 1 = f'_+(0)$$

Donc f est dérivable à gauche et à droite en 0, *mais n'est pas dérivable en* 0. *En* 0, *le graphe de f présente un point anguleux.*

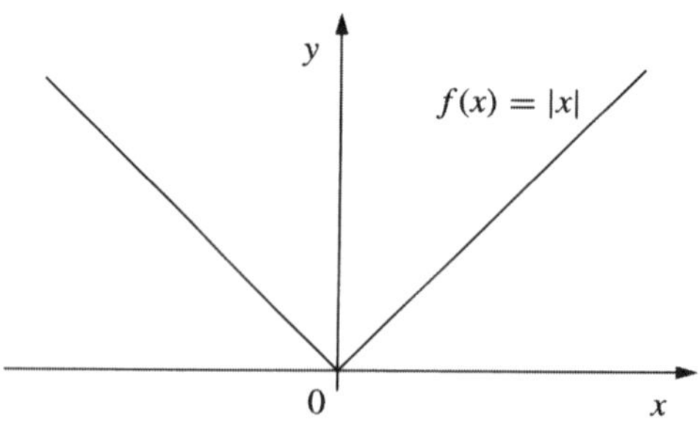

Figure 5.2

B. Dérivabilité sur un intervalle

1) Dérivabilité sur un intervalle ouvert

• Définition 4

Soit f définie sur un intervalle ouvert J de $\mathbb{R}$. On dit que f est *dérivable* sur J lorsque f est dérivable en tout point de J.

2) Dérivabilité sur un segment

• Définition 5

On dit que f est dérivable sur $[a, b]$ lorsque f est dérivable sur $]a, b[$, dérivable à droite en a et dérivable à gauche en b.

On définit de façon analogue la dérivabilité de f sur $[a, +\infty[$ et $]-\infty, b]$.

C. Fonction dérivée

• Définition 6

Lorsque f est dérivable sur un intervalle ouvert J, on définit *la fonction dérivée* de f, f', par

$$\begin{aligned} f' : J &\longrightarrow \mathbb{R} \\ x &\longmapsto f'(x) \end{aligned}$$

On dira plus simplement « *dérivée* » *de* f au lieu *de* « *fonction dérivée* » de f.

▶ Exemple

Soit :

$$\begin{aligned} f : \mathbb{R}_+ &\longrightarrow \mathbb{R} \\ x &\longmapsto f(x) = \sqrt{x} \end{aligned}$$

Alors :

$$\begin{aligned} f' : \mathbb{R}_+^* &\longrightarrow \mathbb{R} \\ x &\longmapsto f'(x) = \frac{1}{2\sqrt{x}} \end{aligned}$$

• Définition 7

On dit que f est *continûment dérivable* sur un intervalle ouvert J, lorsque f est dérivable sur J et f' continue sur J. Ceci se dit aussi f est de classe C^1 sur J.

© Dunod. Toute reproduction non autorisée est un délit.

• **Définition 8**

Soit f dérivable sur un intervalle ouvert J. Lorsque f' est dérivable sur J, on note f'' sa fonction dérivée et on l'appelle *dérivée seconde.*

On note $f^{(n)}$, si elle existe, la *dérivée d'ordre* n et on dit que f est n-fois dérivable. Ainsi $f^{(1)} = f'$, $f^{(2)} = f''$, $f^{(n)} = [f^{(n-1)}]'$, $n \in \mathbb{N}^*$ et on pose $f^{(0)} = f$.

Lorsque $f^{(n)}$ existe pour tout $n \in \mathbb{N}^*$, on dit que f est indéfiniment dérivable.

D. Propriétés des fonctions dérivables

• **Proposition 3 : dérivation et continuité**

Si f est dérivable en a, alors f est continue en a.

Démonstration : c'est un résultat immédiat de la proposition 1 qui donne $\lim_{h\to 0} f(a+h) = f(a)$.

→ ***Commentaires***

La réciproque est fausse. La fonction f de $\mathbb{R}$ dans $\mathbb{R}$ telle que $x \longmapsto f(x) = |x|$ est continue en 0 mais n'y est pas dérivable.

On déduit de cette proposition 3 que si f est dérivable sur un intervalle alors f est continue sur cet intervalle.

• **Proposition 4 : opérations sur les fonctions dérivables**

Si f et g sont dérivables en a, alors :

a) $f + g$ est dérivable en a et $(f+g)'(a) = f'(a) + g'(a)$

b) $\forall \lambda \in \mathbb{R}$, λf est dérivable en a et $(\lambda f)'(a) = \lambda f'(a)$

c) $f \times g$ est dérivable en a et $(f \times g)'(a) = f'(a) \times g(a) + f(a) \times g'(a)$

d) $\dfrac{1}{f}$ est dérivable en a et $\left(\dfrac{1}{f}\right)'(a) = -\dfrac{f'(a)}{[f(a)]^2}$ pourvu que $f(a) \neq 0$

Si $g(a) \neq 0$ alors en combinant c) et d), on obtient que $\dfrac{f}{g}$ est dérivable en a et $\left(\dfrac{f}{g}\right)'(a) = \dfrac{f'(a) \times g(a) - f(a) \times g'(a)}{[g(a)]^2}$.

Démonstration : ces propriétés se déduisent facilement de celles des limites (chapitre 4 Proposition 3)

Démontrons par exemple c). On écrit

$$\frac{(f \times g)(x) - (f \times g)(a)}{x - a} = \frac{f(x)g(x) - f(a)g(x) + f(a)g(x) - f(a)g(a)}{x - a}$$

$$= \left(\frac{f(x) - f(a)}{x - a}\right) g(x) + f(a) \left(\frac{g(x) - g(a)}{x - a}\right)$$

Comme f et g sont dérivables en a, on a :

$$\lim_{x \to a} \frac{f(x) - f(a)}{x - a} = f'(a) \quad \text{et} \quad \lim_{x \to a} \frac{g(x) - g(a)}{x - a} = g'(a)$$

Comme g est continue en a (Proposition 3) on a $\lim_{x \to a} g(x) = g(a)$.

La proposition 3 du chapitre 4 implique alors :

$$\lim_{x \to a} \frac{(f \times g)(x) - (f \times g)(a)}{x - a} = f'(a) \times g(a) + f(a) \times g'(a)$$

Les mêmes règles de dérivation s'appliquent aux dérivées à gauche, à droite et sur un intervalle.

• Proposition 5 : dérivée d'une fonction composée

Si f est dérivable en a et g dérivable en $f(a)$ alors $g \circ f$ est dérivable en a et $(g \circ f)'(a) = g'[f(a)] \times f'(a)$.

La même règle s'applique aux dérivées sur un intervalle : si f est dérivable sur un intervalle J et g dérivable sur un intervalle J_1 tel que $f(J) \subset J_1$, alors $g \circ f$ est dérivable sur J et $(g \circ f)' = (g' \circ f) \times f'$.

▶ Exemple

Soit $h(x) = \sqrt{1 + x^4}$. On peut écrire $h = g \circ f$ avec $g(y) = \sqrt{y}$ et $f(x) = 1 + x^4$. f est dérivable sur $\mathbb{R}$ et $f'(x) = 4x^3$; g est dérivable sur $\mathbb{R}_+^*, f(\mathbb{R}) \subset \mathbb{R}_+^*$ et $g'(y) = \dfrac{1}{2\sqrt{y}}$. La proposition 5 donne alors : $g \circ f$ est dérivable sur $\mathbb{R}$ et $(g \circ f)'(x) = g'[f(x)]f'(x) = \dfrac{1}{2\sqrt{1 + x^4}} 4x^3$.

• Proposition 6 : dérivée d'une fonction réciproque

Soit f une fonction continue et strictement monotone sur un intervalle J et $a \in J$. Si f est dérivable en a et $f'(a) \neq 0$, alors la fonction réciproque f^{-1} est dérivable en $b = f(a)$ et $(f^{-1})'(b) = \dfrac{1}{f'[f^{-1}(b)]}$, ce qui s'écrit aussi $(f^{-1})'[f(a)] = \dfrac{1}{f'(a)}$.

© Dunod. Toute reproduction non autorisée est un délit.

La même règle s'applique aux dérivées sur un intervalle : si f est strictement monotone et dérivable sur un intervalle J et f' ne s'annule pas sur J, alors la fonction réciproque f^{-1} est dérivable sur $f(J)$ et $(f^{-1})' = \dfrac{1}{f' \circ f^{-1}}$.

→ ***Commentaire***

Lorsque l'on sait que (f^{-1}) est dérivable, on retrouve la formule en dérivant $f \circ f^{-1}$ comme l'indique la proposition 5 :

$$(f \circ f^{-1})(y) = y \quad \text{donc} \quad (f \circ f^{-1})'(y) = 1$$

c'est-à-dire

$$f'[f^{-1}(y)](f^{-1})'(y) = 1 \quad \text{et} \quad (f^{-1})'(y) = \frac{1}{f'[f^{-1}(y)]}$$

► **Exemple**

On définit la fonction exponentielle comme fonction réciproque de la fonction logarithme népérien (voir chapitre intégration). Montrons que la dérivée de la fonction exponentielle est elle-même. On pose $f(x) = \ln(x)$, $x \in \mathbb{R}_+^*$. *f est strictement croissante et dérivable sur* $\mathbb{R}_+^*$ *et* $f'(x) = \dfrac{1}{x} \neq 0$ *sur* $\mathbb{R}_+^*$ *(voir chapitre intégration). Donc sa fonction réciproque* $f^{-1}(y) = \exp(y) = \mathrm{e}^y$ *est dérivable sur* $\mathbb{R} = f(\mathbb{R}_+^*)$ *et*

$$(f^{-1})'(y) = \frac{1}{f'[f^{-1}(y)]} = \frac{1}{\frac{1}{\mathrm{e}^y}} = \mathrm{e}^y$$

→ ***Commentaires***

Sachant que (f^{-1}) est dérivable, on retrouve la formule en dérivant $f \circ f^{-1}$ comme l'indique la proposition 5 : $(\ln \circ \exp)(y) = \ln \mathrm{e}^y = y$ donc

$$1 = (\ln \circ \exp)'(y) = \ln'(\mathrm{e}^y)(\mathrm{e}^y)' = \frac{1}{\mathrm{e}^y}(\mathrm{e}^y)'$$

d'où $(\mathrm{e}^y)' = \mathrm{e}^y$.

Les propriétés 4, 5 et 6 sont utiles pour le calcul des dérivées dans beaucoup de cas.

E. Dérivées des fonctions usuelles

Tableau 5.1

D_f	$f(x)$	$D_{f'}$	$f'(x)$
$\mathbb{R}$	x^n	$\mathbb{R}$	nx^{n-1}
$\mathbb{R}_+^*$	$\ln x$	$\mathbb{R}_+^*$	$\frac{1}{x}$
$\mathbb{R}_+^*$	$\log_a x = \frac{\ln x}{\ln a}$	$\mathbb{R}_+^*$	$\frac{1}{x \ln a} \quad a > 0, \quad a \neq 1$
$\mathbb{R}$	e^x	$\mathbb{R}$	e^x
$\mathbb{R}$	$a^x = e^{x \ln a}$	$\mathbb{R}$	$a^x \ln a \quad a > 0, \quad a \neq 1$
$\mathbb{R}$	$\sin x$	$\mathbb{R}$	$\cos x$
$\mathbb{R}$	$\cos x$	$\mathbb{R}$	$-\sin x$

Ces résultats s'établissent en appliquant la définition de la dérivée ou en utilisant les propriétés.

F. Élasticité

Soit $a \neq 0$.

• Définition 9

Soit f une fonction non nulle en a et dérivable en a. *L'élasticité de f en a* est donnée par

$$E(f/x)_{x=a} = \lim_{x \to a} \frac{\dfrac{f(x) - f(a)}{f(a)}}{\dfrac{x - a}{a}} = \frac{af'(a)}{f(a)}$$

En économie, l'élasticité de la demande mesure la limite du rapport de l'accroissement relatif de la demande et de l'accroissement relatif du prix lorsque le prix x tend vers a.

Par exemple pour $E = -2$, si le prix augmente de 1 %, la demande diminue de 2 %.

▶ Exemple

Soit :

$$\begin{aligned} f : \mathbb{R}_+^* &\longrightarrow \mathbb{R} \\ x &\longmapsto f(x) = cx^{\beta}, \ c, \beta \in \mathbb{R} \end{aligned}$$

Alors $E(f/x) = \beta =$ constante.

© Dunod. Toute reproduction non autorisée est un délit.

• **Proposition 7**

Soit f et g deux fonctions dérivables sur un intervalle J.

Alors pour tout x de J on a $E(-f/x) = E(f/x)$ et $E(fg/x) = E(f/x) + E(g/x)$.

G. Différentielle

Reprenons la définition 2 de la différentiabilité d'une fonction f en a : il existe un nombre réel b et une fonction ϵ tels que pour tout h avec $a + h$ au voisinage de a :

$$f(a+h) = f(a) + bh + h\epsilon(h) \quad \text{avec} \quad \lim_{h \to 0} \epsilon(h) = 0$$

En fait cette définition permet d'affirmer l'existence de deux fonctions, l'une notée ϵ et l'autre que l'on commencera par noter ϕ et qui est définie par

$$\begin{aligned} \phi : \mathbb{R} &\longrightarrow \mathbb{R} \\ h &\longmapsto \phi(h) = bh \quad \text{avec} \quad b = f'(a) \end{aligned}$$

C'est cette fonction qui nous intéresse. On remarque que c'est une application linéaire.

• **Définition 10**

La *différentielle de f en a* est l'application linéaire ϕ de $\mathbb{R}$ dans $\mathbb{R}$, qui à h associe $\phi(h) = f'(a)h$.

Attention : La différentielle de f en a n'est pas un nombre, c'est une fonction qui dépend du point a.

Pour marquer cette dépendance on utilise la notation $\mathrm{d}f(a)$ ou $\mathrm{d}f_a$ pour la différentielle de f en a au lieu de ϕ. On a donc :

$$\begin{aligned} \mathrm{d}f(a) : \mathbb{R} &\longrightarrow \mathbb{R} \\ h &\longmapsto \mathrm{d}f(a)(h) = f'(a)h \end{aligned}$$

La différentielle de f en a permet d'obtenir des approximations de $f(a+h) - f(a)$. On peut écrire $f(a+h) - f(a) \approx f'(a)h$ pour h petit. La fonction f étant généralement non-linéaire, approximer $f(a+h)$ par $f(a) + f'(a)h$, pour h petit, est un procédé de linéarisation locale (autour de a) de f, ce qui correspond géométriquement à approximer une courbe par sa tangente.

▶ **Exemples**

- *Soit :*

$$f : \mathbb{R}_+^* \longrightarrow \mathbb{R}$$
$$x \longmapsto f(x) = \sqrt{x}$$

La différentielle de f au point 1 est l'application linéaire notée $\mathrm{d}f(1)$ qui à $h \in \mathbb{R}$ associe $f'(1)h$:

$$\mathrm{d}f(1) : \mathbb{R} \longrightarrow \mathbb{R}$$
$$h \longmapsto \mathrm{d}f(1)(h) = f'(1)h = \frac{h}{2}$$

On peut utiliser la différentielle pour obtenir une approximation de $\sqrt{1,2}$. En effet $f(1+h) \approx f(1)+df(1)(h) = f(1)+\frac{h}{2}$ donc $f(1+0{,}2) \approx f(1) + \frac{0{,}2}{2}$ c'est-à-dire $\sqrt{1,2} = \sqrt{1+0{,}2} \approx \sqrt{1} + 0{,}1 = 1{,}1$

- *Une entreprise produit un bien B en utilisant un bien A. Soit x la quantité nécessaire du bien A pour produire la quantité y de B et f la fonction de production où $f(x) = 50x^2 - x^3$, $0 \leqslant x \leqslant 50$.*

  On fixe x à 10 et on cherche à calculer de combien varierait le niveau de production si on utilisait une unité de plus. On peut utiliser la différentielle pour obtenir une approximation de $f(11) - f(10)$. En effet $f(11) - f(10) \approx \mathrm{d}f(10)(1) = f'(10)1 = 700$.

  Ici on peut vérifier la qualité de l'approximation car il est facile de calculer $f(11) - f(10) = 719$.

⟶ ***Commentaires***

Les règles de dérivation données aux Propositions 4 et 5 permettent de faire les opérations suivantes sur les différentielles :

$$\mathrm{d}(f+g)(a) = \mathrm{d}f(a) + \mathrm{d}g(a)$$

$$\mathrm{d}(f \times g)(a) = \mathrm{d}f(a) \times g(a) + f(a) \times \mathrm{d}g(a)$$

$$\mathrm{d}\left(\frac{f}{g}\right)(a) = \frac{\mathrm{d}f(a) \times g(a) - f(a) \times \mathrm{d}g(a)}{[g(a)]^2} \quad \text{pourvu que } g(a) \neq 0$$

$$\mathrm{d}(g \circ f)(a) = \mathrm{d}g\,(f(a))\,\mathrm{d}f(a)$$

© Dunod. Toute reproduction non autorisée est un délit.

II. Théorème des accroissements finis et applications

A. Théorèmes

• Théorème 1 : théorème de Rolle

Si f est continue sur $[a, b]$, dérivable sur $]a, b[$ et vérifie $f(a) = f(b)$, alors il existe $c \in \,]a, b[$ tel que $f'(c) = 0$.

Démonstration : si f est constante sur $[a, b]$, le résultat est trivial. Soit donc f non constante sur $[a, b]$. Comme f est continue sur $[a, b]$, f atteint son minimum m et son maximum M sur $[a, b]$ (chapitre 4 théorème 2) et $m \neq M$. On ne peut pas avoir à la fois $m = f(a)$ et $M = f(a)$ car f est non constante. On a donc $m \neq f(a)$ ou $M \neq f(a)$.

Prenons par exemple le cas $M \neq f(a)$. Il existe $c \in \,]a, b[$ tel que $f(c) = M$ ($c \neq b$ car $f(a) = f(b)$ donc $f(b) \neq M$).

On a alors :

$$\text{pour} \quad x < c, \quad \frac{f(x) - f(c)}{x - c} \geqslant 0$$

$$\text{et pour} \quad x > c, \quad \frac{f(x) - f(c)}{x - c} \leqslant 0$$

D'où $\lim_{x \to c^-} \dfrac{f(x) - f(c)}{x - c} \geqslant 0$ (cette limite existe puisque f est dérivable sur $]a, b[$, donc dérivable en c donc dérivable à gauche en c), donc :

$$f'_-(c) \geqslant 0 \quad \text{et} \quad f'_+(c) = \lim_{x \to c^+} \frac{f(x) - f(c)}{x - c} \leqslant 0$$

Comme f est dérivable en c on a

$$f'(c) = f'_-(c) = f'_+(c)$$

ce qui donne $0 \leqslant f'(c) \leqslant 0$ et donc $f'(c) = 0$ (figure 5.3).

• Théorème 2 : théorème des accroissements finis

Si f est continue sur $[a, b]$ et dérivable sur $]a, b[$, alors il existe $c \in \,]a, b[$ tel que $f(b) - f(a) = (b - a)f'(c)$.

Démonstration : il suffit d'appliquer le théorème de Rolle à la fonction g telle que $g(x) = f(x) - x\dfrac{f(b) - f(a)}{b - a}$.

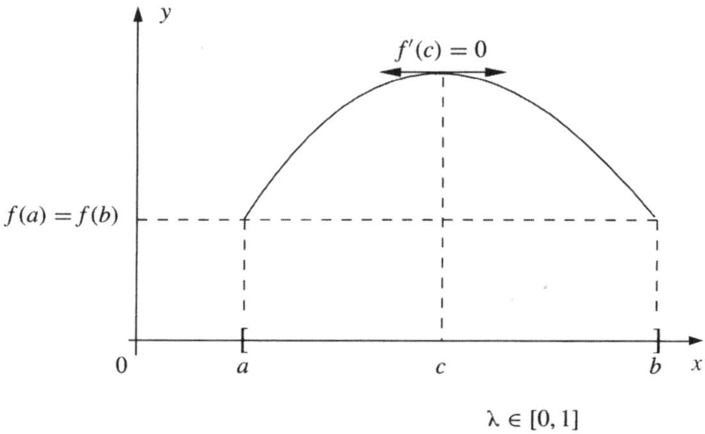

Figure 5.3

g est définie et continue sur $[a, b]$ comme somme de fonctions continues sur $[a, b]$, dérivable sur $]a, b[$ comme somme de fonctions dérivables sur $]a, b[$ et :

$$g'(x) = f'(x) - \frac{f(b) - f(a)}{b - a}$$

D'autre part :

$$g(a) = f(a) - a\frac{f(b) - f(a)}{b - a} = \frac{bf(a) - af(b)}{b - a}$$

$$\text{et} \quad g(b) = f(b) - b\frac{f(b) - f(a)}{b - a} = \frac{bf(a) - af(b)}{b - a}$$

Ainsi $g(a) = g(b)$.

g vérifie toutes les hypothèses du théorème de Rolle. On lui applique donc ce théorème ce qui garantit l'existence de $c \in]a, b[$ tel que $g'(c) = 0$ ce qui donne $f(b) - f(a) = (b - a)f'(c)$ (figure 5.4).

→ ***Commentaires***

On a vu au chapitre 2 la représentation paramétrique d'un intervalle : $c \in]a, b[\Longleftrightarrow c = a + \theta(b - a),\ \theta \in]0, 1[$.

La conclusion de ce théorème s'écrit aussi : il existe $\theta \in]0, 1[$ tel que $f(b) - f(a) = (b - a)f'(a + \theta(b - a))$.

On a démontré le théorème des accroissements finis à partir du théorème de Rolle. D'autre part on constate que le théorème de Rolle est un cas particulier du théorème des accroissements finis. Ces deux théorèmes sont donc équivalents.

© Dunod. Toute reproduction non autorisée est un délit.

Géométriquement, le théorème des accroissements finis indique l'existence d'au moins un point c tel que la tangente en ce point au graphe de f est parallèle à la corde $(a, f(a))$ et $(b, f(b))$ (figure 5.4).

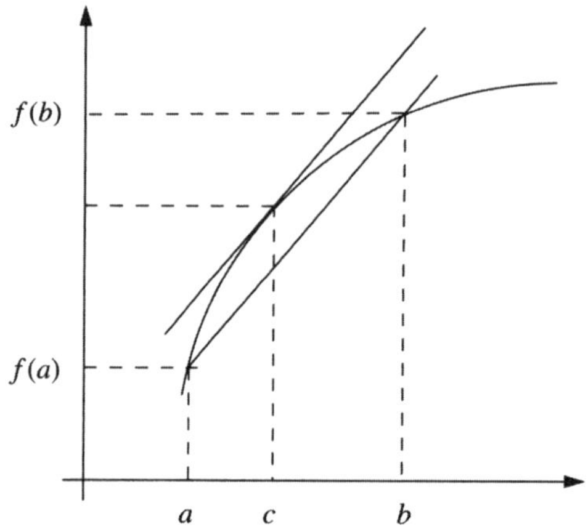

Figure 5.4

B. Applications

1) Sens de variation d'une fonction

On rappelle que x est dit *intérieur* à I, s'il existe $\alpha > 0$ tel que $]x-\alpha, x+\alpha[\subset I$.

• Proposition 8

Soit f continue sur un intervalle I et dérivable en tout point intérieur à I.

a) f est constante sur I si et seulement si pour tout x intérieur à I, $f'(x) = 0$;

b) f est croissante (respectivement décroissante) sur I si et seulement si pour tout x intérieur à I, $f'(x) \geqslant 0$ (respectivement $f'(x) \leqslant 0$) ;

c) si pour tout x intérieur à I, $f'(x) > 0$ (respectivement $f'(x) < 0$), alors f est strictement croissante (respectivement strictement décroissante) sur I.

Démonstration : soit $x_1 < x_2$ deux points de I. Le théorème des accroissements finis appliqué à $[x_1, x_2]$ garantit l'existence de $c \in]x_1, x_2[$ tel que $f(x_2) - f(x_1) = (x_2 - x_1)f'(c)$. On en déduit facilement :

– si pour tout x intérieur à I, $f'(x) = 0$ alors f est constante sur I ;

– si pour tout x intérieur à I, $f'(x) \geqslant 0$ (respectivement $f'(x) \leqslant 0$), alors f est croissante (respectivement décroissante) sur I ;

– si pour tout x intérieur à I, $f'(x) > 0$ (respectivement $f'(x) < 0$), alors f est strictement croissante (respectivement strictement décroissante) sur I.

Le reste des implications résulte de la définition d'une fonction dérivable en un point : soit x_0 un point intérieur à I. Si f est constante sur I, alors :

$$f'(x_0) = \lim_{x \to x_0} \frac{f(x) - f(x_0)}{x - x_0} = 0$$

Si f est croissante (respectivement décroissante) sur I alors $\dfrac{f(x) - f(x_0)}{x - x_0} \geqslant 0$ (respectivement $\leqslant 0$) d'où $f'(x_0) = \lim_{x \to x_0} \dfrac{f(x) - f(x_0)}{x - x_0} \geqslant 0$ (respectivement $\leqslant 0$).

Attention : la réciproque de c) est fausse. Par exemple la fonction

$$\begin{aligned} f : \mathbb{R} &\longrightarrow \mathbb{R} \\ x &\longmapsto f(x) = x^3 \end{aligned}$$

est strictement croissante et $f'(0) = 0$.

2) Étude de limites

• Proposition 9 : règle de l'*Hôpital*

Soit I un intervalle ouvert de $\mathbb{R}$ et $a \in I$. Soit f et g deux fonctions continues sur I, dérivables sur I sauf peut-être en a et $g(x) \neq 0$ si $x \neq a$.

$$\text{Si} \begin{cases} 1) \ \dfrac{f(x)}{g(x)} \text{ est de la forme indtermine } \dfrac{0}{0} \text{ ou } \dfrac{\infty}{\infty} \text{ quand } x \text{ tend vers } a \\ \text{et} \\ 2) \ \lim\limits_{x \longrightarrow a} \dfrac{f'(x)}{g'(x)} = \lambda \end{cases}$$

$$\text{alors } \lim_{x \longrightarrow a} \frac{f(x)}{g(x)} = \lim_{x \longrightarrow a} \frac{f'(x)}{g'(x)} = \lambda$$

→ ***Commentaires***

La règle de l'Hôpital s'étend aux cas $a = \pm\infty$ et aux cas $\lambda = \pm\infty$.

▶ **Exemples**

a) On veut calculer $\lim\limits_{x \longrightarrow 0} \dfrac{\ln(1+x)}{x}$. *On pose* $f(x) = \ln(1+x)$ *et* $g(x) = x$.

© Dunod. Toute reproduction non autorisée est un délit.

$\dfrac{f(x)}{g(x)}$ *est de la forme indéterminée* $\dfrac{0}{0}$ *quand* x *tend vers* 0 *et*

$$\lim_{x\longrightarrow 0}\frac{f'(x)}{g'(x)} = \lim_{x\longrightarrow 0}\frac{\frac{1}{1+x}}{1} = 1.$$

D'où $\displaystyle\lim_{x\longrightarrow 0}\frac{\ln(1+x)}{x} = \lim_{x\longrightarrow 0}\frac{\frac{1}{1+x}}{1} = 1.$

b) $\displaystyle\lim_{x\longrightarrow +\infty}\frac{\ln(x)}{x} = \lim_{x\longrightarrow +\infty}\frac{\frac{1}{x}}{1} = 0.$

c) $\displaystyle\lim_{x\longrightarrow 0}\frac{e^x-1-x}{x^2} = \lim_{x\longrightarrow 0}\frac{e^x-1}{2x} = \lim_{x\longrightarrow 0}\frac{e^x}{2} = \frac{1}{2}.$
On a appliqué ici successivement deux fois la règle de l'Hôpital.

d) On veut calculer $\lim_{x\to+\infty}\left(1+\dfrac{1}{x}\right)^x$*, si elle existe et en déduire*

$$\lim_{n\to+\infty}\left(1+\frac{1}{n}\right)^n \quad et \quad \lim_{x\to+\infty}\left(1+\frac{r}{x}\right)^x$$

- $\left(1+\dfrac{1}{x}\right)^x = \mathrm{e}^{\ln(1+\frac{1}{x})^x} = \mathrm{e}^{x\ln(1+\frac{1}{x})}.$

  $\lim_{x\to+\infty} x\ln\left(1+\dfrac{1}{x}\right) = \lim_{y\to 0_+}\dfrac{\ln(1+y)}{y} = 1$ *d'après a) ci-dessus.*

  On a donc obtenu $\lim_{x\to+\infty} x\ln\left(1+\dfrac{1}{x}\right) = 1$*. Comme l'exponentielle est une fonction continue, on peut appliquer la proposition* 9 *du chapitre* 4*, pour obtenir que* $\lim_{x\to+\infty}\mathrm{e}^{x\ln(1+\frac{1}{x})} = \mathrm{e}^1 = \mathrm{e}.$
- *En particulier, la suite* $(n)_n$ *étant une suite telle que* $\lim_{n\to+\infty} n = +\infty$*, la définition de la limite à l'infini, (définition* 5 *via le langage des suites, chapitre* 4*) implique que* $\lim_{n\to+\infty}\left(1+\dfrac{1}{n}\right)^n = \mathrm{e}.$
- *Montrons que* $\lim_{x\to+\infty}\left(1+\dfrac{r}{x}\right)^x = \mathrm{e}^r$ *pour* $r > 0$.

$$\left(1+\frac{r}{x}\right)^x = \left(\left(1+\frac{r}{x}\right)^{\frac{x}{r}}\right)^r = \left(\left(1+\frac{1}{y}\right)^y\right)^r = (f(y))^r$$

  On a $\lim_{y\to+\infty} f(y) = \mathrm{e}$ *et la fonction puissance est une fonction continue en* e*, on peut appliquer la proposition* 9 *du chapitre* 4 *pour obtenir que* $\lim_{x\to+\infty}\left(\left(1+\dfrac{r}{x}\right)^{\frac{x}{r}}\right)^r = \mathrm{e}^r.$

3) Formule de Taylor et développement limité

• Proposition 10 : formule de Taylor-Lagrange pour une fonction deux fois dérivable

Si f est deux fois dérivable sur un intervalle J et si a et b sont deux points distincts de J, alors il existe c strictement compris entre a et b tel que :

$$f(b) = f(a) + (b-a)f'(a) + (b-a)^2 \frac{f''(c)}{2!}$$

Démonstration : on pose $g(x) = f(b) - f(x) - (b-x)f'(x) - (b-x)^2 \frac{A}{2!}$ et on choisit A pour avoir $g(a) = 0$. On a aussi $g(b) = 0$. (Supposons $a < b$). Comme de plus g est continue sur $[a, b]$, dérivable sur $]a, b[$, on peut lui appliquer le théorème de Rolle. Il existe donc $c \in]a, b[$, tel que $g'(c) = 0$. Or $g'(x) = -f'(x) + f'(x) - (b-x)f''(x) + (b-x)A$, d'où $A = f''(c)$. En reportant cette valeur dans $g(a) = 0$, on obtient la formule annoncée.

En posant $h := b - a$, la formule de Taylor s'écrit : il existe $\theta \in]0, 1[$ tel que

$$f(a+h) = f(a) + hf'(a) + h^2 \frac{f''(a+\theta h)}{2!}$$

• Proposition 11 : formule de Taylor-Lagrange

si f est $n+1$ fois dérivable sur un intervalle J et si a et b sont deux points distincts de J, alors il existe c strictement compris entre a et b tel que :

$$f(b) = f(a) + (b-a)f'(a) + \cdots + (b-a)^n \frac{f^{(n)}(a)}{n!} + (b-a)^{n+1} \frac{f^{(n+1)}(c)}{(n+1)!}$$

Démonstration : il suffit d'appliquer le théorème de Rolle à la fonction

$$g(x) = f(b) - f(x) - \sum_{k=1}^{n} (b-x)^k \frac{f^{(k)}(a)}{k!} - (b-x)^{n+1} \frac{A}{(n+1)!}$$

En posant $h := b - a$, la formule de Taylor s'écrit : il existe $\theta \in]0, 1[$ tel que :

$$f(a+h) = f(a) + hf'(a) + \cdots + h^n \frac{f^{(n)}(a)}{n!} + h^{n+1} \frac{f^{(n+1)}(a+\theta h)}{(n+1)!}$$

Lorsque $a = 0$ et $b = x$, la formule porte le nom de *formule de Mac Laurin* et s'écrit : il existe $\theta \in]0, 1[$ tel que

$$f(x) = f(0) + xf'(0) + \cdots + x^n \frac{f^{(n)}(0)}{n!} + x^{n+1} \frac{f^{(n+1)}(\theta x)}{(n+1)!}$$

© Dunod. Toute reproduction non autorisée est un délit.

▶ **Exemple**

La formule de Mac Laurin (à l'ordre 3) de la fonction f définie par $f(x) = \sqrt{1+x}$ est donnée par :

$$\sqrt{1+x} = 1 + \frac{1}{2}x - \frac{1}{8}x^2 + \frac{1}{16}x^3 + \frac{x^4}{4!}f^{(4)}(\theta x), \qquad \theta \in]0,1[$$

En effet :

$$\begin{array}{ll} f(x) = \sqrt{1+x} = (1+x)^{\frac{1}{2}} & f(0) = 1 \\ f'(x) = \dfrac{1}{2}(1+x)^{-\frac{1}{2}} & f'(0) = \dfrac{1}{2} \\ f''(x) = \dfrac{1}{2}\left(\dfrac{-1}{2}(1+x)^{-\frac{3}{2}}\right) & f''(0) = \dfrac{-1}{4} \\ f^{(3)}(x) = \dfrac{-1}{4}\left(\dfrac{-3}{2}(1+x)^{-\frac{5}{2}}\right) & f^{(3)}(0) = \dfrac{3}{8} \end{array}$$

• **Proposition 12 : formule de Taylor-Young**

Si f est n fois dérivable en a (c'est-à-dire si $f', f'', \cdots, f^{(n-1)}$ sont définies sur un voisinage de a et $f^{(n)}(a)$ existe) alors pour tout h tel que $a+h$ est au voisinage de a, on a :

$$f(a+h) = f(a) + hf'(a) + \cdots + h^n\frac{f^{(n)}(a)}{n!} + h^n\epsilon(h) \quad \text{avec} \quad \lim_{h\to 0}\epsilon(h) = 0$$

Démonstration : elle se fait en appliquant $n-1$ fois le théorème de Rolle à une fonction bien choisie.

Mais si l'on rajoute l'hypothèse « $f^{(n)}$ continue en a » on peut déduire cette proposition de la formule de Taylor-Lagrange pour une fonction n fois dérivable. En effet la continuité de $f^{(n)}$ en a exige que $f^{(n)}$ soit définie sur un voisinage de a : il existe donc un intervalle ouvert $]a-\alpha, a+\alpha[$ sur lequel f est n fois dérivable. On applique alors la formule de Taylor-Lagrange à f sur $]a-\alpha, a+\alpha[$ pour a et $a+h$ où $a+h \in]a-\alpha, a+\alpha[$. On pose ensuite $\epsilon(h) = \dfrac{f^{(n)}(a+\theta h) - f^{(n)}(a)}{n!}$ d'où $\lim_{h\to 0}\epsilon(h) = 0$ car $f^{(n)}$ continue en a.

⟶ ***Commentaires***

Si f est indéfiniment dérivable en 0 alors pour tout x au voisinage de 0 on a $\forall n \in \mathbb{N}$:

$$f(x) = f(0) + xf'(0) + \cdots + x^n\frac{f^{(n)}(0)}{n!} + x^n\epsilon(x) \quad \text{avec} \quad \lim_{x\to 0}\epsilon(x) = 0$$

• Définition 11

On dit que f admet un *développement limité* d'ordre n au voisinage de 0 lorsqu'il existe des constantes $c_0, c_1 \ldots, c_n \in \mathbb{R}$ et une fonction ϵ telles que :

$$f(x) = c_0 + c_1 x + \cdots + c_n x^n + x^n \epsilon(x) \quad \text{avec} \quad \lim_{x \to 0} \epsilon(x) = 0$$

$c_0 + c_1 x + \cdots + c_n x^n$ s'appelle partie principale du développement et $x^n \epsilon(x)$ s'appelle reste.

On montre que si f admet un développement limité d'ordre n au voisinage de 0, alors il est unique.

On peut calculer les développements limités d'ordre n au voisinage de 0 de la plupart des fonctions usuelles grâce à la formule de Taylor-Young.

On définit de façon similaire les développements limités d'ordre n au voisinage de $a \in \mathbb{R}$.

▶ Exemples

- *La fonction f définie par $f(x) = \mathrm{e}^x$ est indéfiniment dérivable en 0, donc on peut calculer son développement limité d'ordre n au voisinage de 0 grâce à la formule de Taylor-Young : pour tout x au voisinage de 0 on a :*

$$f(x) = f(0) + xf'(0) + \cdots + x^n \frac{f^{(n)}(0)}{n!} + x^n \epsilon(x) \quad \textit{avec} \quad \lim_{x \to 0} \epsilon(x) = 0$$

  $f(0) = \mathrm{e}^0 = 1$, $f'(x) = \mathrm{e}^x$ *et* $f'(0) = 1$. *Pour tout n,* $f^{(n)}(x) = \mathrm{e}^x$ *et* $f^{(n)}(0) = 1$.

  Le développement limité d'ordre n au voisinage de 0 de la fonction est donc donné par :

$$\mathrm{e}^x = 1 + \frac{x}{1!} + \frac{x^2}{2!} + \frac{x^3}{3!} + \cdots + \frac{x^n}{n!} + x^n \epsilon(x) \quad \textit{avec} \quad \lim_{x \to 0} \epsilon(x) = 0$$

- *La fonction f définie par $f(x) = \dfrac{1}{1-x}$ est indéfiniment dérivable en 0. Son développement limité d'ordre n au voisinage de 0 est donné par :*

$$\frac{1}{1-x} = 1 + x + x^2 + \cdots + x^n + x^n \epsilon(x) \quad \textit{avec} \quad \lim_{x \to 0} \epsilon(x) = 0$$

- *La fonction f définie par $f(x) = \ln(1 + x)$ est indéfiniment dérivable en 0. Son développement limité d'ordre n au voisinage de 0 est donné par :*

$$\ln(1 + x) = x - \frac{x^2}{2} + \frac{x^3}{3} + \cdots + (-1)^{n+1} \frac{x^n}{n} + x^n \epsilon(x) \quad \textit{avec} \quad \lim_{x \to 0} \epsilon(x) = 0$$

© Dunod. Toute reproduction non autorisée est un délit.

- *La fonction f définie par $f(x) = \sin x$ est indéfiniment dérivable en 0. Son développement limité d'ordre n au voisinage de 0 est donné par :*

$$\sin x = x - \frac{x^3}{3!} + \frac{x^5}{5!} + \cdots + (-1)^m \frac{x^{2m+1}}{(2m+1)!} + x^{2m+1}\epsilon(x) \quad \text{avec} \quad \lim_{x \to 0} \epsilon(x) = 0$$

- *La fonction f définie par $f(x) = \cos x$ est indéfiniment dérivable en 0. Son développement limité d'ordre n au voisinage de 0 est donné par :*

$$\cos x = 1 - \frac{x^2}{2!} + \frac{x^4}{4!} + \cdots + (-1)^m \frac{x^{2m}}{(2m)!} + x^{2m}\epsilon(x) \quad \text{avec} \quad \lim_{x \to 0} \epsilon(x) = 0$$

4) Applications à l'étude de limites

▶ **Exemple**

Soit à calculer $\lim_{x\to 0} \dfrac{\sqrt{1+x} - 1 - \frac{1}{2}x + \frac{1}{8}x^2}{x^3}$.

Le développement limité à l'ordre 3 au voisinage de 0 de la fonction f définie par $f(x) = \sqrt{1+x}$ est donné par :

$$\sqrt{1+x} = 1 + \frac{1}{2}x - \frac{1}{8}x^2 + \frac{1}{16}x^3 + x^3\epsilon(x)$$

avec $\lim_{x\to 0} \epsilon(x) = 0$. *On obtient alors*

$$\frac{\sqrt{1+x} - 1 - \frac{1}{2}x + \frac{1}{8}x^2}{x^3} = \frac{1}{16} + \epsilon(x)$$

Et

$$\lim_{x \to 0} \frac{\sqrt{1+x} - 1 - \frac{1}{2}x + \frac{1}{8}x^2}{x^3} = \frac{1}{16}$$

Notons qu'on aurait pu calculer cette limite en appliquant trois fois la règle de l'Hôpital.

▶ **Exemple**

On a déjà montré que $\lim_{n\to+\infty} \left(1 + \dfrac{1}{n}\right)^n = \mathrm{e}$.

Donnons une seconde démonstration de ce résultat, qui utilise les développements limités.

$$\left(1+\frac{1}{n}\right)^n = \mathrm{e}^{\ln(1+\frac{1}{n})^n} = \mathrm{e}^{n\ln(1+\frac{1}{n})}$$

Le développement limité d'ordre 2 *au voisinage de* 0 *de* $\ln\left(1+\frac{1}{n}\right)$ *est donné par :*

$$\ln\left(1+\frac{1}{n}\right) = \frac{1}{n} - \left(\frac{1}{n}\right)^2/2 + \left(\frac{1}{n}\right)^2 \epsilon\left(\frac{1}{n}\right) \quad \textit{avec} \quad \lim_{\frac{1}{n}\to 0} \epsilon\left(\frac{1}{n}\right) = 0$$

D'où

$$\lim_{n\to+\infty} n\ln\left(1+\frac{1}{n}\right) = \lim_{n\to+\infty}\left(1 - \frac{1}{2n} + \left(\frac{1}{n}\right)\epsilon\left(\frac{1}{n}\right)\right) = 1$$

Comme l'exponentielle est une fonction continue, on peut appliquer la proposition 9 *du chapitre* 4, *pour obtenir que* $\lim_{n\to+\infty} \mathrm{e}^{n\ln(1+\frac{1}{n})} = \mathrm{e}^1 = \mathrm{e}$.

→ ***Commentaires***

On peut aussi utiliser cette méthode pour montrer que

$$\lim_{x\to+\infty}\left(1+\frac{1}{x}\right)^x = \mathrm{e}$$

III. Recherche d'extrema, convexité

A. Extrema d'une fonction

1) Définitions

Soit f une fonction définie sur un intervalle J de $\mathbb{R}$.

On veut étudier des problèmes de la forme :

$$(P_1) \quad \text{Maximiser} \quad f(x), \quad x \in J$$

ou

$$(P_2) \quad \text{Minimiser} \quad f(x), \quad x \in J$$

© Dunod. Toute reproduction non autorisée est un délit.

• **Définition 12**

On dit que f admet un *maximum global* sur J en $a \in J$, lorsque :

$$\forall x \in J, \quad f(x) \leqslant f(a)$$

Ceci se dit aussi a fournit un maximum global à f ou a est un point de maximum global de f ou a est solution globale du problème (P_1).

On dit que f admet un *minimum global* sur J en $a \in J$, lorsque :

$$\forall x \in J, \quad f(x) \geqslant f(a)$$

Ceci se dit aussi a fournit un minimum global à f ou a est un point de minimum global de f ou a est solution globale du problème (P_2).

On dit que c'est un *maximum* (*respectivement minimum*) *global strict* lorsque :

$$\forall x \in J, \;\; x \neq a \Rightarrow f(x) < f(a) \quad (\text{respectivement } f(x) > f(a))$$

Global se dit aussi absolu.

Un *extremum* est un maximum ou un minimum.

• **Définition 13**

On dit que f admet un *maximum* (*respectivement minimum*) *local* sur J en $a \in J$, lorsqu'il existe $\eta > 0$ tel que :

$$\forall x \in \,]a - \eta, a + \eta[\, \cap J, \;\; f(x) \leqslant f(a) \quad (\text{respectivement } f(x) \geqslant f(a))$$

On dit que c'est un *maximum* (*respectivement minimum*) *local strict* lorsqu'il existe $\eta > 0$ tel que :

$$\forall x \in]a - \eta, a + \eta \, [\cap J, \;\; x \neq a \Rightarrow f(x) < f(a) \quad (\text{respectivement } f(x) > f(a))$$

Local se dit aussi relatif.

Un maximum global est un maximum local.

Notons que le problème (P_2) *Minimiser* $f(x)$, $x \in J$, est équivalent au problème (P_1) *Maximiser* $-f(x), x \in J$.

→ ***Commentaire***

Lorsque f est continue sur J, un intervalle fermé borné, alors le théorème d'optimisation (chapitre 4 théorème 2) garantit l'existence d'un maximum global et d'un minimum global de f sur J.

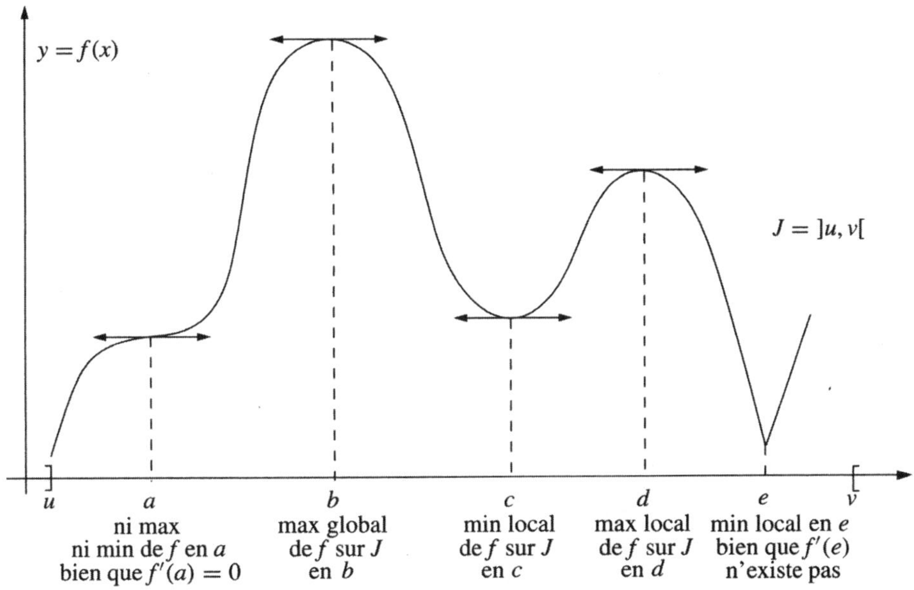

Figure 5.5

▶ **Exemple**

Maximiser $f(x) = x^3, x \in [-1, 1]$.

f *est continue sur* $[-1, 1]$ *qui est fermé et borné donc* f *admet un maximum sur* $[-1, 1]$. *Celui-ci est atteint en* $x = 1$ *car la fonction est croissante.* $\forall x \in [-1, 1], f(x) \leqslant f(1) = 1$. *Notons que ce maximum est un point du bord de l'intervalle.*

Attention, les résultats de la suite ne sont valables que pour des intervalles ouverts.

2) Conditions nécessaires

• Proposition 13 : condition nécessaire du 1er ordre (CN1)

Soit f définie sur un intervalle ouvert I et $a \in I$.

Si f est dérivable en a et admet un extremum local sur I en a, alors $f'(a) = 0$.

Démonstration : on suppose que l'extremum est un maximum. Ceci signifie qu'il existe $\eta > 0$ tel que

$$\forall x \in]a - \eta, a + \eta[, \ f(x) \leqslant f(a)$$

© Dunod. Toute reproduction non autorisée est un délit.

D'où :

$$\text{pour } x < a, \quad \frac{f(x) - f(a)}{x - a} \geqslant 0 \qquad \text{et pour } x > a, \quad \frac{f(x) - f(a)}{x - a} \leqslant 0$$

$$\text{Donc } f'_-(a) = \lim_{x \to a^-} \frac{f(x) - f(a)}{x - a} \geqslant 0 \quad \text{et } f'_+(a) = \lim_{x \to a^+} \frac{f(x) - f(a)}{x - a} \leqslant 0$$

Comme f est dérivable en a on a :

$$f'(a) = f'_-(a) = f'_+(a)$$

ce qui donne $0 \leqslant f'(a) \leqslant 0$ et donc $f'(a) = 0$.

Attention : la nullité de la dérivée est une condition nécessaire pour qu'un point fournisse un extremum mais elle n'est pas suffisante, autrement dit la réciproque de cette proposition est fausse.

Par exemple la fonction f définie sur $\mathbb{R}$ par $f(x) = x^3$ est dérivable en 0, vérifie $f'(0) = 0$, mais n'admet pas d'extremum en 0 (car dans tout voisinage $]-\eta, +\eta[$ de 0, $f(x) < f(0)$ si $x < 0$ et $f(x) > f(0)$ si $x > 0$.)

Un point x qui vérifie $f'(x) = 0$ est appelé *point critique* ou *candidat.* Lorsque l'on cherche les extrema de f sur un intervalle ouvert I, on peut chercher les points d'extremum parmi les points x qui vérifient $f'(x) = 0$ puisque la CN1 garantit que si x fournit un extremum alors $f'(x) = 0$. Ces points qui vérifient $f'(x) = 0$ sont donc des « candidats » à être des points d'extremum mais ne sont pas forcément des points d'extremum.

→ ***Commentaires***

On ne peut pas appliquer la CN1 :

- si f n'est pas dérivable en a : par exemple la fonction f définie sur $\mathbb{R}$ par $f(x) = |x|$ admet un minimum en 0, mais n'est pas dérivable en 0 et donc on ne peut pas lui appliquer la CN1 ;
- si l'intervalle I n'est pas ouvert et a est un point du bord. Par exemple la fonction f définie sur $[1,2]$ par $f(x) = x^2$ admet un maximum en 2 et pourtant $f'(2) = 4 \neq 0$.

• Proposition 14 : condition nécessaire du 2nd ordre (CN2)

Soit f définie sur un intervalle ouvert I et $a \in I$.

Si f est 2 fois dérivable en a et admet un maximum local sur I en a, alors $f''(a) \leqslant 0$.

→ ***Commentaires***

Dans la proposition, en remplaçant maximum local par minimum local, la conclusion devient $f''(a) \geqslant 0$.

Démonstration : La démonstration se fait par application de la formule de Taylor-Young à l'ordre 2 que l'on rappelle : pour tout h tel que $a + h$ est au voisinage de a

$$f(a+h) = f(a) + hf'(a) + h^2\frac{f''(a)}{2!} + h^2\epsilon(h) \quad \text{avec} \quad \lim_{h\to 0}\epsilon(h) = 0.$$

Comme f admet un maximum local en a, il existe $\eta > 0$ tel que :

$$\forall h \quad \text{tel que} \quad a+h \in]a-\eta, a+\eta[, \quad f(a+h) - f(a) \leqslant 0$$

De plus si f admet un maximum local en a alors $f'(a) = 0$ (c'est la CN1). En appliquant alors la formule de Taylor-Young à l'ordre 2 à f sur $]a-\eta, a+\eta[$ on obtient

$$\left(\frac{f''(a)}{2!} + \epsilon(h)\right) \leqslant 0 \quad \text{et par suite} \quad \lim_{h\to 0}\left(\frac{f''(a)}{2!} + \epsilon(h)\right) \leqslant 0$$

ce qui donne $f''(a) \leqslant 0$.

▶ Exemple

Une entreprise produit un bien avec un coût de production C(q) où q est la quantité produite. Supposons que C est une fonction deux fois dérivable. Si le prix de vente p est fixé $p = p^*$, cherchons les conditions nécessaires pour avoir un profit maximum.

Le profit est donné par :

$$\Pi(q) = p^*q - C(q)$$

Si q^* est le niveau de production qui permet à l'entreprise de réaliser un profit maximum alors $\Pi'(q^*) = 0\,(CN1)$ et $\Pi''(q^*) \leqslant 0\,(CN2)$.

Cela donne $p^* = C'(q^*)$ (ce qui signifie que le prix est égal au coût marginal en q^*) et $C''(q^*) \geqslant 0$.

Attention, la condition $f''(a) \leqslant 0$ est une condition nécessaire d'optimalité mais elle n'est pas suffisante.

Reprenons par exemple la fonction f définie sur $\mathbb{R}$ par $f(x) = x^3$. $f''(0) = 0$ donc $f''(0) \leqslant 0$ mais 0 n'est pas un point d'extremum de f.

Lorsque l'on cherche les extrema de f sur un intervalle ouvert I, on peut chercher les points d'extremum parmi les points x qui vérifient $f'(x) = 0$ et $f''(x) \leqslant 0$. La CN2 permet donc de réduire encore la recherche mais elle ne dit pas du tout que les points trouvés en résolvant $f'(x) = 0$ et $f''(x) \leqslant 0$ sont des points d'extremum. Il nous faut donc des conditions suffisantes pour garantir que nos candidats sont bien des points d'extremum.

© Dunod. Toute reproduction non autorisée est un délit.

3) Conditions suffisantes

• Proposition 15 : conditions suffisantes du 2nd ordre (CS2)

Soit f définie sur un intervalle ouvert I et $a \in I$.

Si f est 2 fois dérivable en a et vérifie $f'(a) = 0$ et $f''(a) < 0$, alors f admet un maximum local strict sur I en a.

Attention, ici l'inégalité est stricte.

Démonstration : on applique la formule de Taylor-Young à l'ordre 2, avec $f'(a) = 0$: Pour tout h tel que $a + h$ est au voisinage de a,

$$f(a+h) = f(a) + h^2 \left(\frac{f''(a)}{2!} + \epsilon(h) \right) \quad \text{avec} \quad \lim_{h \to 0} \epsilon(h) = 0$$

Comme $\dfrac{f''(a)}{2!} < 0$ et $\lim_{h\to 0} \epsilon(h) = 0$, il existe $\eta > 0$ tel que pour tout $h \in] - \eta, \eta[$, $\dfrac{f''(a)}{2!} + \epsilon(h)$ est du signe de $\dfrac{f''(a)}{2!}$, donc il existe $\eta > 0$ tel que pour tout $h \in] - \eta, \eta[, h \neq 0, f(a+h) - f(a) < 0$ ce qui indique que f admet un maximum local strict sur I en a.

→ ***Commentaire***

Dans la proposition, en remplaçant $f''(a) < 0$ par $f''(a) > 0$ on obtient que f admet un minimum local strict.

Point méthode

Pour trouver les extrema locaux de f fonction réelle d'une variable réelle 2 fois dérivable sur un intervalle ouvert I de $\mathbb{R}$ on procède comme suit :

a) on cherche les candidats en résolvant $f'(x) = 0$ sur I ;

b) on se restreint à ceux d'entre eux qui vérifient $f''(x) \leqslant 0$ ou $f''(x) \geqslant 0$;

c) seuls ceux qui vérifient $f''(x) < 0$ ou $f''(x) > 0$ sont bien des points d'extrema locaux (CS2).

Si un candidat vérifie $f''(x) = 0$ on ne peut rien conclure et il faut examiner par un autre moyen si c'est un point d'extremum ou pas.

Dans la pratique on saute directement de a) à c).

▶ **Exemples**

- *Maximiser* $f(x) = x^3 - x$, $x \in \mathbb{R}$.

  f est 2 fois dérivable sur $\mathbb{R}$. On résout $f'(x) = 0$ c'est-à-dire $3x^2 - 1 = 0$, ce qui donne $x_1 = \sqrt{\dfrac{1}{3}}$ et $x_2 = -\sqrt{\dfrac{1}{3}}$.

  x_1 et x_2 sont donc les candidats.

$f''(x) = 6x$ d'où

$$f''(x_1) = f''\left(\sqrt{\frac{1}{3}}\right) = 6\sqrt{\frac{1}{3}} > 0$$

et

$$f''(x_2) = f''\left(-\sqrt{\frac{1}{3}}\right) = 6\sqrt{\frac{1}{3}} < 0$$

Les CS2 impliquent donc que x_2 est la solution du problème, c'est-à-dire x_2 fournit un maximum local strict à f. On note que x_1 fournit un minimum local strict à f. On peut montrer qu'ils ne sont pas globaux. En effet $\lim_{x\to+\infty} f(x) = +\infty$ et $\lim_{x\to-\infty} f(x) = -\infty$

- *Rechercher les extrema de la fonction f définie par $f(x) = x^3 + x^4$.*

  f est 2 fois dérivable sur $\mathbb{R}$. On résout $f'(x) = 0$ c'est-à-dire $3x^2 + 4x^3 = 0$ ce qui donne $x^2(3 + 4x) = 0$ et donc $x_1 = -3/4$ et $x_2 = 0$ sont des candidats.

  $f''(x) = 6x + 12x^2$ d'où $f''(x_1) = f''(-3/4) = 2,25 > 0$. Les CS2 impliquent donc que x_1 fournit un minimum local strict à f.

  On peut montrer qu'il est global.

  $f''(x_2) = f''(0) = 0$ donc on ne peut rien conclure quant à $x_2 = 0$. Il faut examiner ce point « à la main » en revenant à la définition d'un extremum. $f(x) - f(0) = x^3 + x^4 = x^3(1 + x)$. Dans tout voisinage $]-\eta, +\eta[$ de 0, $\exists x$ tel que $f(x) < f(0)$ et $\exists x$ tel que $f(x) > f(0)$, donc f n'admet ni minimum local ni maximum local en $x_2 = 0$.

- *Une entreprise produit un bien avec un coût de production $C(q) = \left(\frac{-1}{75}\right)q^3 + 2q^2$ où q est la quantité produite. Le prix de vente p est fixé : $p = 75$. On voudrait le niveau de production qui permettra à l'entreprise de réaliser un profit maximum.*

$$\Pi(q) = 75q - (-(1/75)q^3 + 2q^2) = (1/75)q^3 - 2q^2 + 75q$$
$$\Pi'(q) = 0 \text{ implique } q^2/25 - 4q + 75 = 0$$

La résolution de cette équation fournit deux candidats $q_1 = 25$ et $q_2 = 75$.

$\Pi''(q) = 2q/25 - 4$ d'où $\Pi''(q_1) = -2 < 0$ et $\Pi''(q_2) = 2 > 0$. Les CS2 impliquent donc que $q_1 = 25$ fournit alors un profit maximum.

© Dunod. Toute reproduction non autorisée est un délit.

B. Convexité

1) Fonction convexe sur un intervalle de $\mathbb{R}$

• Définition 14

Soit f définie sur un intervalle I de $\mathbb{R}$. On dit que f est *convexe* sur I lorsque

$$\forall x \in I,\ \forall y \in I,\ \forall \lambda \in [0,1], \quad f(\lambda x + (1-\lambda)y) \leqslant \lambda f(x) + (1-\lambda) f(y)$$

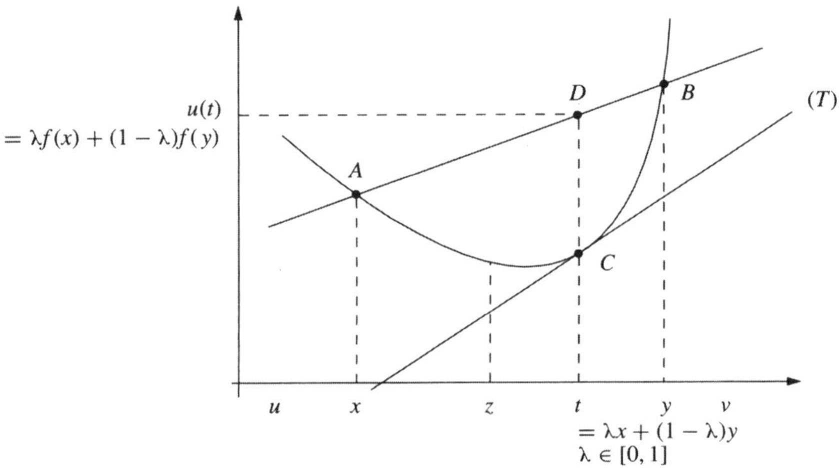

Figure 5.6 – Graphe d'une fonction convexe.

$\forall t \in [x,y],\ f(t) \leqslant u(t)$
$\forall z \in [u,v], \forall t \in]u,v[, f(z) \geqslant f(t) - f'(t)(t-z)$ (Proposition 16)

• Définition 15

Soit f définie sur un intervalle I de $\mathbb{R}$. On dit que f est *strictement convexe* sur I lorsque :

$$\forall x \in I,\ \forall y \in I, \forall \lambda \in]0,1[, x \neq y \Longrightarrow f(\lambda x + (1-\lambda)y) < \lambda f(x) + (1-\lambda) f(y)$$

▶ Exemple
La fonction f définie par $f(x) = |x|$ est convexe sur $\mathbb{R}$ mais elle n'est pas strictement convexe sur $\mathbb{R}$.

• Proposition 16

Soit f définie et dérivable sur un intervalle ouvert I. f est convexe sur I si et seulement si :

$$\forall x \in I,\ \forall y \in I,\ f(y) - f(x) \leqslant f'(y)(y-x)$$

Cela signifie que le graphique d'une fonction convexe dérivable se situe au-dessus de chacune de ses tangentes.

→ ***Commentaire***

f est strictement convexe si, et seulement si :

$$\forall x \in I, \forall y \in I, y \neq x \Longrightarrow f(y) - f(x) < f'(y)(y - x)$$

• Proposition 17

Soit f définie et 2 fois dérivable sur un intervalle ouvert I.

a) f est convexe sur I si et seulement si $f''(x) \geqslant 0$ pour tout point x de I ;

b) Si $f''(x) > 0$ pour tout point x de I, alors f est strictement convexe sur I.

→ ***Commentaire***

La réciproque de b) est fausse. La fonction f définie par $f(x) = x^4$ est strictement convexe sur $\mathbb{R}$ et pourtant sa dérivée seconde est nulle en 0.

► **Exemple**

La fonction f définie sur $\mathbb{R}$ par $f(x) = \mathrm{e}^x$ est indéfiniment dérivable. Pour tout $x \in \mathbb{R}$, $f''(x) = \mathrm{e}^x > 0$. Donc f est strictement convexe sur $\mathbb{R}$.

Lors de l'étude des extrema d'une fonction, on a insisté sur le fait que les points fournis par $f'(x) = 0$ n'étaient que des candidats à être des points d'extremum et qu'il fallait recourir à une condition suffisante pour vérifier si certains d'entre eux étaient des points d'extremum. Dans le cas des fonctions convexes dérivables les points fournis par $f'(x) = 0$ sont des points de minima globaux comme le montre la proposition suivante.

• Proposition 18 : condition nécessaire et suffisante d'optimalité (CNS)

Soit f définie, dérivable et convexe sur un intervalle ouvert I. Soit $a \in I$. $f'(a) = 0$ si, et seulement si, f admet un minimum global sur I en a (strict si la convexité est stricte).

→ ***Commentaire***

Pour une fonction convexe la CN1 est une CS.

Démonstration : si f admet un minimum global sur I en a alors f admet un minimum local sur I en a et la CN1 donne : $f'(a) = 0$.

Supposons $f'(a) = 0$ et appliquons la proposition 16 à tout $x \in I$ et a. Il vient :

$$\forall x \in I, f(a) - f(x) \leqslant 0$$

ce qui signifie que f admet un minimum global sur I en a.

© Dunod. Toute reproduction non autorisée est un délit.

▶ **Exemple**

On considère le problème suivant :

Minimiser $f(x) = 2x - \sqrt{x+1}$ *sur* $]-1, +\infty[$.

f *est deux fois dérivable sur* $]-1, +\infty[$. *On cherche les candidats en résolvant* $f'(x) = 0$, *c'est-à-dire* $2 - \dfrac{1}{2\sqrt{x+1}} = 0$ *ce qui donne* $x = -\dfrac{15}{16}$.

$f''(x) = \dfrac{1}{4}(x+1)^{-3/2}$, *d'où* $\forall x \in]-1, +\infty[$, $f''(x) > 0$*; donc* f *est strictement convexe sur* $]-1, +\infty[$.

Donc $x = -\dfrac{15}{16}$ *fournit un minimum global strict à* f *sur* $]-1, +\infty[$.

2) Fonction concave sur un intervalle de $\mathbb{R}$

• Définition 16

Soit f définie sur un intervalle I de $\mathbb{R}$. On dit que f est *concave* sur I lorsque :

$$\forall x \in I,\ \forall y \in I,\ \forall \lambda \in [0,1], \quad f(\lambda x + (1-\lambda)y) \geqslant \lambda f(x) + (1-\lambda) f(y)$$

• Définition 17

Soit f définie sur un intervalle I de $\mathbb{R}$. On dit que f est *strictement concave* sur I lorsque :

$$\forall x \in I,\ \forall y \in I, \forall \lambda \in]0,1[, x \neq y \Longrightarrow f(\lambda x + (1-\lambda)y) > \lambda f(x) + (1-\lambda) f(y)$$

→ ***Commentaire***

f est concave si et seulement si $-f$ est convexe.

• Proposition 19

Soit f définie et dérivable sur un intervalle ouvert I. f est concave sur I si et seulement si :

$$\forall x \in I,\ \forall y \in I,\ f(y) - f(x) \geqslant f'(y)(y-x)$$

Cela signifie que le graphique d'une fonction concave dérivable se situe au-dessous de chacune de ses tangentes.

→ *Commentaire*

f est strictement concave si, et seulement si :

$$\forall x \in I, \forall y \in I, y \neq x \Longrightarrow f(y) - f(x) > f'(y)(y - x)$$

• Proposition 20

Soit f définie et 2 fois dérivable sur un intervalle ouvert I.

a) f est concave sur I si et seulement si $f''(x) \leqslant 0$ pour tout point x de I ;

b) Si $f''(x) < 0$ pour tout point x de I, alors f est strictement concave sur I.

• Proposition 21 : condition nécessaire et suffisante d'optimalité (CNS)

Soit f définie, dérivable et concave sur un intervalle ouvert I. Soit $a \in I$. $f'(a) = 0$ si, et seulement si, f admet un maximum global sur I en a (strict si la concavité est stricte).

C. Récapitulation des conditions

Soit f deux fois dérivable sur un intervalle ouvert J de $\mathbb{R}$, et $a \in J$

- f quelconque

  CN1 et CN2 :

$$f \text{ admet un minimum local en } a \Longrightarrow f'(a) = 0 \text{ et } f''(a) \geqslant 0$$
$$f \text{ admet un maximum local en } a \Longrightarrow f'(a) = 0 \text{ et } f''(a) \leqslant 0$$

  CS2 :

$$f'(a) = 0 \text{ et } f''(a) > 0 \Longrightarrow \text{ admet un minimum local strict en } a$$
$$f'(a) = 0 \text{ et } f''(a) < 0 \Longrightarrow \text{ admet un maximum local strict en } a$$

- f convexe :

  CNS : $f'(a) = 0 \Longleftrightarrow f$ admet un minimum global en a
- f strictement convexe :

  CNS : $f'(a) = 0 \Longleftrightarrow f$ admet un minimum global strict en a
- f concave :

  CNS : $f'(a) = 0 \Longleftrightarrow f$ admet un maximum global en a
- f strictement concave :

  CNS : $f'(a) = 0 \Longleftrightarrow f$ admet un maximum global strict en a

© Dunod. Toute reproduction non autorisée est un délit.

Point méthode

Soit f deux fois dérivable sur un intervalle ouvert J de $\mathbb{R}$. Pour étudier les extrema de f sur J on procède de la façon suivante :

on cherche les candidats en résolvant $f'(x) = 0$. Soit $a \in J$ un candidat ;

on calcule $f''(x)$.

Si $f''(x)$ n'est pas d'un signe constant sur J, on étudie le signe de $f''(a)$:

- si $f''(a) < 0$, alors f admet un maximum local strict en a ;
- si $f''(a) > 0$, alors f admet un minimum local strict en a ;
- si $f''(a) = 0$, alors on ne peut pas conclure.

Si $f''(x)$ est d'un signe constant sur J :

- si $f''(x) \leqslant 0, \ \forall x \in J$, alors f est concave sur J d'où f admet un maximum global en a ;
- si $f''(x) < 0, \ \forall x \in J$, alors f est strictement concave sur J d'où f admet un maximum global strict en a ;
- si $f''(x) \geqslant 0, \ \forall x \in J$, alors f est convexe sur J d'où f admet un minimum global en a ;
- si $f''(x) > 0, \ \forall x \in J$, alors f est strictement convexe sur J d'où f admet un minimum global strict en a.

Exercices

Énoncés

Exercice n° 1

Étudier la dérivabilité de la fonction définie à l'exercice 4 du chapitre 4 (Frais d'agence).

Exercice n° 2

Montrer que la fonction f définie par

$$f(x) = \begin{cases} x^2 \sin\left(\dfrac{1}{x}\right) & \text{si} \quad x \neq 0 \\ 0 & \text{si} \quad x = 0 \end{cases}$$

est dérivable. Sa dérivée est-elle continue ?

Exercice n° 3

On considère la fonction f définie sur son ensemble de définition par :

$$f(x) = \begin{cases} \dfrac{x+2-\sqrt{4-x^2}}{x} & \text{si} \quad x \neq 0 \\ 1 & \text{si} \quad x = 0 \end{cases}$$

a) Quel est l'ensemble de définition de f ?

b) Calculer la limite de f quand x tend vers 0 ; f est-elle continue en 0 ?

c) Calculer $f'(x)$ pour $x \in]-2, 2[\setminus \{0\}$, puis la limite de f' quand x tend vers 0

d) Montrer que f est dérivable en 0 en utilisant la définition. Que vaut donc $f'(0)$?

e) La fonction f' est-elle continue en 0 ?

Exercice n° 4

a) Montrer que $\lim_{x\to+\infty} \dfrac{a^x}{x^r} = +\infty$ pour $a > 1$ et $r > 0$.

b) Déterminer $\lim\limits_{x\to+\infty} \dfrac{(x+1)\ln(x+1) - x\ln x}{\ln x}$.

Exercice n° 5

Étudier les extrema des fonctions suivantes sur leur ensemble de définition :

a) $f(x) = x^5 - 20x + 3$

b) $f(x) = xe^{2x}$

c) $f(x) = -x\ln x + 4x - 6$

d) $f(x) = x^4 - 4x^3 + 6x^2 - 4x + 4$

e) $f(x) = -4x^3 + 6x + 8$

Exercice n° 6

Une entreprise a observé que pour un produit donné le coût total $C(q)$ (en milliers d'euros) de la production variait en fonction de la quantité produite q (en milliers de pièces) de la manière suivante :

$$C(q) = 2q^3 - q^2 + 4q$$

a) Quelle doit être la production q si l'entreprise cherche à minimiser le coût moyen ?
Écrire la fonction de coût marginal.
Vérifier que pour la valeur de q qui minimise le coût moyen, le coût marginal est égal au coût moyen minimum.

b) Démontrer que la propriété qui vient d'être vérifiée est générale :

Soit $C(q)$ le coût total, q la quantité produite, $C_M(q) = \dfrac{C(q)}{q}$ le coût moyen

Caractériser la valeur q^* qui minimise le coût moyen et vérifier que dans ce cas, on a $C_M(q^*) = C'(q^*)$.

© Dunod. Toute reproduction non autorisée est un délit.

Exercice n° 7

Soit v la quantité d'input utilisée pour produire une quantité q d'un bien et w le prix donné de l'input. On suppose que la fonction de production donnée par $q = f(v)$ vérifie les hypothèses suivantes :

$$f(0) = 0,\ \forall v > 0,\ f(v) > 0, f'(v) > 0, \quad \text{et} \quad f''(v) < 0$$
$$\lim_{v \to +\infty} f(v) = l$$

Étudier le problème de maximisation du profit, posé par l'entreprise, le prix de vente p étant fixé.

Exercice n° 8 (Règle de l'Hôpital)

Soit f et g deux fonctions dérivables sur l'intervalle $I =]a - \alpha, a + \alpha[,\ \ \alpha > 0$ et telles que $f(a) = g(a) = 0$.

a) Peut-on calculer directement $\lim\limits_{x \to a} \dfrac{f(x)}{g(x)}$?

b) Soit $x \in I$, $x \neq a$. On considère la fonction

$$\begin{aligned} \varphi : I &\to \mathbb{R} \\ t &\mapsto \varphi(t) = g(x)f(t) - f(x)g(t) \end{aligned}$$

Calculer $\varphi(x)$ et $\varphi(a)$.

En déduire qu' il existe $\theta \in]0, 1[$ tel que $\varphi'(a + \theta(x - a)) = 0$.

c) Calculer $\varphi'(t)$. Déduire de la question précedente que pour tout $x \in I$, $x \neq a$, il existe $\theta \in]0, 1[$ tel que

$$\frac{f(x)}{g(x)} = \frac{f'(a + \theta(x - a))}{g'(a + \theta(x - a))}$$

d) On suppose que $\lim\limits_{x \to a} f'(x) = u$ et $\lim\limits_{x \to a} g'(x) = v \neq 0$. Déduire de la question précédente la valeur de $\lim\limits_{x \to a} \dfrac{f(x)}{g(x)}$ en fonction de u et v.

Cette règle éponyme est due à Guillaume François Antoine de l'Hôpital, marquis de Sainte-Mesme (1661-1704).

Exercice n° 9

Soit la fonction f définie par

$$f(x) = \ln(1 + x) - x - x^2,\ x > -1$$

a) Calculer $\lim\limits_{x \longrightarrow 0} \dfrac{f(x)}{x^2}$.

b) En déduire un équivalent de f au voisinage de 0.

c) Montrer à l'aide de cet exemple que si $f_1 \sim_a g_1$ et $f_2 \sim_a g_2$ alors on ne peut pas en déduire $f_1 + f_2 \sim_a g_1 + g_2$.

Exercice n° 10

Soit f une fonction strictement concave dérivable sur $\mathbb{R}_+$ telle que $f(0) = 0$. Montrer que la fonction $\dfrac{f(x)}{x}$ est strictement décroissante sur $\mathbb{R}_+^*$.

Exercice n° 11

On considère la fonction f d'une variable réelle définie par : $f(x) = \dfrac{3 - x}{x - 2} - \ln(x - 2)$.

a) Quel est l'ensemble de définition D_f de f ?

b) Montrer que l'équation $f(x) = 0$ a une solution unique dans D_f. On considère à présent la fonction g d'une variable réelle définie par : $g(x) = (3 - x)\ln(x - 2) + 6$.

c) Quel est l'ensemble de définition D_g de g ?

d) Montrer que g est dérivable sur D_g et calculer g'.

e) Montrer que g est strictement concave sur D_g.

f) Étudier les extrema de g sur D_g.

g) Étudier les extrema de g sur $[5, 20]$.

Exercice n° 12

Soit f et g sont deux fonctions concaves sur un intervalle I. Démontrer les propriétés suivantes :

a) $f + g$ est une fonction concave sur I.

b) $\forall \alpha > 0$, αf est une fonction concave sur I.

c) $\forall \alpha < 0$, αf est une fonction convexe sur I.

Exercice n° 13

On considère la fonction f telle que

$$f(x) = -\sqrt{x^2 + 1} - x^2 + 6$$

a) Quel est l'ensemble de définition D de f ?

b) Montrer que f est strictement concave sur D.

© Dunod. Toute reproduction non autorisée est un délit.

6. Intégration

L'idée est banale : à partir de la mesure de la surface d'un rectangle comment calculer une aire dont les bords sont courbes, ou peu réguliers, voire franchement tordus ? L'intégrale de Riemann[1] nous donne une réponse. Sa construction se fait naturellement, *via* les méthodes classiques de l'analyse en première année d'université. La deuxième partie concerne les techniques de calcul intégral, en général acquises sans difficulté par les étudiants. Ceux-ci, parfois, donnent même l'impression d'en raffoler... comme si ces techniques les rassuraient du théorique et conceptuel.

Mots clefs : primitive, intégrale, logarithme, changement de variables, intégration par parties, intégrale généralisée.

I. Primitive

Toutes les fonctions considérées dans ce paragraphe sont définies et continues sur des intervalles.

Quand f est dérivable, on sait calculer par des méthodes explicites (dérivée d'une somme, d'un produit, d'un quotient, de la composée de deux fonctions dérivables) une nouvelle fonction appelée dérivée de f et notée f'. Cette opération s'appelle « dérivation » et, si elle existe, la fonction dérivée est unique. Posons alors le problème inverse : connaissant la fonction f, trouver, TOUTES les fonctions F telles que $F' = f$. Cette opération s'appelle recherche d'une *primitive*.

1. Bernhard Riemann, mathématicien allemand (1826–1866), dont les travaux ont eu un impact considérable sur les mathématiques modernes.

© Dunod. Toute reproduction non autorisée est un délit.

• Définition 1

Soit I un intervalle ouvert de $\mathbb{R}$, f et F deux fonctions définies sur I. On dit que F est une *primitive* de f sur I si : $\forall x \in I, I, F'(x) = f(x)$; *i.e.* F a pour dérivée f sur I.

• Proposition 1

Si F est une *primitive* de f sur I, alors l'ensemble $\mathcal{P}$ des primitives de f sur I est :

$$\mathcal{P} = \{G : I \to \mathbb{R} \text{ tel que, } \forall x \in I,\ G(x) = F(x) + C, \quad C = \text{constante}\}$$

Démonstration : $\forall G \in \mathcal{P}$, $G' = F' = f$ donc G est primitive de f. Réciproquement, soit G une primitive de f, alors $G' = f = F'$ d'où $G' - F' = 0$ et donc $G - F = C =$ constante.

Notation : on écrit parfois $\int f(x)\mathrm{d}x$ une primitive quelconque de f (appelée intégrale indéfinie de f) c'est-à-dire un élément quelconque de $\mathcal{P}$.

► Exemples

- *La fonction F définie par* $F : \mathbb{R} \longrightarrow \mathbb{R}$, $x \mapsto \dfrac{x^3}{3}$

  est une primitive de

  $f : \mathbb{R} \longrightarrow \mathbb{R}$, $x \mapsto x^2$, *sur l'intervalle* $\mathbb{R} =]-\infty, +\infty[$

- *La fonction F définie par* $F : \mathbb{R} \longrightarrow \mathbb{R}$, $x \mapsto \mathrm{e}^x$

  est une primitive de $f : \mathbb{R} \longrightarrow \mathbb{R}$, $x \mapsto \mathrm{e}^x$, *sur l'intervalle* $\mathbb{R}$

- *La fonction F définie par* $F : \mathbb{R} \longrightarrow \mathbb{R}$, $x \mapsto \dfrac{x^3}{3} + \mathrm{e}^x$

  est une primitive de f $: \mathbb{R} \longrightarrow \mathbb{R}$, $x \mapsto x^2 + \mathrm{e}^x$, *sur l'intervalle* $\mathbb{R}$

- *La fonction sinus est une primitive sur* $\mathbb{R}$ *de la fonction cosinus.*
  Toutes ces primitives ont été trouvées en lisant à l'envers un catalogue de dérivées. Par contre, les primitives de $\ln x$, *de* $x \sin x$ *n'y figurent probablement pas et la primitive de* e^{-x^2} *certainement pas. Pour les deux premières, il existe des techniques d'intégration pour les calculer, pour la dernière, on montre qu'une primitive existe mais qu'elle ne peut s'exprimer à l'aide des fonctions usuelles.*

• **Proposition 2**

Il existe une primitive et une seule F de f qui prend en $x_0 \in I$ une valeur λ donnée, *i.e.* $F(x_0) = \lambda$.

Démonstration :
On montre (corollaire de la proposition 5) que toute fonction continue sur I admet une primitive sur I. Quant à l'unicité, elle résulte de la proposition 1. En effet : soit G et F deux primitives de f sur I telles que $G(x_0) = F(x_0) = \lambda$. Comme $G(x) = F(x) + C$, on a $G(x_0) = F(x_0) + C$ d'où $C = 0$ et $G = F$.

II. Intégrale définie

Toutes les fonctions considérées dans ce paragraphe sont continues et, si dérivables, la dérivée est elle aussi continue. On définit une méthode pour calculer la surface sous la courbe $\mathcal{C}$ d'une fonction $f \geqslant 0$ (figure 6.1) ; le nombre qui mesure l'aire sera noté $\int_a^b f(x)\mathrm{d}x$ et lu « somme de a à b de $f(x)\mathrm{d}x$ » ou encore « intégrale de a à b de $f(x)\mathrm{d}x$ ».

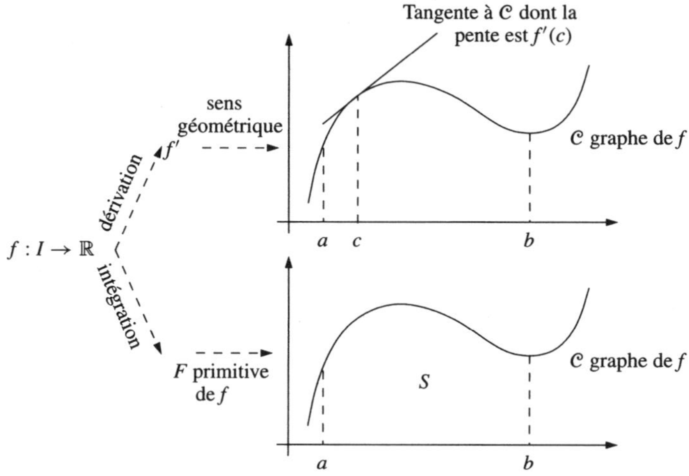

Figure 6.1 – Surface $S = F(b) - F(a)$ notée $S = \int_a^b f(x)\mathrm{d}x$ appelée Intégrale définie de f sur $[a,b]$.

© Dunod. Toute reproduction non autorisée est un délit.

A. Étude d'un exemple

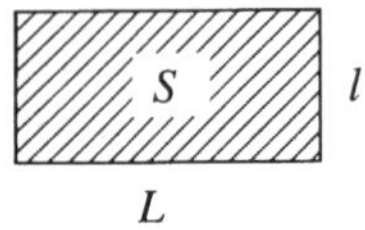

Sachant que la surface du rectangle est $S = l \times L$ (*cf.* le cours préparatoire), on définit un procédé où, « par passage à la limite » on calcule une surface dont un bord est le graphe d'une fonction f. Test dans le cas où la surface est celle d'un triangle rectangle.

Soit la fonction

$$\begin{aligned} f \ : \ [0,b] &\longrightarrow \mathbb{R} \\ t &\mapsto \alpha t = f(t), \quad \alpha \in \mathbb{R} \end{aligned}$$

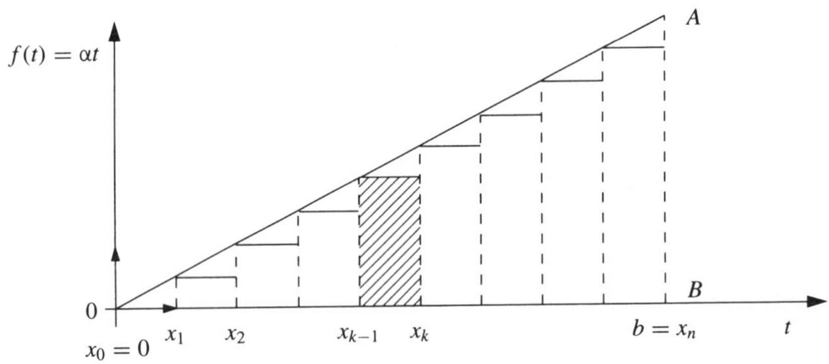

Figure 6.2

On appelle *subdivision* de l'intervalle $[a,b]$ la suite finie de points $x_0, x_1, \cdots, x_n$ telle que $a = x_0 < x_1 < x_2 < \cdots < x_{k-1} < x_k < \cdots < x_n = b$. Ces $n+1$ points définissent n intervalles $[x_{k-1}, x_k]$, $k = 1, \cdots n$. Dans notre cas $a = 0$ et tous les intervalles ont la même longueur $(x_k - x_{k-1}) = \dfrac{b-a}{n} = \dfrac{b}{n}$ d'où $x_k = k \cdot \dfrac{b}{n} \cdot$ Appelons d une telle subdivision et $s(d)$ la somme suivante :

$$s(d) = \sum_{k=1}^{n} (x_k - x_{k-1}) f(x_{k-1})$$

Il est clair que $s(d)$ représente la somme des surfaces des rectangles dessinés sous le graphe de f. Par ailleurs :

$$s(d) = \sum_{k=1}^{n} \frac{b}{n} \times \alpha \times \frac{b}{n} \times (k-1)$$

$$s(d) = \frac{\alpha b^2}{n^2} \sum_{k=1}^{n} (k-1)$$

$$= \frac{\alpha b^2}{n^2}(1 + 2 + \cdots + (n-1))$$

Enfin, sachant que $1+2+\cdots+(n-1) = \dfrac{(n-1)n}{2}$ (*cf.* exercice n° 1, chapitre 2)

$$s(d) = \frac{\alpha b^2}{2} \times \frac{(n-1)n}{n^2}$$

Quand $n \to +\infty$, la longueur des intervalles $[x_{k-1}, x_k]$ qui est $\dfrac{b}{n}$ tend vers 0, et $s(d) \to \dfrac{\alpha b^2}{2}$.

Or $\alpha \dfrac{b^2}{2}$ est justement la surface du triangle rectangle OAB, égale à la moitié de celle du rectangle de longueur $L = b$ et largeur $l = \alpha b$. On va généraliser cette méthode afin de calculer des surfaces dans le cas où f est continue sur $[a, b]$.

→ ***Commentaire***

On pourra lire « en diagonale » la partie B 1) ci-dessous et ne lui accorder qu'une valeur heuristique sachant que le but de cette partie du cours est d'apprendre à calculer des intégrales et connaître leurs propriétés.

B. Fonction Riemann-intégrable sur un intervalle [a,b]

1) Somme intégrale d'une fonction f définie sur [a,b]

Soit $d = \{x_0, x_1, \cdots, x_n$ tel que et $a = x_0 < x_1 < \cdots < x_n = b\}$ une subdivision quelconque de $[a, b]$ (*NB :* les intervalles $[x_i, x_{i+1}]$ ne sont pas d'égales longueurs, en général) et $T = (t_0, t_1, \cdots, t_{n-1})$ une famille de n points de $[a, b]$ telle que $t_i \in [x_i, x_{i+1}]$ pour $i = 0, \cdots, n-1$. La somme notée $S_d(T)$ telle que :

$$S_d(T) = f(t_0)(x_1 - x_0) + f(t_1)(x_2 - x_1) + \cdots$$
$$+ f(t_i)(x_{i+1} - x_i) + \cdots + f(t_{n-1})(x_n - x_{n-1})$$

$$S_d(T) = \sum_{i=0}^{n-1} f(t_i) \cdot (x_{x+1} - x_i)$$

© Dunod. Toute reproduction non autorisée est un délit.

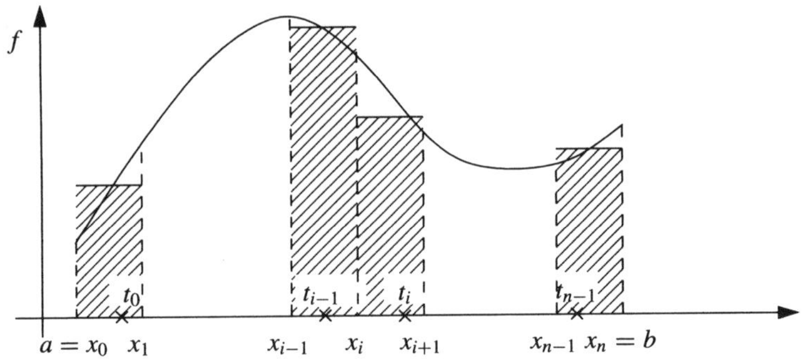

Figure 6.3

est appelée la *somme intégrale* de la fonction f associée à d et T. Il est clair que $S_d(T)$ représente la somme des surfaces des rectangles hachurés de la figure 6.3. Soit, maintenant, le « *pas* » de la *subdivision* d, noté $|d|$ et défini par : $|d| = \max_{i=0,\cdots,n-1} |x_{i+1} - x_i|$. Enfin, on dit que S est la limite des sommes intégrales $S_d(T)$ quand le pas $|d|$ tend vers 0 si : $\forall\varepsilon > 0$, $\exists\delta_\varepsilon > 0$ tel que $\forall d$ subdivision de $[a, b]$ et $\forall T = (t_0, t_1, \cdots, t_{n-1})$ tel que $t_i \in [x_i - x_{i+1}]$

Si : $|d| < \delta_\varepsilon$, alors $|S_d(T) - S| < \varepsilon$

Ce que l'on note : $S = \lim_{|d|\to 0} S_d(T)$

• Définition 2

Si cette limite S existe (*i.e.* $S \in \mathbb{R}$), on dit que f est *Riemann-intégrable* sur $[a, b]$ et on note $S = \int_a^b f(x)\mathrm{d}x$ appelée *intégrale définie* de f sur $[a, b]$.

a et b s'appellent les *bornes de l'intégrale* et x la *variable muette*.

→ *Commentaires*

• Le nombre réel représenté par l'écriture $\int_a^b f(x)\mathrm{d}x$ ne dépend pas de la variable muette choisie, c'est-à-dire :

$$\int_a^b f(x)\mathrm{d}x = \int_a^b f(t)\mathrm{d}t = \int_a^b f(u)\mathrm{d}u = \text{etc...}$$

• Si $f \geqslant 0$ sur $[a, b]$, $\int_a^b f(x)\mathrm{d}x$ représente l'aire comprise entre la courbe de f, l'axe des x et les droites d'équation $x = a$ et $x = b$. (Voir figure 6.3.)

• Si la courbe représentant f est en partie au-dessus et en partie en-dessous de l'axe des x, $\int_a^b f(x)dx$ est la somme algébrique des aires signées, aires positives au-dessus de l'axe et négatives en-dessous. (voir figure 6.4).

Dans ce cas si on veut calculer l'aire comprise entre la courbe, l'axe des x et les droites $x = a$ et $x = b$ il faut calculer séparément les aires positives et négatives puis additionner les valeurs absolues de ces aires signées.

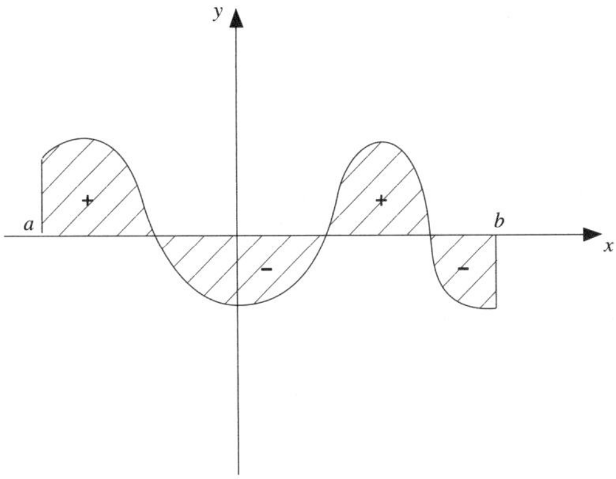

Figure 6.4

• On pose : $\int_a^a f(x)\mathrm{d}x = 0$ et $\int_b^a f(x)\mathrm{d}x = -\int_a^b f(x)\mathrm{d}x$

• Si dans $S_d(T)$, la somme intégrale de f, on remplace $f(t_i)$ par $M_i = \operatorname{Sup}_{x\in[x_i,x_{i+1}]} f(x)$, on obtient la somme $\bar{S}_d = \sum_{i=0}^{n-1} M_i(x_{i+1} - x_i)$, appelée *somme de Darboux supérieure* et si on remplace $f(t_i)$ par $m_i = \operatorname{Inf}_{x\in[x_i,x_{i+1}]} f(x)$, on obtient : $\underline{S}_d = \sum_{i=0}^{n-1} m_i(x_{i+1} - x_i)$ appelée *somme de Darboux inférieure.*

Dans l'exemple vu en A, c'est la limite d'une somme de Darboux inférieure quand $|d| = \dfrac{b}{n} \longrightarrow 0$ qui nous a permis de retrouver la surface du triangle rectangle.

Enfin, sachant que sur chaque intervalle $[x_i, x_{i+1}]$, $m_i \leqslant f(t_i) \leqslant M_i$, on a les inégalités :

$$\underline{S}_d \leqslant S_d(T) \leqslant \bar{S}_d$$

et ceci quelle que soit la famille $T = (t_0, t_1, \cdots, t_{n-1})$ choisie.

2) Principales propriétés de l'intégrale de Riemann

• Proposition 3

Parmi les fonctions Riemann-intégrables sur $[a, b]$, on trouve :

– les fonctions continues sur $[a, b]$;

– les fonctions continues par morceaux sur $[a, b]$, c'est-à-dire, bornées et continues sur $[a, b]$ sauf en un nombre fini de points de discontinuité de première espèce c'est-à-dire où la fonction fait un saut de hauteur finie.

Ce résultat est admis.

© Dunod. Toute reproduction non autorisée est un délit.

• Proposition 4 : propriétés de l'intégrale définie

f et g désignent deux fonctions Riemann-intégrables sur $[a, b]$.

1. *Linéarité :* a et b deux réels quelconques. Si α et β sont deux réels qui ne dépendent pas de la variable muette x, alors :

$$\int_a^b [\alpha f(x) + \beta g(x)]\mathrm{d}x = \alpha \int_a^b f(x)\mathrm{d}x + \beta \int_a^b g(x)\mathrm{d}x$$

2. *Relation de Chasles :* a, b, c trois réels quelconques

$$\int_a^b f(x)\mathrm{d}x = \int_a^c f(x)\mathrm{d}x + \int_c^b f(x)\mathrm{d}x$$

3. *a*) Si a < b et $\forall x \in [a, b]$, $f(x) \geqslant 0$ alors $\int_a^b f(x)\mathrm{d}x \geqslant 0$.
   b) Si $a < b$ et $\forall x \in [a, b]$, $f(x) \leqslant g(x)$ alors $\int_a^b f(x)\mathrm{d}x \leqslant \int_a^b g(x)\mathrm{d}x$

4. *Formule de la moyenne :* si $\forall x \in [a, b]$, $g(x) \geqslant 0$ alors il existe Γ tel que :

$$\int_a^b f(x)g(x)\mathrm{d}x = \Gamma \cdot \int_a^b g(x)\mathrm{d}x$$

avec $m \leqslant \Gamma \leqslant M$ où $m = \inf_{x\in[a,b]} f(x)$ et $M = \sup_{x\in[a,b]} f(x)$. En particulier pour $g(x) = 1$, $\forall x \in [a, b]$

$$\int_a^b f(x)\mathrm{d}x = \Gamma \cdot (b - a), \quad m \leqslant \Gamma \leqslant M$$

Enfin, si f est continue sur $[a, b]$, alors il existe $x_0 \in [a, b]$ tel que $f(x_0) = \Gamma$ d'où l'égalité :

$$\int_a^b f(x)\mathrm{d}x = f(x_0)(b - a), \quad x_0 \in [a, b]$$

Démonstration :
1 et 2 se démontrent sans difficulté grâce à la proposition 6 ci-après.
3. *a*) Admis.
3. *b*) se déduit de 1 et 3.a). sachant que $g(x) - f(x) \geqslant 0$, $\forall x \in [a, b]$.
4. $\forall x \in [a, b]$, $m \leqslant f(x) \leqslant M$ et $g(x) \geqslant 0$ d'où $mg(x) \leqslant f(x) \cdot g(x) \leqslant Mg(x)$ d'après 3 b) et la linéarité 1.

$$m \cdot \int_a^b g(x)\mathrm{d}x \leqslant \int_a^b f(x)g(x)\mathrm{d}x \leqslant M \cdot \int_a^b g(x)\mathrm{d}x \qquad (6.1)$$

Si $\int_a^b g(x)\mathrm{d}x > 0$ alors $m \leqslant \dfrac{\int_a^b f(x)g(x)\mathrm{d}x}{\int_a^b g(x)\mathrm{d}x} \leqslant M$ et $\dfrac{\int_a^b f(x)g(x)\mathrm{d}x}{\int_a^b g(x)\mathrm{d}x} = \Gamma$ est le nombre cherché.

Si $\int_a^b g(x)\mathrm{d}x = 0$ alors $\int_a^b f(x)g(x)\mathrm{d}x = 0$ d'après (6.1), d'où là encore la *formule de la moyenne.*

Si $g(x) = 1$, $\forall x \in [a, b]$ l'interprétation géométrique de la formule de la moyenne (figure 6.5) est la suivante : il existe Γ tel que

$$\begin{aligned}\int_a^b f(x)\mathrm{d}x &= \Gamma \cdot (b-a)\\ &= \text{Surface du rectangle de base } (b-a)\\ &\quad \text{et de hauteur } \Gamma \text{ (rectangle ABCD de la figure)}\end{aligned}$$

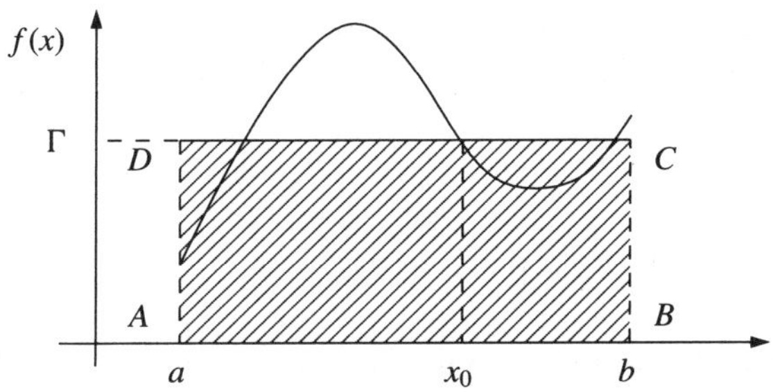

Figure 6.5

Si f continue sur $[a, b]$, alors, (théorème 3 du chapitre 4) $f([a, b]) = [m, M]$ et $\forall \Gamma \in [m, M]$, $\exists x_0 \in [a, b]$ tel que $f(x_0) = \Gamma$.

• **Corollaire :** si $a \leqslant b$, alors

$$\left|\int_a^b f(x)\mathrm{d}x\right| \leqslant \int_a^b |f(x)|\mathrm{d}x$$

Démonstration : il suffit d'appliquer 3.b) de la proposition 4 aux inégalités :

$$\forall x \in [a, b], \quad -|f(x)| \leqslant f(x) \leqslant |f(x)|$$

© Dunod. Toute reproduction non autorisée est un délit.

3) Relation entre l'intégrale définie $\int_a^b f(t)\mathrm{d}t$ et F une primitive de f sur $[a,b]$

Soit f continue sur $[a, b]$, alors $\forall x \in [a, b]$, f est continue donc intégrable sur $[a, x]$ d'où la fonction F :

$$\begin{aligned} F \ : \ [a,b] &\longrightarrow \mathbb{R} \\ x &\longmapsto F(x) = \int_a^x f(t)\mathrm{d}t \end{aligned}$$

où la borne x est la variable de F et t la *variable muette* dans l'intégrale définie.

• Proposition 5

Soit f continue sur $[a, b]$, alors la fonction $x \mapsto F(x) = \int_a^x f(t)\mathrm{d}t$ est continue dérivable sur $[a, b]$ et $F' = f$. F est donc une primitive de f sur $[a, b]$.

Démonstration : f continue sur $[a, b]$, intervalle fermé borné, donc f est bornée sur $[a, b]$, *i.e.* $\exists M \in \mathbb{R}$ tel que $\forall x \in [a, b]$, $|f(x)| \leqslant M$

Soit x et h tel que $x \in [a, b]$ et $x + h \in [a, b]$, alors

$$0 \leqslant |F(x+h) - F(x)| = \left| \int_x^{x+h} f(t)\mathrm{d}t \right| \leqslant \left| \int_x^{x+h} |f(t)|\mathrm{d}t \right|$$

(d'après le corollaire de la proposition 4).

$$0 \leqslant |F(x+h) - F(x)| \leqslant \left| \int_x^{x+h} |f(t)|\mathrm{d}t \right| \leqslant M \cdot |h|$$

Conclusion

$$0 \leqslant |F(x+h) - F(x)| \leqslant M \cdot |h| \underset{h \to 0}{\longrightarrow} 0$$

d'où $\lim_{h \to 0} F(x + h) = F(x)$ *i.e.* F continue au point x.

Montrons que $F'(x) = f(x)$

f continue au point x, donc :

$$\forall \varepsilon > 0,\ \exists \eta_\varepsilon > 0 \text{ tel que } |t - x| < \eta_\varepsilon \Rightarrow |f(t) - f(x)| < \varepsilon$$

Soit donc : $\varepsilon > 0$ et h tel que $|h| < \eta_\varepsilon$

$$\frac{F(x+h) - F(x)}{h} - f(x) = \frac{1}{h}\left[\int_x^{x+h} f(t)\mathrm{d}t - h \cdot f(x)\right]$$

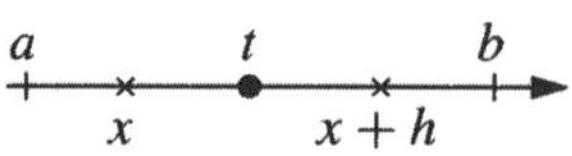

$$= \frac{1}{h}\left[\int_x^{x+h} [f(t) - f(x)]\mathrm{d}t\right]$$

$$\left|\frac{F(x+h) - F(x)}{h} - f(x)\right| \leqslant \frac{1}{|h|} \cdot \left|\int_x^{x+h} |f(t) - f(x)|\mathrm{d}t\right|$$

or : $t \in [x, x+h]$,

d'où : $|h| < \eta_\varepsilon \Rightarrow |t - x| < \eta_\varepsilon \Rightarrow |f(t) - f(x)| < \varepsilon$

d'où : $\left|\int_x^{x+h} |f(t) - f(x)|\mathrm{d}t\right| \leqslant \left|\int_x^{x+h} \varepsilon\mathrm{d}t\right| = |h|\varepsilon$

et finalement : $\left|\dfrac{F(x+h) - F(x)}{h} - f(x)\right| \leqslant \varepsilon$ si $|h| < \eta_\varepsilon$

c'est-à-dire : $\underbrace{\lim_{h\to 0} \dfrac{F(x+h) - F(x)}{h}}_{F'(x)} = f(x)$

• **Corollaire :** toute fonction continue sur un intervalle admet une primitive sur cet intervalle.

Démonstration : résulte directement de la proposition 5, en effet : soit f continue sur l'intervalle I et $a \in I$. La fonction $x \mapsto F(x) = \int_a^x f(t)\mathrm{d}t$ est une primitive de f.

Conséquence : on peut définir ainsi la fonction logarithme népérien, déjà rencontrée dans ce livre.

• **Définition 3 : fonction logarithme népérien**

La fonction

$$\begin{array}{rcl} f & : &]0, +\infty[\longrightarrow \mathbb{R} \\ & & x \mapsto \dfrac{1}{x} \end{array}$$

est continue sur $]0, +\infty[$, on définit la fonction ln, appelée *logarithme népérien* telle que :

$$\begin{array}{rcl} \ln & : &]0, +\infty[\longrightarrow \mathbb{R} \\ & & x \mapsto \ln x = \displaystyle\int_1^x \frac{\mathrm{d}t}{t} \end{array}$$

D'après la proposition 5 : $(\ln x)' = \dfrac{1}{x}$; $\ln 1 = 0$; ainsi, la fonction ln est LA primitive de $x \mapsto \dfrac{1}{x}$ sur $]0, +\infty[$ qui s'annule pour la valeur 1 de sa variable.

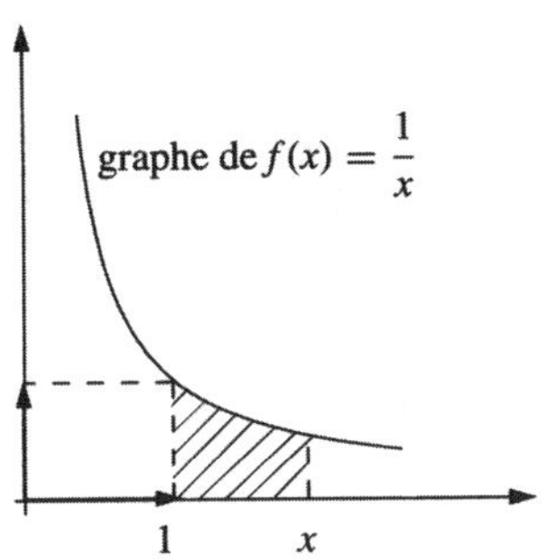

Figure 6.6 – Interprétation géométrique. L'aire de la surface hachurée est : $\displaystyle\int_1^x \frac{dt}{t} = \ln x$.

© Dunod. Toute reproduction non autorisée est un délit.

• Proposition 6

Si F est une primitive de f sur $[a, b]$, alors :

$$\int_a^b f(t)\mathrm{d}t = F(b) - F(a)$$

Démonstration : sous l'hypothèse f continue sur $[a, b]$, la fonction

$$\begin{array}{rcl} F : [a,b] & \longrightarrow & \mathbb{R} \\ x & \mapsto & F(x) = \int_a^x f(t)\mathrm{d}t \end{array}$$

est, d'après la proposition 5, une primitive de f sur $[a, b]$ telle que :

$$F(b) = \int_a^b f(t)\mathrm{d}t \quad \text{et} \quad F(a) = \int_a^a f(t)\mathrm{d}t$$

Conclusion : $\int_a^b f(t)\mathrm{d}t = F(b) - F(a)$. Enfin, d'après la proposition 1, si G est une autre primitive de f sur $[a, b]$, $G(x) = F(x) +$ constante d'où :

$$\int_a^b f(t)\mathrm{d}t = F(b) - F(a) = G(b) - G(a)$$

Point méthode

Pour calculer $\int_a^b f(t)\mathrm{d}t$, on détermine F, une primitive quelconque de f sur $[a, b]$ et on applique la formule de la proposition 6 :

$$\int_a^b f(t)\mathrm{d}t = F(b) - F(a)$$

Notation usuelle : $\int_a^b f(t)\mathrm{d}t = [F(t)]_a^b = F(b) - F(a)$

4) Applications

a) On prend l'exemple vu section II § A, où l'on a savamment calculé la surface d'un triangle rectangle dont les côtés à angle droit ont pour longueur b et αb.

$$\int_0^b \alpha t\mathrm{d}t = \left[\frac{\alpha t^2}{2}\right]_0^b = \frac{\alpha b^2}{2}$$

qui est bien le résultat trouvé avec les sommes de Darboux.

b) $\int_0^1 e^t dt = [e^t]_0^1 = e - 1$.

5) Mesure des surplus

Généralement, la demande est une fonction décroissante du prix et l'offre une fonction croissante du prix, ce qui donne des courbes à l'allure représentée dans la figure 6.7.

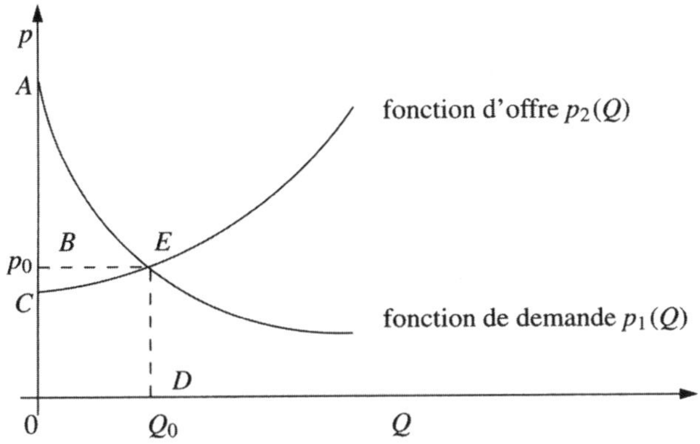

Figure 6.7

Dans l'hypothèse d'un marché à concurrence parfaite, le prix p_0 qui se forme sur le marché selon la « loi de l'offre et de la demande » correspond à l'égalité de l'offre et de la demande, c'est-à-dire au point d'intersection des deux courbes.

Mais il apparaît sur le graphique que des consommateurs étaient prêts à payer plus cher que le prix du marché. Le total de leur « bénéfice » eût été drainé par un habile monopole susceptible de pratiquer en face d'eux une discrimination parfaite. Ce total économisé est représenté sur le graphique par l'aire ABE soit :

$$\int_0^{Q_0} p_1(Q)\mathrm{d}Q - p_0Q_0 \quad (\text{aire } AODE - \text{ aire } ODEB)$$

Il s'appelle le *surplus des consommateurs.*

Dans le même temps, des producteurs se trouvaient disposés à céder leurs produits à un prix inférieur à p_0. L'existence d'un prix unique de marché leur assure un gain dont le total est mesuré par l'aire BEC, soit :

$$p_0Q_0 - \int_0^{Q_0} p_2(Q)\mathrm{d}Q \quad (\text{aire } ODEB - \text{ aire } ODEC)$$

Il s'appelle *le surplus des producteurs.*

© Dunod. Toute reproduction non autorisée est un délit.

C. Méthodes de calculs

1) Utilisation de la linéarité de l'intégrale

Pour calculer une primitive de $\alpha f + \beta g$, si on peut calculer F et G respectivement primitives de f et g, alors $\alpha F + \beta G$ une primitive de $\alpha f + \beta g$.

Exemple

Soit $f :]-1,+1[\longrightarrow \mathbb{R}$ *telle que* $f(x) = \dfrac{1}{1-x^2}$

Si on remarque : $f(x) = \dfrac{1}{2} \cdot \dfrac{1}{1+x} + \dfrac{1}{2} \cdot \dfrac{1}{1-x}$ *(cela s'appelle décomposer la fonction rationnelle* $\dfrac{1}{1-x^2}$ *en éléments simples et une méthode générale de décomposition existe), alors :*

$$\int_{-\frac{1}{3}}^{+\frac{1}{3}} f(x)\mathrm{d}x = \left[\frac{1}{2}\ln(x+1) - \frac{1}{2}\ln(1-x)\right]_{-\frac{1}{3}}^{+\frac{1}{3}} = \frac{1}{2}\left[\ln\frac{1+x}{1-x}\right]_{-\frac{1}{3}}^{+\frac{1}{3}}$$

d'où, $\displaystyle\int_{-\frac{1}{3}}^{+\frac{1}{3}} \frac{dx}{1-x^2} = \ln 2.$

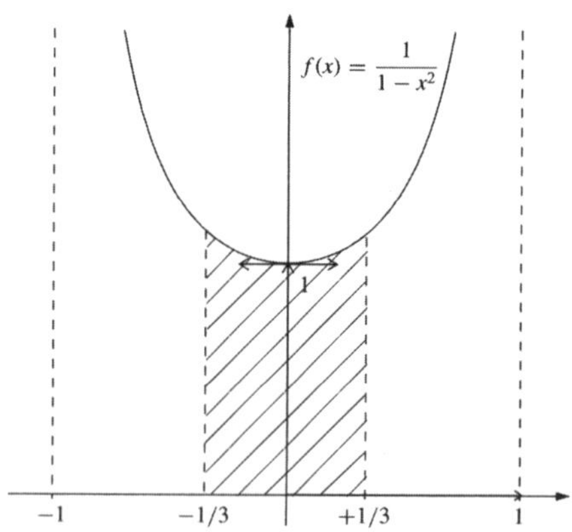

Figure 6.8 – Interprétation géométrique : la surface hachurée est égale à $\ln 2 \simeq 0{,}693$.

▶ **Exemple**

Soit $f : \mathbb{R} \longrightarrow]-1,+1[$ *telle que* $f(x) = \cos^2 x$

Si on remarque : $f(x) = \frac{1}{2}(1 + \cos 2x)$ *alors :*

$$\int_0^{\pi} \cos^2 x\mathrm{d}x = \frac{1}{2}\left(\int_0^{\pi} 1\mathrm{d}x + \int_0^{\pi} \cos 2x\mathrm{d}x\right) = \frac{1}{2}[x]_0^{\pi} + \frac{1}{2}\left[\frac{\sin 2x}{2}\right]_0^{\pi} = \frac{\pi}{2}$$

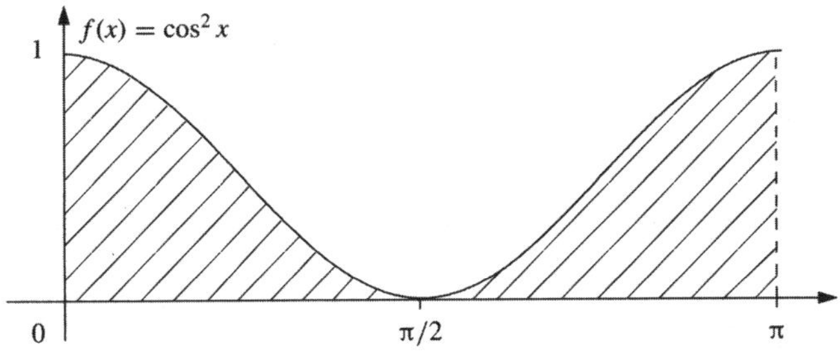

Figure 6.9 – Interprétation géométrique : la surface hachurée est égale à $\frac{\pi}{2}$.

2) Méthode du changement de variable

À l'origine de cette méthode, la formule de dérivation des fonctions composées : soit I et J deux intervalles de $\mathbb{R}$, et F, f, u trois fonctions telles que $J \xrightarrow{u} I \xrightarrow{F} \mathbb{R}$ avec F primitive de f sur I, f continue sur I, u dérivable sur J, alors :

$$\begin{aligned} \forall t \in J, \quad (F \circ u)'(t) &= (F' \circ u)(t) \times u'(t) \\ &= (f \circ u)(t) \times u'(t) \end{aligned}$$

Ainsi, $F \circ u$ est une primitive de $(f \circ u) \times u'$ sur J si F est une primitive de f sur I. D'après la proposition 6 on a les égalités : $\alpha \in J, \beta \in J$

$$\begin{aligned} \int_{\alpha}^{\beta} (f \circ u)(t) \times u'(t)\mathrm{d}t &= F \circ u(\beta) - F \circ u(\alpha) \\ &= F(b) - F(a) \\ &= \int_a^b f(x)\mathrm{d}x, \quad \text{où} \quad u(\beta) = b \quad \text{et} \quad u(\alpha) = a \end{aligned}$$

On dit que l'on a fait le *changement de variable* $x = u(t)$ dans l'intégrale :

$$\int_a^b f(x)\mathrm{d}x \tag{6.2}$$

© Dunod. Toute reproduction non autorisée est un délit.

dont le calcul ramène à celui de l'intégrale :

$$\int_{\alpha}^{\beta} (f \circ u)(t) \times u'(t)\mathrm{d}t \tag{6.3}$$

Point méthode

Tout l'art du changement de variable consiste à trouver la bonne fonction u qui en rendant calculable l'intégrale (6.3) permet de calculer l'intégrale (6.2). Dans le changement de variable $x = u(t)$, on retiendra que l'application $u : J \longrightarrow I$ doit être bijective (d'où l'écriture équivalente $t = u^{-1}(x)$) et dans l'intégrale, on utilisera de manière formelle la notation $dx = u'(t)\mathrm{d}t$ si $x = u(t)$.

▶ **Exemples**

- $I = \displaystyle\int_1^{\mathrm{e}} \frac{\ln x}{x}\mathrm{d}x$. *Changement de variable* $x = u(t) = \mathrm{e}^t$ *ou de manière équivalente* $t = \ln x$. *On écrit :* $\mathrm{d}x = \mathrm{e}^t\mathrm{d}t$ *et l'intégrale* I *devient :*

$$I = \int_{\ln 1}^{\ln \mathrm{e}} \frac{t}{\mathrm{e}^t} \times \mathrm{e}^t\mathrm{d}t = \int_0^1 t\mathrm{d}t = \frac{1}{2}[t^2]_0^1 = \frac{1}{2}$$

- $I = \displaystyle\int_0^1 \frac{x\mathrm{d}x}{\sqrt{1+x^2}}$. *Changement de variable* $t = u^{-1}(x) = 1 + x^2$, *d'où* $\mathrm{d}t = 2x\mathrm{d}x$ *et :*

$$I = \int_{u^{-1}(0)}^{u^{-1}(1)} \frac{1\mathrm{d}t}{2\sqrt{t}} = \int_1^2 \frac{\mathrm{d}t}{2\sqrt{t}} = [\sqrt{t}]_1^2 = \sqrt{2} - 1$$

- $I = \displaystyle\int_1^2 \frac{\mathrm{d}x}{\mathrm{e}^x - \mathrm{e}^{-x}}$. *Changement de variable* $x = u(t) = \ln t$ *ou, de manière équivalente,* $t = \mathrm{e}^x$. *On écrit* $dx = \dfrac{\mathrm{d}t}{t}$ *et l'intégrale* I *devient :*

$$I = \int_{\mathrm{e}}^{\mathrm{e}^2} \frac{\mathrm{d}t}{t\left(t - \dfrac{1}{t}\right)} = \int_{\mathrm{e}}^{\mathrm{e}^2} \frac{\mathrm{d}t}{t^2 - 1}$$

et en reprenant les calculs du point C 1), on obtient :

$$I = -\frac{1}{2}\left[\ln \frac{1+t}{1-t}\right]_{\mathrm{e}}^{\mathrm{e}^2} = \frac{1}{2}\ln \frac{(1+\mathrm{e})^2}{1+\mathrm{e}^2}$$

3) Méthode de l'intégration par parties

À l'origine de cette méthode, la formule de dérivation d'un produit $f \times g$ de fonctions définies dans l'intervalle I :

$$\forall x \in I, \quad (f(x)g(x))' = f'(x)g(x) + f(x)g'(x)$$

Soit $a \in I, b \in I$, d'après la proposition 6 :

$$\begin{aligned}\int_a^b [f(x)g(x)]' \mathrm{d}x &= [f(x)g(x)]_a^b \\ &= \int_a^b f'(x)g(x)\mathrm{d}x + \int_a^b f(x)g'(x)\mathrm{d}x\end{aligned}$$

d'où la formule suivante dite *formule d'intégration par parties :*

$$\underbrace{\int_a^b f(x)g'(x)\mathrm{d}x}_{(1)} = [f(x)g(x)]_a^b - \underbrace{\int_a^b f'(x)g(x)\mathrm{d}x}_{(2)}$$

Cette formule permet de calculer l'intégrale (1) si on sait calculer l'intégrale (2) et si on connaît *une* primitive de la fonction notée $g'(x)$.

▶ **Exemple**
$I = \int_1^{\mathrm{e}} \ln x \mathrm{d}x$

$$\begin{cases} f(x) = \ln x, \ f'(x) = \dfrac{1}{x} \\ g'(x) = 1, \quad g(x) = x \end{cases} \text{ (on retiendra cette disposition des calculs)}$$

D'après la formule d'intégration par parties :

$$I = [x \ln x]_1^{\mathrm{e}} - \int_1^{\mathrm{e}} \mathrm{d}x = \mathrm{e} - \mathrm{e} + 1 = 1$$

▶ **Exemples**
- $a \in \mathbb{R}, I(a) = \int_0^a x\mathrm{e}^x \mathrm{d}x$

$$\begin{cases} f(x) = x, \quad f'(x) = 1 \\ g'(x) = \mathrm{e}^x, \ g(x) = \mathrm{e}^x \end{cases}$$

$$I(a) = [x\mathrm{e}^x]_0^a - \int_0^a \mathrm{e}^x \mathrm{d}x = \mathrm{e}^a(a-1) + 1$$

© Dunod. Toute reproduction non autorisée est un délit.

• *Soit maintenant :* $a \in \mathbb{R}, J(a) = \int_0^a x^2 e^x dx$

$$\begin{cases} f(x) = x^2, \ f'(x) = 2x \\ g'(x) = e^x, \ g(x) = e^x \end{cases}$$

$$J(a) = [x^2 e^x]_0^a - 2\int_0^a x e^x dx = a^2 e^a - 2I(a)$$

$$J(a) = e^a(a^2 - 2a + 2) - 2$$

→ ***Commentaire***

De la même manière, on pourrait calculer $K(a) = \int_0^a x^3 e^x dx$ en utilisant le calcul de $J(a)$.

III. Intégrale généralisée

On parle d'intégrale généralisée (on dit aussi intégrale impropre) lorsque l'intervalle d'intégration est de longueur infinie, par exemple : $\int_0^{+\infty} e^{-t^2} dt$, ou lorsque la fonction devient infinie sur l'intervalle d'intégration, par exemple : $\int_0^1 \frac{1}{\sqrt{t}} dt$, $\frac{1}{\sqrt{t}} \to +\infty$ quand $t \to 0^+$.

A. Cas où l'une des bornes de l'intervalle d'intégration est infinie

1) Définitions

Soit f continue sur $[a, +\infty[$ et $I_f(x) = \int_a^x f(t)dt$, on pose par définition :

$$\int_a^{+\infty} f(t)dt = \lim_{x \to +\infty} I_f(x) = \lim_{x \to +\infty} \int_a^x f(t)dt \quad \text{(figure 6.10)}$$

Si la limite existe, on dira que l'intégrale de f existe en $+\infty$ (ou encore est convergente en $+\infty$), dans le cas contraire on dira qu'elle n'existe pas en $+\infty$ (ou encore qu'elle est divergente en $+\infty$).

De même si f est continue sur $]-\infty, b[$, on posera :

$$\int_{-\infty}^b f(t)dt = \lim_{x \to -\infty} \int_x^b f(t)dt$$

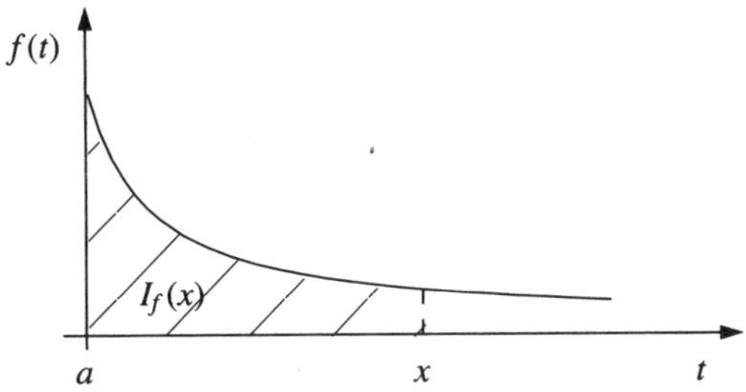

Figure 6.10

Enfin si f est continue sur $\mathbb{R}$ et $a \in \mathbb{R}$, on posera :

$$\int_{-\infty}^{+\infty} f(t)\mathrm{d}t = \int_{-\infty}^{a} f(t)\mathrm{d}t + \int_{a}^{+\infty} f(t)\mathrm{d}t$$

les deux intégrales de f respectivement en $+\infty$ et $-\infty$ devant exister *séparément.*

▶ Exemples

- $$\int_0^{+\infty} \mathrm{e}^{-t}\mathrm{d}t = \lim_{x\to+\infty} \int_0^{x} \mathrm{e}^{-t}\mathrm{d}t = \lim_{x\to+\infty} [-\mathrm{e}^{-t}]_0^x = \lim_{x\to+\infty} (1 - \mathrm{e}^{-x}) = 1$$

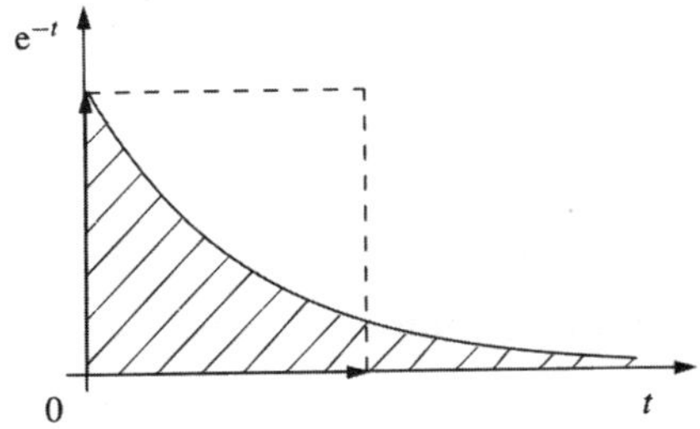

Figure 6.11

- $\int_0^{+\infty} t\mathrm{d}t = \lim_{x\to+\infty} \int_0^x t\mathrm{d}t = \lim_{x\to+\infty} \frac{x^2}{2} = +\infty$
  Donc l'intégrale est divergente en $+\infty$*. De même, l'intégrale en* $-\infty$*,* $\int_{-\infty}^{0} t\mathrm{d}t = \lim_{x\to-\infty} -\frac{x^2}{2} = -\infty$ *est divergente. On en conclut que* $\int_{-\infty}^{+\infty} t\mathrm{d}t$ *n'existe pas (les deux intégrales* $\int_0^{+\infty} t\mathrm{d}t$ *et* $\int_{-\infty}^{0} t\mathrm{d}t$ *n'existant pas* séparément). *On remarquera sur cet exemple que l'existence de la limite suivante :* $\lim_{x\to+\infty} \int_{-x}^{+x} t\mathrm{d}t = \lim_{x\to+\infty} 0 = 0$ *ne suffit pas pour conclure à l'existence de* $\int_{-\infty}^{+\infty} t\mathrm{d}t$.

2) Propriétés, critères d'existence

Considérons l'intégrale généralisée $\int_a^{+\infty} f(t)\mathrm{d}t$. Soit on connaît une primitive de f et l'existence de cette intégrale est ramenée à un calcul explicite et banal

© Dunod. Toute reproduction non autorisée est un délit.

de limite, soit on ne connaît pas de primitive de f et la question se pose de trouver des conditions suffisantes assurant l'existence de l'intégrale généralisée. D'où, les critères suivants :

• Proposition 7

Soit f continue sur $[a, +\infty[$ et b tel que $a \leqslant b$. Les intégrales $\int_a^{+\infty} f(t)\mathrm{d}t$ et $\int_b^{+\infty} f(t)\mathrm{d}t$ sont de même nature et $\int_a^{+\infty} f(t)\mathrm{d}t = \int_a^b f(t)\mathrm{d}t + \int_b^{+\infty} f(t)\mathrm{d}t$

Démonstration : soit $a \leqslant b < x$:

$$\int_a^x f(t)\mathrm{d}t = \int_a^b f(t)\mathrm{d}t + \int_b^x f(t)\mathrm{d}t$$

d'où par passage à la limite quand $x \to +\infty$, le résultat souhaité.

Interprétation : l'intégrale de f en $+\infty$ dépend seulement du comportement de f au voisinage de $+\infty$.

• Proposition 8 : critères d'existence et de non-existence

a) Si $0 \leqslant f \leqslant g$, l'existence de $\int_a^{+\infty} g(t)\mathrm{d}t$ entraîne l'existence de $\int_a^{+\infty} f(t)\mathrm{d}t$; la non-existence de $\int_a^{+\infty} f(t)\mathrm{d}t$ entraîne la non-existence de $\int_a^{+\infty} g(t)\mathrm{d}t$.

b) Si g et f sont deux fonctions équivalentes quand $x \to +\infty$ (on dit aussi au voisinage de $+\infty$), alors $\int_a^{+\infty} f(t)\mathrm{d}t$ et $\int_a^{+\infty} g(t)\mathrm{d}t$ sont de même nature.

Démonstration :

a) Soit $a \leqslant x$, $I_f(x) = \int_a^x f(t)\mathrm{d}t$ et $I_g(x) = \int_a^x g(t)\mathrm{d}t$

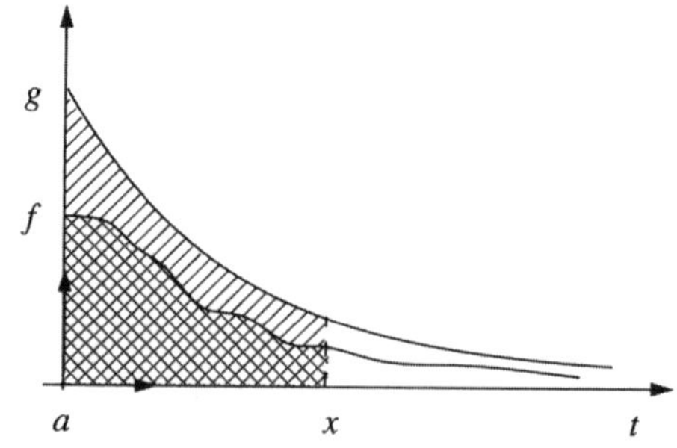

Figure 6.12

Il est clair que : $0 \leqslant I_f(x) \leqslant I_g(x)$; $x \mapsto I_f(x)$ est une fonction croissante de x ; enfin, si $B = \int_a^{+\infty} g(t)\mathrm{d}t$ existe, alors $I_f(x) \leqslant B$, $\forall x \in [a, +\infty[$ car $B = \lim_{x\to+\infty} I_g(x) = \sup_{x\in[a,+\infty[} I_g(x)$. On a vu (proposition 4 du chapitre 4), $x \mapsto \int_a^x f(t)\mathrm{d}t = I_f(x)$ fonction croissante sur $[a,+\infty[$, et majorée par B, admet une borne supérieure $A = \sup_{x\in[a,+\infty[} I_f(x)$ qui est justement égale à $\lim_{x\to+\infty} I_f(x) = \int_a^{+\infty} f(t)\mathrm{d}t$.

Conclusion :

$$B = \int_a^{+\infty} g(t)\mathrm{d}t \quad \text{existe} \Rightarrow A = \int_a^{+\infty} f(t)\mathrm{d}t \quad \text{existe}$$

Enfin, par contraposition de l'implication :

$$\text{Non-existence de A} \Rightarrow \text{Non-existence de B}$$

b) Soit $f \sim_{+\infty} g$, c'est-à-dire $\lim_{t\to+\infty} \dfrac{f(t)}{g(t)} = 1$. Donc il existe b tel que $b > a$ et $\forall t \geqslant b, \dfrac{f(t)}{g(t)} \in \left]1 - \frac{1}{2}, 1 + \frac{1}{2}\right[$. Il est clair que $f(t)$ et $g(t)$ sont de même signe, on prend le signe positif ce qui ne restreint pas la généralité de la démonstration. Il en résulte :

$$\forall t \geqslant b, \quad \frac{1}{2}g(t) \leqslant f(t) \leqslant \frac{3}{2}g(t)$$

D'après le résultat a) précédent :

– si $\int_b^{+\infty} f(t)\mathrm{d}t$ existe, alors $\dfrac{1}{2}\int_b^{+\infty} g(t)\mathrm{d}t$ existe (on utilise la première inégalité)

– si $\int_b^{+\infty} g(t)\mathrm{d}t$ existe, alors $\dfrac{3}{2}\int_b^{+\infty} f(t)\mathrm{d}t$ existe (on utilise la deuxième inégalité) et – *via* la proposition 7 – on déduit sans difficulté le résultat cherché de b).

© Dunod. Toute reproduction non autorisée est un délit.

• Proposition 9 : l'intégrale généralisée

$\displaystyle\int_1^{+\infty} \frac{\mathrm{d}t}{t^\alpha}$ existe si et seulement si $\alpha > 1$

Démonstration : une primitive de $\dfrac{1}{t^\alpha}$ est

$$\begin{cases} \ln t & \text{si } \alpha = 1 \\ \dfrac{1}{1-\alpha} \times \dfrac{1}{t^{\alpha-1}} & \text{si } \alpha \neq 1 \end{cases}$$

d'où,

$$\int_1^x \frac{\mathrm{d}t}{t^\alpha} = \begin{cases} \ln x \xrightarrow[x\to+\infty]{} +\infty & \text{si } \alpha = 1 \\ \dfrac{1}{1-\alpha}\left[\dfrac{1}{x^{\alpha-1}} - 1\right] \xrightarrow[x\to+\infty]{} \begin{cases} +\infty & \text{si } \alpha < 1 \\ \dfrac{1}{\alpha-1} = \displaystyle\int_1^{+\infty} \frac{\mathrm{d}t}{t^\alpha}, & \text{si } \alpha > 1 \end{cases} \end{cases}$$

→ ***Commentaire***

Les fonctions $t \mapsto \dfrac{1}{t^\alpha}$ vont être de commodes fonctions test pour appliquer la proposition 8.

3) Application des critères d'existence

a) Existence de $I = \int_{-\infty}^{+\infty} \mathrm{e}^{-t^2}\mathrm{d}t$

$\int \mathrm{e}^{-t^2}\mathrm{d}t$ ne peut s'exprimer à l'aide des fonctions élémentaires, un calcul direct de I par le biais des limites est donc impossible. D'où, ici l'utilité des *critères* permettant de savoir, sans la calculer, si l'intégrale généralisée existe ou non. Étudions d'abord l'existence de $\int_0^{+\infty} \mathrm{e}^{-t^2}\mathrm{d}t$. On sait que $t^2 \times \mathrm{e}^{-t^2} \xrightarrow[t\to+\infty]{} 0$, donc est aussi voisin de 0 que l'on veut pour t assez grand, c'est-à-dire il existe $a > 0$ tel que $\forall t > a$, $0 < t^2\mathrm{e}^{-t^2} \leqslant 1$, le choix du nombre 1 étant bien sûr arbitraire. On a donc :

$$\forall t > a,\ \ 0 < \mathrm{e}^{-t^2} \leqslant \frac{1}{t^2}$$

D'après la proposition 9 et la proposition 7, $\displaystyle\int_a^{+\infty} \frac{\mathrm{d}t}{t^2}$ existe donc, d'après la proposition 8, $\int_a^{+\infty} \mathrm{e}^{-t^2}\mathrm{d}t$ existe et enfin, d'après la proposition 7, $\int_0^{+\infty} \mathrm{e}^{-t^2}\mathrm{d}t$ existe. Si, on remarque : $\int_0^x \mathrm{e}^{-t^2}\mathrm{d}t = \int_{-x}^0 \mathrm{e}^{-t^2}\mathrm{d}t$ on obtient :

$$\int_{-\infty}^0 \mathrm{e}^{-t^2}\mathrm{d}t = \lim_{x\to+\infty} \int_{-x}^0 \mathrm{e}^{-t^2}\mathrm{d}t = \lim_{x\to+\infty} \int_0^x \mathrm{e}^{-t^2}\mathrm{d}t = \int_0^{+\infty} \mathrm{e}^{-t^2}\mathrm{d}t$$

Conclusion : $\int_{-\infty}^{+\infty} \mathrm{e}^{-t^2}\mathrm{d}t$ existe et on a même l'égalité :

$$I = \int_{-\infty}^{+\infty} \mathrm{e}^{-t^2}\mathrm{d}t = 2\int_0^{+\infty} \mathrm{e}^{-t^2}\mathrm{d}t$$

Enfin on montre que $I = \sqrt{\pi}$, résultat qui sera utilisé en probabilités.

b) Existence de $J = \int_0^{+\infty} \frac{t}{(1+t^2)^3} dt$

$\frac{t}{(1+t^2)^3} \sim_{+\infty} \frac{1}{t^5}$ donc d'après les propositions 8 et 9, l'intégrale généralisée J existe.

→ *Commentaires*

Dans cet exemple un calcul direct de J est possible puisqu'on sait exprimer $\int_0^x \frac{t}{(1+t^2)^3} dt = I(x)$. Soit :

$$\begin{aligned}
u &= 1+t^2,\ 0 \leqslant t \leqslant x \\
du &= 2t dt \\
I(x) &= \int_0^x \frac{t}{(1+t^2)^3} dt = \int_1^{1+x^2} \frac{1}{2} \frac{du}{u^3} \\
I(x) &= \frac{1}{2}\left[-\frac{1}{2}u^{-2}\right]_1^{1+x^2} = -\frac{1}{4}\left[\frac{1}{(1+x^2)^2} - 1\right]
\end{aligned}$$

$$I(x) \xrightarrow[x\to+\infty]{} \frac{1}{4} = \int_0^{+\infty} \frac{t}{(1+t^2)^3} dt$$

B. Cas où la fonction devient infinie sur l'intervalle d'intégration

1) Définitions

Soit f continue sur $[a, b[$, et $\lim_{x\to b^-} f(x) = +\infty (\text{ou } -\infty)$.
On considère $I_f(x) = \int_a^x f(t) dt$. Par définition, on pose :

$$\int_a^b f(t) dt = \lim_{x\to b^-} I_f(x) = \lim_{x\to b^-} \int_a^x f(t) dt$$

Si la limite existe on dira que f est intégrable en b. De même, si f est continue sur $]a, b]$, et $\lim_{x\to a^+} f(t) = +\infty (\text{ou } -\infty)$ on posera :

$$\int_a^b f(t) dt = \lim_{x\to a^+} \int_x^b f(t) dt$$

et on dira f intégrable en a si la limite existe. Enfin, si f est continue sur $]a, b[$, mais ni continue en a ni en b, on étudiera *séparément* l'intégrabilité de f en a et en b.

© Dunod. Toute reproduction non autorisée est un délit.

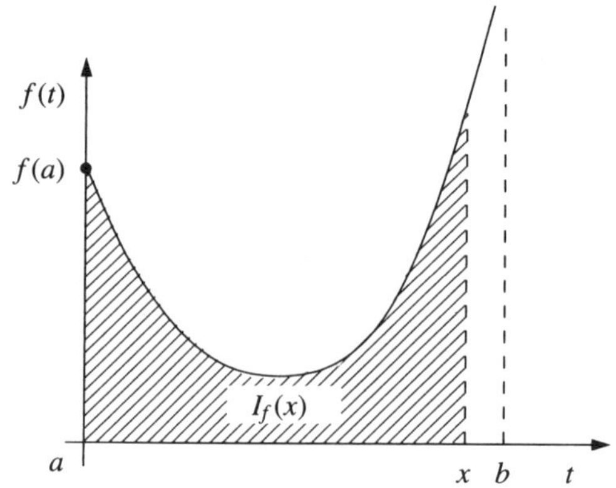

Figure 6.13

▶ Exemples

- $t \mapsto \dfrac{1}{\sqrt{t}}$ *est continue sur* $]0, 1]$ *mais pas en 0, où* $\lim_{t \to 0^+} \dfrac{1}{\sqrt{t}} = +\infty$

$$\int_0^1 \frac{\mathrm{d}t}{\sqrt{t}} = \lim_{x \to 0^+} \int_x^1 \frac{\mathrm{d}t}{\sqrt{t}} = \lim_{x \to 0^+} 2(1 - \sqrt{x}) = 2$$

- $t \mapsto \tan t = \dfrac{\sin t}{\cos t}$ *est continue sur* $[0, \frac{\pi}{2}[$ *mais pas en* $\frac{\pi}{2}$, *où,* $\lim_{t \to \frac{\pi}{2}^-} \tan t = +\infty$

$$\int_0^x \frac{\sin t}{\cos t}\mathrm{d}t = [-\ln(\cos t)]_0^x = -\ln(\cos x) \xrightarrow[x \to + \frac{\pi}{2}^-]{} +\infty$$

Donc, $\int_0^{\frac{\pi}{2}} \tan t\mathrm{d}t$ *n'existe pas ou encore* $t \mapsto \tan t$ *n'est pas intégrable en* $\dfrac{\pi}{2}$.

- $t \mapsto \ln t$ *est continue sur* $]0, 1]$ *mais pas en* 0 *où* $\lim\limits_{t \to 0^+} \ln t = -\infty$.

$\forall x \in]0, 1]$, $\int_x^1 \ln t dt = [t \ln t]_x^1 - \int_x^1 dt = -x \ln x - 1 + x$ *(intégration par parties vue en C.3).*

$\lim\limits_{x \to 0^+} x \ln x = \lim\limits_{x \to 0^+} \dfrac{\ln x}{1/x} = \lim\limits_{x \to 0^+} \dfrac{(\ln x)'}{(1/x)'} = \lim\limits_{x \to 0^+} \dfrac{1/x}{-1/x^2} = \lim\limits_{x \to 0^+} (-x) = 0.$

Conclusion : $\int_0^1 \ln t dt = \lim\limits_{x \to 0^+} \int_x^1 \ln t dt = -1.$

2) Critères d'existence

Les questions sont les mêmes qu'en A.2) concernant l'intégrabilité des fonctions en $+\infty$ et $-\infty$, les réponses sont quasi identiques.

Soit f continue sur $[a, b[$, discontinue en b. On se pose la question de l'intégrabilité de f en b, c'est-à-dire la question de l'existence de $\lim_{x \to b^-} \int_a^x f(t)\mathrm{d}t$. Soit on connaît explicitement une primitive F de f, et le problème revient à regarder l'existence de $\lim_{x \to b^-} F(x)$ sachant que $\int_a^x f(t)\mathrm{d}t = F(x) - F(a)$, soit on ne connaît pas de primitive de f auquel cas on fera appel aux critères suivants qui donnent des conditions suffisantes pour l'intégrabilité de f en b.

• **Proposition 7 *bis* :**

Soit f continue sur $[a, b[$ et $\lim_{x \to b^-} f(x) = +\infty (\text{ou } -\infty)$, alors pour tout point $a_1 \in [a, b[$ les intégrales $\int_a^b f(t)\mathrm{d}t$ et $\int_{a_1}^b f(t)\mathrm{d}t$ sont de même nature et si elles existent on a :

$$\int_a^b f(t)\mathrm{d}t = \int_a^{a_1} f(t)\mathrm{d}t + \int_{a_1}^b f(t)\mathrm{d}t$$

Démonstration : $\forall x \in [a, b[$,

$$\int_a^x f(t)\mathrm{d}t = \int_a^{a_1} f(t)\mathrm{d}t + \int_{a_1}^x f(t)\mathrm{d}t$$

d'où, par passage à la limite quand $x \to b$, le résultat souhaité.

Interprétation : l'intégrale de f en b dépend seulement du comportement de f au voisinage du point b.

• **Proposition 8 *bis* : critères d'existence et de non-existence**

a) Si $0 \leqslant f \leqslant g$, l'existence de $\int_a^b g(t)\mathrm{d}t$ entraîne l'existence de $\int_a^b f(t)\mathrm{d}t$; la non-existence de $\int_a^b f(t)\mathrm{d}t$ entraîne la non-existence de $\int_a^b g(t)\mathrm{d}t$.

b) Si f et g sont continues sur $[a, b[$ et $\lim_{t \to b^-} = \dfrac{f(t)}{g(t)} = c$ avec $0 < c < +\infty$, alors, les intégrales en b de f et de g sont de même nature.

Démonstration : elle utilise les mêmes arguments que la démonstration de la proposition 8, à savoir :

a) Soit f et g continues sur $[a, b[$ mais pas en b. Soit :

$$a \leqslant x < b\,,\ I_f(x) = \int_a^x f(t)\mathrm{d}t\,;\ I_g(x) = \int_a^x g(t)\mathrm{d}t$$

De $0 \leqslant f \leqslant g$, on déduit $I_f(x) \leqslant I_g(x)$, ainsi que $x \mapsto I_f(x)$ et $x \mapsto I_g(x)$ sont des fonctions croissantes. Enfin, si $B = \int_a^b g(t)\mathrm{d}t$ existe, alors,

$$I_f(x) \leqslant I_g(x) \leqslant B = \lim_{x \to b^-} I_g(x) = \sup_{x \in [a,b[} I_g(x)$$

© Dunod. Toute reproduction non autorisée est un délit.

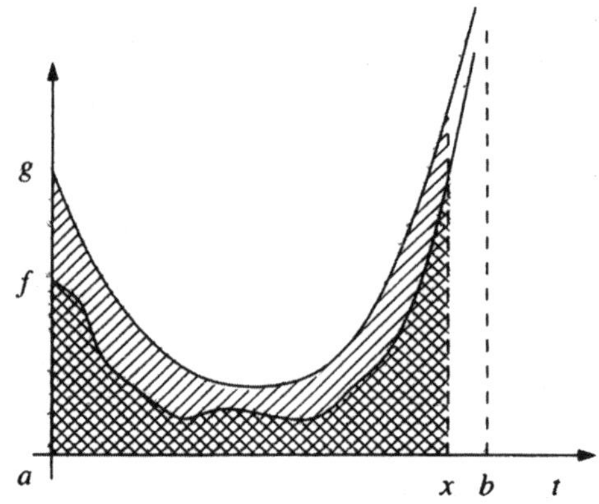

Figure 6.14

$x \mapsto I_f(x)$ fonction croissante sur $[a, b[$, majorée par B, admet une borne supérieure $A = \sup_{x \in [a,b[} I_f(x)$
qui est justement égale à $\lim_{x \to b^-} I_f(x) = \int_a^b f(t)\mathrm{d}t$.
Conclusion :

$$\int_a^b g(t)\mathrm{d}t \text{ existe} \Rightarrow \int_a^b f(t)\mathrm{d}t \text{ existe}$$

L'implication contraposée donne le deuxième résultat cherché :

$$\text{Non-existence de } \int_a^b f(t)\mathrm{d}t \Rightarrow \text{ Non-existence de } \int_a^b g(t)\mathrm{d}t$$

b) Soit $\lim_{x \to b^-} \dfrac{f(t)}{g(t)} = 1$ alors, en appliquant la définition de la limite, on a :

$$\exists y \in [a, b[\text{ tel que } \forall t \in [y, b[,\ \frac{1}{2} \leqslant \frac{f(t)}{g(t)} \leqslant \frac{3}{2}$$

Sachant alors que $\dfrac{f(t)}{g(t)} > 0$, on déduit les inégalités :

$$\frac{1}{2}g(t) \leqslant f(t) \leqslant \frac{3}{2}g(t) \quad [\text{cas } f(t) \text{ et } g(t) \text{ positifs}]$$

ou bien

$$\frac{1}{2}g(t) \geqslant f(t) \geqslant \frac{3}{2}g(t) \quad [\text{cas } f(t) \text{ et } g(t) \text{ négatifs}]$$

et d'après le résultat a) précédent on en déduit que les intégrales $\int_y^b f(t)\mathrm{d}t$ et $\int_y^b g(t)\mathrm{d}t$ sont de même nature.
Il suffit alors d'appliquer la proposition 7*bis* pour conclure.

Exercices

Énoncés

Exercice n° 1

À partir de la fonction de demande :

$$Q \longrightarrow p_1(Q) = \frac{4}{Q+1} - 2$$

et de la fonction d'offre :

$$Q \longrightarrow p_2(Q) = 2Q + 1$$

déterminer le prix d'équilibre du marché et la quantité échangée à l'équilibre.

Calculer le surplus des consommateurs et le surplus des producteurs.

Mêmes questions à partir des fonctions de demande et d'offre définies par :
$p_1(Q) = \sqrt{7 - 4Q}$ et $p_2(Q) = 2Q + 1$

Exercice n° 2

On considère la fonction f de $\mathbb{R}$ dans $\mathbb{R}$:

$$f(x) = \begin{cases} x & \text{si } x \in [0,1] \\ 2 - x & \text{si } x \in [1,2] \\ 0 & \text{sinon} \end{cases}$$

Représenter graphiquement f. Vérifier que : $\displaystyle\int_{-\infty}^{+\infty} f(x)\mathrm{d}x = 1$ (f est une densité de probabilité). Que vaut : $E = \displaystyle\int_0^2 xf(x)\mathrm{d}x$? (E est l'espérance de la loi de densité f).

Exercice n° 3

Loi de Pareto : Soit $f(x) = \begin{cases} \dfrac{a}{x^\alpha} & \text{si } x \geqslant 1 \\ 0 & \text{sinon} \end{cases}$, $a > 0$ et $\alpha > 0$

a) Soit $I = \displaystyle\int_1^{+\infty} f(x)\mathrm{d}x$. À quelle condition I existe-t-elle ? À quelle condition sur α et a a-t-on $I = 1$? (si $I = 1$, f est la densité de la loi de Pareto).

b) Si $\alpha > 2$, calculer $J = \displaystyle\int_1^{+\infty} xf(x)\mathrm{d}x$ dans le cas où f est la densité de la loi de Pareto.

Exercice n° 4

Intégration par parties. Calculer les intégrales suivantes :

a) $I(a) = \displaystyle\int_0^a x\mathrm{e}^{-x}\mathrm{d}x$, et $J(a) = \int_0^a x^2\mathrm{e}^{-x}\mathrm{d}x$

© Dunod. Toute reproduction non autorisée est un délit.

b) $I = \int_0^{\pi} \mathrm{e}^{-x} \sin x\mathrm{d}x$ (effectuer deux intégrations par parties successives)

c) $K = \int_1^2 \frac{\ln x}{x}\mathrm{d}x$ (on peut *aussi* utiliser le changement de variable $t = \ln x$, voir exemple dans C 2).

Exercice n° 5

Intégration par changement de variable. Calculer les intégrales

a) $\int_0^1 \frac{x\mathrm{d}x}{(x^2+1)^2}$ $(t = x^2 + 1)$

b) $L(a) = \int_0^a x\mathrm{e}^{-x^2}\mathrm{d}x$ $(t = x^2)$. Que vaut $\lim_{a\to+\infty} L(a)$?

c) $\int_1^2 (\ln x)^2\mathrm{d}x$ $(t = \ln x)$

Exercice n° 6

Intégrale d'une fonction rationnelle. Déterminer a et b tels que : $\frac{1}{x(x+1)} = \frac{a}{x} + \frac{b}{x+1}$

Calculer $I = \int_1^3 \frac{\mathrm{d}x}{x(x+1)}$.

Exercice n° 7

Existence d'intégrales généralisées. Les intégrales suivantes ont-elles un sens ? (on ne demande pas leur calcul)

a) $\int_0^{+\infty} \mathrm{e}^{-\sqrt{x}}\mathrm{d}x$ (pour x grand, on utilisera : $\sqrt{x} > 2\ln x$).

b) $\int_1^{+\infty} \frac{x^\alpha}{1+x^2}\mathrm{d}x$, $\alpha \in \mathbb{R}$.

c) $I = \int_1^{+\infty} x^{-\alpha}(\ln x)^\beta\mathrm{d}x$, $\alpha \in \mathbb{R}, \beta \in \mathbb{R}$.

Exercice n° 8

On se propose de calculer $\int_0^1 e^x dx$ par la « méthode des petits rectangles » alias somme de Darboux, à l'aide de la subdivision d de l'intervalle $[0, 1]$ telle que : $x_0 = 0$, $x_1 = 1/n, ..., x_k = k/n, ..., x_n = 1$.

a) Calculer $S_n = \sum_{k=0}^{n-1} \frac{1}{n} e^{k/n}$.

b) Donner une interprétation géométrique de S_n.

c) Calculer $\lim_{n\to+\infty} S_n$.

d) En déduire $\int_0^1 e^x dx$.

Exercice n° 9

Étudier la convergence de la série de Riemann $\sum \frac{1}{n^\alpha}$ avec $\alpha \in \mathbb{R}$.

7. Algèbre linéaire 1

Un petit pas pour la connaissance, un grand pas pour l'intelligence. Tel est en deux mots, l'intérêt de ce chapitre qui initie l'étudiant à la structure abstraite d'espace vectoriel. Les nombres réels, les vecteurs du plan, les couples (x, y) de réels, les n-upplets $(x_1, \ldots, x_n)$ de réels, les fonctions affines de $\mathbb{R}$ dans $\mathbb{R}$, les fonctions trinômes du second degré, etc., auront désormais des airs de famille qui ne tromperont pas et tous ces cas particuliers ainsi que leurs propriétés seront traités à la fois. Ensuite on définit paragraphe 3 la notion d'application linéaire... qui généralise la pragmatique « règle de trois ».
Enfin le côté calculatoire de ce chapitre – inversion d'une matrice par exemple – est très technique, jamais difficile si l'écriture est bien gérée.

Mots clefs : espace vectoriel, vecteur, scalaire, libre, générateur, base, application linéaire, noyau, rang, matrice.

© Dunod. Toute reproduction non autorisée est un délit.

1. La structure d'espace vectoriel

On désigne par E un ensemble dont les éléments, appelés *vecteurs*, seront notés $\vec{u}, \vec{v}, \ldots, \vec{u}_1, \vec{u}_2, \ldots$ et par $\mathbb{R}$ l'ensemble des réels dont les éléments, appelés *scalaires*, seront notés $\alpha, \beta, \ldots, \alpha_1, \beta_1, \ldots$ Enfin, dans E une *égalité* est définie et l'écriture « $\vec{u} = \vec{v}$ » a un sens bien précis.

A. Définitions

• Définition 1

On appelle *addition interne* dans E toute application

$$\varphi \quad : \quad E \times E \longrightarrow E$$
$$(\vec{u},\vec{v}) \mapsto \varphi(\vec{u},\vec{v}) = \vec{u}+\vec{v}$$

qui à deux éléments quelconques $\vec{u}$ et $\vec{v}$ de E associe un troisième élément noté $\vec{u}+\vec{v}$, lui aussi dans E (on dit aussi que l'addition est *stable* dans E).

• Définition 2

On appelle *multiplication externe* sur E toute application

$$\psi \quad : \quad \mathbb{R} \times E \longrightarrow E$$
$$(\alpha,\vec{u}) \mapsto \psi(\alpha,\vec{u}) = \alpha \cdot \vec{u}$$

qui à tout réel α et à tout vecteur $\vec{u}$ de E associe un vecteur noté $\alpha \cdot \vec{u}$ qui appartient lui aussi à E.

On dit aussi que la multiplication par un scalaire est *stable* dans E.

• Définition 3

On dit que l'ensemble E, muni de l'addition interne « + » et de la multiplication externe « . » a une *structure d'espace vectoriel réel* si les huit axiomes suivants sont vérifiés :

- A_1 : $\forall \vec{u},\vec{v},\vec{w} \in E,\ \vec{u}+(\vec{v}+\vec{w}) = (\vec{u}+\vec{v})+\vec{w}$
  propriété dite d'*associativité* de l'addition ;
- A_2 : $\forall \vec{u},\vec{v} \in E,\ \vec{u}+\vec{v} = \vec{v}+\vec{u}$
  propriété dite de *commutativité* de l'addition ;
- A_3 : il existe un vecteur $\vec{0} \in E$ tel que $\forall \vec{u} \in E,\ \vec{u}+\vec{0} = \vec{u}$ ce vecteur $\vec{0}$ s'appelle le *vecteur nul* de E ;
- A_4 : tout vecteur $\vec{u} \in E$ admet un *opposé* noté $-\vec{u}$ tel que $-\vec{u} \in E$ et $\vec{u}+(-\vec{u}) = (-\vec{u})+\vec{u} = \vec{0}$;
- A_5 : $\forall \alpha,\beta \in \mathbb{R}, \forall \vec{u} \in E,\ \alpha \cdot (\beta \cdot \vec{u}) = (\alpha \cdot \beta) \cdot \vec{u}$;
- A_6 : $\forall \alpha \in \mathbb{R}, \forall \vec{u},\vec{v} \in E, \alpha \cdot (\vec{u}+\vec{v}) = \alpha \cdot \vec{u} + \alpha \cdot \vec{v}$;
- A_7 : $\forall \alpha,\beta \in \mathbb{R}, \forall \vec{u} \in E,\ (\alpha+\beta) \cdot \vec{u} = \alpha \cdot \vec{u} + \beta \cdot \vec{u}$;
- A_8 : $\forall \vec{u} \in E,\ 1 \cdot \vec{u} = \vec{u}$.

On parle alors de $(E, +, \cdot)$ espace vectoriel réel (réel car les scalaires sont des nombres réels), ou encore du $\mathbb{R}$-espace vectoriel E, ou plus simplement du $\mathbb{R}$ e.v. E lorsqu'il n'y a pas d'ambiguïté sur la loi interne et la loi externe définies dans $(E, +, \cdot)$.

Enfin il est bien commode de supprimer tout simplement le signe « $\cdot$ » de la multiplication et d'écrire $\alpha\vec{u}$ au lieu de $\alpha \cdot \vec{u}$. C'est ce que nous ferons pour la suite.

B. Exemples

1) $E = \mathbb{R}$: l'ensemble des nombres réels

Muni de l'addition et multiplication habituelles – dont l'apprentissage débute à l'école primaire – l'ensemble $(\mathbb{R}, +, \cdot)$ est un $\mathbb{R}$-espace vectoriel. Dans ce cas, et dans ce cas seulement, les vecteurs $\vec{u}, \vec{v}, \ldots$, et les scalaires $\alpha, \beta, \ldots$ sont de même nature et, suivant la logique de notre écriture, on devrait noter $\vec{3}, (\overrightarrow{\frac{1}{2}}), \overrightarrow{\sqrt{2}}, \vec{0}, \ldots$ en tant que vecteurs et $3, \frac{1}{2}, \sqrt{2}, 0 \ldots$ en tant que scalaires. Zèle inutile réservé aux maniaques de l'écriture !

Enfin les huit axiomes $A_1, A_2, \ldots, A_8$ qui donnent la structure d'espace vectoriel à $\mathbb{R}$ (définition 3) correspondent à nos règles habituelles de calcul dans $\mathbb{R}$.

2) $E = \mathbb{R}^2$: l'ensemble produit de $\mathbb{R}$ par $\mathbb{R}$

- $\mathbb{R}^2 = \{(x, y)$ tel que $x \in \mathbb{R}$ et $y \in \mathbb{R}\}$, l'élément (x, y) de $\mathbb{R}^2$ s'appelle un *couple*.
- Égalité dans $\mathbb{R}^2$:

$$(x, y) = (x', y') \Longleftrightarrow (x = x' \quad \text{et} \quad y = y')$$

- Addition interne dans $\mathbb{R}^2$:

$$(x, y) + (x', y') = (x + x', y + y')$$

- Multiplication externe par un scalaire α :

$$\alpha(x, y) = (\alpha x, \alpha y)$$

- Dans $(\mathbb{R}^2, +, \cdot)$ les axiomes $A_1, \ldots, A_8$ se vérifient sans difficulté et d'après la définition 3, $\mathbb{R}^2$ est un $\mathbb{R}$ e.v.

→ ***Commentaires***

Dans $\mathbb{R}^2$, il est clair que le vecteur nul est $(0, 0)$, ce que l'on notera $\vec{0} = (0, 0)$; et enfin que l'opposé du vecteur $\vec{u} = (x, y)$ est le vecteur $-\vec{u} = (-x, -y)$.

On montre de façon analogue que $\mathbb{R}^n$ est un $\mathbb{R}$ e.v.

© Dunod. Toute reproduction non autorisée est un délit.

3) $E = \mathcal{P}$ l'ensemble des vecteurs du plan

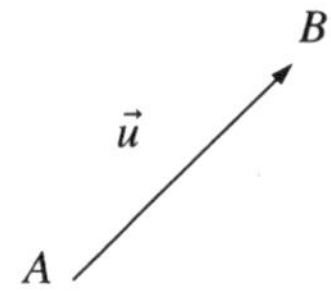

On note $\vec{u} = \overrightarrow{AB}$ le vecteur d'origine A et d'extrémité B où A et B sont deux points du plan. Si les points A et B sont distincts le vecteur $\vec{u} = \overrightarrow{AB}$ se dessine comme ci-contre, il est caractérisé par sa direction (qui est celle de la droite passant par les points A et B), son sens (qui est celui de A vers B), sa longueur (qui est celle du segment AB).

Si les points A et B sont confondus, on note $\vec{0} = \overrightarrow{AB} = \overrightarrow{AA}$ appelé vecteur nul de $\mathcal{P}$.

- Égalité dans $\mathcal{P}$
  $\overrightarrow{AB} = \overrightarrow{CD} \iff$ le quadrilatère $ABDC$ est un parallélogramme $\iff$ les vecteurs $\overrightarrow{AB}$ et $\overrightarrow{CD}$ ont même direction, même sens, même longueur (figure 7.1).

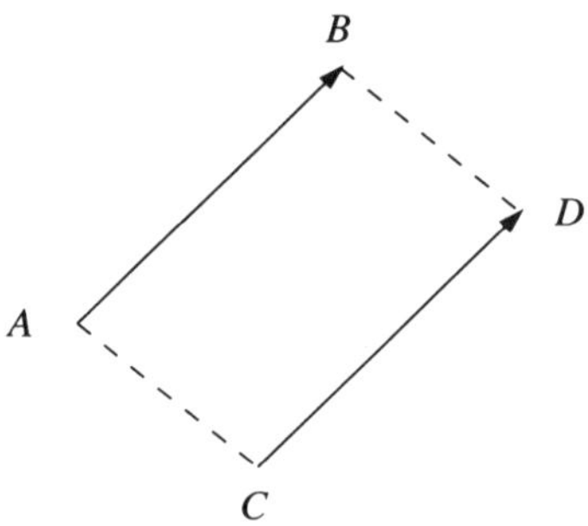

Figure 7.1

- Addition dans $\mathcal{P}$
  Elle est définie par l'égalité $\overrightarrow{AB} + \overrightarrow{BC} = \overrightarrow{AC}$ où A, B, C sont trois points quelconques du plan, représentée par la figure 7.2 et appelée « règle du parallélogramme ».

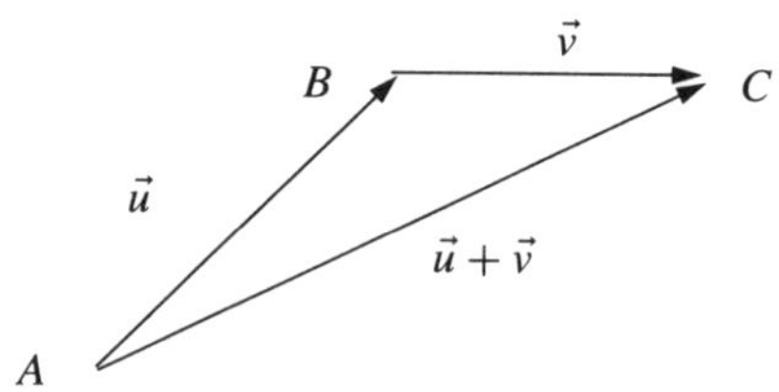

Figure 7.2

Il est clair que cette addition est interne dans $\mathcal{P}$; que le vecteur nul est $\vec{0} = \overrightarrow{AA}$, A point quelconque du plan ; que l'opposé de $\vec{u} = \overrightarrow{AB}$ est le vecteur $-\vec{u} = \overrightarrow{BA}$ car $\vec{u} + (-\vec{u}) = \overrightarrow{AB} + \overrightarrow{BA} = \overrightarrow{AA} = \vec{0}$.

- Multiplication externe par un scalaire

  Soit $\alpha \in \mathbb{R}$ et $\vec{u} = \overrightarrow{AB} \in \mathcal{P}$, A et B distincts. Si $\alpha \neq 0$, $\alpha\vec{u}$ est le vecteur qui a même direction que $\vec{u}$, même sens (respectivement sens contraire) que $\vec{u}$ si $\alpha > 0$ (respectivement $\alpha < 0$) et pour longueur $\alpha \times$ longueur de $\vec{u}$ (figure 7.3). Si $\alpha = 0$, $0 \cdot \vec{u} = \vec{0}$.

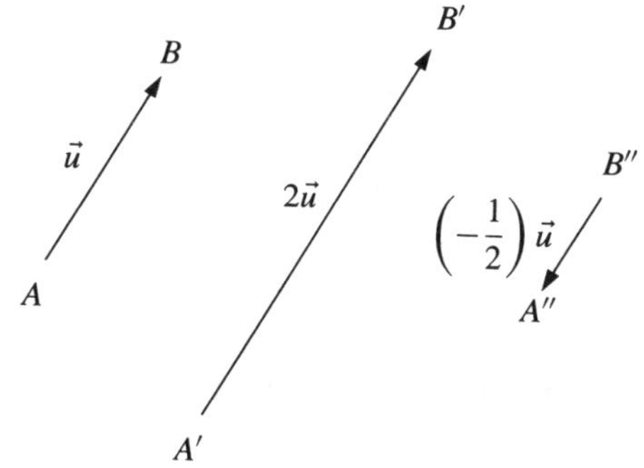

Figure 7.3

- On montre par le biais de la géométrie que les huit axiomes $A_1, \ldots, A_8$ sont vérifiés dans $(\mathcal{P}, +, \cdot)$ qui possède ainsi la structure de $\mathbb{R}$ e.v.

→ ***Commentaires***

$(\mathcal{P}, +, \cdot)$ appelé *plan vectoriel* (dont l'étude débute au lycée), est un précieux modèle d'espace vectoriel. Ses éléments, les vecteurs $\overrightarrow{AB}$, ont le privilège d'être dessinables dans le plan en tant qu'objets géométriques concrets. Par nature les vecteurs ont – ou sont prédestinés à avoir – une orientation alors que les scalaires, non. Cela apparaît clairement dans cet exemple.

4) $E = \mathcal{A}$, ensemble des fonctions *affines* de $\mathbb{R}$ dans $\mathbb{R}$

On dit que f est une fonction affine de $\mathbb{R}$ dans $\mathbb{R}$ si elle est de la forme :

$$\begin{aligned} f \quad : \quad & \mathbb{R} \to \mathbb{R} \\ & x \mapsto f(x) = ax + b \end{aligned}$$

où a et b sont deux réels fixés. On notera $f_{a,b}$ une telle fonction et donc : $\mathcal{A} = \{f_{a,b} \text{ tel que } a \in \mathbb{R}, b \in \mathbb{R}\}$.

Ainsi : $f_{3,1}(x) = 3x + 1$; $f_{0,1}(x) = 1$; $f_{1,0}(x) = x$; où $f_{3,1}, f_{0,1}, f_{1,0}$ sont trois éléments de $\mathcal{A}$.

- Égalité dans $\mathcal{A}$ (l'égalité usuelle des fonctions) :

$$f_{a,b} = f_{c,d} \iff \forall x \in \mathbb{R},\ f_{a,b}(x) = f_{c,d}(x)$$

© Dunod. Toute reproduction non autorisée est un délit.

On montre sans difficulté :

$$f_{a,b} = f_{c,d} \Longleftrightarrow a = c \text{ et } b = d$$

- Addition dans $\mathcal{A}$ (l'addition usuelle des fonctions) :

$$\underset{\substack{\uparrow \\ \text{addition dans } \mathcal{A}}}{(f_{a,b} + f_{c,d})(x)} = \underset{\substack{\uparrow \\ \text{addition dans } \mathbb{R}}}{f_{a,b}(x) + f_{c,d}(x)}$$

On montre sans difficulté :

$$\forall x \in \mathbb{R},\ (f_{a,b} + f_{c,d})(x) = f_{a+c,b+d}(x)$$

Résultat qui se traduit dans $\mathcal{A}$ par l'égalité $f_{a,b} + f_{c,d} = f_{a+c,b+d}$. Donc la somme de deux fonctions affines est encore une fonction affine et l'addition choisie est bien interne dans $\mathcal{A}$.

- Multiplication par un scalaire $\alpha \in \mathbb{R}$ d'une fonction $f_{a,b} \in \mathcal{A}$:

$$\begin{aligned}(\alpha \cdot f_{a,b})(x) &= \alpha f_{a,b}(x) = \alpha(ax + b)\\ &= (\alpha a)x + (\alpha b) = f_{\alpha a,\alpha b}(x)\end{aligned}$$

D'où l'égalité dans $\mathcal{A}$: $\alpha \cdot f_{a,b} = f_{\alpha a,\alpha b}$.

- On désigne par $(\mathcal{A}, +, \cdot)$ l'ensemble des fonctions affines, muni de l'addition interne et de la multiplication externe par un scalaire réel définies ci-dessus. Les axiomes $A_1, \ldots, A_8$ de structure d'espace vectoriel sont vérifiées, cela se montre sans difficulté. Par exemple :

$$f_{a,b} + f_{c,d} = f_{a+c,b+d} = f_{c+a,d+b} = f_{c,d} + f_{a,b}$$

d'où la propriété A_2 de commutativité.

$f_{a,b} + f_{0,0} = f_{a+0,b+0} = f_{a,b}$ d'où l'existence du vecteur nul $\vec{0} = f_{0,0}$ de $\mathcal{A}$ qui est la fonction identiquement nulle.

Conclusion : $(\mathcal{A}, +, \cdot)$ est un $\mathbb{R}$.e.v. où les vecteurs sont des fonctions.

5) Contre-exemple $E = \mathcal{A}$ l'ensemble des fonctions affines de $\mathbb{R}$ dans $\mathbb{R}$ muni de la loi « $\circ$ »

- On définit dans $\mathcal{A}$ la composition des fonctions notées « $\circ$ », telle que :

$$(f_{a,b} \circ f_{c,d})(x) = f_{a,b}(cx + d) = a(cx + d) + b = (ac)x + ad + b = f_{ac,ad+b}(x)$$

Il est clair que la loi « $\circ$ » est interne dans $\mathcal{A}$ et que l'on a la relation $f_{a,b} \circ f_{c,d} = f_{ac,ad+b}$.

- On définit la multiplication $\alpha \cdot f_{a,b}$, $\alpha \in \mathbb{R}$, $f_{a,b} \in \mathcal{A}$ comme ci-dessus en 4.
- Mais $(\mathcal{A}, \circ, \cdot)$ n'a pas une structure d'espace vectoriel. En effet, l'axiome A_2 de commutativité n'est pas vérifié car :

$$\begin{aligned} f_{1,2} \circ f_{3,4} &= f_{3,6} \\ f_{3,4} \circ f_{1,2} &= f_{3,10} \quad \text{et} \quad f_{3,6} \neq f_{3,10} \end{aligned}$$

Conclusion : $(\mathcal{A}, \circ, \cdot)$ n'est pas un $\mathbb{R}$ e.v.

C. Propriétés du calcul dans un $\mathbb{R}$ e.v.

De la même manière que l'on déplacerait des pièces dans un jeu d'échec sous la stricte observance de ses règles, on va manipuler les axiomes $A_1, \ldots, A_8$ de la structure d'espace vectoriel et dégager les premières propriétés du calcul dans un $\mathbb{R}$ e.v. Pour le débutant ces propriétés vont *a priori* de soi. En fait, elles ne sont que l'habitude des années antérieures du calcul dans $\mathbb{R}$ qui, comme on l'a vu est justement un $\mathbb{R}$ e.v. particulier.

Soit E un $\mathbb{R}$ e.v., on note $\vec{u}, \vec{v}, \ldots$ les vecteurs de E et $\alpha, \beta, \ldots$ les scalaires réels. Des huit axiomes d'espace vectoriel résultent les propriétés de calcul dans E suivantes :

1. $\vec{0}$ le vecteur nul de E est unique ;
2. L'opposé $-\vec{u}$ de tout vecteur $\vec{u}$ est unique ;
3. $\forall \vec{u} \in E$, $0\vec{u} = \vec{0}$ et $(-1)\vec{u} = -\vec{u}$;
4. $\forall \alpha \in \mathbb{R}$, $\alpha \cdot \vec{0} = \vec{0}$;
5. $\alpha\vec{u} = \vec{0} \iff \alpha = 0$ ou $\vec{u} = \vec{0}$

Preuve de 1 : Soit $\vec{0}_1$ et $\vec{0}_2$ deux vecteurs nuls de E, alors :

$$\begin{aligned} \vec{0}_1 + \vec{0}_2 &= \vec{0}_1 \quad \text{d'après } A_3 \text{ avec } \vec{0}_2 \text{ vecteur nul,} \\ \vec{0}_2 + \vec{0}_1 &= \vec{0}_2 \quad \text{d'après } A_3 \text{ avec } \vec{0}_1 \text{ vecteur nul,} \end{aligned}$$

or $\vec{0}_1 + \vec{0}_2 = \vec{0}_2 + \vec{0}_1$ d'après A_2 et finalement :

$$\vec{0}_1 = \vec{0}_1 + \vec{0}_2 = \vec{0}_2 + \vec{0}_1 = \vec{0}_2 \text{ d'où } \vec{0}_1 = \vec{0}_2$$

Récapitulation : s'il y avait deux vecteurs nuls ils seraient égaux, on conclut à l'unicité de $\vec{0} \in E$.

Preuve de 3 : d'après les axiomes A_8, A_7, A_8 successivement appliqués, on a les égalités :

$$\vec{u} = 1 \cdot \vec{u} = (1 + 0)\vec{u} = 1\vec{u} + 0\vec{u} = \vec{u} + 0\vec{u}$$

© Dunod. Toute reproduction non autorisée est un délit.

d'où $\vec{u} = \vec{u} + 0\vec{u}$ et d'après A_3, $0\vec{u} = \vec{0}$ l'unique vecteur nul de E. Enfin, en appliquant successivement le résultat $0\vec{u} = \vec{0}$ puis l'axiome A_7, on a :

$$\vec{0} = 0\vec{u} = (1 + -1)\vec{u} = 1\vec{u} + (-1)\vec{u} = \vec{u} + (-1)\vec{u}$$

d'où $\vec{u} + (-1)\vec{u} = \vec{0}$ et d'après A_4, $(-1)\vec{u} = -\vec{u}$ l'unique vecteur opposé de $\vec{u}$ d'après la propriété 2.
Les autres preuves sont laissées en exercice.

D. Combinaison linéaire de vecteurs

E un $\mathbb{R}$ e.v., $\vec{u}$, $\vec{v}$ deux vecteurs de E et α, β deux nombres réels, le vecteur $\alpha\vec{u} + \beta\vec{v}$ est appelé *combinaison linéaire* des vecteurs $\vec{u}$ et $\vec{v}$.

▶ Exemples

- *$E = \mathbb{R}^2$ et $\vec{u} = (-3, +7)$. D'après les règles de calcul dans $\mathbb{R}^2$, on peut écrire :*

$$(-3, +7) = (-3, 0) + (0, +7) = -3(1, 0) + 7(0, 1)$$

et : $\vec{u} = -3\vec{\imath} + 7\vec{\jmath}$ où $\vec{\imath} = (1, 0)$ et $\vec{\jmath} = (0, 1)$. Le vecteur $\vec{u}$ est donc combinaison linéaire des vecteurs $\vec{\imath}$ et $\vec{\jmath}$.

Plus généralement, soit $\vec{u} = (x, y)$ un vecteur quelconque de $\mathbb{R}^2$. Il est facile de voir que $\vec{u} = x\vec{\imath} + y\vec{\jmath}$ ce qui permet de remarquer que tout vecteur $\vec{u}$ de E peut s'écrire combinaison linéaire des vecteurs $\vec{\imath} = (1, 0)$ et $\vec{\jmath} = (0, 1)$. On reprendra plus loin ce résultat appelé à jouer un très fort rôle dans $\mathbb{R}^2$ en tant que $\mathbb{R}$ e.v.

- *$E = \mathcal{P}$ le plan vectoriel.*

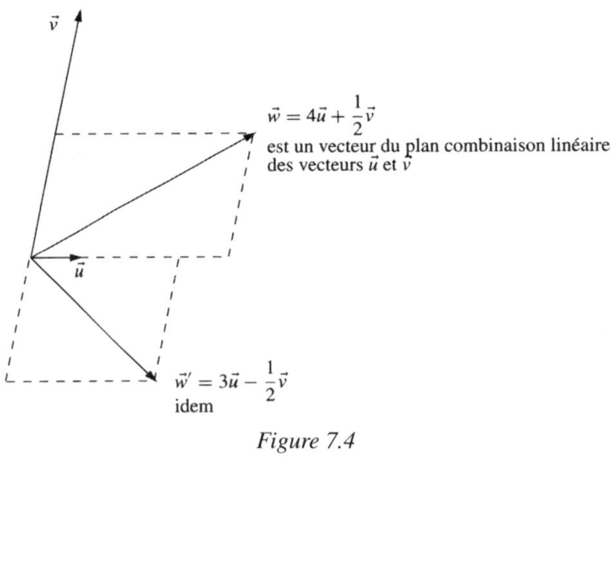

Figure 7.4

• Définition 4

On appelle *combinaison linéaire* des vecteurs $\vec{u}_1, \ldots, \vec{u}_n$ de E tout vecteur $\vec{v}$ qui peut s'écrire :

$$\vec{v} = \alpha_1\vec{u}_1 + \alpha_2\vec{u}_2 + \ldots + \alpha_n\vec{u}_n = \sum_{i=1}^{n} \alpha_i\vec{u}_i$$

où $\alpha_1, \ldots, \alpha_n$ sont n nombres réels et $n \in \mathbb{N}$.

⟶ ***Commentaire***

Il est clair que cette définition généralise la précédente où il n'y avait que deux vecteurs.

• Proposition 1

Une combinaison linéaire des vecteurs $\vec{v}_1, \ldots, \vec{v}_m$, chacun combinaison linéaire des vecteurs $\vec{u}_1, \ldots, \vec{u}_n$, est encore une combinaison linéaire des vecteurs $\vec{u}_1, \ldots, \vec{u}_n$.

Démonstration :

Cas $n = m = 2$

Soit $\vec{v}_1 = \alpha\vec{u}_1 + \beta\vec{u}_2$, $\vec{v}_2 = \gamma\vec{u}_1 + \delta\vec{u}_2$ et $\vec{w} = a\vec{v}_1 + b\vec{v}_2$, où $\alpha, \beta, \gamma, \delta, a, b$ sont des réels. $\vec{w}$ combinaison linéaire des vecteurs $\vec{v}_1$ et $\vec{v}_2$ peut s'écrire :

$$\begin{aligned}\vec{w} &= a(\alpha\vec{u}_1 + \beta\vec{u}_2) + b(\gamma\vec{u}_1 + \delta\vec{u}_2)\\ &= (a\alpha + b\gamma)\vec{u}_1 + (a\beta + b\delta)\vec{u}_2\end{aligned}$$

donc $\vec{w}$ est combinaison linéaire des vecteurs $\vec{u}_1$ et $\vec{u}_2$.

Cas général. $n \in \mathbb{N}$, $m \in \mathbb{N}$: se démontre de la même manière.

II. Sous-espace vectoriel, système générateur, système libre

A. Définitions, propositions, exemples

• Définition 5

Soit E un $\mathbb{R}$ e.v. et A une partie de E. On dit que A est *un sous-espace vectoriel de E* si A est lui-même un $\mathbb{R}$ e.v.

• Proposition 2

Soit E un $\mathbb{R}$ e.v. et A une partie non vide de E. On a l'équivalence logique suivante :

© Dunod. Toute reproduction non autorisée est un délit.

A sous-espace vectoriel de E

$$\iff \begin{cases} (1) \begin{cases} \text{L'addition est } \textit{stable} \text{ dans } A, \text{ c'est-à-dire :} \\ \forall \vec{a} \in A,\ \forall \vec{b} \in A,\ \vec{a} + \vec{b} \in A \end{cases} \\ \text{ET} \\ (2) \begin{cases} \text{La multiplication par un scalaire est} \\ \textit{stable} \text{ dans } A, \text{ c'est-à-dire : } \forall \alpha \in \mathbb{R},\ \forall \vec{a} \in A,\ \alpha \cdot \vec{a} \in A \end{cases} \end{cases}$$

Démonstration :

« $\Longrightarrow$ » Soit A sous-espace vectoriel de E, donc par définition A est lui-même un $\mathbb{R}$ e.v. Il en résulte que l'addition et la multiplication sont stables dans A, d'où (1) et (2).

« $\Longleftarrow$ » Soit $A \subset E$ tel que (1) et (2). Les éléments de A sont des éléments de E d'où les axiomes A_1, A_2, A_5, A_6, A_7, A_8 vérifiés par les éléments de A. Enfin soit $\vec{a} \in A$ ($\vec{a}$ existe car $A \neq \emptyset$) ; $0 \cdot \vec{a} \in A$ d'après (2) ; sachant que $0\vec{a} = \vec{0}$ et $0\vec{a} \in A$ d'après (2) on en déduit $\vec{0} \in A$, d'où l'axiome A_3.
Enfin pour tout vecteur $\vec{a} \in A$, $-\vec{a} = (-1) \cdot \vec{a} \in A$ d'après (2), d'où l'axiome A_4.

- **Corollaire de la proposition 2 :** soit A une partie non vide de E $\mathbb{R}$ e.v. A est un sous-espace vectoriel de E si et seulement si :

$$\forall \alpha \in \mathbb{R},\ \forall \beta \in \mathbb{R},\ \forall \vec{a} \in A,\ \forall \vec{b} \in A,\ \alpha\vec{a} + \beta\vec{b} \in A$$

Point méthode

Soit E un $\mathbb{R}$ e.v. et A une partie de E, à la question : A est-il un sous-espace vectoriel de E ? on répondra de la manière suivante : le vecteur nul $\vec{0}$ de E est-il dans A ?

- si non, la question est réglée : A n'est pas un sous-espace vectoriel de E car l'axiome A_3 n'est pas vérifié ;
- si oui, il faut continuer la recherche : $\vec{0} \in A$, donc A partie non vide.
  Reste à vérifier les points (1) et (2) de la proposition 2 ou bien utiliser le corollaire, plus synthétique mais parfois d'écriture plus délicate.

▶ Exemples de sous-espaces vectoriels

- *Soit E un $\mathbb{R}$ e.v. Alors E est un sous-espace vectoriel de lui-même et $A = \{\vec{0}\} \subset E$ est aussi un sous-espace vectoriel de E (le seul à posséder un nombre fini d'éléments : un seul élément).*

- $E = \mathbb{R}^2$, $A = \{\vec{a} = (x, 0), x \in \mathbb{R}\}$

  $(0, 0) = \vec{0} \in A$ et A n'est pas vide.

  Soit : $\vec{a} = (x, 0) \in A$, $\vec{b} = (y, 0) \in A$, $\alpha \in \mathbb{R}$, $\beta \in \mathbb{R}$ alors : $\alpha\vec{a} + \beta\vec{b} = (\alpha x + \beta y, 0) \in A$ et d'après le corollaire, A est un sous-espace vectoriel de $\mathbb{R}^2$.

- $E = \mathbb{R}^3$, $A = \{\vec{a} = (x, y, 1), x \in \mathbb{R}, y \in \mathbb{R}\}$

  $(0, 0, 0) = \vec{0}$ n'est pas dans A qui n'est donc pas un sous-espace vectoriel de E.

- $E = \mathbb{R}^3$, $A = \{\vec{a} = (x, y, z)$, *tel que* $2x + y - z = 0\}$

  $(0, 0, 0) = \vec{0} \in A$.

  Soit $\vec{a} = (x, y, z) \in A$ et $\vec{b} = (x', y', z') \in A$ et $\alpha \in \mathbb{R}$ alors :

  $$\vec{a} + \vec{b} = (x + x', y + y', z + z') \tag{7.1}$$

  avec : $2(x+x')+(y+y')-(z+z') = (2x+y-z)+(2x'+y'-z') = 0+0 = 0$ et $\vec{a} + \vec{b} \in A$. L'addition est stable dans A.

  $$\alpha\vec{a} = (\alpha x, \alpha y, \alpha z) \tag{7.2}$$

  avec $2\alpha x + \alpha y - \alpha z = \alpha(2x + y - z) = \alpha \cdot 0 = 0$ et $\alpha\vec{a} \in A$. La multiplication par un scalaire est stable dans A.

Conclusion : Les conditions (7.1) et (7.2) sont justement celles de la proposition 2. Donc A est un sous-espace vectoriel de $\mathbb{R}^3$.

• Proposition 3

a) L'intersection de deux sous-espaces vectoriels de E est encore un sous-espace vectoriel de E. C'est faux pour l'union.

b) Soit A et B deux sous-espaces vectoriels de E. L'ensemble noté $A + B$, appelé *somme des deux sous-espaces vectoriels*, tel que $A + B = \{\vec{u} = \vec{u}_1 + \vec{u}_2,\ \vec{u}_1 \in A,\ \vec{u}_2 \in B\}$, est un sous-espace vectoriel de E.

Démonstration :

a) Soit A et B deux sous-espaces vectoriels de E. Montrons en utilisant le corollaire de la proposition 2 que $A \cap B$ est encore un sous-espace vectoriel de E. $\vec{0} \in A \cap B$ donc $A \cap B$ n'est pas vide.

Soit $\alpha \in \mathbb{R}, \beta \in \mathbb{R}$, $\vec{u} \in A \cap B$ et $\vec{v} \in A \cap B$ alors $\vec{u} \in A$, $\vec{v} \in A$, A sous-espace vectoriel de E et d'après le corollaire

$$\alpha\vec{u} + \beta\vec{v} \in A \tag{7.3}$$

© Dunod. Toute reproduction non autorisée est un délit.

de même $\vec{u} \in B$, $\vec{v} \in B$, B sous-espace vectoriel de E et d'après le corollaire

$$\alpha\vec{u} + \beta\vec{v} \in B \tag{7.4}$$

On déduit de (7.3) et (7.4) que $\alpha\vec{u} + \beta\vec{v} \in A \cap B$.

D'après le corollaire on conclut : $A \cap B$ sous-espace vectoriel de E.

Montrons que c'est faux dans le cas de l'union. Un contre-exemple bien choisi suffira pour s'en convaincre.

Soit : $A = \{\vec{a} = (x, 0), x \in \mathbb{R}\}$ et : $B = \{\vec{b} = (0, y), y \in \mathbb{R}\}$.

On a vu ci-dessus en 2-a que A est un sous-espace de $E = \mathbb{R}^2$, il est clair qu'il en est de même pour B. Considérons alors les vecteurs $\vec{a} = (1, 0) \in A$ et $\vec{b} = (0, 1) \in B$. $\vec{a} \in A \cup B$ et $\vec{b} \in A \cup B$; mais $\vec{a} + \vec{b} = (1, 1) \notin A \cup B$ car $(1, 1) \notin A$ et $(1, 1) \notin B$. La condition (1) de la proposition 2 n'est pas satisfaite, ou en d'autres termes l'addition n'est pas stable dans $A \cup B$, donc $A \cup B$ n'est pas un sous-espace vectoriel de E.

b) A et B sous-espaces vectoriels de E. $A + B = \{\vec{u} \in E$ tel que $\vec{u} = \vec{u}_1 + \vec{u}_2,\ \vec{u}_1 \in A,\ \vec{u}_2 \in B\}$. $\vec{0} \in A + B$ donc $A + B$ n'est pas vide.

Soit $\alpha \in \mathbb{R}, \beta \in \mathbb{R}, \vec{v}, \vec{w} \in A + B$.

Alors $\vec{v} = \vec{v}_1 + \vec{v}_2,\ \vec{v}_1 \in A,\ \vec{v}_2 \in B, \vec{w} = \vec{w}_1 + \vec{w}_2,\ \vec{w}_1 \in A,\ \vec{w}_2 \in B$.

On a donc $\alpha\vec{v} + \beta\vec{w} = \alpha(\vec{v}_1 + \vec{v}_2) + \beta(\vec{w}_1 + \vec{w}_2) = (\alpha\vec{v}_1 + \beta\vec{w}_1) + (\alpha\vec{v}_2 + \beta\vec{w}_2)$.

Or $\alpha\vec{v}_1 + \beta\vec{w}_1 \in A$ (A étant un sous-espace vectoriel de E) et $\alpha\vec{v}_2 + \beta\vec{w}_2 \in B$ (B étant un sous-espace vectoriel de E). D'où $\alpha\vec{v} + \beta\vec{w} \in A + B$. Donc $A + B$ est un sous-espace vectoriel de E.

→ ***Commentaires***

On dit que A et B sont en *somme directe* si et seulement si pour tout élément $\vec{u}$ de $A + B$, il existe un unique couple $(\vec{u}_1, \vec{u}_2)$ de $A \times B$ tel que $\vec{u} = \vec{u}_1 + \vec{u}_2$.

La somme sera alors notée : $A \oplus B$.

A et B sont en somme directe si et seulement si $A \cap B = \{\vec{0}\}$.

Enfin, on dit que A et B sont *supplémentaires* si $A \oplus B = E$.

B. Système générateur, espace vectoriel engendré par un système de vecteurs

• Définition 6

Soit E un $\mathbb{R}$ e.v. et $S = \{\vec{u}_1, \ldots, \vec{u}_n\}$ un système de n vecteurs de E. On dit que S est un *système générateur de E* si tout vecteur de E peut s'écrire comme combinaison linéaire des vecteurs de S. Ou encore, dit autrement :

pour tout $\vec{u} \in E$, il existe $\alpha_1 \in \mathbb{R}, \ldots, \alpha_n \in \mathbb{R}$, n nombres réels tels que $\vec{u} = \alpha_1\vec{u}_1 + \ldots + \alpha_n\vec{u}_n$. On dit aussi que S *engendre* E ou encore que E *est engendré par* S.

▶ **Exemple**

On a vu en I.D.1) que pour tout $\vec{u} = (x, y) \in \mathbb{R}^2$, $\vec{u} = x\vec{\imath} + y\vec{\jmath}$ *avec* $\vec{\imath} = (1, 0) \in \mathbb{R}^2$ *et* $\vec{\jmath} = (0, 1) \in \mathbb{R}^2$. *Donc* $S = \{\vec{\imath}, \vec{\jmath}\}$ *est un système générateur du* $\mathbb{R}$ *e.v.* $E = \mathbb{R}^2$.

• Définition 7

Soit E un $\mathbb{R}$ e.v. et $S = \{\vec{u}_1, \ldots, \vec{u}_n\}$ un système de n vecteurs de E. On désigne par $L(S)$ l'ensemble des combinaisons linéaires des vecteurs de S, c'est-à-dire :

$$L(S) = \left\{\vec{v} = \sum_{i=1}^{n} \alpha_i\vec{u}_i,\ \alpha_i \in \mathbb{R},\ i = 1, 2, \ldots n\right\}$$

• Proposition 4

L'ensemble $L(S)$ défini ci-dessus est le plus petit sous-espace vectoriel de E (au sens de l'inclusion) contenant les vecteurs $\vec{u}_1, \ldots, \vec{u}_n$ de S.

Démonstration :

Il est clair que $L(S)$ est une partie de E et que $\vec{0} = 0 \cdot \vec{u}_1 + 0 \cdot \vec{u}_2 + \ldots + 0 \cdot \vec{u}_n$ est un vecteur de $L(S)$.

Soit $\alpha \in \mathbb{R}$, $\beta \in \mathbb{R}$, $\vec{a} \in L(S)$, $\vec{b} \in L(S)$. Le vecteur $\alpha\vec{a} + \beta\vec{b}$ combinaison linéaire des vecteurs $\vec{a}$ et $\vec{b}$ eux-mêmes combinaison linéaire des vecteurs $\vec{u}_1, \ldots, \vec{u}_n$ est, d'après la proposition 1, encore combinaison linéaire des vecteurs $\vec{u}_1, \ldots, \vec{u}_n$.

Donc $\alpha\vec{a} + \beta\vec{b} \in L(S)$ et, d'après le corollaire de la proposition 2, $L(S)$ est un sous-espace vectoriel de E.

Montrons que tout sous-espace vectoriel A qui contient les vecteurs $\vec{u}_1, \ldots, \vec{u}_n$ de S, contient le sous-espace vectoriel $L(S)$.

Soit A un sous-espace vectoriel de E tel que $\vec{u}_1 \in A, \ldots, \vec{u}_n \in A$. Soit $\vec{u} \in L(S)$, alors $\vec{u} = \alpha_1\vec{u}_1 + \ldots + \alpha_n\vec{u}_n$ et l'addition et la multiplication par un scalaire étant stables dans A, $\vec{u} \in A$.

Conclusion : $\vec{u} \in L(S) \Longrightarrow \vec{u} \in A$, c'est-à-dire $L(S) \subset A$. Ainsi $L(S)$ est le plus petit sous-espace vectoriel de E contenant les vecteurs $\vec{u}_1, \ldots, \vec{u}_n$ de S. Enfin il est clair que par définition de $L(S)$, S est un système générateur de l'espace vectoriel $L(S)$.

© Dunod. Toute reproduction non autorisée est un délit.

▶ **Exemples**

- $E = \mathbb{R}^2$, $S = \{\vec{\imath}, \vec{\jmath}\}$ *avec* $\vec{\imath} = (1, 0)$ *et* $\vec{\jmath} = (0, 1)$

  Montrons par deux inclusions successives que $L(S) = \mathbb{R}^2$.

  $L(S) \subset \mathbb{R}^2$ *(Aucune difficulté).*

  $\mathbb{R}^2 \subset L(S)$ *en effet :*

  $$\vec{u} = (x, y) \in \mathbb{R}^2 \Longrightarrow \vec{u} = x\vec{\imath} + y\vec{\jmath} \in L(S)$$

- $E = \mathbb{R}^2$, $S = \{\vec{u}, \vec{v}\}$ *avec* $\vec{u} = (1, 2)$ *et* $\vec{v} = (2, 2)$

  Montrons là encore que $L(S) = \mathbb{R}^2$

  La première inclusion, $L(S) \subset \mathbb{R}^2$, *est immédiate.*

  La deuxième inclusion, $\mathbb{R}^2 \subset L(S)$ *dépend de l'existence des solutions d'un système linéaire de deux équations à deux inconnues.*

  Soit $\vec{w} = (a, b) \in \mathbb{R}^2$, $\vec{w}$ *sera un élément de* $L(S)$ *si et seulement si il existe* $\alpha \in \mathbb{R}$ *et* $\beta \in \mathbb{R}$ *tels que* $\vec{w} = \alpha\vec{u} + \beta\vec{v} = (\alpha + 2\beta, 2\alpha + 2\beta)$.

  D'où le système d'équations où a *et* b *sont des paramètres et* α, β *les inconnues :*

  $$\begin{cases} \alpha + 2\beta = a \\ 2\alpha + 2\beta = b \end{cases}$$

  système qui admet le couple (α, β) *solution tel que :*

  $$\begin{cases} \alpha = b - a \\ \beta = a - \dfrac{b}{2} \end{cases}$$

  Conclusion : tout vecteur $\vec{w} = (a, b) \in \mathbb{R}^2$ *peut s'écrire* $\vec{w} = (b - a)\vec{u} + \left(a - \dfrac{b}{2}\right)\vec{v}$. *Donc* $\mathbb{R}^2 \subset L(S)$.

- $E = \mathbb{R}^3$, *et* $A = \{\vec{u} = (x, y, z)$ *tel que* $2x + y - z = 0\}$

  Questions : A est-il un sous-espace vectoriel de $\mathbb{R}^3$ *? Si oui, trouver un système générateur de A. Par une astuce simple de calcul, mais à retenir, on va montrer que* $A = L(S)$ *où* S *est un système de vecteurs, et ainsi répondre aux deux questions posées.*

  Soit $\vec{u} = (x, y, z)$ *un vecteur quelconque de A. On peut écrire :*

  $$\begin{aligned} \vec{u} = (x, y, z) &= (x, y, 2x + y) \quad \text{(d'après la définition de A)} \\ &= (x, 0, 2x) + (0, y, y) \\ &= x(1, 0, 2) + y(0, 1, 1) \quad \text{(d'après les règles de calcul dans } \mathbb{R}^3\text{)} \end{aligned}$$

d'où si l'on pose $\vec{a} = (1, 0, 2)$ et $\vec{b} = (0, 1, 1)$, tout vecteur $\vec{u}$ de A peut s'écrire $\vec{u} = x\vec{a} + y\vec{b}$, c'est-à-dire est une combinaison linéaire des vecteurs $\vec{a}$ et $\vec{b}$. Donc $A \subset L(S)$ avec $S = \{\vec{a}, \vec{b}\}$.

Réciproquement, soit $\vec{v} \in L(S)$, alors :

$$\vec{v} = \alpha\vec{a} + \beta\vec{b} = \alpha(1, 0, 2) + \beta(0, 1, 1) = (\alpha, \beta, 2\alpha + \beta)$$

et $\vec{v} \in A$ car $2\alpha + \beta - (2\alpha + \beta) = 0$, égalité qui caractérise les vecteurs de A. Donc $L(S) \subset A$.

Finalement $A = L(S)$ et d'après la proposition 4, A est un sous-espace vectoriel de $E = \mathbb{R}^3$, c'est même le plus petit contenant les vecteurs $\vec{a}$ et $\vec{b}$. Enfin le système $\{\vec{a}, \vec{b}\}$ engendre A.

Dans la définition de A on peut reconnaître le plan vectoriel contenant les vecteurs $\vec{a}$ et $\vec{b}$.

C. Système libre, système lié

• Proposition 5

Soit E un $\mathbb{R}$-e.v. et $\vec{u}_1, \vec{u}_2, \dots, \vec{u}_n$ des vecteurs de E. Les conditions suivantes sont équivalentes :

(I) $\begin{cases} \text{Il existe } \alpha_1, \alpha_2, \dots, \alpha_n \text{ des scalaires} \\ \textit{non tous nuls} \text{ tels que } \alpha_1\vec{u}_1 + \dots + \alpha_n\vec{u}_n = \vec{0} \end{cases}$

(II) $\begin{cases} \text{L'un des vecteurs } \vec{u}_i \text{ est combinaison linéaire} \\ \text{des autres} \end{cases}$

Démonstration :

I $\Longrightarrow$ II, en effet : soit $\alpha_1 \neq 0$ et $\alpha_1\vec{u}_1 + \alpha_2\vec{u}_2 + \dots + \alpha_n\vec{u}_n = \vec{0}$, alors d'après les règles du calcul dans un espace vectoriel, le vecteur $\vec{u}_1$ peut s'écrire :

$$\vec{u}_1 = -\frac{\alpha_2}{\alpha_1}\vec{u}_2 - \frac{\alpha_3}{\alpha_1}\vec{u}_3 \dots - \frac{\alpha_n}{\alpha_1}\vec{u}_n$$

il est donc combinaison linéaire des autres, d'où II.

II $\Longrightarrow$ I, en effet : soit $\vec{u}_1 = \beta_2\vec{u}_2 + \dots + \beta_n\vec{u}_n$, alors

$$1 \cdot \vec{u}_1 - \beta_2\vec{u}_2 - \dots - \beta_n\vec{u}_n = \vec{0}$$

et $1 \neq 0$ d'où I.

© Dunod. Toute reproduction non autorisée est un délit.

• **Définition 8**

Si l'une des deux conditions (I) ou (II) ci-dessus est vérifiée, on dit que les vecteurs $\vec{u}_1, \ldots, \vec{u}_n$ sont *linéairement dépendants* ou encore que le *système* $S = \{\vec{u}_1, \ldots, \vec{u}_n\}$ *est lié*. Dans le cas contraire on dit que les vecteurs $\vec{u}_1, \ldots, \vec{u}_n$ sont *linéairement indépendants* ou encore que le *système S est libre*.

• **Corollaire de la proposition 5**

Une condition nécessaire et suffisante pour que le système $\{\vec{u}_1, \ldots, \vec{u}_n\}$ soit libre est :

$$\text{Si} \quad \alpha_1\vec{u}_1 + \ldots + \alpha_n\vec{u}_n = \vec{0} \quad \text{alors} \quad \alpha_1 = \alpha_2 = \ldots = \alpha_n = 0.$$

Démonstration : appelons A la proposition « $\alpha_1\vec{u}_1 + \ldots + \alpha_n\vec{u}_n = \vec{0}$ » et B la proposition « $\alpha_1 = \alpha_2 = \ldots = \alpha_n = 0$ », c'est-à-dire les « α_i sont tous nuls ».

Le contraire de « si A, alors B » est la proposition A ET NON B, c'est-à-dire :

$$(\alpha_1\vec{u}_1 + \ldots + \alpha_n\vec{u}_n = \vec{0}) \text{ ET (les } \alpha_i \text{ non tous nuls)}$$

qui est justement la condition I de la proposition 5 définissant un système $\vec{u}_1, \ldots, \vec{u}_n$ lié.

Conclusion : « si A, alors B » signifie que le système $\vec{u}_1, \ldots, \vec{u}_n$ est libre.

Point méthode

Soit le système $S = \{\vec{u}_1, ..., \vec{u}_n\}$. Pour répondre à la question « S est-il libre ? », on résout l'équation

$$\alpha_1\vec{u}_1 + ... + \alpha_n\vec{u}_n = \vec{0}.$$

Si elle admet pour SEULE solution : $\alpha_1 = \alpha_2 = ... = \alpha_n = 0$, alors le système est libre.

Dans le cas contraire S est lié.

▶ **Exemples**

- *Le système* $\{\vec{\imath}, \vec{\jmath}, \vec{k}\}$ *de* $\mathbb{R}^3$ *avec* $\vec{\imath} = (1, 0, 0)$, $\vec{\jmath} = (0, 1, 0)$, $\vec{k} = (0, 0, 1)$ *est-il libre ?*

$$\alpha_1\vec{\imath} + \alpha_2\vec{\jmath} + \alpha_3\vec{k} = \vec{0}$$
$$\Longrightarrow (\alpha_1, \alpha_2, \alpha_3) = (0, 0, 0) \Longrightarrow \alpha_1 = \alpha_2 = \alpha_3 = 0$$

Réponse : oui.

- *Le système* $\{\vec{u}_1, \vec{u}_2, \vec{u}_3\}$ *de* $\mathbb{R}^3$ *avec* $\vec{u}_1 = (1, 2, 3)$, $\vec{u}_2 = (-1, 1, -1)$ *et* $\vec{u}_3 = (0, 3, 2)$ *est-il libre ?*

  Réponse : non, si l'on remarque $\vec{u}_3 = \vec{u}_1 + \vec{u}_2$, *ce qui permet d'appliquer la condition (II) : l'un des vecteurs est combinaison linéaire des autres. Géométriquement cela signifie que les trois vecteurs sont coplanaires.*
- *Le système* $\{\vec{u}_1, \vec{u}_2, \vec{u}_3\}$ *de* $\mathbb{R}^3$ *avec* $\vec{u}_1 = (1, 2, 0)$, $\vec{u}_2 = (2, 0, 1)$ *et* $\vec{u}_3 = (0, 1, 2)$ *est-il libre ?*

  On ne voit pas apparaître, comme dans le cas précédent, un des vecteurs combinaison linéaire des autres. Cela, bien sûr, ne veut pas dire qu'une telle relation n'existe pas. On utilise alors le corollaire ce qui conduit à la résolution d'un système dont les inconnues sont les α_i *:*

$$\alpha_1\vec{u}_1 + \ldots + \alpha_3\vec{u}_3 = \vec{0} \Longrightarrow (\alpha_1 + 2\alpha_2, 2\alpha_1 + \alpha_3, \alpha_2 + 2\alpha_3) = (0, 0, 0)$$

$$\Longrightarrow \begin{cases} \alpha_1 + 2\alpha_2 = 0 \\ 2\alpha_1 + \alpha_3 = 0 \\ \alpha_2 + 2\alpha_3 = 0 \end{cases} \Longrightarrow \alpha_1 = \alpha_2 = \alpha_3 = 0$$

  Réponse : le système est libre (et aucun des trois vecteurs n'est combinaison linéaire des autres).

→ ***Commentaire***

On voit dès maintenant qu'il est nécessaire de résoudre un système linéaire pour savoir si des vecteurs sont libres ou liés. On parlera plus loin d'une méthode générale, dite *méthode du pivot*, pour résoudre de telles équations.

• Résultats élémentaires

1. $\{\vec{u}\}$ libre $\Longleftrightarrow \vec{u} \neq \vec{0}$

   Montrons $\{\vec{u}\}$ lié $\Longleftrightarrow \vec{u} = \vec{0}$, ce qui est équivalent.

   « $\Longrightarrow$ » $\{\vec{u}\}$ lié

$$\Longrightarrow \exists \alpha \neq 0 \text{ tel que } \alpha\vec{u} = \vec{0}$$
$$\Longrightarrow \frac{1}{\alpha} \cdot (\alpha\vec{u}) = 1 \cdot \vec{u} = \vec{u} = \frac{1}{\alpha}\vec{0} = \vec{0}$$
$$\Longrightarrow \vec{u} = \vec{0}$$

   « $\Longleftarrow$ » $\vec{u} = \vec{0}$

$$\Longrightarrow 1 \cdot \vec{u} = 1 \cdot \vec{0} = \vec{0}$$
$$\Longrightarrow \{\vec{u}\} \text{ lié.}$$

© Dunod. Toute reproduction non autorisée est un délit.

2. Si dans un système l'un des vecteurs est le vecteur nul, alors le système est lié.

Soit par exemple le système $S = \{\vec{u}_1, \vec{u}_2, \vec{0}, \vec{u}_4\}$. Alors $\vec{0} = 0 \cdot \vec{u}_1 + 0 \cdot \vec{u}_2 + 0 \cdot \vec{u}_4$, donc l'un des vecteurs de S, à savoir le vecteur $\vec{0}$, est combinaison linéaire des autres et S est lié.

3. Si $\{\vec{u}_1, \vec{u}_2, \ldots, \vec{u}_n\}$ est un système libre, alors tous les $\vec{u}_i$ sont distincts.

En effet, soit par exemple $\vec{u}_1 = \vec{u}_2$, alors

$$\vec{u}_1 = 1 \cdot \vec{u}_2 + 0 \cdot \vec{u}_3 + \ldots + 0 \cdot \vec{u}_n$$

est combinaison linéaire des autres, donc le système est lié. D'où par contraposition le résultat cherché.

4. Si $\{\vec{u}_1, \ldots, \vec{u}_n\}$ est un système libre, alors tout sous-système est encore libre. En effet : soit $\{\vec{u}_1, \vec{u}_2, \vec{u}_3\}$ système libre. Considérons le système $\{\vec{u}_1, \vec{u}_3\}$. On a les implications

$$\alpha_1 \vec{u}_1 + \alpha_3 \vec{u}_3 = \vec{0} \Longrightarrow \alpha_1 \vec{u}_1 + 0 \cdot \vec{u}_2 + \alpha_3 \vec{u}_3 = \vec{0} \Longrightarrow \alpha_1 = \alpha_3 = 0$$

Donc $\{\vec{u}_1, \vec{u}_3\}$ libre.

• Proposition 6

Soit $\{\vec{u}_1, \ldots, \vec{u}_n\}$ un système libre et $\vec{v}$ un vecteur qui n'est pas combinaison linéaire des $\vec{u}_1, \ldots, \vec{u}_n$. Alors le système $\{\vec{v}, \vec{u}_1, \ldots, \vec{u}_n\}$ est libre.

Démonstration : soit l'égalité :

$$\beta \vec{v} + \alpha_1 \vec{u}_1 + \ldots + \alpha_n \vec{u}_n = \vec{0} \tag{7.5}$$

Il s'agit de prouver que $\beta = \alpha_1 = \alpha_2 = \ldots = \alpha_n = 0$. Si $\beta \neq 0$, alors :

$$\vec{v} = \left(-\frac{\alpha_1}{\beta}\right) \cdot \vec{u}_1 + \ldots + \left(-\frac{\alpha_n}{\beta}\right) \cdot \vec{u}_n$$

Ce qui est impossible puisque $\vec{v}$ n'est pas combinaison linéaire des $\vec{u}_i$. Donc $\beta = 0$ et l'égalité (7.5) s'écrit $\alpha_1 \vec{u}_1 + \ldots + \alpha_n \vec{u}_n = \vec{0}$. Or par hypothèse le système $\{\vec{u}_1, \ldots, \vec{u}_n\}$ est libre, d'où $\alpha_1 = \alpha_2 = \ldots = \alpha_n = 0$. Finalement $\beta = \alpha_1 = \ldots = \alpha_n = 0$ sous l'hypothèse (7.5), c'est-à-dire $\{\vec{v}, \vec{u}_1, \ldots, \vec{u}_n\}$ est libre.

D. Base d'un espace vectoriel

• Définition 9

Soit $\vec{u}_1, \ldots, \vec{u}_n$, n vecteurs du $\mathbb{R}$ espace vectoriel E. On dit que le système $\mathcal{B} = \{\vec{u}_1, \ldots, \vec{u}_n\}$ est une *base* de E si $\mathcal{B}$ est libre et si $\mathcal{B}$ engendre E.

▶ **Exemples**

- $E = \mathbb{R}^2$, $\mathcal{B} = \{\vec{\imath}, \vec{\jmath}\}$ *avec* $\vec{\imath} = (1,0)$ *et* $\vec{\jmath} = (0,1)$ *on a vu précédemment* $\mathbb{R}^2 = L(\mathcal{B})$, *c'est-à-dire* $\mathcal{B}$ *engendre* $\mathbb{R}^2$. *Par ailleurs il est clair que* $\mathcal{B}$ *est libre car :*

$$\alpha\vec{\imath} + \beta\vec{\jmath} = \vec{0} \Longrightarrow (\alpha, \beta) = 0 \Longrightarrow \alpha = \beta = 0$$

Conclusion : le système $\{\vec{\imath}, \vec{\jmath}\}$ *est une base de* $\mathbb{R}^2$, *appelée la base canonique de* $\mathbb{R}^2$.

- $E = \mathbb{R}^3$, $\mathcal{B} = \{\vec{\imath}, \vec{\jmath}, \vec{k}\}$ *avec* $\vec{\imath} = (1,0,0)$, $\vec{\jmath} = (0,1,0)$, $\vec{k} = (0,0,1)$. *On a vu précédemment* $\mathcal{B}$ *système libre. Par ailleurs il est clair que* $\mathcal{B}$ *engendre* $\mathbb{R}^3$, *en effet : tout vecteur* $\vec{u} = (x, y, z) \in \mathbb{R}^3$ *peut s'écrire* $\vec{u} = x\vec{\imath} + y\vec{\jmath} + z\vec{k}$.

Conclusion : le système $\{\vec{\imath}, \vec{\jmath}, \vec{k}\}$ *est une base, appelée la base canonique de* $\mathbb{R}^3$.

→ ***Commentaire***

On notera si aucune ambiguïté n'est à craindre, $\vec{\imath} = (1,0)$ et $\vec{\jmath} = (0,1)$ les vecteurs de la base canonique de $\mathbb{R}^2$ et $\vec{\imath} = (1,0,0)$, $\vec{\jmath} = (0,1,0)$, $\vec{k} = (0,0,1)$ les vecteurs de la base canonique de $\mathbb{R}^3$, même si $\vec{\imath} = (1,0) \in \mathbb{R}^2$ et $\vec{\imath} = (1,0,0) \in \mathbb{R}^3$ sont deux vecteurs de nature différente.

- $A = \{\vec{u} = (x, y, z)$ *tel que* $2x + y - z = 0\}$

On a vu précédemment que A était un sous-espace vectoriel de $\mathbb{R}^3$, *engendré par le système* $\{\vec{a}, \vec{b}\}$ *avec* $\vec{a} = (1,0,2)$ *et* $\vec{b} = (0,1,1)$.

Pour savoir si le système est libre, il faut résoudre l'équation $\alpha\vec{a} + \beta\vec{b} = \vec{0}$ *d'inconnues* α *et* β. *Cette équation est équivalente au système linéaire :*

$$\begin{cases} \alpha = 0 \\ \beta = 0 \\ 2\alpha + \beta = 0 \end{cases}$$

qui admet pour seule solution $\alpha = \beta = 0$.

Conclusion : $\alpha\vec{a} + \beta\vec{b} = \vec{0} \Longrightarrow \alpha = \beta = 0$ *donc le système* $\{\vec{a}, \vec{b}\}$ *est libre.*

$\mathcal{B} = \{\vec{a}, \vec{b}\}$ *système libre et générateur de A est une base de A sous-espace vectoriel de* $\mathbb{R}^3$.

© Dunod. Toute reproduction non autorisée est un délit.

• **Proposition 7**

Le système $\mathcal{B} = \{\vec{u}_1, \ldots, \vec{u}_n\}$ est une base de E si et seulement si *tout* vecteur $\vec{u}$ de E peut s'écrire de manière *unique* $\vec{u} = \alpha_1\vec{u}_1 + \ldots + \alpha_n\vec{u}_n$, c'est-à-dire le n-upplet $(\alpha_1, \ldots, \alpha_n)$ est unique.

Démonstration :

Soit $\mathcal{B} = \{\vec{u}_1, \ldots, \vec{u}_n\}$ une base de E et $\vec{u}$ un vecteur quelconque de E.

$\mathcal{B}$ engendre E donc $\vec{u}$ peut s'écrire comme combinaison linéaire des $\vec{u}_i$:

$$\vec{u} = \alpha_1\vec{u}_1 + \ldots + \alpha_n\vec{u}_n \tag{7.6}$$

Soit $\beta_1, \ldots, \beta_n$ tels que :

$$\vec{u} = \beta_1\vec{u}_1 + \ldots + \beta_n\vec{u}_n \tag{7.7}$$

alors d'après (7.6) et (7.7) on peut écrire :

$$\vec{0} = \vec{u} - \vec{u} = (\alpha_1 - \beta_1)\vec{u}_1 + \ldots + (\alpha_n - \beta_n)\vec{u}_n$$

Or $\mathcal{B}$ est un système libre, donc $\alpha_1 - \beta_1 = \ldots = \alpha_n - \beta_n = 0$ c'est-à-dire :

$$\alpha_1 = \beta_1, \ldots, \alpha_n = \beta_n.$$

Conclusion : si $\mathcal{B}$ est une base, la combinaison linéaire (7.6) qui exprime $\vec{u}$ est unique.

Réciproquement : si tout vecteur $\vec{u}$ de E peut s'écrire $\vec{u} = \alpha_1\vec{u}_1 + \ldots + \alpha_n\vec{u}_n$, d'une part $\mathcal{B} = \{\vec{u}_1, \ldots, \vec{u}_n\}$ engendre E par définition, d'autre part l'unicité de l'écriture appliquée à $\vec{u} = \vec{0}$ nous donne l'implication :

$$\left.\begin{array}{l}\vec{0} = \alpha_1\vec{u}_1 + \ldots + \alpha_n\vec{u}_n \\ \vec{0} = 0 \cdot \vec{u}_1 + \ldots + 0 \cdot \vec{u}_n\end{array}\right\} \Longrightarrow \alpha_1 = \ldots = \alpha_n = 0$$

c'est-à-dire $\mathcal{B}$ système libre.

Conclusion : $\mathcal{B}$ est une base de E.

1) Composantes d'un vecteur dans une base

Soit $\mathcal{B} = \{\vec{u}_1, \ldots, \vec{u}_n\}$ une base du $\mathbb{R}$ e.v. E. Tout vecteur $\vec{u}$ de E s'écrit de manière unique $\vec{u}_1 = \alpha_1\vec{u}_1 + \ldots + \alpha_n\vec{u}_n$.

Les nombres $\alpha_1, \alpha_2, \ldots, \alpha_n$ s'appellent les composantes du vecteur $\vec{u}$ dans la base $\mathcal{B}$.

On pose

$$U = \begin{bmatrix} \alpha_1 \\ \alpha_2 \\ \vdots \\ \alpha_n \end{bmatrix}_{\mathcal{B}} \quad \text{ou bien } U = \begin{bmatrix} \alpha_1 \\ \alpha_2 \\ \vdots \\ \alpha_n \end{bmatrix} \quad \text{si pas d'ambiguïté sur la base choisie}$$

appelée la *matrice colonne* (ou encore *vecteur colonne*) associée au vecteur $\vec{u}$ dans la base $\mathcal{B}$.

→ ***Commentaire***

Le mot « matrice » utilisé ici sera défini au chapitre suivant dans son sens général.

▶ **Exemples**

- *Soit* $\{\vec{\imath}, \vec{\jmath}, \vec{k}\}$ *la base canonique de* $\mathbb{R}^3$.

  Au vecteur $\vec{u} = 2\vec{\imath} + 3\vec{\jmath} + \vec{k}$ *est associée la matrice colonne* $U = \begin{bmatrix} 2 \\ 3 \\ 1 \end{bmatrix}$

  Au vecteur $\vec{v} = \vec{\imath} + \vec{\jmath} - \vec{k}$ *est associée la matrice colonne* $V = \begin{bmatrix} 1 \\ 1 \\ -1 \end{bmatrix}$

  Au vecteur $\vec{0} = 0\vec{\imath} + 0\vec{\jmath} + 0\vec{k}$ *est associée la matrice colonne* $O = \begin{bmatrix} 0 \\ 0 \\ 0 \end{bmatrix}$

- *Soit* $\mathcal{B}' = \{\vec{u}_1, \vec{u}_2, \vec{u}_3\}$ *avec* $\vec{u}_1 = (1, 2, 0)$, $\vec{u}_2 = (2, 0, 1)$, $\vec{u}_3 = (0, 1, 2)$. *Ce système est libre (on l'a vu précédemment), montrons qu'il engendre* $\mathbb{R}^3$.

  Soit $\vec{u} = (x, y, z)$ *et* $\vec{u} = \alpha_1\vec{u}_1 + \alpha_2\vec{u}_2 + \alpha_3\vec{u}_3$.

  L'égalité ci-dessus est équivalente au système linéaire de trois équations aux trois inconnues $\alpha_1, \alpha_2, \alpha_3$ *:*

$$\begin{cases} \alpha_1 + 2\alpha_2 + 0 \cdot \alpha_3 = x & \text{(a)} \\ 2\alpha_1 + 0 \cdot \alpha_2 + \alpha_3 = y & \text{(b)} \\ 0\alpha_1 + \alpha_2 + 2\alpha_3 = z & \text{(c)} \end{cases}$$

  Système que l'on résout par la méthode du pivot de Gauss. (On verra plus loin le théorème qui assure la validité de cette méthode en mon-

© Dunod. Toute reproduction non autorisée est un délit.

trant l'équivalence des systèmes.)

$$\begin{cases} \alpha_1 + 2\alpha_2 = x & \text{(a)} \\ 4\alpha_1 - \alpha_2 = 2y - z & 2 \cdot \text{(b)} - \text{(c)} = \text{(d)} \end{cases}$$

$$\left\{ 9\alpha_1 = x + 2(2y - z) \right. \qquad \text{(a)} + 2 \cdot \text{(d)}$$

d'où : $\alpha_1 = \dfrac{1}{9}[x + 4y - 2z]$

d'où : $\alpha_2 = \dfrac{1}{9}[4x - 2y + z]$

d'où : $\alpha_3 = \dfrac{1}{9}[-2x + y + 4z]$.

Donc si $\vec{u} = (x, y, z) \in \mathbb{R}^3$, $\vec{u}$ *peut s'écrire :*

$$\vec{u} = \frac{1}{9}[x + 4y - 2z] \cdot \vec{u}_1 + \frac{1}{9}[4x - 2y + z] \cdot \vec{u}_2 + \frac{1}{9}[-2x + y + 4z] \cdot \vec{u}_3$$

c'est-à-dire est combinaison linéaire des vecteurs $\vec{u}_1$, $\vec{u}_2$, $\vec{u}_3$.

Conclusion : $\mathscr{B}' = \{\vec{u}_1, \vec{u}_2, \vec{u}_3\}$ *est une base de* $\mathbb{R}^3$.

• Application

Dans la base $\mathscr{B}' = \{\vec{u}_1, \vec{u}_2, \vec{u}_3\}$, aux vecteurs $\vec{u}\,' = (2, 3, 1)$, $\vec{v}\,' = (1, +1, -1)$, $\vec{0} = (0, 0, 0)$ sont respectivement associées les matrices colonnes suivantes :

$$U' = \begin{bmatrix} 4/3 \\ 1/3 \\ 1/3 \end{bmatrix}, \quad V' = \begin{bmatrix} 7/9 \\ 1/9 \\ -5/9 \end{bmatrix}, \quad O = \begin{bmatrix} 0 \\ 0 \\ 0 \end{bmatrix}$$

et plus généralement au vecteur $\vec{u} = (x, y, z)$ est associée la matrice colonne
$U = \begin{bmatrix} \frac{1}{9}(x + 4y - 2z) \\ \frac{1}{9}(4x - 2y + z) \\ \frac{1}{9}(-2x + y + 4z) \end{bmatrix}$

→ *Commentaire*

Pour un vecteur donné, en changeant de base on change la matrice colonnc associée à ce vecteur.

Vecteur de $\mathbb{R}^3$	Sa matrice colonne dans la base canonique $\{\vec{i}, \vec{j}, \vec{k}\}$	Sa matrice colonne dans la base $\mathcal{B}' = \{\vec{u}_1, \vec{u}_2, \vec{u}_3\}$
$\vec{u}' = (2, 3, 1)$	$\begin{bmatrix} 2 \\ 3 \\ 1 \end{bmatrix}$	$\begin{bmatrix} 4/3 \\ 1/3 \\ 1/3 \end{bmatrix}$
$\vec{u}_1 = (1, 2, 0)$	$\begin{bmatrix} 1 \\ 2 \\ 0 \end{bmatrix}$	$\begin{bmatrix} 1 \\ 0 \\ 0 \end{bmatrix}$
$\vec{u}_2 = (2, 0, 1)$	$\begin{bmatrix} 2 \\ 0 \\ 1 \end{bmatrix}$	$\begin{bmatrix} 0 \\ 1 \\ 0 \end{bmatrix}$
$\vec{u}_3 = (0, 1, 2)$	$\begin{bmatrix} 0 \\ 1 \\ 2 \end{bmatrix}$	$\begin{bmatrix} 0 \\ 0 \\ 1 \end{bmatrix}$

2) Résultat fondamental

Peut-on engendrer $\mathbb{R}^3$ avec deux vecteurs ? Peut-on trouver quatre vecteurs formant un système libre dans $\mathbb{R}^3$? Ci-dessous la réponse : il faut *au moins* trois vecteurs pour engendrer $\mathbb{R}^3$; pour être libre un système de vecteurs de $\mathbb{R}^3$ doit comporter *au plus* trois vecteurs.

• Théorème 1

Soit E un $\mathbb{R}$-espace vectoriel admettant pour base un système de n vecteurs.

a) Si le système $\{\vec{u}_1, \vec{u}_2, ..., \vec{u}_p\}$ engendre E, alors $p \geqslant n$.

b) Si le système $\{\vec{u}_1, \vec{u}_2, ..., \vec{u}_p\}$ engendre E et $p = n$, alors ce système est libre ; c'est donc une base de E.

c) Si $\{\vec{v}_1, \vec{v}_2, ..., \vec{v}_q\}$ est un système libre dans E, alors $q \leqslant n$.

d) Si $\{\vec{v}_1, \vec{v}_2, ..., \vec{v}_q\}$ est un système libre dans E et $q = n$, alors le système engendre E ; c' est donc une base de E.

→ *Commentaires*

Par contraposition, on déduit de a) et c) :

- Si $p < n$, alors $\{\vec{u}_1, \ldots, \vec{u}_p\}$ n'engendre pas E
- Si $q > n$, alors $\{\vec{v}_1, \ldots, \vec{v}_q\}$ n'est pas libre.

© Dunod. Toute reproduction non autorisée est un délit.

Application : grâce au théorème 1 on sait répondre aux questions suivantes :

- Quand un système peut-il être libre et générateur dans $\mathbb{R}^3$? Réponse : on connaît la base canonique $\{\vec{i}, \vec{j}, \vec{k}\}$ de $\mathbb{R}^3$, elle contient exactement trois vecteurs donc il faut au moins trois vecteurs pour engendrer $\mathbb{R}^3$ et au plus trois pour que le système puisse être libre.

  Tout système libre et générateur de $\mathbb{R}^3$ comporte donc exactement trois vecteurs.

  La généralisation de ce résultat est l'objet du corollaire 1 qui suit.
- Quand un système libre de $\mathbb{R}^3$ n'engendre-t-il pas $\mathbb{R}^3$? Réponse : s'il comporte au plus deux vecteurs. Exemple : $\{\vec{i}, \vec{j}\}$, $\{\vec{i}, \vec{k}\}$, $\{\vec{j}, \vec{k}\}$ sont des systèmes de deux vecteurs libres non générateurs de $\mathbb{R}^3$.
- Quand un système générateur de $\mathbb{R}^3$ est-il non libre ? Réponse : quand il comporte au moins quatre vecteurs. Exemple : $\{\vec{i}, \vec{j}, \vec{k}, \vec{u}\}$, avec $\vec{u}$ vecteur quelconque de $\mathbb{R}^3$, engendre $\mathbb{R}^3$ car il comporte les trois vecteurs de la base canonique mais il ne peut être libre car il comporte quatre vecteurs.

• Corollaire 1

Soit E un $\mathbb{R}$-espace vectoriel et $\mathcal{B} = \{\vec{b}_1, \ldots, \vec{b}_n\}$ une base de E. Alors toute autre base de E contient exactement n vecteurs.

Démonstration : soit $\mathcal{L} = \{\vec{l}_1, \ldots, \vec{l}_p\}$ une autre base de E. D'une part $\mathcal{L}$ engendre E et d'après le théorème 1 $p \geqslant n$; d'autre part $\mathcal{L}$ est libre et d'après le théorème 1 $p \leqslant n$. Conclusion $p = n$.

• Définition 10

D'après le corollaire 1, si $\mathcal{B} = \{\vec{b}_1, \ldots, \vec{b}_n\}$ est une base de E, toute autre base de E contient exactement n vecteurs. On dit que E est un $\mathbb{R}$-espace vectoriel de *dimension* n et on note $\dim E = n$.

▶ Exemples

- $\dim \mathbb{R}^3 = 3$ *car* $\mathcal{B} = \{\vec{i}, \vec{j}, \vec{k}\}$ *est une base de trois vecteurs.*
- $\dim \mathbb{R}^2 = 2$ *car* $\mathcal{B} = \{(1, 0), (0, 1)\}$ *est une base de deux vecteurs.*
- $\dim \mathbb{R} = 1$ *car* $\mathcal{B} = \{1\}$ *est une base d'un seul vecteur.*
- $\dim\{\vec{0}\} = 0$ *par convention.*

→ *Commentaires*

Comment interpréter cette notion de dimension d'un $\mathbb{R}$-espace vectoriel ? Grosso modo c'est le nombre de scalaires qu'il faut connaître pour déterminer un vecteur de l'espace, informations données dans un ordre convenu.

Ainsi il faut trois nombres a, b, c pour déterminer le vecteur $\vec{u} = (a, b, c)$ de $\mathbb{R}^3$; il faut deux nombres a et b pour déterminer le vecteur $\vec{u} = (a, b)$ de $\mathbb{R}^2$; il faut quatre informations pour donner rendez-vous à un ami la rue, le numéro, l'étage, l'heure. Nous vivons dans un espace temps de dimension 4 : les fonctions affines $f(x) = ax + b$ forment un espace vectoriel, il faut deux nombres a et b pour déterminer une fonction affine, l'espace vectoriel est de dimension 2.

→ ***Commentaire***

Si E est un espace vectoriel de dimension n et si $\{\vec{u}_1, ...\vec{u}_n\} \subset E$, alors pour montrer que ce système forme une base de E il suffit de montrer qu'il est libre. C'est une application du Théorème 1.

• Corollaire 2 (appelé aussi « Théorème de la base incomplète »)

Soit E un $\mathbb{R}$-espace vectoriel tel que $\dim E = n$, et $\mathcal{L} = \{\vec{l}_1, \ldots, \vec{l}_p\}$ un système libre de p vecteurs de E. Alors il existe $\mathcal{B}$ une base de E qui contient $\mathcal{L}$, c'est-à-dire $\mathcal{B} = \{\vec{l}_1, \ldots, \vec{l}_p, \vec{e}_{p+1}, \ldots, \vec{e}_n\}$.

Démonstration : d'après le théorème 1, $p \leqslant n$ et si $p = n$ alors $\mathcal{L}$ est une base de E auquel cas on prend $\mathcal{B} = \mathcal{L}$.

Si $p < n$, alors $\mathcal{L}$ n'engendre pas E. Donc il existe $\vec{u} \in E$ tel que $\vec{u} \notin L(\mathcal{L})$, c'est-à-dire $\vec{u}$ ne peut s'écrire combinaison linéaire des vecteurs de $\mathcal{L}$. D'après la proposition 6 le système $\{\vec{l}_1, \ldots, \vec{l}_p, \vec{u}\}$ est libre. On pose $\vec{u} = \vec{e}_{p+1}$. On recommence l'opération $(n - p)$ fois jusqu'à obtenir le système libre $\mathcal{B} = \{\vec{l}_1, \ldots, \vec{l}_p, \vec{e}_{p+1}, \ldots, \vec{e}_n\}$ de n vecteurs de E qui engendre E d'après le théorème 1 car $\dim E = n$. $\mathcal{B}$ est bien la base cherchée.

▶ **Exemple**

$E = \mathbb{R}^3$, $\mathcal{L} = \{\vec{l}_1, \vec{l}_2\}$, avec $\vec{l}_1 = (1, -1, 0)$ et $\vec{l}_2 = (0, 1, -1)$. On cherche une base $\mathcal{B}$ de $\mathbb{R}^3$ telle que $\mathcal{L} \subset \mathcal{B}$.

$\mathcal{L}$ est libre (en effet : $\alpha\vec{l}_1 + \beta\vec{l}_2 = \vec{0} \Rightarrow \alpha = \beta = 0$).

$\mathcal{L}$ n'engendre pas $\mathbb{R}^3$ (en effet : $\dim \mathbb{R}^3 = 3$ et il n'y a que deux vecteurs dans $\mathcal{L}$).

Pour déterminer la base $\mathcal{B}$ cherchée il suffit de trouver un vecteur $\vec{u} = (x, y, z)$ tel que $\mathcal{B} = \{\vec{l}_1, \vec{l}_2, \vec{u}\}$ système libre (en effet : trois vecteurs libres de $\mathbb{R}^3$ engendrent $\mathbb{R}^3$).

$\{\vec{l}_1, \vec{l}_2, \vec{u}\}$ libre $\Rightarrow \vec{u} \notin L(\mathcal{L})$

avec $L(\mathcal{L}) = \{\alpha\vec{l}_1 + \beta\vec{l}_2, \alpha \in \mathbb{R}, \beta \in \mathbb{R}\} = \{(\alpha, -\alpha + \beta, -\beta), \alpha \in \mathbb{R}, \beta \in \mathbb{R}\}$

par exemple $\vec{u} = (0, 1, 0) \notin L(\mathcal{L})$.

Conclusion : $\mathcal{B} = \{\vec{l}_1, \vec{l}_2, \vec{u}\}$.

© Dunod. Toute reproduction non autorisée est un délit.

3) Rang d'un système de vecteurs

• Définition 11

Soit $S = \{\vec{u}_1, \ldots, \vec{u}_n\}$ un système de n vecteurs de l'espace vectoriel E. On pose : Rang S = Nombre maximum de vecteurs libres qu'il est possible d'extraire de S ou encore : Rang $S = \dim L(S)$.

On montre que ces deux définitions de Rang S sont équivalentes.

▶ Exemples

- $Rang\{(1,2),(2,1),(0,0),(-1,-2)\} = 2$
- $Rang\{(0,0,0),(1,1,1),(2,2,2),\ldots,(n,n,n)\} = 1$
- $Rang\{(1,1,1),(1,-1,2)\} = 2.$

Dans les exemples ci-dessus la réponse est immédiate (il suffit de réfléchir un peu !) dans le cas général il en est tout autrement, une méthode systématique doit être mise au point, elle utilise la proposition 8 ci-dessous.

• Proposition 8

Soit $S = \{\vec{u}_1, \ldots, \vec{u}_n\}$ un système de n vecteurs d'un espace vectoriel E. On ne change pas le rang de S si l'on ajoute à l'un d'entre eux une combinaison linéaire des autres.

Démonstration : pour simplifier l'écriture, dans la démonstration on prendra :

$$S = \{\vec{u}_1, \vec{u}_2, \vec{u}_3, \vec{u}_4\} \quad \text{et} \quad S' = \{\vec{u}_1, \vec{u}_2, \vec{u}_3, \vec{u}_4 + \alpha\vec{u}_1 + \beta\vec{u}_2\}$$

Montrons $L(S) = L(S')$, c'est-à-dire les espaces vectoriels engendrés par S et par S' sont égaux.

$\vec{u} \in L(S') \Longrightarrow \vec{u} = \lambda_1\vec{u}_1 + \lambda_2\vec{u}_2 + \lambda_3\vec{u}_3 + \lambda_4(\vec{u}_4 + \alpha\vec{u}_1 + \beta\vec{u}_2)$

$\Longrightarrow \vec{u} = (\lambda_1 + \lambda_4\alpha)\vec{u}_1 + (\lambda_2 + \lambda_4\beta)\vec{u}_2 + \lambda_3\vec{u}_3 + \lambda_4\vec{u}_4$

$\Longrightarrow \vec{u} \in L(S)$. Donc $L(S') \subset L(S)$. Réciproquement :

$\vec{u} \in L(S) \Longrightarrow \vec{u} = \lambda_1\vec{u}_1 + \lambda_2\vec{u}_2 + \lambda_3\vec{u}_3 + \lambda_4\vec{u}_4$

$\Longrightarrow \vec{u} = (\lambda_1 - \alpha\lambda_4)\vec{u}_1 + (\lambda_2 - \beta\lambda_4)\vec{u}_2 + \lambda_3\vec{u}_3 + \lambda_4(\vec{u}_4 + \alpha\vec{u}_1 + \beta\vec{u}_2)$

$\Longrightarrow \vec{u} \in L(S')$. Donc $L(S) \subset L(S')$.

Conclusion : $L(S) = L(S')$ d'où Rang $S = \dim L(S) = \dim L(S') =$ Rang S'.

4) Méthode pour déterminer le rang d'un système S de vecteurs

Soit le système $T = \{\vec{t_1}, \vec{t_2}, \vec{t_3}, \vec{t_4}\}$ de $\mathbb{R}^4$

$$\begin{aligned}(3,4,1,2) &= \vec{t_1}\\ (0,5,4,1) &= \vec{t_2}\\ (0,0,1,6) &= \vec{t_3}\\ (0,0,0,0) &= \vec{t_4}\end{aligned}$$

dit système *échelonné* (en passant d'un vecteur au suivant on rajoute au moins un zéro à partir de la gauche). Dans ce cas le calcul du rang est immédiat : c'est le nombre de vecteurs non nuls. Ainsi Rang $T = 3$.

Application : *via* la proposition 8, on sait transformer tout système S de vecteurs en un système échelonné T de même rang.

▶ **Exemple**

Soit le système $S = \{\vec{u}_1, \vec{u}_2, \vec{u}_3, \vec{u}_4\}$

$$\left.\begin{aligned}(1,2,3,4) &= \vec{u}_1\\ (2,3,4,1) &= \vec{u}_2\\ (3,4,1,2) &= \vec{u}_3\\ (4,1,2,3) &= \vec{u}_4\end{aligned}\right\} \textit{Système que l'on va modifier sans en changer le rang jusqu'à obtenir un système } T \textit{ échelonné}$$

$$\left.\begin{aligned}(1,2,3,4) &= \vec{u}_1 = \vec{v}_1\\ (0,-1,-2,-7) &= \vec{u}_2 - 2\vec{u}_1 = \vec{v}_2\\ (0,-2,-8,-10) &= \vec{u}_3 - 3\vec{u}_1 = \vec{v}_3\\ (0,-7,-10,-13) &= \vec{u}_4 - 4\vec{u}_1 = \vec{v}_4\end{aligned}\right\} \begin{array}{l}\text{Rang } S = \text{Rang}\{\vec{v}_1, \vec{v}_2, \vec{v}_3, \vec{v}_4\}\\ \textit{d'après la proposition 8}\end{array}$$

$$\left.\begin{aligned}(1,2,3,4) &= \vec{v}_1 = \vec{w}_1\\ (0,-1,-2,-7) &= \vec{v}_2 = \vec{w}_2\\ (0,0,-4,4) &= \vec{v}_3 - 2\vec{v}_2 = \vec{w}_3\\ (0,0,4,36) &= \vec{v}_4 - 7\vec{v}_2 = \vec{w}_4\end{aligned}\right\} \begin{array}{l}\text{Rang}\{\vec{v}_1, \vec{v}_2, \vec{v}_3, \vec{v}_4\}\\ \quad = \text{Rang}\{\vec{w}_1, \vec{w}_2, \vec{w}_3, \vec{w}_4\}\\ \textit{d'après la proposition 8}\end{array}$$

$$\left.\begin{aligned}(1,2,3,4) &= \vec{w}_1 = \vec{t_1}\\ (0,-1,-2,-7) &= \vec{w}_2 = \vec{t_2}\\ (0,0,-4,4) &= \vec{w}_3 = \vec{t_3}\\ (0,0,0,40) &= \vec{w}_4 + \vec{w}_3 = \vec{t_4}\end{aligned}\right\} \begin{array}{l}\text{Rang}\{\vec{t_1}, \vec{t_2}, \vec{t_3}, \vec{t_4}\}\\ \quad = \text{Rang}\{\vec{w}_1, \vec{w}_2, \vec{w}_3, \vec{w}_4\}\\ \textit{d'après la proposition 8}\end{array}$$

$\{\vec{t_1}, \vec{t_2}, \vec{t_3}, \vec{t_4}\}$ *système échelonné de rang 4, d'où finalement* Rang $S = 4$.

© Dunod. Toute reproduction non autorisée est un délit.

Afin d'illustrer cette méthode on a choisi un système de quatre vecteurs aux composantes simples. Si tel n'était pas le cas, les calculs à la main seraient ingérables. Aussi il faut :

- *avoir compris comment ça marche ;*
- *savoir que l'on peut confier ce type de calcul à un logiciel informatique.*

Cette méthode s'appelle la méthode du pivot.

III. Application linéaire

On parle de linéarité quand on applique la proportionnalité (appelée aussi le prorata) et que l'on calcule à l'aide de la fameuse, difficile, élémentaire « règle de trois » :

Si 8,75 mètres de tissu coûtent	450 €, alors
12 mètres de tissu coûtent	$\dfrac{12 \times 450}{8{,}75}$ € $= f(12)$,
3 mètres de tissu coûtent	$\dfrac{3 \times 450}{8{,}75}$ € $= f(3)$,
x mètres de tissu coûtent	$\dfrac{x \times 450}{8{,}75}$ € $= f(x)$.

L'application f de $\mathbb{R}$ dans $\mathbb{R}$ ainsi définie par la « règle de trois » est de la forme $x \mapsto f(x) = ax$. Cette notion simple et naturelle de linéarité de $\mathbb{R}$ dans $\mathbb{R}$ se généralise au cas des fonctions φ de $\mathbb{R}$ dans $\mathbb{R}^2$, de $\mathbb{R}^2$ dans $\mathbb{R}^2$, etc.

A. Définitions

On désigne par E et F deux $\mathbb{R}$-espaces vectoriels et par f une application de E dans F.

• Définition 12

On dit que f est une application *linéaire* de E dans F si les deux conditions suivantes sont satisfaites :

$$\forall \vec{u} \in E,\ \forall \vec{v} \in E,\ f(\vec{u} + \vec{v}) = f(\vec{u}) + f(\vec{v}) \qquad \text{(a)}$$

$$\forall \alpha \in \mathbb{R},\ \forall \vec{u} \in E,\ f(\alpha\vec{u}) = \alpha f(\vec{u}) \qquad \text{(b)}$$

• Définition 13

On dit que f est une application linéaire de E dans F si la condition suivante est satisfaite :

$$\begin{cases} \forall \vec{u} \in E,\ \forall \vec{v} \in E,\ \forall \alpha \in \mathbb{R},\ \forall \beta \in \mathbb{R} \\ f(\alpha\vec{u} + \beta\vec{v}) = \alpha f(\vec{u}) + \beta f(\vec{v}) \end{cases} \qquad \text{(c)}$$

⟶ ***Commentaires***

Les définitions 12 et 13 sont équivalentes, la démonstration ne pose aucune difficulté.

La définition 13 se généralise de la façon suivante :

f est une application linéaire si $\forall \vec{u}_1, \ldots, \vec{u}_n \in E$, $\forall \alpha_1, \ldots, \alpha_n \in \mathbb{R}$, $f(\sum_{i=1}^{n} \alpha_i \vec{u}_i) = \sum_{i=1}^{n} \alpha_i f(\vec{u}_i)$.

• Définition 14

On désigne par $\mathcal{L}(E, F)$ l'ensemble des applications linéaires de E dans F.

⟶ ***Commentaire***

La moindre des choses est de vérifier que $\mathcal{L}(E, F)$ n'est pas un ensemble vide, réflexe prudent du mathématicien, rassuré ainsi de ne pas parler de « rien ».

Soit l'application notée θ telle que :

$$\begin{array}{rcl} \theta \quad : \quad E & \longrightarrow & F \\ \vec{u} & \longmapsto & \theta(\vec{u}) = \vec{0}_F \end{array}$$

Utilisons la définition 13 :

$$\theta(\alpha\vec{u} + \beta\vec{v}) = \vec{0}_F$$

$$\alpha \cdot \theta(\vec{u}) + \beta\theta(\vec{v}) = \alpha \cdot \vec{0}_F + \beta\vec{0}_F = \vec{0}_F + \vec{0}_F = \vec{0}_F$$

Conclusion : $\theta \in \mathcal{L}(E, F)$ et $\mathcal{L}(E, F) \neq \emptyset$.

⟶ ***Commentaires***

Une application linéaire de E dans E est appelée *endomorphisme*.

Une application linéaire de E dans $\mathbb{R}$ est appelée *forme linéaire*.

• Proposition 9

a) $(\mathcal{L}(E, F), +, \cdot)$ est un $\mathbb{R}$ e.v.

b) Si $\varphi \in \mathcal{L}(E, F)$ et $\psi \in \mathcal{L}(F, G)$ alors $\psi \circ \varphi \in \mathcal{L}(E, G)$. Autrement dit : la composée de deux applications linéaires est encore une application linéaire.

© Dunod. Toute reproduction non autorisée est un délit.

Démonstration :

a) Soit φ et ψ deux éléments de $\mathcal{L}(E,F)$, alors $\varphi+\psi$ et $\lambda\cdot\varphi$ sont des éléments de $\mathcal{L}(E,F)$. En effet :

$$\begin{aligned}(\varphi+\psi)(\alpha\vec{u}+\beta\vec{v}) &= \varphi(\alpha\vec{u}+\beta\vec{v})+\psi(\alpha\vec{u}+\beta\vec{v})\\ &= \alpha\varphi(\vec{u})+\beta\varphi(\vec{v})+\alpha\psi(\vec{u})+\beta\psi(\vec{v})\\ &= \alpha[\varphi(\vec{u})+\psi(\vec{u})]+\beta[\varphi(\vec{v})+\psi(\vec{v})]\\ &= \alpha(\varphi+\psi)(\vec{u})+\beta(\varphi+\psi)(\vec{v})\end{aligned}$$

et ceci pour tout $\vec{u}$ et $\vec{v}$ dans E, α et β dans $\mathbb{R}$.
De même :

$$\begin{aligned}\lambda\varphi(\alpha\vec{u}+\beta\vec{v}) &= \lambda[\alpha\varphi(\vec{u})+\beta\varphi(\vec{v})]\\ &= \lambda\alpha\varphi(\vec{u})+\lambda\beta\varphi(\vec{v})\\ &= \alpha(\lambda\varphi)(\vec{u})+\beta(\lambda\varphi)(\vec{v})\end{aligned}$$

Enfin la vérification des huit axiomes d'espace vectoriel se fait sans difficulté en utilisant la structure de $\mathbb{R}$, e.v. de F.

b) $(\psi\circ\varphi)(\alpha\vec{u}+\beta\vec{v}) = \psi[\varphi(\alpha\vec{u}+\beta\vec{v})] = \psi[\alpha\varphi(\vec{u})+\beta\varphi(\vec{v})] = \alpha\psi[\varphi(\vec{u})]+\beta\psi[\varphi(\vec{v})] = \alpha(\psi\circ\varphi)(\vec{u})+\beta(\psi\circ\varphi)(\vec{v})$ et ceci pour tout $\vec{u}$ et $\vec{v}$ dans E, α et β dans $\mathbb{R}$. Donc $\psi\circ\varphi$ linéaire.

B. Exemples

1) Soit $a\in\mathbb{R}$ et f telle que :

$$\begin{aligned}f\ :\ E &\longrightarrow E\\ \vec{u} &\longmapsto a\vec{u}=f(\vec{u})\end{aligned}$$

f est une application linéaire, en effet :

$$f(\alpha\vec{u}+\beta\vec{v}) = a(\alpha\vec{u}+\beta\vec{v}) = \alpha(a\vec{u})+\beta(a\vec{v}) = \alpha f(\vec{u})+\beta f(\vec{v})$$

d'après la définition 13, $f\in\mathcal{L}(E,E)$.

→ ***Commentaires***

Dans le cas particulier où $E=\mathbb{R}$, l'application

$$\begin{aligned}\mathbb{R} &\longrightarrow \mathbb{R}\\ x &\longmapsto ax\end{aligned}$$

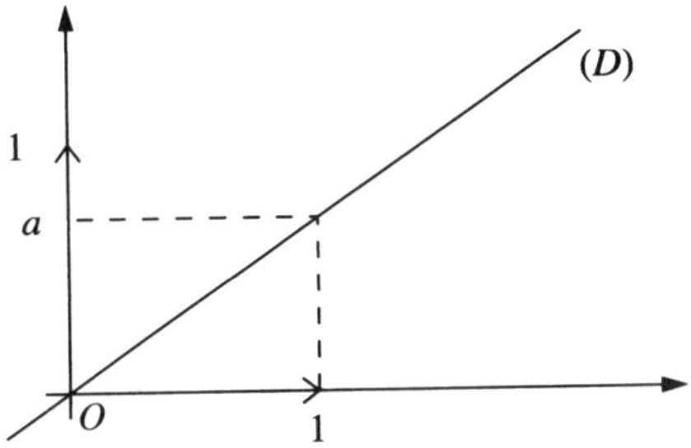

Figure 7.5

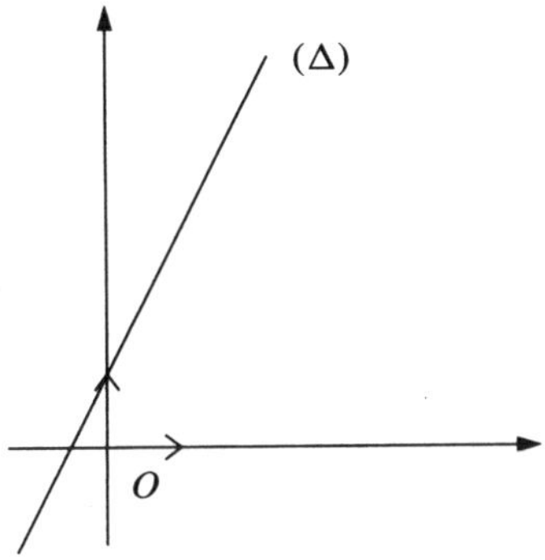

Figure 7.6

dont le graphe (D) est une droite de pente a passant par l'origine, est linéaire (figure 7.5).

L'application affine de $\mathbb{R}$ dans $\mathbb{R}$ de graphe ($\triangle$) telle que :

$$f \ : \ \mathbb{R} \longrightarrow \mathbb{R}$$
$$x \ \mapsto \ 2x+1 = f(x)$$

n'est pas linéaire. En effet $f(x+y) \neq f(x)+f(y)$, la condition (a) de la définition 12 n'est pas satisfaite (figure 7.6).

2) Soit l'application

$$pr_1 \ : \ \mathbb{R}^3 \longrightarrow \mathbb{R}$$
$$\vec{u} = (x,y,z) \ \mapsto \ pr_1(\vec{u}) = x$$

Montrons que cette application, appelée *projection* sur l'axe des x, est linéaire.
Soit $\vec{u} = (x,y,z)$, $\vec{u}' = (x',y',z')$, $\alpha \in \mathbb{R}, \beta \in \mathbb{R}$

$$pr_1(\alpha\vec{u}+\beta\vec{u}') = pr_1(\alpha x+\beta x', \alpha y+\beta y', \alpha z+\beta z') = \alpha x+\beta x'$$
$$\alpha pr_1(\vec{u})+\beta pr_1(\vec{u}') = \alpha x+\beta x'$$

D'où la linéarité de pr_1 *via* la définition 13.

3) Soit l'application

$$\varphi \ : \ \mathbb{R}^2 \longrightarrow \mathbb{R}^3$$
$$(x,y) \ \mapsto \ \varphi(x,y) = (x+y, x-y, x+2y)$$

© Dunod. Toute reproduction non autorisée est un délit.

a) La linéarité de φ se vérifie sans difficulté. En effet :

- Soit $\vec{u} = (x, y)$ et $\vec{v} = (x', y')$

$$\begin{aligned}\varphi(\vec{u} + \vec{v}) &= \varphi(x + x', y + y') \\ &= (x + x' + y + y', x + x' - (y + y'), x + x' + 2(y + y')) \\ &= ((x + y) + (x' + y'), (x - y) + (x' - y'), (x + 2y) + (x' + 2y')) \\ \varphi(\vec{u}) + \varphi(\vec{v}) &= (x + y, x - y, x + 2y) + (x' + y', x' - y', x' + 2y') \\ &= ((x + y) + (x' + y'), (x - y) + (x' - y'), (x + 2y) + (x' + 2y'))\end{aligned}$$

Donc $\varphi(\vec{u} + \vec{v}) = \varphi(\vec{u}) + \varphi(\vec{v})$ et la condition (a) de la définition 12 est satisfaite.

- Soit $\alpha \in \mathbb{R}$ et $\vec{u} = (x, y)$

$$\begin{aligned}\varphi(\alpha\vec{u}) &= \varphi(\alpha x, \alpha y) = (\alpha x + \alpha y, \alpha x - \alpha y, \alpha x + 2\alpha y) \\ &= \alpha(x + y, x - y, x + 2y) = \alpha \cdot \varphi(\vec{u})\end{aligned}$$

et la condition (b) de la définition 12 est satisfaite.

b) Soit $\{\vec{i}, \vec{j}\}$ la base canonique de $\mathbb{R}^2$:

$$\begin{aligned}\varphi(\vec{i}) &= \varphi(1, 0) = (1, 1, 1) = \vec{a} \in \mathbb{R}^3 \\ \varphi(\vec{j}) &= \varphi(0, 1) = (1, -1, 2) = \vec{b} \in \mathbb{R}^3\end{aligned}$$

Soit $\vec{u} = (x, y)$ un vecteur quelconque de $\mathbb{R}^2$.

D'une part $\vec{u} = x\vec{i} + y\vec{j}$, d'autre part φ étant linéaire

$$\begin{aligned}\varphi(\vec{u}) &= \varphi(x, y) = \varphi(x\vec{i} + y\vec{j}) = x\varphi(\vec{i}) + y\varphi(\vec{j}) \\ &= x\vec{a} + y\vec{b}\end{aligned}$$

D'où les conclusions suivantes :

- on connaît entièrement l'application φ si on connaît $\vec{a} = \varphi(\vec{i})$ et $\vec{b} = \varphi(\vec{j})$ les images des vecteurs de la base $\{\vec{i}, \vec{j}\}$;
- $\varphi(\mathbb{R}^2) =$ l'ensemble des images par φ des vecteurs de $\mathbb{R}^2$

$$\begin{aligned}\varphi(\mathbb{R}^2) &= \{\varphi(\vec{u}) \text{ tel que } \vec{u} \in \mathbb{R}^2\} \\ &= \{\varphi(x, y) \text{ tel que } (x, y) \in \mathbb{R}^2\} \\ &= \{x\vec{a} + y\vec{b} \text{ tel que } x \in \mathbb{R} \text{ et } y \in \mathbb{R}\} \\ &= L(S) \quad \text{avec} \quad S = \{\vec{a}, \vec{b}\}\end{aligned}$$

$\varphi(\mathbb{R}^2)$ est donc un espace vectoriel (*cf.* proposition 4), $\varphi(\mathbb{R}^2) \subset \mathbb{R}^3$ donc $\varphi(\mathbb{R}^2)$ est un sous-espace vectoriel de $\mathbb{R}^3$, enfin $\dim \varphi(\mathbb{R}^2) = \text{Rang}\{\vec{a}, \vec{b}\} = 2$ car $\{\vec{a}, \vec{b}\}$ est un système libre de $\mathbb{R}^3$ (puisqu'il s'agit de deux vecteurs non proportionnels). Enfin il est clair que $\varphi(\mathbb{R}^2)$ est *strictement* inclus dans $\mathbb{R}^3$ puisque avec seulement deux vecteurs on ne peut engendrer $\mathbb{R}^3$.

C. Espaces vectoriels isomorphes

Soit E un $\mathbb{R}$ espace vectoriel et $\dim E = n$, on choisit $\mathcal{B} = \{\vec{e}_1, \ldots, \vec{e}_n\}$ une base de E, on définit l'application φ de E dans $\mathbb{R}^n$ telle que :

$$\vec{u} \mapsto \varphi(\vec{u}) = (\alpha_1, \ldots, \alpha_n) \in \mathbb{R}^n \quad \text{si } \vec{u} = \sum_{i=1}^{n} \alpha_i \vec{e}_i$$

ou encore, suivant la notation matrice colonne introduite en II.D.3) : si $\vec{u}$ est représenté par

$$U = \begin{bmatrix} \alpha_1 \\ \vdots \\ \alpha_n \end{bmatrix}$$

On a les résultats suivants :

a) $\forall \vec{u} \in E$, le n-upplet $(\alpha_1, \ldots, \alpha_n) \in \mathbb{R}^n$ existe et est unique (proposition 7) donc φ est bien une application de E dans $\mathbb{R}^n$.

b) $\varphi \in \mathcal{L}(E, \mathbb{R}^n)$, la démonstration est facile quoique longue à écrire.

c) φ est injective, en effet :

$$\varphi(\vec{u}) = \varphi(\vec{v}) = (\alpha_1, \ldots, \alpha_n) \in \mathbb{R}^n$$
$$\Longrightarrow \vec{u} = \sum_{i=1}^{n} \alpha_i \vec{e}_i \quad \text{et} \quad \vec{v} = \sum_{i=1}^{n} \alpha_i \vec{e}_i \Longrightarrow \vec{u} = \vec{v}$$

d) φ est surjective, en effet :
$\forall (\alpha_1, \ldots, \alpha_n) \in \mathbb{R}^n$, le n-upplet $(\alpha_1, \ldots, \alpha_n)$ est image du vecteur $\vec{u} = \sum_{i=1}^{n} \alpha_i \vec{e}_i \in E$.

• Définition 15

φ application linéaire bijective de E dans $\mathbb{R}^n$ est appelée *isomorphisme* de E dans $\mathbb{R}^n$. On dit que les espaces vectoriels E et $\mathbb{R}^n$ sont *isomorphes*, avec le sens de « même forme », sous-entendu algébrique.

© Dunod. Toute reproduction non autorisée est un délit.

• **Théorème 2**

Tout $\mathbb{R}$ espace vectoriel de dimension n est isomorphe à l'espace vectoriel $\mathbb{R}^n$.
La démonstration est traitée dans l'exemple ci-dessus.

→ ***Commentaire***

Soit F un $\mathbb{R}$ espace vectoriel. Une application linéaire bijective de E dans F est appelée isomorphisme de E dans F.

D. Propriétés

• **Proposition 10**

a) Si $\varphi \in \mathcal{L}(E, F)$, alors $\varphi(\vec{0}_E) = \vec{0}_F$ et $\varphi(-\vec{u}) = -\varphi(\vec{u})$, $\forall \vec{u} \in E$.

b) Soit Id_E l'application identique de E dans E telle que $\vec{u} \mapsto Id_E(\vec{u}) = \vec{u}$.
$Id_E \in \mathcal{L}(E, E)$ et Id_E est un isomorphisme de E dans E.
Id_E se note plus simplement I s'il n'y a pas d'ambiguïté.

Démonstration :

a) Soit $\vec{u} \in E$, sachant que $0 \cdot \vec{u} = \vec{0}_E$ on a :

$$\varphi(\vec{0}_E) = \varphi(0 \cdot \vec{u}) = 0 \cdot \varphi(\vec{u}) = \vec{0}_F$$

De même, sachant que $(-1) \cdot \vec{u} = -\vec{u}$, on a :

$$\varphi(-\vec{u}) = \varphi((-1) \cdot \vec{u}) = (-1) \cdot \varphi(\vec{u}) = -\varphi(\vec{u})$$

b) Aucune difficulté.

• **Théorème 3**

Soit E et F deux $\mathbb{R}$ espaces vectoriels, $\{\vec{a}_1, \ldots, \vec{a}_n\}$ une *base* de E et $S = \{\vec{b}_1, \ldots, \vec{b}_n\}$ un système *quelconque* de n vecteurs de F. Alors :

a) Il existe une application linéaire φ et une seule telle que :

$$\varphi(\vec{a}_1) = \vec{b}_1, \ldots, \varphi(\vec{a}_n) = \vec{b}_n$$

b) φ est *injective* si et seulement si $S = \{\vec{b}_1, \ldots, \vec{b}_n\}$ est un système *libre* de F.

c) φ est *surjective* si et seulement si $S = \{\vec{b}_1, \ldots, \vec{b}_n\}$ est un système *générateur* de F.

d) φ est *bijective* si et seulement si $S = \{\vec{b}_1, \ldots, \vec{b}_n\}$ est une *base* de F.

Démonstration :
a) Soit $\varphi \in \mathcal{L}(E, F)$ telle que $\varphi(\vec{a}_i) = \vec{b}_i$, $i = 1, \ldots, n$.
Montrons que l'on sait calculer $\varphi(\vec{u})$ pour tout $\vec{u}$ de E.

$\vec{u} = \sum_{i=1}^{n} \alpha_i \vec{a}_i$ (car $\{\vec{a}_1, ..., \vec{a}_n\}$ base de E).

$$\varphi(\vec{u}) = \sum_{i=1}^{n} \alpha_i \varphi(\vec{a}_i) \text{ (car } \varphi \text{ linéaire)}$$

$= \sum_{i=1}^{n} \alpha_i \vec{b}_i$. (La connaissance des $\vec{b}_i$ nous permet de calculer $\varphi(\vec{u})$, d'où l'existence de φ.)

Montrons l'unicité de φ en utilisant le procédé bien connu : « s'il y en avait deux elles seraient les mêmes ». Soit $\varphi \in \mathcal{L}(E, F)$ et $\psi \in \mathcal{L}(E, F)$ telles que $\varphi(\vec{a}_i) = \psi(\vec{a}_i) = \vec{b}_i, \quad i = 1, ..., n$

$$\vec{u} = \sum_{i=1}^{n} \alpha_i \vec{a}_i \text{ alors } \varphi(\vec{u}) = \sum_{i=1}^{n} \alpha_i \vec{b}_i = \sum_{i=1}^{n} \alpha_i \psi(\vec{a}_i) = \psi\left(\sum_{i=1}^{n} \alpha_i \vec{a}_i\right) = \psi(\vec{u}).$$

Conclusion : $\forall \vec{u} \in E, \ \varphi(\vec{u}) = \psi(\vec{u})$ c'est-à-dire $\varphi = \psi$.

On démontre à présent, les parties b) et c) du théorème sachant que la partie d) en résulte immédiatement.

b) Soit φ injective. On a les implications suivantes :

$$\begin{aligned}
&\alpha_1 \vec{b}_1 + \ldots + \alpha_n \vec{b}_n = \vec{0}_F \\
\Longrightarrow\ &\alpha_1 \varphi(\vec{a}_1) + \ldots + \alpha_n \varphi(\vec{a}_n) = \vec{0}_F \quad \text{(par définition des } \vec{b}_i) \\
\Longrightarrow\ &\varphi(\alpha_1 \vec{a}_1 + \ldots + \alpha_n \vec{a}_n) = \vec{0}_F \quad \text{(car } \varphi \text{ linéaire)} \\
\Longrightarrow\ &\alpha_1 \vec{a}_1 + \ldots + \alpha_n \vec{a}_n = \vec{0}_E \quad (\textit{via} \text{ la proposition 10 et } \varphi \text{ injective}) \\
\Longrightarrow\ &\alpha_1 = \ldots = \alpha_n = 0 \quad \text{(car } \{\vec{a}_1, \ldots, \vec{a}_n\} \text{ libre)}
\end{aligned}$$

D'où finalement l'implication :

$$\alpha_1 \vec{b}_1 + \ldots + \alpha_n \vec{b}_n = \vec{0} \Longrightarrow \alpha_1 = \alpha_2 = \ldots = \alpha_n = 0$$

et d'après le corollaire de la proposition 5 on conclut $\{\vec{b}_1, \ldots, \vec{b}_n\}$ système libre.

© Dunod. Toute reproduction non autorisée est un délit.

Réciproquement, soit $S = \{\vec{b}_1, \ldots, \vec{b}_n\}$ libre. Considérons $\vec{u} = \sum_{i=1}^{n} \alpha_i \vec{a}_i$ et $\vec{v} = \sum_{i=1}^{n} \beta_i \vec{a}_i$ deux vecteurs de E. On a les implications suivantes :

$$
\begin{aligned}
&\varphi(\vec{u}) = \varphi(\vec{v}) \\
&\Longrightarrow \sum_{i=1}^{n} \alpha_i \varphi(\vec{a}_i) = \sum_{i=1}^{n} \beta_i \varphi(\vec{a}_i) \\
&\Longrightarrow \sum_{i=1}^{n} \alpha_i \vec{b}_i = \sum_{i=1}^{n} \beta_i \vec{b}_i \\
&\Longrightarrow \alpha_i = \beta_i,\ i = 1, \ldots, n \quad \text{(car } S \text{ libre)} \\
&\Longrightarrow \vec{u} = \vec{v}
\end{aligned}
$$

Donc :

$$\forall \vec{u},\ \vec{v} \in E,\ \varphi(\vec{u}) = \varphi(\vec{v}) \Longrightarrow \vec{u} = \vec{v}$$

c'est-à-dire que φ est une application injective de E dans F.

Montrons maintenant la partie c) du théorème.

c) Soit φ surjective, c'est-à-dire :

$$\forall \vec{y} \in F,\ \exists \vec{u} \in E \text{ tel que } \varphi(\vec{u}) = \vec{y}$$

Donc :

$$\vec{y} = \varphi\left(\sum_{i=1}^{n} \alpha_i \vec{a}_i\right) = \sum_{i=1}^{n} \alpha_i \varphi(\vec{a}_i) = \sum_{i=1}^{n} \alpha_i \vec{b}_i$$

d'où $\vec{y} \in L(S)$ et S engendre F.

Réciproquement, soit S un système générateur de F. Alors $\forall \vec{y} \in F$

$$\vec{y} = \sum_{i=1}^{n} \beta_i \vec{b}_i = \sum_{i=1}^{n} \beta_i \varphi(\vec{a}_i) = \sum_{i=1}^{n} \varphi(\beta_i \vec{a}_i) = \varphi(\vec{u})$$

avec $\vec{u} = \sum_{i=1}^{n} \beta_i \vec{a}_i \in E$.

Conclusion : tout vecteur $\vec{y}$ de F est image par φ d'au moins un vecteur $\vec{u}$ de E, φ est donc surjective.

Point méthode

Pour savoir si une application linéaire φ de E dans F est injective (respectivement surjective, bijective) il suffit de regarder si une base de E est transformée par φ en un système libre (respectivement générateur, base).

▶ **Exemple**

$$\begin{array}{rcl} \varphi \quad : & \mathbb{R}^2 & \longrightarrow \mathbb{R}^3 \\ & \vec{u} = (x, y) & \mapsto \quad \varphi(\vec{u}) = (x + y, x - y, x + 2y) \end{array}$$

On a vu en B-3 que φ était linéaire.

Choisissons : $\{\vec{a}_1, \vec{a}_2\}$ la base canonique de $\mathbb{R}^2$. Calculons :

$$\vec{b}_1 = \varphi(\vec{a}_1) = \varphi(1, 0) = (1, 1, 1)$$

$$\vec{b}_2 = \varphi(\vec{a}_2) = \varphi(0, 1) = (1, -1, 2)$$

Concluons : $S = \{\vec{b}_1, \vec{b}_2\}$ est libre (car les deux vecteurs ne sont pas colinéaires) donc φ est injective ; $S = \{\vec{b}_1, \vec{b}_2\}$ n'engendre pas $\mathbb{R}^3$ (qui est de dimension 3) donc φ non surjective.

▶ **Exemple**

$$\begin{array}{rcl} \psi \quad : & \mathbb{R}^3 & \longrightarrow \mathbb{R}^2 \\ & \vec{u} = (x, y, z) & \mapsto \quad \psi(\vec{u}) = (x + y + z, x - y + z) \end{array}$$

On montre sans difficulté que ψ est linéaire.

Choisissons : $\{\vec{a}_1, \vec{a}_2, \vec{a}_3\}$ la base canonique de $\mathbb{R}^3$. Calculons :

$$\vec{b}_1 = \psi(\vec{a}_1) = \psi(1, 0, 0) = (1, 1)$$

$$\vec{b}_2 = \psi(\vec{a}_2) = \psi(0, 1, 0) = (1, -1)$$

$$\vec{b}_3 = \psi(\vec{a}_3) = \psi(0, 0, 1) = (1, 1)$$

Concluons : $S = \{\vec{b}_1, \vec{b}_2, \vec{b}_3\}$ engendre $\mathbb{R}^2$ (facile à voir) donc ψ surjective ; $S = \{\vec{b}_1, \vec{b}_2, \vec{b}_3\}$ n'est pas libre, car $\dim(\mathbb{R}^2) = 2$, *donc ψ non injective.*

© Dunod. Toute reproduction non autorisée est un délit.

E. Noyau et image d'une application linéaire

• Définition 16

Soit φ une application linéaire de E dans F.
On appelle *Noyau* de φ l'ensemble noté Ker φ tel que :

$$\text{Ker } \varphi = \{\vec{u} \in E \text{ tel que } \varphi(\vec{u}) = \vec{0}_F\}$$

On le note aussi $\varphi^{-1}(\{\vec{0}_F\})$.
(La notation Ker vient de Kernel qui signifie noyau en Allemand.)
On appelle *Image* de φ l'ensemble $\varphi(E)$ noté aussi Imφ, tel que :

$$\varphi(E) = \{\vec{w} \in F \text{ tel que } \vec{w} = \varphi(\vec{u}), \vec{u} \in E\}.$$

• Proposition 11

Soit E et F deux $\mathbb{R}$ e.v. et φ application linéaire de E dans F. Alors $\varphi(E)$ est un sous-espace vectoriel de F et Ker φ est un sous-espace vectoriel de E.

Démonstration : soit $\{\vec{a}_1, \ldots, \vec{a}_n\}$ une base de E.

$$\begin{aligned}\varphi(E) &= \{\vec{w} = \varphi(\vec{u}),\ \vec{u} = \sum_{i=1}^{n} \alpha_i \vec{a}_i \in E\} \\ &= \left\{\vec{w} = \sum_{i=1}^{n} \alpha_i \varphi(\vec{a}_i),\ \alpha_1, \ldots, \alpha_n \in \mathbb{R}\right\} \\ &= L(S) \quad \text{avec} \quad S = \{\varphi(\vec{a}_1), \ldots, \varphi(\vec{a}_n)\}\end{aligned}$$

et on sait que $L(S)$ est un $\mathbb{R}$ e.v. (*cf.* proposition 4).

Montrons que Ker φ est un sous-espace vectoriel de E. Soit $\vec{u}$ et $\vec{v}$ deux vecteurs de Ker φ et α et β dans $\mathbb{R}$. Alors $\varphi(\alpha\vec{u}+\beta\vec{v}) = \alpha\varphi(\vec{u})+\beta\varphi(\vec{v}) = \vec{0}_F$ car $\vec{u} \in \text{Ker } \varphi \Rightarrow \varphi(\vec{u}) = \vec{0}_F$ et $\vec{v} \in \text{Ker } \varphi \Rightarrow \varphi(\vec{v}) = \vec{0}_F$. Donc $\alpha\vec{u} + \beta\vec{v} \in \text{Ker } \varphi$, donc Ker φ est un sous-espace vectoriel de E.

• Définition 17

On appelle *rang* de l'application linéaire φ la dimension de $\varphi(E)$.

→ *Commentaire*

Avec les notations utilisées dans la démonstration de la proposition 11, on a :

$$\text{rang } \varphi = \dim \varphi(E) = \dim L(S) = \text{rang } S$$

• Corollaire de la proposition 11

Si φ est une application linéaire de E dans F, alors rang $\varphi \leqslant \dim E$.

Démonstration : rang $\varphi = \dim \varphi(E) = \text{rang}\{\varphi(\vec{a}_1), \ldots, \varphi(\vec{a}_n)\}$ ($\{\vec{a}_1, \ldots, \vec{a}_n\}$ base de E) d'où rang $\varphi \leqslant n = \dim E$.

• Proposition 12

Soit φ application linéaire de E dans F.

$$\varphi \text{ injective} \iff \text{Ker}\varphi = \{\vec{0}_E\}$$

Démonstration :

« $\Longrightarrow$ » : soit φ injective. D'une part $\varphi(\vec{0}_E) = \vec{0}_F$ (car φ linéaire), d'autre part $\vec{0}_F$ a pour seul antécédent $\vec{0}_E$ (car φ injective). D'où les équivalences suivantes :

$$\vec{u} \in \operatorname{Ker}\varphi \Longleftrightarrow \varphi(\vec{u}) = \vec{0}_F \Longleftrightarrow \vec{u} = \vec{0}_E$$

Conclusion : $\operatorname{Ker}\varphi = \{\vec{0}_E\}$.

« $\Longleftarrow$ » : soit $\operatorname{Ker}\varphi = \{\vec{0}_E\}$, alors : $\forall \vec{u} \in E, \forall \vec{v} \in E$

$$\begin{aligned}\varphi(\vec{u}) = \varphi(\vec{v}) &\Longrightarrow \varphi(\vec{u} - \vec{v}) = \vec{0}_F \\ &\Longrightarrow \vec{u} - \vec{v} = \vec{0}_E \Longrightarrow \vec{u} = \vec{v}\end{aligned}$$

Conclusion : φ injective.

• Théorème 4

Soit E et F deux $\mathbb{R}$ e.v. et φ une application linéaire de E dans F. Alors :

a) $\dim \operatorname{Ker}\varphi + \dim \varphi(E) = \dim E$ (Théorème des dimensions ou Théorème du rang)

b) φ injective $\Longleftrightarrow$ rang $\varphi = \dim E$

c) φ surjective $\Longleftrightarrow$ rang $\varphi = \dim F$

d) φ bijective $\Longleftrightarrow$ rang $\varphi = \dim E = \dim F$

e) Si $\dim E = \dim F$, alors φ injective $\Longleftrightarrow$ φ surjective.

Démonstration : Soit $\{\vec{a}_1, \ldots, \vec{a}_n\}$ une base quelconque de E et $S = \{\varphi(\vec{a}_1), \ldots, \varphi(\vec{a}_n)\}$, par définition du rang d'une application linéaire φ et du rang d'un système de vecteurs, on a les égalités :

$$\operatorname{Rang}\varphi = \dim \varphi(E) = \dim L(S) = \operatorname{Rang} S$$

Montrons a)

– Cas φ injective. D'après b) $\dim \varphi(E) = \dim E = n$, d'après la proposition 12 $\dim \operatorname{Ker}\varphi = \dim\{\vec{0}_E\} = 0$, d'où a).

– Cas φ non injective. D'après la proposition 12, il existe $\vec{u} \in \operatorname{Ker}\varphi$, $\vec{u} \neq \vec{0}_E$. D'après la proposition 11, $\operatorname{Ker}\varphi$ est un sous-espace vectoriel de E. Soit $S_1 = \{\vec{e}_1, ..., \vec{e}_p\}$, $p \leqslant n$, une base de $\operatorname{Ker}\varphi$. Soit $S' = \{\vec{e}_1, ..., \vec{e}_p, \vec{e}_{p+1}, ..., \vec{e}_n\}$ une base de E construite en complétant le système libre S_1 (Corollaire 2 du Théorème 1 : théorème de la base incomplète).

  Montrons que $T = \{\varphi(\vec{e}_{p+1}), ..., \varphi(\vec{e}_n)\}$ est une base de $\varphi(E)$.

© Dunod. Toute reproduction non autorisée est un délit.

T est libre, en effet :
$\alpha_{p+1}\varphi(\vec{e}_{p+1}) + \ldots + \alpha_n\varphi(\vec{e}_n) = \vec{0}_F \Longrightarrow \varphi(\alpha_{p+1}\vec{e}_{p+1} + \ldots + \alpha_n\vec{e}_n) = \vec{0}_F$
$\Longrightarrow \alpha_{p+1}\vec{e}_{p+1}+\ldots+\alpha_n\vec{e}_n \in \operatorname{Ker}\varphi \Longrightarrow \alpha_{p+1}\vec{e}_{p+1}+\ldots+\alpha_n\vec{e}_n = \beta_1\vec{e}_1+\ldots+\beta_p\vec{e}_p$
$\Longrightarrow \beta_1\vec{e}_1 + \ldots + \beta_p\vec{e}_p - \alpha_{p+1}\vec{e}_{p+1} - \ldots - \alpha_n\vec{e}_n = \vec{0}_E \Longrightarrow \beta_1 = \ldots = \beta_p = \alpha_{p+1} = \ldots = \alpha_n = 0$
$\Longrightarrow \alpha_{p+1} = \ldots = \alpha_n = 0$
Donc T est libre.
T engendre $\varphi(E)$, en effet :
Soit $\vec{w} \in \varphi(E)$, alors $\vec{w} = \varphi(\vec{v})$ avec $\vec{v} \in E$ et $\vec{v} = \gamma_1\vec{e}_1 + \ldots + \gamma_p\vec{e}_p + \gamma_{p+1}\vec{e}_{p+1} + \ldots + \gamma_n\vec{e}_n$.
$\varphi(\vec{v}) = \varphi(\gamma_1\vec{e}_1 + \ldots + \gamma_p\vec{e}_p) + \gamma_{p+1}\varphi(\vec{e}_{p+1}) + \ldots + \gamma_n\varphi(\vec{e}_n)$.
Or $\gamma_1\vec{e}_1 + \ldots + \gamma_p\vec{e}_p \in \operatorname{Ker}\varphi$ donc $\varphi(\gamma_1\vec{e}_1 + \ldots + \gamma_p\vec{e}_p) = \vec{0}_F$
donc $\varphi(\vec{v}) = \vec{w} = \gamma_{p+1}\varphi(\vec{e}_{p+1}) + \ldots + \gamma_n\varphi(\vec{e}_n)$. Donc T engendre $\varphi(E)$.

Les résultats b), c), d), e) sont conséquences immédiates du théorème 3, en effet :

b) φ injective $\Longleftrightarrow S$ libre avec rang $S = n = \dim E = \operatorname{rang}\varphi$;

c) φ surjective $\Longleftrightarrow S$ engendre F
$\Longleftrightarrow F = L(S)$ et $\dim F = \dim L(S) = \operatorname{rang}\varphi$;

– Les résultats d) et e) résultent de b) et c).

▶ **Exemple**

On suppose que $\mathbb{R}^3$ *et* $\mathbb{R}^4$ *sont munis des bases canoniques.*

$$\begin{aligned} \varphi \quad : \quad & \mathbb{R}^3 && \to \mathbb{R}^4 \\ & \vec{u} = (x, y, z) && \mapsto \varphi(\vec{u}) = (x + y, x + z, x - z + 2y, y - z) \end{aligned}$$

On montre sans difficulté que φ *est linéaire.*

$$\begin{aligned} \operatorname{Ker}\varphi &= \{\vec{u} \in \mathbb{R}^3 \text{ tel que } \varphi(\vec{u}) = \vec{0}_{\mathbb{R}^4}\} \\ &= \{(x, y, z) \in \mathbb{R}^3 \text{ tel que } (x + y, x + z, x - z + 2y, y - z) \\ &\qquad = (0, 0, 0, 0)\}. \end{aligned}$$

Donc pour déterminer Ker φ *il faut résoudre*

$$\begin{cases} x + y = 0 \\ x + z = 0 \\ x - z + 2y = 0 \\ y - z = 0 \end{cases}$$

ce qui donne $y = -x$, $z = -x$, $y = z$. *Donc* $\operatorname{Ker}\varphi = \{(x, -x, -x) \in \mathbb{R}^3$ tel que $x \in \mathbb{R}\} = \{x(1, -1, -1) \in \mathbb{R}^3$ tel que $x \in \mathbb{R}\}$. Ker φ *est un sous-espace vectoriel de* $\mathbb{R}^3$ *de dimension* 1. *Une base en est* $\{(1, -1, -1)\}$.

Comme $\dim \operatorname{Ker} \varphi + \dim \varphi(\mathbb{R}^3) = \dim \mathbb{R}^3$, *on en déduit que*

$$\dim \varphi(\mathbb{R}^3) = 3 - 1 = 2.$$

Pour trouver une base de $\varphi(\mathbb{R}^3)$ *on utilise le fait que* $\varphi(\mathbb{R}^3)$ *est engendré par* $\{\varphi(\vec{e}_1), \varphi(\vec{e}_2), \varphi(\vec{e}_3)\}$, *où* $\{\vec{e}_1, \vec{e}_2, \vec{e}_3\}$ *est la base canonique de* $\mathbb{R}^3$.

$$\varphi(\vec{e}_1) = (1, 1, 1, 0),\ \varphi(\vec{e}_2) = (1, 0, 2, 1),\ \varphi(\vec{e}_3) = (0, 1, -1, -1).$$

Ce système générateur $\{\varphi(\vec{e}_1), \varphi(\vec{e}_2), \varphi(\vec{e}_3)\}$ *est lié. Sachant que* $\dim \varphi(\mathbb{R}^3) = 2$ *on en extrait une base de* $\varphi(\mathbb{R}^3)$: $\{\varphi(\vec{e}_2), \varphi(\vec{e}_3)\} = \{(1, 0, 2, 1), (0, 1, -1, -1)\}$

IV. Matrice d'une application linéaire

L'étudiant, qui souhaite apprendre les techniques du calcul matriciel avant d'en comprendre le lien avec les applications linéaires, passera directement en C.

A. Écriture matricielle

Soit E un $\mathbb{R}$ e.v., $\dim E = n$ et $\mathcal{B}_E = \{\vec{e}_1, \ldots, \vec{e}_n\}$ une base de E. Soit F un $\mathbb{R}$ e.v., $\dim F = m$ et $\mathcal{B}_F = \{\vec{f}_1, \ldots, \vec{f}_m\}$ une base de F. Enfin, soit φ application linéaire de E dans F.

D'après le théorème 3 a), φ est entièrement déterminée si l'on connaît chacun des vecteurs de la famille $\{\varphi(\vec{e}_1), \ldots, \varphi(\vec{e}_n)\}$, ce qui revient à connaître les composantes dans la base $\mathcal{B}_F$ de chacun des vecteurs $\varphi(\vec{e}_j)$, $j = 1, \ldots, n$.

On réintroduit ici la nouvelle notation, d'une efficacité redoutable, invention de génie, tout autant qu'à leur époque la brouette et sa roue : *la notation à deux indices*. Ainsi on écrira :

$$(I)\quad \left[\begin{array}{l} \varphi(\vec{e}_{\mathbf{1}}) = a_{1\mathbf{1}}\vec{f}_1 + a_{2\mathbf{1}}\vec{f}_2 + \ldots + a_{m\mathbf{1}}\vec{f}_m \\ \varphi(\vec{e}_{\mathbf{2}}) = a_{1\mathbf{2}}\vec{f}_1 + a_{2\mathbf{2}}\vec{f}_2 + \ldots + a_{m\mathbf{2}}\vec{f}_m \\ \qquad\vdots \\ \varphi(\vec{e}_{\mathbf{j}}) = a_{1\mathbf{j}}\vec{f}_1 + a_{2\mathbf{j}}\vec{f}_2 + \ldots + a_{m\mathbf{j}}\vec{f}_m \\ \qquad\vdots \\ \varphi(\vec{e}_{\mathbf{n}}) = a_{1\mathbf{n}}\vec{f}_1 + a_{2\mathbf{n}}\vec{f}_2 + \ldots + a_{m\mathbf{n}}\vec{f}_m \end{array}\right.$$

Ces n égalités déterminent entièrement l'application linéaire φ. Elles sont définies par le biais de $m \times n$ nombres réels notés $a_{ij},\ {\scriptstyle i=1,\ldots,m \atop j=1,\ldots,n}$.

© Dunod. Toute reproduction non autorisée est un délit.

Il est commode de représenter ces n égalités de la manière suivante afin d'éviter la répétition d'écriture des vecteurs $\vec{f_1}, \ldots, \vec{f_m}$ de la base $\mathcal{B}_F$:

$$\begin{array}{cccccc} \varphi(\vec{e}_1) & \varphi(\vec{e}_2) & \ldots & \varphi(\vec{e}_j) & \ldots & \varphi(\vec{e}_n) \end{array}$$

$$\begin{bmatrix} a_{11} & a_{12} & \ldots & a_{1j} & \ldots & a_{1n} \\ a_{21} & a_{22} & \ldots & a_{2j} & \ldots & a_{2n} \\ \vdots & \vdots & & \vdots & & \vdots \\ a_{i1} & a_{i2} & \ldots & a_{ij} & \ldots & a_{in} \\ \vdots & \vdots & & \vdots & & \vdots \\ a_{m1} & a_{m2} & \ldots & a_{mj} & \ldots & a_{mn} \end{bmatrix} \begin{array}{c} \vec{f_1} \\ \vec{f_2} \\ \vdots \\ \vec{f_i} \\ \vdots \\ \vec{f_m} \end{array}$$

Ainsi apparaît la tableau A tel que :

$$A = \begin{bmatrix} a_{11} & a_{12} & \ldots & a_{1j} & \ldots & a_{1n} \\ a_{21} & a_{22} & \ldots & a_{2j} & \ldots & a_{2n} \\ \vdots & \vdots & & \vdots & & \vdots \\ a_{i1} & a_{i2} & \ldots & a_{ij} & \ldots & a_{in} \\ \vdots & \vdots & & \vdots & & \vdots \\ a_{m1} & a_{m2} & \ldots & a_{mj} & \ldots & a_{mn} \end{bmatrix} \begin{array}{l} \\ \\ \\ \leftarrow \text{ligne } i \\ \\ \\ \end{array}$$

$$\uparrow$$

colonne j

où la j-ième colonne est celle des composantes du vecteur $\varphi(\vec{e}_j)$ dans la base $\mathcal{B}_F = \{\vec{f_1}, \ldots, \vec{f_m}\}$.

• Définition 18

Le tableau A ci-dessus de $m \times n$ nombres réels a_{ij} rangés en m lignes et n colonnes s'appelle une *matrice* de *type* (m, n) – ou encore de *format* (m, n). La notation standard est la suivante :

$$A = A(m, n) = (a_{ij})_{\substack{i=1,\ldots,m \\ j=1,\ldots,n}} = \begin{bmatrix} a_{11} & \ldots & a_{1n} \\ \vdots & \vdots & \vdots \\ \ldots & a_{ij} & \ldots \\ \vdots & \vdots & \vdots \\ a_{m1} & \ldots & a_{mn} \end{bmatrix}$$

→ ***Commentaires***

Le nombre réel a_{ij} se trouve donc à la i-ième ligne et j-ième colonne de la matrice $A = (a_{ij})_{\substack{i=1,\dots,m \\ j=1,\dots,n}}$.

On retiendra qu'une matrice est un tableau avec des lignes et des colonnes de nombres réels. Ce tableau tel que présenté ci-dessus, une fois choisies une base de E et une base de F, définit une application linéaire φ et une seule du $\mathbb{R}$ e.v. E dans le $\mathbb{R}$ e.v. F.

D'où la proposition suivante :

• Proposition 13

Soit E et F deux $\mathbb{R}$ e.v., $\dim E = n$, $\dim F = m$. On choisit $\mathcal{B}_E$ et $\mathcal{B}_F$ bases respectives de E et F. À toute application linéaire φ de E dans F est associée une matrice $A(m,n) = (a_{ij})_{\substack{i=1,\dots,m \\ j=1,\dots,n}}$ où les a_{ij} sont définis par les n égalités (I) ci-dessus. Réciproquement, à toute matrice $A(m,n)$ est associée une application linéaire φ. La matrice $A(m,n)$ s'appelle la *matrice associée à l'application linéaire* φ dans les bases $\mathcal{B}_E$ et $\mathcal{B}_F$.

• Définition 19

Soit A la matrice associée à φ application linéaire de E dans F. On appelle *rang* de la matrice A le rang de l'application linéaire φ, c'est-à-dire :

$$\text{Rang}\, A = \text{Rang}\, \varphi = \dim \varphi(E) = \dim L(S) = \text{Rang}\, S$$

où $S = \{\varphi(\vec{e}_1)\dots\varphi(\vec{e}_n)\}$ avec $\{\vec{e}_1,\dots,\vec{e}_n\} = \mathcal{B}_E$ une base de E.

B. Étude d'exemples

1) Soit $\varphi : \mathbb{R}^2 \to \mathbb{R}^3$ telle que $\vec{u} = (x,y) \mapsto \varphi(\vec{u}) = (x+y, x-y, x+2y)$ application linéaire vue en III.B.3. On choisit la base canonique de $\mathbb{R}^2$:

$\vec{e}_1 = (1,0)$, $\vec{e}_2 = (0,1)$. On choisit la base canonique de $\mathbb{R}^3$: $\vec{f}_1 = (1,0,0)$, $\vec{f}_2 = (0,1,0)$, $\vec{f}_3 = (0,0,1)$. On calcule :

$$\varphi(\vec{e}_1) = (1,1,1) = \vec{f}_1 + \vec{f}_2 + \vec{f}_3 \quad \text{et} \quad \varphi(\vec{e}_2) = (1,-1,2) = \vec{f}_1 - \vec{f}_2 + 2\vec{f}_3$$

La matrice $A(3, 2)$ associée à φ dans les bases choisies est donc :

$$\begin{array}{cc} & \begin{array}{cc} \varphi(\vec{e}_1) & \varphi(\vec{e}_2) \end{array} \\ A(3,2) = & \begin{bmatrix} 1 & 1 \\ 1 & -1 \\ 1 & 2 \end{bmatrix} \begin{array}{c} \vec{f}_1 \\ \vec{f}_2 \\ \vec{f}_3 \end{array} \end{array}$$

© Dunod. Toute reproduction non autorisée est un délit.

→ ***Commentaires***

Il est clair que la matrice trouvée $A(3,2)$ dépend des bases choisies dans $\mathbb{R}^2$ et $\mathbb{R}^3$. En choisissant d'autres bases on aurait trouvé une *autre* matrice $B(3, 2)$ pour cette *même* application linéaire φ.

Enfin :

$$\text{Rang } A = \text{Rang } \varphi = \text{Rang}\{\varphi(\vec{e}_1), \varphi(\vec{e}_2)\} = 2$$

car $\{\varphi(\vec{e}_1), \varphi(\vec{e}_2)\}$ système libre.

2) Soit :

$$\begin{aligned} \psi \quad : \quad & \mathbb{R}^3 \longrightarrow \mathbb{R}^2 \\ & \vec{u} = (x, y, z) \mapsto \psi(\vec{u}) = (x + y + z, x - y + z) \end{aligned}$$

l'application linéaire vue en III.C. On choisit dans $\mathbb{R}^3$ (respectivement $\mathbb{R}^2$) la base canonique $\vec{e}_1 = (1, 0, 0)$, $\vec{e}_2 = (0, 1, 0)$, $\vec{e}_3 = (0, 0, 1)$ (respectivement la base canonique $\vec{f}_1 = (1, 0)$, $\vec{f}_2 = (0, 1)$).

$$\begin{aligned} \psi(\vec{e}_1) &= (1, 1) = \vec{f}_1 + \vec{f}_2 \\ \psi(\vec{e}_2) &= (1, -1) = \vec{f}_1 - \vec{f}_2 \\ \psi(\vec{e}_3) &= (1, 1) = \vec{f}_1 + \vec{f}_2 \end{aligned}$$

La matrice $A(2, 3)$ associée à ψ dans les bases choisies est la suivante :

$$\begin{array}{cc} & \begin{array}{ccc} \psi(\vec{e}_1) & \psi(\vec{e}_2) & \psi(\vec{e}_3) \end{array} \\ A(2,3) = & \begin{bmatrix} 1 & 1 & 1 \\ & & \\ 1 & -1 & 1 \end{bmatrix} \begin{array}{c} \vec{f}_1 \\ \\ \vec{f}_2 \end{array} \end{array}$$

Enfin :

$$\text{Rang } A = \text{Rang } \psi = \text{Rang}\{\psi(\vec{e}_1), \psi(\vec{e}_2), \psi(\vec{e}_3)\} = 2$$

→ ***Commentaires***

La proposition 13 amène les questions suivantes : si φ et ψ sont deux applications linéaires ayant respectivement A et B pour matrice, comment calculer les matrices de $\varphi + \psi$, $\varphi \circ \psi$, $\psi \circ \varphi$ dans le cas où ces applications linéaires sont bien définies ? Même question pour la matrice de $\lambda\varphi$ avec $\lambda \in \mathbb{R}$?

C. Algèbre des matrices

1) Notations

Dans ce paragraphe une matrice A, objet mathématique à part entière, est un tableau de nombres réels avec m lignes et n colonnes présenté de la manière suivante (la notation $A(m,n)$ est précisée ci-dessous) :

$$\underset{A(2,2)}{\begin{bmatrix} 1 & 3 \\ 2 & 5 \end{bmatrix}} \; ; \; \underset{A(4,1)}{\begin{bmatrix} 4 \\ 3 \\ 2 \\ 1 \end{bmatrix}} \; ; \; \underset{A(1,3)}{\begin{bmatrix} 11 & 13 & 0{,}5 \end{bmatrix}} \; ; \; \underset{A(3,2)}{\begin{bmatrix} 6 & 2 \\ 3 & 9 \\ 9 & 3 \end{bmatrix}}$$

On note a_{ij} le nombre réel, appelé coefficient de la matrice, qui se trouve à la i-ième ligne et la j-ième colonne. On écrit $A = (a_{ij})_{\substack{i=1,\ldots,m \\ j=1,\ldots,n}}$ une matrice à m lignes et n colonnes.

De manière explicite l'écriture de A est la suivante :

$$A = \begin{bmatrix} a_{11} & a_{12} & \ldots & a_{1j} & \ldots & a_{1n} \\ a_{21} & a_{22} & \ldots & a_{2j} & \ldots & a_{2n} \\ \vdots & \vdots & & \vdots & & \vdots \\ a_{i1} & a_{i2} & \ldots & a_{ij} & \ldots & a_{in} \\ \vdots & \vdots & & \vdots & & \vdots \\ a_{m1} & a_{m2} & \ldots & a_{mj} & \ldots & a_{mn} \end{bmatrix}$$

- On dit que A est de *format* (m,n), ou de *type* (m,n). Pour indiquer que A est une matrice avec m lignes et n colonnes on pourra noter $A(m,n)$. Enfin on désigne par $\mathcal{M}(m,n)$ l'ensemble des matrices de format (m,n).
- Si $n = 1$, $A(m,1)$ est dite *matrice colonne*. Exemple la matrice $A(4,1)$ ci-dessus.
- Si $m = 1$, $A(1,n)$ est dite *matrice ligne*. Exemple la matrice $A(1,3)$ ci-dessus.
- *Transposée* d'une matrice. Si on échange les lignes et les colonnes d'une matrice A à m lignes et n colonnes, on obtient sa matrice transposée notée

© Dunod. Toute reproduction non autorisée est un délit.

A^T à n lignes et m colonnes. Ainsi :

$$A = \begin{bmatrix} 1 & 2 & 3 \\ 4 & 5 & 6 \\ 7 & 8 & 9 \end{bmatrix}, \quad A^T = \begin{bmatrix} 1 & 4 & 7 \\ 2 & 5 & 8 \\ 3 & 6 & 9 \end{bmatrix}$$

$$B = \begin{bmatrix} 1 & 2 \\ 4 & 5 \\ 7 & 8 \end{bmatrix}, \qquad B^T = \begin{bmatrix} 1 & 4 & 7 \\ 2 & 5 & 8 \end{bmatrix}$$

Dans le cas général :

$$\text{Si } A = (a_{ij})_{\substack{i=1,\ldots,m, \\ j=1,\ldots,n}} \text{ alors } A^T = (a^T_{ij})_{\substack{j=1,\ldots,n \\ i=1,\ldots,m}} \text{ où } a^T_{ji} = a_{ij}$$

On notera la propriété évidente :

$$(A^T)^T = A$$

2) Matrices carrées

• Si $m = n$, $A(n, n)$ est dite *matrice carrée d'ordre n.*
Exemple la matrice $A(3, 3)$ ci-dessus.
Soit $A = (a_{ij})_{\substack{i=1,\ldots,n \\ j=1,\ldots,n}}$ une matrice carrée d'ordre n. Les éléments $a_{11}, a_{22}, \ldots, a_{nn}$ forment la *diagonale principale* de A.

• Si $a_{ij} = 0$ pour $i \neq j$, la matrice A est dite *diagonale*

$$A = \begin{bmatrix} 3 & 0 & 0 \\ 0 & 1 & 0 \\ 0 & 0 & -2 \end{bmatrix} \text{ est une matrice diagonale d'ordre 3}$$

• Si tous les éléments de la diagonale sont égaux à 1 et les autres nuls, A est appelée *matrice unité* d'ordre n et notée $A = I_n$ ou $A = I$.

$$I_3 = \begin{bmatrix} 1 & 0 & 0 \\ 0 & 1 & 0 \\ 0 & 0 & 1 \end{bmatrix} \text{ est la matrice unité d'ordre 3}$$

• Si $a_{ij} = 0$ pour $i > j$ (respectivement $i < j$) la matrice A est dite triangulaire supérieure (respectivement inférieure) d'ordre n.

$$\begin{bmatrix} 1 & 2 & 4 \\ 0 & 6 & 9 \\ 0 & 0 & 0 \end{bmatrix} \quad \text{et} \quad \begin{bmatrix} 1 & 0 & 0 \\ 2 & 7 & 0 \\ 0 & 1 & 6 \end{bmatrix}$$

sont des matrices triangulaires respectivement supérieure et inférieure.

• On appelle *trace* de la matrice carrée $A = (a_{ij})_{\substack{i=1,\ldots,n \\ j=1,\ldots,n}}$ le nombre réel $\mathrm{tr}(A)$ tel que $\mathrm{tr}(A) = \sum_{i=1}^{n} a_{ii}$.

$\mathrm{tr}(A)$ est donc la somme des éléments de la diagonale principale de A.

3) Opérations sur les matrices

De manière technique on va apprendre à additionner deux matrices de même format, multiplier une matrice par un scalaire et, enfin, multiplier une matrice de format (m, p) par une matrice de format (p, n). Les deux premières opérations sont simples, quasi naturelles. Il n'en est rien pour la troisième, c'est-à-dire la multiplication des matrices entre elles.

Ensuite il s'agira de faire le lien avec les opérations d'addition, de multiplication par un scalaire et de composition des applications linéaires d'un espace vectoriel dans un autre. Cela donnera tout son sens aux opérations sur les matrices.

a) Égalité de deux matrices de même format

Soit $A = (a_{ij})_{\substack{i=1,\ldots,m \\ j=1,\ldots,n}}$ et $B = (b_{ij})_{\substack{i=1,\ldots,m \\ j=1,\ldots,n}}$ deux matrices de même format (m, n).

Les deux matrices sont égales, ce que l'on écrit $A = B$ si $a_{ij} = b_{ij}$ pour $i = 1 \ldots, m$ et $j = 1, \ldots, n$. En d'autres termes, à des places identiques dans le tableau de chacune des matrices (même ligne. même colonne) les coefficients sont égaux.

b) Addition de deux matrices de même format

Soit $A = (a_{ij})_{\substack{i=1,\ldots,m \\ j=1,\ldots,n}}$ et $B = (b_{ij})_{\substack{i=1,\ldots,m \\ j=1,\ldots,n}}$ deux matrices de même format (m, n).

On définit la somme $A + B$ de A et de B par :

$$A + B = (a_{ij} + b_{ij})_{\substack{i=1,\ldots,m \\ j=1,\ldots,n}}$$

▶ **Exemple**

$$\begin{bmatrix} 1 & 2 & 3 \\ 0 & -1 & 2 \end{bmatrix} + \begin{bmatrix} 3 & 2 & -1 \\ 3 & 1 & 0 \end{bmatrix} = \begin{bmatrix} 4 & 4 & 2 \\ 3 & 0 & 2 \end{bmatrix}$$

c) Produit d'une matrice par un scalaire

Soit $A = (a_{ij})_{\substack{i=1,\ldots,m \\ j=1,\ldots,n}}$ matrice de format (m, n) et $\alpha \in \mathbb{R}$, un scalaire.

On définit le produit $\alpha \in \mathbb{R}$ par A :

$$\alpha A = (\alpha \cdot a_{ij})_{\substack{i=1,\ldots,m \\ j=1,\ldots,n}}$$

© Dunod. Toute reproduction non autorisée est un délit.

▶ **Exemple**

$$2\begin{bmatrix}1 & 2 & 3\\0 & -1 & 2\end{bmatrix}=\begin{bmatrix}2 & 4 & 6\\0 & -2 & 4\end{bmatrix}$$

d) Produit de deux matrices

La situation se complique un peu car l'algorithme qui définit le produit de deux matrices n'est pas naturel du tout. Pour le comprendre, il faut faire le lien avec la composition des applications linéaires d'un espace vectoriel dans un autre. C'est ce que nous ferons plus loin.
Soit $A = (a_{ij})_{\substack{i=1,\dots,m\\j=1,\dots,p}}$ matrice de format (m, p) et $B = (b_{ij})_{\substack{i=1,\dots,p\\j=1,\dots,n}}$ matrice de format (p, n)

On définit le produit AB de A par B de la manière suivante :

$$AB = (c_{ij})_{\substack{i=1,\dots,m\\j=1,\dots,n}} \quad \text{avec} \quad c_{ij} = \sum_{k=1}^{p} a_{ik}b_{kj}$$

- Le produit AB n'est défini que si le nombre de colonnes de A est égal au nombre de lignes de B.
- La matrice AB est de format (m, n) où m est le nombre de lignes de A et n le nombre de colonnes de B.

▶ **Exemple**

Produit d'une matrice ligne $A(1, p) = \begin{bmatrix}a_{11} & a_{12} & \dots & a_{1p}\end{bmatrix}$ *par une matrice colonne*

$$B(p, 1) = \begin{bmatrix}b_{11}\\b_{21}\\\vdots\\b_{p1}\end{bmatrix}$$

La matrice produit AB de format $(1, 1)$ *est :*

$$AB = (c_{ij})_{\substack{i=1\\j=1}} = [c_{11}]$$

avec

$$c_{11} = a_{11}b_{11} + a_{12}b_{21} + a_{13}b_{31} + \dots + a_{1p}b_{p1}$$

Application :

$$\begin{bmatrix}1 & 2 & 3\end{bmatrix} \times \begin{bmatrix}2\\1\\2\end{bmatrix} = \begin{bmatrix}10\end{bmatrix} \textit{ car } 1\times 2 + 2\times 1 + 3\times 2 = 10$$

$$\begin{bmatrix}1 & 2 & 3\end{bmatrix} \times \begin{bmatrix}1\\0\\-1\end{bmatrix} = \begin{bmatrix}-2\end{bmatrix} \textit{ car } 1\times 1 + 2\times 0 + 3\times -1 = -2$$

La matrice ligne A doit avoir autant de colonnes que la matrice B de lignes pour que le produit AB soit défini.

▶ **Exemple**

Produit d'une matrice $A(3,2)$ *par une matrice* $B(2,2)$

$$\underbrace{\begin{bmatrix}a_{11} & a_{12}\\a_{21} & a_{22}\\a_{31} & a_{32}\end{bmatrix}}_{A} \times \underbrace{\begin{bmatrix}b_{11} & b_{12}\\b_{21} & b_{22}\end{bmatrix}}_{B} = \underbrace{\begin{bmatrix}a_{11}b_{11}+a_{12}b_{21} & a_{11}b_{12}+a_{12}b_{22}\\a_{21}b_{11}+a_{22}b_{21} & a_{21}b_{12}+a_{22}b_{22}\\a_{31}b_{11}+a_{32}b_{21} & a_{31}b_{12}+a_{32}b_{22}\end{bmatrix}}_{AB}$$

Le produit BA n'est pas défini.

Point méthode

Chacun des coefficients de la matrice produit AB est le résultat du produit d'une matrice ligne extraite de A par une matrice colonne extraite de B. Le produit de la matrice ligne « i » de A par la matrice colonne « j » de B donne le coefficient c_{ij} de la matrice AB.

$$\underbrace{\begin{bmatrix}a_{11} & a_{12}\\\mathbf{a_{21}} & \mathbf{a_{22}}\\a_{31} & a_{32}\end{bmatrix}}_{A} \underbrace{\begin{bmatrix}b_{11} & \mathbf{b_{12}}\\b_{21} & \mathbf{b_{22}}\end{bmatrix}}_{B} = \underbrace{\begin{bmatrix}c_{11} & c_{12}\\c_{21} & \mathbf{c_{22}}\\c_{31} & c_{32}\end{bmatrix}}_{AB}$$

Ainsi le coefficient c_{22} est celui de la matrice $\begin{bmatrix}c_{22}\end{bmatrix}$ produit de la matrice ligne $\begin{bmatrix}a_{21} & a_{22}\end{bmatrix}$ par la matrice colonne $\begin{bmatrix}b_{12}\\b_{22}\end{bmatrix}$

© Dunod. Toute reproduction non autorisée est un délit.

▶ **Exemple**

$$A = \begin{bmatrix} 1 & 2 & 3 \\ -1 & 0 & 2 \end{bmatrix}, \qquad B = \begin{bmatrix} 2 & 1 \\ 1 & 0 \\ 2 & -1 \end{bmatrix}$$

$$AB = \begin{bmatrix} 10 & -2 \\ 2 & -3 \end{bmatrix}, \qquad BA = \begin{bmatrix} 1 & 4 & 8 \\ 1 & 2 & 3 \\ 3 & 4 & 4 \end{bmatrix}$$

Dans cet exemple les matrices AB et BA sont toutes deux définies. Elles ne sont pas égales, le produit de deux matrices n'est donc pas commutatif.

e) Inverse d'une matrice carrée

Soit $A = (a_{ij})_{\substack{i=1,\dots,n \\ j=1,\dots,n}}$ une matrice de carrée d'ordre n. La matrice A est *inversible* (on dit aussi *régulière*) s'il existe une matrice B, carrée d'ordre n, telle que : $AB = BA = I_n$ où I_n est la matrice unité d'ordre n.

- Si B existe, B est unique et on note $B = A^{-1}$
- A^{-1} est appelée la matrice inverse de A
- on montre qu'il suffit de vérifier l'une des deux égalités $AB = I_n$ ou $BA = I_n$ pour être assuré de l'existence de $B = A^{-1}$ la matrice inverse de A.

f) Recherche de l'inverse d'une matrice

▶ **Exemple**

Soit

$$A = \begin{bmatrix} 1 & 5 & -1 \\ 0 & -2 & 1 \\ 0 & 2 & 2 \end{bmatrix}$$

Conséquence directe de la définition, la recherche de A^{-1} revient à résoudre l'équation matricielle $AB = I_3$.

Posons

$$B = \begin{bmatrix} a & \alpha & x \\ b & \beta & y \\ c & \gamma & z \end{bmatrix}$$

la matrice inconnue dont on veut calculer les 9 coefficients.

L'équation $AB = I_3$ s'écrit :

$$\begin{bmatrix} 1 & 5 & -1 \\ 0 & -2 & 1 \\ 0 & 2 & 2 \end{bmatrix} \times \begin{bmatrix} a & \alpha & x \\ b & \beta & y \\ c & \gamma & z \end{bmatrix} = \begin{bmatrix} 1 & 0 & 0 \\ 0 & 1 & 0 \\ 0 & 0 & 1 \end{bmatrix}$$

D'où les trois systèmes linéaires suivants à trois inconnues chacun, respectivement a, b, c ; α, β, γ ; x, y, z.

$$\begin{cases} a + 5b - c = 1 \\ -2b + c = 0 \\ 2b + 2c = 0 \end{cases}$$

Solution via *la méthode du pivot* $a = 1$, $b = 0$, $c = 0$.

$$\begin{cases} \alpha + 5\beta + \gamma = 0 \\ -2\beta + \gamma = 1 \\ 2\beta + 2\gamma = 0 \end{cases}$$

Solution via *la méthode du pivot* $\alpha = 2$, $\beta = -\frac{1}{3}$, $\gamma = \frac{1}{3}$.

$$\begin{cases} x + 5y - z = 0 \\ -2y + z = 0 \\ 2y + 2z = 1 \end{cases}$$

Solution via *la méthode du pivot :* $x = -\frac{1}{2}$, $y = \frac{1}{6}$, $z = \frac{1}{3}$.

D'où finalement la matrice inverse de A :

$$A^{-1} = \begin{bmatrix} 1 & 2 & -\frac{1}{2} \\ 0 & -\frac{1}{3} & \frac{1}{6} \\ 0 & \frac{1}{3} & \frac{1}{3} \end{bmatrix}$$

- On notera le caractère fastidieux et répétitif des calculs, les trois systèmes linéaires étant identiques aux seconds membres près. On verra plus loin comment se ramener à un seul système linéaire.
- Il n'existe pas de moyens simples et rapides pour calculer l'inverse d'une matrice, sauf l'utilisation d'une calculette sophistiquée avec le programme ad hoc pour s'en charger, programme d'ailleurs qui, à quelques variantes près, utiliserait notre méthode du pivot.

  Recourir à l'algorithme informatique – *i.e.* la calculette – sans en comprendre ni le besoin ni le sens, relègue dans le mystérieux ce qui ne l'est pas et tue le plaisir de comprendre. Que l'étudiant médite sur l'esclavagisme intellectuel que constituerait l'attitude réflexe d'aboutir au résultat sans en comprendre le mécanisme.

© Dunod. Toute reproduction non autorisée est un délit.

- Cas d'une matrice diagonale.
  Soit

$$A = \begin{bmatrix} a_{11} & 0 & 0 \\ 0 & a_{22} & 0 \\ 0 & 0 & a_{33} \end{bmatrix} \quad \text{et} \quad B = \begin{bmatrix} b_{11} & 0 & 0 \\ 0 & b_{22} & 0 \\ 0 & 0 & b_{33} \end{bmatrix}$$

  On calcule sans difficulté :

$$AB = \begin{bmatrix} a_{11}b_{11} & 0 & 0 \\ 0 & a_{22}b_{22} & 0 \\ 0 & 0 & a_{33}b_{33} \end{bmatrix}$$

  d'où A^{-1}, la matrice inverse de A, dans le cas où tous les termes de la diagonale sont non nuls :

$$A^{-1} = \begin{bmatrix} (a_{11})^{-1} & 0 & 0 \\ 0 & (a_{22})^{-1} & 0 \\ 0 & 0 & (a_{33})^{-1} \end{bmatrix}$$

- Inverse d'un produit de matrices.
  Soit A et B deux matrices carrées d'ordre n, inversibles. Alors AB est inversible et $(AB)^{-1} = B^{-1}A^{-1}$ (voir exercice 7 b)).

4) L'espace vectoriel des matrices de même format

Pour des raisons de simplicité d'écriture on va étudier la structure de $\mathcal{M}(2,2)$ l'ensemble des matrices à 2 lignes et à 2 colonnes. Les résultats se généralisent sans problème à l'ensemble $\mathcal{M}(m,n)$.

a) Vérification des axiomes de $\mathbb{R}$ e.v.

Soit $A = \begin{bmatrix} a_{11} & a_{12} \\ a_{21} & a_{22} \end{bmatrix}$, $B = \begin{bmatrix} b_{11} & b_{12} \\ b_{21} & b_{22} \end{bmatrix}$, $C = \begin{bmatrix} c_{11} & c_{12} \\ c_{21} & c_{22} \end{bmatrix}$ trois matrices de $\mathcal{M}(2,2)$.

$$A + B = \begin{bmatrix} a_{11} + b_{11} & a_{12} + b_{12} \\ a_{21} + b_{21} & a_{22} + b_{22} \end{bmatrix}$$

est encore un élément de $\mathcal{M}(2,2)$, donc l'addition est interne dans $\mathcal{M}(2,2)$.

– A_1 $\quad A + (B + C) = (A + B) + C = \begin{bmatrix} a_{11} + b_{11} + c_{11} & a_{12} + b_{12} + c_{12} \\ a_{21} + b_{21} + c_{21} & a_{22} + b_{22} + c_{22} \end{bmatrix}$

– A_2 $\quad A + B = B + A$ (aucune difficulté)

– A_3 $\quad A+\theta=\theta+A$ avec $\theta=\begin{bmatrix}0 & 0\\0 & 0\end{bmatrix}$ appelée matrice nulle

– A_4 $\quad A+(-A)=\theta$ avec $-A=\begin{bmatrix}-a_{11} & -a_{12}\\-a_{21} & -a_{22}\end{bmatrix}$

– A_5, A_6, A_7, A_8 De la même manière, conséquence directe des propriétés de l'addition et de la multiplication dans $\mathbb{R}$, on vérifierait les quatre autres axiomes d'espace vectoriel (*cf.* définition 3).

Conclusion : l'ensemble $\mathcal{M}(2,2)$, muni de l'addition et de la multiplication externe est un $\mathbb{R}$ espace vectoriel.

b) Recherche d'une base du $\mathbb{R}$ e.v. $\mathcal{M}(2,2)$

Soit $A=\begin{bmatrix}a_{11} & a_{12}\\a_{21} & a_{22}\end{bmatrix}$ un vecteur quelconque de $\mathcal{M}(2,2)$.

- $A=a_{11}\begin{bmatrix}1 & 0\\0 & 0\end{bmatrix}+a_{12}\begin{bmatrix}0 & 1\\0 & 0\end{bmatrix}+a_{21}\begin{bmatrix}0 & 0\\1 & 0\end{bmatrix}+a_{22}\begin{bmatrix}0 & 0\\0 & 1\end{bmatrix}$

  Le système de vecteurs $\{J_1, J_2, J_3, J_4\}$ de $\mathcal{M}(2,2)$, tel que :

$$J_1=\begin{bmatrix}1 & 0\\0 & 0\end{bmatrix},\quad J_2=\begin{bmatrix}0 & 1\\0 & 0\end{bmatrix},\quad J_3=\begin{bmatrix}0 & 0\\1 & 0\end{bmatrix},\quad J_4=\begin{bmatrix}0 & 0\\0 & 1\end{bmatrix}$$

  est donc un système générateur du $\mathbb{R}$ e.v. $\mathcal{M}(2,2)$

- $\alpha J_1+\beta J_2+\gamma J_3+\delta J_4=\theta$

$$\Rightarrow \begin{bmatrix}\alpha & \beta\\\gamma & \delta\end{bmatrix}=\begin{bmatrix}0 & 0\\0 & 0\end{bmatrix}\Rightarrow \alpha=\beta=\gamma=\delta=0$$

  Le système $\{J_1, J_2, J_3, J_4\}$ est donc libre.

Conclusion : le $\mathbb{R}$ e.v. $\mathcal{M}(2,2)$ des matrices à 2 lignes et 2 colonnes est de dimension 4.

Résultat que l'on généralise sous la forme suivante.

• Proposition 14

L'ensemble $\mathcal{M}(m,n)$ des matrices à m lignes et n colonnes est un espace vectoriel de dimension $m\times n$. La famille des $m\times n$ matrices dont tous les termes sont nuls sauf un, égal à l'unité, constitue une base, appelée la base canonique de $\mathcal{M}(m,n)$.

• Corollaire

Les espaces vectoriels $\mathcal{M}(m,n)$ et $\mathbb{R}^{m\times n}$ sont isomorphes. En particulier le $\mathbb{R}$ e.v. des matrices de format $(2,2)$ est isomorphe à $\mathbb{R}^4$.

La démonstration résulte du théorème 2 et de la proposition 14.

© Dunod. Toute reproduction non autorisée est un délit.

5) L'algèbre des matrices carrées

a) Propriétés de la multiplication des matrices

Par souci de faisabilité, dans les exemples de calcul on se cantonnera à l'ordre 2 ou 3.

Soit A, B, C des éléments de $\mathcal{M}(n,n)$ l'ensemble des matrices carrées d'ordre n. On montre sans difficulté autre que calculatoire, les propriétés suivantes :

1. Les matrices AB et BA sont bien définies et éléments de $\mathcal{M}(n,n)$. La multiplication des matrices est *stable* dans $\mathcal{M}(n,n)$.
2. $A(B+C) = AB+AC$ et $(B+C)A = BA+CA$. La multiplication des matrices est *distributive* à droite et à gauche pour l'addition.
3. $A(BC) = (AB)C$. La multiplication des matrices est *associative*, il en résulte l'écriture sans ambiguïté ABC telle que
$$ABC = A(BC) = (AB)C$$
4. $AI_n = I_nA = A$ où I_n est la *matrice unité* d'ordre n.
5. $A \cdot \theta_n = \theta_n \cdot A = \theta_n$ où θ_n est la matrice carrée d'ordre n dont tous les coefficients sont nuls, appelée *matrice nulle* d'ordre n.
6. Le produit des matrices n'est pas commutatif, pour s'en convaincre il suffit de considérer
$$A = \begin{bmatrix} 1 & 1 \\ 0 & 1 \end{bmatrix}, \quad B = \begin{bmatrix} 0 & 1 \\ 1 & 0 \end{bmatrix}, \quad AB = \begin{bmatrix} 1 & 1 \\ 1 & 0 \end{bmatrix}, \quad BA = \begin{bmatrix} 0 & 1 \\ 1 & 1 \end{bmatrix}$$
on constate : $AB \neq BA$
On conclut : le produit de matrices n'est pas commutatif.
7. Pour $A = \begin{bmatrix} 1 & 0 \\ 0 & 0 \end{bmatrix}$ et $B = \begin{bmatrix} 0 & 0 \\ 0 & 1 \end{bmatrix}$ $AB = \begin{bmatrix} 0 & 0 \\ 0 & 0 \end{bmatrix}$. C'est-à-dire un produit AB de matrices peut être nul sans qu'aucune des deux matrices ne soit nulle.

Récapitulation

Muni de l'addition (interne) et de la multiplication (externe) par un scalaire, l'ensemble $(\mathcal{M}(n,n), +, \cdot)$ des matrices carrées d'ordre n est un $\mathbb{R}$-espace vectoriel.

De plus $\mathcal{M}(n,n)$ est muni d'un *produit interne* (le produit des matrices) *distributif* pour l'addition. On dit que $\mathcal{M}(n,n)$ a une structure d'*algèbre*.

Sachant qu'un nombre réel « a » définit une matrice $[a]$ de format $(1,1)$ et réciproquement, l'algèbre des matrices apparaît comme généralisation de l'algèbre des nombres réels.

Dans cette généralisation la propriété d'associativité a été conservée (*cf.* 3. : $(AB)C = A(BC)$) mais la commutativité ($ab = ba$) du produit dans $\mathbb{R}$ a été perdue (*cf.* 6. : $AB \neq BA$), ainsi que la propriété : si un produit de deux nombres réels est nul, alors au moins un des facteurs est nul (*cf.* 7. : $AB = \theta$ avec $A \neq \theta$ et $B \neq \theta$).

b) Écriture sous forme matricielle d'un système linéaire de *n* équations à *n* inconnues

• Définition 20

On appelle *système linéaire* de n équations à n inconnues tout système qui peut se mettre sous la forme :

$$\begin{cases} a_{11}x_1 + a_{12}x_2 + \ldots + a_{1n}x_n = b_1 \\ a_{21}x_1 + a_{22}x_2 + \ldots + a_{2n}x_n = b_2 \\ \quad\ldots\ldots\ldots\ldots\ldots \\ a_{n1}x_1 + a_{n2}x_2 + \ldots + a_{nn}x_n = b_n \end{cases} \tag{7.8}$$

Les inconnues sont les n nombres réels $x_1, \ldots, x_n$. Les n^2 nombres réels a_{ij} ; $i = 1, \ldots, n$; $j = 1, \ldots, n$; sont les coefficients. Les n nombres $b_1, \ldots, b_n$ sont les *seconds membres*.

Si $b_1 = b_2 = \ldots = b_n = 0$, on dit que le système est *homogène*. D'après les règles du produit matriciel, le système (7.8) est représenté par l'égalité matricielle où X est l'inconnue :

$$AX = B \tag{7.9}$$

avec :

$$A = \begin{bmatrix} a_{11} & a_{12} & \ldots & a_{1n} \\ a_{21} & a_{22} & \ldots & a_{2n} \\ \vdots & & & \\ a_{n1} & a_{n2} & \ldots & a_{nn} \end{bmatrix} ; \quad X = \begin{bmatrix} x_1 \\ x_2 \\ \vdots \\ x_n \end{bmatrix} ; \quad B = \begin{bmatrix} b_1 \\ b_2 \\ \vdots \\ b_n \end{bmatrix}$$

- Résoudre l'équation (7.9) c'est déterminer toutes les matrices colonnes X solutions.

• Proposition 15

Si la matrice A est *inversible*, l'équation $AX = B$ admet la solution *unique* : $X = A^{-1}B$.

© Dunod. Toute reproduction non autorisée est un délit.

Démonstration :

$$\begin{array}{rrl}
(7.9) & AX = B & \\
\Rightarrow & A^{-1}(AX) = A^{-1}B & \text{(multiplication à gauche par } A^{-1} \\
& & \text{des deux membres de (7.9))} \\
\Rightarrow & (A^{-1}A)X = A^{-1}B & \text{(associativité du produit)} \\
\Rightarrow & I_n X = A^{-1}B & \text{(car } A^{-1}A = I_n) \\
\Rightarrow & X = A^{-1}B & \text{(car } I_n X = X)
\end{array}$$

• Corollaire

Si la matrice A est inversible, l'équation $AX = 0$ admet la solution nulle pour unique solution.

Démonstration : on applique la Proposition 15 avec $B = 0$, ce qui donne :

$$X = A^{-1}B = A^{-1}\begin{bmatrix} 0 \\ 0 \\ \vdots \\ 0 \end{bmatrix} = \begin{bmatrix} 0 \\ 0 \\ \vdots \\ 0 \end{bmatrix}$$

• Application

Calcul de A^{-1} par résolution du système linéaire $AX = B$ où X est la matrice colonne inconnue.

Soit la matrice $A = \begin{bmatrix} 1 & 2 \\ 3 & 4 \end{bmatrix}$ dont on veut calculer l'inverse A^{-1}.

On pose

$$X = \begin{bmatrix} x_1 \\ x_2 \end{bmatrix}, \quad B = \begin{bmatrix} b_1 \\ b_2 \end{bmatrix}$$

$$AX = B \Longleftrightarrow \begin{bmatrix} 1 & 2 \\ 3 & 4 \end{bmatrix}\begin{bmatrix} x_1 \\ x_2 \end{bmatrix} = \begin{bmatrix} b_1 \\ b_2 \end{bmatrix}$$

$$\Longleftrightarrow \begin{cases} x_1 + 2x_2 = b_1 & (\mathrm{L}_1) \\ 3x_1 + 4x_2 = b_2 & (\mathrm{L}_2) \end{cases}$$

$$\Longleftrightarrow \begin{cases} x_1 + 2x_2 = b_1 & (\mathrm{L}_1) \\ 0x_1 - 2x_2 = b_2 - 3b_1 & (\mathrm{L}_2 - 3\mathrm{L}_1) \end{cases}$$

$$\iff \begin{cases} x_1 = -2b_1 + b_2 \\ x_2 = \dfrac{3}{2}b_1 - \dfrac{1}{2}b_2 \end{cases} \quad \text{solution unique du système.}$$

$$\iff \begin{bmatrix} x_1 \\ x_2 \end{bmatrix} = \begin{bmatrix} -2 & 1 \\ \dfrac{3}{2} & -\dfrac{1}{2} \end{bmatrix} \begin{bmatrix} b_1 \\ b_2 \end{bmatrix}$$

$$\iff X = A^{-1}B$$

avec $A^{-1} = \begin{bmatrix} -2 & 1 \\ \dfrac{3}{2} & -\dfrac{1}{2} \end{bmatrix}$

Point méthode

Pour calculer l'inverse d'une matrice carrée A d'ordre n, il *suffit* de résoudre le système linéaire de n équations à n inconnues tel que $AX = B$ où X est la matrice colonne inconnue et B une matrice colonne donnée, chacune de format $(n, 1)$. Si le système admet une solution unique

$$X = \begin{bmatrix} x_1 \\ x_2 \\ \vdots \\ x_n \end{bmatrix}$$

alors en écrivant $X = A^{-1}B$ on détermine explicitement la matrice A^{-1}. Dans la pratique cette méthode ne peut être appliquée que pour $n \leqslant 4$, au-delà les calculs effectifs sont trop longs à la main.

D. Matrices et applications linéaires

On reprend les résultats vus en A ci-dessus et on montre sur des exemples les propriétés à caractère général. Soit

$$\begin{array}{cccc} \varphi : & \mathbb{R}^3 & \longrightarrow & \mathbb{R}^3 \\ & \vec{u} = (x, y, z) & \mapsto & \varphi(\vec{u}) = (x + 2y, -x - 2z, z + y) \end{array}$$

$$\begin{array}{cccc} \psi : & \mathbb{R}^3 & \longrightarrow & \mathbb{R}^3 \\ & \vec{u} = (x, y, z) & \mapsto & \psi(\vec{u}) = (2y, x + y + 2z, -y) \end{array}$$

© Dunod. Toute reproduction non autorisée est un délit.

Dans $\mathbb{R}^3$ espace de départ on choisit sa base canonique $\{\vec{e}_1, \vec{e}_2, \vec{e}_3\}$; même choix dans $\mathbb{R}^3$ espace d'arrivée.

- on vérifie sans difficulté la linéarité de φ et ψ.
- $\varphi(\vec{e}_1) = (1, -1, 0) = \vec{e}_1 - \vec{e}_2$
  $\varphi(\vec{e}_2) = (2, 0, +1) = 2\vec{e}_1 + \vec{e}_3$
  $\varphi(\vec{e}_3) = (0, -2, 1) = -2\vec{e}_2 + \vec{e}_3$
  D'où A la matrice de φ relativement aux bases choisies :

$$A = \begin{bmatrix} 1 & 2 & 0 \\ -1 & 0 & -2 \\ 0 & 1 & 1 \end{bmatrix}$$

- De la même manière on détermine B la matrice de ψ

$$B = \begin{bmatrix} 0 & 2 & 0 \\ 1 & 1 & 2 \\ 0 & -1 & 0 \end{bmatrix}$$

1) La matrice de $\varphi + \psi$ est $A + B$. En effet :

a)
$$\begin{aligned}(\varphi + \psi)(\vec{e}_1) &= \varphi(\vec{e}_1) + \psi(\vec{e}_1) = (1, -1, 0) + (0, 1, 0) \\ &= (1, 0, 0) = \vec{e}_1 \\ (\varphi + \psi)(\vec{e}_2) &= \varphi(\vec{e}_2) + \psi(\vec{e}_2) = (2, 0, 1) + (2, 1, -1) \\ &= (4, 1, 0) = 4\vec{e}_1 + \vec{e}_2 \\ (\varphi + \psi)(\vec{e}_3) &= (0, 0, 1) = \vec{e}_3\end{aligned}$$

D'où la matrice de $\varphi + \psi$:

$$\begin{bmatrix} 1 & 4 & 0 \\ 0 & 1 & 0 \\ 0 & 0 & 1 \end{bmatrix} \tag{7.10}$$

b) Vu l'addition des matrices définie en C

$$A + B = \begin{bmatrix} 1 & 2 & 0 \\ -1 & 0 & -2 \\ 0 & 1 & 1 \end{bmatrix} + \begin{bmatrix} 0 & 2 & 0 \\ 1 & 1 & 2 \\ 0 & -1 & 0 \end{bmatrix} = \begin{bmatrix} 1 & 4 & 0 \\ 0 & 1 & 0 \\ 0 & 0 & 1 \end{bmatrix} \tag{7.11}$$

D'où le résultat cherché d'après (7.10) et (7.11).

2) La matrice $\lambda\varphi$ est λA pour tout $\lambda \in \mathbb{R}$. La vérification ne présente aucune difficulté.

3) La matrice de $\varphi \circ \psi$ est AB La matrice de $\psi \circ \varphi$ est BA. En effet :

a)
$$\begin{aligned}
\varphi \circ \psi(\vec{e}_1) &= \varphi[\psi(\vec{e}_1)] = \varphi(\vec{e}_2) = 2\vec{e}_1 + \vec{e}_3;\\
\varphi \circ \psi(\vec{e}_2) &= \varphi[\psi(\vec{e}_2)] = \varphi(2\vec{e}_1 + \vec{e}_2 - \vec{e}_3)\\
&= 2\varphi(\vec{e}_1) + \varphi(\vec{e}_2) - \varphi(\vec{e}_3) = 4\vec{e}_1;\\
\varphi \circ \psi(\vec{e}_3) &= \varphi[\psi(\vec{e}_3)] = \varphi(2\vec{e}_2) = 2\varphi(\vec{e}_2) = 4\vec{e}_1 + 2\vec{e}_3
\end{aligned}$$

D'où la matrice de $\varphi \circ \psi$:

$$\begin{bmatrix} 2 & 4 & 4\\ 0 & 0 & 0\\ 1 & 0 & 2 \end{bmatrix} \tag{7.12}$$

b) Vu le produit des matrices défini en C

$$AB = \begin{bmatrix} 1 & 2 & 0\\ -1 & 0 & -2\\ 0 & 1 & 1 \end{bmatrix} \times \begin{bmatrix} 0 & 2 & 0\\ 1 & 1 & 2\\ 0 & -1 & 0 \end{bmatrix} = \begin{bmatrix} 2 & 4 & 4\\ 0 & 0 & 0\\ 1 & 0 & 2 \end{bmatrix} \tag{7.13}$$

D'où le résultat cherché d'après (7.12) et (7.13).

c) De la même manière on montrerait que BA est la matrice de $\psi \circ \varphi$.

4) $\vec{v} = \varphi(\vec{u})$ si et seulement si $V = AU$ où U (respectivement V) est la matrice colonne de $\vec{u}$ (respectivement $\vec{v}$) dans la base de l'ensemble de départ (respectivement d'arrivée). En effet :

soit $\vec{u} = (x, y, z)$ et $U = \begin{bmatrix} x\\ y\\ z \end{bmatrix}$ la matrice colonne associée dans la base canonique, de même pour $\vec{v} = (x', y', z')$ et $V = \begin{bmatrix} x'\\ y'\\ z' \end{bmatrix}$

$$\begin{aligned}
\vec{v} = \varphi(\vec{u}) &\Longleftrightarrow (x', y', z') = (x + 2y, -x - 2z, z + y)\\
&\Longleftrightarrow \begin{bmatrix} x'\\ y'\\ z' \end{bmatrix} = \begin{bmatrix} 1 & 2 & 0\\ -1 & 0 & -2\\ 0 & 1 & 1 \end{bmatrix} \times \begin{bmatrix} x\\ y\\ z \end{bmatrix}\\
&\Longleftrightarrow V = AU
\end{aligned}$$

5) L'application linéaire :

$$\begin{aligned}
\theta_{\mathbb{R}^3} \quad : \quad \mathbb{R}^3 &\rightarrow \mathbb{R}^3\\
\vec{u} &\mapsto \vec{0}_{\mathbb{R}^3} = (0, 0, 0)
\end{aligned}$$

© Dunod. Toute reproduction non autorisée est un délit.

a pour matrice

$$\begin{bmatrix} 0 & 0 & 0 \\ 0 & 0 & 0 \\ 0 & 0 & 0 \end{bmatrix} = \theta \quad \text{(matrice nulle)}$$

L'application linéaire :

$$\begin{array}{rcccc} Id_{\mathbb{R}^3} & : & \mathbb{R}^3 & \to & \mathbb{R}^3 \\ & & \vec{u} & \mapsto & \vec{u} \end{array}$$

a pour matrice

$$\begin{bmatrix} 1 & 0 & 0 \\ 0 & 1 & 0 \\ 0 & 0 & 1 \end{bmatrix} = I_3 \quad \text{(matrice unité d'ordre 3)}$$

La vérification ne présente aucune difficulté.

6) Si φ application linéaire *bijective* a pour matrice A, alors φ^{-1} l'application réciproque de φ a pour matrice A^{-1} la matrice inverse de A. En effet :

Soit $\varphi \ : \ \mathbb{R}^3 \to \mathbb{R}^3$, φ linéaire, bijective.

a) Propriétés de φ^{-1}

- Par définition

$$\begin{array}{rcccl} \varphi^{-1} & : & \mathbb{R}^3 & \to & \mathbb{R}^3 \\ & & \vec{v} & \mapsto & \varphi^{-1}(\vec{v}) = \vec{u} \text{ tel que } \varphi(\vec{u}) = \vec{v} \end{array}$$

ou encore

$$\varphi \circ \varphi^{-1} = \varphi^{-1} \circ \varphi = Id_{\mathbb{R}^3}$$

D'où la figure 7.7.

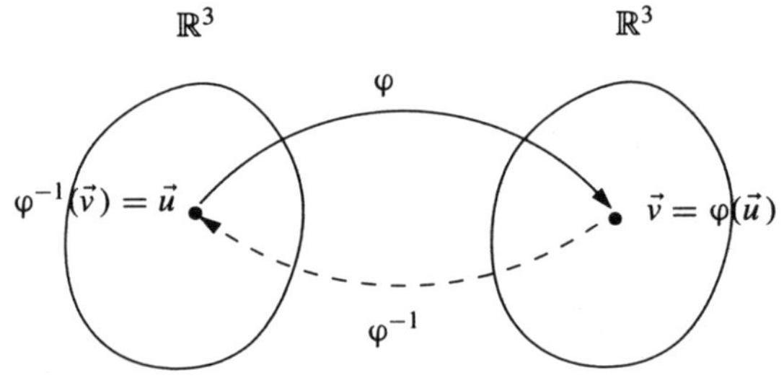

Figure 7.7

On notera : l'*existence* de φ^{-1} en tant qu'application est liée à la *bijectivité* de φ ; φ^{-1} est elle-même une application bijective.

- φ^{-1} est linéaire.

  $\alpha \in \mathbb{R}, \beta \in \mathbb{R}, \vec{v}_1 \in \mathbb{R}^3, \vec{v}_2 \in \mathbb{R}^3$, les égalités suivantes sont équivalentes :

$$\varphi^{-1}(\alpha\vec{v}_1 + \beta\vec{v}_2) = \alpha\varphi^{-1}(\vec{v}_1) + \beta\varphi^{-1}(\vec{v}_2) \tag{7.14}$$

$$\begin{aligned}
&\Longleftrightarrow \varphi \circ \varphi^{-1}(\alpha\vec{v}_1 + \beta(\vec{v}_2)) = \varphi[\alpha\varphi^{-1}(\vec{v}_1) + \beta\varphi^{-1}(\vec{v}_2)] \\
&\Longleftrightarrow \alpha\vec{v}_1 + \beta\vec{v}_2 = \alpha\varphi \circ \varphi^{-1}(\vec{v}_1) + \beta\varphi \circ \varphi^{-1}(\vec{v}_2) \\
&\qquad (\text{car } \varphi \circ \varphi^{-1} = Id_{\mathbb{R}^3} \text{ et } \varphi \text{ linéaire}) \\
&\Longleftrightarrow \alpha\vec{v}_1 + \beta\vec{v}_2 = \alpha\vec{v}_1 + \beta\vec{v}_2 \qquad (7.15)
\end{aligned}$$

  L'égalité (7.15) est vraie d'où, par équivalence, l'égalité (7.14) qui exprime la linéarité de φ^{-1}. Soit donc C la matrice de l'application linéaire φ^{-1}.

b) φ a pour matrice A, φ^{-1} a pour matrice C, $\varphi \circ \varphi^{-1} = \varphi^{-1} \circ \varphi = Id_{\mathbb{R}^3}$ et donc d'après les résultats énoncés en 3 et 5 : $AC = CA = I_3$. On conclut $C = A^{-1}$, le résultat cherché.

▶ Exemple

$$\begin{array}{rccl}
\varphi & : & \mathbb{R}^3 & \to \mathbb{R}^3 \\
& & \vec{u} = (x, y, z) & \mapsto \varphi(\vec{u}) = (x + 2y, -x - 2z, z + y)
\end{array}$$

- *La matrice de φ dans la base canonique $\{\vec{e}_1, \vec{e}_2, \vec{e}_3\}$ est :*

$$A = \begin{bmatrix} 1 & 2 & 0 \\ -1 & 0 & -2 \\ 0 & 1 & 1 \end{bmatrix}$$

- *Les vecteurs $\varphi(\vec{e}_1), \varphi(\vec{e}_2), \varphi(\vec{e}_3)$ représentés respectivement par les matrices colonnes :* $\begin{bmatrix} 1 \\ -1 \\ 0 \end{bmatrix} \begin{bmatrix} 2 \\ 0 \\ 1 \end{bmatrix} \begin{bmatrix} 0 \\ -2 \\ 1 \end{bmatrix}$ *forment un système libre de $\mathbb{R}^3$.*

  Il en résulte Rang A = Rang $\varphi = 3$, *φ bijective et A inversible.*

© Dunod. Toute reproduction non autorisée est un délit.

- *Calcul de A^{-1} la matrice de φ^{-1}.*

  On pose $U = \begin{bmatrix} x \\ y \\ z \end{bmatrix}$, $V = \begin{bmatrix} x' \\ y' \\ z' \end{bmatrix}$

$$AU = V \Longleftrightarrow \begin{bmatrix} 1 & 2 & 0 \\ -1 & 0 & -2 \\ 0 & 1 & 1 \end{bmatrix} \begin{bmatrix} x \\ y \\ z \end{bmatrix} = \begin{bmatrix} x' \\ y' \\ z' \end{bmatrix}$$

$$\Longleftrightarrow \begin{cases} x + 2y = x' & (L_1) \\ -x - 2z = y' & (L_2) \\ y + z = z' & (L_3) \end{cases}$$

et après calcul :

$$AU = V \Longleftrightarrow \begin{cases} x = \frac{1}{2}x' - \frac{1}{2}y' - z' \; . \\ y = \frac{1}{4}x' + \frac{1}{4}y' + \frac{1}{2}z' \\ z = -\frac{1}{4}x' - \frac{1}{4}y' + \frac{1}{2}z' \end{cases} \quad \textit{solution unique du système.}$$

$$\Longleftrightarrow \begin{bmatrix} x \\ y \\ z \end{bmatrix} = \begin{bmatrix} \frac{1}{2} & -\frac{1}{2} & -1 \\ \frac{1}{4} & \frac{1}{4} & \frac{1}{2} \\ -\frac{1}{4} & -\frac{1}{4} & \frac{1}{2} \end{bmatrix} \begin{bmatrix} x' \\ y' \\ z' \end{bmatrix}$$

$$\Longleftrightarrow U = A^{-1}V$$

- *La matrice de φ^{-1} est donc :*

$$A^{-1} = \begin{bmatrix} \frac{1}{2} & -\frac{1}{2} & -1 \\ \frac{1}{4} & \frac{1}{4} & \frac{1}{2} \\ -\frac{1}{4} & -\frac{1}{4} & \frac{1}{2} \end{bmatrix}$$

$$\begin{aligned} \text{et} \quad \varphi^{-1} : \quad & \mathbb{R}^3 \quad \to \mathbb{R}^3 \\ \vec{v} = (x', y', z') & \mapsto \varphi^{-1}(\vec{v}) = \left(\frac{1}{2}x' - \frac{1}{2}y' - z',\right. \\ & \left.\frac{1}{4}x' + \frac{1}{4}y' + \frac{1}{2}z', -\frac{1}{4}x' - \frac{1}{4}y' + \frac{1}{2}z'\right) \end{aligned}$$

▶ **Exemple**

$$\begin{aligned} \psi \quad : \quad & \mathbb{R}^3 \quad \to \mathbb{R}^3 \\ \vec{u} = (x, y, z) & \mapsto \psi(\vec{u}) = (2y, x + y + 2z, -y) \end{aligned}$$

- *La matrice de ψ dans la base canonique $\{\vec{e}_1, \vec{e}_2, \vec{e}_3\}$ est :*

$$B = \begin{bmatrix} 0 & 2 & 0 \\ 1 & 1 & 2 \\ 0 & -1 & 0 \end{bmatrix}$$

- *Les vecteurs $\psi(\vec{e}_1), \psi(\vec{e}_2), \psi(\vec{e}_3)$ ne forment pas un système libre donc ψ n'est pas injective (Théorème 3), donc ψ n'est pas bijective, donc ψ^{-1} n'existe pas et B^{-1} non plus.*

7) Récapitulation

Si φ et ψ sont des applications linéaires de matrices respectives A et B, les résultats étudiés ci-dessus sur des exemples sont résumés dans le tableau 7.1.

Tableau 7.1

φ	A
ψ	B
$\lambda\varphi$	λA
φ^{-1}	A^{-1}
$\varphi + \psi$	$A + B$
$\varphi \circ \psi$	AB
$\psi \circ \varphi$	BA
$\theta_{\mathbb{R}^3}$	$\begin{bmatrix} 0 & 0 & 0 \\ 0 & 0 & 0 \\ 0 & 0 & 0 \end{bmatrix}$
$Id_{\mathbb{R}^3}$	$\begin{bmatrix} 1 & 0 & 0 \\ 0 & 1 & 0 \\ 0 & 0 & 1 \end{bmatrix}$

© Dunod. Toute reproduction non autorisée est un délit.

8) Matrice de passage et changement de base

Soit $\mathcal{E} = \{\vec{e}_1, \vec{e}_2, \vec{e}_3\}$ et $\mathcal{F} = \{\vec{f}_1, \vec{f}_2, \vec{f}_3\}$ deux bases de $\mathbb{R}^3$ (par exemple). On appelle matrice de passage de la base $\mathcal{E}$ à la base $\mathcal{F}$, la matrice carrée P dont les colonnes sont formées des composantes des vecteurs de $\mathcal{F}$ dans la base $\mathcal{E}$.

► **Exemple**

$\mathcal{E}$ la base canonique de $\mathbb{R}^3$ et $\mathcal{F}$ telle que :

$$\begin{aligned}\vec{f}_1 &= (1, -1, 0) = \vec{e}_1 - \vec{e}_2\\ \vec{f}_2 &= (2, 0, 1) = 2\vec{e}_1 + \vec{e}_3\\ \vec{f}_3 &= (0, -2, 1) = -2\vec{e}_2 + \vec{e}_3\end{aligned}$$

- *Matrice de passage de la base $\mathcal{E}$ à la base $\mathcal{F}$:*

$$P = \begin{bmatrix} 1 & 2 & 0 \\ -1 & 0 & -2 \\ 0 & 1 & 1 \end{bmatrix} \begin{matrix} \vec{e}_1 \\ \vec{e}_2 \\ \vec{e}_3 \end{matrix} \quad \text{(colonnes : } \vec{f}_1, \vec{f}_2, \vec{f}_3\text{)}$$

- *Matrice de passage de la base $\mathcal{F}$ à la base $\mathcal{E}$:*

$$P^{-1} = \begin{bmatrix} \frac{1}{2} & -\frac{1}{2} & -1 \\ \frac{1}{4} & \frac{1}{4} & \frac{1}{2} \\ -\frac{1}{4} & -\frac{1}{4} & \frac{1}{2} \end{bmatrix} \begin{matrix} \vec{f}_1 \\ \vec{f}_2 \\ \vec{f}_3 \end{matrix} \quad \text{(colonnes : } \vec{e}_1, \vec{e}_2, \vec{e}_3\text{)}$$

où P^{-1} est la matrice inverse de P (on a repris les calculs faits en 6).

- *Si $\vec{u} \in \mathbb{R}^3$ a pour matrice colonne U dans la base $\mathcal{E}$ et V dans la base $\mathcal{F}$, alors :*

$$U = PV \quad \text{et} \quad V = P^{-1}U$$

Soit $\vec{u} = (1, 2, 3)$*, sa matrice colonne dans la base canonique* $\mathcal{E}$ *est :* $U = \begin{bmatrix} 1 \\ 2 \\ 3 \end{bmatrix}$ *et sa matrice colonne dans la base* $\mathcal{F}$ *est :*

$$V = \begin{bmatrix} \frac{1}{2} & -\frac{1}{2} & -1 \\ \frac{1}{4} & \frac{1}{4} & \frac{1}{2} \\ -\frac{1}{4} & -\frac{1}{4} & \frac{1}{2} \end{bmatrix} \begin{bmatrix} 1 \\ 2 \\ 3 \end{bmatrix} = \begin{bmatrix} -\frac{7}{2} \\ \frac{9}{4} \\ \frac{3}{4} \end{bmatrix}$$

- *Soit* $\psi : \mathbb{R}^3 \longrightarrow \mathbb{R}^3$*,* B *la matrice de* ψ *dans la base* $\mathcal{E}$ *(au départ et à l'arrivée),* B' *la matrice de* ψ *dans la base* $\mathcal{F}$ *(au départ et à l'arrivée), alors :*

$$B' = P^{-1}BP \quad \text{et} \quad B = PB'P^{-1}$$

On dit que les matrices B *et* B' *sont semblables. Elles représentent la même application linéaire* ψ *mais dans des bases différentes.*
Ainsi :

$$\begin{array}{rccc} \psi & : & \mathbb{R}^3 & \longrightarrow & \mathbb{R}^3 \\ & & (x, y, z) = \vec{u} & \mapsto & \psi(\vec{u}) = (2y, x + y + 2z, -y) \end{array}$$

a pour matrice :

$$B = \begin{bmatrix} 0 & 2 & 0 \\ 1 & 1 & 2 \\ 0 & -1 & 0 \end{bmatrix}$$

dans la base $\mathcal{E}$ *et pour matrice* $B' = P^{-1}BP$ *dans la base* $\mathcal{F}$*, c'est-à-dire :*

$$B' = \begin{bmatrix} \frac{1}{2} & -\frac{1}{2} & -1 \\ \frac{1}{4} & \frac{1}{4} & \frac{1}{2} \\ -\frac{1}{4} & -\frac{1}{4} & \frac{1}{2} \end{bmatrix} \begin{bmatrix} 0 & 2 & 0 \\ 1 & 1 & 2 \\ 0 & -1 & 0 \end{bmatrix} \begin{bmatrix} 1 & 2 & 0 \\ -1 & 0 & -2 \\ 0 & 1 & 1 \end{bmatrix}$$

$$B' = \begin{bmatrix} -2 & -2 & -4 \\ 0 & 1 & 0 \\ 1 & -1 & 2 \end{bmatrix}$$

© Dunod. Toute reproduction non autorisée est un délit.

• Définition 21

Deux matrices B et B' sont dites *semblables* s'il existe une matrice inversible P telle que $B = PB'P^{-1}$.

9) Matrices équivalentes

Soit $f : E \longrightarrow F$ une application linéaire, $\mathcal{E}$ et $\mathcal{E}'$ deux bases de E et P la matrice de passage de $\mathcal{E}$ à $\mathcal{E}'$, et $\mathcal{F}$ et $\mathcal{F}'$ deux bases de F et Q la matrice de passage de $\mathcal{F}$ à $\mathcal{F}'$.

Si A désigne la matrice de f dans les bases $\mathcal{E}$ et $\mathcal{F}$, et si A' désigne la matrice de f dans les bases $\mathcal{E}'$ et $\mathcal{F}'$, alors : $A' = Q^{-1}AP$ et $A = QA'P^{-1}$.

Ces deux égalités sont équivalentes puisque P^{-1} (respectivement Q^{-1}) est la matrice inverse de P (respectivement Q).

Les matrices A et A' représentent la *même* application linéaire f dans des *bases différentes*. On dit que les matrices A et A' sont *équivalentes*.

• Définition 22

Deux matrices A et A' sont dites équivalentes s'il existe deux matrices inversibles P et Q telles que $A = QA'P^{-1}$.

Exercices

Énoncés

Exercice n° 1

E un $\mathbb{R}$ e.v. et $\vec{u}_1, \ldots, \vec{u}_n$ des vecteurs de E. On considère les trois propositions suivantes :

P = [il existe $\alpha_1, \ldots, \alpha_n$ des scalaires *non tous nuls* tels que $\alpha_1\vec{u}_1 + \alpha_2\vec{u}_2 + \ldots + \alpha_n\vec{u}_n = \vec{0}$]

Q = [L'un des vecteurs est combinaison linéaire des autres]

R= [Si $\alpha_1\vec{u}_1 + \alpha_2\vec{u}_2 + \ldots + \alpha_n\vec{u}_n = \vec{0}$, alors $\alpha_1 = \alpha_2 = \ldots = \alpha_n = 0$]

a) Quelle est la valeur de vérité de chacune des propositions P, Q, R dans le cas où $S = \{\vec{u}_1, \ldots, \vec{u}_n\}$ est un système libre ?

b) Parmi les trois propositions P, Q, R, lesquelles sont équivalentes ? L'une d'elles est-elle le contraire de l'autre ?

Exercice n° 2

Soit $\vec{u}$ et $\vec{v}$ deux vecteurs du $\mathbb{R}$ e.v. E. Démontrer l'équivalence logique suivante :

$$\{\vec{u}, \vec{v}\} \text{ libre} \Longleftrightarrow \{\vec{u} + \vec{v}, \vec{v}\} \text{ libre}$$

Exercice n° 3

Soit $A = \begin{bmatrix} 1 & 2 & 3 \end{bmatrix}$ matrice ligne, et $B = \begin{bmatrix} 4 \\ 5 \\ 6 \end{bmatrix}$ matrice colonne.

Effectuer si c'est possible les produits AB et BA.

Exercice n° 4

D'après la méthode vue dans ce chapitre, pour inverser une matrice de format (10, 10) combien d'équations et d'inconnues comportera le système linéaire à résoudre ? À partir de quel format vous paraît-il raisonnable d'acheter la calculette qui inverse les matrices ?

Exercice n° 5

PROBLÈME (Dans ce problème les principaux points du cours d'Algèbre du chapitre 7 sont abordés)

I – Soit $\vec{f_1} = (1, 5, -1)$, $\vec{f_2} = (0, -2, 1)$, $\vec{f_3} = (0, 2, 2)$ trois vecteurs de $\mathbb{R}^3$. On considère $S = \{\vec{f_1}, \vec{f_2}, \vec{f_3}\}$

a) Le système S est-il libre ?

b) Le système S engendre-t-il $\mathbb{R}^3$?

II – On désigne par $\vec{e}_1 = (1, 0, 0)$, $\vec{e}_2 = (0, 1, 0)$, $\vec{e}_3 = (0, 0, 1)$ les vecteurs de la base canonique de $\mathbb{R}^3$.

On désigne par :

$$\begin{array}{cccc} \varphi : & \mathbb{R}^3 & \longrightarrow & \mathbb{R}^3 \\ & \vec{u} & \longmapsto & \varphi(\vec{u}) = \vec{v} \end{array}$$

l'application linéaire telle que : $\varphi(\vec{e}_1) = \vec{f_1}$, $\varphi(\vec{e}_2) = \vec{f_2}$, $\varphi(\vec{e}_3) = \vec{f_3}$ où $\vec{f_1}, \vec{f_2}, \vec{f_3}$ sont les vecteurs de la partie I ci-dessus.

a) φ est-elle injective ? Surjective ?

b) Déterminer les espaces vectoriels Ker φ et $\varphi(\mathbb{R}^3)$ où Ker φ désigne le noyau de φ.

c) Soit $\vec{u} = (x, y, z)$ un vecteur quelconque de $\mathbb{R}^3$, calculer $\varphi(\vec{u}) = (a, b, c)$ où les nombres a, b et c seront chacun exprimés en fonction de x, y, z.

III – Dans $\mathbb{R}^3$ espace de départ de φ on choisit la base canonique $\{\vec{e}_1, \vec{e}_2, \vec{e}_3\}$ et de même dans $\mathbb{R}^3$ espace d'arrivée de φ.

a) Déterminer A la matrice de φ, relativement à ces bases.

b) On désigne par $U = \begin{bmatrix} x \\ y \\ z \end{bmatrix}$ et $V = \begin{bmatrix} a \\ b \\ c \end{bmatrix}$ les matrices colonnes qui représentent les vecteurs $\vec{u} = (x, y, z)$ et $\vec{v} = (a, b, c)$ dans la base canonique.

Montrer que l'égalité matricielle $AU = V$ d'inconnue U est équivalente à un système linéaire de trois équations à trois inconnues.

Écrire explicitement ce système.

c) Résoudre le système suivant où x, y, z sont les inconnues et a, b, c des paramètres

$$\begin{aligned} x \qquad\qquad &= a \\ 5x - 2y + 2z &= b \\ -x \; + \; y + 2z &= c \end{aligned} \tag{7.16}$$

© Dunod. Toute reproduction non autorisée est un délit.

d) exprimer la solution (x, y, z) de (7.16) sous la forme $\begin{bmatrix} x \\ y \\ z \end{bmatrix} = B \times \begin{bmatrix} a \\ b \\ c \end{bmatrix}$ où B est une matrice $(3, 3)$ que l'on déterminera.

IV – A désigne la matrice de φ vue en II.a et B désigne la matrice déterminée en III – d.

a) Effectuer le produit matriciel AB. En déduire la relation entre les matrices A et B.

b) Soit φ^{-1} l'application réciproque de φ.

1. Quelle est la matrice de φ^{-1} relativement à la base canonique de $\mathbb{R}^3$?
2. Soit $\vec{v} = (a, b, c)$ un vecteur de $\mathbb{R}^3$, calculer $\varphi^{-1}(\vec{v}) = (x, y, z)$ où les nombres x, y et z seront chacun exprimés en fonction de x, y, z.

Exercice n° 6

Déterminer le rang du système $S = \{\vec{u}_1, \vec{u}_2, \vec{u}_3, \vec{u}_4\}$ tel que :

$$\begin{aligned} \vec{u}_1 &= (1, -1, 2, 0) \\ \vec{u}_2 &= (2, 1, -1, 1) \\ \vec{u}_3 &= (0, 1, 2, 3) \\ \vec{u}_4 &= (3, -1, -2, 1) \end{aligned}$$

Commentaire : on ramènera S à un système échelonné de rang identique en se servant de la proposition 8.

Exercice n° 7

a) Soit A une matrice (m, p) et B une matrice (p, n).

Montrer que $(AB)^T = B^T A^T$

b) Soit A et B deux matrices carrées inversibles d'ordre n.

Montrer que AB est inversible et que $(AB)^{-1} = B^{-1}A^{-1}$.

Exercice n° 8

Cet exercice reprend la démonstration du Théorème des dimensions (théorème 4 a)). Soit

$$\begin{aligned} \varphi : \mathbb{R}^4 &\longrightarrow \mathbb{R}^4 \\ \vec{u} = (x, y, z, t) &\longmapsto \varphi(\vec{u}) = (x - z, y - t, x + y - z - t, 2x + 3y - 2z - 3t) \end{aligned}$$

a) Démontrer que $\varphi \in \mathcal{L}(\mathbb{R}^4, \mathbb{R}^4)$.

b) Définir $\operatorname{Ker} \varphi$ puis démontrer que $S_1 = \{\vec{e}_1, \vec{e}_2\}$ où $\vec{e}_1 = (1, 0, 1, 0)$ et $\vec{e}_2 = (0, 1, 0, 1)$ est une base de $\operatorname{Ker} \varphi$.

c) Démontrer que $S = \{\vec{e}_1, \vec{e}_2, \vec{e}_3, \vec{e}_4\}$ où $\vec{e}_3 = (1, 0, 2, 0)$ et $\vec{e}_4 = (0, 1, 0, 2)$ est une base de $\mathbb{R}^4$.

d) Démontrer que $T = \{\varphi(\vec{e}_3), \varphi(\vec{e}_4)\}$ est une base de $\varphi(\mathbb{R}^4)$.

e) Vérifier le Théorème des dimensions.

f) φ est-elle injective, surjective, bijective ?

g) Déterminer A, un sous-espace vectoriel de $\mathbb{R}^4$, tel que

$$\begin{aligned} \Psi : A &\longrightarrow \mathbb{R}^4 \text{ la restriction de } \varphi \text{ à } A \\ \vec{a} &\mapsto \Psi(\vec{a}) = \varphi(\vec{a}) \end{aligned}$$

soit injective. Le sous-espace vectoriel est-il unique ?

Exercice n° 9

Soit $\mathcal{E} = \{\vec{e}_1, \vec{e}_2, \vec{e}_3\}$ la base canonique de $\mathbb{R}^3$ et $\mathcal{F} = \{\vec{f_1}, \vec{f_2}, \vec{f_3}\}$ la base de $\mathbb{R}^3$ telle que $\vec{f_1} = (1,0,1)$; $\vec{f_2} = (0,1,1)$; $\vec{f_3} = (1,1,1)$.

a) Calculer P la matrice de passage de $\mathcal{E}$ à $\mathcal{F}$ puis Q la matrice de passage de $\mathcal{F}$ à $\mathcal{E}$.

b) Calculer PQ et QP.

c) En déduire la résolution des systèmes suivants :

$$(1)\begin{cases} \quad\ \ x+y=a \\ \quad\ \ y+z=b \\ x+\ y+z=c \end{cases} \ ; \quad (2)\begin{cases} \quad\ -y+z=a' \\ \quad\ -x+z=b' \\ x+\ \ y-z=c' \end{cases}$$

d) Soit

$$X_{\mathcal{E}} = \begin{bmatrix} a \\ b \\ c \end{bmatrix}_{\mathcal{E}} \quad \text{et} \quad Y_{\mathcal{F}} = \begin{bmatrix} a' \\ b' \\ c' \end{bmatrix}_{\mathcal{F}}$$

Calculer les coordonnées de X dans $\mathcal{F}$ et de Y dans $\mathcal{E}$.

e) Soit $\varphi \in \mathcal{L}(\mathbb{R}^3, \mathbb{R}^3)$ telle que $\vec{u} = (x, y, z) \mapsto \varphi(\vec{u}) = (y+z, x+z, x+y)$.

Déterminer la matrice A de φ dans la base $\mathcal{E}$ et la matrice B de φ dans la base $\mathcal{F}$.

Exercice n° 10

Soit $\mathcal{M}(2,2)$ le $\mathbb{R}$ espace vectoriel des matrices à deux lignes et deux colonnes. On rappelle que la trace de la matrice A est le nombre réel $\text{tr}(A) = a_{11} + a_{22}$.

a) Montrer que $\text{tr} \in \mathcal{L}(\mathcal{M}(2,2), \mathbb{R})$.

b) Soit $B \in \mathcal{M}(2,2)$ et $\Phi : \mathcal{M}(2,2) \longrightarrow \mathcal{M}(2,2)$
$$A \mapsto \Phi(A) = A^T \times B$$

Soit $A \in \mathcal{M}(2,2)$ et $\Psi : \mathcal{M}(2,2) \longrightarrow \mathcal{M}(2,2)$
$$B \mapsto \Psi(B) = A^T \times B$$

Montrer que Φ et Ψ sont des éléments de $\mathcal{L}(\mathcal{M}(2,2), \mathcal{M}(2,2))$.

Exercice n° 11

Soit $m \in \mathbb{R}^*$ et M la matrice telle que

$$M = \begin{bmatrix} 0 & m & m^2 \\ 1/m & 0 & m \\ 1/m^2 & 1/m & 0 \end{bmatrix}$$

a) Calculer $M^2 - M - 2I_3$ où I_3 est la matrice unité d'ordre 3.

b) En déduire que la matrice M est inversible et exprimer M^{-1} en fonction de M et I_3.

© Dunod. Toute reproduction non autorisée est un délit.

c) En déduire l'expression de M^{-1} en fonction de m.

d) Quelle est l'inverse de la matrice

$$N = \begin{bmatrix} 0 & 1 & 1 \\ 1 & 0 & 1 \\ 1 & 1 & 0 \end{bmatrix} ?$$

Exercice n° 12

Soit B la matrice telle que $B = \begin{bmatrix} -4 & 6 & -2 \\ -2 & 0 & 2 \\ -1 & -3 & 4 \end{bmatrix}$.

a) Calculer B^3.

b) Commentaires.

Exercice n° 13

m étant un paramètre réel, résoudre, selon la valeur de m, le système linéaire suivant :

$$\begin{cases} 2x + y + z = 3 \\ x + 2y + z = 4 \\ x + y + 2z = 1 \\ x + y + mz = 2m \end{cases}$$

Exercice n° 14

Déterminer les solutions (x, y, z, t) du système linéaire suivant :

$$\begin{cases} x + 2y - z + 3t = 0 \\ 2x + y + 4z + 3t = 6 \end{cases}$$

8. L'ensemble $\mathbb{C}$ des nombres complexes

L'équation $x^2 + 1 = 0$ n'a pas de solution dans $\mathbb{R}$. On décide d'introduire un « nombre nouveau i » tel que $i^2 = -1$ afin de donner une solution à l'équation. On ne regrettera pas l'audace car cela va permettre la construction d'un ensemble $\mathbb{C}$ (dit des nombres complexes) qui contient l'ensemble $\mathbb{R}$, recopie sa structure algébrique ($\mathbb{C}$ est un corps tout comme $\mathbb{R}$), et dans lequel non seulement les équations du second degré auront toujours des solutions mais toute équation polynomiale de degré n, $n \in \mathbb{N}$, de la forme :

$$a_n x^n + a_{n-1} x^{n-1} + \ldots + a_1 x + a_0 = 0 \text{ avec } a_k \in \mathbb{C}, \quad k = 0, 1, \ldots, n$$

aura n solutions dans $\mathbb{C}$.
Par contre, on « perdra » la relation d'ordre « $\leqslant$ » bien connue de $\mathbb{R}$. Ce chapitre, très calculatoire, est sans difficulté majeure.

Pour la petite histoire — ou la grande ? — c'est Jérôme CARDAN (1501-1576), mathématicien, médecin et philosophe italien qui, le premier, imagina un « nombre i » tel que $i^2 = -1$. Ce « i » ne pouvait appartenir à aucun ensemble connu de nombres, on parla de « nombre imaginaire ». Par le biais de ce nombre « i » il put expliciter les racines d'une équation du troisième degré : les formules de Cardan. Ces formules ont le bonheur d'exister mais sont quasi inutilisables à la main. Enfin, Cardan laissa aussi son nom au « mécanisme à Cardan » que l'on trouve sur nos voitures.

Mots clefs : nombres complexes, module, argument.

© Dunod. Toute reproduction non autorisée est un délit.

I. Généralités

A. Forme algébrique d'un nombre complexe

1) Définitions

- On désigne par $\mathbb{C}$ l'ensemble des *nombres complexes* et par « i » un élément de $\mathbb{C}$ tel que $i^2 = -1$.
- Tout nombre complexe z s'écrit de manière unique : $z = a + ib$ avec $a \in \mathbb{R}$ et $b \in \mathbb{R}$.

  L'écriture $z = a+ib$ s'appelle la *forme algébrique* de z ; le réel « a » s'appelle la *partie réelle* de z et se note $a = \Re(z)$; le réel « b » s'appelle la *partie imaginaire* de z et se note $b = \Im(z)$. Si $b = 0$, alors $z = a \in \mathbb{R}$ ce qui montre que $\mathbb{R}$ est inclus dans $\mathbb{C}$. Si $a = 0$, alors $z = ib$ et on dit dans ce cas que z est un *imaginaire pur*.
- Soit z et z' deux nombres complexes tels que :

$$z = a + ib,\ z' = a' + ib',\ a \in \mathbb{R},\ b \in \mathbb{R}, a' \in \mathbb{R},\ b' \in \mathbb{R}$$

  on définit l'*égalité*, l'*addition* et la *multiplication* dans $\mathbb{C}$ de la manière suivante :

a) Égalité

Deux nombres complexes sont égaux si et seulement si ils ont même partie réelle et même partie imaginaire, c'est-à-dire :

$$z = z' \Longleftrightarrow \begin{cases} a = a' \\ \text{et} \\ b = b' \end{cases}$$

b) Addition

$$z + z' = (a + ib) + (a' + ib') = (a + a') + i(b + b')$$

c'est-à-dire :

$$\Re(z + z') = \Re(z) + \Re(z') \quad \text{et} \quad \Im(z + z') = \Im(z) + \Im(z')$$

c) Multiplication

$$z \cdot z' = (a + ib)(a' + ib') = (aa' - bb') + i(ab' + a'b)$$

résultat que l'on obtient en calculant comme dans $\mathbb{R}$ et en remplaçant i^2 par -1.

2) Exemples de calcul

- $(1+i)(1-i) = 2$.
- $(1+2i)^2 = -3+4i$.
- $1+i+i^2+...+i^7 = 0$.
- $i^n = \begin{cases} 1 & \text{si } n = 4p \\ i & \text{si } n = 4p+1 \\ -1 & \text{si } n = 4p+2 \\ -i & \text{si } n = 4p+3 \end{cases} \quad \forall n \in \mathbb{N}.$
- L'équation $x^2+x+1=0$, n'a pas de solution dans $\mathbb{R}$. Pour s'en convaincre on trace le graphe de l'application $x \mapsto f(x) = x^2+x+1$ dont le minimum global est $f(-1/2) = 3/4 > 0$. On utilise la formule qui donne les racines x_1 et x_2 de l'équation du second degré $ax^2+bx+c=0$. Ici le discriminant $\Delta = b^2-4ac = -3 < 0$. Sans autre forme de procès, sachant que $i^2=-1$, on écrit $\Delta = i^2 \times 3$ et $x_1 = \dfrac{-1+i\sqrt{3}}{2}$, $x_2 = \dfrac{-1-i\sqrt{3}}{2}$. Enfin si on applique les règles de calcul habituelles de l'ensemble $\mathbb{R}$, on vérifie $(x-x_1)(x-x_2) = x^2+x+1$.

Remarque importante
La relation d'ordre « $\leqslant$ » définie dans $\mathbb{R}$ sous-ensemble de $\mathbb{C}$, ne se prolonge pas à $\mathbb{C}$. On prendra donc soin de *ne jamais écrire* qu'un nombre complexe est positif ou négatif ou plus grand qu'un autre nombre complexe.

B. Conjugué d'un nombre complexe

1) Définition

Le nombre complexe $\bar{z} = a - ib$ est appelé le *conjugué* du nombre complexe $z = a + ib$ où $a + ib$ est la forme algébrique de z, c'est-à-dire : $a \in \mathbb{R}$ et $b \in \mathbb{R}$.

2) Propriétés

On montre sans difficulté les propriétés suivantes :

a) $\bar{\bar{z}} = z$

b) $z + \bar{z} = 2\Re(z)$

c) $z - \bar{z} = 2\Im(z)\mathrm{i}$

d) $\overline{z+z'} = \bar{z} + \bar{z'}$; $\overline{z-z'} = \bar{z} - \bar{z'}$. Le conjugué d'une somme (ou d'une différence) est la somme (ou la différence) des conjugués.

e) $\overline{zz'} = \bar{z} \cdot \bar{z'}$. Le conjugué d'un produit est le produit des conjugués.

© Dunod. Toute reproduction non autorisée est un délit.

3) Application : mise sous forme algébrique de $\frac{1}{z}$

Soit $z \in \mathbb{C}$ tel que $z = a + ib$, $a \in \mathbb{R}$, $b \in \mathbb{R}$. Alors :

$$z\bar{z} = (a + ib)(a - ib) = a^2 + b^2 \in \mathbb{R}$$

et sous l'hypothèse $z \neq 0$, c'est-à-dire : $a \neq 0$, et $b \neq 0$, on a :

$$\frac{1}{z} = \frac{\bar{z}}{z\bar{z}} = \frac{a}{a^2 + b^2} - i\frac{b}{a^2 + b^2}$$

qui est bien la forme algébrique de $\frac{1}{z}$ puisque $\frac{a}{a^2 + b^2} \in \mathbb{R}$ et $\frac{b}{a^2 + b^2} \in \mathbb{R}$.

On en déduit la mise sous forme algébrique de : $\frac{z'}{z} = z' \cdot \frac{1}{z}$.

→ ***Commentaires***

$z = a+ib = 0 \iff a = b = 0 \iff a^2+b^2 = 0 \iff z\bar{z} = 0$, c'est-à-dire un nombre complexe z est nul si et seulement si $z\bar{z} = 0$.

▶ **Exemples**

- $\frac{(1 + 2i)^2}{1 - i} = \frac{-3 + 4i}{1 - i} = \frac{(-3 + 4i)(1 + i)}{(1 - i)(1 + i)} = -\frac{7}{2} + \frac{1}{2}i$
- $\frac{1}{1 + i} + \frac{1}{1 - 2i} = \frac{1 - i}{(1 + i)(1 - i)} + \frac{1 + 2i}{(1 - 2i)(1 + 2i)} = \frac{7}{10} - \frac{1}{10}i$

C. Le plan complexe

1) $(\mathbb{C}, +, \cdot)$ est un $\mathbb{R}$ espace vectoriel de dimension 2.

a) $\mathbb{C}$ est muni d'une addition *interne* définie en I.A.1) qui satisfait les axiomes A_1, A_2, A_3, A_4 d'espace vectoriel posés au chapitre 7 paragraphe I (la vérification est immédiate).

b) $\mathbb{C}$ est muni d'une multiplication *externe* par un nombre réel puisque si $\alpha \in \mathbb{R}$ et $z = a + ib$, alors :

$$\alpha z = (\alpha + i0)(a + ib) = \alpha a + i\alpha b$$

d'après la multiplication *interne* définie en I.A.1. Cette multiplication externe satisfait les axiomes A_5, A_6, A_7, A_8 d'espace vectoriel posés au chapitre 7 paragraphe I (la vérification est immédiate).

c) Tout nombre complexe z s'écrit de manière unique $z = a \cdot 1 + bi$, $a \in \mathbb{R}$, $b \in \mathbb{R}$.

Conclusion : d'après a) et b), $\mathbb{C}$ est un $\mathbb{R}$-espace vectoriel et d'après c) et la proposition 7 chapitre 7, $\{1, i\}$ est une base de $\mathbb{C}$. L'ensemble $\mathbb{C}$ des nombres complexes est donc un $\mathbb{R}$-espace vectoriel de dimension 2.

2) Le plan complexe

L'ensemble $\mathbb{C}$ des nombres complexes, $\mathbb{R}$-espace vectoriel de dimension 2, est d'après le théorème 2 chapitre 7, isomorphe au $\mathbb{R}$-espace vectoriel $\mathbb{R}^2$ vu au chapitre 7.

On va donc pouvoir représenter $z = a + \mathrm{i}b$, $a \in \mathbb{R}$, $b \in \mathbb{R}$ par le couple (a, b) de nombres réels, par le point $M(z)$ de coordonnées (a, b) dans le plan, ainsi que par le vecteur $\overrightarrow{OM}$ du plan dit *plan complexe* (voir figure 8.1).

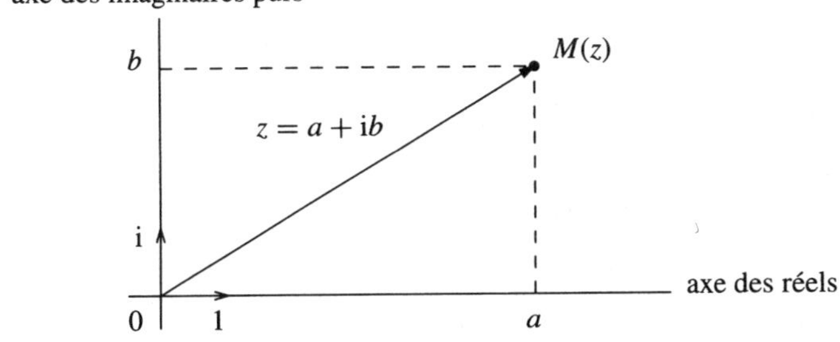

Figure 8.1

On dit que $M(z)$ est l'*image* de z et que z est l'*affixe* de M. On retiendra qu'additionner des nombres complexes c'est additionner des vecteurs du plan complexe, d'où la figure 8.2, où $OM(z')M(z+z')M(z)$ est un parallélogramme.

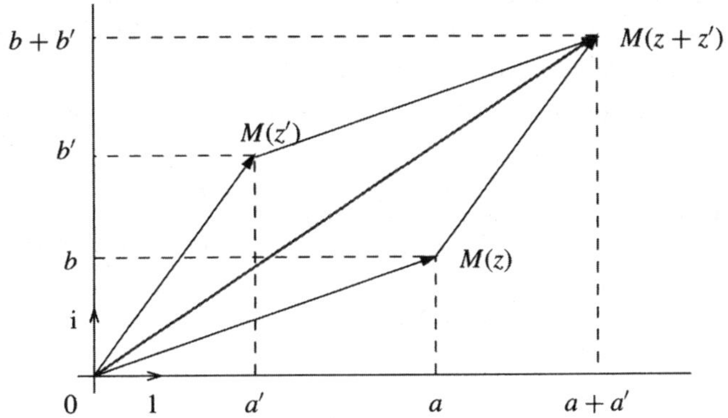

Figure 8.2

© Dunod. Toute reproduction non autorisée est un délit.

D. Forme trigonométrique d'un nombre complexe

1) Définition

Soit $M(z)$ l'image dans le plan complexe de $z = a + ib$, $a \in \mathbb{R}$, $b \in \mathbb{R}$

Le point $M(z)$ peut être repéré dans le plan complexe par un couple (ρ, θ) où ρ est la longueur OM et θ l'angle tel que sur la figure 8.3.

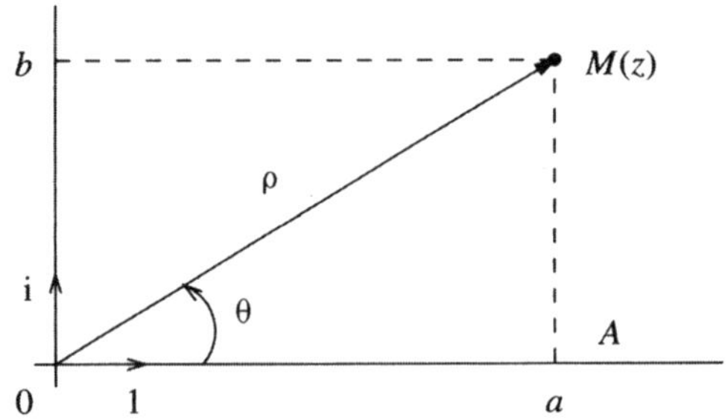

Figure 8.3

Le couple (ρ, θ) s'appelle les *coordonnées polaires* du point $M(z)$ et le couple (a, b) s'appelle les *coordonnées cartésiennes* de $M(z)$.

ρ s'appelle le *module* du nombre complexe z et se note $\rho = |z|$.

θ s'appelle l'*argument* du nombre complexe z et se note $\theta = \text{Arg}(z)$.

Des considérations élémentaires de la géométrie du triangle nous donnent les relations suivantes entre *coordonnées polaires* (ρ, θ) et *coordonnées cartésiennes* (a, b) du nombre complexe $z = a + ib$:

$\rho = \sqrt{a^2 + b^2}$ (théorème de Pythagore appliqué au triangle OAM)

$$\cos\theta = \frac{a}{\rho} = \frac{a}{\sqrt{a^2 + b^2}} \quad \text{et} \quad \sin\theta = \frac{b}{\rho} = \frac{b}{\sqrt{a^2 + b^2}}$$

Récapitulation : tout nombre complexe $z = a + ib$, $a \in \mathbb{R}$, $b \in \mathbb{R}$ peut s'écrire $z = \rho(\cos\theta + i\sin\theta)$ appelée *forme trigonométrique* de z.

▶ Exemple

Le nombre complexe i *a pour module* 1 *et pour argument* $\frac{\pi}{2}$. *Le nombre complexe* $1 + i$ *a pour module* $\sqrt{2}$ *et pour argument* $\frac{\pi}{4}$.

2) Propriétés

- Si $z = a + ib$, $a \in \mathbb{R}$, $b \in \mathbb{R}$ alors, $|z| = \sqrt{a^2 + b^2} = \sqrt{z\bar{z}}$ où $\bar{z}$ désigne le conjugué de z. On montre sans difficulté les propriétés suivantes du module d'un nombre complexe.

  a) $|z| = 0 \iff z = 0$; $\Re(z) \leqslant |z|$; $\Im(z) \leqslant |z|$; $|z| = |\bar{z}| = |-z| = |-\bar{z}|$

  b) $|zz'| = |z| \cdot |z'|$; pour tout $n \in \mathbb{N}$, $|z^n| = |z|^n$

  Quand on multiplie des nombres complexes, on multiplie leurs modules.

  c) Si $z' \neq 0$, $\left|\dfrac{z}{z'}\right| = \dfrac{|z|}{|z'|}$

  d) Inégalité triangulaire :

$$\big||z| - |z'|\big| \leqslant |z + z'| \leqslant |z| + |z'|$$

  e) On retrouve les propriétés de la valeur absolue définie sur $\mathbb{R}$ et on remarque : si $z = a + i0$ est un nombre réel, alors « module de z » est égal à « valeur absolue » de a ou encore $|z| = |a|$.

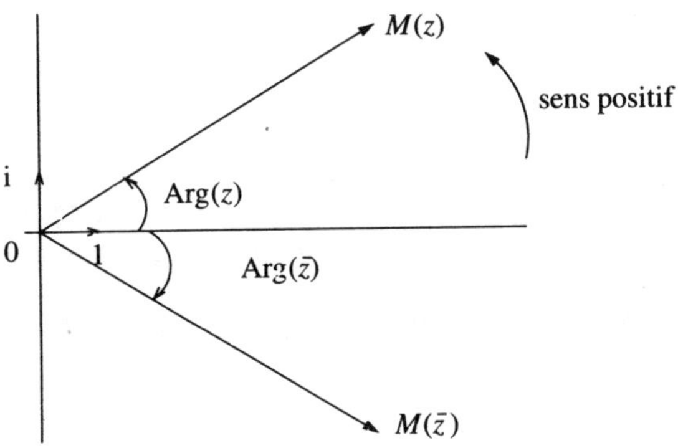

Figure 8.4

- Soit $z \in \mathbb{C}$ et $\theta = \arg(z)$ l'argument de z, il est clair que θ est un angle défini à un multiple de 2π près, ce que l'on retiendra pour la suite.

  On a les propriétés suivantes de l'argument d'un nombre complexe :

  a) $\arg(\bar{z}) = -\arg(z)$ (voir figure 8.4) ;

  b) $\arg(zz') = \arg(z) + \arg(z')$; pour tout $n \in \mathbb{N}$, $\arg(z^n) = n \arg z$.

  Quand on multiplie des nombres complexes, on additionne leurs arguments.

  c) Si $z \neq 0$, $\arg\left(\dfrac{1}{z}\right) = -\arg(z)$ et $\arg\left(\dfrac{z'}{z}\right) = \arg(z') - \arg(z)$.

© Dunod. Toute reproduction non autorisée est un délit.

- Deux nombres complexes sont égaux si et seulement s'ils ont même module et même argument à $2k\pi$ près.

3) Formule de Moivre. Notation exponentielle

On admettra la formule suivante, dite formule d'*Euler* : $e^{i\theta} = \cos\theta + i\sin\theta$, $\theta \in \mathbb{R}$. La notation $e^{i\theta}$ désigne la notation exponentielle avec ici la variable « $i\theta$ » complexe, notation justifiée car les propriétés de l'exponentielle réelle sont encore vérifiées quand la variable est complexe. Ainsi :

$$e^{a+ib} = e^{a} \cdot e^{ib} = e^{a}(\cos b + i\sin b)$$

D'où la formule suivante :

$$\text{pour tout } \theta \in \mathbb{R} \text{ et } n \in \mathbb{N}, (e^{i\theta})^{n} = e^{in\theta}$$

c'est-à-dire

$$(\cos\theta + i\sin\theta)^{n} = \cos n\theta + i\sin n\theta$$

appelée (sous cette forme) formule de *Moivre*. Elle se démontre directement par récurrence sur n.

Le nombre complexe $z = \rho(\cos\theta + i\sin\theta)$ s'écrira désormais $z = \rho e^{i\theta}$ avec l'avantage que, sous cette forme, les calculs des produits, quotients peuvent être faits en utilisant les propriétés habituelles de l'exponentielle.

→ Abraham de MOIVRE, mathématicien anglais (1667-1754).

II. Équations dans $\mathbb{C}$

A. Le Théorème de d'Alembert-Gauss

On a le résultat fondamental suivant qui justifie pleinement la construction de l'ensemble $\mathbb{C}$.

- **Théorème de d'Alembert-Gauss**

Tout polynôme de degré n à coefficients dans $\mathbb{C}$ admet n racines (distinctes ou confondues) dans $\mathbb{C}$.

B. Équation du second degré à coefficients réels

On retrouve les résultats sous les formes habituelles :

$$ax^2 + bx + c = 0, \quad a \neq 0, \quad a \in \mathbb{R}, \quad b \in \mathbb{R}, \quad c \in \mathbb{R}$$

On calcule $\Delta = b^2 - 4ac$ appelé le discriminant de l'équation.
Si $\Delta > 0$, deux solutions réelles distinctes :

$$z_1 = \frac{-b - \sqrt{\Delta}}{2a} \quad \text{et } z_2 = \frac{-b + \sqrt{\Delta}}{2a}$$

Si $\Delta = 0$, une solution réelle double :

$$z_0 = \frac{-b}{2a}$$

Si $\Delta < 0$, deux solutions complexes *conjuguées* distinctes :

$$z_1 = \frac{-b - \mathrm{i}\sqrt{-\Delta}}{2a} \quad \text{et } z_2 = \frac{-b + \mathrm{i}\sqrt{-\Delta}}{2a}$$

▶ **Exemple**

Soit l'équation $x^2 - 2x + 3 = 0$.
$\Delta = -8 < 0$. *Il y a donc deux racines complexes conjuguées*
$z = \dfrac{2 - i\sqrt{8}}{2} = 1 - i\sqrt{2}$ *et* $\bar{z} = \dfrac{2 + i\sqrt{8}}{2} = 1 + i\sqrt{2}$.

C. Équation du second degré à coefficients complexes

1) Recherche de la racine carrée d'un nombre complexe

Soit $Z = \alpha + \mathrm{i}\beta$, on cherche : $z = a + \mathrm{i}b$ tel que :

$$z^2 = Z \tag{8.1}$$

$z^2 = a^2 - b^2 + 2\mathrm{i}ab$ et l'égalité (8.1) est équivalente aux deux égalités suivantes :

$$\begin{cases} a^2 - b^2 = \alpha & (8.2) \\ 2ab = \beta & (8.3) \end{cases}$$

Par ailleurs, sachant que $|z^2| = |Z|$, on a aussi l'égalité :

$$a^2 + b^2 = \sqrt{\alpha^2 + \beta^2} \tag{8.4}$$

De (8.2) et (8.4) on déduit les valeurs de a^2 et b^2 et l'égalité (8.3) nous indique si a et b sont de signes contraires ou de même signe.

© Dunod. Toute reproduction non autorisée est un délit.

▶ **Exemple**

Les racines carrées de $Z = 3 + 4\mathrm{i}$ *sont* $z_1 = 2 + \mathrm{i}$ *et* $z_2 = -2 - \mathrm{i}$.

2) Équation $az^2 + bz + c = 0$ avec $a \in \mathbb{C}$, $b \in \mathbb{C}$, $c \in \mathbb{C}$ et $a \neq 0$

On calcule le discriminant $\Delta = b^2 - 4ac$ qui est un nombre complexe.

Si $\Delta = 0$, une solution double : $z_0 = \dfrac{-b}{2a}$.

Si $\Delta \neq 0$, deux solutions complexes distinctes :

$$z_1 = \frac{-b - \delta}{2a} \quad \text{et} \quad z_2 = \frac{-b + \delta}{2a}$$

où δ est une racine carrée de Δ calculée comme en 1) ci-dessus.

III. Espaces vectoriels sur $\mathbb{C}$

Le chapitre 7 était consacré à l'étude des *espaces vectoriels réels*. Par exemple $\mathbb{R}$, $\mathbb{R}^2$, $\mathbb{R}^3$, $\mathbb{R}^4$ sont des $\mathbb{R}$-espaces vectoriels de dimensions respectives 1, 2, 3, 4.

En prenant les scalaires dans $\mathbb{C}$ au lieu de $\mathbb{R}$, on définit de façon analogue les *espaces vectoriels complexes*. Ainsi, $\mathbb{C}$ est un $\mathbb{C}$-espace vectoriel de dimension 1. Enfin, (en posant $K = \mathbb{R}$ ou $\mathbb{C}$), d'après le résultat suivant (dont la démonstration ne présente aucune difficulté) : « Si E et F sont des K-espaces vectoriels de dimensions respectives p et q alors $E \times F$ est un K-espace vectoriel de dimension $p + q$ », on a :

$\mathbb{C}$ est de dimension 1 en tant que $\mathbb{C}$-espace vectoriel
mais de dimension 2 en tant que $\mathbb{R}$-espace vectoriel

$\mathbb{C}^2$ est de dimension 2 en tant que $\mathbb{C}$-espace vectoriel
mais de dimension 4 en tant que $\mathbb{R}$-espace vectoriel

$\mathbb{C}^3$ est de dimension 3 en tant que $\mathbb{C}$-espace vectoriel
mais de dimension 6 en tant que $\mathbb{R}$-espace vectoriel

Exercices

Énoncés

Exercice n° 1

Démontrer que le conjugué d'une somme (respectivement d'un produit, d'un quotient) est la somme (respectivement le produit, le quotient) des conjugués.

Exercice n° 2

Mettre sous la forme algébrique $z = a + ib$, $a \in \mathbb{R}$, $b \in \mathbb{R}$, les nombres complexes suivants :

$$z_1 = (1 + 2i)(3 + 4i)\ ;\ z_2 = \frac{1}{3 + 2i}\ ;\ z_3 = (2 + i)^4\ ;\ z_4 = \frac{1 - i}{1 + i}.$$

Exercice n° 3

Démontrer que $\left|\frac{z}{z'}\right| = \frac{|z|}{|z'|}, \forall z, z' \in \mathbb{C}$

Exercice n° 4

Calculer les nombres :

$$z_1 = \sqrt{i}\ ;\ z_2 = \sqrt{2 + 2i}\ ;\ \ z_3 = \sqrt{3 + 4i}.$$

Exercice n° 5

Résoudre l'équation : $z^2 - (3 + i)z + (4 + 3i) = 0$.

Exercice n° 6

Résoudre l'équation $z^3 = 2$ dans $\mathbb{C}$.

© Dunod. Toute reproduction non autorisée est un délit.

9. Algèbre linéaire 2

On introduit la notion de déterminant d'une matrice, notion qui permet de savoir si une matrice est inversible ou non. La diagonalisation d'une matrice, lorsqu'elle est possible, permet d'obtenir une matrice diagonale semblable. Les formes quadratiques qui sont utiles dès que l'on utilise des fonctions de plusieurs variables sont étudiées ici.

Mots clefs : matrice, déterminant, diagonalisation, valeur propre, vecteur propre, forme quadratique, définie positive, définie négative, semi-définie positive, semi-définie négative.

I. Déterminants

On étudiera en détails la notion de déterminant d'une matrice $(2, 2)$ et on donnera la démonstration de tous les résultats présentés. Ces résultats se généralisent au déterminant d'une matrice (n, n), sans difficultés majeures autres que calculatoires.

A. Déterminant d'une matrice (2, 2)

Soit $\mathbb{K} = \mathbb{R}$ ou $\mathbb{C}$.

• Définition 1

Soit $A = \begin{bmatrix} a_{11} & a_{12} \\ a_{21} & a_{22} \end{bmatrix}$ une matrice $(2, 2)$ à coefficients dans $\mathbb{K}$.

© Dunod. Toute reproduction non autorisée est un délit.

Le *déterminant* de A est le scalaire noté $\det(A)$ défini par :

$$\det(A) = \begin{vmatrix} a_{11} & a_{12} \\ a_{21} & a_{22} \end{vmatrix} = a_{11}a_{22} - a_{21}a_{12}$$

▶ **Exemple**

Soit :

$$A = \begin{bmatrix} 10 & 3 \\ 2 & 6 \end{bmatrix}$$

$\det(A) = 10 \times 6 - 3 \times 2 = 54.$

• Proposition 1

Pour toutes matrices A, B de format $(2, 2)$ à coefficients dans $\mathbb{K}$ on a :

$$\det(AB) = \det(A)\det(B) = \det(BA)$$

Démonstration : on considère deux matrices A, B à coefficients dans $\mathbb{K}$.

$$A = \begin{bmatrix} a_{11} & a_{12} \\ a_{21} & a_{22} \end{bmatrix} \text{ et } B = \begin{bmatrix} b_{11} & b_{12} \\ b_{21} & b_{22} \end{bmatrix}$$

On a :

$$AB = \begin{bmatrix} a_{11}b_{11} + a_{12}b_{21} & a_{11}b_{12} + a_{12}b_{22} \\ a_{21}b_{11} + a_{22}b_{21} & a_{21}b_{12} + a_{22}b_{22} \end{bmatrix}$$

donc :

$$\begin{aligned} \det(AB) &= (a_{11}b_{11} + a_{12}b_{21})(a_{21}b_{12} + a_{22}b_{22}) \\ &\quad - (a_{11}b_{12} + a_{12}b_{22})(a_{21}b_{11} + a_{22}b_{21}) \\ &= (a_{11}a_{22} - a_{12}a_{21})(b_{11}b_{22} - b_{12}b_{21}) \\ &= \det(A)\det(B) \end{aligned}$$

et donc $\det(AB) = \det(A)\det(B) = \det(B)\det(A) = \det(BA)$

• Proposition 2

Pour toute matrice A $(2, 2)$ à coefficients dans $\mathbb{K}$ on a :

$$\det(A^T) = \det(A)$$

Démonstration :

$$\text{si : } A = \begin{bmatrix} a_{11} & a_{12} \\ a_{21} & a_{22} \end{bmatrix} \text{ alors } A^T = \begin{bmatrix} a_{11} & a_{21} \\ a_{12} & a_{22} \end{bmatrix}$$

donc $\det(A^T) = a_{11}a_{22} - a_{21}a_{12} = \det(A)$.

• **Proposition 3**

a) Le déterminant d'une matrice $(2, 2)$ est nul si ses deux colonnes sont identiques.

b) Le déterminant d'une matrice est inchangé si on rajoute à l'une de ses colonnes un multiple de l'autre.

c) Le déterminant d'une matrice change de signe si on échange les deux colonnes de la matrice.

On désigne par $A_1 = \begin{bmatrix} a_{11} \\ a_{21} \end{bmatrix}$, $A_2 = \begin{bmatrix} a_{12} \\ a_{22} \end{bmatrix}$ les deux vecteurs colonnes de la matrice $A = \begin{bmatrix} a_{11} & a_{12} \\ a_{21} & a_{22} \end{bmatrix}$ que l'on note alors $A = (A_1, A_2)$. Les résultats ci-dessus s'écrivent :

a) $\det(A_1, A_1) = 0$;

b) $\det(A_1 + \alpha A_2, A_2) = \det(A_1, A_2)$ et $\det(A_1, \alpha A_1 + A_2) = \det(A_1, A_2)$ pour tout $\alpha \in K$;

c) $\det(A_2, A_1) = -\det(A_1, A_2)$.

Démonstration :

a) $\det(A_1, A_1) = a_{11}a_{22} - a_{11}a_{22} = 0$

b)
$$\begin{aligned}\det(A_1 + \alpha A_2, A_2) &= \det \begin{bmatrix} a_{11} + \alpha a_{12} & a_{12} \\ a_{21} + \alpha a_{22} & a_{22} \end{bmatrix} \\ &= (a_{11} + \alpha a_{12})a_{22} - a_{12}(a_{21} + \alpha a_{22}) \\ &= (a_{11}a_{22} - a_{12}a_{21}) + \alpha(a_{12}a_{22} - a_{12}a_{22}) \\ &= (a_{11}a_{22} - a_{12}a_{21}) \\ &= \det(A_1, A_2)\end{aligned}$$

On montre de même la deuxième partie de b).

c) $\det(A_2, A_1) = a_{12}a_{21} - a_{11}a_{22} = -\det(A_1, A_2)$

▶ **Exemple**

Soit :

$$A = \begin{bmatrix} 4 & 2 \\ 2 & 6 \end{bmatrix}$$

Posons : $A_1 = \begin{bmatrix} 4 \\ 2 \end{bmatrix}$ *et* $A_2 = \begin{bmatrix} 2 \\ 6 \end{bmatrix}$ $A = (A_1, A_2)$. *Formons la matrice* $(A_1 + (-2)A_2, A_2)$ *en ajoutant à la première colonne de A le produit par –2 de la deuxième colonne :*

$$(A_1 + (-2)A_2, A_2) = \begin{bmatrix} 0 & 2 \\ -10 & 6 \end{bmatrix}$$

Alors $\det(A) = 20 = \det(A_1 + (-2)A_2, A_2)$ *(comme le prévoit b) de la proposition 3).*

© Dunod. Toute reproduction non autorisée est un délit.

• Proposition 4

Soit $\alpha, \beta \in \mathbb{K}$, et A_1, A_2, A_3 trois vecteurs colonnes.

$$\det(\alpha A_1 + \beta A_2, A_3) = \alpha \det(A_1, A_3) + \beta \det(A_2, A_3)$$

et

$$\det(A_1, \alpha A_2 + \beta A_3) = \alpha \det(A_1, A_2) + \beta \det(A_1, A_3)$$

→ ***Commentaires***

On déduit en particulier que pour tout $\alpha \in \mathbb{K}$, $\det(\alpha A) = \alpha^2 \det(A)$. En effet $\det(\alpha A) = \det(\alpha A_1, \alpha A_2) = \alpha^2 \det(A_1, A_2) = \alpha^2 \det(A)$.

La partie b) de la proposition précédente n'est qu'un cas particulier de cette proposition.

Comme $\det(A^T) = \det(A)$, on obtient des propositions analogues aux deux propositions ci-dessus en remplacent les colonnes de la matrice par ses lignes.

• Théorème 1

A est inversible si et seulement si $\det(A) \neq 0$

Démonstration : Soit $A = \begin{bmatrix} a_{11} & a_{12} \\ a_{21} & a_{22} \end{bmatrix}$

« $\Longrightarrow$ » Si A inversible alors il existe une matrice notée A^{-1} telle que $AA^{-1} = I$ d'où $\det(AA^{-1}) = \det I = 1$. Or $\det(AA^{-1}) = \det(A)\det(A^{-1})$. Donc $\det(A)\det(A^{-1}) = 1$ ce qui implique $\det(A) \neq 0$.

« $\Longleftarrow$ » Si $\det(A) \neq 0$. Posons $N = \dfrac{1}{\det(A)} \begin{bmatrix} a_{22} & -a_{12} \\ -a_{21} & a_{11} \end{bmatrix}$ alors $AN = \dfrac{1}{\det(A)} \begin{bmatrix} \det(A) & 0 \\ 0 & \det(A) \end{bmatrix} = I$. Donc A est inversible et $A^{-1} = N$.

La proposition suivante découle immédiatement de ce théorème, très important car il donne du sens à $\det(A)$.

• Proposition 5

Si A est inversible alors :

$$\det(A^{-1}) = \frac{1}{\det(A)}$$

On rappelle que la trace d'une matrice A(2, 2) est la somme des éléments diagonaux de A.

$$\text{tr}(A) = a_{11} + a_{22}$$

• **Proposition 6**

Soit A et B deux matrices de format $(2, 2)$. Alors :

$$\text{tr}(AB) = \text{tr}(BA)$$

On rappelle que deux matrices A et B sont dites semblables lorsqu'il existe une matrice P inversible telle que :

$$A = PBP^{-1}$$

• **Proposition 7**

Si A et B sont deux matrices semblables de format $(2, 2)$ alors

$$\det(A) = \det(B)$$
$$\text{tr}(A) = \text{tr}(B)$$

Démonstration : si A et B sont deux matrices semblables alors il existe une matrice P inversible telle que $A = PBP^{-1}$. D'où :

$$\det(A) = \det(PBP^{-1}) = \det(P^{-1}(PB)) = \det(P^{-1}PB) = \det(IB) = \det(B)$$

D'autre part $\text{tr}(A) = \text{tr}(PBP^{-1}) = \text{tr}(P^{-1}PB) = \text{tr}(B)$.

B. Déterminant d'une matrice (*n*, *n*)

1) Cas d'une matrice (3, 3)

Soit

$$A = \begin{bmatrix} a_{11} & a_{12} & a_{13} \\ a_{21} & a_{22} & a_{23} \\ a_{31} & a_{32} & a_{33} \end{bmatrix}$$

• **Définition 2**

Le *déterminant* d'une matrice $A(3,3)$, est le scalaire noté $\det(A)$ défini par :

$$\begin{aligned}\det(A) &= \begin{vmatrix} a_{11} & a_{12} & a_{13} \\ a_{21} & a_{22} & a_{23} \\ a_{31} & a_{32} & a_{33} \end{vmatrix} \\ &= a_{11}a_{22}a_{33} - a_{11}a_{23}a_{32} - a_{12}a_{21}a_{33} \\ &\quad + a_{12}a_{23}a_{31} + a_{13}a_{21}a_{32} - a_{13}a_{22}a_{31}\end{aligned}$$

Pour calculer le déterminant d'une matrice (3, 3) on peut utiliser la *règle de Sarrus* qui consiste à écrire les trois colonnes de la matrice puis les deux premières colonnes et effectuer le produit des termes en diagonale avec les signes + ou – comme indiqué ci-après :

© Dunod. Toute reproduction non autorisée est un délit.

$$\begin{array}{ccccc} + \quad a_{11} & + \quad a_{12} & + \quad a_{13} \quad - & a_{11} \quad - & a_{12} \quad - \\ a_{21} & a_{22} & a_{23} & a_{21} & a_{22} \\ a_{31} & a_{32} & a_{33} & a_{31} & a_{32} \end{array}$$

Attention cette règle n'est valable que pour les déterminants de matrices (3, 3).
D'autre part, on note que :

$$\det(A) = a_{11}\det\begin{bmatrix} a_{22} & a_{23} \\ a_{32} & a_{33} \end{bmatrix} - a_{12}\det\begin{bmatrix} a_{21} & a_{23} \\ a_{31} & a_{33} \end{bmatrix} + a_{13}\det\begin{bmatrix} a_{21} & a_{22} \\ a_{31} & a_{32} \end{bmatrix}$$

Ainsi on définit le déterminant d'une matrice (3, 3), à partir de trois déterminants de matrices $(2, 2)$. La matrice $\begin{bmatrix} a_{22} & a_{23} \\ a_{32} & a_{33} \end{bmatrix}$ est obtenue à partir de A en enlevant à A sa première ligne et sa première colonne. On la notera $\tilde{A}_{11}$.

À chacun des termes a_{ij} de la matrice A on associe la sous-matrice, notée $\tilde{A}_{ij}$, obtenue en enlevant la $i$ème ligne et la $j$ème colonne de A. Dans le cas $(3, 3)$ il y a donc $3 \times 3 = 9$ sous-matrices $(2, 2)$.

Ainsi

$$\det(A) = a_{11}\det(\tilde{A}_{11}) - a_{12}\det(\tilde{A}_{12}) + a_{13}\det(\tilde{A}_{13}) = \sum_{j=1}^{3}(-1)^{1+j}a_{1j}\det(\tilde{A}_{1j}).$$

On dit que l'on a calculé le déterminant suivant la ligne $i = 1$.
On peut aussi vérifier que :

- $\det(A) = \sum_{j=1}^{3}(-1)^{i+j}a_{ij}\det(\tilde{A}_{ij})$, pour $i = 1, i = 2, i = 3$.

On dit que l'on a calculé le déterminant suivant la ligne i.

- $\det(A) = \sum_{i=1}^{3}(-1)^{i+j}a_{ij}\det(\tilde{A}_{ij})$, pour $j = 1, j = 2, j = 3$.

On dit que l'on a calculé le déterminant suivant la colonne j.

Ainsi on calcule le déterminant d'une matrice (3, 3) « le long d'une ligne ou d'une colonne » avec le schéma suivant $\begin{bmatrix} + & - & + \\ - & + & - \\ + & - & + \end{bmatrix}$.

Il faut par exemple choisir la ligne ou la colonne qui contient le plus de zéros afin de simplifier les calculs.

▶ **Exemple**
Soit :

$$A = \begin{bmatrix} 4 & 6 & 8 \\ 5 & 0 & 4 \\ 3 & 0 & 4 \end{bmatrix}$$

Si pour calculer det(A) *on choisit de développer les calculs le long de la première colonne (respectivement la deuxième colonne, la première ligne, etc.) alors* det(A) $= 4 \times 0 - 5 \times 24 + 3 \times 24 = -48$ *(respectivement* det(A) $= -6 \times 8 = -48$, det(A) $= 4 \times 0 - 6 \times 8 + 8 \times 0 = -48$, *etc.)*

→ ***Commentaires***

Le déterminant d'une matrice diagonale est égal au produit des termes diagonaux.

Soit :

$$A = \begin{bmatrix} \lambda_1 & 0 & 0 \\ 0 & \lambda_2 & 0 \\ 0 & 0 & \lambda_3 \end{bmatrix}$$

$$\det(A) = \lambda_1 \begin{vmatrix} \lambda_2 & 0 \\ 0 & \lambda_3 \end{vmatrix} = \lambda_1 \lambda_2 \lambda_3$$

2) Cas d'une matrice (*n*, *n*)

Soit :

$$A = \begin{bmatrix} a_{11} & a_{12} & \dots & \dots & a_{1n} \\ a_{21} & a_{22} & \dots & \dots & a_{2n} \\ \dots & \dots & \dots & \dots & \dots \\ \dots & \dots & \dots & \dots & \dots \\ a_{n1} & a_{n2} & \dots & \dots & a_{nn} \end{bmatrix}$$

On définit le déterminant d'une matrice (n, n) à partir de n déterminants de matrices $(n-1, n-1)$... c'est-à-dire à partir de $n \times (n-1) \cdots \times 3$ déterminants de matrices $(2, 2)$.

$$\det(A) = \sum_{i=1}^{n} a_{ij}(-1)^{i+j} \det(\tilde{A}_{ij}) \quad \text{pour tout} \quad j = 1, ..., n$$

$$\text{et} \quad \det(A) = \sum_{j=1}^{n} a_{ij}(-1)^{i+j} \det(\tilde{A}_{ij}) \quad \text{pour tout} \quad i = 1, ..., n$$

Toutes les propriétés concernant les déterminants de matrices $(2, 2)$ restent vraies pour les déterminants de matrices (n, n). D'où les propositions :

• Proposition 8

Pour toutes matrices A et B de format (n, n) :

$$\det(AB) = \det(A)\det(B) = \det(B)\det(A) = \det(BA)$$
$$\det(A^T) = \det(A)$$

© Dunod. Toute reproduction non autorisée est un délit.

• **Proposition 9**

a) Le déterminant d'une matrice est nul si deux de ses colonnes sont identiques.
b) Le déterminant d'une matrice est inchangé si on rajoute à l'une de ses colonnes une combinaison linéaire des autres.
c) Le déterminant d'une matrice change de signe si on échange deux colonnes.

• **Proposition 10**

A est inversible si et seulement si $\det(A) \neq 0$.
Si A est inversible alors $\det(A^{-1}) = \dfrac{1}{\det(A)}$.

• **Proposition 11**

Si A et B sont deux matrices semblables alors :

$$\det(A) = \det(B)$$
$$\operatorname{tr}(A) = \operatorname{tr}(B)$$

C. Applications

1) Calcul de l'inverse d'une matrice par la méthode des déterminants

Point méthode

Étape 1 : On calcule les n^2 cofacteurs $c_{ij} \in \mathbb{R}$ tels que

$$c_{ij} = (-1)^{i+j} \det(\tilde{A}_{ij}), \quad i \in \{1, ..., n\}, \ j \in \{1, ..., n\}$$

où chaque sous-matrice $\tilde{A}_{ij}$ est obtenue en enlevant la ligne i et la colonne j de la matrice A.

Étape 2 : On forme la matrice $C = (c_{ij})_{\substack{i=1,...,n \\ j=1,...,n}}$ dite matrice des cofacteurs.

Étape 3 : On calcule $\det(A)$ après avoir choisi une ligne i auquel cas $\det(A) = \sum_{j=1}^{n} a_{ij}c_{ij}$, ou bien une colonne j auquel cas $\det(A) = \sum_{i=1}^{n} a_{ij}c_{ij}$. (voir B 2) ci-dessus).

Étape 4 : Si $\det(A) \neq 0$, alors la matrice A est inversible et $A^{-1} = \dfrac{1}{\det(A)} C^T$.

• Proposition 12

Soit A une matrice *inversible* alors

$$A^{-1} = \frac{1}{\det(A)} C^T$$

Démonstration : on la fera simplement pour des matrices carrées d'ordre 2.

Dans ce cas :

$$c_{11} = (-1)^2 \det(\tilde{A}_{11}) = \det a_{22} = a_{22}$$
$$c_{12} = (-1)^3 a_{21}, \quad c_{21} = (-1)^3 a_{12}, \quad c_{22} = (-1)^4 a_{11}$$

$$C^T = \begin{bmatrix} c_{11} & c_{12} \\ c_{21} & c_{22} \end{bmatrix}^T = \begin{bmatrix} a_{22} & -a_{21} \\ -a_{12} & a_{11} \end{bmatrix}^T = \begin{bmatrix} a_{22} & -a_{12} \\ -a_{21} & a_{11} \end{bmatrix}$$

Si A est inversible alors $\det(A) \neq 0$ par le théorème 1.

$$\begin{aligned} A\frac{1}{\det(A)}C^T &= \frac{1}{a_{11}a_{22} - a_{12}a_{21}} \begin{bmatrix} a_{11} & a_{12} \\ a_{21} & a_{22} \end{bmatrix} \begin{bmatrix} a_{22} & -a_{12} \\ -a_{21} & a_{11} \end{bmatrix} \\ &= \frac{1}{a_{11}a_{22} - a_{12}a_{21}} \begin{bmatrix} a_{11}a_{22} - a_{12}a_{21} & 0 \\ 0 & a_{11}a_{22} - a_{12}a_{21} \end{bmatrix} \\ &= \begin{bmatrix} 1 & 0 \\ 0 & 1 \end{bmatrix} = I \end{aligned}$$

Donc $A^{-1} = \dfrac{1}{\det(A)} C^T$.

▶ Exemple

Soit :

$$A = \begin{bmatrix} 2 & -3 & -1 \\ 5 & 0 & 4 \\ 3 & -1 & 4 \end{bmatrix}$$

$\det(A) = 3(20 - 12) + 1(8 + 5) = 37 \neq 0$ *donc A est inversible. Calculons sa matrice inverse A^{-1}.*

$$A^{-1} = \frac{1}{\det(A)} C^T$$

$c_{11} = 1(0 + 4) = 4$, $\quad c_{12} = -1(20 - 12) = -8$, $\quad c_{13} = 1(-5 - 0) = -5$

$c_{21} = -1(-12 - 1) = 13$, $\quad c_{22} = 1(8 + 3) = 11$, $\quad c_{23} = -1(-2 + 9) = -7$

$c_{31} = 1(-12 - 0) = -12$, $\quad c_{32} = -1(8 + 5) = -13$, $\quad c_{33} = 1(0 + 15) = 15$

© Dunod. Toute reproduction non autorisée est un délit.

D'où la matrice C des cofacteurs et

$$C^T = \begin{bmatrix} 4 & 13 & -12 \\ -8 & 11 & -13 \\ -5 & -7 & 15 \end{bmatrix}$$

$$\textit{Donc} \quad A^{-1} = \frac{1}{37} \begin{bmatrix} 4 & 13 & -12 \\ -8 & 11 & -13 \\ -5 & -7 & 15 \end{bmatrix}$$

Dans la pratique, cette méthode est utilisable pour $n = 2$ *ou* 3.

2) Résolution d'un système linéaire par la méthode des déterminants

On considère *le système linéaire* :

$$\begin{cases} a_{11}x_1 + a_{12}x_2 + \cdots + a_{1n}x_n = b_1 \\ a_{21}x_1 + a_{22}x_2 + \cdots + a_{2n}x_n = b_2 \\ \vdots \\ a_{n1}x_1 + a_{n2}x_2 + \cdots + a_{nn}x_n = b_n \end{cases}$$

On peut l'écrire sous la forme $AX = B$ où A est la matrice carrée $(a_{ij})_{ij}$ d'ordre n et B le vecteur colonne $\begin{bmatrix} b_1 \\ b_2 \\ \cdot \\ b_n \end{bmatrix}$.

Si $\det(A) \neq 0$ alors A est inversible et la solution unique du système est $X = A^{-1}B$.

Supposons donc que $\det(A) \neq 0$.

On note $A_1, A_2, ..., A_n$ les colonnes de A. Le système s'écrit alors :

$$A_1x_1 + A_2x_2 + \cdots + A_nx_n = B$$

Calculons $\det(B, A_2, ..., A_n)$ qui est le déterminant de la matrice obtenue à partir de A en remplaçant la première colonne de A par B.

$$\begin{aligned} \det(B, A_2, ..., A_n) &= \det(A_1x_1 + A_2x_2 + \cdots + A_nx_n, A_2, ..., A_n) \\ &= x_1\det(A_1, A_2, ..., A_n) + x_2\det(A_2, A_2, ..., A_n) \\ &\quad + x_3\det(A_3, A_2, ...A_n) + \cdots + x_n\det(A_n, A_2, ..., A_n) \\ &= x_1\det(A_1, A_2, ..., A_n) = x_1\det(A) \end{aligned}$$

D'où $x_1 = \dfrac{\det(B, A_2, ..., A_n)}{\det(A)}$.

On montre de même que pour tout $i = 1, ..., n$:

$$x_i = \frac{\det(A_1, A_2, ..., B, ..., A_n)}{\det(A)}$$

où B est à la place de A_i.

Cette méthode est dite *méthode de Cramer.*

Elle est intéressante si les coefficients du système dépendent d'un paramètre, sinon le pivot de Gauss est préférable.

▶ Exemple

Résoudre le système suivant par la méthode de Cramer.

$$\begin{cases} 2x_1 + x_2 - x_3 = 1 \\ x_1 + 3x_2 + x_3 = 0 \\ 2x_1 + 3x_2 - x_3 = 4 \end{cases}$$

On a :

$$A = \begin{bmatrix} 2 & 1 & -1 \\ 1 & 3 & 1 \\ 2 & 3 & -1 \end{bmatrix} \det(A) = \begin{vmatrix} 0 & 1 & -1 \\ 3 & 3 & 1 \\ 0 & 3 & -1 \end{vmatrix} = -3(-1+3) = -6 \neq 0$$

donc le système admet une solution unique.

$$x_1 = \frac{\det(B, A_2, A_3)}{\det(A)} = \frac{\begin{vmatrix} 1 & 1 & -1 \\ 0 & 3 & 1 \\ 4 & 3 & -1 \end{vmatrix}}{\det(A)} = \frac{-6 + (4 \times 4)}{-6} = \frac{-5}{3}$$

$$x_2 = \frac{\det(A_1, B, A_3)}{\det(A)} = \frac{\begin{vmatrix} 2 & 1 & -1 \\ 1 & 0 & 1 \\ 2 & 4 & -1 \end{vmatrix}}{\det(A)} = \frac{3 - 12}{-6} = \frac{3}{2}$$

$$x_3 = \frac{\det(A_1, A_2, B)}{\det(A)} = \frac{\begin{vmatrix} 2 & 1 & 1 \\ 1 & 3 & 0 \\ 2 & 3 & 4 \end{vmatrix}}{\det(A)} = \frac{-3 + 20}{-6} = \frac{-17}{6}$$

© Dunod. Toute reproduction non autorisée est un délit.

D. Déterminant d'un système de *n* vecteurs

1) Déterminant de deux vecteurs

• Définition 3

Soit E un espace vectoriel sur $\mathbb{K}$ et f une application de $E \times E$ dans $\mathbb{R}$. On dit que f est *bilinéaire* lorsque f est linéaire par rapport à chacune de ses variables, c'est-à-dire lorsque les applications ϕ et ψ telles que :

$$\forall \vec{y} \in E, \Phi : E \longrightarrow \mathbb{R} \quad \text{définie par} \quad \Phi(\vec{x}) = f(\vec{x}, \vec{y})$$

et :

$$\forall \vec{x} \in E, \Psi : E \longrightarrow \mathbb{R} \quad \text{définie par} \quad \Psi(\vec{y}) = f(\vec{x}, \vec{y})$$

sont linéaires.

• Définition 4

On dit que f est *alternée* lorsque $\forall (\vec{x}, \vec{y}) \in E \times E,\ f(\vec{x}, \vec{y}) = -f(\vec{y}, \vec{x})$.

Soit E un espace vectoriel sur $\mathbb{K}$, de dimension deux, muni d'une base $\mathcal{B}_E = \{\vec{e}_1, \vec{e}_2\}$. Soit $\vec{x}, \vec{y}$ deux vecteurs de E. On considère les vecteurs colonnes correspondants : $X = \begin{bmatrix} x_1 \\ x_2 \end{bmatrix}$ et $Y = \begin{bmatrix} y_1 \\ y_2 \end{bmatrix}$ dont les coefficients sont les composantes des vecteurs $\vec{x}$ et $\vec{y}$ dans la base $\mathcal{B}_E$. On forme la matrice $M = (X, Y)$ c'est-à-dire que M a pour première colonne X et pour deuxième colonne Y.

• Définition 5

Le déterminant de deux vecteurs $\vec{x}, \vec{y}$ dans la base $\mathcal{B}_E$ est le déterminant de la matrice M qui a pour colonnes X et Y :

$$\det(\vec{x}, \vec{y}) = \det(M) = \begin{vmatrix} x_1 & y_1 \\ x_2 & y_2 \end{vmatrix} = x_1 y_2 - y_1 x_2$$

• Définition 6

On appelle *application déterminant* dans la base $\mathcal{B}_E$ l'application qui à tout couple $(\vec{x}, \vec{y})$ de vecteurs de E associe le déterminant de la matrice M qui a pour colonnes X et Y :

$$\det : E \times E \longrightarrow \mathbb{R}$$

$$\det(\vec{x}, \vec{y}) = \det(M) = \begin{vmatrix} x_1 & y_1 \\ x_2 & y_2 \end{vmatrix} = x_1 y_2 - y_1 x_2$$

• **Proposition 13**

L'application déterminant dans la base $\mathcal{B}_E = \{\vec{e}_1, \vec{e}_2\}$, de $E \times E$ dans $\mathbb{R}$ est bilinéaire, alternée et vérifie $\det(\vec{e}_1, \vec{e}_2) = 1$.

⟶ ***Commentaire***

En fait c'est l'unique application vérifiant ces propriétés.

Démonstration :

$$\begin{aligned}\det(\vec{x}, \alpha\vec{y} + \beta\vec{z}) &= \begin{vmatrix} x_1 & \alpha y_1 + \beta z_1 \\ x_2 & \alpha y_2 + \beta z_2 \end{vmatrix} \\ &= x_1(\alpha y_2 + \beta z_2) - (\alpha y_1 + \beta z_1)x_2 \\ &= \alpha(x_1 y_2 - y_1 x_2) + \beta(x_1 z_2 - z_1 x_2) = \alpha\det(\vec{x}, \vec{y}) + \beta\det(\vec{x}, \vec{z})\end{aligned}$$

On montre de même que $\det(\alpha\vec{x} + \beta\vec{z}, \vec{y}) = \alpha\det(\vec{x}, \vec{y}) + \beta\det(\vec{z}, \vec{y})$.
Donc cette application est bilinéaire.
D'autre part :

$$\det(\vec{y}, \vec{x}) = \begin{vmatrix} y_1 & x_1 \\ y_2 & x_2 \end{vmatrix} = y_1 x_2 - x_1 y_2 = -(x_1 y_2 - y_1 x_2) = -\det(\vec{x}, \vec{y})$$

Donc l'application est alternée.

E est muni de la base $\mathcal{B}_E = \{\vec{e}_1, \vec{e}_2\}$. Les composantes des vecteurs $\vec{e}_1, \vec{e}_2$ dans la base $\{\vec{e}_1, \vec{e}_2\}$ sont les coefficients des vecteurs colonnes correspondants à $\vec{e}_1, \vec{e}_2$: $\begin{bmatrix} 1 \\ 0 \end{bmatrix}$ et $\begin{bmatrix} 0 \\ 1 \end{bmatrix}$.

Donc $\det(\vec{e}_1, \vec{e}_2) = \begin{vmatrix} 1 & 0 \\ 0 & 1 \end{vmatrix} = 1$.

⟶ ***Commentaires***

$\det(\vec{x}, \vec{x}) = x_1 x_2 - x_1 x_2 = 0$.

Comme $\det(M^T) = \det(M)$ on peut considérer *l'application déterminant* comme fonction des vecteurs dont les composantes sont les coefficients des vecteurs lignes de la matrice.

• **Proposition 14**

Le déterminant de deux vecteurs de E est inchangé si on rajoute à l'un des vecteurs un multiple de l'autre ce qui s'écrit :

$$\begin{aligned}\det(\vec{x} + \alpha\vec{y}, \vec{y}) &= \det(\vec{x}, \vec{y}) \\ \det(\vec{x}, \alpha\vec{x} + \vec{y}) &= \det(\vec{x}, \vec{y})\end{aligned}$$

© Dunod. Toute reproduction non autorisée est un délit.

• **Théorème 2**

Deux vecteurs $\vec{x}$ et $\vec{y}$ de E sont linéairement indépendants si et seulement si $\det(\vec{x}, \vec{y}) \neq 0$.

Démonstration : supposons $\vec{x}$ et $\vec{y}$ linéairement dépendants. Alors il existe $\alpha \neq 0$ tel que $\vec{x} = \alpha\vec{y}$ c'est-à-dire $x_1 = \alpha y_1$ et $x_2 = \alpha y_2$.

D'où $\det(\vec{x}, \vec{y}) = x_1 y_2 - y_1 x_2 = \alpha y_1 y_2 - y_1 \alpha y_2 = 0$. La contraposée s'écrit : $\det(\vec{x}, \vec{y}) \neq 0 \Longrightarrow \vec{x}$ et $\vec{y}$ linéairement indépendants.

Supposons à présent $\det(\vec{x}, \vec{y}) = 0$. Ceci s'écrit $x_1 y_2 - y_1 x_2 = 0$.

Si $x_2 = 0$ alors $x_1 y_2 = 0$. Si $x_1 = 0$ alors $\vec{x} = (0, 0)$ d'où $\vec{x}$ et $\vec{y}$ linéairement dépendants. Si $x_1 \neq 0$ et $y_2 = 0$ alors $\vec{x} = (x_1, 0)$ et $\vec{y} = (y_1, 0)$ d'où $\vec{x}$ et $\vec{y}$ linéairement dépendants.

Si $y_2 = 0$ alors $y_1 x_2 = 0$. Si $y_1 = 0$ alors $\vec{y} = (0, 0)$ d'où $\vec{x}$ et $\vec{y}$ linéairement dépendants. Si $y_1 \neq 0$ et $x_2 = 0$ alors $\vec{x} = (x_1, 0)$ et $\vec{y} = (y_1, 0)$ d'où $\vec{x}$ et $\vec{y}$ linéairement dépendants.

Si $x_2 \neq 0$ et $y_2 \neq 0$ alors en posant $\alpha = \dfrac{x_2}{y_2} \neq 0$ on obtient $x_2 = \alpha y_2$, et $x_1 = \alpha y_1$ donc $\vec{x} = \alpha\vec{y}$ d'où $\vec{x}$ et $\vec{y}$ linéairement dépendants.

On a montré $\det(\vec{x}, \vec{y}) = 0 \Longrightarrow \vec{x}$ et $\vec{y}$ linéairement dépendants.

La contraposée s'écrit : $\vec{x}$ et $\vec{y}$ de E linéairement indépendants $\Longrightarrow$ $\det(\vec{x}, \vec{y}) \neq 0$.

2) Déterminant de *n* vecteurs

Soit E un espace vectoriel sur $\mathbb{K}$, de dimension n, muni d'une base $\mathcal{B}_E = \{\vec{e}_1, \vec{e}_2, \dots, \vec{e}_n\}$. On définit de la même façon une application déterminant relativement à la base $\mathcal{B}_E$, de $E \times E \times \cdots \times E$ dans $\mathbb{R}$. Cette application est l'unique application multilinéaire (linéaire par rapport à chacun de ses arguments), alternée qui vérifie $\det(\vec{e}_1, \vec{e}_2, \dots, \vec{e}_n) = 1$.

II. Diagonalisation d'une matrice

A. Valeurs propres

On pose $\mathbb{K} = \mathbb{R}$ ou $\mathbb{C}$.

Soit E un espace vectoriel sur $\mathbb{K}$ de dimension n, muni d'une base $\mathcal{B}_E$. Soit f un endomorphisme sur E et A la matrice carrée d'ordre n à coefficients dans $\mathbb{K}$ représentant f dans la base $\mathcal{B}_E$.

• Définition 7

Une *valeur propre* de l'endomorphisme f est un scalaire $\lambda \in \mathbb{K}$ tel qu'il existe $\vec{v} \in E$, $\vec{v} \neq \vec{0}$, vérifiant :

$$f(\vec{v}) = \lambda\vec{v}$$

Un tel vecteur $\vec{v}$ est appelé *vecteur propre* associé à la valeur propre λ pour f.
Une *valeur propre* de la matrice A est un nombre $\lambda \in \mathbb{K}$ tel qu'il existe un vecteur colonne V, $V \neq 0$, vérifiant :

$$AV = \lambda V$$

Le vecteur colonne V est aussi appelé *vecteur propre* associé à la valeur propre λ pour A bien qu'il vaudrait mieux l'appeler *vecteur propre colonne*.

▶ Exemple

Soit $A = \begin{bmatrix} 1 & 0 & 0 \\ 0 & 1 & 2 \\ 0 & 0 & 2 \end{bmatrix}$. *On peut vérifier que :*

$$\begin{bmatrix} 1 & 0 & 0 \\ 0 & 1 & 2 \\ 0 & 0 & 2 \end{bmatrix} \begin{bmatrix} 0 \\ 2 \\ 1 \end{bmatrix} = 2 \begin{bmatrix} 0 \\ 2 \\ 1 \end{bmatrix}$$

Donc 2 est une valeur propre de A et $\begin{bmatrix} 0 \\ 2 \\ 1 \end{bmatrix}$ *est un vecteur propre associé à la valeur propre 2. Notons que* $\begin{bmatrix} 0 \\ 2 \\ 1 \end{bmatrix}$ *n'est pas le seul vecteur propre associé á la valeur propre 2. Par exemple* $\begin{bmatrix} 0 \\ 6 \\ 3 \end{bmatrix}$ *est aussi un vecteur propre associé à la valeur propre 2.*

• Définition 8

On appelle *sous-espace propre* associé à une valeur propre λ l'ensemble

$$E_\lambda = \{\vec{v} \in E \text{ tel que } f(\vec{v}) = \lambda\vec{v}\} = \{\vec{v} \in E \text{ tel que } (f - \lambda I)\vec{v} = \vec{0}\} = \mathrm{Ker}(f - \lambda I)$$

C'est un sous-espace vectoriel de E car noyau de l'application linéaire $(f - \lambda I)$.

© Dunod. Toute reproduction non autorisée est un délit.

• Définition 9

Le *polynôme caractéristique* de f ou de A est le polynôme $\mathcal{P}_A$ défini pour chaque $\lambda \in \mathbb{K}$ par :

$$\mathcal{P}_A(\lambda) = \det(A - \lambda I) = \begin{vmatrix} a_{11} - \lambda & a_{12} & \dots & \dots & a_{1n} \\ a_{21} & a_{22} - \lambda & \dots & \dots & a_{2n} \\ \dots & \dots & \dots & \dots & \dots \\ \dots & \dots & \dots & \dots & \dots \\ a_{n1} & a_{n2} & \dots & \dots & a_{nn} - \lambda \end{vmatrix}$$

Lorsque A est d'ordre n le polynôme caractéristique de A est de degré n.

▶ Exemple

Soit $A = \begin{bmatrix} a_{11} & a_{12} \\ a_{21} & a_{22} \end{bmatrix}$

$$\begin{aligned} \mathcal{P}_A(\lambda) = \det(A - \lambda I) &= (a_{11} - \lambda)(a_{22} - \lambda) - a_{12}a_{21} \\ &= \lambda^2 - (a_{11} + a_{22})\lambda + (a_{11}a_{22} - a_{12}a_{21}) \end{aligned}$$

A est d'ordre 2, *le polynôme caractéristique de A est donc de degré* 2.

• Proposition 15

λ est valeur propre de A si et seulement si $\mathcal{P}_A(\lambda) = 0$.

Démonstration : λ est valeur propre de A

$$\begin{aligned} &\iff [\text{il existe } V \text{ non nul tel que } AV = \lambda V] \\ &\iff [\text{il existe } V \text{ non nul tel que } (A - \lambda I)V = 0] \\ &\iff [(A - \lambda I) \text{ non inversible}] \\ &\iff [\det(A - \lambda I) = 0] \\ &\iff \mathcal{P}_A(\lambda) = 0 \end{aligned}$$

Donc pour trouver les valeurs propres d'une matrice A il faut chercher les racines de $\mathcal{P}_A(\lambda)$.

Comme un polynôme de degré n admet n racines d'après le théorème de d'Alembert-Gauss on peut dire qu'une matrice carrée d'ordre n admet n valeurs propres (réelles ou complexes. distinctes ou confondues).

▶ Exemple

Soit :

$$A = \begin{bmatrix} 1 & 2 & 0 \\ -1 & 3 & 1 \\ 0 & 4 & 1 \end{bmatrix}$$

Les valeurs propres de A sont les racines de $\mathcal{P}_A(\lambda)$.

$$\mathcal{P}_A(\lambda) = \det(A - \lambda I) = \begin{vmatrix} (1-\lambda) & 2 & 0 \\ -1 & (3-\lambda) & 1 \\ 0 & 4 & (1-\lambda) \end{vmatrix}$$
$$= (1-\lambda)\big((3-\lambda)(1-\lambda) - 4\big) - 2(-(1-\lambda))$$
$$= (1-\lambda)(\lambda^2 - 4\lambda + 1)$$

On résout $(1-\lambda)(\lambda^2 - 4\lambda + 1) = 0$ *ce qui donne trois valeurs propres réelles :*

$$\lambda_1 = 1, \quad \lambda_2 = 2 + \sqrt{3}, \quad \lambda_3 = 2 - \sqrt{3}$$

Exemple

Soit :

$$A = \begin{bmatrix} 0 & 1 \\ -1 & 0 \end{bmatrix}$$

Les valeurs propres de A sont les racines de $\mathcal{P}_A(\lambda)$.

$$\mathcal{P}_A(\lambda) = \det(A - \lambda I) = \begin{vmatrix} (0-\lambda) & 1 \\ -1 & (0-\lambda) \end{vmatrix} = \lambda^2 + 1$$

On résout $\lambda^2 + 1 = 0$ *ce qui donne deux valeurs propres complexes :* $\lambda_1 = i, \lambda_2 = -i$, *mais pas de valeurs propres réelles.*

Commentaire

Il est clair que les valeurs propres d'une matrice diagonale sont les termes diagonaux. En effet soit A une matrice diagonale d'ordre n, dans ce cas $\mathcal{P}_A(\lambda) = \det(A - \lambda I) = (a_{11} - \lambda)(a_{22} - \lambda)...(a_{nn} - \lambda)$.

© Dunod. Toute reproduction non autorisée est un délit.

• Proposition 16

Soit A une matrice ayant n valeurs propres réelles ou complexes, distinctes ou confondues. Alors :

- le déterminant de A est égal au produit des valeurs propres de A ;
- la trace de A est égale à la somme des valeurs propres de A.

Démonstration : on la fera dans le cas $n = 2$.

Soit :

$$A = \begin{bmatrix} a_{11} & a_{12} \\ a_{21} & a_{22} \end{bmatrix}$$

$$\begin{aligned}\mathcal{P}_A(\lambda) &= \det(A-\lambda I) = (a_{11}-\lambda)(a_{22}-\lambda) - a_{12}a_{21}\\ &= \lambda^2 - (a_{11}+a_{22})\lambda + (a_{11}a_{22} - a_{12}a_{21})\\ &= \lambda^2 - \big(\operatorname{tr}(A)\big)\lambda + \det(A)\end{aligned}$$

D'autre part si λ_1, λ_2 sont valeurs propres alors :

$$\mathcal{P}_A(\lambda) = (\lambda-\lambda_1)(\lambda-\lambda_2) = \lambda^2 - \lambda(\lambda_1+\lambda_2) + \lambda_1\lambda_2$$

Donc $\det(A) = \lambda_1\lambda_2$ et $\operatorname{tr}(A) = \lambda_1 + \lambda_2$.

Pratique pour trouver les valeurs propres des matrices $(2, 2)$:

▶ **Exemple**

Soit $A = \begin{bmatrix} 1 & 3 \\ 2 & 7 \end{bmatrix}$. *On a* $\det(A) = \lambda_1\lambda_2$ *et* $\operatorname{tr}(A) = \lambda_1 + \lambda_2$ *donc :*

$$\begin{aligned}\lambda_1\lambda_2 &= 1\\ \lambda_1+\lambda_2 &= 8\end{aligned}$$

Sachant que deux nombres dont le produit est P et la somme S sont solutions de l'équation $\lambda^2 - S\lambda + P = 0$ *on obtient* $\lambda_1 = 4 + \sqrt{15}$, $\lambda_2 = 4 - \sqrt{15}$ *pour valeurs propres de la matrice A.*

Attention : ne pas appliquer la méthode de l'exemple pour des matrices carrées d'ordre n avec n strictement supérieur à 2.

B. Diagonalisation

• Définition 10

f est dite *diagonalisable* dans $\mathbb{R}$ (respectivement dans $\mathbb{C}$) lorsqu'il existe n valeurs propres réelles distinctes ou confondues (respectivement complexes) et n vecteurs propres linéairement indépendants associés respectivement aux valeurs propres.

Autrement dit, la matrice A associée à f est *diagonalisable* lorsqu'il existe une matrice diagonale D et une matrice inversible P telles que $A = PDP^{-1}$ c'est-à-dire lorsqu'elle est semblable à une matrice *diagonale*.

En effet soit $\lambda_1, ..., \lambda_n$ les n valeurs propres et $\vec{v}_1, ..., \vec{v}_n$ les n vecteurs propres linéairement indépendants associés respectivement aux valeurs propres (soit $V_1, ..., V_n$ les vecteurs colonnes correspondants dans la base $\mathcal{B}_E$)

$$AV_1 = \lambda_1 V_1, ..., AV_n = \lambda_n V_n$$

Appelons P la matrice dont les vecteurs colonnes sont $V_1, ..., V_n$. P est inversible car les vecteurs $\vec{v}_1, ..., \vec{v}_n$ sont linéairement indépendants

$(\det(P) = \det(\vec{v}_1, ..., \vec{v}_n) \neq 0)$. Appelons D la matrice diagonale ayant $\lambda_1, ..., \lambda_n$ pour termes diagonaux.

$$(AV_1, ..., AV_n) = (\lambda_1 V_1, ..., \lambda_n V_n)$$

donc

$$A(V_1, ..., V_n) = PD$$

et

$$AP = PD$$

d'où

$$A = PDP^{-1}$$

D'autre part s'il existe une matrice diagonale D et une matrice inversible P telles que $A = PDP^{-1}$ alors $AP = PD$. Soit $P_1, \ldots, P_n$ les colonnes de P et $d_1, \ldots, d_n$ les termes diagonaux de D alors $AP = PD$ donne $AP_1 = d_1 P_1, \ldots, AP_n = d_n P_n$. Ceci indique que $d_1, \ldots, d_n$ sont valeurs propres de A et que $P_1, \ldots, P_n$ vecteurs propres associés respectivement aux valeurs propres. Alors les vecteurs $\vec{p}_1, \ldots, \vec{p}_n$ (dont les composantes sont les coefficients des vecteurs colonnes $P_1, \ldots, P_n$) sont des vecteurs propres de f linéairement indépendants (car $\det(\vec{p}_1, \ldots, \vec{p}_n) = \det(P) \neq 0$.)

• Définition 11

L'*ordre de multiplicité* d'une valeur propre λ est son ordre comme racine du polynôme caractéristique. On le note m_λ.

→ ***Commentaires***

Par exemple si λ est une valeur propre simple car racine simple du polynôme caractéristique, alors $m_\lambda = 1$, si λ est une valeur propre double car racine double du polynôme caractéristique, alors $m_\lambda = 2$.

On a le résultat suivant : $1 \leqslant \dim E_\lambda \leqslant m_\lambda$.

On déduit de ce résultat que si λ est une valeur propre simple alors $\dim E_\lambda = 1$.

• Proposition 17

Une matrice carrée A d'ordre n est diagonalisable dans $\mathbb{K}$ si et seulement si elle a n valeurs propres dans $\mathbb{K}$ et la dimension de chaque sous-espace propre est égale à l'ordre de multiplicité de la valeur propre à laquelle il est associé.

• Corollaire

Si une matrice carrée A d'ordre n a n valeurs propres distinctes (c'est-à-dire simples) dans $\mathbb{K}$ alors elle est diagonalisable dans $\mathbb{K}$.

© Dunod. Toute reproduction non autorisée est un délit.

Point méthode

Pour diagonaliser une matrice dans $\mathbb{R}$ on procède de la façon suivante :

- On calcule les n valeurs propres de la matrice A en cherchant les racines du polynôme caractéristique $\mathcal{P}_A(\lambda)$.
- Si certaines sont complexes alors A n'est pas diagonalisable dans $\mathbb{R}$.
- Si elles sont toutes réelles et distinctes alors A est diagonalisable dans $\mathbb{R}$.
- Si elles sont toutes réelles mais certaines d'entre elles sont multiples alors on cherche pour chacune le sous-espace propre associé en résolvant $(A - \lambda I)V = 0$ et on en trouve une base.

  Si la dimension de chaque sous-espace propre est égale à l'ordre de multiplicité de la valeur propre à laquelle il est associé alors A est diagonalisable dans $\mathbb{R}$.

  Si pour une valeur propre λ_i on trouve $\dim E_{\lambda_i} < m_{\lambda_i}$ alors A n'est pas diagonalisable dans $\mathbb{R}$.
- Lorsque A est diagonalisable on forme D matrice diagonale contenant les valeurs propres le long de la diagonale et P matrice inversible dont les colonnes sont les V_i correspondants à tous les vecteurs des bases des sous-espaces propres.

  On calcule P^{-1} et on écrit $A = PDP^{-1}$.

▶ **Exemple**

Reprenons l'exemple de $A = \begin{bmatrix} 1 & 0 & 0 \\ 0 & 1 & 2 \\ 0 & 0 & 2 \end{bmatrix}$. *Le polynôme caractéristique de* A *est* $\mathcal{P}_A(\lambda) = \det(A - \lambda I) = (1 - \lambda)^2(2 - \lambda)$. *Il y a une valeur propre simple* $\lambda_1 = 2$ *et une valeur propre double* $\lambda_2 = 1$.

Cherchons le sous-espace propre E_1, *associé à* $\lambda_1 = 2$.

Il faut résoudre $(A - 2I)V = O$ *où* $V = \begin{bmatrix} x \\ y \\ z \end{bmatrix}$ *et* $\vec{v} = (x, y, z)$ *est canoniquement associé à* V *:*

$$A - 2I = \begin{bmatrix} -1 & 0 & 0 \\ 0 & -1 & 2 \\ 0 & 0 & 0 \end{bmatrix}$$

d'où $\begin{bmatrix} -1 & 0 & 0 \\ 0 & -1 & 2 \\ 0 & 0 & 0 \end{bmatrix} \begin{bmatrix} x \\ y \\ z \end{bmatrix} = \begin{bmatrix} 0 \\ 0 \\ 0 \end{bmatrix}$ *ainsi :*

$$\begin{cases} -x = 0 \\ -y + 2z = 0 \\ 0 = 0 \end{cases} \quad E_1 = \{\vec{v} = (x, y, z) \in \mathbb{R}^3 \text{ tel que } x = 0 \textit{ et } y = 2z\}$$

C'est un sous-espace vectoriel de $\mathbb{R}^3$ *de dimension 1. Une base en est* $\{(0, 2, 1)\}$.

Cherchons le sous-espace propre E_2*, associé à* $\lambda_2 = 1$.

Il faut résoudre $(A - I)V = O$*. C'est-à-dire :*

$$\begin{cases} 0 = 0 \\ 2z = 0 \\ z = 0 \end{cases} \quad E_2 = \{\vec{v} = (x, y, z) \in \mathbb{R}^3 \text{ tel que } z = 0\}$$

C'est un sous-espace vectoriel de $\mathbb{R}^3$ *de dimension deux. Une base en est* $\{(1, 0, 0), (0, 1, 0)\}$.

$dimE_1 = 1 = m_1$ *(ordre de multiplicité de* λ_1*).*

$dimE_2 = 2 = m_2$ *(ordre de multiplicité de* λ_2*).*

Donc A est diagonalisable dans $\mathbb{R}$.

$$D = \begin{bmatrix} 2 & 0 & 0 \\ 0 & 1 & 0 \\ 0 & 0 & 1 \end{bmatrix} \quad \textit{et} \quad P = \begin{bmatrix} 0 & 1 & 0 \\ 2 & 0 & 1 \\ 1 & 0 & 0 \end{bmatrix}$$

Le calcul de P^{-1} *donne :*

$$P^{-1} = \begin{bmatrix} 0 & 0 & 1 \\ 1 & 0 & 0 \\ 0 & 1 & -2 \end{bmatrix}$$

$$A = PDP^{-1}$$

▶ Exemple

On considère la matrice $A = \begin{bmatrix} 2 & 2 & 1 \\ 0 & 1 & 0 \\ -1 & -2 & 0 \end{bmatrix}$. $\mathcal{P}_A(\lambda) = det(A - \lambda I) = (1 - \lambda)[(2 - \lambda)(-\lambda) + 1] = (1 - \lambda)^3$*. Il y a donc une valeur propre triple* $\lambda = 1$*. Donc* $m_1 = 3$.

Cherchons le sous-espace propre E_1 *associé à la valeur propre 1. Il fait résoudre* $(A - I)V = 0$ *c'est-à-dire* $\begin{cases} x + 2y + z = 0 \\ 0 = 0 \\ -x - 2y - z = 0 \end{cases}$ *d'où*

$E_1 = \{\vec{v} = x(1, 0, -1) + y(0, 1, -2) \text{ tel que } x \in \mathbb{R},\ y \in \mathbb{R}\}$.

© Dunod. Toute reproduction non autorisée est un délit.

Le système $\{(1,0,-1),(0,1,-2)\}$ *est donc générateur de* E_1. *De plus il est libre. C'est donc une base de* E_1, *d'où* $dim E_1 = 2$.
Comme $dim E_1 = 2 < 3 = m_1$, *la matrice A n'est pas diagonalisable dans* $\mathbb{R}$.

Le cas particulier des matrices symétriques est très important.

• Définition 12

Une matrice carrée A d'ordre n est dite *symétrique* lorsque $A^T = A$, c'est-à-dire lorsque pour tout $i = 1, ..., n$, pour tout $j = 1, ..., n$ on a $a_{ij} = a_{ji}$.

• Proposition 18

Toute matrice symétrique réelle a des valeurs propres réelles et est diagonalisable dans $\mathbb{R}$. Dans ce cas, il existe P telle que :

$$P^{-1} = P^T \text{ et } A = PDP^T$$

III. Formes quadratiques

• Définition 13

Une *forme quadratique* sur $\mathbb{R}^2$ est une application q de $\mathbb{R}^2$ dans $\mathbb{R}$ qui à $\vec{x} = (x_1, x_2)$ associe $q(\vec{x}) = c_{11}x_1^2 + c_{12}x_1x_2 + c_{21}x_2x_1 + c_{22}x_2^2$ où $c_{ij} \in \mathbb{R}$ pour tout $i = 1, 2$, tout $j = 1, 2$.

En assimilant une matrice d'ordre 1 à un réel, on peut écrire :

$$q(\vec{x}) = [x_1, x_2] \begin{bmatrix} c_{11} & c_{12} \\ c_{21} & c_{22} \end{bmatrix} \begin{bmatrix} x_1 \\ x_2 \end{bmatrix}$$

En notant X la matrice colonne $\begin{bmatrix} x_1 \\ x_2 \end{bmatrix}$ des composantes de $\vec{x}$ dans la base canonique et C la matrice $\begin{bmatrix} c_{11} & c_{12} \\ c_{21} & c_{22} \end{bmatrix}$ on a :

$$q(\vec{x}) = X^T CX$$

À toute forme quadratique q on peut associer une matrice C. Notons qu'on peut toujours écrire

$$q(\vec{x}) = c_{11}x_1^2 + (1/2)(c_{12} + c_{21})x_1x_2 + (1/2)(c_{12} + c_{21})x_2x_1 + c_{22}x_2^2 = X^T AX$$

où :

$$A = \begin{bmatrix} c_{11} & (1/2)(c_{12}+c_{21}) \\ (1/2)(c_{12}+c_{21}) & c_{22} \end{bmatrix}$$

c'est-à-dire A symétrique.

Donc à toute forme quadratique q on peut associer une matrice A symétrique réelle.

L'intérêt des matrices symétriques réelles est qu'elles ont des valeurs propres réelles et qu'elles sont diagonalisables dans $\mathbb{R}$ (proposition 18).

• Définition 14

Une *forme quadratique* sur $\mathbb{R}^n$ est une application q de $\mathbb{R}^n$ dans $\mathbb{R}$ qui à $\vec{x} = (x_1, ..., x_n)$ associe $q(\vec{x}) = \sum_{i=1}^n \sum_{j=1}^n c_{ij}x_ix_j$ où $c_{ij} \in \mathbb{R}$ pour tout i, j.

En posant X la matrice colonne des composantes de $\vec{x}$ dans la base canonique et C la matrice $(c_{ij})_{ij}$ on a $q(\vec{x}) = X^TCX$.

Et en posant $a_{ij} = (1/2)(c_{ij} + c_{ji})$ et A la matrice $(a_{ij})_{ij}$ on obtient bien qu'à toute forme quadratique q on peut associer une matrice A symétrique :

$$q(\vec{x}) = \sum_{i=1}^{n}\sum_{j=1}^{n} a_{ij}x_ix_j = X^TAX$$

• Définition 15

On dit que la forme quadratique q (ou que la matrice symétrique associée A) est :

- *semi-définie positive* lorsque $\forall \vec{x} \in \mathbb{R}^n$, $q(\vec{x}) = X^TAX \geqslant 0$;
- *semi-définie négative* lorsque $\forall \vec{x} \in \mathbb{R}^n$, $q(\vec{x}) = X^TAX \leqslant 0$;
- *définie positive* lorsque $\forall \vec{x} \in \mathbb{R}^n$, $\vec{x} \neq \vec{0} \Longrightarrow q(\vec{x}) = X^TAX > 0$;
- *définie négative* lorsque $\forall \vec{x} \in \mathbb{R}^n$, $\vec{x} \neq \vec{0} \Longrightarrow q(\vec{x}) = X^TAX < 0$.

• Proposition 19

Toute forme quadratique q sur $\mathbb{R}^n$ telle que $q(\vec{x}) = \sum_{i=1}^n \sum_{j=1}^n a_{ij}x_ix_j = X^TAX$ peut s'écrire :

$$q(\vec{x}) = \sum_{i=1}^{n} \lambda_i y_i^2$$

où $\lambda_1, \lambda_2, ..., \lambda_n$ sont les n valeurs propres de la matrice symétrique A, et $y_1, y_2, ..., y_n$ sont des combinaisons linéaires de $x_1, x_2, ..., x_n$.

© Dunod. Toute reproduction non autorisée est un délit.

Démonstration : A étant symétrique, on a (Proposition 18) $A = PDP^T$ où D est une matrice diagonale dont les éléments diagonaux sont les valeurs propres de A.

$$q(\vec{x}) = X^T AX = X^T PDP^T X = (P^T X)^T DP^T X = \sum_{i=1}^{n} \sum_{j=1}^{n} d_{ij}(P^T X)_i(P^T X)_j$$

Or $d_{ij} = \lambda_i$ si $i = j$ et vaut 0 sinon.
D'où $q(\vec{x}) = \sum_{i=1}^{n} \lambda_i y_i^2$ avec $y_i = (P^T X)_i = \sum_{j=1}^{n} p_{ji} x_j$.

En utilisant ce résultat on peut démontrer la proposition suivante.

• Proposition 20

Une forme quadratique (ou la matrice symétrique associée) est :

- définie positive (respectivement définie négative) si et seulement si toutes les valeurs propres de la matrice sont strictement positives (respectivement strictement négatives) ;
- semi-définie positive (respectivement semi-définie négative) si et seulement si toutes les valeurs propres de la matrice sont positives ou nulles (respectivement négatives ou nulles) ;
- indéfinie lorsque les valeurs propres sont de signes opposés.

Démonstration : Supposons que toutes les valeurs propres soient strictement positives. On a alors $\forall \vec{x} \neq \vec{0}$, $q(\vec{x}) \geqslant 0$ car $q(\vec{x}) = \sum_{i=1}^{n} \lambda_i y_i^2$ par la proposition 19. Si $\forall i = 1, ..., n$, $y_i = 0$ alors $P^T X = 0$ ce qui implique $X = 0$ car P^T est inversible. Or $X \neq 0$ puisque $\vec{x} \neq \vec{0}$. Donc $\forall \vec{x} \neq \vec{0}$, $q(\vec{x}) > 0$ ce qui signifie que la forme quadratique est définie positive. Supposons que la forme quadratique soit définie positive alors $\forall \vec{x} \neq \vec{0}$, $q(\vec{x}) > 0$. D'où $\sum_{i=1}^{n} \lambda_i y_i^2 > 0$. S'il existe k tel que $\lambda_k \leqslant 0$ alors pour $\vec{x}$ tel que $P^T X = Y$ où $y_k = 1$ et $y_i = 0$, $\forall i \neq k$ on a $q(\vec{x}) \leqslant 0$ qui contredit l'hypothèse. Donc toutes les valeurs propres sont strictement positives.

→ ***Commentaires***

Dans le cas d'une matrice symétrique d'ordre 2, le signe des valeurs propres peut être déterminé en calculant le déterminant et la trace de la matrice. En effet, le déterminant étant égal au produit des deux valeurs propres et la trace égale à la somme des deux valeurs propres, si le déterminant est strictement positif les deux valeurs propres sont du même signe et dans ce cas si la trace est strictement positive les deux valeurs propres sont strictement positives et si la trace est strictement négative les deux valeurs propres sont strictement négatives. Si le déterminant est nul alors l'une au moins des deux valeurs propres est nulle. Dans ce cas si la trace est strictement positive (respectivement négative) alors l'une des valeurs propres est nulle et l'autre strictement positive (respectivement négative) et si la trace est nulle alors 0 est valeur propre double. Si par contre le déterminant est strictement négatif les deux valeurs propres sont de signes opposés.

Attention, ceci n'est valable que pour des matrices symétriques d'ordre 2. Pour une matrice symétrique d'ordre 3 si le déterminant est strictement positif cela signifie que le produit des trois valeurs propres est positif mais on pourrait avoir deux valeurs propres négatives et la troisième positive. On peut essayer d'utiliser la proposition 21 dans ce cas.

Soit $A = (a_{ij})_{\substack{i=1,...,n \\ j=1,...,n}}$, une matrice carrée. On considère les n sous-matrices carrées $A_{(p)}$ d'ordre p obtenues en enlevant les $n-p$ dernières lignes et colonnes de A, $p = 1, ..., n$. Ce sont les sous-matrices :

$$A_{(1)} = [a_{11}],\quad A_{(2)} = \begin{bmatrix} a_{11} & a_{12} \\ a_{21} & a_{22} \end{bmatrix}, ..., A_{(p)} = \begin{bmatrix} a_{11} & ... & a_{1p} \\ . & & \\ . & & \\ a_{p1} & ... & a_{pp} \end{bmatrix}, ..., A_{(n)} = A.$$

• Proposition 21

Une forme quadratique (ou la matrice symétrique associée) est :

– définie positive si et seulement si les déterminants des n sous-matrices $A_{(p)}$ sont tous strictement positifs :

$$\forall p = 1, ..., n,\quad \det(A_{(p)}) > 0$$

– définie négative si et seulement si $\forall p = 1, ..., n,\quad (-1)^p \det(A_{(p)}) > 0$

Si une forme quadratique (ou la matrice symétrique associée) est semi-définie positive, alors :

$$\forall p = 1, ..., n,\quad \det(A_{(p)}) \geqslant 0$$

Si une forme quadratique (ou la matrice symétrique associée) est semi-définie négative, alors :

$$\forall p = 1, ..., n,\quad (-1)^p \det(A_{(p)}) \geqslant 0$$

Attention pour les formes quadratiques semi-définies la condition nécessaire n'est pas suffisante.

▶ Exemples

- *Soit* $A = \begin{bmatrix} 12 & -4 \\ -4 & 3 \end{bmatrix}$. $\det(A) = 20$ *et* $\text{tr}(A) = 15$. *Le déterminant étant strictement positif, les deux valeurs propres sont du même signe et comme la trace est strictement positive, les deux valeurs propres sont strictement positives. Donc la matrice A est définie positive.*

© Dunod. Toute reproduction non autorisée est un délit.

- *Soit* $B = \begin{bmatrix} 2 & 5 \\ 5 & -3 \end{bmatrix}$. $\det(B) = -31$ *et* $\text{tr}(B) = -1$. *Le déterminant étant négatif, les deux valeurs propres sont de signes opposés. Donc la matrice B est indéfinie.*
- *Soit* $C = \begin{bmatrix} 2 & 1/2 \\ 1/2 & 1/8 \end{bmatrix}$. $\det(C) = 0$ *et* $\text{tr}(A) = 17/8$. *Le déterminant étant nul, l'une des valeurs propres est nulle et comme la trace est strictement positive, la deuxième valeur propre est strictement positive. Donc la matrice C est semi-définie positive.*
- *À la forme quadratique* $q(x_1, x_2) = -x_1^2 - x_1x_2 - 4x_2^2$ *est associée la matrice symétrique* $A = \begin{bmatrix} -1 & -1/2 \\ -1/2 & -4 \end{bmatrix}$.

  $\det(A) = 15/4 > 0$ *donc les 2 valeurs propres de A sont de même signe. tr(A)* $= -5 < 0$ *donc les 2 valeurs propres sont strictement négatives. D'où la matrice A est définie négative (Proposition 20). Donc la forme quadratique q aussi.*
- *À la forme quadratique* $q(x_1, x_2, x_3) = 6x_1^2 + 16x_2^2 + 6x_3^2 - 4\sqrt{2}\,x_1x_2 + 8x_2x_3$ *est associée la matrice symétrique* $A = \begin{bmatrix} 6 & -2\sqrt{2} & 0 \\ -2\sqrt{2} & 16 & 4 \\ 0 & 4 & 6 \end{bmatrix}$

  Première méthode : on calcule les valeurs propres de cette matrice symétrique d'ordre 3 pour connaître leurs signes.

  Les valeurs propres de A sont les racines de $\mathcal{P}_A(\lambda)$. $\mathcal{P}_A(\lambda) = \det(A - \lambda I) = (6 - \lambda)(\lambda^2 - 22\lambda + 72) = 0$. *On trouve trois valeurs propres* $\lambda_1 = 6$, $\lambda_2 = 4$ *et* $\lambda_3 = 18$. *Comme les trois valeurs propres sont strictement positives, A est définie positive de même que q par la Proposition 20.*

  Deuxième méthode : $\det(A_{(1)}) = 6 > 0$,

  $\det(A_{(2)}) = \begin{vmatrix} 6 & -2\sqrt{2} \\ -2\sqrt{2} & 16 \end{vmatrix} = 88 > 0$,

  $\det(A_{(3)}) = \det(A) = 128 > 0$. *Donc A est définie positive de même que q par la Proposition 21.*
- *À la forme quadratique* $q(x_1, x_2) = -4x_1^2 - 8x_1x_2 - 4x_2^2$ *est associée la matrice symétrique* $A = \begin{bmatrix} -4 & -4 \\ -4 & -4 \end{bmatrix}$.

  $\det(A) = 0$ *donc au moins l'une des valeurs propres de A est nulle. tr(A)* $= -8 < 0$ *donc l'une des valeurs propres est strictement négative et l'autre est nulle. D'où la matrice A est semi-définie négative. Donc la forme quadratique q aussi.*

Exercices

Énoncés

Exercice n° 1

Calculer les déterminants des matrices suivantes

$$A = \begin{bmatrix} 8 & 30 & -14 \\ -6 & -21 & 9 \\ -6 & -23 & 11 \end{bmatrix}, \quad B = \begin{bmatrix} -1 & 2 & -3 \\ 4 & 4 & -12 \\ -2 & 2 & -6 \end{bmatrix}$$

Exercice n° 2

Montrer que les matrices A et A^T ont les mêmes valeurs propres.

Exercice n° 3

Utiliser les déterminants pour montrer que les vecteurs suivants sont linéairement indépendants :

$$\vec{x} = (4, -2, -2), \quad \vec{y} = (-1, -3, 2), \quad \vec{z} = (-3, 2, 2)$$

Exercice n° 4

Les matrices suivantes sont-elles diagonalisables dans $\mathbb{R}$ ou $\mathbb{C}$?

$$A = \begin{bmatrix} 2 & 1 \\ -2 & 0 \end{bmatrix}, \quad B = \begin{bmatrix} -3 & 13 & -23 \\ 13 & 4 & 6 \\ -23 & 6 & 17 \end{bmatrix}, \quad C = \begin{bmatrix} 2 & 1 & 0 \\ -1 & 4 & 1 \\ 0 & 0 & 5 \end{bmatrix}$$

Exercice n° 5

a) Montrer que la matrice $A = \begin{bmatrix} 6 & 0 & 0 \\ -11 & -5 & -33 \\ 0 & 0 & 6 \end{bmatrix}$ est diagonalisable dans $\mathbb{R}$ et trouver une matrice diagonale D et des matrices de passage P et P^{-1} telles que $A = PDP^{-1}$.

b) Démontrer par recurrence que $A^n = PD^nP^{-1}$ pour tout $n \in \mathbb{N}$ et calculer A^n.

Exercice n° 6

On désigne par $E = \mathcal{M}(n, n)$ l'ensemble des matrices carrées à coefficients dans $\mathbb{R}$ ayant n lignes et n colonnes.

a) Donner la dimension du $\mathbb{R}$-e.v. $(E, +, .)$ et expliciter une base dans le cas $n = 3$.
On dit qu'une matrice A est *antisymétrique* si $A^T = -A$.

b) Dans le cas $n = 3$, donner un exemple de matrice symétrique, de matrice antisymétrique, de matrice ni symétrique ni antisymétrique.

c) Soit $\mathcal{S} = \{S \in E \text{ tel que } S \text{ symétrique}\}$ et $\mathcal{T} = \{T \in E \text{ tel que } T \text{ antisymétrique}\}$.
$\mathcal{S}$ et $\mathcal{T}$ sont-ils des sous-espaces vectoriels de E ? Si oui donner, au feeling, leurs dimensions ?
Déterminer $\mathcal{S} \cap \mathcal{T}$.

© Dunod. Toute reproduction non autorisée est un délit.

d) Soit

$$A = \begin{bmatrix} 1 & 2 & 3 \\ 4 & 5 & 6 \\ 7 & 8 & 9 \end{bmatrix}$$

Calculer $M = \frac{1}{2}(A + A^T)$, $N = \frac{1}{2}(A - A^T)$ puis $M + N$.
Généraliser à une matrice A quelconque.

Exercice n° 7

Soit $q : \mathbb{R}^3 \longrightarrow \mathbb{R}$, forme quadratique telle que : $q(x_1, x_2, x_3) = x_1^2 + x_2^2 + x_3^2 - x_1x_2 - x_2x_3 - x_1x_3$

On veut savoir si :

1) q définie positive ?
2) q semi-définie positive ?
3) q définie négative ?
4) q semi-définie négative ?

a) Calculer $q(1, 1, 1)$. Répondre par « oui », « non », « *wait and see* », aux quatre questions ci-dessus.
b) Définir B la matrice symétrique associée à q et répondre aux quatre questions.
c) Démontrer que $B = PDP^{-1}$ où D est une matrice diagonale et P une matrice inversible à expliciter. Répondre aux quatre questions.
d) On considère le trinôme du second degré : $x \longrightarrow p(x) = x^2 - \beta x + \gamma$, avec $\beta = y + z$, $\gamma = y^2 + z^2 - yz$ où y et z sont des constantes. Démontrer que $\forall x \in \mathbb{R}$, $\forall y \in \mathbb{R}$ $\forall z \in \mathbb{R}$, $p(x) \geqslant 0$. Répondre aux quatre questions.
e) Développer l'expression, dite décomposition de Gauss de la forme quadratique, $(x - \frac{1}{2}y - \frac{1}{2}z)^2 + \frac{3}{4}(y - z)^2$. Répondre aux quatre questions.

Exercice n° 8

Soit A une matrice carrée d'ordre n, symétrique, définie positive.

a) Montrer que A est inversible.
b) Quelles sont les valeurs propres de A^{-1} en fonction de celles de A ?
c) Montrer que A^{-1} est définie positive.
d) Montrer que A^{-1} est symétrique.
e) Quelles sont les valeurs propres de $B = 5A$ en fonction de celles de A ?

Exercice n° 9

On considère la matrice $A = \begin{bmatrix} -1 & -3 & 3 \\ -2 & -1 & 2 \\ -2 & -3 & 4 \end{bmatrix}$

a) Montrer que A est diagonalisable dans $\mathbb{R}$.
b) Trouver une matrice diagonale D et des matrices de passage P et P^{-1} telles que $A = PDP^{-1}$.

c) Calculer A^n pour tout entier $n \geqslant 1$. On considère les suites réelles $(u_n)_n$, $(v_n)_n$ et $(w_n)_n$ qui vérifient le système de récurrence suivant :

$$(S) \quad \begin{cases} u_{n+1} = -u_n - 3v_n + 3w_n \\ v_{n+1} = -2u_n - v_n + 2w_n \\ w_{n+1} = -2u_n - 3v_n + 4w_n \end{cases}$$

avec $u_0 = 1, v_0 = 1, w_0 = 0$.

d) Écrire ce système sous forme matricielle : $U_{n+1} = AU_n$ et démontrer par recurrence que $U_n = A^n U_0$ pour tout $n \in \mathbb{N}$.

e) Déterminer les suites réelles $(u_n)_n$, $(v_n)_n$ et $(w_n)_n$ qui vérifient le système (S).

© Dunod. Toute reproduction non autorisée est un délit.

10. Fonctions réelles de plusieurs variables réelles

On introduit dans ce chapitre les outils nécessaires à l'étude des fonctions de plusieurs variables. Il s'agit en fait de généraliser à $\mathbb{R}^2$ et à $\mathbb{R}^n$ les notions de « valeur absolue, intervalle ouvert ou fermé, voisinage d'un point... » rencontrées dans l'étude de $\mathbb{R}$. On dira plutôt dans $\mathbb{R}^n$: « norme, boule ouverte ou fermée,... ». On généralise aussi les notions de « limite, continuité, dérivabilité » des fonctions réelles d'une seule variable réelle aux fonctions de plusieurs variables. Pour un économiste les « dérivées partielles » sont des utilités marginales, des productivités marginales...
La différentiabilité joue un rôle très important et n'est pas équivalente à la dérivabilité contrairement à ce que l'on a vu pour les fonctions d'une seule variable. On retrouve le théorème des accroissements finis (généralisé) que l'on démontre à partir du théorème des accroissements finis pour les fonctions d'une seule variable et qui à son tour permet de démontrer la plupart des théorèmes essentiels (la dérivation en chaîne...). Un autre puissant théorème est présenté : celui des fonctions implicites à partir duquel on peut démontrer les théorèmes d'optimisation sous contraintes.

Mots clefs : norme, distance, boule ouverte ou fermée, voisinage, ensemble ouvert, limite, continuité, dérivée partielle, différentielle, théorème des accroissements finis, dérivation en chaîne, fonction positivement homogène, théorème des fonctions implicites, formule de Taylor.

© Dunod. Toute reproduction non autorisée est un délit.

I. Normes et distances sur $\mathbb{R}^2$

A. L'ensemble $\mathbb{R}^2$

$\mathbb{R}^2 = \mathbb{R} \times \mathbb{R} = \{(x_1, x_2) \text{ tels que } x_1 \in \mathbb{R} \text{ et } x_2 \in \mathbb{R}\}$

Les éléments (x_1, x_2) de $\mathbb{R}^2$ s'appellent des *couples*.

On définit dans $\mathbb{R}^2$ l'égalité suivante :

$$(x_1, x_2) = (y_1, y_2) \Longleftrightarrow [x_1 = y_1 \text{ et } x_2 = y_2]$$

On voit que l'ordre intervient dans l'écriture du couple.

On définit une addition dans $\mathbb{R}^2$ telle que :

$$\forall (x_1, x_2) \in \mathbb{R}^2, \ \ \forall (y_1, y_2) \in \mathbb{R}^2, \ \ (x_1, x_2) + (y_1, y_2) = (x_1 + y_1, x_2 + y_2)$$

On définit une multiplication externe telle que :

$$\forall (x_1, x_2) \in \mathbb{R}^2, \ \ \forall \lambda \in \mathbb{R}, \ \ \lambda.(x_1, x_2) = (\lambda x_1, \lambda x_2)$$

Muni de ces deux opérations l'ensemble $\mathbb{R}^2$ a une structure d'espace vectoriel.

Représentation géométrique des éléments de $\mathbb{R}^2$: le couple (x_1, x_2), le vecteur $\overrightarrow{OM}$, (lorsque M est un point du plan d'abscisse x_1 et d'ordonnée x_2), le point M sont les représentants d'un même objet.

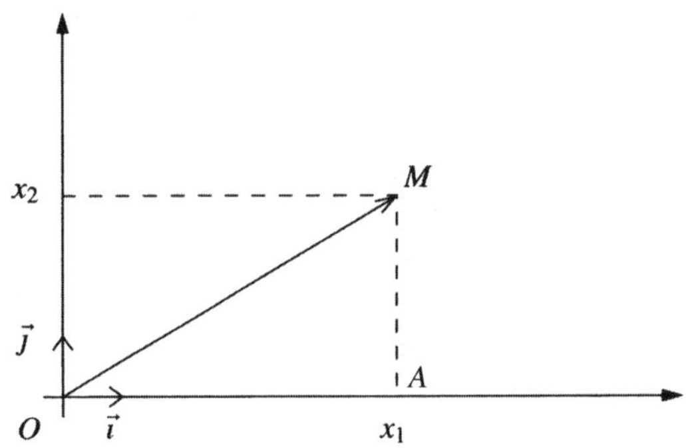

Figure 10.1

B. Produit scalaire, normes et distances

1) Produit scalaire

• Définition 1

Soit $\vec{x} = (x_1, x_2) \in \mathbb{R}^2$ et $\vec{y} = (y_1, y_2) \in \mathbb{R}^2$.

Le *produit scalaire* de $\vec{x}$ et $\vec{y}$, noté $\vec{x}.\vec{y}$, est le réel $\vec{x}.\vec{y} = x_1 y_1 + x_2 y_2$.

On a donc $\vec{x}.\vec{x} = x_1^2 + x_2^2$.

• **Proposition 1 : inégalité de Schwarz**

$$\forall \vec{x} = (x_1, x_2) \in \mathbb{R}^2, \quad \forall \vec{y} = (y_1, y_2) \in \mathbb{R}^2, \quad |\vec{x}.\vec{y}| \leqslant \sqrt{\vec{x}.\vec{x}}\sqrt{\vec{y}.\vec{y}}$$

Démonstration :

$$\begin{aligned}(\vec{x}.\vec{y})^2 &= (x_1y_1 + x_2y_2)^2 = (x_1y_1)^2 + (x_2y_2)^2 + 2x_1y_1x_2y_2 \\ &= x_1^2y_1^2 + x_2^2y_2^2 + 2x_1y_1x_2y_2 \\ &\leqslant x_1^2y_1^2 + x_2^2y_2^2 + x_1^2y_2^2 + x_2^2y_1^2 \\ &= (x_1^2 + x_2^2)(y_1^2 + y_2^2) = \vec{x}.\vec{x} \times \vec{y}.\vec{y}\end{aligned}$$

car $2x_1y_1x_2y_2 - (x_1^2y_2^2 + x_2^2y_1^2) = -(x_1y_2 - x_2y_1)^2 \leqslant 0$

2) Normes

• **Définition 2**

Une *norme* sur $\mathbb{R}^2$ est une application notée $\| \, . \, \|$ de $\mathbb{R}^2$ dans $\mathbb{R}$;

$$\begin{aligned}\| \, . \, \| \quad : \quad & \mathbb{R}^2 \longrightarrow \mathbb{R} \\ & (x_1, x_2) \longmapsto \| (x_1, x_2) \|\end{aligned}$$

qui satisfait les conditions suivantes :

$$\begin{aligned}&\forall (x_1, x_2) \in \mathbb{R}^2, && \| (x_1, x_2) \| \geqslant 0 && \text{(N1)}\\ &\forall (x_1, x_2) \in \mathbb{R}^2, && \| (x_1, x_2) \| = 0 \Longrightarrow (x_1, x_2) = (0, 0) && \text{(N2)}\\ &\forall (x_1, x_2) \in \mathbb{R}^2, \forall \lambda \in \mathbb{R}, && \| \lambda (x_1, x_2) \| = |\lambda| \, \| (x_1, x_2) \| && \text{(N3)}\\ &\forall (x_1, x_2) \in \mathbb{R}^2, \forall (y_1, y_2) \in \mathbb{R}^2, && \| (x_1, x_2) + (y_1, y_2) \| && \\ & && \leqslant \| (x_1, x_2) \| + \| (y_1, y_2) \| && \text{(N4)}\end{aligned}$$

(appelée inégalité triangulaire)

3) Exemples de normes

• $$\begin{aligned}\| \, . \, \|_1 \quad : \quad & \mathbb{R}^2 \longrightarrow \mathbb{R} \\ & (x_1, x_2) \longmapsto \| (x_1, x_2) \|_1 = |x_1| + |x_2|\end{aligned}$$

• $$\begin{aligned}\| \, . \, \|_2 \quad : \quad & \mathbb{R}^2 \longrightarrow \mathbb{R} \\ & (x_1, x_2) \longmapsto \| (x_1, x_2) \|_2 = \sqrt{x_1^2 + x_2^2} = \sqrt{\vec{x}.\vec{x}}\end{aligned}$$

© Dunod. Toute reproduction non autorisée est un délit.

(appelée *norme euclidienne* car définie à partir du produit scalaire).

- $$\begin{aligned} \| \,.\, \|_3 \quad : \quad & \mathbb{R}^2 \longrightarrow \mathbb{R} \\ & (x_1, x_2) \longmapsto \| (x_1, x_2) \|_3 = \text{Max}\{|x_1|, |x_2|\} \end{aligned}$$

On vérifie sans difficulté que $\| \,.\, \|_1$ et $\| \,.\, \|_3$ satisfont bien les axiomes (NI)−(N4) d'une norme. Quant à la norme euclidienne, on a besoin de l'inégalité de Schwarz pour démontrer qu'elle satisfait (N4) :

$$\begin{aligned}
&\forall (x_1, x_2) \in \mathbb{R}^2, \forall (y_1, y_2) \in \mathbb{R}^2, \\
&\quad \| (x_1, x_2) + (y_1, y_2) \|_2^2 = \| (x_1 + y_1, x_2 + y_2) \|_2^2 \\
&\qquad = (x_1 + y_1, x_2 + y_2).(x_1 + y_1, x_2 + y_2) \\
&\qquad = (x_1 + y_1)^2 + (x_2 + y_2)^2 \\
&\qquad = x_1^2 + y_1^2 + 2x_1y_1 + x_2^2 + y_2^2 + 2x_2y_2 \\
&\qquad = \vec{x}.\vec{x} + \vec{y}.\vec{y} + 2\vec{x}.\vec{y} \\
&\qquad \leqslant \vec{x}.\vec{x} + \vec{y}.\vec{y} + 2\sqrt{\vec{x}.\vec{x}}\sqrt{\vec{y}.\vec{y}} \\
&\qquad = \left(\sqrt{\vec{x}.\vec{x}} + \sqrt{\vec{y}.\vec{y}} \right)^2 \\
&\qquad = \left(\| (x_1, x_2) \|_2 + \| (y_1, y_2) \|_2 \right)^2
\end{aligned}$$

D'où :

$$\| (x_1, x_2) + (y_1, y_2) \|_2 \leqslant \| (x_1, x_2) \|_2 + \| (y_1, y_2) \|_2$$

On a donc plusieurs façons de mesurer un vecteur qui ne correspondent pas toutes à la longueur usuelle. Notons que la norme euclidienne correspond à la longueur usuelle. Il suffit d'appliquer le théorème de Pythagore dans le triangle OAM pour voir que $\| (x_1, x_2) \|_2 = \sqrt{x_1^2 + x_2^2}$ représente la longueur du vecteur $\overrightarrow{OM}$ dans le système d'axes orthonormés $(0, \vec{\imath}, \vec{\jmath})$ (voir figure 10.1).

4) Distance

• Définition 3

Soit $\| \,.\, \|$ une norme sur $\mathbb{R}^2$. On appelle *distance* sur $\mathbb{R}^2$ associée à la norme $\| \,.\, \|$ l'application d telle que :

$$\begin{aligned} d \quad : \quad & \mathbb{R}^2 \times \mathbb{R}^2 \longrightarrow \mathbb{R} \\ & \big((x_1, x_2), (y_1, y_2)\big) \longmapsto d\big((x_1, x_2), (y_1, y_2)\big) = \| (x_1, x_2) - (y_1, y_2) \| \end{aligned}$$

▶ **Exemple (de distance)**

La distance associée à la norme euclidienne. Soit $\vec{x} = (x_1, x_2) \in \mathbb{R}^2$ *et* $\vec{y} = (y_1, y_2) \in \mathbb{R}^2$*, alors :*

$$d(\vec{x}, \vec{y}) = \| \vec{x} - \vec{y} \|_2 = \sqrt{(x_1 - y_1)^2 + (x_2 - y_2)^2}$$

5) Boule ouverte, boule fermée, voisinage d'un point de $\mathbb{R}^2$

On veut généraliser la notion d'intervalle ouvert ou fermé de $\mathbb{R}$ à $\mathbb{R}^2$ et à $\mathbb{R}^n$; ce sera la notion de boule ouverte de $\mathbb{R}^2$ qui jouera dans $\mathbb{R}^2$ le rôle de l'intervalle ouvert et borné de $\mathbb{R}$ et la boule fermée celui de l'intervalle fermé borné. On introduit alors les définitions suivantes.

• Définition 4

Soit $\vec{a} = (a_1, a_2) \in \mathbb{R}^2$, et soit $r > 0$. Soit $\| \,.\, \|$ une norme sur $\mathbb{R}^2$.

La *boule ouverte* de centre $\vec{a}$ et de rayon r est l'ensemble noté $\overset{\circ}{B}(\vec{a}, r)$ défini par :

$$\begin{aligned}\overset{\circ}{B}(\vec{a}, r) &= \{\vec{x} = (x_1, x_2) \in \mathbb{R}^2 / \| \vec{x} - \vec{a} \| < r\} \\ &= \{\vec{x} = (x_1, x_2) \in \mathbb{R}^2 / d(\vec{x}, \vec{a}) < r\}\end{aligned}$$

C'est donc l'ensemble des points $\vec{x} = (x_1, x_2)$ de $\mathbb{R}^2$ dont la distance au point $\vec{a} = (a_1, a_2)$ est strictement plus petite que r.

• Définition 5

La *boule fermée* de centre $\vec{a} = (a_1, a_2)$ et de rayon r, notée $\overline{B}(\vec{a}, r)$ est l'ensemble défini par :

$$\begin{aligned}\overline{B}(\vec{a}, r) &= \{\vec{x} = (x_1, x_2) \in \mathbb{R}^2 / \| \vec{x} - \vec{a} \| \leqslant r\} \\ &= \{\vec{x} = (x_1, x_2) \in \mathbb{R}^2 / d(\vec{x}, \vec{a}) \leqslant r\}\end{aligned}$$

Les boules ouvertes et fermées sont définies relativement à une norme.

▶ **Exemple**

Dessins de $\overset{\circ}{B}(\vec{0}, 1)$ *dans les trois normes (voir figure 10.2).*

Attention au mot « boule » : notons que dans $\mathbb{R}^2$, $\overset{\circ}{B}_2(\vec{0}, 1)$ *est le disque de centre* $\vec{0}$ *et de rayon* 1 *sans sa circonférence alors que* $\overset{\circ}{B}_1(\vec{0}, 1)$ *et* $\overset{\circ}{B}_3(\vec{0}, 1)$ *sont des carrés. On a donc écrit « une boule est un carré » !*

© Dunod. Toute reproduction non autorisée est un délit.

On verra plus loin que dans $\mathbb{R}^3$, $\overset{\circ}{B}_2\ (\vec{0}, 1)$ est la sphère.

Clairement, sur le dessin, la boule $\overset{\circ}{B}_3\ (\vec{0}, 1)$ contient la boule $\overset{\circ}{B}_2\ (\vec{0}, 1)$ qui contient la boule $\overset{\circ}{B}_1\ (\vec{0}, 1)$ qui elle-même contient une boule $\overset{\circ}{B}_3\ (\vec{0}, r)$ qui contient un boule $\overset{\circ}{B}_2\ (\vec{0}, r)$ qui contient...

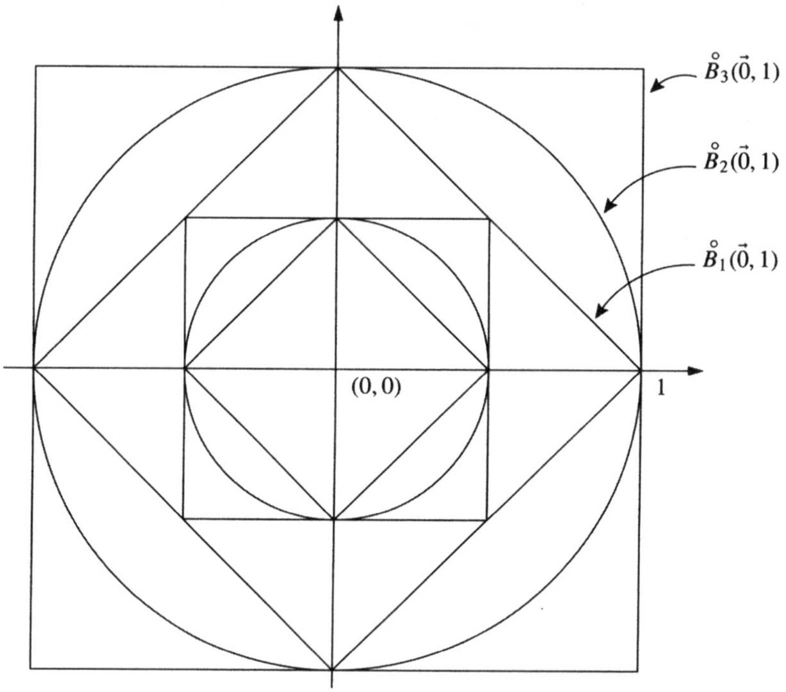

Figure 10.2

Il en résulte, que si une partie de $\mathbb{R}^2$ contient l'une des trois boules elle contient aussi les deux autres (de rayons éventuellement différents) et donc la notion « être voisin du point (a_1, a_2) » ne dépend pas de la boule $\overset{\circ}{B}_1\ (\vec{a}, r)$, $\overset{\circ}{B}_2\ (\vec{a}, r)$, $\overset{\circ}{B}_3\ (\vec{a}, r)$ choisie ni des normes $\|\ .\ \|_1$, $\|\ .\ \|_2$, $\|\ .\ \|_3$ qui servent à les définir respectivement. On exprime cette propriété en disant que sur $\mathbb{R}^2$ ces trois normes sont équivalentes, les théorèmes de l'Analyse dans $\mathbb{R}^2$ restant les mêmes quelle que soit la norme choisie.

En fait, toutes les normes sur $\mathbb{R}^2$ sont équivalentes.

Désormais on notera $\|\ .\ \|$ l'une quelconque de ces trois normes, sans préciser laquelle et on écrira $(\mathbb{R}^2, \|\ .\ \|)$ pour parler de l'espace normé $\mathbb{R}^2$.

• **Définition 6**

Soit $\vec{a} = (a_1, a_2) \in \mathbb{R}^2$. Un *voisinage* de $\vec{a}$ est une partie de $\mathbb{R}^2$ contenant une boule ouverte $\overset{\circ}{B}(\vec{a}, r)$ de centre $\vec{a}$ et de rayon $r > 0$.

• **Définition 7**

Un ensemble est dit *ouvert* dans $\mathbb{R}^2$ s'il est voisinage de chacun de ses points, c'est-à-dire si pour chacun de ses points il existe une boule ouverte centrée en ce point entièrement contenue dans l'ensemble.

▶ **Exemples**
$\mathbb{R}^2$, $\mathbb{R}_+^* \times \mathbb{R}_+^*$, $]0, 1[\times]2, 3[$ *sont des ouverts de* $\mathbb{R}^2$.

• **Définition 8**

Un ensemble est dit *fermé* dans $\mathbb{R}^2$, si son complémentaire est ouvert c'est-à-dire A est fermé dans $\mathbb{R}^2$ si $\{(x_1, x_2) \in \mathbb{R}^2 / (x_1, x_2) \notin A\}$ est ouvert dans $\mathbb{R}^2$.

▶ **Exemples**
$\mathbb{R}^2$, $\mathbb{R}_+ \times \mathbb{R}_+$, $[0, 1] \times [2, 3]$ *sont des fermés de* $\mathbb{R}^2$.

→ ***Commentaire***

On dira qu' une fonction de $\mathbb{R}^2$ dans $\mathbb{R}$ est définie au voisinage de $\vec{a} = (a_1, a_2)$ lorsqu'il existe $r > 0$ tel que f est définie sur $\overset{\circ}{B}(\vec{a}, r)$.

C. Généralisation à $\mathbb{R}^n$

Toutes les notions précédentes définies dans $\mathbb{R}^2$ se généralisent sans difficulté à $\mathbb{R}^n$.

© Dunod. Toute reproduction non autorisée est un délit.

• **Définition 9**

Le *produit scalaire* de $\vec{x}$ et $\vec{y}$, noté $\vec{x}.\vec{y}$, est le réel $\vec{x}.\vec{y} = \sum_{k=1}^{n} x_k y_k$.

• **Proposition 2 : inégalité de Schwarz**

Soit $\vec{x} = (x_1, ..., x_n)$, $\vec{y} = (y_1, ..., y_n)$ des vecteurs de $\mathbb{R}^n$. On a

$$|\vec{x}.\vec{y}| \leqslant \sqrt{\vec{x}.\vec{x}}\sqrt{\vec{y}.\vec{y}}$$

c'est-à-dire :

$$\left|\sum_{k=1}^{n} x_k y_k\right| \leqslant \sqrt{\sum_{k=1}^{n} x_k^2}\sqrt{\sum_{k=1}^{n} y_k^2}$$

• Définition 10

Une *norme* sur $\mathbb{R}^n$ est une application notée $\| \,.\, \|$ de $\mathbb{R}^n$ dans $\mathbb{R}$:

$$\begin{array}{rl} \| \,.\, \| \quad : & \mathbb{R}^n \longrightarrow \mathbb{R} \\ & \vec{x} = (x_1, ..., x_n) \longmapsto \| \vec{x} \| \end{array}$$

qui satisfait les conditions suivantes :

$$\forall \vec{x} \in \mathbb{R}^n, \quad \| \vec{x} \| \geqslant 0 \tag{N1}$$

$$\forall \vec{x} \in \mathbb{R}^n, \quad \| \vec{x} \| = 0 \Longrightarrow \vec{x} = 0 \tag{N2}$$

c'est-à-dire $(x_1, ..., x_n) = (0, ..., 0)$

$$\forall \vec{x} \in \mathbb{R}^n, \forall \lambda \in \mathbb{R}, \quad \| \lambda \vec{x} \| = |\lambda| \, \| \vec{x} \| \tag{N3}$$

$$\forall \vec{x} \in \mathbb{R}^n, \forall \vec{y} \in \mathbb{R}^n, \quad \| \vec{x} + \vec{y} \| \leqslant \| \vec{x} \| + \| \vec{y} \| \tag{N4}$$

(appelée inégalité triangulaire)

Notons que pour $n = 1$, l'application valeur absolue :

$$|.| \quad : \quad \mathbb{R} \longrightarrow \mathbb{R}$$

vérifie bien les axiomes (N1)–(N4) d'une norme. La notation $\| \,.\, \|$ choisie pour une norme n'était donc pas naïve.

▶ Exemples (de normes)

- $$\begin{array}{lccc} \| \,.\, \|_1 \; : & \mathbb{R}^n & \longrightarrow & \mathbb{R} \\ & \vec{x} = (x_1, ..., x_n) & \longmapsto & \| \vec{x} \|_1 = \displaystyle\sum_{i=1}^{n} |x_i| \end{array}$$

- $$\begin{array}{lccc} \| \,.\, \|_2 \; : & \mathbb{R}^n & \longrightarrow & \mathbb{R} \\ & \vec{x} = (x_1, ..., x_n) & \longmapsto & \| \vec{x} \|_2 = \sqrt{\displaystyle\sum_{i=1}^{n} x_i^2} = \sqrt{\vec{x}.\vec{x}} \end{array}$$

  (appelée norme euclidienne*).*

- $$\begin{array}{lccc} \| \,.\, \|_3 \; : & \mathbb{R}^n & \longrightarrow & \mathbb{R} \\ & \vec{x} = (x_1, ..., x_n) & \longmapsto & \| \vec{x} \|_3 = \mathbf{Max}\{|x_1|, ..., |x_n|\} \end{array}$$

• Définition 11

Soit $\| \,.\, \|$ une norme sur $\mathbb{R}^n$. On appelle *distance* sur $\mathbb{R}^n$ associée à la norme $\| \,.\, \|$ l'application d telle que :

$$\begin{array}{rl} d \quad : & \mathbb{R}^n \times \mathbb{R}^n \longrightarrow \mathbb{R} \\ & (\vec{x}, \vec{y}) \longmapsto d(\vec{x}, \vec{y}) = \| \vec{x} - \vec{y} \| \end{array}$$

▶ **Exemple (de distance)**

La distance associée à la norme euclidienne. Soit $\vec{x} = (x_1, ..., x_n) \in \mathbb{R}^n$ *et* $\vec{y} = (y_1, ..., y_n) \in \mathbb{R}^n$*, alors :*

$$d(\vec{x}, \vec{y}) = \| \vec{x} - \vec{y} \|_2 = \sqrt{\sum_{i=1}^{n} (x_i - y_i)^2}$$

• Définition 12

Soit $\vec{a} = (a_1, ..., a_n) \in \mathbb{R}^n$, et soit $r > 0$.

La *boule ouverte* de centre $\vec{a}$ et de rayon r est l'ensemble noté $\overset{\circ}{B}(\vec{a}, r)$ défini par :

$$\begin{aligned}\overset{\circ}{B}(\vec{a}, r) &= \{\vec{x} = (x_1, ..., x_n) \in \mathbb{R}^n / \| \vec{x} - \vec{a} \| < r\} \\ &= \{\vec{x} \in \mathbb{R}^n / d(\vec{x}, \vec{a}) < r\}\end{aligned}$$

• Définition 13

La *boule fermée* de centre $\vec{a} = (a_1, ..., a_n)$ et de rayon r, notée $\overline{B}(\vec{a}, r)$ est l'ensemble défini par :

$$\begin{aligned}\overline{B}(\vec{a}, r) &= \{\vec{x} = (x_1, ..., x_n) \in \mathbb{R}^n / \| \vec{x} - \vec{a} \| \leqslant r\} \\ &= \{\vec{x} \in \mathbb{R}^n / d(\vec{x}, \vec{a}) \leqslant r\}\end{aligned}$$

Par exemple dans $\mathbb{R}^3$,

$$\begin{aligned}\overset{\circ}{B}_2(\vec{0}, 1) &= \{\vec{x} = (x_1, x_2, x_3) \in \mathbb{R}^3 / \| \vec{x} - \vec{a} \|_2 < 1\} \\ &= \{\vec{x} = (x_1, x_2, x_3) \in \mathbb{R}^3 / x_1^2 + x_2^2 + x_3^2 < 1\}\end{aligned}$$

$\overset{\circ}{B}_2(\vec{0}, 1)$ est donc la sphère de centre $\vec{0} = (0, 0, 0)$ et de rayon 1.

Notons que pour $n = 1$, $\overset{\circ}{B}(a, r) = \{x \in \mathbb{R} / |x - a| < r\} = \left]a - r, a + r\right[$, ce qui montre bien qu'une boule ouverte de $\mathbb{R}$ est un intervalle ouvert. De même une boule fermée de $\mathbb{R}$ est un intervalle fermé. On retouve bien l'idée que la boule de $\mathbb{R}^n$ généralise à $\mathbb{R}^n$ la notion d'intervalle de $\mathbb{R}$.

• Définition 14

Un ensemble est dit *ouvert* dans $\mathbb{R}^n$ s'il est voisinage de chacun de ses points, c'est-à-dire si pour chacun de ses points il existe une boule ouverte centrée en ce point et entièrement contenue dans l'ensemble.

© Dunod. Toute reproduction non autorisée est un délit.

• **Définition 15**

Un ensemble est dit *fermé* dans $\mathbb{R}^n$, si son complémentaire est ouvert.

II. Fonctions de deux variables et généralisation aux fonctions de *n* variables

A. Définitions, exemples, graphes

Soit :

$$f \quad : \quad \mathbb{R}^2 \longrightarrow \mathbb{R}$$
$$(x_1, x_2) \longmapsto f(x_1, x_2)$$

Le triplet $(x_1, x_2, f(x_1, x_2))$ est un point N ou un vecteur $\overrightarrow{ON}$ de $\mathbb{R}^3$ une fois choisi un système d'axes.

• **Définition 16**

On appelle *ensemble de définition de f*, l'ensemble des couples $(x_1, x_2) \in \mathbb{R}^2$ qui ont une image par f. On le note D_f. D_f est une partie de $\mathbb{R}^2$.

• **Définition 17**

On appelle *graphe de f* l'ensemble G tel que $G = \{(x_1, x_2, f(x_1, x_2))/(x_1, x_2) \in D_f\}$.

G est une partie de $\mathbb{R}^3$, sa représentation graphique dans $\mathbb{R}^3$ est une surface de $\mathbb{R}^3$.

On confond souvent graphe et représentation graphique.

• **Définition 18**

Soit $c \in \mathbb{R}$. On appelle *courbe de niveau c* de la fonction f l'intersection de la surface représentant f et du plan $x_3 = c$. C'est l'ensemble des points (x_1, x_2) tels que $f(x_1, x_2) = c$. On la note $\mathcal{C}_c(f)$.

→ ***Commentaires***

La projection de cette courbe sur le plan $x_3 = 0$ est aussi appelée courbe de niveau.

Pour les économistes, lorsque f est une fonction d'utilité, les courbes de niveau s'appellent *courbes d'indifférence* et lorsque f est une fonction de production elles s'appellent *isoquantes*.

▶ Exemple

Soit :

$$\begin{aligned} f \quad : \quad & \mathbb{R}^2 \longrightarrow \mathbb{R} \\ (x_1, x_2) & \longmapsto f(x_1, x_2) = x_1^2 + x_2^2 \end{aligned}$$

$D_f = \mathbb{R}^2$. *Pour* $c > 0$, *la courbe de niveau* c, $\mathcal{C}_c(f)$ *est le cercle d'équation* $x_1^2 + x_2^2 = c$ *dans le plan* $x_3 = c$.

Par exemple, $\mathcal{C}_1(f)$ *est le cercle d'équation* $x_1^2 + x_2^2 = 1$ *dans le plan* $x_3 = 1$ *(figure 10.3).*

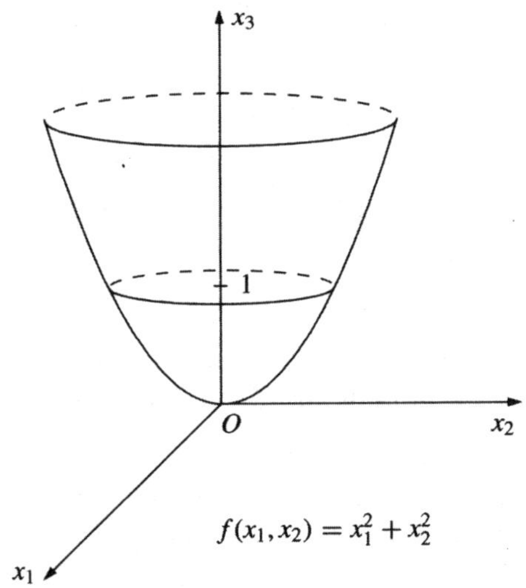

Figure 10.3

▶ Exemple

Soit :

$$\begin{aligned} f \quad : \quad & \mathbb{R}^2 \longrightarrow \mathbb{R} \\ (x_1, x_2) & \longmapsto f(x_1, x_2) = \sqrt{x_1 x_2} \end{aligned}$$

$D_f = \{(x_1, x_2) \in \mathbb{R}^2 / x_1 x_2 \geqslant 0\} = \mathbb{R}_+^2 \cup \mathbb{R}_-^2$

$\mathcal{C}_c(f) = \{(x_1, x_2) / \sqrt{x_1 x_2} = c\}$. *Soit* $c > 0$. $\mathcal{C}_c(f)$ *est la courbe d'équation* $x_2 = \dfrac{c^2}{x_1}$ *dans le plan* $x_3 = c$.

© Dunod. Toute reproduction non autorisée est un délit.

B. Limite, continuité

• Définition 19

Soit $\vec{a} = (a_1, a_2) \in \mathbb{R}^2$ et f une fonction réelle de deux variables réelles définie sur un voisinage V de $\vec{a}$ sauf peut-être en $\vec{a}$.

On dit que f a pour limite le nombre réel l quand $\vec{x} = (x_1, x_2)$ tend vers $\vec{a} = (a_1, a_2)$, lorsque :

$$\forall \epsilon > 0, \exists \eta_\epsilon > 0, \text{ tel que } \forall \vec{x} \in V, \ \vec{x} \neq \vec{a} \text{ et } \parallel \vec{x} - \vec{a} \parallel < \eta_\epsilon \Longrightarrow |f(x) - l| < \epsilon$$

• ce qui se note :

$$\lim_{\vec{x} \to \vec{a}, \vec{x} \neq \vec{a}} f(\vec{x}) = l \quad \text{ou plus simplement} \quad \lim_{\vec{x} \to \vec{a}} f(\vec{x}) = l$$

• ce qui s'écrit aussi de façon équivalente :

$$\forall \epsilon > 0, \ \exists \eta_\epsilon > 0, \text{ tel que } \forall \vec{x} \in V, \ \vec{x} \neq \vec{a} \text{ et } \vec{x} \in \overset{\circ}{B}(\vec{a}, \eta_\epsilon) \Longrightarrow f(\vec{x}) \in \left]l - \epsilon, l + \epsilon\right[$$

• ce qui se comprend : $f(\vec{x})$ peut être aussi voisin qu'on le veut de l (dans un intervalle $\left]l - \epsilon, l + \epsilon\right[$) pourvu que $\vec{x}$ soit assez voisin de $\vec{a}$ (dans une boule centrée en $\vec{a}$).

Dans $\mathbb{R}$ on a vu que la limite existe, si et seulement si la limite à gauche existe, la limite à droite existe et les deux sont égales. Dans $\mathbb{R}^2$ on peut s'approcher d'un point du plan le long d'une infinité de chemins.

Les propriétés de la limite d'une fonction de deux variables sont les mêmes que celles de la limite d'une fonction d'une seule variable.

Si de plus f est définie en $\vec{a}$ et le nombre réel l se trouve être exactement $f(\vec{a})$ alors on dira que f est continue en $\vec{a}$, ce qui fait l'objet de ce qui suit.

• Définition 20

Soit $\vec{a} = (a_1, a_2) \in \mathbb{R}^2$ et f une fonction réelle de deux variables réelles définie sur un voisinage V de $\vec{a}$.

On dit que f est continue au point $\vec{a} \in V$, lorsque $\lim_{\vec{x} \to \vec{a}} f(\vec{x}) = f(\vec{a})$.

• Ce qui s'écrit en utilisant la définition de la limite :

$$\forall \epsilon > 0, \ \exists \eta_\epsilon > 0, \text{ tel que } \forall \vec{x} \in V, \ \parallel \vec{x} - \vec{a} \parallel < \eta_\epsilon \Longrightarrow |f(\vec{x}) - f(\vec{a})| < \epsilon$$

• **Définition 21**

On dit que f est continue sur un ouvert D de $\mathbb{R}^2$, lorsque f est continue en tout point de D.

➞ ***Commentaire***

Si f est continue sur un ouvert, alors f est continue sur tout sous-ensemble de cet ouvert.

• **Proposition 3 : opérations sur les fonctions continues**

Soit $\vec{a} \in \mathbb{R}^2$ et f et g deux fonctions réelles de deux variables réelles définies sur un voisinage de $\vec{a}$.

Si f et g sont continues en $\vec{a}$ alors :

a) $f + g$ est continue en $\vec{a}$.

b) $\forall \lambda \in \mathbb{R},\ \lambda \times f$ est continue en $\vec{a}$.

c) $f \times g$ est continue en $\vec{a}$.

d) $1/f$ est continue en $\vec{a}$ (pourvu que f ne s'annule pas en $\vec{a}$).

Si g ne s'annule pas en $\vec{a}$, alors en combinant c) et d) on a f/g est continue en $\vec{a}$.

• **Proposition 4 : composées de fonctions continues**

Soit f une fonction réelle de deux variables réelles, continue en $\vec{a}$ et g une fonction réelle d'une variable réelle continue en $f(\vec{a})$. Alors $g \circ f$ est continue en $\vec{a}$.

▶ **Exemples de fonctions continues**

Pour montrer qu'une fonction est continue en $\vec{a}$, on applique la définition ou les propriétés.

- *Les fonctions projections*

$$pr_1 \ :\ (x_1, x_2) \longmapsto pr_1(x_1, x_2) = x_1$$

et

$$pr_2 \ :\ (x_1, x_2) \longmapsto pr_2(x_1, x_2) = x_2$$

sont des fonctions continues.

Montrons par exemple que pr_1 est continue sur $\mathbb{R}^2$. Soit $\vec{a} \in \mathbb{R}^2$, montrons que pr_1 est continue en $\vec{a}$. Munissons $\mathbb{R}^2$ de la norme euclidienne par exemple (le résultat étant le même pour toute autre norme car les normes sur $\mathbb{R}^2$ sont équivalentes). Il faut donc montrer que

$$\forall \epsilon > 0,\ \ \exists \eta_\epsilon > 0,\ \ \text{tel que}\ \ \forall \vec{x} \in \mathbb{R}^2,\ \ \| \vec{x} - \vec{a} \|_2 < \eta_\epsilon \\ \Longrightarrow |pr_1(\vec{x}) - pr_1(\vec{a})| < \epsilon$$

© Dunod. Toute reproduction non autorisée est un délit.

Or

$$\begin{aligned}|pr_1(\vec{x}) - pr_1(\vec{a})| &= |x_1 - a_1| \\ &\leqslant \sqrt{(x_1 - a_1)^2 + (x_2 - a_2)^2} = \| \vec{x} - \vec{a} \|_2 .\end{aligned}$$

Il suffit alors de choisir $\eta_\epsilon = \epsilon$. *Ainsi* $\| \vec{x} - \vec{a} \|_2 < \eta_\epsilon \Longrightarrow |pr_1(\vec{x}) - pr_1(\vec{a})| < \epsilon$.

- *Soit* $\vec{a} = (a_1, a_2) \in \mathbb{R}^2$, *et* f *une fonction réelle de deux variables réelles définie sur un voisinage* V *de* $\vec{a}$. *Si* f *est continue en* $\vec{a}$ *alors les fonctions d'une seule variable suivantes :*

$$x_1 \longmapsto f(x_1, a_2) \text{ et } x_2 \longmapsto f(a_1, x_2)$$

sont continues en a_1, *respectivement* a_2.
La réciproque est fausse.

- *La fonction*

$$\| . \| \quad : \quad \vec{x} \rightarrow \| \vec{x} \|$$

est une fonction continue.
Soit $\vec{a} \in \mathbb{R}^2$, *montrons que* $\| . \|$ *est continue en* $\vec{a}$. *Il faut donc montrer que*

$$\forall \epsilon > 0, \ \exists \eta_\epsilon > 0, \ \text{tel que } \forall \vec{x} \in \mathbb{R}^2, \ \| \vec{x} - \vec{a} \| < \eta_\epsilon \Longrightarrow | \, \| \vec{x} \| - \| \vec{a} \| \, | < \epsilon$$

Or les propriétés de la norme induisent l'inégalité suivante :

$$| \, \| \vec{x} \| - \| \vec{a} \| \, | \leqslant \| \vec{x} - \vec{a} \|$$

Il suffit alors de choisir $\eta_\epsilon = \epsilon$.

- $f(x_1, x_2) = x_1^2 + 5x_1x_2 + x_2^2$. f *est continue en tout point de* $\mathbb{R}^2$ *comme somme de produits de fonctions continues qui sont les fonctions projections.*

- *D'une façon générale toute fonction polynôme est continue sur* $\mathbb{R}^2$ *car somme de produits de fonctions continues qui sont les fonctions projections et les fonctions constantes. De même toute fonction quotient de polynômes est continue en tout point qui n'annule pas le dénominateur.*

- $$f(x_1, x_2) = \begin{cases} \dfrac{x_1x_2}{x_1^2 + x_2^2} & si \ (x_1, x_2) \neq (0,0) \\ 0 & si \ (x_1, x_2) = (0,0) \end{cases}$$

f *est continue en tout point* $(x_1, x_2) \neq (0,0)$ *mais n'est pas continue en* $(0,0)$ *et ne peut pas être prolongée en* $(0,0)$ *en une fonction continue, quelle que soit la valeur choisie pour* $f(0,0)$*. En effet, la limite de la fonction* f *au point* $\vec{0} = (0,0)$ *n'existe pas. Soit* Δ_λ *la droite d'équation* $x_2 = \lambda x_1$, $\lambda \neq 0$*. Montrons que la limite de la fonction* f *au point* $\vec{0} = (0,0)$ *dépend du chemin choisi par* $\vec{x} = (x_1, x_2)$*.*

$$\lim_{\substack{\vec{x} \to \vec{0} \\ \vec{x} = (x_1, \lambda x_1)}} f(\vec{x}) = \frac{\lambda x_1^2}{(1+\lambda^2)x_1^2} = \frac{\lambda}{1+\lambda^2},$$

d'où

$$\lim_{\substack{\vec{x} \to \vec{0} \\ \vec{x} \in \Delta_1}} f(\vec{x}) = 1/2 \quad \text{et} \quad \lim_{\substack{\vec{x} \to \vec{0} \\ \vec{x} \in \Delta_3}} f(\vec{x}) = 3/10.$$

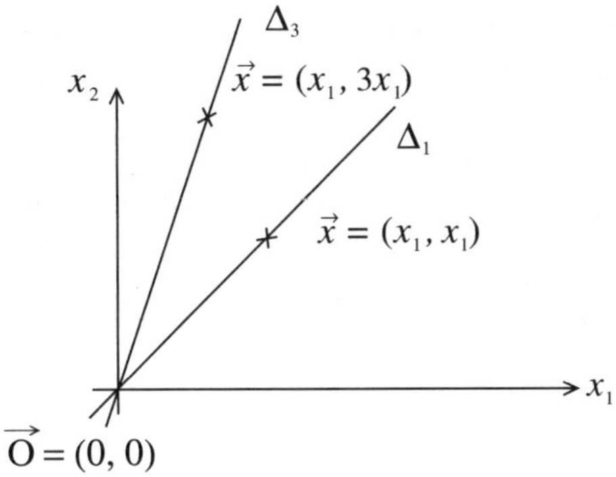

N.B. On a cette situation avec des fonctions réelles d'une variable réelle quand la limite à gauche et la limite à droite sont différentes. Ainsi $\lim_{x \to 0^+} \frac{|x|}{x} = 1$ *et* $\lim_{x \to 0^-} \frac{|x|}{x} = -1$*.*

Toutes ces définitions se généralisent sans difficulté à $\mathbb{R}^n$.

C. Dérivées partielles, élasticités partielles

Soit $\vec{a} = (a_1, a_2) \in \mathbb{R}^2$ et f une fonction réelle de deux variables réelles définie sur un voisinage V de $\vec{a}$.

On fixe $x_2 = a_2$, et on considère la fonction ϕ définie par : $x_1 \longmapsto \phi(x_1) = f(x_1, a_2)$, c'est une fonction d'une seule variable, on sait donc exprimer son nombre dérivé au point $a_1 \in \mathbb{R}$ s'il existe :

$$\phi'(a_1) = \lim_{x_1 \to a_1} \frac{\phi(x_1) - \phi(a_1)}{x_1 - a_1} = \lim_{x_1 \to a_1} \frac{f(x_1, a_2) - f(a_1, a_2)}{x_1 - a_1}$$

© Dunod. Toute reproduction non autorisée est un délit.

• Définition 22

On appelle *dérivée partielle* de f par rapport à x_1 en $\vec{a} = (a_1, a_2)$, la limite suivante lorsqu'elle existe :

$$\lim_{x_1 \to a_1} \frac{f(x_1, a_2) - f(a_1, a_2)}{x_1 - a_1}$$

On utilise aussi l'écriture équivalente :

$$\lim_{h_1 \to 0} \frac{f(a_1 + h_1, a_2) - f(a_1, a_2)}{h_1}$$

Cette limite est alors notée : $f'_{x_1}(\vec{a})$ ou $\dfrac{\partial f}{\partial x_1}(\vec{a})$.

On dit aussi « dérivée partielle de f par rapport à la première variable ».

On reprend le procédé ci-dessus en permutant le rôle des deux variables : on fixe la première variable $x_1 = a_1$ et on considère la fonction Ψ définie par : $x_2 \longmapsto \Psi(x_2) = f(a_1, x_2)$, c'est une fonction d'une seule variable, on sait donc exprimer son nombre dérivé au point $a_2 \in \mathbb{R}$ s'il existe :

$$\Psi'(a_2) = \lim_{x_2 \to a_2} \frac{\Psi(x_2) - \Psi(a_2)}{x_2 - a_2} = \lim_{x_2 \to a_2} \frac{f(a_1, x_2) - f(a_1, a_2)}{x_2 - a_2}$$

• Définition 23

On appelle *dérivée partielle* de f par rapport à x_2 en (a_1, a_2), la limite suivante lorsqu'elle existe :

$$\lim_{x_2 \to a_2} \frac{f(a_1, x_2) - f(a_1, a_2)}{x_2 - a_2}$$

Cette limite est alors notée : $f'_{x_2}(\vec{a})$ ou $\frac{\partial f}{\partial x_2}(\vec{a})$.

On dit aussi « dérivée partielle de f par rapport à la deuxième variable ».

• Définition 24

On dit que la fonction est *dérivable* en $\vec{a} = (a_1, a_2)$ lorsque les dérivées partielles de f par rapport à x_1, et x_2, en $\vec{a}$, existent.

• Définition 25 : Gradient de f

Soit f dérivable en $\vec{a} = (a_1, a_2)$. Le *gradient* de f en $\vec{a}$ est :

$$\operatorname{grad} f(\vec{a}) = \left(f'_{x_1}(\vec{a}), f'_{x_2}(\vec{a})\right) \in \mathbb{R}^2$$

• Définition 26

Soit f définie sur un ouvert D de $\mathbb{R}^2$. On dit que la fonction f est *dérivable sur D* lorsque f est dérivable en tout point de D.

• Définition 27

Lorsque f est dérivable sur D, on définit deux nouvelles fonctions de D dans $\mathbb{R}$:

– l'une f'_{x_1} : $\vec{x} = (x_1, x_2) \longmapsto f'_{x_1}(\vec{x})$ appelée fonction dérivée partielle de f par rapport à la première variable ;

– l'autre f'_{x_2} : $\vec{x} = (x_1, x_2) \longmapsto f'_{x_2}(\vec{x})$ appelée fonction dérivée partielle de f par rapport à la deuxième variable.

▶ Exemples

- *Dans une économie à deux biens* 1 *et* 2*, soit U la fonction d'utilité d'un consommateur et* x_1*,* x_2 *les quantités des deux biens. L'utilité marginale du bien* 1 *(respectivement* 2*) en un point est la dérivée partielle de U par rapport à* x_1 *(respectivement par rapport à* x_2*) en ce point. L'économiste l'assimile à la variation de l'utilité quand la consommation du bien augmente d'une unité (petite en valeur relative). Elle dépend des deux biens. Lorsqu'elle est positive cela signifie que l'accroissement de la quantité consommée de ce bien augmente le niveau de satisfaction du consommateur et lorsqu'elle est négative cela signifie que ce bien est une nuisance.*

  Soit $U(x_1, x_2) = x_1^2 x_2$ *Calculons l'utilité marginale du bien* 1 *en* $(1,\ 1)$ *:*

  $$U'_{x_1}(x_1, x_2) = 2x_1x_2, \ \textit{d'où} \ U'_{x_1}(1, 1) = 2$$

  Calculons celle du bien 2 *en* $(1, 1)$ *:*

  $$U'_{x_2}(x_1, x_2) = x_1^2, \ \textit{d'où} \ U'_{x_2}(1, 1) = 1$$

- *Soit f une fonction de production ; la productivité marginale du facteur* 1 *(respectivement* 2*) en un point est la dérivée partielle de f par rapport à* x_1 *(respectivement par rapport à* x_2*) en ce point.*

  Soit la fonction de production $q = f(x_1, x_2) = x_1^a x_2^b$ *avec* $0 < a < 1$ *et* $0 < b < 1$*. q est dérivable sur* $\mathbb{R}_+^* \times \mathbb{R}_+^*$*. La productivité marginale du facteur* 1 *est :* $f'_{x_1}(x_1, x_2) = ax_1^{a-1}x_2^b$*. Elle est décroissante par rapport aux quantités utilisées de ce facteur et croissante par rapport aux quantités utilisées du facteur* 2*. La productivité marginale du facteur* 2 *est :* $f'_{x_2}(x_1, x_2) = bx_1^a x_2^{b-1}$*.*

© Dunod. Toute reproduction non autorisée est un délit.

• Proposition 5 : opérations sur les fonctions dérivables

Si f et g sont dérivables en $\vec{a}$, alors :

a) $f + g$ est dérivable en $\vec{a}$ et

$$\forall i = 1,2 \quad (f+g)'_{x_i}(\vec{a}) = f'_{x_i}(\vec{a}) + g'_{x_i}(\vec{a})$$

b) $\forall \lambda \in \mathbb{R}$, λf est dérivable en $\vec{a}$ et

$$\forall i = 1,2 \quad (\lambda f)'_{x_i}(\vec{a}) = \lambda f'_{x_i}(\vec{a})$$

c) $f \times g$ est dérivable en $\vec{a}$ et

$$\forall i = 1,2 \quad (f \times g)'_{x_i}(\vec{a}) = f'_{x_i}(\vec{a}) \times g(\vec{a}) + f(\vec{a}) \times g'_{x_i}(\vec{a})$$

d) $\dfrac{1}{f}$ est dérivable en $\vec{a}$ et

$$\forall i = 1,2 \quad \left(\frac{1}{f}\right)'_{x_i}(\vec{a}) = -\frac{f'_{x_i}(\vec{a})}{[f(\vec{a})]^2}$$

pourvu que $f(\vec{a}) \neq 0$.

→ ***Commentaires***

Si $g(\vec{a}) \neq 0$ alors en combinant c) et d), on obtient que $\dfrac{f}{g}$ est dérivable en $\vec{a}$ et :

$$\forall i = 1,2 \quad \left(\frac{f}{g}\right)'_{x_i}(\vec{a}) = \frac{f'_{x_i}(\vec{a}) \times g(\vec{a}) - f(\vec{a}) \times g'_{x_i}(\vec{a})}{[g(\vec{a})]^2}$$

• Définition 28 : Élasticité partielle

Soit $\vec{a} = (a_1, a_2) \neq (0,0)$.

Soit f une fonction non nulle en $\vec{a}$ et dérivable en $\vec{a}$. L'*élasticité partielle de f par rapport à x_1 en $\vec{a}$* est l'élasticité de la fonction : $x_1 \longmapsto f(x_1, a_2)$, elle est notée $E(f/x_1)_{\vec{x}=\vec{a}}$:

$$E(f/x_1)_{\vec{x}=\vec{a}} = \frac{a_1 f'_{x_1}(\vec{a})}{f(\vec{a})}$$

De même *l'élasticité partielle de f par rapport à x_2, en $\vec{a}$* est l'élasticité de la fonction : $x_2 \longmapsto f(a_1, x_2)$, elle est notée $E(f/x_2)_{\vec{x}=\vec{a}}$:

$$E(f/x_2)_{\vec{x}=\vec{a}} = \frac{a_2 f'_{x_2}(\vec{a})}{f(\vec{a})}$$

Généralisation à $\mathbb{R}^n$

Toutes ces définitions se généralisent sans difficulté à $\mathbb{R}^n$.

Donnons uniquement certaines d'entre elles.

Soit $\vec{a} = (a_1, ..., a_n) \in \mathbb{R}^n$ et f une fonction réelle de n variables réelles définie sur un voisinage V de $\vec{a}$.

• Définition 29

Pour tout $i = 1, ..., n$, on appelle *dérivée partielle* de f par rapport à x_i en $\vec{a} = (a_1, ..., a_n)$, la limite suivante lorsqu'elle existe :

$$\lim_{x_i \to a_i} \frac{f(a_1, ..., a_{i-1}, x_i, a_{i+1}, ..., a_n) - f(a_1, ..., a_i, ..., a_n)}{x_i - a_i}$$

Cette limite est alors notée : $f'_{x_i}(\vec{a})$ ou $\dfrac{\partial f}{\partial x_i}(\vec{a})$

• Définition 30 : Gradient de f

Soit f dérivable en $\vec{a} = (a_1, ..., a_n)$. Le *gradient* de f en $\vec{a}$ est :

$$\text{grad} f(\vec{a}) = \left(f'_{x_1}(\vec{a}), ..., f'_{x_i}(\vec{a}), ..., f'_{x_n}(\vec{a})\right) \in \mathbb{R}^n$$

D. Différentielle

• Définition 31

On dit que la fonction f est *différentiable* en $\vec{a} = (a_1, a_2) \in \mathbb{R}^2$ lorsqu'il existe des nombres réels β_1, β_2 et une fonction ϵ tels que pour tout $\vec{h} = (h_1, h_2)$ avec $\vec{a} + \vec{h}$ au voisinage de $\vec{a}$:

$$f(\vec{a} + \vec{h}) = f(\vec{a}) + \beta_1 h_1 + \beta_2 h_2 + \parallel \vec{h} \parallel \epsilon(\vec{h})$$

avec $\lim_{\vec{h} \to \vec{0}} \epsilon(\vec{h}) = 0$.

▶ Exemples

- *La fonction* $f : \mathbb{R}^2 \to \mathbb{R}$
  $\vec{x} = (x_1, x_2) \mapsto f(x_1, x_2) = x_1^2 + x_2^2$

  est différentiable en tout point $\vec{a}$ de $\mathbb{R}^2$. En effet soit $\vec{h}$ tel que $\vec{a} + \vec{h}$ soit au voisinage de $\vec{a}$. $f(\vec{a} + \vec{h}) = f(a_1 + h_1, a_2 + h_2) = (a_1 + h_1)^2 + (a_2 + h_2)^2 = a_1^2 + a_2^2 + 2a_1 h_1 + 2a_2 h_2 + h_1^2 + h_2^2 = a_1^2 + a_2^2 + 2a_1 h_1 + 2a_2 h_2 + \sqrt{h_1^2 + h_2^2}\sqrt{h_1^2 + h_2^2}$. Donc il existe des nombres réels $\beta_1 =$

© Dunod. Toute reproduction non autorisée est un délit.

$2a_1, \beta_2 = 2a_2$ *et une fonction* ϵ *telle que* $\epsilon(\vec{h}) = \sqrt{h_1^2 + h_2^2}$ *vérifiant* $f(\vec{a} + \vec{h}) = f(\vec{a}) + \beta_1 h_1 + \beta_2 h_2 + ||\vec{h}||\epsilon(\vec{h})$ *avec* $\lim\limits_{\vec{h}\to\vec{0}} \epsilon(\vec{h}) = 0$.

- *Les fonctions projections* pr_1 *et* pr_2 *sont différentiables en tout point* $\vec{a}$ *de* $\mathbb{R}^2$. *En effet soit* $\vec{h}$ *tel que* $\vec{a} + \vec{h}$ *soit au voisinage de* $\vec{a}$.
  $pr_1(\vec{a}+\vec{h}) = pr_1(a_1+h_1, a_2+h_2) = a_1+h_1$. *Donc il existe des nombres réels* $\beta_1 = 1, \beta_2 = 0$ *et une fonction* ϵ *telle que* $\epsilon(\vec{h}) = 0$ *vérifiant* $pr_1(\vec{a} + \vec{h}) = pr_1(\vec{a}) + \beta_1 h_1 + \beta_2 h_2 + ||\vec{h}||\epsilon(\vec{h})$ *avec* $\epsilon(\vec{h}) = 0$.
  Démonstration analogue pour pr_2.

• Théorème 1

Si f est différentiable en $\vec{a} = (a_1, a_2) \in \mathbb{R}^2$, alors f est continue en $\vec{a}$, dérivable en $\vec{a}$ (les dérivées partielles f'_{x_1}, f'_{x_2} existent en $\vec{a}$) et $\beta_1 = f'_{x_1}(\vec{a}), \beta_2 = f'_{x_2}(\vec{a})$.

Démonstration : f est différentiable en $\vec{a} = (a_1, a_2)$ donc pour tout $\vec{h} = (h_1, h_2)$ avec $\vec{a} + \vec{h}$ au voisinage de $\vec{a}$ on a :

$$f(\vec{a} + \vec{h}) = f(\vec{a}) + \beta_1 h_1 + \beta_2 h_2 + \parallel \vec{h} \parallel \epsilon(\vec{h})$$

avec $\lim_{\vec{h}\to\vec{0}} \epsilon(\vec{h}) = 0$.

En passant à la limite quand $\vec{h}$ tend vers $\vec{0} = (0, 0)$ on obtient $\lim_{\vec{h}\to\vec{0}} f(\vec{a} + \vec{h}) = f(\vec{a})$ ce qui signifie que f est continue en $\vec{a}$. Choisissons à présent $\vec{h} = (h_1, 0)$ on a alors :

$$f(\vec{a} + \vec{h}) = f(\vec{a}) + \beta_1 h_1 + |h_1|\epsilon(h_1, 0)$$

avec $\lim_{h_1\to 0} \epsilon(h_1, 0) = 0$.

Divisons le tout par h_1 cela donne :

$$\frac{f(a_1 + h_1, a_2) - f(a_1, a_2)}{h_1} = \beta_1 + \frac{|h_1|}{h_1}\epsilon(h_1, 0)$$

avec $\lim_{h_1\to 0} \epsilon(h_1, 0) = 0$.

En passant à la limite quand h_1 tend vers 0 on obtient :

$$\lim_{h_1\to 0} \frac{f(a_1 + h_1, a_2) - f(a_1, a_2)}{h_1} = \beta_1$$

c'est-à-dire $\beta_1 = f'_{x_1}(\vec{a})$. On montre de même que $\beta_2 = f'_{x_2}(\vec{a})$.

On a donc si f est différentiable en $\vec{a} = (a_1, a_2) \in \mathbb{R}^2$, pour tout $\vec{h}$ avec $\vec{a} + \vec{h}$ au voisinage de $\vec{a}$:

$$f(\vec{a} + \vec{h}) = f(\vec{a}) + f'_{x_1}(\vec{a})h_1 + f'_{x_2}(\vec{a})h_2 + \parallel \vec{h} \parallel \epsilon(\vec{h})$$

avec $\lim_{\vec{h}\to\vec{0}} \epsilon(\vec{h}) = 0$.

Mais l'existence des dérivées partielles ne suffit pas à affirmer qu'une fonction est différentiable.

▶ Exemple

$$f(x_1, x_2) = \begin{cases} \dfrac{x_1 x_2}{x_1^2 + x_2^2} & \text{si } (x_1, x_2) \neq (0,0) \\ 0 & \text{si } (x_1, x_2) = (0,0) \end{cases}$$

f est dérivable en (0, 0) c'est-à-dire que ses dérivées partielles en (0, 0) existent. En effet :

$$\lim_{x_1 \to 0} \frac{f(x_1, 0) - f(0,0)}{x_1 - 0} = \lim_{x_1 \to 0} \frac{0 - 0}{x_1} = 0$$

donc $f'_{x_1}(0,0) = 0$.

De même on a $f'_{x_2}(0,0) = 0$. Mais f n'est pas continue en (0, 0) (exemple vu auparavant) donc f n'est pas différentiable en (0, 0).

Une condition suffisante de différentiabilité est donnée dans le théorème suivant.

• Théorème 2

Si les dérivées partielles de f, f'_{x_1} et f'_{x_2} existent au voisinage de $\vec{a}$ et sont continues en $\vec{a}$ alors f est différentiable en $\vec{a}$.

• Définition 32

On dit que f est de classe C^1 en $\vec{a}$ lorsque les dérivées partielles de f, f'_{x_1} et f'_{x_2} existent au voisinage de $\vec{a}$ et sont continues en $\vec{a}$.

(Le théorème 2 se lit alors : si f est de classe C^1 en $\vec{a}$, alors f est différentiable en $\vec{a}$.)

▶ Exemple

$$\begin{aligned} f \quad : \quad & \mathbb{R}^2 \longrightarrow \mathbb{R} \\ \vec{x} = (x_1, x_2) & \longmapsto f(x_1, x_2) = x_1^2 + x_2^2 \end{aligned}$$

est différentiable en tout point de $\mathbb{R}^2$ car ses dérivées partielles $f'_{x_1}(\vec{x}) = 2x_1$ et $f'_{x_2}(\vec{x}) = 2x_2$ existent et sont continues en tout point de $\mathbb{R}^2$.

© Dunod. Toute reproduction non autorisée est un délit.

• Définition 33

La *différentielle de f en $\vec{a}$* est l'*application linéaire* ϕ de $\mathbb{R}^2$ dans $\mathbb{R}$, qui à $\vec{h} = (h_1, h_2)$ associe $\phi(\vec{h}) = f'_{x_1}(\vec{a})h_1 + f'_{x_2}(\vec{a})h_2$.

C'est donc une fonction qui dépend du point $\vec{a}$.

Pour marquer cette dépendance on utilise la notation $df(\vec{a})$ pour la différentielle de f en $\vec{a}$ au lieu de ϕ. On a donc :

$$\begin{aligned} df(\vec{a}) \quad : \quad & \mathbb{R}^2 \longrightarrow \mathbb{R} \\ & \vec{h} \longmapsto df(\vec{a})(\vec{h}) = f'_{x_1}(\vec{a})h_1 + f'_{x_2}(\vec{a})h_2 = \text{grad}f(\vec{a}).\vec{h} \end{aligned}$$

On rappelle que $\text{grad}f(\vec{a}).\vec{h}$ est le produit scalaire de

$$\text{grad}f(\vec{a}) = \left(f'_{x_1}(\vec{a}),\ f'_{x_2}(\vec{a})\right) \quad \text{et de} \quad \vec{h} = (h_1, h_2)$$

En posant $\vec{\Delta a} = \vec{h}$ c'est-à-dire $(\Delta a_1, \Delta a_2) = (h_1, h_2)$, on a l'écriture équivalente souvent utilisée en économie :

$$df(\vec{a})\vec{\Delta a} = f'_{x_1}(\vec{a})\Delta a_1 + f'_{x_2}(\vec{a})\Delta a_2 = \text{grad}f(\vec{a}).\vec{\Delta a}$$

La différentielle de f en $\vec{a}$ permet d'obtenir des approximations de $f(\vec{a} + \vec{h}) - f(\vec{a})$, pour $\vec{h}$ petit. La fonction f étant généralement non-linéaire, approximer $f(\vec{a} + \vec{h})$ par $f(\vec{a}) + f'_{x_1}(\vec{a})h_1 + f'_{x_2}(\vec{a})h_2$, pour $\vec{h}$ petit, est un procédé de linéarisation locale (autour de $\vec{a}$) de f.

► Exemple

Dans une économie à deux biens 1 et 2, soit U la fonction d'utilité d'un consommateur.

Si $U(x_1, x_2) = 4 + 2x_1x_2$, U est différentiable. L'utilité marginale du bien 1 en $(1, 1)$ est : $U'_{x_1}(1, 1) = 2$ et celle du bien 2 en $(1, 1)$ est $U'_{x_2}(1, 1) = 2$.

Lorsque x_1 varie de 1 à 1,1 et x_2 de 1 à 0,8 l'utilité varie de $U(1,1; 0,8) - U(1, 1) = -0,24$.

En utilisant la différentielle on peut calculer une valeur approchée de cette variation :

$$dU(1, 1)(0, 1;\ -0, 2) = U'_{x_1}(1, 1)0, 1 + U'_{x_2}(1, 1)(-0, 2) = -0, 2$$

La différentielle fournit donc une bonne approximation de la variation de l'utilité pour de petites variations des variables.

• **Proposition 6 : opérations sur les fonctions différentiables**

Soit f et g deux fonctions différentiables (respectivement de classe C^1) en $\vec{a}$ alors :

a) $f + g$ est différentiable (resp. de classe C^1) en $\vec{a}$ et :

$$d(f+g)(\vec{a}) = df(\vec{a}) + dg(\vec{a})$$

b) $f \times g$ est différentiable (resp. de classe C^1) en $\vec{a}$ et :

$$d(f \times g)(\vec{a}) = df(\vec{a}) \times g(\vec{a}) + f(\vec{a}) \times dg(\vec{a})$$

c) $\dfrac{f}{g}$ est différentiable (resp. de classe C^1) en $\vec{a}$ et :

$$d\left(\frac{f}{g}\right)(\vec{a}) = \frac{df(\vec{a}) \times g(\vec{a}) - f(\vec{a}) \times dg(\vec{a})}{[g(\vec{a})]^2}$$

pourvu que $g(\vec{a}) \neq 0$

Point méthode

Pour montrer qu'une fonction f est différentiable en $\vec{a}$ on peut appliquer la définition 31 ou utiliser les opérations sur les fonctions différentiables. On peut essayer de voir si f est de classe C^1 en $\vec{a}$ et dans ce cas utiliser la condition suffisante : f de classe C^1 en $\vec{a} \Longrightarrow f$ différentiable en $\vec{a}$.

• **Définition 34**

Soit f définie sur un ouvert D. f est différentiable sur D lorsque f est différentiable en tout point de D.

f est de classe C^1 sur D lorsque f est de classe C^1 en tout point de D.

→ ***Commentaires***

La différentiabilité des fonctions projections et la proposition 6 impliquent que les fonctions polynômes, les fonctions quotients de polynômes (pourvu que le dénominateur ne s'annule pas) sont différentiables. Il est clair qu'elles sont même de classe C^1.

Généralisation à $\mathbb{R}^n$

Toutes ces définitions se généralisent sans difficulté à $\mathbb{R}^n$.

Donnons uniquement certaines d'entre elles.

Soit $\vec{a} = (a_1, ..., a_n) \in \mathbb{R}^n$ et f une fonction réelle de n variables réelles définie sur un voisinage V de $\vec{a}$.

© Dunod. Toute reproduction non autorisée est un délit.

• Définition 35

On dit que la fonction f est *différentiable* en $\vec{a} = (a_1, ..., a_n) \in \mathbb{R}^n$ lorsqu'il existe des nombres réels $\beta_1, ..., \beta_n$ et une fonction ϵ tels que pour tout $\vec{h} = (h_1, ..., h_n)$ avec $\vec{a} + \vec{h}$ au voisinage de $\vec{a}$:

$$f(\vec{a} + \vec{h}) = f(\vec{a}) + \beta_1 h_1 + ... + \beta_n h_n + \parallel \vec{h} \parallel \epsilon(\vec{h})$$

avec $\lim_{\vec{h} \to \vec{0}} \epsilon(\vec{h}) = 0$.

• Définition 36

La différentielle de f en $\vec{a}$ est l'application linéaire $df(\vec{a})$ de $\mathbb{R}^n$ dans $\mathbb{R}$ telle que :

$$\begin{aligned} df(\vec{a}) \quad : \quad & \mathbb{R}^n \longrightarrow \mathbb{R} \\ & \vec{h} \longmapsto df(\vec{a})(\vec{h}) = \sum_{i=1}^{n} f'_{x_i}(\vec{a})h_i = \text{grad} f(\vec{a}).\vec{h} \end{aligned}$$

E. Dérivées partielles secondes

• Définition 37

La *dérivée partielle seconde* de f par rapport à x_1, x_2 en $\vec{a} = (a_1, a_2)$, lorsqu'elle existe est la dérivée partielle de f'_{x_1} par rapport à x_2 en $\vec{a}$.

On la note $\dfrac{\partial^2 f}{\partial x_2 \partial x_1}(\vec{a})$ ou $f''_{x_1 x_2}(\vec{a})$.

On définit de même les dérivées partielles secondes de f par rapport à x_1, x_1, que l'on note $\dfrac{\partial^2 f}{\partial x_1^2}(\vec{a})$ ou $f''_{x_1 x_1}(\vec{a})$ ainsi que celles par rapport à x_2, x_1 et à x_2, x_2, en $\vec{a}$.

• Définition 38

La matrice *hessienne* de f en $\vec{a} = (a_1, a_2)$ est la matrice carrée d'ordre 2 suivante :

$$\text{Hess}(f, \vec{a}) = f''(\vec{a}) = \begin{bmatrix} f''_{x_1 x_1}(\vec{a}) & f''_{x_1 x_2}(\vec{a}) \\ f''_{x_2 x_1}(\vec{a}) & f''_{x_2 x_2}(\vec{a}) \end{bmatrix}$$

• Théorème 3 : théorème de Schwarz

Si $f''_{x_1 x_2}$ et $f''_{x_2 x_1}$ sont continues en $\vec{a} = (a_1, a_2)$, alors $f''_{x_1 x_2}(\vec{a}) = f''_{x_2 x_1}(\vec{a})$.

Donc si les dérivées partielles secondes $f''_{x_1 x_2}$ et $f''_{x_2 x_1}$ sont continues en $\vec{a}$ la matrice hessienne de f en $\vec{a}$ est symétrique.

• **Définition 39**

On dit que f est de classe C^2 en $\vec{a}$ lorsque les dérivées partielles secondes de f existent au voisinage de $\vec{a}$ et sont continues en $\vec{a}$.

Donc, lorsque f est de classe C^2 en $\vec{a}$ la matrice hessienne de f en $\vec{a}$ est symétrique.

→ ***Commentaires***

Il est clair que la somme, le produit, le quotient (lorsque le dénominateur ne s'annule pas) de fonctions de classe C^2 en $\vec{a}$ sont des fonctions de classe C^2 en $\vec{a}$.

On définit de façon analogue pour $p \in \mathbb{N}$, les fonctions de classe C^p en $\vec{a}$: ce sont les fonctions dont les dérivées partielles d'ordre p existent au voisinage de $\vec{a}$ et sont continues en $\vec{a}$. Une fonction qui est de classe C^p en $\vec{a}$ pour tout $p \in \mathbb{N}$, est dite de classe C^∞ en $\vec{a}$. C'est le cas des fonctions polynômes par exemple.

Généralisation à $\mathbb{R}^n$

Toutes ces définitions se généralisent sans difficulté à $\mathbb{R}^n$.

• **Définition 40**

La *dérivée partielle seconde* de f par rapport à x_i, x_j en $\vec{a} = (a_1, ..., a_n)$, lorsqu'elle existe est la dérivée partielle de f'_{x_i} par rapport à x_j en $\vec{a}$.

On la note $\dfrac{\partial^2 f}{\partial x_j \partial x_i}(\vec{a})$ ou $f''_{x_i x_j}(\vec{a})$.

• **Définition 41**

La matrice hessienne de f en $\vec{a} = (a_1, ..., a_n)$ est la matrice carrée d'ordre n suivante :

$$\text{Hess}(f, \vec{a}) = \begin{bmatrix} f''_{x_1x_1}(\vec{a}) & f''_{x_1x_2}(\vec{a}) & \dots & f''_{x_1x_n}(\vec{a}) \\ f''_{x_2x_1}(\vec{a}) & f''_{x_2x_2}(\vec{a}) & \dots & f''_{x_2x_n}(\vec{a}) \\ \dots & \dots & \dots & \dots \\ f''_{x_nx_1}(\vec{a}) & f''_{x_nx_2}(\vec{a}) & \dots & f''_{x_nx_n}(\vec{a}) \end{bmatrix}$$

Elle est symétrique lorsque f est de classe C^2 en $\vec{a}$ (théorème de Schwarz).

© Dunod. Toute reproduction non autorisée est un délit.

III. Théorème des accroissements finis et applications

A. Théorème des accroissements finis

• **Théorème 4 : théorème des accroissements finis**

Soit f continue et dérivable sur une boule ouverte B de $\mathbb{R}^2$.

Soit $(a_1, a_2), (b_1, b_2), (a_1, b_2) \in B$, alors il existe c_1 strictement compris entre a_1 et b_1 et il existe c_2 strictement compris entre a_2 et b_2 tels que :

$$f(b_1, b_2) - f(a_1, a_2) = (b_1 - a_1)f'_{x_1}(c_1, b_2) + (b_2 - a_2)f'_{x_2}(a_1, c_2)$$

Démonstration : écrivons :

$$f(b_1, b_2) - f(a_1, a_2) = f(b_1, b_2) - f(a_1, b_2) + f(a_1, b_2) - f(a_1, a_2)$$

Supposons pour simplifier que $a_1 < b_1$ et $a_2 < b_2$.

La seconde variable étant fixée on considère la fonction :

$$\begin{aligned} \phi \quad : \quad [a_1, b_1] \subset \mathbb{R} &\longrightarrow \mathbb{R} \\ x_1 &\longmapsto f(x_1, b_2) = \phi(x_1) \end{aligned}$$

ϕ est continue sur $[a_1, b_1]$, dérivable sur $\left]a_1, b_1\right[$, donc satisfait bien les hypothèses du théorème des accroissements finis (chapitre 5, théorème 2) pour une fonction d'une variable. On applique alors ce théorème ce qui donne l'existence de $c_1 \in \left]a_1, b_1\right[$ tel que $\phi(b_1) - \phi(a_1) = (b_1 - a_1)\phi'(c_1)$ et en traduisant : $f(b_1, b_2) - f(a_1, b_2) = (b_1 - a_1)f'_{x_1}(c_1, b_2)$.

De même le TAF appliqué à :

$$\begin{aligned} \Psi \quad : \quad [a_2, b_2] \subset \mathbb{R} &\longrightarrow \mathbb{R} \\ x_2 &\longmapsto f(a_1, x_2) = \Psi(x_2) \end{aligned}$$

donne l'existence de $c_2 \in \left]a_2, b_2\right[$ tel que :

$$f(a_1, b_2) - f(a_1, a_2) = (b_2 - a_2)f'_{x_2}(a_1, c_2)$$

En utilisant les deux résultats et :

$$f(b_1, b_2) - f(a_1, a_2) = f(b_1, b_2) - f(a_1, b_2) + f(a_1, b_2) - f(a_1, a_2)$$

on obtient bien

$$f(b_1, b_2) - f(a_1, a_2) = (b_1 - a_1)f'_{x_1}(c_1, b_2) + (b_2 - a_2)f'_{x_2}(a_1, c_2)$$

Ce théorème se généralise à $\mathbb{R}^n$.

B. Dérivées de fonctions composées (dérivation en chaîne)

• **Proposition 7**

Soit f une fonction réelle de 2 variables réelles dérivable sur un ouvert D de $\mathbb{R}^2$ (dont les dérivées partielles existent sur D) et g une fonction d'une variable dérivable sur $f(D)$.

Alors $g \circ f$ est dérivable et :

$$(g \circ f)'_{x_1}(x_1, x_2) = g'\left(f(x_1, x_2)\right) f'_{x_1}(x_1, x_2)$$
$$(g \circ f)'_{x_2}(x_1, x_2) = g'\left(f(x_1, x_2)\right) f'_{x_2}(x_1, x_2)$$

Démonstration :

Pour démontrer ce résultat il suffit de fixer d'abord la deuxième variable et de considérer la fonction d'une seule variable $\Phi(x_1) = f(x_1, x_2)$ et de calculer $(g \circ \Phi)'(x_1)$ en utilisant la formule de la dérivée d'une fonction composée $(g \circ \Phi)'(x_1) = g'\left(\Phi(x_1)\right) \Phi'(x_1) = g'\left(f(x_1, x_2)\right) f'_{x_1}(x_1, x_2)$.

On fait de même pour la dérivée partielle par rapport à x_2.

▶ **Exemple**

$f(x_1, x_2) = x_1^2 + x_2^2$. Soit g une fonction d'une variable dérivable sur $\mathbb{R}_+$ alors $(g \circ f)'_{x_1}(x_1, x_2) = g'(x_1^2 + x_2^2)2x_1$ et $(g \circ f)'_{x_2}(x_1, x_2) = g'(x_1^2 + x_2^2)2x_2$.

Si $g(z) = \sqrt{z}$ alors g est dérivable sur $\mathbb{R}_+^*$ et $g'(z) = \dfrac{1}{2\sqrt{z}}$.

$(g \circ f)(x_1, x_2) = \sqrt{x_1^2 + x_2^2}$. Pour tout $(x_1, x_2) \neq (0, 0)$ on a :

$$(g \circ f)'_{x_1}(x_1, x_2) = g'(x_1^2 + x_2^2)2x_1 = \frac{1}{2\sqrt{x_1^2 + x_2^2}}2x_1 = \frac{x_1}{\sqrt{x_1^2 + x_2^2}}$$

et

$$(g \circ f)'_{x_2}(x_1, x_2) = \frac{x_2}{\sqrt{x_1^2 + x_2^2}}$$

Attention $(g \circ f)(x_1, x_2) = \sqrt{x_1^2 + x_2^2}$ n'est pas dérivable en $(0, 0)$ (voir exercice n° 5).

• **Corollaire**

Soit f une fonction de classe C^1 sur un ouvert D de $\mathbb{R}^2$ et g une fonction de classe C^1 sur $f(D)$. Alors $g \circ f$ est de classe C^1 sur D.

Démonstration : elle se déduit facilement de la Proposition 7.

© Dunod. Toute reproduction non autorisée est un délit.

• Proposition 8 : dérivation en chaîne pour une fonction de deux variables

Soit u et v deux fonctions d'une variable dérivables sur $I \subset \mathbb{R}$ et f une fonction de 2 variables de classe C^1 sur un ouvert $D \subset \mathbb{R}^2$. Supposons que pour tout $t \in I$, $\big(u(t), v(t)\big) \in D$. Soit $F(t) = f\big(u(t), v(t)\big)$. Alors F est dérivable sur I et :

$$F'(t) = f'_u\big(u(t), v(t)\big)u'(t) + f'_v\big(u(t), v(t)\big)v'(t)$$

→ ***Commentaires***

f est une fonction de deux variables, f'_u est la notation pour la dérivée partielle de f par rapport à la première variable, comme f'_v est la notation pour la dérivée partielle de f par rapport à la deuxième variable.

Démonstration : la dérivation en chaîne est une application du théorème des accroissements finis.

Soit $a \in I$, $F(t) - F(a) = f\big(u(t), v(t)\big) - f\big(u(a), v(a)\big)$. Comme f vérifie les hypothèses du Théorème des accroissements finis, il existe c_1 strictement compris entre $u(t)$ et $u(a)$ et c_2 strictement compris entre $v(t)$ et $v(a)$ tels que :

$$\begin{aligned} f\big(u(t), v(t)\big) - f\big(u(a), v(a)\big) &= \big(u(t) - u(a)\big) f'_u\big(c_1, v(t)\big) \\ &\quad + \big(v(t) - v(a)\big) f'_v\big(u(a), c_2\big) \\ \big(F(t) - F(a)\big)/(t-a) &= \big[f\big(u(t), v(t)\big) - f\big(u(a), v(a)\big)\big]/(t-a) \\ &= \big[\big(u(t) - u(a)\big)/(t-a)\big] f'_u\big(c_1, v(t)\big) \\ &\quad + \big[\big(v(t) - v(a)\big)/(t-a)\big] f'_v\big(u(a), c_2\big) \\ \lim_{t \to a} \big(F(t) - F(a)\big)/(t-a) &= \lim_{t \to a} \big[\big(u(t) - u(a)\big)/(t-a)\big] f'_u\big(c_1, v(t)\big) \\ &\quad + \big[\big(v(t) - v(a)\big)/(t-a)\big] f'_v\big(u(a), c_2\big) \end{aligned}$$

Or :

$$\lim_{t \to a} \big(u(t) - u(a)\big)/(t-a) = u'(a)$$

$$\text{et } \lim_{t \to a} f'_u\big(c_1, v(t)\big) = f'_u\big(u(a), v(a)\big)$$

par la continuité de f'_u et de v.

De même :

$$\lim_{t \to a} \big(v(t) - v(a)\big)/(t-a) = v'(a) \text{ et } \lim_{t \to a} f'_v\big(u(a), c_2\big) = f'_v\big(u(a), v(a)\big)$$

par la continuité de f'_v.

D'où $F'(a) = f'_u\big(u(a), v(a)\big)u'(a) + f'_v\big(u(a), v(a)\big)v'(a)$. a étant un point quelconque de I, F est dérivable sur I et

$$F'(t) = f'_u(u(t), v(t))u'(t) + f'_v(u(t), v(t))v'(t)$$

en tout point $t \in I$.

▶ **Exemples**

- *$F(t) = f(\sin t, \cos t)$ où f est de classe C^1 sur $\mathbb{R}^2$.*
  On pose $u(t) = \sin t, v(t) = \cos t$. u et v sont dérivables sur $\mathbb{R}$. Donc F est dérivable sur $\mathbb{R}$ et $F'(t) = f'_u(\sin t, \cos t)u'(t) + f'_v(\sin t, \cos t)v'(t)$
  $F'(t) = f'_u(\sin t, \cos t)\cos t + f'_v(\sin t, \cos t)(-\sin t)$.
  Si $f(u, v) = u^2 - v^2$ alors $f'_u(u, v) = 2u$ et $f'_v(u, v) = -2v$.
  Ainsi $f'_u(\sin t, \cos t) = 2\sin t$ et $f'_v(\sin t, \cos t) = -2\cos t$ et $F'(t) = 2\sin t\cos t + 2\cos t\sin t$ résultat que l'on aurait pu obtenir en écrivant $F(t) = \sin^2 t - cos^2 t$.
- *Si $F(x) = f\big(x, g(x)\big)$ où f est de classe C^1 sur $\mathbb{R}^2$ et g dérivable sur $\mathbb{R}$, alors $F'(x) = f'_x\big(x, g(x)\big) + f'_y\big(x, g(x)\big)g'(x)$*
- *IM est une fonction d'importation, Y désigne le revenu national, p et p∗ sont des prix, t est le taux de change. IM est de classe C^1 sur $\mathbb{R}_+^* \times \mathbb{R}_+^*$.*
  On pose $G(t) = IM\left(Y, \dfrac{p}{tp*}\right)$ et on veut calculer $G'(t)$.
  On pose $u(t) = Y$, $v(t) = \dfrac{p}{tp*}$. u et v sont dérivables sur $\mathbb{R}_+^*$. Donc G est dérivable sur $\mathbb{R}_+^*$ et

$$G'(t) = IM'_u\left(Y, \frac{p}{tp*}\right)u'(t) + IM'_v\left(Y, \frac{p}{tp*}\right)v'(t)$$

$$G'(t) = 0 + IM'_v\left(Y, \frac{p}{tp*}\right)\left(-\frac{p}{t^2p*}\right)$$

• **Corollaire**

Soit u et v de classe C^1 sur $I \subset \mathbb{R}$ et f de classe C^1 sur un ouvert D de $\mathbb{R}^2$. Supposons que pour tout $t \in I, (u(t), v(t) \in D$. Alors $F(t) = f(u(t), v(t))$ est de classe C^1 sur I.

Démonstration : elle se déduit facilement de la Proposition 8.

Généralisation à $\mathbb{R}^n$

• **Proposition 9 : dérivation en chaîne pour une fonction de *n* variables**

Soit $u_1, u_2, ..., u_n$ des fonctions réelles d'une variable réelle dérivables sur $I \subset \mathbb{R}$ et f une fonction réelle de n variables réelles de classe C^1 sur un ouvert D de $\mathbb{R}^n$. Soit $F(t) = f\big(u_1(t), ..., u_n(t)\big)$; alors F est dérivable et

$$F'(t) = f'_{u_1}\big(u_1(t), ..., u_n(t)\big)u'_1(t) + ... + f'_{u_n}\big(u_1(t), ..., u_n(t)\big)u'_n(t)$$

Lorsque les fonctions u et v sont des fonctions de 2 variables t et s, on ne peut plus parler de F', mais de F'_t et F'_s et la proposition se généralise à la suivante.

© Dunod. Toute reproduction non autorisée est un délit.

• Proposition 10 : dérivation en chaîne partielle pour une fonction de deux variables

Soit u et v deux fonctions de deux variables de classe C^1 sur un ouvert de $\mathbb{R}^2$ et f une fonction de deux variables de classe C^1 sur un ouvert de $\mathbb{R}^2$. Soit $F(t, s) = f\big(u(t, s), v(t, s)\big)$. Alors :

$$F'_t(t, s) = f'_u\big(u(t, s), v(t, s)\big)u'_t(t, s) + f'_v\big(u(t, s), v(t, s)\big)v'_t(t, s)$$

et

$$F'_s(t, s) = f'_u\big(u(t, s), v(t, s)\big)u'_s(t, s) + f'_v\big(u(t, s), v(t, s)\big)v'_s(t, s)$$

On peut retenir ces formules de la façon suivante :

$$\frac{\partial F}{\partial t} = \frac{\partial f}{\partial u}\frac{\partial u}{\partial t} + \frac{\partial f}{\partial v}\frac{\partial v}{\partial t}, \qquad \frac{\partial F}{\partial s} = \frac{\partial f}{\partial u}\frac{\partial u}{\partial s} + \frac{\partial f}{\partial v}\frac{\partial v}{\partial s}$$

La démonstration est similaire à celle de la proposition 8.

Cette proposition se généralise au cas où

$$F(t_1, ..., t_p) = f\big(u_1(t_1, ..., t_p), ..., u_n(t_1, ..., t_p)\big)$$

où f est une fonction de n variables de classe C^1 et pour tout $i = 1, ..., n$, u_i est une fonction de p variables de classe C^1.

C. Fonctions positivement homogènes

• Définition 42

On dit que f est *positivement homogène de degré k* sur $D \subset \mathbb{R}^2$ lorsque :

$$\forall \vec{x} = (x_1, x_2) \in D, \ \ \forall \lambda > 0, \ \ f(\lambda\vec{x}) = \lambda^k f(\vec{x})$$

Dans cette définition on sous-entend que si $\vec{x} \in D$ alors $\forall \lambda > 0$, $\lambda\vec{x} \in D$.

▶ Exemples

- *$f(x_1, x_2) = x_1^2 + x_2^2$ est positivement homogène de degré 2 sur $\mathbb{R}^2$.*
  En effet :

$$\begin{aligned}\forall \vec{x} = (x_1, x_2) \in \mathbb{R}^2, \ \ \forall \lambda > 0, \ \ f(\lambda x_1, \lambda x_2) &= (\lambda x_1)^2 + (\lambda x_2)^2 \\ &= \lambda^2(x_1^2 + x_2^2) \\ &= \lambda^2 f(x_1, x_2)\end{aligned}$$

- *$f(x_1, x_2) = x_1 + x_2^2$ n'est pas positivement homogène*

- *Les fonctions de production de type Cobb-Douglas sont des fonctions positivement homogènes.*

  Par exemple la fonction $f(x_1, x_2) = cx_1^\alpha x_2^\beta$ où α, β, c sont strictement positifs, est positivement homogène de degré $\alpha + \beta$ sur $\mathbb{R}_+^* \times \mathbb{R}_+^*$.

  Les rendements d'échelle sont croissants si $\alpha+\beta > 1$, constants si $\alpha+\beta = 1$ et décroissants si $\alpha + \beta < 1$.

• Théorème 5

Les dérivées partielles d'une fonction dérivable positivement homogène de degré k sur D sont des fonctions positivement homogènes de degré $k - 1$ et vérifient la formule d'*Euler* :

$$\forall \vec{x} = (x_1, x_2) \in D, \quad x_1 f'_{x_1}(\vec{x}) + x_2 f'_{x_2}(\vec{x}) = kf(\vec{x})$$

Démonstration : elle est basée sur la formule de dérivation en chaîne. Soit f positivement homogène de degré k. On a

$$\forall \vec{x} = (x_1, x_2) \in D, \quad \forall \lambda > 0, \quad f(\lambda x_1, \lambda x_2) = \lambda^k f(x_1, x_2) \qquad (10.1)$$

On fixe λ, x_2 et on dérive par rapport à x_1 chacun des membres de l'égalité (10.1) :

$$\lambda f'_{x_1}(\lambda x_1, \lambda x_2) = \lambda^k f'_{x_1}(x_1, x_2)$$

D'où

$$f'_{x_1}(\lambda x_1, \lambda x_2) = \lambda^{k-1} f'_{x_1}(x_1, x_2)$$

ce qui indique bien que f'_{x_1} est positivement homogène de degré $k - 1$.

On démontre de façon similaire que f'_{x_2} est positivement homogène de degré $k - 1$.

On fixe à présent x_1, x_2 et on dérive par rapport à λ chacun des membres de l'égalité :

$$x_1 f'_{x_1}(\lambda x_1, \lambda x_2) + x_2 f'_{x_2}(\lambda x_1, \lambda x_2) = k\lambda^{k-1} f(x_1, x_2)$$

Pour $\lambda = 1$ on obtient la formule d'Euler :

$$x_1 f'_{x_1}(\vec{x}) + x_2 f'_{x_2}(\vec{x}) = kf(\vec{x})$$

▶ Exemple

Reprenons l'exemple précédent de la fonction $f(x_1, x_2) = cx_1^\alpha x_2^\beta$

$$f'_{x_1}(x_1, x_2) = c\alpha x_1^{\alpha-1} x_2^\beta, \quad f'_{x_2}(x_1, x_2) = c\beta x_1^\alpha x_2^{\beta-1}$$

Il est facile de voir que f'_{x_1} et f'_{x_2} sont positivement homogènes de degré $\alpha + \beta - 1$ et que la formule d'Euler est vérifiée :

$$x_1 c\alpha x_1^{\alpha-1} x_2^\beta + x_2 c\beta x_1^\alpha x_2^{\beta-1} = (\alpha + \beta) c x_1^\alpha x_2^\beta$$

Cette définition et ce théorème se généralisent à $\mathbb{R}^n$.

© Dunod. Toute reproduction non autorisée est un délit.

D. Théorème des fonctions implicites

Soit f une fonction de 2 variables de classe C^1 sur un ouvert D de $\mathbb{R}^2$ et $c \in \mathbb{R}$. $\{(x_1, x_2) \in D$ tel que $f(x_1, x_2) = c\}$ est la courbe de niveau c de f. Soit $\vec{a} = (a_1, a_2)$ un point de cette courbe c'est-à-dire un point tel que $f(a_1, a_2) = c$. On pose les problèmes suivants :

Peut-on mettre l'équation $f(x_1, x_2) = c$ sous la forme $x_2 = \phi(x_1)$ au voisinage de $\vec{a}$?

La courbe de niveau c de f possède-t-elle une tangente au point $\vec{a}$?

Si oui peut-on déterminer l'équation de cette tangente ?

On cherche donc une fonction ϕ définie sur un intervalle I de $\mathbb{R}$ contenant a_1, à valeurs dans un intervalle J de $\mathbb{R}$ contenant a_2 et telle que $\forall x_1 \in I$, $f\big(x_1, \phi(x_1)\big) = c$.

On note que dans $I \times J$, le graphe de ϕ est la courbe de niveau c de f et donc l'équation de la tangente à la courbe de niveau c de f au point (a_1, a_2) est l'équation de la tangente au graphe de ϕ au point (a_1, a_2).

• Définition 43

On appelle *fonction implicite* définie par l'équation $f(x_1, x_2) = c$ toute fonction ϕ définie sur un intervalle I de $\mathbb{R}$ à valeurs dans un intervalle J de $\mathbb{R}$ et telle que $\forall x_1 \in I$, $f\big(x_1, \phi(x_1)\big) = c$

▶ Exemple

L'équation $f(x_1, x_2) = x_1^2 + x_2^2 = 1$ *définit la fonction implicite* ϕ *suivante de* $[0, 1]$ *dans* $[0, 1]$ *passant par le point* $(1/2,\ \sqrt{3}/2)$ *:*

$$\begin{aligned} \phi \quad : \quad & [0,1] \longrightarrow [0,1] \\ & \qquad x_1 \longmapsto \phi(x_1) \ \text{ tel que } \ f\big(x_1, \phi(x_1)\big) = 1 \end{aligned}$$

Ici on peut même expliciter ϕ : $\phi(x_1) = \sqrt{1 - x_1^2}$.

En général on ne sait pas expliciter ϕ.

On va énoncer un théorème qui permet d'affirmer l'existence de la fonction ϕ définie au voisinage du point $\vec{a} = (a_1, a_2)$ tel que $f(a_1, a_2) = c$ et de calculer aussi l'équation de la tangente au graphe de ϕ au point (a_1, a_2).

• Théorème 6 : théorème des fonctions implicites (TFI)

Soit f une fonction de deux variables de classe C^1 sur un ouvert D de $\mathbb{R}^2$, soit $f(x_1, x_2) = c$ avec $c \in \mathbb{R}$ fixé. Si $f(a_1, a_2) = c$ et $f'_{x_2}(a_1, a_2) \neq 0$ alors il existe un intervalle ouvert I contenant a_1, un intervalle ouvert J contenant a_2, et une fonction $\phi\ :\ I \longrightarrow J$ de classe C^1 tels que

$$\forall x_1 \in I, \quad f\big(x_1, \phi(x_1)\big) = c, \quad \phi(a_1) = a_2$$

et $\{(x_1, x_2) \in I \times J \text{ tel que } f(x_1, x_2) = c\} = \{\big(x_1, \phi(x_1)\big)\} \text{ tel que } x_1 \in I\}$ (ceci implique en particulier l'unicité de ϕ), et on a :

$$\phi'(a_1) = -\frac{f'_{x_1}(a_1, a_2)}{f'_{x_2}(a_1, a_2)}$$

→ ***Commentaires***

Démontrons la dernière assertion en supposant que ϕ de classe C^1 existe. Posons $F(x_1) = f\big(x_1, \phi(x_1)\big) = c$. Donc $F'(x_1) = 0$.

Or :

$$F'(x_1) = f'_{x_1}\big(x_1, \phi(x_1)\big) + f'_{x_2}\big(x_1, \phi(x_1)\big)\phi'(x_1)$$

Donc en particulier :

$$f'_{x_1}\big(a_1, \phi(a_1)\big) + f'_{x_2}\big(a_1, \phi(a_1)\big)\phi'(a_1) = 0$$

Sachant que $\phi(a_1) = a_2$ et que $f'_{x_2}(a_1, a_2) \neq 0$ on obtient le résultat annoncé.

Ainsi on sait calculer $\phi'(a_1)$ et écrire l'équation de la tangente au graphe de ϕ au point (a_1, a_2), sans connaître de « formule » explicitant ϕ (formule qui d'ailleurs la plupart du temps n'existe pas).

→ ***Commentaire***

On a un résultat analogue avec l'hypothèse $f'_{x_1}(a_1, a_2) \neq 0$ au lieu de $f'_{x_2}(a_1, a_2) \neq 0$.

▶ **Exemple**

Dans une économie à deux biens 1 *et* 2*, soit U la fonction d'utilité d'un consommateur.*

On appelle taux marginal de substitution du bien 1 *contre le bien* 2*, (TMS)*$_{12}$ *en un point* $\vec{a}$*, l'opposé de la pente de la tangente en* $\vec{a}$ *à la courbe d'indifférence passant par ce point.*

Le praticien l'assimile au taux auquel la consommation du bien 2 *peut être réduite sans que soit affecté le niveau d'utilité du consommateur, lorsque la consommation du bien* 1 *est augmentée d'une unité.*

On peut montrer en utilisant le TFI que ce taux en $\vec{a}$ *est égal au rapport des utilités marginales en* $\vec{a}$*. Supposons que U admet des dérivées partielles strictement positives et continues, c'est-à-dire que les utilités*

© Dunod. Toute reproduction non autorisée est un délit.

marginales sont strictement positives et continues en tout point de leur ensemble de définition. Soit $\vec{a} = (a_1, a_2)$ un point quelconque. La courbe d'indifférence passant par $\vec{a}$ est donc $U(x_1, x_2) = U(a_1, a_2) = \overline{U}$. Comme $U'_{x_2}(a_1, a_2) \neq 0$ on peut appliquer le TFI pour obtenir deux intervalles ouverts I, J et une fonction $\phi\ :\ I \longrightarrow J$ tels que $\phi(a_1) = a_2$

$$\{(x_1, x_2) \in I \times J \text{ tel que } U(x_1, x_2) = c\} = \{\big(x_1, \phi(x_1)\big) \text{ tel que } x_1 \in I\}$$

$$\phi'(a_1) = -\frac{U'_{x_1}(a_1, a_2)}{U'_{x_2}(a_1, a_2)}$$

E. Formule de Taylor

Nous donnerons ces formules pour des fonctions de deux variables uniquement, mais elles se généralisent aux fonctions de n variables.

• Proposition 11 : formule de Taylor-Lagrange

Si f est de classe C^2 sur un ouvert convexe D de $\mathbb{R}^2$ (*cf.* définition 3 chapitre 11) et si $\vec{a}$ et $\vec{a}+\vec{h}$ sont deux points distincts de D, alors il existe $\theta \in \left]0, 1\right[$ tel que :

$$f(\vec{a} + \vec{h}) = f(\vec{a}) + f'_{x_1}(\vec{a})h_1 + f'_{x_2}(\vec{a})h_2$$

$$+ \frac{1}{2} f''_{x_1x_1}(\vec{a} + \theta\vec{h})h_1^2 + f''_{x_1x_2}(\vec{a} + \theta\vec{h})h_1h_2 + \frac{1}{2} f''_{x_2x_2}(\vec{a} + \theta\vec{h})h_2^2$$

Démonstration : on pose $\vec{a} = (a_1, a_2)$, $\vec{h} = (h_1, h_2)$ et $g(t) = f(\vec{a} + t\vec{h}) = f(a_1 + th_1, a_2 + th_2)$. g est alors une fonction d'une variable réelle t.

g est deux fois dérivable et la dérivation en chaîne (Proposition 8) donne :

$$g'(t) = f'_{x_1}(a_1 + th_1, a_2 + th_2)h_1 + f'_{x_2}(a_1 + th_1, a_2 + th_2)h_2$$

$$g''(t) = f''_{x_1x_1}(a_1 + th_1, a_2 + th_2)h_1^2$$

$$+ f''_{x_1x_2}(a_1 + th_1, a_2 + th_2)h_1h_2$$

$$+ f''_{x_2x_1}(a_1 + th_1, a_2 + th_2)h_2h_1$$

$$+ f''_{x_2x_2}(a_1 + th_1, a_2 + th_2)h_2^2$$

On applique alors la formule de Taylor-Lagrange à la fonction d'une variable g sur [0, 1] (chapitre 5, proposition 10), et on note que $g(0) = f(\vec{a})$, $g(1) = f(\vec{a}+\vec{h})$: il existe $\theta \in \left]0, 1\right[$ tel que $g(1) = g(0) + g'(0) + \dfrac{g''(\theta)}{2}$, d'où :

$$f(\vec{a}+\vec{h}) = f(\vec{a}) + f'_{x_1}(\vec{a})h_1 + f'_{x_2}(\vec{a})h_2$$
$$+ \frac{1}{2}f''_{x_1x_1}(\vec{a}+\theta\vec{h})h_1^2 + f''_{x_1x_2}(\vec{a}+\theta\vec{h})h_1h_2 + \frac{1}{2}f''_{x_2x_2}(\vec{a}+\theta\vec{h})h_2^2$$

• Proposition 12 : formule de Taylor-Young

Si f est de classe C^2 sur un ouvert convexe D de $\mathbb{R}^2$ et si $\vec{a}$ est un point de D, alors pour tout $\vec{h}$ tel que $\vec{a}+\vec{h}$ est au voisinage de $\vec{a}$, on a :

$$f(\vec{a}+\vec{h}) = f(\vec{a}) + \sum_{i=1}^{2} f'_{x_i}(\vec{a})h_i + \sum_{i=1}^{2}\sum_{j=1}^{2} \frac{f''_{x_ix_j}(\vec{a})h_ih_j}{2!} + (h_1^2+h_2^2)\Psi(\vec{h})$$

où $\lim_{\vec{h}\to(0,0)} \Psi(\vec{h}) = 0$

Démonstration : on déduit cette proposition de la précédente. On peut montrer (ce que l'on ne fera pas ici) qu'en posant :

$$\Psi(\vec{h}) = \left[f''_{x_1x_1}(\vec{a}+\theta\vec{h})h_1^2 + 2f''_{x_1x_2}(\vec{a}+\theta\vec{h})h_1h_2 + f''_{x_2x_2}(\vec{a}+\theta\vec{h})h_2^2\right.$$
$$\left. - \left(f''_{x_1x_1}(\vec{a})h_1^2 + 2f''_{x_1x_2}(\vec{a})h_1h_2 + f''_{x_2x_2}(\vec{a})h_2^2\right)\right] / \left(2(h_1^2+h_2^2)\right)$$

on a $\lim_{\vec{h}\to(0,0)} \Psi(\vec{h}) = 0$.

→ *Commentaires*

Considérons le terme $\displaystyle\sum_{i=1}^{2}\sum_{j=1}^{2} \frac{f''_{x_ix_j}(\vec{a})h_ih_j}{2!}$ qui apparaît dans la formule de Taylor-Young. Soit $H = \begin{bmatrix} h_1 \\ h_2 \end{bmatrix}$ le vecteur colonne des composantes de $\vec{h} = (h_1, h_2)$ dans la base canonique de $\mathbb{R}^2$. On a :

$$\sum_{i=1}^{2}\sum_{j=1}^{2} \frac{f''_{x_ix_j}(\vec{a})h_ih_j}{2!} = H^T\frac{\text{Hess}(f,\vec{a})}{2}H.$$

La fonction q de $\mathbb{R}^2$ dans $\mathbb{R}$ définie par : $q(\vec{h}) = \displaystyle\sum_{i=1}^{2}\sum_{j=1}^{2} \frac{f''_{x_ix_j}(\vec{a})h_ih_j}{2!}$, est une forme quadratique sur $\mathbb{R}^2$ et la matrice symétrique qui lui est associée est $\dfrac{1}{2}\text{Hess}(f,\vec{a})$.

© Dunod. Toute reproduction non autorisée est un délit.

Exercices

Énoncés

Exercice n° 1

Soit f une fonction réelle de deux variables réelles définie par :

$$f(x_1, x_2) = \frac{x_1^2 x_2^2}{x_1^2 + x_2^2} \quad \text{si} \quad (x_1, x_2) \neq (0, 0)$$

a) Montrer que f est positivement homogène.

b) Vérifier que f satisfait la formule d'Euler.

c) On considère la fonction g définie par : $g(u, v) = f(u+v, u-v)$. Vérifier que g satisfait la formule d'Euler.

Exercice n° 2

On considère la fonction f de deux variables réelles définie par :

$$f(x_1, x_2) = x_2^5 - 4x_2^4 + 4x_1x_2^2 - x_1^2$$

a) Calculer les dérivées partielles de f.

b) Soit l'équation $f(x_1, x_2) = 0$. Montrer qu'il existe, au voisinage de 1, une fonction ϕ telle que $f\big(x_1, \phi(x_1)\big) = 0$ et $\phi(1) = 1$.

c) Écrire l'équation de la tangente au graphe de ϕ au point (1, 1).

Exercice n° 3

On considère la fonction $f : \mathbb{R}^2 \longrightarrow \mathbb{R}$ définie par :

$$f(x, y) = \begin{cases} xy\dfrac{x^2 - y^2}{x^2 + y^2} & \text{si } (x, y) \neq (0, 0) \\ 0 & \text{si } (x, y) = (0, 0) \end{cases}$$

a) Montrer que f est C^2 sur $\mathbb{R}^2 \backslash \{(0, 0)\}$.

b) Montrer que les dérivées secondes $f''_{xy}(0, 0)$ et $f''_{yx}(0, 0)$ existent mais sont distinctes.

c) Que peut-on dire alors de la continuité de f''_{xy} et f''_{yx} en (0, 0) ?

Exercice n° 4

Soit f une fonction réelle de deux variables réelles de classe C^1.
On pose :

$$F(t) = f\left(t^{\frac{1}{2}} + 3t^{\frac{1}{3}}, \frac{t^3}{e^{t^2}}\right)$$

a) Calculer $F'(t)$.

b) Appliquer à la fonction f définie par $f(x, y) = 2x + y$

Exercice n° 5

Montrer que la fonction $\sqrt{x_1^2 + x_2^2}$ n'est pas dérivable en $(0, 0)$.

Exercice n° 6

On considère la fonction de 2 variables $f(x_1, x_2) = \sqrt{x_1^2 + x_2^2 + 3}$.

a) Donner l'ensemble de définition D_f de f.

b) Montrer que f est différentiable sur D_f.

c) Calculer la différentielle de f en $(2, 3)$ notée $df(2, 3)$.

d) Donner une valeur approchée de $f(2, 1; 3, 08)$ à l'aide de $df(2, 3)$.

Exercice n° 7

On considère la fonction $f(x_1, x_2) = (x_1^2 + x_2 + 1)e^{3x_1}$. Écrire la formule de Taylor à l'ordre 2 de f au voisinage de $(0, 0)$

Donner l'approximation affine de f au voisinage de $(0, 0)$ puis l'approximation quadratique de f au voisinage de $(0, 0)$.

Application : donner les approximations pour $f(0, 09; 0, 08)$ et comparer avec la valeur $f(0, 09; 0, 08)$ donnée par une calculatrice.

Exercice n° 8

Soit la fonction f définie par $f(x) = \begin{cases} \dfrac{x_1^2 - x_2^2}{x_1^2 + x_2^2} & \text{si } (x_1, x_2) \neq (0, 0) \\ 0 & \text{si } (x_1, x_2) = (0, 0) \end{cases}$

a) Montrer que f est dérivable pour tout $(x_1, x_2) \neq (0, 0)$ et calculer ses dérivées partielles.

b) f est-elle différentiable en tout point $(x_1, x_2) \neq (0, 0)$? Définir la différentielle $df(a, b)$, $(a, b) \neq (0, 0)$.

c) Démontrer que f n'est pas continue en $(0, 0)$.

d) f est-elle différentiable en $(0, 0)$?

e) Démontrer que f n'est pas dérivable en $(0, 0)$.

Exercice n° 9

Soit f une fonction réelle de deux variables réelles de classe C^2 sur $\mathbb{R}^2$. On pose $g(x) = f(x, x)$.

a) Étudier la dérivabilité de g et calculer les dérivées première et seconde de g.

b) Appliquer à la fonction f définie par $f(x, y) = 2xy^2$.

c) Même exercice avec $h(x) = f(x, 2x^2 + x + 1)$.

© Dunod. Toute reproduction non autorisée est un délit.

11. Recherche d'extrema, convexité

On étudie dans ce chapitre la notion de maximum global ou local, ainsi que celle de minimum global ou local des fonctions de plusieurs variables sans contraintes ou sous des contraintes d'égalité ou d'inégalité. Le problème de choix du consommateur peut être posé par l'économiste ainsi : maximiser l'utilité sous une contrainte de budget. Le producteur maximise son profit sous la contrainte de sa fonction de production avec des prix qui lui sont imposés ou bien il minimise un coût... On présente les fonctions convexes et les fonctions concaves. On étudie les conditions nécessaires et les conditions suffisantes d'optimalité dans les différents cas.

Mots clefs : extrema d'une fonction, condition nécessaire, condition suffisante, fonction convexe, fonction concave, extrema sous contraintes, multiplicateur de Lagrange, multiplicateur de Kuhn et Tucker.

© Dunod. Toute reproduction non autorisée est un délit.

I. Présentation des problèmes

Définitions

Soit f une fonction définie sur un sous-ensemble D de $\mathbb{R}^n$.

On veut étudier des problèmes de la forme :

$$(P_M)\begin{cases}\text{Maximiser } f(\vec{x})\\ \text{quand } \vec{x} \in D\end{cases}$$

ou :

$$(P_m)\begin{cases}\text{Minimiser } f(\vec{x})\\ \text{quand } \vec{x} \in D\end{cases}$$

• **Définition 1**

On dit que f admet un *maximum* global sur D en $\vec{a} \in D$, lorsque :

$$\forall \vec{x} \in D, \ f(\vec{x}) \leqslant f(\vec{a})$$

Ceci se dit aussi $\vec{a}$ fournit un maximum global à f sur D ou $\vec{a}$ est un point de maximum global de f sur D ou $\vec{a}$ est solution globale du problème (P_M).

On dit que f admet un *minimum global* sur D en $\vec{a} \in D$, lorsque :

$$\forall \vec{x} \in D, \ f(\vec{x}) \geqslant f(\vec{a})$$

Ceci se dit aussi $\vec{a}$ fournit un minimum global à f sur D ou $\vec{a}$ est un point de minimum global de f sur D ou $\vec{a}$ est solution globale du problème (P_m).

On dit que c'est un *maximum (respectivement minimum) global strict* lorsque :

$$\forall \vec{x} \in D, \ \vec{x} \neq \vec{a} \Longrightarrow f(\vec{x}) < f(\vec{a}) \quad \text{(respectivement } f(\vec{x}) > f(\vec{a})\text{)}$$

• **Définition 2**

On dit que f admet un *maximum (respectivement minimum) local* sur D en $\vec{a} \in D$, lorsqu'il existe $\eta > 0$ tel que :

$$\forall \vec{x} \in \overset{\circ}{B}(\vec{a}, \eta) \cap D, \ f(\vec{x}) \leqslant f(\vec{a}) \quad \text{(respectivement } f(\vec{x}) \geqslant f(\vec{a})\text{)}$$

On dit que c'est un *maximum (respectivement minimum) local strict* lorsqu'il existe $\eta > 0$ tel que :

$$\forall \vec{x} \in \overset{\circ}{B}(\vec{a}, \eta) \cap D, \ \vec{x} \neq \vec{a} \Longrightarrow f(\vec{x}) < f(\vec{a}) \quad \text{(respectivement } f(\vec{x}) > f(\vec{a})\text{)}$$

Un maximum global est un maximum local.

Un extremum est un maximum ou un minimum.

Notons que le problème (P_m) (Minimiser f sur D) est équivalent au problème (P_M) (Maximiser $-f$ sur D).

Lorsque D est un ouvert de $\mathbb{R}^n$, on dit que (P_M) et (P_m) sont des problèmes SANS contraintes et lorsque D n'est pas un ouvert, on dit que l'on a des problèmes SOUS contraintes.

On étudiera des problèmes de maximisation sous contraintes d'égalité tels que :

$$\begin{cases} \text{Maximiser } f(\vec{x}) \\ \text{quand } \vec{x} \in \mathcal{O}, \ \mathcal{O} \text{ ouvert de } \mathbb{R}^n \\ \text{sous les contraintes } \forall j = 1, \ldots, p, \ g_j(\vec{x}) = 0 \end{cases}$$

Dans ce cas on a $D = \{\vec{x} \in \mathcal{O} \text{ tel que } g_1(\vec{x}) = 0, \ldots, g_p(\vec{x}) = 0\}$. Et on étudiera des problèmes de maximisation sous contraintes d'égalité et d'inégalité tels que :

$$\begin{cases} \text{Maximiser } f(\vec{x}) \\ \text{quand } \vec{x} \in \mathcal{O},\ \mathcal{O} \text{ ouvert de } \mathbb{R}^n \\ \text{sous les contraintes } \forall j = 1, \ldots, p,\ g_j(\vec{x}) = 0 \\ \qquad\qquad\qquad\qquad\quad \forall k = 1, \ldots, q,\ f_k(\vec{x}) \leqslant 0 \end{cases}$$

Dans ce cas on a :

$$D = \{\vec{x} \in \mathcal{O} \text{ tel que } g_1(\vec{x}) = 0, \ldots, g_p(\vec{x}) = 0, f_1(\vec{x}) \leqslant 0, \ldots, f_q(\vec{x}) \leqslant 0\}$$

II. Extrema d'une fonction sans contraintes

A. Conditions nécessaires

• **Proposition 1 : condition nécessaire du 1er ordre (CN1)**

Soit f définie sur un ouvert $\mathcal{O}$ et $\vec{a} \in \theta$.

Si f est dérivable en $\vec{a}$ et f admet un extremum local sur $\mathcal{O}$ en $\vec{a}$, alors :

$$\operatorname{grad} f(\vec{a}) = \vec{0}$$

ce qui s'écrit aussi :

$$\forall i = 1, \ldots, n, \quad f'_{x_i}(\vec{a}) = 0$$

⟶ ***Commentaire***

Dans l'écriture $\operatorname{grad} f(\vec{a}) = \vec{0}$, il est clair que $\vec{0} \in \mathbb{R}^n$ donc $\vec{0} = (0, \ldots, 0)$.

Démonstration : on rappelle que f dérivable en $\vec{a}$ signifie que les dérivées partielles de f en $\vec{a}$ existent. Considérons les n fonctions Φ_i d'une seule variable telles que pour tout $i = 1, \ldots, n, x_i \longmapsto \Phi_i(x_i) = f(a_1, \ldots, x_i, \ldots, a_n)$. Il est clair d'après les définitions précédentes que si $\vec{a} = (a_1, \ldots, a_n)$ fournit un maximum (ou un minimum) à f alors pour tout $i = 1, \ldots, n$, a_i fournit un maximum (ou un minimum) à la fonction d'une variable $\Phi_i(x_i) = f(a_1, \ldots, x_i, \ldots, a_n)$ d'où en appliquant la Condition Nécessaire du 1er ordre pour les fonctions d'une variable (Chapitre 5 Proposition 13) on obtient : pour tout $i = 1, \ldots, n$, $\Phi'_i(a_i) = f'_{x_i}(a_1, \ldots, a_i, \ldots, a_n) = 0$.

© Dunod. Toute reproduction non autorisée est un délit.

Attention : la nullité des dérivées partielles est une condition nécessaire pour qu'un point fournisse un extremum mais elle n'est pas suffisante autrement dit la réciproque de cette proposition est fausse. Par exemple la fonction f définie sur $\mathbb{R}^2$ par $f(x_1, x_2) = x_1^3 x_2^3$ admet des dérivées partielles en $(0, 0)$, vérifie $f'_{x_1}(0, 0) = 0, f'_{x_2}(0, 0) = 0$ mais n'admet pas d'extremum en $(0, 0)$ (car dans tout voisinage de $(0, 0)$, $f(x_1, x_2) < f(0, 0)$ si x_1 et x_2 sont de signes opposés mais $f(x_1, x_2) > f(0, 0)$ si x_1 et x_2 sont du même signe).

Un point $\vec{x}$ qui vérifie grad $f(\vec{x}) = \vec{0}$ est appelé *point critique* ou *candidat*.

Lorsque l'on cherche les extrema de f sur un ouvert θ, on peut chercher les points d'extremum parmi les points $\vec{x}$ qui vérifient grad $f(\vec{x}) = \vec{0}$ puisque la CN1 garantit que si $\vec{x}$ est un point d'extremum alors grad $f(\vec{x}) = \vec{0}$. Ces points qui vérifient grad $f(\vec{x}) = \vec{0}$ sont donc des « candidats » à être des points d'extremum mais ne sont pas forcément des points d'extremum.

• Proposition 2 : condition nécessaire du 2nd ordre (CN2)

Soit f définie sur un ouvert $\mathcal{O}$ et $\vec{a} \in \mathcal{O}$.

Si f est de classe C^2 au voisinage de $\vec{a}$ et f admet un maximum local en $\vec{a}$, alors :

$$\forall \vec{h} \in \mathbb{R}^n, \sum_{i=1}^{n} \sum_{j=1}^{n} f''_{x_i x_j}(\vec{a}) h_i h_j \leqslant 0$$

c'est-à-dire la matrice hessienne de f en $\vec{a}$, Hess$(f, \vec{a})$ est semi-définie négative (*cf.* chapitre 9).

Démonstration : la démonstration se fait en appliquant la formule de Taylor-Young (chapitre 10, proposition 12). Nous la donnerons pour une fonction de deux variables. Rappelons la formule : pour tout $\vec{h}$ tel que $\vec{a} + \vec{h}$ est au voisinage de $\vec{a}$, on a :

$$f(\vec{a} + \vec{h}) = f(\vec{a}) + \sum_{i=1}^{2} f'_{x_i}(\vec{a}) h_i + \sum_{i=1}^{2} \sum_{j=1}^{2} \frac{f''_{x_i x_j}(\vec{a}) h_i h_j}{2} + (h_1^2 + h_2^2) \Psi(\vec{h})$$

où $\lim_{\vec{h} \to (0,0)} \Psi(\vec{h}) = 0$.

Si f admet un maximum local en $\vec{a}$, il existe $\eta > 0$ tel que :

$$\forall \vec{x} \in \overset{\circ}{B}(\vec{a}, \eta),\ f(\vec{x}) \leqslant f(\vec{a}) \quad \text{et} \quad f'_{x_1}(\vec{a}) = 0,\ f'_{x_2}(\vec{a}) = 0$$

Soit $\vec{h} \in \mathbb{R}^n$ et t suffisamment petit tel que $\vec{a} + t\vec{h} \in \overset{\circ}{B}(\vec{a}, \eta)$.

Donc $f(\vec{a}+t\vec{h}) - f(\vec{a}) \leqslant 0$. En appliquant alors la formule de Taylor-Young à f sur $\overset{\circ}{B}(\vec{a},\eta)$, on obtient

$$t^2\left(\sum_{i=1}^{2}\sum_{j=1}^{2}\frac{f''_{x_ix_j}(\vec{a})h_ih_j}{2}\right) + t^2(h_1^2+h_2^2)\Psi(t\vec{h}) \leqslant 0 \quad \text{où} \quad \lim_{t\vec{h}\to(0,0)}\Psi(t\vec{h}) = 0$$

Donc :

$$\sum_{i=1}^{2}\sum_{j=1}^{2}\frac{f''_{x_ix_j}(\vec{a})h_ih_j}{2} + (h_1^2+h_2^2)\Psi(t\vec{h}) \leqslant 0 \quad \text{où} \quad \lim_{t\to 0}\Psi(t\vec{h}) = 0$$

D'où :

$$\lim_{t\to 0}\left(\sum_{i=1}^{2}\sum_{j=1}^{2}\frac{f''_{x_ix_j}(\vec{a})h_ih_j}{2} + (h_1^2+h_2^2)\Psi(t\vec{h})\right) \leqslant 0$$

et comme $\lim_{t\to 0}\Psi(t\vec{h}) = 0$ on obtient bien :

$$\forall\vec{h}\in\mathbb{R}^2,\ \sum_{i=1}^{2}\sum_{j=1}^{2} f''_{x_ix_j}(\vec{a})h_ih_j \leqslant 0$$

ce qui signifie, par définition, que $\text{Hess}(f,\vec{a})$ est semi-définie négative.

Attention : la condition $\text{Hess}(f,\vec{a})$ semi-définie négative est une condition nécessaire d'optimalité mais elle n'est pas suffisante.

Dans la proposition, en remplaçant maximum local par minimum local, la conclusion devient $\text{Hess}(f,\vec{a})$ semi-définie positive.

B. Conditions suffisantes

• Proposition 3 : conditions suffisantes du 2nd ordre (CS2)

Soit f définie sur un ouvert $\mathcal{O}$ et $\vec{a}\in\mathcal{O}$.

Si f est de classe C^2 au voisinage de $\vec{a}$ et f vérifie $\text{grad} f(\vec{a}) = \vec{0}$ et $\forall\vec{h}\in\mathbb{R}^n,\ \vec{h}\neq\vec{0} \implies \sum_{i=1}^{n}\sum_{j=1}^{n} f''_{x_ix_j}(\vec{a})h_ih_j < 0$ (c'est-à-dire : la matrice hessienne de f en $\vec{a}$, $\text{Hess}(f,\vec{a})$ définie négative), alors f admet un maximum local strict en $\vec{a}$.

→ ***Commentaires***

Dans la démonstration que l'on ne donnera pas, on utilise aussi la formule de Taylor-Young à l'ordre 2.

Attention : ici l'inégalité est stricte.

© Dunod. Toute reproduction non autorisée est un délit.

Dans la proposition, en remplaçant $\text{Hess}(f, \vec{a})$ définie négative par $\text{Hess}(f, \vec{a})$ définie positive on obtient que f admet un minimum local strict.

Point méthode

Pour trouver les extrema locaux de f fonction réelle de n variables réelles de classe C^2 sur un ouvert θ de $\mathbb{R}^n$ on procède comme suit :

a) on cherche les candidats en écrivant la CN1 c'est-à-dire en résolvant $\text{grad}\, f(\vec{x}) = \vec{0}$ sur D ;

b) on se restreint à ceux d'entre eux qui vérifient $\text{Hess}(f, \vec{a})$ semi-définie négative ou semi-définie positive (CN2) ;

c) seuls ceux qui vérifient $\text{Hess}(f, \vec{a})$ définie négative ou $\text{Hess}(f, \vec{a})$ définie positive fournissent bien des extrema locaux (CS2).

Dans la pratique on saute directement de a) à c).

→ ***Commentaires***

Pour voir si la matrice symétrique $\text{Hess}(f, \vec{a})$ est définie négative ou définie positive on peut appliquer la définition ou bien calculer les valeurs propres de la matrice et examiner leur signe ou encore utiliser le critère des déterminants des sous-matrices.

On rappelle qu'une matrice symétrique est définie négative (respectivement définie positive) si, et seulement si, ses valeurs propres sont strictement négatives (respectivement strictement positives).

Elle est semi-définie négative (respectivement semi-définie positive) si, et seulement si, ses valeurs propres sont négatives ou nulles (respectivement positives ou nulles).

Donc si on trouve une valeur propre nulle on ne peut pas conclure quant à l'optimalité du point étudié.

Dans le cas d'une fonction de deux variables, le signe des valeurs propres peut être déterminé en calculant le déterminant et la trace de la matrice. Le déterminant étant égal au produit des deux valeurs propres et la trace égale à la somme des deux valeurs propres, si le déterminant est strictement positif les deux valeurs propres sont du même signe et dans ce cas, si la trace est strictement positive les deux valeurs propres sont strictement positives et si la trace est strictement négative les deux valeurs propres sont strictement négatives. Si le déterminant est nul alors l'une au moins des deux valeurs propres est nulle. Dans ce cas si la trace est strictement positive (respectivement négative) alors l'une des valeurs propres est nulle et l'autre strictement positive (respectivement négative) et si la trace est nulle alors 0 est valeur propre double. Si, par contre, le déterminant est strictement négatif les deux valeurs propres sont de signes opposés.

Attention : ceci n'est valable que pour des matrices symétriques d'ordre 2. Pour des fonctions de plus de deux variables il faut calculer les valeurs propres de la Hessienne de f au point candidat pour trouver leur signe ou bien utiliser le critère des déterminants des sous-matrices (proposition 21 chapitre 9).

Exemple

Chercher les extrema de la fonction suivante :

$$f(x_1, x_2) = \frac{x_1^3}{3} + x_1 x_2 + x_2^2,\ (x_1, x_2) \in \mathbb{R}^2$$

f est de classe C^2 sur $\mathbb{R}^2$. On cherche les candidats en résolvant grad $f(\vec{x}) = \vec{0}$, *ce qui donne*

$$f'_{x_1}(x_1, x_2) = x_1^2 + x_2 = 0$$
$$f'_{x_2}(x_1, x_2) = x_1 + 2x_2 = 0$$

La résolution de ce système donne deux points candidats : $(0,0)$ *et* $(1/2, -1/4)$.

Étudions alors la matrice hessienne de f en chacun des candidats :

$$\text{Hess}(f, \vec{x}) = \begin{bmatrix} f''_{x_1x_1}(\vec{x}) & f''_{x_1x_2}(\vec{x}) \\ f''_{x_2x_1}(\vec{x}) & f''_{x_2x_2}(\vec{x}) \end{bmatrix} = \begin{bmatrix} 2x_1 & 1 \\ 1 & 2 \end{bmatrix}$$

Au point $(0,0)$ *on a :*

$$\text{Hess}\big(f, (0,0)\big) = \begin{bmatrix} 0 & 1 \\ 1 & 2 \end{bmatrix}$$

det Hess$\big(f, (0,0)\big) = -1 < 0$; trace Hess$\big(f, (0,0)\big) = 2$.

Le déterminant étant strictement négatif les deux valeurs propres sont de signes opposés donc la matrice Hess$\big(f, (0,0)\big)$ *n'est ni définie négative ni définie positive et par suite le point* $(0,0)$ *ne fournit ni un maximum ni un minimum à la fonction (contraposées des CN2).*

Au point $(1/2, -1/4)$ *on a :*

$$\text{Hess}\big(f, (1/2, -1/4)\big) = \begin{bmatrix} 1 & 1 \\ 1 & 2 \end{bmatrix}$$

det Hess$\big(f, (1/2, -1/4)\big) = 1 > 0$;
trace Hess$\big(f, (1/2, -1/4)\big) = 3 > 0$.

© Dunod. Toute reproduction non autorisée est un délit.

Le déterminant étant positif les deux valeurs propres sont du même signe et comme la trace est positive les deux valeurs propres sont donc positives. Donc la matrice $\text{Hess}\big(f, (1/2, -1/4)\big)$ *est définie positive et par suite le point* $(1/2, -1/4)$ *fournit un minimum local strict à la fonction.*

Il n'est pas global. En effet $f(-1, 0) = -\dfrac{1}{3} < f(1/2, -1/4) = -\dfrac{1}{48}$

III. Convexité

A. Sous-ensemble convexe de $\mathbb{R}^n$

• Définition 3

Un sous-ensemble D de $\mathbb{R}^n$ est dit *convexe* lorsque :

$$\forall \vec{x},\ \forall \vec{y} \in D,\ \forall \lambda \in [0, 1],\ \lambda\vec{x} + (1 - \lambda)\vec{y} \in D$$

c'est-à-dire lorsque D contient tout segment joignant deux de ses points.

► Exemple

$\mathbb{R}^2$, $\mathbb{R}^2_+$, $[0, 1] \times [0, 1]$, $]0, 1[\times]0, 1[\ldots$ *sont des sous-ensembles convexes de* $\mathbb{R}^2$.

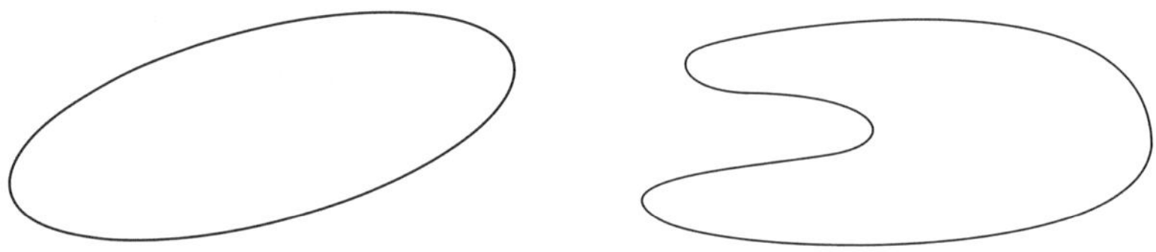

sous-ensemble convexe de $\mathbb{R}^2$ — sous-ensemble non convexe de $\mathbb{R}^2$

Figure 11.1

B. Fonction convexe sur un sous-ensemble convexe de $\mathbb{R}^n$

1) Caractérisation d'une fonction convexe

• Définition 4

Soit f définie sur un sous-ensemble convexe D de $\mathbb{R}^n$. On dit que f est *convexe* sur D lorsque :

$$\forall \vec{x} \in D,\ \forall \vec{y} \in D,\ \forall \lambda \in [0, 1],\ f\left(\lambda\vec{x} + (1 - \lambda)\vec{y}\right) \leqslant \lambda f(\vec{x}) + (1 - \lambda)f(\vec{y})$$

• **Définition 5**

Soit f définie sur un sous-ensemble D de $\mathbb{R}^n$. On dit que f est *strictement convexe* sur D lorsque :

$$\forall \vec{x} \in D,\ \forall \vec{y} \in D, \quad \forall \lambda \in]0,1[,\ \vec{x} \neq \vec{y} \\ \Longrightarrow f\left(\lambda \vec{x} + (1-\lambda)\vec{y}\right) < \lambda f(\vec{x}) + (1-\lambda) f(\vec{y})$$

• **Proposition 4**

Soit f définie et différentiable sur un ouvert convexe D de $\mathbb{R}^n$. f est convexe sur D si et seulement si :

$$\forall \vec{x} \in D,\ \forall \vec{y} \in D,\ f(\vec{y}) - f(\vec{x}) \leqslant \operatorname{grad} f(\vec{y}) \cdot (\vec{y} - \vec{x})$$

→ ***Commentaire***

f est strictement convexe si, et seulement si,
$\forall \vec{x} \in D, \forall \vec{y} \in D,\ \vec{x} \neq \vec{y} \Longrightarrow f(\vec{y}) - f(\vec{x}) < \operatorname{grad} f(\vec{y}) \cdot (\vec{y} - \vec{x})$

• **Proposition 5**

Soit f de classe C^2 sur un ouvert convexe D de $\mathbb{R}^n$.

a) f est convexe sur D si, et seulement si, $\text{Hess}(f, \vec{x})$ est semi-définie positive pour tout point $\vec{x}$ de D.

b) Si $\text{Hess}(f, \vec{x})$ est définie positive pour tout point $\vec{x}$ de D, alors f est strictement convexe sur D.

La réciproque de b) est fausse.

2) Minimum d'une fonction convexe

Lors de l'étude des extrema d'une fonction, on a insisté sur le fait que les points fournis par $\operatorname{grad} f(\vec{x}) = \vec{0}$ n'étaient que des candidats à être des points d'extremum et qu'il fallait recourir à une condition suffisante pour vérifier si certains d'entre eux étaient des points d'extremum. Dans le cas des fonctions convexes différentiables les points fournis par $\operatorname{grad} f(\vec{x}) = \vec{0}$ sont des points de minima globaux comme le montre la proposition suivante.

• **Proposition 6 : condition nécessaire et suffisante d'optimalité (CNS)**

Soit f définie, différentiable et convexe sur un ouvert convexe D. Soit $\vec{a} \in D$. $\operatorname{grad} f(\vec{a}) = \vec{0}$ si, et seulement si, f admet un minimum global sur D en $\vec{a}$ (strict si la convexité est stricte).

© Dunod. Toute reproduction non autorisée est un délit.

→ ***Commentaire***

Pour une fonction convexe la CN1 est une CS.

Démonstration : si f admet un minimum global sur D en $\vec{a}$, alors f admet un minimum local sur D en $\vec{a}$ et la CN1 donne : grad $f(\vec{a}) = \vec{0}$.

Supposons grad $f(\vec{a}) = \vec{0}$ et appliquons la proposition 4 à tout $\vec{x} \in D$ et $\vec{a}$. Il vient

$$\forall \vec{x} \in D,\ f(\vec{a}) - f(\vec{x}) \leqslant 0$$

▶ **Exemple**

On considère le problème suivant :

Minimiser $f(x, y, z) = x^2 + y^2 + z^2 - xy + xz$, $(x, y, z) \in \mathbb{R}^3$.

f *est de classe* C^2 *sur* $\mathbb{R}^3$ *(qui est ouvert et convexe). On résout* grad $f(x, y, z) = \vec{0}$ *c'est-à-dire :*

$$f'_x(x, y, z) = 2x - y + z = 0$$
$$f'_y(x, y, z) = 2y - x = 0$$
$$f'_z(x, y, z) = 2z + x = 0$$

On a un point candidat $(0, 0, 0)$

Examinons $\text{Hess}\big(f, (x, y, z)\big)$ *:*

$$\text{Hess}\big(f, (x, y, z)\big) = \begin{bmatrix} 2 & -1 & 1 \\ -1 & 2 & 0 \\ 1 & 0 & 2 \end{bmatrix}$$

Calculons les valeurs propres de cette matrice qui sont les racines du polynôme caractéristique associé $\mathcal{P}(\lambda) = \det\big(\text{Hess}(f, (x, y, z)) - \lambda I\big)$ *:*

$$= \det \begin{bmatrix} 2-\lambda & -1 & 1 \\ -1 & 2-\lambda & 0 \\ 1 & 0 & 2-\lambda \end{bmatrix}$$

On a donc $(2 - \lambda)\Big[(2 - \lambda)^2 - 2\Big] = 0$ *qui donne :*

$$\lambda_1 = 2,\ \lambda_2 = 2 + \sqrt{2},\ \lambda_3 = 2 - \sqrt{2}$$

Les trois valeurs propres étant strictement positives, $\forall (x, y, z) \in \mathbb{R}^3$, $\text{Hess}\big(f, (x, y, z)\big)$ *est définie positive donc* f *est strictement convexe.*

$(0, 0, 0)$ *fournit donc un minimum global strict à* f.

→ ***Commentaires***

La convexité permet de ne pas recourir à une condition du second ordre et donc d'avoir un minimum en résolvant grad $f(\vec{a}) = \vec{0}$. Ceci est intéressant lorsque l'on sait à l'avance que la fonction est convexe. Cela parait moins intéressant lorsqu'il s'agit de démontrer la convexité en utilisant la Hessienne ! Mais l'intérêt réside dans le fait que le minimum obtenu est global alors que les CS2 ne fournissent que des minima locaux.

C. Fonction concave sur un sous-ensemble convexe de $\mathbb{R}^n$

1) Caractérisation d'une fonction concave

• Définition 6

Soit f définie sur un sous-ensemble convexe D de $\mathbb{R}^n$. On dit que f est *concave* sur D lorsque :

$$\forall \vec{x} \in D,\ \forall \vec{y} \in D,\ \forall \lambda \in [0,1],\ f(\lambda\vec{x} + (1-\lambda)\vec{y}) \geqslant \lambda f(\vec{x}) + (1-\lambda) f(\vec{y})$$

• Définition 7

Soit f définie sur un sous-ensemble convexe D de $\mathbb{R}^n$. On dit que f est *strictement concave* sur D lorsque :

$$\forall \vec{x} \in D,\ \forall \vec{y} \in D,\ \forall \lambda \in]0,1[,\ \vec{x} \neq \vec{y} \Longrightarrow f\left(\lambda\vec{x} + (1-\lambda)\vec{y}\right) > \lambda f(\vec{x}) + (1-\lambda) f(\vec{y})$$

f est concave si, et seulement si, $-f$ est convexe.

• Proposition 7

Soit f définie et différentiable sur un sous-ensemble ouvert convexe D de $\mathbb{R}^n$. f est concave sur D si, et seulement si :

$$\forall \vec{x} \in D,\ \forall \vec{y} \in D,\ f(\vec{y}) - f(\vec{x}) \geqslant \text{grad}\, f(\vec{y}) \cdot (\vec{y} - \vec{x})$$

→ ***Commentaire***

f est strictement concave si, et seulement si,
$\forall \vec{x} \in D, \forall \vec{y} \in D,\ \vec{x} \neq \vec{y} \Longrightarrow f(\vec{y}) - f(\vec{x}) > \text{grad} f(\vec{y}) \cdot (\vec{y} - \vec{x})$

• Proposition 8

Soit f de classe C^2 sur un sous-ensemble ouvert convexe D de $\mathbb{R}^n$.

a) f est concave sur D si, et seulement si, Hess$(f, \vec{x})$ est semi-définie négative pour tout point $\vec{x}$ de D.

© Dunod. Toute reproduction non autorisée est un délit.

b) Si Hess($f, \vec{x}$) est définie négative pour tout point $\vec{x}$ de D, alors f est strictement concave sur D.

Exemples

Soit $f(x_1, x_2) = -e^{(x_1)^2+(x_2-1)^2} + 5x_1 - 4x_2$

f est de classe C^2 sur $\mathbb{R}^2$.

$f'_{x_1}(x_1, x_2) = -2x_1 e^{(x_1)^2+(x_2-1)^2} + 5$

$f'_{x_2}(x_1, x_2) = -2(x_2 - 1)e^{(x_1)^2+(x_2-1)^2} - 4$

Hess($f, (x_1, x_2)$)

$$= \begin{bmatrix} -2(1 + 2x_1^2)e^{(x_1)^2+(x_2-1)^2} & -4x_1(x_2 - 1)e^{(x_1)^2+(x_2-1)^2} \\ -4x_1(x_2 - 1)e^{(x_1)^2+(x_2-1)^2} & -2(1 + 2(x_2 - 1)^2)e^{(x_1)^2+(x_2-1)^2} \end{bmatrix}$$

$$= -2e^{(x_1)^2+(x_2-1)^2} \begin{bmatrix} 1 + 2x_1^2 & 2x_1(x_2 - 1) \\ 2x_1(x_2 - 1) & 1 + 2(x_2 - 1)^2 \end{bmatrix}$$

$\forall(x_1, x_2) \in \mathbb{R}^2$, det Hess($f, (x_1, x_2)$) $= 4e^{2\,[x_1^2+(x_2-1)^2]}(1 + 2x_1^2 + 2(x_2 - 1)^2) > 0$ et traceHess($f, (x_1, x_2)$) $= -2e^{(x_1)^2+(x_2-1)^2}(1 + 2x_1^2 + 1 + 2(x_2 - 1)^2) < 0$, donc $\forall(x_1, x_2) \in \mathbb{R}^2$, les 2 valeurs propres de Hess($f, (x_1, x_2)$) sont strictement négatives, donc $\forall(x_1, x_2) \in \mathbb{R}^2$, Hess($f, (x_1, x_2)$) est définie négative ce qui implique que f est strictement concave sur $\mathbb{R}^2$.

2) Maximum d'une fonction concave

Dans le cas des fonctions concaves différentiables sur un ouvert convexe de $\mathbb{R}^n$, les points fournis par grad$f(\vec{x}) = \vec{0}$ sont des points de maxima globaux comme le montre la proposition suivante.

• Proposition 9 : condition nécessaire et suffisante d'optimalité (CNS)

Soit f définie, différentiable et concave sur un sous-ensemble ouvert convexe D de $\mathbb{R}^n$ et $\vec{a} \in D$.

grad$f(\vec{a}) = \vec{0}$ si, et seulement si, f admet un maximum global sur D en $\vec{a}$ (strict, si la concavité est stricte).

Exemple

On considère la fonction de production :

$$q(x_1, x_2) = \sqrt{x_1} + \sqrt{x_2} \quad \textit{définie sur } \mathbb{R}_+^* \times \mathbb{R}_+^*$$

Soit p le prix de l'output et w_1, w_2 les prix des inputs. (p, w_1, w_2 sont strictement positifs). On veut étudier le problème de maximisation du profit et définir les fonctions de demande d'input.

Le profit est :

$$\Pi(x_1, x_2) = p\left(\sqrt{x_1} + \sqrt{x_2}\right) - w_1 x_1 - w_2 x_2$$

On résout donc le problème suivant :

$$Maximiser\ \Pi(x_1, x_2)\ sur\ \mathbb{R}_+^* \times \mathbb{R}_+^*$$

Π est de classe C^2 sur l'ouvert convexe $\mathbb{R}_+^* \times \mathbb{R}_+^*$. On cherche les candidats en résolvant :

grad $\Pi(x_1, x_2) = 0$ *c'est-à-dire :*

$$\Pi'_{x_1}(x_1, x_2) = \frac{p}{2\sqrt{x_1}} - w_1 = 0$$
$$\Pi'_{x_2}(x_1, x_2) = \frac{p}{2\sqrt{x_2}} - w_2 = 0$$

Le candidat est $\left(\left(\frac{p}{2w_1}\right)^2, \left(\frac{p}{2w_2}\right)^2\right)$ *:*

$$\text{Hess}\left(\Pi, (x_1, x_2)\right) = \begin{bmatrix} \frac{-p}{4x_1^{3/2}} & 0 \\ 0 & \frac{-p}{4x_2^{3/2}} \end{bmatrix}$$

Pour tout (x_1, x_2) de l'ensemble de définition, cette matrice est définie négative car ses valeurs propres sont strictement négatives ; la fonction Π est donc strictement concave et le candidat fournit un maximum global strict à la fonction. Le profit est donc maximum pour $(x_1, x_2) = \left(\left(\frac{p}{2w_1}\right)^2, \left(\frac{p}{2w_2}\right)^2\right)$. *Les fonctions de demande d'input sont alors :*

$$x_1^d(p, w_1, w_2) = \left(\frac{p}{2w_1}\right)^2; \quad x_2^d(p, w_1, w_2) = \left(\frac{p}{2w_2}\right)^2$$

IV. Récapitulation des conditions

Extrema sans contraintes

Soit f de classe C^2 sur un ouvert $\mathcal{O}$ de $\mathbb{R}^n$, et $\vec{a} \in \mathcal{O}$:

© Dunod. Toute reproduction non autorisée est un délit.

- f quelconque

  CN1 et CN2 :

  f admet un minimum local en $\vec{a} \Longrightarrow \text{grad}\, f(\vec{a}) = \vec{0}$ et $\text{Hess}(f, \vec{a})$ semi-définie positive

  f admet un maximum local en $\vec{a} \Longrightarrow \text{grad}\, f(\vec{a}) = \vec{0}$ et $\text{Hess}(f, \vec{a})$ semi-définie négative

  CS 2 :

  $\text{grad} f(\vec{a}) = \vec{0}$ et $\text{Hess}(f, \vec{a})$ définie positive $\Longrightarrow f$ admet un minimum local strict en $\vec{a}$

  $\text{grad} f(\vec{a}) = \vec{0}$ et $\text{Hess}(f, \vec{a})$ définie négative $\Longrightarrow f$ admet un maximum local strict en $\vec{a}$.

  On suppose de plus $\mathcal{O}$ convexe.

- f convexe :

  CNS : $\text{grad} f(\vec{a}) = \vec{0} \Longleftrightarrow f$ admet un minimum global en $\vec{a}$

- f strictement convexe :

  CNS : $\text{grad} f(\vec{a}) = \vec{0} \Longleftrightarrow f$ admet un minimum global strict en $\vec{a}$

- f concave :

  CNS : $\text{grad} f(\vec{a}) = \vec{0} \Longleftrightarrow f$ admet un maximum global en $\vec{a}$

- f strictement concave :

  CNS : $\text{grad} f(\vec{a}) = \vec{0} \Longleftrightarrow f$ admet un maximum global strict en $\vec{a}$

Point méthode

Soit f de classe C^2 sur un ouvert $\mathcal{O}$ de $\mathbb{R}^n$. Pour étudier les extrema de f sur $\mathcal{O}$ on procède de la façon suivante :

on cherche les candidats en résolvant $\text{grad} f(\vec{x}) = \vec{0}$. Soit $\vec{a} \in \mathcal{O}$ un candidat ;

on calcule $\text{Hess}(f, \vec{x})$.

Si $\text{Hess}(f, \vec{x})$ n'est pas de même nature sur $\mathcal{O}$ alors on étudie la nature de $\text{Hess}(f, \vec{a})$:

- si $\text{Hess}(f, \vec{a})$, est définie négative, alors f admet un maximum local strict en $\vec{a}$;
- si $\text{Hess}(f, \vec{a})$, est définie positive, alors f admet un minimum local strict en $\vec{a}$;
- si $\text{Hess}(f, \vec{a})$, est semi-définie négative ou semi-définie positive, alors on ne peut pas conclure ;
- si $\text{Hess}(f, \vec{a})$ est indéfinie, alors f n'admet pas d'extremum en $\vec{a}$.

Si $\text{Hess}(f, \vec{x})$ est de même nature sur $\mathcal{O}$ et $\mathcal{O}$ convexe :

- si Hess($f, \vec{x}$), est semi-définie négative $\forall x \in \mathcal{O}$, alors f est concave sur $\mathcal{O}$ d'où f admet un maximum global en $\vec{a}$;
- si Hess($f, \vec{x}$), est définie négative $\forall x \in \mathcal{O}$, alors f est strictement concave sur $\mathcal{O}$ d'où f admet un maximum global strict en $\vec{a}$;
- si Hess($f, \vec{x}$), est semi-définie positive $\forall x \in \mathcal{O}$, alors f est convexe sur $\mathcal{O}$ d'où f admet un minimum global en $\vec{a}$;
- si Hess($f, \vec{x}$), est définie positive $\forall x \in \mathcal{O}$, alors f est strictement convexe sur $\mathcal{O}$ d'où f admet un minimum global strict en $\vec{a}$.

V. Extrema sous contraintes : théorème d'existence

• Définition 8

Un ensemble D est dit *borné* dans $\mathbb{R}^n$ lorsque :

$$\exists c > 0 \text{ tel que } \forall \vec{x} \in D, \ \| \vec{x} \| \leqslant c$$

Ou de façon équivalente lorsqu'il existe

$$c_1 > 0, ..., c_n > 0, \text{tel que, } \forall \vec{x} \in D, \ |x_1| \leqslant c_1, ..., |x_n| \leqslant c_n$$

On n'a pas précisé la norme. En effet les trois normes définies étant équivalentes, si D est borné relativement à l'une, il sera borné pour toutes les autres normes.

• Définition 9

Un ensemble D est dit *compact* dans $\mathbb{R}^n$ lorsqu'il est à la fois fermé et borné.

→ *Commentaires*

On peut montrer que pour des ensembles D de la forme :

$$D = \{\vec{x} \in \mathbb{R}^n \text{ tels que } \forall j = 1, \ldots, p, \ g_j(\vec{x}) = 0, \ \text{ et } \forall k = 1, \ldots, q, \ f_k(\vec{x}) \leqslant 0\}$$

si pour tout $j = 1, \ldots, p$, g_j est continue sur $\mathbb{R}^n$,
pour tout $k = 1, \ldots, q$, f_k est continue sur $\mathbb{R}^n$,
alors D est fermé.
Le résultat est le même si on remplace $\mathbb{R}^n$ par $\mathbb{R}^n_+$.
Si de plus D est borné, alors D est compact.

© Dunod. Toute reproduction non autorisée est un délit.

▶ **Exemple**

$$D = \{\vec{x} \in \mathbb{R}^2 \text{ tel que } g(\vec{x}) = x_1^2 + x_2^2 - 8 = 0\}.$$

D est fermé car g est continue sur $\mathbb{R}^2$ et D est borné car $\forall (x_1, x_2) \in D$, $\| (x_1, x_2) \|_2 = \sqrt{8}$ donc D est compact.

▶ **Exemple**

$$D = \Big\{\vec{x} \in \mathbb{R}^2 \text{ tel que } f_1(\vec{x}) = p_1 x_1 + p_2 x_2 - 10 \leqslant 0,\ f_2(\vec{x}) = -x_1 \leqslant 0,$$
$$f_3(\vec{x}) = -x_2 \leqslant 0\Big\} \text{ où } p_1, p_2 > 0$$

f_1, f_2, f_3 sont continues sur $\mathbb{R}^2$, donc D est fermé.

D est borné car $\forall (x_1, x_2) \in D$, $0 \leqslant x_1 \leqslant 10/p_1$, $0 \leqslant x_2 \leqslant 10/p_2$ ou bien $\forall (x_1, x_2) \in D$, $\| (x_1, x_2) \|_2 \leqslant \sqrt{100/(p_1)^2 + 100/(p_2)^2}$.

Donc D est compact.

• **Théorème 1 : théorème d'optimisation de Weierstrass**

Si f est une fonction continue sur un ensemble compact non vide $D \subset \mathbb{R}^n$, alors f atteint son maximum global et son minimum global sur D.

Autrement dit le problème

$$\begin{cases} \text{Maximiser } f(\vec{x}) \\ \text{quand } \vec{x} \in D \end{cases}$$

admet une solution globale et le problème :

$$\begin{cases} \text{Minimiser } f(\vec{x}) \\ \text{quand } \vec{x} \in D \end{cases}$$

admet une solution globale.

Ce théorème garantit l'existence d'au moins une solution pour chacun des problèmes ci-dessus, sans pour autant donner de moyen pour trouver cette solution. Nous verrons par la suite comment l'utiliser judicieusement. Il nécessite de savoir reconnaître qu'une fonction est continue et qu'un ensemble est compact dans $\mathbb{R}^n$.

▶ **Exemple**

On considère le problème suivant :

$$\begin{cases} \textit{Maximiser } f(x_1, x_2) = x_1^2 - x_2^2 + 6 \\ \textit{sous les contraintes } x_1^2 + x_2^2 = 8 \end{cases}$$

Ici $D = \{\vec{x} \in \mathbb{R}^2$ tel que $g(\vec{x}) = x_1^2 + x_2^2 - 8 = 0\}$. *On a montré ci-dessus que D est compact.*

Comme f est continue sur $\mathbb{R}^2$, *f est continue sur D. Le théorème d'optimisation de Weierstrass garantit alors l'existence d'une solution à ce problème.*

▶ **Exemple**

On considère le problème suivant :

$$\begin{cases} \quad \textit{Maximiser } f(x_1, x_2) = x_1^2 - x_2^2 + 6 \\ \textit{sous les contraintes } p_1x_1 + p_2x_2 \leqslant 10 \\ x_1 \geqslant 0 \\ x_2 \geqslant 0 \end{cases}$$

où $p_1 > 0$, $p_2 > 0$ *sont donnés.*

Ici
$$D = \Big\{\vec{x} \in \mathbb{R}^2 \text{ tel que } f_1(\vec{x}) = p_1x_1 + p_2x_2 - 10 \leqslant 0,$$
$$f_2(\vec{x}) = -x_1 \leqslant 0,\ f_3(\vec{x}) = -x_2 \leqslant 0\Big\}$$

On a montré ci-dessus que D est compact.

Comme f est continue sur $\mathbb{R}^2$, *f est continue sur D. Le théorème d'optimisation de Weierstrass garantit alors l'existence d'une solution à ce problème.*

VI. Extrema d'une fonction sous contraintes d'égalité : conditions nécessaires, conditions suffisantes

Soit f définie sur un ouvert $\mathcal{O}$ de $\mathbb{R}^n$.

On considère le problème suivant :

$$(P_n)\begin{cases} \text{Maximiser } f(\vec{x}) \\ \text{quand } \vec{x} \in \mathcal{O} \\ \text{sous les contraintes } \forall j = 1, \dots, p,\ g_j(\vec{x}) = 0 \end{cases}$$

où $p < n$.

© Dunod. Toute reproduction non autorisée est un délit.

Notons que ce problème est de la forme :

$$(P_M)\begin{cases}\text{Maximiser } f(\vec{x})\\ \text{quand } \vec{x}\in D\end{cases}$$

où $D = \{\vec{x} \in \mathcal{O} \text{ tel que } g_1(\vec{x}) = 0, \ldots, g_p(\vec{x}) = 0\}$
En reprenant la définition 1 on a la définition 10.

• Définition 10

On dit que $\vec{a}$ est solution globale du problème lorsque $\vec{a} \in D$ et $\forall \vec{x} \in D$, $f(\vec{x}) \leqslant f(\vec{a})$
c'est-à-dire $\vec{a} \in \mathcal{O}$, $\forall j = 1, \ldots, p$, $g_j(\vec{a}) = 0$ et $\forall \vec{x} \in \mathcal{O}$ vérifiant $\forall j = 1, \ldots, p$, $g_j(\vec{x}) = 0$, on a $f(\vec{x}) \leqslant f(\vec{a})$.
Ceci se dit aussi f admet un maximum global en $\vec{a}$ sur $\mathcal{O}$ sous les contraintes $\forall j = 1, \ldots, p$, $g_j(\vec{x}) = 0$.
On dit que $\vec{a}$ est solution locale du problème lorsque $\vec{a} \in D$ et qu'il existe un voisinage V de $\vec{a}$, tel que $\forall \vec{x} \in V \cap D$ on a $f(\vec{x}) \leqslant f(\vec{a})$.

Étudions d'abord le problème pour une fonction de deux variables et une seule contrainte.

Soit f définie sur un ouvert $\mathcal{O}$ de $\mathbb{R}^2$. On considère le problème suivant :

$$(P_2)\begin{cases}\text{Maximiser } f(x_1, x_2)\\ \text{quand } (x_1, x_2) \in \mathcal{O}\\ \text{sous la contrainte } g(x_1, x_2) = 0\end{cases}$$

Il faut d'abord essayer de transformer le problème de maximisation d'une fonction de deux variables, sous une contrainte d'égalité en un problème de maximisation d'une fonction d'une seule variable sans contrainte. Cela est possible lorsque l'on peut exprimer x_1 en fonction de x_2 (ou vice versa) à partir de la contrainte. Lorsque la fonction g est affine c'est-à-dire $g(x_1, x_2) = ax_1 + bx_2 + c$ où a, b, c sont des réels on peut toujours ramener le problème sous contrainte à un problème de maximisation d'une fonction d'une seule variable sans contrainte.

Lorsque l'on ne peut pas transformer le problème sous contrainte en un problème sans contrainte, on utilise la méthode des multiplicateurs de Lagrange que l'on présente ci-dessous.

• Proposition 10 : condition nécessaire du 1er ordre (CN1)

Soit f définie sur un ouvert $\mathcal{O}$ de $\mathbb{R}^2$ et $\vec{a} = (a_1, a_2) \in \mathcal{O}$.

Si les conditions suivantes sont satisfaites :

– f est de classe C^1 sur $\mathcal{O}$;

– g est de classe C^1 sur $\mathcal{O}$;

– $\vec{a}$ est solution locale du problème (P_2) ;

– grad $g(\vec{a})$ non nul ;

alors il existe $\lambda \in \mathbb{R}$ tel que :

$$\operatorname{grad} f(\vec{a}) + \lambda \operatorname{grad} g(\vec{a}) = \vec{0}$$

ce qui s'écrit aussi :

$$f'_{x_1}(\vec{a}) + \lambda g'_{x_1}(\vec{a}) = 0$$
$$f'_{x_2}(\vec{a}) + \lambda g'_{x_2}(\vec{a}) = 0$$

On pose $L(\vec{x}, \lambda) = f(\vec{x}) + \lambda g(\vec{x})$, L est appelé *lagrangien* et λ *multiplicateur de Lagrange*. La conclusion de la CN1 s'écrit :

$$\forall i = 1, 2 \quad L'_{x_i}(\vec{a}, \lambda) = 0$$

La condition « grad $g(\vec{a})$ non nul » est appelée *qualification des contraintes*. On ne peut pas appliquer cette proposition lorsqu'elle n'est pas vérifiée.

Démonstration : la démonstration est basée sur le théorème des fonctions implicites (théorème 6 du chapitre 10).

g est de classe C^1 sur $\mathcal{O}$ et $g(a_1, a_2) = 0$. grad $g(\vec{a})$ non nul signifie que $g'_{x_1}(\vec{a}) \neq 0$ ou $g'_{x_2}(\vec{a}) \neq 0$. Supposons $g'_{x_2}(\vec{a}) \neq 0$. On applique le théorème des fonctions implicites à g ce qui donne l'existence d'un intervalle ouvert I contenant a_1, d'un intervalle ouvert J contenant a_2, et d'une fonction ϕ : $I \longrightarrow J$ de classe C^1 tels que :

$$\forall x_1 \in I,\ g\big(x_1, \phi(x_1)\big) = 0,\ \phi(a_1) = a_2 \quad \text{et}$$
$$\{(x_1, x_2) \in I \times J \text{ tel que } g(x_1, x_2) = 0\} = \Big\{\big(x_1, \phi(x_1)\big) \text{ tel que } x_1 \in I\Big\}$$

et on a :

$$\phi'(a_1) = -\frac{g'_{x_1}(\vec{a})}{g'_{x_2}(\vec{a})}$$

Comme $\vec{a}$ est solution locale du problème (P_2), a_1 est solution locale du problème de maximisation d'une fonction d'une seule variable :

Maximiser $\tilde{f}(x_1) = f\big(x_1, \phi(x_1)\big)$, $x_1 \in I$.

La CN1 pour ces problèmes (chapitre 5, proposition 10) donne alors $\tilde{f}'(a_1) = 0$. Or :

$$\tilde{f}'(x_1) = f'_{x_1}\big(x_1, \phi(x_1)\big) + f'_{x_2}\big(x_1, \phi(x_1)\big)\phi'(x_1)$$

© Dunod. Toute reproduction non autorisée est un délit.

donc : $0 = \tilde{f}'(a_1) = f'_{x_1}\big(a_1, \phi(a_1)\big) + f'_{x_2}\big(a_1, \phi(a_1)\big)\phi'(a_1)$:

$$0 = f'_{x_1}\big(a_1, \phi(a_1)\big) + f'_{x_2}\big(a_1, \phi(a_1)\big)\left(-\frac{g'_{x_1}(\vec{a})}{g'_{x_2}(\vec{a})}\right)$$

$$\frac{f'_{x_1}(a_1, a_2)}{f'_{x_2}(a_1, a_2)} = \frac{f'_{x_1}(\vec{a})}{f'_{x_2}(\vec{a})} = \frac{g'_{x_1}(\vec{a})}{g'_{x_2}(\vec{a})}$$

Posons $\lambda = -\dfrac{f'_{x_2}(\vec{a})}{g'_{x_2}(\vec{a})}$, on obtient bien :

$$f'_{x_1}(\vec{a}) + \lambda g'_{x_1}(\vec{a}) = 0$$
$$f'_{x_2}(\vec{a}) + \lambda g'_{x_2}(\vec{a}) = 0$$

▶ **Exemple**

Dans la théorie néo-classique du consommateur, le consommateur maximise son utilité sous sa contrainte de budget.

Soit $U(x_1, x_2)$ une fonction d'utilité admettant des dérivées partielles strictement positives et continues sur l'ouvert $\mathbb{R}_+^* \times \mathbb{R}_+^*$ et soit $p_1x_1 + p_2x_2 = R$ une contrainte de budget. $x_1 > 0$, $x_2 > 0$, $R > 0$, $p_1 > 0$, $p_2 > 0$. Montrons que si (x_1^*, x_2^*) est solution du problème de maximisation de l'utilité sous contrainte de budget, alors le taux marginal de substitution TMS_{12} en (x_1^*, x_2^*) est égal au rapport des prix.

Le problème de maximisation s'écrit :

$$(P)\begin{cases} \textit{Maximiser } U(x_1, x_2) \\ \textit{quand } (x_1, x_2) \in \mathbb{R}_+^* \times \mathbb{R}_+^* \\ \textit{sous la contrainte } p_1x_1 + p_2x_2 = R \end{cases}$$

Première méthode : *on peut se ramener à un problème de maximisation d'une fonction d'une seule variable sans contrainte.*

On peut exprimer x_1 en fonction de x_2 à partir de la contrainte : $x_1 = (R - p_2x_2)/p_1$ et poser $\tilde{U}(x_2) = U\big((R - p_2x_2)/p_1, x_2\big)$. $\tilde{U}$ est alors de classe C^1 sur $\mathbb{R}_+^*$.

Le problème de maximisation d'une fonction de deux variables sous une contrainte devient alors un problème de maximisation d'une fonction d'une seule variable (et sans contrainte) :

$$(\tilde{P}) \quad \textit{Maximiser} \quad \tilde{U}(x_2) = U\Big((R - p_2x_2)/p_1, x_2\Big), \quad x_2 > 0$$

Si (x_1^*, x_2^*) est solution du problème (P) alors x_2^* est solution du problème $(\tilde{P})$.

En effet si pour tout $(x_1, x_2) \in \mathbb{R}_+^* \times \mathbb{R}_+^*$ *tel que* $x_1 = (R - p_2 x_2)/p_1$ *on a* $U(x_1, x_2) \leqslant U(x_1^*, x_2^*)$ *avec* $x_1^* = (R - p_2 x_2^*)/p_1$ *alors pour tout* $x_2 \in \mathbb{R}_+^*$, $\tilde{U}(x_2) = U\Big((R - p_2 x_2)/p_1, x_2\Big) \leqslant U\Big((R - p_2 x_2^*)/p_1, x_2^*\Big) = \tilde{U}(x_2^*)$.

La CN1 (chapitre 5, proposition 13) implique alors $\tilde{U}'(x_2^*) = 0$, *c'est-à-dire :*

$$U'_{x_1}\Big((R - p_2 x_2^*)/p_1, x_2^*\Big)(-p_2/p_1) + U'_{x_2}\Big((R - p_2 x_2^*)/p_1, x_2^*\Big) = 0$$

$$U'_{x_1}(x_1^*, x_2^*)(-p_2/p_1) + U'_{x_2}(x_1^*, x_2^*) = 0$$

Comme $TMS_{12}(x_1, x_2) = \dfrac{U'_{x_1}(x_1, x_2)}{U'_{x_2}(x_1, x_2)}$ *(chapitre 10) on a*

$$TMS_{12}(x_1^*, x_2^*) = \frac{p_1}{p_2}$$

Deuxième méthode *: les multiplicateurs de Lagrange.*

Il est plus simple et naturel d'utiliser la première méthode mais nous donnons celle-ci dans un but d'illustration.

On pose :

$$g(x_1, x_2) = p_1 x_1 + p_2 x_2 - R = 0$$

$$L(x_1, x_2, \lambda) = U(x_1, x_2) + \lambda(p_1 x_1 + p_2 x_2 - R)$$

On va appliquer la CN1 pour un problème de maximisation sous une contrainte d'égalité (Proposition 10). On a :

- *U est de classe* C^1 *sur* $\mathbb{R}_+^* \times \mathbb{R}_+^*$ *;*
- *g est de classe* C^1 *sur* $\mathbb{R}_+^* \times \mathbb{R}_+^*$ *;*
- (x_1^*, x_2^*) *est solution du problème ;*
- $\text{grad}\, g(x_1^*, x_2^*) = (p_1, p_2) \neq (0, 0)$

donc la Qualification des Contraintes est vérifiée.

Alors il existe $\lambda \in \mathbb{R}$ *tel que :*
$$\begin{aligned} L'_{x_1}(x_1^*, x_2^*, \lambda) &= 0 \\ L'_{x_2}(x_1^*, x_2^*, \lambda) &= 0 \\ p_1 x_1^* + p_2 x_2^* - R &= 0 \end{aligned}$$

c'est-à-dire

$$\begin{aligned} U'_{x_1}(x_1^*, x_2^*) + \lambda p_1 &= 0 \\ U'_{x_2}(x_1^*, x_2^*) + \lambda p_2 &= 0 \\ p_1 x_1^* + p_2 x_2^* - R &= 0 \end{aligned}$$

et on a $TMS_{12}(x_1^*, x_2^*) = \dfrac{U'_{x_1}(x_1^*, x_2^*)}{U'_{x_2}(x_1^*, x_2^*)} = \dfrac{p_1}{p_2}$.

© Dunod. Toute reproduction non autorisée est un délit.

→ ***Commentaires***

Attention, la condition « il existe $\lambda \in \mathbb{R}$ tel que $\operatorname{grad} f(\vec{a}) + \lambda \operatorname{grad} g(\vec{a}) = \vec{0}$ » est une condition nécessaire mais elle n'est pas suffisante.

Les points $\vec{x}$ qui vérifient :

$$\text{« il existe } \lambda \in \mathbb{R} \text{ tel que } \operatorname{grad} f(\vec{x}) + \lambda \operatorname{grad} g(\vec{x}) = \vec{0} \text{ »}$$

sont seulement des candidats à être solutions. Pour trouver lesquels d'entre eux sont des solutions on a besoin de conditions suffisantes. On en donne trois dans la suite.

• Proposition 11 : conditions suffisantes

Supposons que le problème (P_2) possède une solution globale (par application du théorème d'optimisation de Weierstrass par exemple).
Supposons qu'il existe des candidats obtenus en appliquant la CN1.
Alors parmi ces candidats, ceux qui donnent à f la plus grande valeur sont solutions globales du problème.

• Proposition 12 : conditions nécessaires et suffisantes pour un problème convexe (CNS)

Soit f définie sur un ouvert convexe $\mathcal{O}$ de $\mathbb{R}^2$ et $\vec{a} = (a_1, a_2) \in \mathcal{O}$.
Si les conditions suivantes sont satisfaites :

- f est de classe C^1 sur $\mathcal{O}$;
- $g(\vec{a}) = 0$;
- f est concave ;
- g est affine ;
- $\operatorname{grad} g(\vec{a})$ non nul ;

alors les deux assertions suivantes sont équivalentes :

a) il existe $\lambda \in \mathbb{R}$ tel que $\operatorname{grad} f(\vec{a}) + \lambda \operatorname{grad} g(\vec{a}) = \vec{0}$;

b) $\vec{a}$ est solution globale du problème (P_2) (stricte si la concavité est stricte) ;

ce qui signifie : la CN1=CS.

→ ***Commentaire***

Notons que dans ce cas $\operatorname{grad} g(\vec{a})$ ne dépend pas de $\vec{a}$ car la fonction g est affine.

La stricte concavité de la fonction f garantit l'unicité de la solution lorsqu'elle existe.

• Proposition 13 : conditions suffisantes du second ordre (CS2)

Soit f définie sur un ouvert $\mathcal{O}$ sur $\mathbb{R}^2$ et $\vec{a} = (a_1, a_2) \in \mathcal{O}$.

Si les conditions suivantes sont satisfaites :

- f est de classe C^2 sur $\mathcal{O}$;
- g est de classe C^2 sur $\mathcal{O}$;
- $g(\vec{a}) = 0$;
- $\text{grad}\, g(\vec{a}) = \left(g'_{x_1}(\vec{a}), g'_{x_2}(\vec{a})\right)$ non nul ;
- il existe $\lambda \in \mathbb{R}$ tel que $\text{grad}\, f(\vec{a}) + \lambda\, \text{grad}\, g(\vec{a}) = \vec{0}$;
- pour tout $\vec{h} = (h_1, h_2)$ non nul tel que $g'_{x_1}(\vec{a})h_1 + g'_{x_2}(\vec{a})h_2 = 0$ on a : $H^T[\text{Hess}(f, \vec{a}) + \lambda\, \text{Hess}(g, \vec{a})]H < 0$.

Alors $\vec{a}$ est solution locale stricte du problème (P_2).

H est la matrice ou vecteur colonne des composantes de $\vec{h}$, dans la base canonique.

⟶ ***Commentaires***

On a des propositions analogues pour un problème de minimisation sous contrainte.

▶ **Exemple**

$$\begin{cases} \textit{Trouver les Extrema de } f(x_1, x_2) = x_1^3 + x_2^3 \\ \textit{sous la contrainte } x_1^2 + x_2^2 = 16 \end{cases}.$$

On pose $g(x_1, x_2) = x_1^2 + x_2^2 - 16$. *$f$ et g sont de classe C^2 sur $\mathbb{R}^2$.* $\text{grad}g(x_1, x_2) = (2x_1, 2x_2) \neq (0, 0)$ *pour tout* $\vec{x} \neq (0, 0)$. *Or* $(0, 0)$ *ne vérifie pas la contrainte.*

Donc la qualification des contraintes est vérifiée en tout point admissible c'est-à-dire en tout point qui vérifie la contrainte d'égalité.

On pose $L(x_1, x_2, \lambda) = f(x_1, x_2) + \lambda g(x_1, x_2) = x_1^3 + x_2^3 + \lambda(x_1^2 + x_2^2 - 16)$ *et on résout*

$$\begin{cases} L'_{x_1}(x_1, x_2, , \lambda) = 0 \\ L'_{x_2}(x_1, x_2, , \lambda) = 0 \\ g(x_1, x_2) = 0 \end{cases}$$

c'est-à-dire

$$\begin{cases} 3x_1^2 + 2\lambda x_1 = 0 \\ 3x_2^2 + 2\lambda x_2 = 0 \\ x_1^2 + x_2^2 - 16 = 0 \end{cases}$$

$$\textit{d'où} \begin{cases} x_1(3x_1 + 2\lambda) = 0 \\ x_2(3x_2 + 2\lambda) = 0 \\ x_1^2 + x_2^2 - 16 = 0 \end{cases}$$

© Dunod. Toute reproduction non autorisée est un délit.

ce qui donne $x_1 = 0$ *ou* $x_2 = 0$ *ou* $x_1 = x_2$. *(*$(0,0)$ *ne vérifie pas la contrainte.)*

On a donc 6 candidats $(0,4)$, $(0,-4)$, $(4,0)$, $(-4,0)$, $(2\sqrt{2}, 2\sqrt{2})$, $(-2\sqrt{2}, -2\sqrt{2})$ *avec les valeurs respectives de* λ *qui sont :* $\lambda = -6$, $\lambda = 6$, $\lambda = -6$, $\lambda = 6$, $\lambda = -3\sqrt{2}$, $\lambda = 3\sqrt{2}$

On pose $K = \{\vec{x} = (x_1, x_2) \in \mathbb{R}^2$ *t.q.* $g(x_1, x_2) = 0\} = \{(x_1, x_2) \in \mathbb{R}^2$ *t.q.* $x_1^2 + x_2^2 - 16 = 0\}$.
K est fermé car g est continue sur $\mathbb{R}^2$.
K est borné car $\forall \vec{x} = (x_1, x_2) \in \mathbb{R}^2$, $||(x_1, x_2)||_2 = 4$ *(ou bien* $\forall (x_1, x_2) \in \mathbb{R}^2$, $|x_1| \leqslant 4$, *et* $|x_2| \leqslant 4$*).*
Étant fermé et borné, K est compact. Comme f est continue sur $\mathbb{R}^2$, *f est continue sur le compact K. Le théorème d'optimisation de Weierstrass garantit alors que f atteint son maximum global et son minimum global sur K.*

Examinons tous les points obtenus par la CN1 :

$$f(0,4) = 64, \quad f(0,-4) = -64,$$
$$f(4,0) = 64, \quad f(-4,0) = -64,$$
$$f(2\sqrt{2}, 2\sqrt{2}) = 32\sqrt{2}, \quad f(-2\sqrt{2}, -2\sqrt{2}) = -32\sqrt{2}.$$

Donc f admet un maximum global sous la contrainte en $(0,4)$ *et* $(4,0)$, *un minimum global sous la contrainte en* $(0,-4)$ *et* $(-4,0)$.

On peut étudier la nature locale de $(2\sqrt{2}, 2\sqrt{2})$ *et* $(-2\sqrt{2}, -2\sqrt{2})$ *par les CS2.*

$$\text{Hess}(f, \vec{x}) = \begin{bmatrix} 6x_1 & 0 \\ 0 & 6x_2 \end{bmatrix}, \quad \text{Hess}(g, \vec{x}) = \begin{bmatrix} 2 & 0 \\ 0 & 2 \end{bmatrix}$$

$$\text{Hess}(f, \vec{x}) + \lambda \text{Hess}(g, \vec{x}) = \begin{bmatrix} 6x_1 + 2\lambda & 0 \\ 0 & 6x_2 + 2\lambda \end{bmatrix}.$$

Soit $\vec{h} = (h_1, h_2) \neq (0,0)$ *t.q* $\text{grad} g(\vec{a}).\vec{h} = 0$ *c'est-à-dire*

$$2a_1h_1 + 2a_2h_2 = 0.$$

Pour $(2\sqrt{2}, 2\sqrt{2})$ *avec* $\lambda = -3\sqrt{2}$ *:*
on a $4\sqrt{2}h_1 + 4\sqrt{2}h_2 = 0$. *On a donc* $h_2 = -h_1$ *et* $\vec{h} = (h_1, -h_1)$ *avec* $h_1 \neq 0$.

$$H^T[\text{Hess}(f, (2\sqrt{2}, 2\sqrt{2})) - 3\sqrt{2}\text{Hess}(g, (2\sqrt{2}, 2\sqrt{2}))]H$$
$$= [h_1, -h_1] \begin{bmatrix} 6\sqrt{2} & 0 \\ 0 & 6\sqrt{2} \end{bmatrix} \begin{bmatrix} h_1 \\ -h_1 \end{bmatrix} = 12\sqrt{2}h_1^2 > 0$$

puisque $h_1 \neq 0$. Les CS2 impliquent que f admet un minimum local strict au point $(2\sqrt{2}, 2\sqrt{2})$ sous la contrainte $g(\vec{x}) = 0$.
Pour $(-2\sqrt{2}, -2\sqrt{2})$ avec $\lambda = 3\sqrt{2}$:
on a $-4\sqrt{2}h_1 - 4\sqrt{2}h_2 = 0$. On a donc $h_2 = -h_1$ et $\vec{h} = (h_1, -h_1)$ avec $h_1 \neq 0$.

$$H^T[\text{Hess}(f, (-2\sqrt{2}, -2\sqrt{2})) + 3\sqrt{2}\text{Hess}(g, (-2\sqrt{2}, -2\sqrt{2}))]H$$
$$= [h_1, -h_1]\begin{bmatrix} -6\sqrt{2} & 0 \\ 0 & -6\sqrt{2} \end{bmatrix}\begin{bmatrix} h_1 \\ -h_1 \end{bmatrix} = -12\sqrt{2}h_1^2 < 0$$

puisque $h_1 \neq 0$. Les CS2 impliquent que f admet un maximum local strict au point $(-2\sqrt{2}, -2\sqrt{2})$ sous la contrainte $g(\vec{x}) = 0$.

• Généralisation à $\mathbb{R}^n$

On considère le problème général (P_n)

• Proposition 14 : condition nécessaire du 1er ordre (CN1)

Soit f définie sur un ouvert $\mathcal{O}$ de $\mathbb{R}^n$ et $\vec{a} \in \mathcal{O}$.

Si les conditions suivantes sont satisfaites :

- f est de classe C^1 sur $\mathcal{O}$;
- pour tout $j = 1, \ldots, p$, g_j est de classe C^1 sur $\mathcal{O}$;
- $\vec{a}$ est solution locale du problème (P_n) ;
- la condition de *qualification des contraintes* :

$$\text{grad}\, g_1(\vec{a}),\ \text{grad}\, g_2(\vec{a}), \ldots, \text{grad}\, g_p(\vec{a})$$

sont linéairement indépendants

alors il existe $\lambda_1, \lambda_2, \ldots, \lambda_p \in \mathbb{R}$ tels que :

$$\text{grad}\, f(\vec{a}) + \sum_{j=1}^{p} \lambda_j\, \text{grad}\, g_j(\vec{a}) = \vec{0}$$

ce qui s'écrit aussi :

$$\forall i = 1, \ldots, n,\ f'_{x_i}(\vec{a}) + \lambda_1 g'_{1_{x_i}}(\vec{a}) + \ldots + \lambda_p g'_{p_{x_i}}(\vec{a}) = 0$$

On pose $L(\vec{x}, \lambda_1, \ldots, \lambda_p) = f(\vec{x}) + \sum_{j=1}^{p} \lambda_j g_j(\vec{x})$, L est appelé lagrangien et les λ_j multiplicateurs de Lagrange. La conclusion de la CN1 s'écrit :

$$\forall i = 1, \ldots, n,\ L'_{x_i}(\vec{a}, \lambda_1, \ldots, \lambda_p) = 0$$

Cette proposition n'est qu'une condition nécessaire qui en général n'est pas une condition suffisante. Nous donnons dans ce qui suit trois propositions de conditions suffisantes.

© Dunod. Toute reproduction non autorisée est un délit.

• Proposition 15 : conditions suffisantes

Supposons que le problème (P_n) possède une solution globale (par application du théorème d'optimisation de Weierstrass par exemple).
Supposons qu'il existe des candidats obtenus en appliquant la CN1.
Alors parmi ces candidats, ceux qui donnent à f la plus grande valeur sont solutions globales du problème.

• Définition 11

Le problème (P_n) de maximisation sous contraintes d'égalité est dit *problème convexe* lorsque $\mathcal{O}$ est un ouvert convexe de $\mathbb{R}^n$, f une fonction concave, g_j des fonctions affines, $j = 1, ..., p$.

• Proposition 16 : conditions nécessaires et suffisantes pour un problème convexe (CNS)

Soit f définie sur un ouvert convexe $\mathcal{O}$ de $\mathbb{R}^n$ et $\vec{a} = (a_1, \dots, a_n) \in \mathcal{O}$.
Si les conditions suivantes sont satisfaites :

- f est de classe C^1 sur $\mathcal{O}$;
- pour tout $j = 1, \dots, p, \quad g_j(\vec{a}) = 0$;
- f est concave ;
- pour tout $j = 1, \dots, p$, g_j est affine ;
- la condition de qualification des contraintes : $\operatorname{grad} g_1(\vec{a})$, $\operatorname{grad} g_2(\vec{a}), \dots$, $\operatorname{grad} g_p(\vec{a})$ sont linéairement indépendants ;

alors les deux assertions suivantes sont équivalentes :

a) il existe $\lambda_1, \lambda_2, \dots, \lambda_p \in \mathbb{R}$ tels que $\operatorname{grad} f(\vec{a}) + \sum_{j=1}^{p} \lambda_j \operatorname{grad} g_j(\vec{a}) = \vec{0}$;

b) $\vec{a}$ est solution globale du problème (P_n) (stricte si la concavité est stricte).

→ ***Commentaires***

Notons que dans ce cas $\operatorname{grad} g_1(\vec{a}), ..., \operatorname{grad} g_p(\vec{a})$ ne dépendent pas de $\vec{a}$ car les fonctions $g_1, ..., g_p$ sont affines.

La stricte concavité de la fonction f garantit l'unicité de la solution lorsqu'elle existe.

▶ **Exemple**

$$\begin{cases} \textit{Maximiser} & f(x_1, x_2, x_3) = 4 \ln x_1 + 2x_2 + 8x_3 \\ \textit{sous les contraintes} & 8 - x_1 - x_2 - 2x_3 = 0 \\ & 1 - (1/2)x_1 - x_3 = 0 \\ & x_1 > 0 \end{cases}$$

f est définie sur $\mathcal{O} = \mathbb{R}_+^* \times \mathbb{R} \times \mathbb{R}$ qui est un ouvert convexe de $\mathbb{R}^3$.

On pose

$$g_1(x_1, x_2, x_3) = 8 - x_1 - x_2 - 2x_3$$

et

$$g_2(x_1, x_2, x_3) = 1 - (1/2)x_1 - x_3$$

f, g_1, g_2 sont de classe C^1 sur $\mathcal{O}$.

$$\text{grad}\, g_1(x_1, x_2, x_3) = (-1, -1, -2)$$

et

$$\text{grad}\, g_2(x_1, x_2, x_3) = (-(1/2), 0, -1)$$

grad $g_1(x_1, x_2, x_3)$ *et* grad $g_2(x_1, x_2, x_3)$ *sont linéairement indépendants. Donc la qualification des contraintes est vérifiée en tout point de $\mathcal{O}$.*

On pose :

$$L(x_1, x_2, x_3, \lambda_1, \lambda_2) = f(x_1, x_2, x_3) + \lambda_1 g_1(x_1, x_2, x_3) + \lambda_2 g_2(x_1, x_2, x_3)$$

c'est-à-dire

$$\begin{aligned} L(x_1, x_2, x_3, \lambda_1, \lambda_2) &= 4 \ln x_1 + 2x_2 + 8x_3 \\ &\quad + \lambda_1(8 - x_1 - x_2 - 2x_3) + \lambda_2(1 - (1/2)x_1 - x_3) \end{aligned}$$

et on résout :

$$\begin{cases} L'_{x_1}(x_1, x_2, x_3, \lambda_1, \lambda_2) = 0 \\ L'_{x_2}(x_1, x_2, x_3, \lambda_1, \lambda_2) = 0 \\ L'_{x_3}(x_1, x_2, x_3, \lambda_1, \lambda_2) = 0 \\ g_1(x_1, x_2, x_3) = 0 \\ g_2(x_1, x_2, x_3) = 0 \end{cases} \text{ c'est-à-dire : } \begin{cases} 4/x_1 - \lambda_1 - (1/2)\lambda_2 = 0 \\ 2 - \lambda_1 = 0 \\ 8 - 2\lambda_1 - \lambda_2 = 0 \\ 8 - x_1 - x_2 - 2x_3 = 0 \\ 1 - (1/2)x_1 - x_3 = 0 \end{cases}$$

ce qui donne $x_1 = 1$, $x_2 = 6$, $x_3 = 1/2$, $\lambda_1 = 2$, $\lambda_2 = 4$.

Le point $(1, 6, 1/2)$ *est donc candidat.*

$$\text{Hess}(f, \vec{x}) = \begin{bmatrix} -\dfrac{4}{x_1^2} & 0 & 0 \\ 0 & 0 & 0 \\ 0 & 0 & 0 \end{bmatrix}$$

$\forall \vec{x} \in \mathcal{O}$, Hess$(f, \vec{x})$ *est semi-définie négative. Donc f est concave sur $\mathcal{O}$.*

Comme f est concave et g_1 et g_2 affines, $(1, 6, 1/2)$ *est la solution globale du problème (CNS).*

Pour des problèmes non convexes on peut utiliser la proposition suivante.

© Dunod. Toute reproduction non autorisée est un délit.

• **Proposition 17 : conditions suffisantes du second ordre (CS2)**

Soit f définie sur un ouvert $\mathcal{O}$ de $\mathbb{R}^n$ et $\vec{a} = (a_1, \ldots, a_n) \in \mathcal{O}$.
Si les conditions suivantes sont satisfaites :

- f est de classe C^2 sur $\mathcal{O}$;
- pour tout $j = 1, \ldots, p$, g_j est de classe C^2 sur $\mathcal{O}$;
- pour tout $j = 1, \ldots, p$, $g_j(\vec{a}) = 0$;
- la condition de qualification des contraintes : $\text{grad}\, g_1(\vec{a}), \text{grad}\, g_2(\vec{a}), \ldots,$ $\text{grad}\, g_p(\vec{a})$ sont linéairement indépendants ;
- il existe $\lambda_1, \lambda_2, \ldots, \lambda_p \in \mathbb{R}$ tels que $\text{grad}\, f(\vec{a}) + \sum_{j=1}^{p} \lambda_j \,\text{grad}\, g_j(\vec{a}) = \vec{0}$;
- pour tout $\vec{h} = (h_1, \ldots, h_n)$ non nul tel que

$$\text{grad}\, g_1(\vec{a}) \cdot \vec{h} = 0, \ldots, \text{grad}\, g_p(\vec{a}) \cdot \vec{h} = 0$$

on a : $H^T \left[\text{Hess}(f, \vec{a}) + \sum_{j=1}^{p} \lambda_j \,\text{Hess}(g_j, \vec{a}) \right] H < 0$ (où H est le vecteur colonne des composantes de $\vec{h}$ dans la base canonique).

Alors $\vec{a}$ est solution locale stricte du problème (P_n).

→ ***Commentaires***

On a des propositions analogues pour un problème de minimisation sous contraintes d'égalité. (Dans la proposition 15 remplacer grande par petite, dans la proposition 16 remplacer f concave par f convexe, dans la proposition 17 remplacer $<$ par $>$ pour obtenir les propositions analogues.)

VII. Extrema d'une fonction sous contraintes d'égalité et d'inégalité : conditions nécessaires, conditions suffisantes

On considère le problème suivant :
soit f définie sur un ouvert $\mathcal{O}$ de $\mathbb{R}^n$.

$$(\mathcal{P}) \begin{cases} \text{Maximiser} & f(\vec{x}) \\ \text{quand } \vec{x} \in \mathcal{O} & \\ \text{sous les contraintes} & \forall j = 1, \ldots, p,\ g_j(\vec{x}) = 0 \\ & \forall k = 1, \ldots, q,\ f_k(\vec{x}) \leqslant 0 \end{cases}$$

Attention $p(\vec{x}) < 0$ n'est pas considéré une contrainte d'inégalité car $\{\vec{x} \in \mathbb{R}^n$ tel que $p(\vec{x}) < 0\}$ est un ouvert et une telle contrainte fait partie de la définition de $\mathcal{O}$.

En reprenant la définition 1, en définit une solution de $(\mathcal{P})$.

• Proposition 18 : conditions nécessaires du 1er ordre (CN1) Kuhn et Tucker

Soit f définie sur un ouvert $\mathcal{O}$ de $\mathbb{R}^n$ et $\vec{a} \in \mathcal{O}$.

Si les conditions suivantes sont satisfaites :

- f est de classe C^1 sur $\mathcal{O}$;
- Pour tout $j = 1, \ldots, p$, g_j est de classe C^1 sur $\mathcal{O}$;
- Pour tout $k = 1, \ldots, q$, f_k est de classe C^1 sur $\mathcal{O}$;
- $\vec{a}$ solution locale du problème $(\mathcal{P})$;
- la condition de qualification des contraintes : $\operatorname{grad} g_1(\vec{a}), \operatorname{grad} g_2(\vec{a}), \ldots, \operatorname{grad} g_p(\vec{a}), \operatorname{grad} f_k(\vec{a})$ (pour les k tels que $f_k(\vec{a}) = 0$) sont linéairement indépendants,

alors il existe $p + q$ nombres réels $\lambda_1, \lambda_2, \ldots, \lambda_p, \mu_1, \ldots, \mu_q$ qui satisfont les conditions suivantes :

$$\operatorname{grad} f(\vec{a}) + \sum_{j=1}^{p} \lambda_j \operatorname{grad} g_j(\vec{a}) + \sum_{k=1}^{q} \mu_k \operatorname{grad} f_k(\vec{a}) = \vec{0} \qquad \text{(C1)}$$

$$\forall k = 1, \ldots, q, \quad \mu_k f_k(\vec{a}) = 0 \qquad \text{(C2)}$$

$$\forall k = 1, \ldots, q, \quad \mu_k \leqslant 0 \qquad \text{(C3)}$$

En posant :

$$L(\vec{x}, \lambda_1, \ldots, \lambda_p, \mu_1, \ldots, \mu_q) = f(\vec{x}) + \sum_{j=1}^{p} \lambda_j g_j(\vec{x}) + \sum_{k=1}^{q} \mu_k f_k(\vec{x})$$

(C1) s'écrit :

$$\forall i = 1, \ldots, n, \ L'_{x_i}(\vec{a}, \lambda_1, \ldots, \lambda_p, \mu_1, \ldots, \mu_q) = 0$$

→ ***Commentaires***

Les conditions (C1), (C2), (C3) sont appelées conditions de *Kuhn et Tucker*. $\lambda_1, \lambda_2, \ldots, \lambda_p, \mu_1, \ldots, \mu_q$ sont appelés *multiplicateurs de Kuhn et Tucker*.

On remarque que seuls les multiplicateurs $\mu_1, \ldots, \mu_q$ associés aux contraintes d'inégalité sont signés.

On a une proposition analogue pour un problème de minimisation sous contraintes d'égalité et d'inégalité où on remplace $\forall k = 1, \ldots, q, \mu_k \leqslant 0$ par $\forall k = 1, \ldots, q, \ \mu_k \geqslant 0$.

© Dunod. Toute reproduction non autorisée est un délit.

• Définition 12

Le problème $(\mathcal{P})$ de maximisation sous contraintes d'égalité et d'inégalité est dit *problème convexe* lorsque $\mathcal{O}$ est un ouvert convexe de $\mathbb{R}^n$, la fonction f concave, les fonctions g_j affines, $j = 1, ..., p$ et les fonctions f_k convexs, $k = 1, ..., q$.

Sous la condition de qualification des contraintes, les conditions de Kuhn et Tucker sont des conditions nécessaires d'optimalité. Pour un problème convexe, ces conditions sont aussi suffisantes, comme le montre la proposition suivante.

• Proposition 19 : conditions nécessaires et suffisantes pour un problème convexe (CNS)

Soit f définie sur un ouvert $\mathcal{O}$ et $\vec{a} \in \mathcal{O}$.

Si les conditions suivantes sont satisfaites :

- $\mathcal{O}$ est un ouvert convexe non vide de $\mathbb{R}^n$;
- f est de classe C^1 sur $\mathcal{O}$;
- pour tout $k = 1, \ldots, q$, f_k est de classe C^1 sur $\mathcal{O}$;
- pour tout $j = 1, \ldots, p$, $g_j(\vec{a}) = 0$ et pour tout $k = 1, \ldots, q$, $f_k(\vec{a}) \leqslant 0$;
- f est concave sur $\mathcal{O}$;
- pour tout $j = 1, \ldots, p$, g_j est affine ;
- pour tout $k = 1, \ldots, q$, f_k est convexe sur $\mathcal{O}$;
- la condition de Slater : $\operatorname{grad} g_1(\vec{a})$, $\operatorname{grad} g_2(\vec{a}), \ldots, \operatorname{grad} g_p(\vec{a})$, sont linéairement indépendants, et il existe $\vec{y} \in \mathcal{O}$ tel que pour tout $j = 1, \ldots, p$, $g_j(\vec{y}) = 0$ et pour tout $k = 1, \ldots, q$, $f_k(\vec{y}) < 0$

alors les deux assertions suivantes sont équivalentes :

a) il existe $p+q$ nombres réels $\lambda_1, \lambda_2, \ldots, \lambda_p, \mu_1, \ldots, \mu_q$ qui satisfont les conditions suivantes :

$$\operatorname{grad} f(\vec{a}) + \sum_{j=1}^{p} \lambda_j \operatorname{grad} g_j(\vec{a}) + \sum_{k=1}^{q} \mu_k \operatorname{grad} f_k(\vec{a}) = \vec{0} \qquad \text{(C1)}$$

$$\forall k = 1, \ldots, q,\ \mu_k f_k(\vec{a}) = 0 \qquad \text{(C2)}$$

$$\forall k = 1, \ldots, q,\ \mu_k \leqslant 0 \qquad \text{(C3)}$$

b) $\vec{a}$ est solution globale du problème $(\mathcal{P})$ (stricte si la concavité est stricte).

→ ***Commentaires***

Notons que dans ce cas $\operatorname{grad} g_1(\vec{a}), ..., \operatorname{grad} g_p(\vec{a})$ ne dépendent pas de $\vec{a}$ car les fonctions $g_1, ..., g_p$ sont affines.

La stricte concavité de la fonction f garantit l'unicité de la solution lorsqu'elle existe.

→ ***Commentaires***

On a une proposition analogue pour un problème convexe de minimisation sous contraintes d'égalité et d'inégalité (c'est-à-dire lorsque $\mathcal{O}$ est convexe, la fonction f convexe, les fonctions g_j affines et les f_k convexes) où on remplace $\forall k = 1, \ldots, q,\ \mu_k \leqslant 0$ par $\forall k = 1, \ldots, q,\ \mu_k \geqslant 0$.

▶ **Exemple**

On considère le problème suivant dans $\mathbb{R}^2$ *:*

$$\begin{cases} \text{Maximiser} & f(x_1, x_2) = \ln x_1 + \ln(x_2 + 5) \\ & x_1 + x_2 \leqslant 4 \\ & x_1 > 0 \\ & x_2 \geqslant 0 \end{cases}$$

Il n'y a pas de contrainte d'égalité et il y a deux contraintes d'inégalité :

$$f_1(x_1, x_2) = x_1 + x_2 - 4 \leqslant 0 \quad \text{et} \quad f_2(x_1, x_2) = -x_2 \leqslant 0$$

$\mathcal{O} = \mathbb{R}_+^* \times] - 5, \infty[$ *ouvert convexe de* $\mathbb{R}^2$.

f, f_1 *et* f_2 *sont de classe* C^2 *sur* $\mathcal{O}$.

f *est strictement concave sur* $\mathcal{O}$. *En effet :*

$$\text{Hess}\Big(f, (x_1, x_2)\Big) = \begin{bmatrix} \dfrac{-1}{x_1^2} & 0 \\ 0 & \dfrac{-1}{(x_2 + 5)^2} \end{bmatrix}$$

$\forall (x_1, x_2) \in \mathcal{O}$, $\text{Hess}\Big(f, (x_1, x_2)\Big)$ *est définie négative donc* f *est strictement concave.*

f_1 *et* f_2 *sont affines donc convexes.*

Il existe $\vec{y} \in \mathcal{O}$ *tel que* $f_1(\vec{y}) < 0$ *et* $f_2(\vec{y}) < 0$. *On peut prendre* $\vec{y} = (1, 1)$, *la condition de Slater est donc vérifiée.*

Par la proposition (19), les conditions de Kuhn et Tucker sont nécessaires (car la condition de qualification est vérifiée) et suffisantes (car le problème est convexe).

On pose alors :

$$L(x_1, x_2, \mu_1, \mu_2) = \ln x_1 + \ln(x_2 + 5) + \mu_1(x_1 + x_2 - 4) + \mu_2(-x_2)$$

et on résout :

$$\forall i = 1, 2 \ \ L'_{x_i}(\vec{x}, \mu_1, \mu_2) = 0 \qquad \text{(C1)}$$

$$\begin{cases} \mu_1 f_1(x_1, x_2) = 0 \\ \mu_2 f_2(x_1, x_2) = 0 \end{cases} \qquad \text{(C2)}$$

$$\mu_1 \leqslant 0, \quad \mu_2 \leqslant 0 \qquad \text{(C3)}$$

© Dunod. Toute reproduction non autorisée est un délit.

c'est-à-dire

$$\left\{\begin{array}{l} L'_{x_1}(x,\mu_1,\mu_2) = \dfrac{1}{x_1} + \mu_1 = 0 \\ L'_{x_2}(x,\mu_1,\mu_2) = \dfrac{1}{x_2+5} + \mu_1 - \mu_2 = 0 \end{array}\right. \qquad \text{(C1)}$$

$$\left\{\begin{array}{l} \mu_1(x_1+x_2-4) = 0 \\ \mu_2(-x_2) = 0 \end{array}\right. \qquad \text{(C2)}$$

$$\mu_1 \leqslant 0, \quad \mu_2 \leqslant 0 \qquad \text{(C3)}$$

- *Si* $\mu_1 = \mu_2 = 0$ *:*
  alors $\dfrac{1}{x_1} = 0$ *et* $\dfrac{1}{x_2+5} = 0$*, donc il n'y a pas de solution.*
- *Si* $\mu_1 = 0, \mu_2 \neq 0$ *:*
  alors $\dfrac{1}{x_1} = 0$ *donc il n'y a pas de solution.*
- *Si* $\mu_1 \neq 0, \mu_2 = 0$ *:*
  (C2) donne $x_1 + x_2 - 4 = 0$ *et (C1) donne* $\mu_1 = -\dfrac{1}{x_1} = -\dfrac{1}{x_2+5}$ *d'où* $x_1 = x_2 + 5$ *et* $x_2 = -\dfrac{1}{2}$ *ce qui est impossible car* $x_2 \geqslant 0$.
- *Si* $\mu_1 \neq 0, \mu_2 \neq 0$ *:*
  alors (C2) donne $x_1 + x_2 - 4 = 0$ *et* $x_2 = 0$
  Donc $x_1 = 4$. $\mu_1 = -\dfrac{1}{4} < 0$ *et* $\mu_2 = \dfrac{1}{5} - \dfrac{1}{4} = -\dfrac{1}{20} < 0$*; (C3) est donc vérifiée. Ainsi il existe* μ_1, μ_2 *vérifiant (C1), (C2), (C3), ce qui est équivalent au fait que* $(4,0)$ *est solution globale stricte du problème par la proposition 19 (CNS).*

→ ***Commentaires***

La stricte concavité de la fonction f garantit l'unicité de la solution lorsqu'elle existe. Dès que l'on trouve une solution, il est inutile de poursuivre l'examen des autres cas, sachant que la solution est unique. Ainsi dans cet exemple, si on avait commencé par étudier le cas $\mu_1 \neq 0, \mu_2 \neq 0$, on n'aurait pas eu à examiner tous les autres.

Lorsque le problème n'est pas convexe on peut essayer d'appliquer la proposition suivante :

• Proposition 20 : conditions suffisantes

Supposons que le problème $(\mathscr{P})$ possède une solution globale (par application du théorème d'optimisation de Weierstrass par exemple). Supposons qu'il existe des candidats obtenus en appliquant la CN1.

Alors parmi ces candidats, ceux qui donnent à f la plus grande valeur sont solutions globales du problème.

→ ***Commentaire***

On a une proposition analogue pour un problème de minimisation sous contraintes d'égalité et d'inégalité. (Dans la proposition 20, remplacer grande par petite).

→ ***Commentaire***

La condition de Slater peut être utilisée comme condition de qualification des contraintes lorsque les g_j sont affines et les f_k convexes même si le problème n'est pas convexe (voir exercice n° 10)

Exercices

Énoncés

Exercice n° 1

Étudier les extrema des fonctions suivantes :

a) $f(x, y) = -x^2 - 3y^2 + 2x + 3y + 10.$

b) $f(x_1, x_2) = x_2(\ln^2 x_2 + x_1^2), x_2 > 0.$

c) $f(x_1, x_2) = 2x_1^4 + x_2^2 - 12x_1x_2.$

d) $g(x_1, x_2) = -6x_1^2 + 5x_1 - 4x_2^2 + 4x_1x_2.$

Exercice n° 2

Soit la fonction d'utilité $U(x_1, x_2) = 2x_1^{1/2} + 5x_2^{1/2}$ et la contrainte de budget $p_1x_1 + p_2x_2 = R$ où $R > 0$, $p_1 > 0$, $p_2 > 0$. $x_1 > 0$, $x_2 > 0$

Déterminer les fonctions de demande.

Montrer qu'elles sont homogènes de degré zéro par rapport aux prix et au revenu.

Exercice n° 3

On considère la fonction de production $q = v_1^{1/3}v_2$. Soit w_1 et w_2 les prix des facteurs 1 et 2. Quelles sont les quantités utilisées v_1 et v_2 des différents facteurs si le niveau de production est fixé à $\bar{q}$?

Exercice n° 4

Le théorème de l'enveloppe

Le théorème de l'enveloppe, très utilisé en économie, donne la variation de l'extremum d'une fonction (avec ou sans contraintes) lorsqu'un paramètre varie : il suffit de calculer la dérivée partielle de la fonction (ou du Lagrangien) par rapport à ce paramètre, en l'évaluant au point d'extremum.

© Dunod. Toute reproduction non autorisée est un délit.

Soit $\mathcal{O}$ un sous-ensemble ouvert de $\mathbb{R}^2$ et I un intervalle ouvert de $\mathbb{R}$. Soit f et g des fonctions de classe C^1 sur $\mathcal{O} \times I$. Supposons que pour tout $y \in I$, $\vec{a}(y) = (a_1(y), a_2(y))$ fournit un extremum local à f sur $\mathcal{O}$ sous la contrainte $g(\vec{x}, y) = 0$. On définit le Lagrangien $L(\vec{x}, \lambda, y) = f(\vec{x}, y) + \lambda g(\vec{x}, y)$. Supposons que les conclusions du Théorème des multiplicateurs de Lagrange (Proposition 10) sont vérifiées c'est-à-dire : Il existe λ tel que

$$0 = L'_{x_i}(\vec{a}(y), \lambda(y), y) = f'_{x_i}(\vec{a}(y), y) + \lambda(y) g'_{x_i}(\vec{a}(y), y), \quad i = 1, 2.$$

Soit $V(y) = f(\vec{a}(y), y)$. Supposons que pour tout $i = 1, 2$, $a_i : I \to \mathbb{R}$ et $\lambda : I \to \mathbb{R}$ sont de classe C^1. Alors V est de classe C^1 et

$$V'(y) = L'_y(\vec{a}(y), \lambda(y), y) = f'_y(\vec{a}(y), y) + \lambda(y) g'_y(\vec{a}(y), y).$$

Application : En reprenant l'exercice n° 2 avec les prix $p_1 = p_2 = 1$, déterminer la fonction d'utilité indirecte V, définie par $V(R) = U(x_1(R), x_2(R)) = L(x_1(R), x_2(R), \lambda(R))$ et montrer que $V'(R) = -\lambda(R)$. Même question pour l'exemple de la page 344.

Autres applications économiques : l'identité de Roy, la relation de Slutsky, etc...

Exercice n° 5

$$(P_1)\begin{cases} \text{Maximiser } U(x_1, x_2, x_3) = \displaystyle\sum_{i=1}^{3} \alpha_i \ln x_i \\ \displaystyle\sum_{i=1}^{3} p_i x_i = R \\ x_i > 0, \ \forall i = 1, \ldots, 3 \end{cases}$$

où les paramètres $\alpha_1, \ldots, \alpha_3, p_1, \ldots, p_3, R$ sont strictement positifs et $\sum_{i=1}^{3} \alpha_i = 1$.

Exercice n° 6

$$\begin{cases} \text{Extrema de } f(x_1, x_2) = x_1 x_2 \\ x_1^2 + x_2^2 = 5 \end{cases}$$

Exercice n° 7

$$\begin{cases} \text{Maximiser } f(x_1, x_2, x_3) = \ln(x_1 x_2 x_3) \\ x_1 > 0, \ x_2 > 0, \ x_3 > 0 \\ x_1 + x_2 + x_3 = 6 \\ x_1^2 + x_2^2 + x_3^2 \leqslant 16 \end{cases}$$

Exercice n° 8

$$(P)\begin{cases} \text{Maximiser } f(x_1, x_2) = x_1 + 2x_2 \\ 3x_1^2 + x_2^2 \leqslant 1 \\ x_1 - 3x_2 \leqslant -1 \end{cases}$$

Exercice n° 9

On considère la fonction de 2 variables f définie par : $f(x_1, x_2) = \ln(x_1^2 + x_2^2 + 1)$

a) Quel est l'ensemble de définition de f ?

b) Montrer que f est de classe C^2 sur son ensemble de définition et calculer sa matrice hessienne.

c) Trouver un sous-ensemble ouvert D de $\mathbb{R}^2$ sur lequel f est strictement convexe.

d) Trouver les extrema de f sur D sous la contrainte $x_1 - x_2 = 1$.

Exercice n° 10

On considère le problème suivant dans $\mathbb{R}^2$

$$\begin{cases} \text{Maximiser } f(x_1, x_2) = x_1^2 + 2x_2 \\ \qquad\qquad\qquad x_1^2 + 2x_2^2 \leqslant 5 \end{cases}$$

a) Montrer que ce problème admet une solution.

b) Résoudre le problème.

© Dunod. Toute reproduction non autorisée est un délit.

12. Équations de récurrence

On étudie ici des équations dites de récurrence, dont l'inconnue est une suite. En économie, ces équations décrivent, par exemple, des évolutions de prix en temps discret. On dit que l'on a une équation de récurrence d'ordre 1, lorsque le terme de rang $n + 1$ de la suite est donné en fonction du précédent c'est-à-dire du terme de rang n et de n éventuellement. On dit que l'on a une équation de récurrence d'ordre 2, lorsque le terme de rang $n+2$ de la suite est donné en fonction des deux précédents c'est-à-dire des termes de rang $n+1$ et de rang n et de n éventuellement. L'étude des équations de récurrence linéaires est plus simple que le cas général car dans le premier cas on sait trouver la (ou les) suites solutions et donc étudier leur convergence. On commencera donc par le plus simple et on ébauchera ensuite l'étude du cas général en introduisant la notion d'équilibre.

Mots clefs : suite, équation de récurrence linéaire, ordre un, ordre deux, équilibre, stabilité.

© Dunod. Toute reproduction non autorisée est un délit.

I. Équations de récurrence linéaires d'ordre 1 à coefficients constants

• Définition 1

Une équation de récurrence linéaire d'ordre 1, à coefficients constants, avec second membre, est une équation de la forme :

$$u_{n+1} = au_n + \phi(n), \quad n \in \mathbb{N} \tag{12.1}$$

où $a \in \mathbb{R}^*$ et $\phi : \mathbb{N} \longrightarrow \mathbb{R}$. On appelle $\phi(n)$ le second membre de l'équation.

On appelle *solution générale* de (12.1) l'ensemble des suites solutions de (12.1).

Lorsque u_0 est fixé, on trouve la solution unique de (12.1) de premier terme u_0 comme le garantit la proposition suivante.

• Proposition 1

Pour tout $u_0 \in \mathbb{R}$ il existe une unique solution de (12.1) de premier terme u_0.

Démonstration : Soit $u_0 \in \mathbb{R}$, $u_1 = au_0 + \phi(0), \ldots, u_{n+1} = au_n + \phi(n) \ldots$

Pour l'unicité, supposons qu'il existe deux solutions $(u_n)_n$ et $(v_n)_n$ de (12.1) de premier terme u_0. On démontre par récurrence que $\forall n \in \mathbb{N}$, $u_n = v_n$. En effet $u_1 = au_0 + \phi(0) = av_0 + \phi(0) = v_1$, et si on suppose $u_n = v_n$ alors $u_{n+1} = au_n + \phi(n) = av_n + \phi(n) = v_{n+1}$.

Donc $\forall n \in \mathbb{N}$, $u_n = v_n$.

• Définition 2

Une équation de récurrence linéaire d'ordre 1 sans second membre (c'est-à-dire telle que $\phi(n) = 0$) est appelée *équation homogène*.
On reconnaît en fait l'équation d'une suite géométrique.

• Proposition 2

Toute solution $(u_n)_n$ de (12.1) est la somme d'une solution particulière $(w_n)_n$ de (12.1) et d'une solution de l'équation homogène associée.
Lorsque de plus u_0 est fixé, on trouve la solution unique de (12.1) de premier terme u_0.

Démonstration : soit $(w_n)_n$ une solution particulière de (12.1). On a donc :

$$w_{n+1} = aw_n + \phi(n), \qquad n \in \mathbb{N}$$
$$u_{n+1} = au_n + \phi(n), \qquad n \in \mathbb{N}$$

D'où : $u_{n+1} - w_{n+1} = a(u_n - w_n)$, $n \in \mathbb{N}$

et en posant $v_n = u_n - w_n$, $n \in \mathbb{N}$

ceci s'écrit : $v_{n+1} = av_n$, $n \in \mathbb{N}$

C'est l'équation homogène associée à (12.1). Ainsi $(u_n)_n$ est telle que $\forall n \in \mathbb{N}$, $u_n = w_n + v_n$

Recherche de la solution de l'équation homogène associée

$v_{n+1} = av_n$, $n \in \mathbb{N}$ est l'équation homogène associée à (12.1). On reconnaît bien l'équation d'une suite géométrique de solution générale $v_n = a^n v_0$, $n \in \mathbb{N}$.

Recherche de la solution particulière

La règle (que nous ne démontrerons pas mais dont nous détaillerons quelques parties) est la suivante : Lorsque $\phi(n)$ est une constante r ou un polynôme $\mathcal{P}(n)$ ou k^n ou $\cos n\theta$ ou $\sin n\theta$ ou un produit de ces fonctions ou une somme de ces fonctions, alors on cherche une solution particulière de la même forme que $\phi(n)$ si aucun des termes apparaissant dans $\phi(n)$ n'est solution de l'équation homogène. Si l'un des termes apparaissant dans $\phi(n)$ est solution de l'équation homogène, alors on cherche une solution particulière de la même forme que $\phi(n)$ multipliée par n.

Considérons le cas $\phi(n) = r$, où $r \in \mathbb{R}$, est une constante.

L'équation (12.1) s'écrit :

$$u_{n+1} = au_n + r, \quad n \in \mathbb{N} \tag{12.1$'$}$$

• Définition 3

Le réel $\hat{x}$ est appelé *équilibre ou point stationnaire* de (12.1$'$), lorsqu'il vérifie : $\hat{x} = a\hat{x} + r$ c'est-à-dire, si $a \neq 1$, $\hat{x} = r/(1-a)$.

• Proposition 3

Supposons $\phi(n) = r$. Si $a \neq 1$, alors la suite constante $(w_n)_n$ définie par l'équilibre, c'est-à-dire $w_n = r/(1-a)$, $\forall n \in \mathbb{N}$, est une solution particulière de (12.1$'$) ;

Si $a = 1$, alors la suite $(w_n)_n$ définie par $w_n = nr$, $\forall n \in \mathbb{N}$, est une solution particulière de (12.1$'$).

Démonstration : si $a \neq 1$, la suite constante définie par l'équilibre $w_n = r/(1-a)$, $\forall n \in \mathbb{N}$, vérifie bien (12.1$'$), par définition d'un équilibre.

Si $a = 1$, la suite définie par $w_n = nr$, $\forall n \in \mathbb{N}$, vérifie bien (12.1$'$) :

$$(n+1)r - nr = r$$

Si $a \neq 1$, la solution générale de (12.1$'$) est donnée par :

$$u_n = r/(1-a) + (u_0 - r/(1-a))a^n$$

En effet $u_n = w_n + v_n = r/(1-a) + v_0 a^n = r/(1-a) + \Big(u_0 - r/(1-a)\Big)a^n$.

Lorsque u_0 est fixé on obtient la solution unique de premier terme u_0.

• Proposition 4

Si $|a| < 1$ alors la suite $(u_n)_n$ converge vers l'équilibre.

Démonstration : $u_n = r/(1-a) + \Big(u_0 - r/(1-a)\Big)a^n$.

Si $|a| < 1$ alors $\lim_{n\to+\infty} a^n = 0$.

© Dunod. Toute reproduction non autorisée est un délit.

▶ **Exemple**

P_n étant le prix d'un bien à la date n, on veut étudier l'évolution de ce prix sachant que la demande D_n et l'offre S_n sont telles que :

$$D_n = -8P_n + 41, \quad n \in \mathbb{N}$$
$$S_n = 3P_{n-1} - 3, \quad n \in \mathbb{N}$$

On suppose que le marché est en équilibre : $D_n = S_n$, $n \in \mathbb{N}$.

La suite $(P_n)_n$ vérifie une équation de récurrence linéaire d'ordre 1.

En effet : $-8P_n + 41 = 3P_{n-1} - 3$, $n \in \mathbb{N}$

c'est-à-dire : $P_{n+1} = -\frac{3}{8}P_n + \frac{44}{8}$, $n \in \mathbb{N}$.

Résolvons cette équation.

L'équation homogène associée est $v_{n+1} = -\frac{3}{8}v_n$, équation d'une suite géométrique de solution générale $v_n = \left(-\frac{3}{8}\right)^n v_0$, $n \in \mathbb{N}$

Cherchons une solution particulière de l'équation de récurrence $P_{n+1} = -\frac{3}{8}P_n + \frac{44}{8}$.

Comme $\phi(n) = \frac{44}{8}$ et $a = -\frac{3}{8} \neq 1$ une solution particulière est $(w_n)_n$ telle que pour tout n, $w_n = \gamma$. Pour déterminer γ on reporte w_n dans l'équation, ce qui donne $\gamma = -\frac{3}{8}\gamma + \frac{44}{8}$, donc $\gamma = 4$. γ est un équilibre et $(w_n)_n$ est la suite constante $\forall n \in \mathbb{N}$, $w_n = 4$.

La solution générale de l'équation $P_{n+1} = -\frac{3}{8}P_n + \frac{44}{8}$ est donnée par : $P_n = \left(-\frac{3}{8}\right)^n v_0 + 4$, $n \in \mathbb{N}$ et en déterminant v_0 en fonction de P_0 :

$v_0 = P_0 - 4$, donc la solution est $P_n = \left(-\frac{3}{8}\right)^n (P_0 - 4) + 4$, $n \in \mathbb{N}$

Pour tout P_0, la suite $(P_n)_n$ converge vers l'équilibre 4 (car $|-\frac{3}{8}| < 1$ donc $\lim_{n\to+\infty} \left(-\frac{3}{8}\right)^n = 0$).

• **Proposition 5**

Lorsque $\phi(n) = \mathcal{P}(n)$ où $\mathcal{P}$ est un polynôme, une solution particulière $(w_n)_n$ de (12.1) est de la forme : $\forall n \in \mathbb{N}$,

$$w_n = \mathcal{Q}(n) \quad \text{si} \quad a \neq 1$$
$$w_n = n\mathcal{Q}(n) \quad \text{si} \quad a = 1$$

où $\mathcal{Q}$ est un polynôme de même degré que $\mathcal{P}$.

→ ***Commentaire***

La proposition 3 est contenue dans celle-ci en notant que lorsque $\phi(n) = r$, $\phi(n)$ est bien de la forme $\mathcal{P}(n)$ avec $\mathcal{P}(n) = r$, polynôme de degré 0.

• **Proposition 6**

Lorsque $\phi(n) = k^n$ où $k \in \mathbb{R}$, une solution particulière $(w_n)_n$ de (12.1) est de la forme : $\forall n \in \mathbb{N}$,

$$w_n = \gamma k^n \quad \text{si} \quad k \neq a$$
$$w_n = n\gamma k^n \quad \text{si} \quad k = a$$

▶ **Exemple**

Soit à résoudre l'équation de récurrence linéaire d'ordre 1 :

$$u_{n+1} = 4u_n + n^2,\ n \in \mathbb{N}$$
$$u_0 = 1$$

L'équation homogène associée est $v_{n+1} = 4v_n$, équation d'une suite géométrique de solution générale $v_n = 4^n v_0$, $n \in \mathbb{N}$.

Cherchons une solution particulière :

Comme $\phi(n) = \mathcal{P}(n) = n^2$, $\mathcal{P}$ est un polynôme de degré 2. Comme $a \neq 1$, une solution particulière $(w_n)_n$ est donnée par $w_n = \mathcal{Q}(n)$ pour tout n, avec $\mathcal{Q}$ polynôme de degré 2, donc $\mathcal{Q}(n) = cn^2 + dn + e$. Pour déterminer c d et e on reporte w_n dans l'équation, ce qui donne

$$\forall n \in \mathbb{N}, \quad c(n+1)^2 + d(n+1) + e = 4(cn^2 + dn + e) + n^2$$

c'est-à-dire

$$\forall n \in \mathbb{N}, \quad n^2(3c+1) + n(-2c+3d) + 3e - c - d = 0$$

Ce polynôme est toujours nul si tous ses coefficients sont nuls. Donc :

$$\begin{cases} 3c + 1 = 0 \\ -2c + 3d = 0 \\ 3e - c - d = 0 \end{cases}$$

d'où $c = -1/3$, $d = -2/9$, $e = -5/27$ et $(w_n)_n$ est la suite telle que $\forall n \in \mathbb{N}$, $w_n = -(1/3)n^2 - (2/9)n - 5/27$.

La solution générale de l'équation de récurrence avec second membre est donnée par : $u_n = 4^n v_0 - (1/3)n^2 - (2/9)n - 5/27$, $n \in \mathbb{N}$ et la solution unique qui vérifie $u_0 = 1$ est obtenue en déterminant v_0 en fonction de la condition initiale $u_0 = 1$:

$1 = u_0 = v_0 - 5/27$, donc $v_0 = 32/27$ et la solution unique de premier terme $u_0 = 1$ est $u_n = 4^n(32/27) - (1/3)n^2 - (2/9)n - 5/27$, $n \in \mathbb{N}$

© Dunod. Toute reproduction non autorisée est un délit.

→ ***Commentaires***

Les propositions 3, 5 et 6 sont contenues dans une proposition plus générale qui s'énonce ainsi :

lorsque $\phi(n) = k^n \mathcal{P}(n)$, où $k \in \mathbb{R}$ et $\mathcal{P}$ polynôme, une solution particulière de (12.1) est de la forme : $\forall n \in \mathbb{N}$,

$$\begin{aligned} w_n &= k^n \mathcal{Q}(n) \quad \text{si} \quad k \neq a \\ w_n &= nk^n \mathcal{Q}(n) \quad \text{si} \quad k = a \end{aligned}$$

(*cf.* exercice n° 2)

• Proposition 7

Lorsque $\phi(n) = r_1 \cos(n\theta) + r_2 \sin(n\theta)$, avec $r_1, r_2 \in \mathbb{R}$, une solution particulière $(w_n)_n$ de (12.1) est de la forme : $\forall n \in \mathbb{N}$,

$$w_n = \gamma \cos(n\theta) + \delta \sin(n\theta)$$

▶ **Exemple**

Soit à résoudre l'équation de récurrence linéaire d'ordre 1 :

$$u_{n+1} = (1/2)u_n + 4\sin(2n)$$

L'équation homogène associée est $v_{n+1} = (1/2)v_n$, équation d'une suite géométrique de solution générale $v_n = (1/2)^n v_0$, $n \in \mathbb{N}$

Cherchons une solution particulière $(w_n)_n$ de la forme : $\forall n \in \mathbb{N}$,

$$w_n = \gamma \cos(2n) + \delta \sin(2n)$$

En injectant w_n dans l'équation, on obtient :

$$\gamma = \frac{-4\sin 2}{\left(\cos 2 - (1/2)\right)^2 + (\sin 2)^2}, \qquad \delta = \frac{4\left(\cos 2 - (1/2)\right)}{\left(\cos 2 - (1/2)\right)^2 + (\sin 2)^2}$$

La solution générale est donnée par $(u_n)_n$ telle que $u_n = (1/2)^n v_0 + w_n$, $n \in \mathbb{N}$.

→ ***Commentaire***

Si $\phi(n)$ est une somme des fonctions précédentes alors une solution particulière $(w_n)_n$ est telle que w_n est une somme des formes précédentes.

II. Équations de récurrence linéaires d'ordre 2 à coefficients constants

• Définition 4

Une équation de récurrence linéaire d'ordre 2 à coefficients constants avec second membre est une équation de la forme :

$$u_{n+2} = au_{n+1} + bu_n + \phi(n), \quad n \in \mathbb{N} \tag{12.2}$$

où $a \in \mathbb{R}$, $b \in \mathbb{R}^*$ et $\phi : \mathbb{N} \longrightarrow \mathbb{R}$.

• Proposition 8

Il existe une unique suite $(u_n)_n$ solution de (12.2), de premiers termes u_0 et u_1 donnés.
La démonstration est similaire à celle de la proposition 1.

• Proposition 9

Toute solution de (12.2) est la somme d'une solution particulière de (12.2) et d'une solution de l'équation homogène associée.
Lorsque de plus u_0 et u_1 sont fixés, on trouve la solution unique de (12.2) de premiers termes u_0 et u_1.

Démonstration : soit $(u_n)_n$ une solution de (12.2) et soit $(w_n)_n$ une solution particulière de (12.2), on a donc :

$$w_{n+2} - aw_{n+1} - bw_n = \phi(n), \quad n \in \mathbb{N}$$

d'où :

$$u_{n+2} - w_{n+2} - a(u_{n+1} - w_{n+1}) - b(u_n - w_n) = 0, \quad n \in \mathbb{N}$$

et en posant $v_n = u_n - w_n$, $n \in \mathbb{N}$
ceci s'écrit :

$$v_{n+2} - av_{n+1} - bv_n = 0, \quad n \in \mathbb{N}$$

ce qui indique que $(v_n)_n$ est solution de l'équation homogène associée à (12.2) et $u_n = w_n + v_n$, $n \in \mathbb{N}$.

© Dunod. Toute reproduction non autorisée est un délit.

Point méthode

Cette proposition trace la démarche à suivre pour résoudre une équation récurrente linéaire d'ordre 2 :

- on résout l'équation homogène associée ;
- on cherche une solution particulière ;
- on écrit la solution générale ;
- on trouve la solution unique si les deux premiers termes sont donnés.

A. Résolution de l'équation homogène associée

On considère l'équation homogène :

$$v_{n+2} - av_{n+1} - bv_n = 0, \quad n \in \mathbb{N} \tag{12.3}$$

• Proposition 10

L'ensemble des suites numériques (réelles) solutions de (12.3) est un espace vectoriel de dimension deux.

Démonstration : notons S_2 l'ensemble des suites numériques (réelles) solutions de (12.3) et munissons le des deux opérations suivantes : addition de deux suites et multiplication d'une suite par un réel.

- L'addition de deux suites de S_2 est stable, c'est-à-dire la somme de deux suites vérifiant (12.3) est une suite vérifiant (12.3). En effet soit $(x_n)_n$, $(y_n)_n$ deux solutions de (12.3) et considérons la suite $(x_n + y_n)_n$. Pour tout $n \in \mathbb{N}$ on a $x_{n+2} - ax_{n+1} - bx_n = 0$ et $y_{n+2} - ay_{n+1} - by_n = 0$. D'où pour tout $n \in \mathbb{N}$ on a $(x_{n+2} - ax_{n+1} - bx_n) + (y_{n+2} - ay_{n+1} - by_n) = 0$ qui s'écrit $(x_{n+2} + y_{n+2}) - a(x_{n+1} + y_{n+1}) - b(x_n + y_n) = 0$ et qui indique que $(x_n + y_n)_n$ est solution de (12.3).
- La multiplication d'une suite par un réel est stable, c'est-à-dire la multiplication d'une suite vérifiant (12.3) par un réel est une suite vérifiant (12.3). En effet soit $(x_n)_n$ une solution de (12.3) et $c \in \mathbb{R}$. Considérons la suite $(cx_n)_n$. Pour tout $n \in \mathbb{N}$ on a $x_{n+2} - ax_{n+1} - bx_n = 0$. D'où pour tout $n \in \mathbb{N}$ on a $(cx_{n+2} - acx_{n+1} - bcx_n) = 0$ qui indique que $(cx_n)_n$ est solution de (12.3).

De plus l'addition est associative, commutative, a un élément neutre : la suite constante nulle (qui est solution de (12.3)) et toute suite $(v_n)_n$ solution de (12.3) a un opposé qui est la suite $(-v_n)_n$ solution de (12.3) aussi. La multiplication par un réel est distributive par rapport à l'addition, vérifie pour tout $c_1, c_2 \in \mathbb{R}$, et toute suite $(v_n)_n$ solution de (12.3), $(c_1 + c_2)v_n = (c_1v_n) + (c_2v_n)$ et $(c_1c_2)v_n = c_1(c_2v_n)$ pour tout $n \in \mathbb{N}$ et possède un élément neutre 1.

Donc S_2 muni des deux opérations ci-dessus est un espace vectoriel.

Montrons qu'il est de dimension 2. Soit $(x_n)_n$ la suite solution de (12.3) de premiers termes $x_0 = 1$, $x_1 = 0$ et $(y_n)_n$ la suite solution de (12.3) de premiers termes $y_0 = 0$, $y_1 = 1$. Alors on a :

– $(x_n)_n$ et $(y_n)_n$ sont linéairement indépendantes. En effet supposons que pour tout n, $c_1x_n + c_2y_n = 0$. Alors $n = 0$ implique $c_1x_0 + c_2y_0 = 0$ d'où $c_1 = 0$, et $n = 1$ implique $c_1x_1 + c_2y_1 = 0$ d'où $c_2 = 0$. Donc $(x_n)_n$ et $(y_n)_n$ sont linéairement indépendantes.

– Toute solution de (12.3) est une combinaison linéaire de ces deux solutions $(x_n)_n$ et $(y_n)_n$. En effet soit $(v_n)_n$ la suite solution de (12.3) de premiers termes v_0, v_1 fixés. Considérons la suite $(s_n)_n = (v_0x_n + v_1y_n)_n$. Elle est solution de (12.3) et vérifie $s_0 = v_0$, $s_1 = v_1$, donc par unicité (proposition 8) on a $(v_n)_n = (s_n)_n = (v_0x_n + v_1y_n)_n$

Ainsi $\{(x_n)_n, (y_n)_n\}$ forme une base de S_2 ce qui implique que S_2 est de dimension deux.

→ *Commentaires*

Cette proposition va nous permettre de trouver l'ensemble des solutions de (12.3). Comme on est en présence d'un espace vectoriel, il suffit de trouver une base de cet espace pour connaître l'espace tout entier. Donc il suffit de trouver deux solutions de (12.3) qui sont linéairement indépendantes pour trouver l'ensemble des solutions de (12.3), autrement dit, la solution générale est donnée par la combinaison linéaire de deux solutions linéairement indépendantes.

On s'intéresse aux suites réelles solutions de (12.3), mais (12.3) pourrait avoir des solutions qui sont des suites complexes. On les utilisera alors pour trouver des solutions qui sont des suites réelles.

Cherchons à présent cette solution générale.

Comme l'équation homogène associée à une équation de récurrence linéaire d'ordre un, $v_{n+1} = av_n$, (et qui est l'équation d'une suite géométrique) a pour solution générale $a^n v_0$, il n'est pas invraisemblable de penser qu'une solution de (12.3) est de la forme λ^n où λ est un nombre non nul réel ou complexe. En posant alors $v_n = \lambda^n$, $n \in \mathbb{N}$ on a :

$$\lambda^{n+2} - a\lambda^{n+1} - b\lambda^n = 0, \quad n \in \mathbb{N}$$

et donc :

$$\lambda^2 - a\lambda^1 - b = 0, \tag{12.4}$$

car $\lambda \neq 0$.

L'équation (12.4) est appelée *équation caractéristique* de (12.3). C'est une équation du second degré en λ.

© Dunod. Toute reproduction non autorisée est un délit.

Il est clair que si λ est solution de (12.4) alors la suite $(v_n)_n$ telle que $v_n = \lambda^n$ pour tout n est solution de (12.3).

Il suffit alors de trouver deux suites réelles solutions linéairement indépendantes.

On a ramené la résolution d'une équation de récurrence à la résolution d'une équation du second degré c'est-à-dire on a ramené la recherche d'une suite $(v_n)_n$ à la recherche d'un nombre réel ou complexe λ.

L'équation caractéristique (12.4) étant une équation du second degré, trois cas peuvent se présenter. Suivant le signe de $\Delta = a^2 + 4b$, elle peut avoir :

- deux racines réelles distinctes ;
- une racine réelle double ;
- deux racines complexes conjuguées.

• Proposition 11

Si l'équation caractéristique a deux racines réelles distinctes λ_1 et λ_2, alors la solution générale de (12.3) est donnée par la suite $(v_n)_n$ telle que $v_n = \alpha\lambda_1^n + \beta\lambda_2^n$, $n \in \mathbb{N}$ où $\alpha, \beta \in \mathbb{R}$

Démonstration : pour tout $n \in \mathbb{N}$, $\lambda_1^{n+2} - a\lambda_1^{n+1} - b\lambda_1^n = \lambda_1^n(\lambda_1^2 - a\lambda_1 - b) = 0$ car λ_1 est racine de l'équation caractéristique. Donc $(\lambda_1^n)_n$ est solution de (12.3). De même $(\lambda_2^n)_n$ est solution de (12.3). Montrons que $(\lambda_1^n)_n$ et $(\lambda_2^n)_n$ sont linéairement indépendantes :

Si $\forall n \in \mathbb{N}$, $c_1\lambda_1^n + c_2\lambda_2^n = 0$ alors $n = 0$ implique $c_1 + c_2 = 0$ et $n = 1$ implique $c_1\lambda_1 + c_2\lambda_2 = 0$ ce qui donne $c_1 = -c_2$ et $c_1(\lambda_1 - \lambda_2) = 0$. Et finalement $c_1 = 0$ (car $\lambda_1 \neq \lambda_2$) et $c_2 = 0$.

Donc $(\lambda_1^n)_n$ et $(\lambda_2^n)_n$ sont linéairement indépendantes.

▶ Exemple

Résoudre l'équation de récurrence linéaire homogène d'ordre deux :

$$v_{n+2} + 3v_{n+1} - 4v_n = 0, \quad n \in \mathbb{N}$$

L'équation caractéristique est

$$\lambda^2 + 3\lambda - 4 = 0$$

$\Delta = 25 > 0$ *donc il y a deux racines réelles distinctes :*

$\lambda_1 = 1$, $\lambda_2 = -4$ *donc la solution générale de l'équation de récurrence est donnée par* $v_n = \alpha 1^n + \beta(-4)^n$, $n \in \mathbb{N}$ *où* $\alpha, \beta \in \mathbb{R}$

c'est-à-dire $v_n = \alpha + \beta(-4)^n$, $n \in \mathbb{N}$ *où* $\alpha, \beta \in \mathbb{R}$

• Proposition 12

Si l'équation caractéristique a une racine réelle double λ, alors la solution générale de (12.3) est donnée par la suite $(v_n)_n$ telle que
$v_n = \alpha\lambda^n + \beta n\lambda^n$, $n \in \mathbb{N}$ où $\alpha, \beta \in \mathbb{R}$.

Démonstration : la racine réelle double de l'équation caractéristique est $\lambda = \frac{a}{2}$. La suite $(\lambda^n)_n$ est solution de (12.3), montrons que $(n\lambda^n)_n$ est aussi solution. Pour tout $n \in \mathbb{N}$,

$$(n+2)\lambda^{n+2} - a(n+1)\lambda^{n+1} - bn\lambda^n = n(\lambda^{n+2} - a\lambda^{n+1} - b\lambda^n) + \lambda^{n+1}(2\lambda - a) = 0$$

donc $n\lambda^n$ est aussi solution.

Montrons que ces deux solutions de (12.3), $(\lambda^n)_n$ et $(n\lambda^n)_n$, sont linéairement indépendantes :

Supposons $\forall n \in \mathbb{N}$, $c_1\lambda^n + c_2 n\lambda^n = 0$. Alors $n = 0$ implique $c_1 = 0$ et $n = 1$ implique $c_2\lambda = 0$ ce qui donne $c_2 = 0$. Donc $(\lambda^n)_n$ et $(n\lambda^n)_n$ sont linéairement indépendantes.

• Proposition 13

Si l'équation caractéristique a deux racines complexes conjuguées λ et $\bar{\lambda}$, alors la solution réelle générale de (12.3) est donnée par la suite $(v_n)_n$ telle que :

$$v_n = \alpha|\lambda|^n \cos(n\theta) + \beta|\lambda|^n \sin(n\theta), \quad n \in \mathbb{N}$$

où $\alpha, \beta \in \mathbb{R}$.

Démonstration : $\lambda \in \mathbb{C}$ donc $\lambda = |\lambda|(\cos\theta + i\sin\theta)$ et $\bar{\lambda} = |\lambda|(\cos\theta - i\sin\theta)$. $(\lambda^n)_n$ et $(\bar{\lambda}^n)_n$ sont deux solutions de (12.3) car λ et $\bar{\lambda}$ sont les racines de l'équation caractéristique. Ce sont en fait des suites complexes c'est-à-dire $\forall n \in \mathbb{N}$, $\lambda^n \in \mathbb{C}$ et on a $\lambda^n = |\lambda|^n\big(\cos(n\theta) + i\sin(n\theta)\big)$. Et $\forall n \in \mathbb{N}$, $\bar{\lambda}^n \in C$, $\bar{\lambda}^n = |\lambda|^n\big(\cos(n\theta) - i\sin(n\theta)\big) = \overline{\lambda^n}$. On a :

$$\forall n \in \mathbb{N}, \ \frac{1}{2}(\lambda^n + \bar{\lambda}^n) = |\lambda|^n \cos(n\theta) \in \mathbb{R}$$

et on peut facilement montrer que la suite réelle $\big(|\lambda|^n \cos(n\theta)\big)_n$ est aussi solution de (12.3).

En effet, pour tout $n \in \mathbb{N}$,

$$\frac{1}{2}\Big(\lambda^{n+2} + \bar{\lambda}^{n+2} - a(\lambda^{n+1} + \bar{\lambda}^{n+1}) - b(\lambda^n + \bar{\lambda}^n)\Big)$$
$$= \frac{1}{2}(\lambda^{n+2} - a\lambda^{n+1} - b\lambda^n) + \frac{1}{2}(\bar{\lambda}^{n+2} - a\bar{\lambda}^{n+1} - b\bar{\lambda}^n) = 0$$

Donc $\left(\frac{1}{2}(\lambda^n + \bar{\lambda}^n)\right)_n$ est solution de (12.3).

© Dunod. Toute reproduction non autorisée est un délit.

D'autre part :

$$\forall n \in \mathbb{N}, \quad \frac{-i}{2}(\lambda^n - \bar{\lambda}^n) = |\lambda|^n \sin(n\theta) \in \mathbb{R}$$

et la suite réelle $\left(|\lambda|^n \sin(n\theta)\right)_n$ est solution de (12.3). Montrons que ces deux suites réelles sont linéairement indépendantes.

Supposons que $\forall n \in \mathbb{N}$, $c_1|\lambda|^n \cos(n\theta) + c_2|\lambda|^n \sin(n\theta) = 0$. Alors $n = 0$ implique $c_1 = 0$. Donc $\forall n \in \mathbb{N}$, $c_2|\lambda|^n \sin(n\theta) = 0$, ce qui donne $c_2 = 0$. Les deux suites sont linéairement indépendantes.

La solution générale s'obtient en prenant toutes leurs combinaisons linéaires : $v_n = \alpha|\lambda|^n \cos(n\theta) + \beta|\lambda|^n \sin(n\theta)$, $n \in \mathbb{N}$ où $\alpha, \beta \in \mathbb{R}$.

B. Recherche d'une solution particulière de (12.2)

Comme à l'ordre un, on cherche ici une solution particulière de la même forme que $\phi(n)$.

Supposons que $\phi(n) = r$, $r \in \mathbb{R}$. (12.2) s'écrit :

$$u_{n+2} = au_{n+1} + bu_n + r, \quad n \in \mathbb{N} \tag{12.2'}$$

• Définition 5

Le réel $\hat{x}$ est appelé *équilibre ou point stationnaire* de (12.2′), lorsqu'il vérifie : $\hat{x} = a\hat{x} + b\hat{x} + r$, c'est-à-dire, si $a + b \neq 1$, $\hat{x} = r/(1 - a - b)$.

• Proposition 14

Lorsque $\phi(n) = r$, la suite constante $(w_n)_n$ définie par l'équilibre c'est-à-dire par $w_n = r/(1 - a - b)$, $\forall n \in \mathbb{N}$, est une solution particulière de (12.2′), si $a + b \neq 1$;

la suite $(w_n)_n$ définie par $w_n = n\gamma$ est une solution particulière de (12.2′), si $a + b = 1$ et $a \neq 2$;

la suite $(w_n)_n$ définie par $w_n = n^2\gamma$ est une solution particulière de (12.2′) si $a = 2$ et $b = -1$.

Démonstration : si $a + b \neq 1$, la suite constante $(w_n)_n$ définie par l'équilibre c'est-à-dire par $w_n = r/(1-a-b)$, $\forall n \in \mathbb{N}$, est solution de (12.2′) par définition de l'équilibre.

Si $a+b = 1$ et $a \neq 2$, $(n+2)\gamma - a(n+1)\gamma - bn\gamma = r$, d'où $n\gamma(1-a-b) = 0$ et $\gamma(2 - a) = r$ ce qui donne $\gamma = r/(2 - a)$ et $\forall n \in \mathbb{N}$, $w_n = nr/(2 - a)$.

Si $a = 2$ et $b = -1$, $(n + 2)^2\gamma = 2(n + 1)^2\gamma - n^2\gamma + r$, d'où $\gamma = r/2$.

• Proposition 15

Lorsque $\phi(n) = \mathcal{P}(n)$ où $\mathcal{P}$ est un polynôme, une solution particulière de (12.2) est donnée par la suite $(w_n)_n$ telle que $\forall n \in \mathbb{N}$,

$$
\begin{aligned}
w_n &= \mathcal{Q}(n), && \text{si} \quad a + b \neq 1 \\
w_n &= n\mathcal{Q}(n), && \text{si} \quad a + b = 1 \text{ et } a \neq 2 \\
w_n &= n^2\mathcal{Q}(n), && \text{si} \quad a = 2 \text{ et } b = -1
\end{aligned}
$$

où $\mathcal{Q}$ est un polynôme de même degré que $\mathcal{P}$.

Pour trouver $\mathcal{Q}$ c'est-à-dire déterminer ses coefficients il faut injecter w_n dans (12.2).

→ ***Commentaires***

Les conditions ci-dessus sont équivalentes respectivement aux conditions suivantes : si 1 n'est pas racine de l'équation caractéristique, si 1 est racine simple de l'équation caractéristique, si 1 est racine double de l'équation caractéristique.

• Proposition 16

Lorsque $\phi(n) = k^n$ où $k \in \mathbb{R}$, une solution particulière de (12.2) est donnée par la suite $(w_n)_n$ telle que $\forall n \in \mathbb{N}$:

$w_n = \gamma k^n$ si k n'est pas racine de l'équation caractéristique

$w_n = \gamma n k^n$ si k est racine simple de l'équation caractéristique

$w_n = \gamma n^2 k^n$ si k est racine double de l'équation caractéristique

→ ***Commentaires***

Les propositions 14, 15 et 16 sont contenues dans une proposition plus générale qui s'énonce ainsi :

lorsque $\phi(n) = k^n\mathcal{P}(n)$, où $k \in \mathbb{R}$ et $\mathcal{P}$ polynôme, une solution particulière de (12.2) est donnée par la suite $(w_n)_n$ telle que : $\forall n \in \mathbb{N}$,

$w_n = k^n\mathcal{Q}(n)$ si k n'est pas racine de l'équation caractéristique
$w_n = nk^n\mathcal{Q}(n)$ si k est racine simple de l'équation caractéristique
$w_n = n^2k^n\mathcal{Q}(n)$ si k est racine double de l'équation caractéristique

→ ***Commentaire***

Si $\phi(n)$ est une somme des fonctions précédentes alors une solution particulière $(w_n)_n$ est telle que w_n est une somme des formes précédentes.

© Dunod. Toute reproduction non autorisée est un délit.

C. Écriture de la solution générale

$$u_n = v_n + w_n, \quad n \in \mathbb{N}$$

On note qu'on a un ensemble de solutions paramétré par α, β.

D. Détermination de la solution unique lorsque u_0 et u_1 sont fixés

Il suffit de déterminer α et β.

► **Exemple**

Soit à résoudre l'équation :

$$u_{n+2} = 4u_{n+1} - 4u_n + n, \quad n \in \mathbb{N}$$

$u_0 = 1$, $u_1 = 3$.

On utilise la démarche proposée.

a) La solution de l'équation homogène associée

On écrit l'équation homogène associée

$$v_{n+2} = 4v_{n+1} - 4v_n, \quad n \in \mathbb{N}$$

On écrit l'équation caractéristique :

$$\lambda^2 - 4\lambda + 4 = 0$$

$$\Delta = 0$$

Donc l'équation caractéristique a une racine double : $\lambda = 2$

La solution générale de l'équation homogène est :

$$v_n = \alpha 2^n + \beta n 2^n, \quad n \in \mathbb{N}$$

b) Recherche d'une solution particulière de l'équation

Ici $\phi(n) = \mathcal{P}(n) = n$ donc $\mathcal{P}$ est un polynôme de degré 1 en n. Comme $a + b \neq 1$, une solution particulière est la suite $(w_n)_n$ telle que $w_n = \mathcal{Q}(n)$, $n \in \mathbb{N}$ avec $\mathcal{Q}$ polynôme de degré 1 en n : $\mathcal{Q}(n) = cn + d$.

Donc $w_n = cn + d$, $n \in \mathbb{N}$

En reportant $(w_n)_n$ dans l'équation on a pour tout n :

$$c(n+2) + d - 4(c(n+1) + d) + 4(cn + d) = n$$

$$\text{c'est-à-dire } n(c-1) - 2c + d = 0$$

$$\text{d'où } c = 1, \ -2c + d = 0, \text{ donc } d = 2$$

$w_n = n + 2$, $n \in \mathbb{N}$

c) La solution générale est : $u_n = \alpha 2^n + \beta n 2^n + n + 2,\ n \in \mathbb{N}$

d) Détermination de la solution unique telle que $u_0 = 1,\ u_1 = 3$

$$1 = \alpha 2^0 + \beta \times 0 \times 2^0 + 0 + 2$$
$$3 = \alpha 2^1 + \beta \times 1 \times 2^1 + 1 + 2$$

Ce qui implique $\alpha = -1,\ \beta = 1$

Ainsi la solution unique est : $u_n = -2^n + n2^n + n + 2,\ n \in \mathbb{N}$.

III. Équations de récurrence d'ordre 1 : le cas général

• Définition 6

On appelle *équation de récurrence d'ordre 1* une équation de la forme :

$$u_{n+1} = f(u_n), \quad n \in \mathbb{N} \tag{12.5}$$

Exemple : $u_{n+1} = \sqrt{1 + u_n},\ n \in \mathbb{N}$

L'inconnue d'une équation de récurrence est une suite, donc *la solution générale* de cette équation est l'ensemble des suites $(u_n)_n$ qui vérifient (12.5).

Si on rajoute à l'équation (12.5) une condition initiale, c'est-à-dire si on fixe la valeur du premier terme : $u_0 = c$, alors l'équation admettra au plus une solution telle que $u_0 = c$.

• Proposition 17

Soit I un intervalle de $\mathbb{R}$. Si f est une fonction de I dans I et $c \in I$ alors l'équation :

$$u_{n+1} = f(u_n), \quad n \in \mathbb{N}$$

admet une solution unique $(u_n)_n$ de premier terme $u_0 = c$.

Démonstration : elle se fait par récurrence.

Dans certains « bons » cas on peut expliciter le terme u_n de la suite en fonction de n et de u_0. Par exemple, $u_{n+1} = au_n,\ n \in \mathbb{N}$ est l'équation d'une suite géométrique : $(u_n)_n$ telle que $u_n = a^n u_0,\ n \in \mathbb{N}$. On sait étudier la convergence de cette suite. Lorsqu'il n'est pas possible d'expliciter la solution de l'équation, on peut essayer d'étudier la convergence de la suite suivant le schéma proposé au chapitre 3 des suites. Cela est possible lorsque la suite est monotone. « Croissante et majorée » ou « décroissante et minorée » sont des conditions suffisantes de convergence.

© Dunod. Toute reproduction non autorisée est un délit.

Mais toutes les suites ne sont pas monotones ! On se propose alors de donner d'autres conditions suffisantes de convergence qui font intervenir la notion de fonction contractante et on étudie la notion d'équilibre.

• Définition 7

On dit que le réel $\hat{x}$ est un *équilibre ou un point stationnaire* de (12.5) ou encore un *point fixe* de f lorsque $f(\hat{x}) = \hat{x}$.

Ceci signifie que la suite constante $(u_n)_n$ définie par $\forall n \in \mathbb{N}$, $u_n = \hat{x}$ est une solution de (12.5).

Graphiquement, si $\hat{x}$ est un équilibre, $(\hat{x}, \hat{x})$ est un point d'intersection de la courbe représentant $y = f(x)$ et de la première bissectrice $y = x$ (figure 12.1).

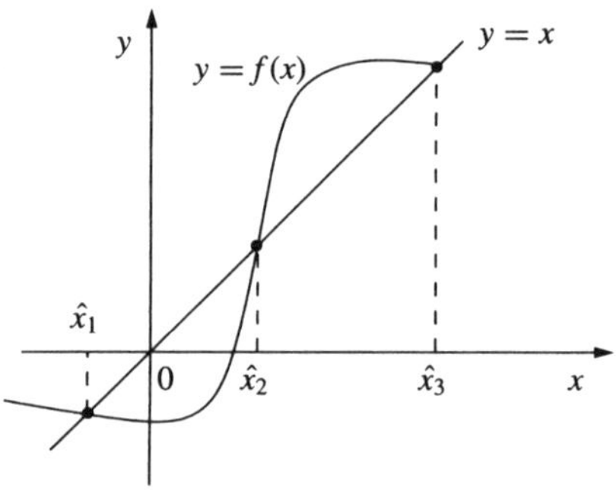

Figure 12.1

En reprenant la proposition 11 du chapitre 4 on déduit :

Si $(u_n)_n$ solution de (12.5) est une suite convergente et si f est une fonction continue alors la limite $\hat{x}$ de la suite est un équilibre. (En effet $\lim_{n\to+\infty} u_{n+1} = \lim_{n\to+\infty} f(u_n) = f(\lim_{n\to+\infty} u_n)$ comme f est continue. D'où $\hat{x} = f(\hat{x})$).

• Définition 8

Soit f une fonction définie sur un intervalle $I \subset \mathbb{R}$.

On dit que f est *contractante* sur I lorsque :

$$\exists k \in [0, 1[, \text{ tel que } \forall x, y \in I, \ |f(y) - f(x)| \leqslant k|y - x|$$

On a alors les propositions suivantes :

• Proposition 18

Si f est contractante sur un intervalle $I \subset \mathbb{R}$ alors f est continue sur I.

Démonstration : soit $x \in I$. Comme f est contractante, on a pour tout $y \in I$, $|f(y)-f(x)| \leqslant k|y-x|$ d'où $\lim_{y\to x} |f(y)-f(x)| = 0$ et $\lim_{y\to x} f(y) = f(x)$ ce qui signifie que f est continue en x. x étant choisi arbitrairement f est continue sur I tout entier.

• **Proposition 19**

Soit f une fonction dérivable sur un intervalle $I \subset \mathbb{R}$. Si

$$\exists b > 0, \text{ tel que } \forall x \in I, \ |f'(x)| \leqslant b < 1$$

alors f est contractante sur I.

Démonstration : soit $x, y \in I$, $x < y$, le théorème des accroissements finis appliqué à la fonction f continue sur $[x, y]$, dérivable sur $]x, y[$ garantit l'existence de $c \in]x, y[\subset I$ tel que $f(y) - f(x) = f'(c)(y - x)$. D'où $|f(y) - f(x)| = |f'(c)||y - x| \leqslant b|y - x|$

• **Définition 9**

Un équilibre $\hat{x}$ de (12.5) est dit *globalement stable* dans un intervalle I si pour tout $u_0 \in I$, la suite $(u_n)_n$ solution de (12.5) de premier terme u_0 converge vers $\hat{x}$.

Ceci signifie qu'en initialisant la suite $(u_n)_n$ telle que $u_{n+1} = f(u_n)$ en n'importe quel point de I, cette suite va converger vers $\hat{x}$.

→ ***Commentaires***

On déduit de cette définition que si un équilibre est globalement stable dans I, alors il est unique. En effet supposons qu'il existe deux équilibres $\hat{x}_1$ et $\hat{x}_2$ dans I tels que $\hat{x}_1$ est globalement stable. Alors la suite solution de (12.5) de premier terme $\hat{x}_2$ est une suite constante qui converge vers $\hat{x}_2$ mais aussi vers $\hat{x}_1$ car $\hat{x}_1$ est un équilibre globalement stable. Par unicité de la limite d'une suite on a alors $\hat{x}_1 = \hat{x}_2$.

Le théorème suivant donne des conditions suffisantes de stabilité globale d'un équilibre.

• **Théorème 1**

Soit I un intervalle de $\mathbb{R}$ et f une fonction de I dans I. Si les conditions suivantes sont vérifiées :

– I est fermé ;

– f est contractante ;

alors f admet un unique point fixe $\hat{x}$ dans I et $\hat{x}$ est un équilibre globalement stable dans I.

Démonstration : on admettra l'existence d'un équilibre $\hat{x}$ dans I (la démonstration de ce résultat nécessite la notion de suite de Cauchy non abordée dans cet ouvrage).

© Dunod. Toute reproduction non autorisée est un délit.

Montrons qu'il est unique. Supposons qu'il existe deux équilibres : $\hat{x}_1$ et $\hat{x}_2$ dans I. f est contractante donc il existe k dans $[0, 1[$, tel que pour tous x, y dans I, avec $x \neq y$ on a $|f(y) - f(x)| \leqslant k|y - x| < |y - x|$

D'où $|f(\hat{x}_1) - f(\hat{x}_2)| < |\hat{x}_1 - \hat{x}_2|$

c'est-à-dire $|\hat{x}_1 - \hat{x}_2| < |\hat{x}_1 - \hat{x}_2|$. Ce qui est impossible. Donc l'équilibre est unique

Montrons qu'il est globalement stable dans I.

Soit $u_0 \in I$ et $(u_n)_n$ la suite de premier terme u_0 et solution de (12.5).

$$|u_n - \hat{x}| = |f(u_{n-1}) - f(\hat{x})| \leqslant k|u_{n-1} - \hat{x}| \leqslant k^2|u_{n-2} - \hat{x}| \leqslant \ldots \leqslant k^n|u_0 - \hat{x}|$$

D'où $\lim_{n\to+\infty} |u_n - \hat{x}| \leqslant \lim_{n\to+\infty} k^n|u_0 - \hat{x}| = 0$ car $0 \leqslant k < 1$.

u_0 étant quelconque, on a obtenu que pour tout $u_0 \in I$, la suite $(u_n)_n$ solution de (12.5), de premier terme u_0, converge vers $\hat{x}$ ce qui signifie que $\hat{x}$ est globalement stable dans I.

▶ **Exemple**

On considère l'équation $u_{n+1} = \ln(4 + u_n)$, *la fonction* $f(x) = \ln(4 + x)$ *est définie sur* $]-4, +\infty[$

$$f'(x) = \frac{1}{4 + x}$$

pour tout $x \geqslant 0$, $0 \leqslant f'(x) \leqslant \frac{1}{4}$ *donc* f *est contractante sur* $\mathbb{R}_+$

$f : \mathbb{R}_+ \to \mathbb{R}_+$. $\mathbb{R}_+$ *est fermé*

Le théorème précédent garantit l'existence d'un unique équilibre $\hat{x} \in \mathbb{R}_+$, *globalement stable dans* $\mathbb{R}_+$.

Donc pour tout $u_0 \in \mathbb{R}_+$, *la suite* $(u_n)_n$ *solution de* $u_{n+1} = \ln(4 + u_n)$, *de premier terme* u_0, *converge vers* $\hat{x}$.

Il se peut qu'un équilibre $\hat{x}$ ne soit pas globalement stable dans I tout entier mais globalement stable dans l'intersection de I et d'un voisinage V de $\hat{x}$ d'où la définition suivante :

• Définition 10

Un équilibre $\hat{x}$ est dit *localement stable* dans I s'il existe un voisinage V de $\hat{x}$ tel que $\hat{x}$ est globalement stable dans $V \cap I$.

On voudrait alors des conditions nécessaires et suffisantes de stabilité locale.

• Proposition 20 : Conditions nécessaires de stabilité locale

Soit I un intervalle de $\mathbb{R}$ et f une fonction de I dans I. Si les conditions suivantes sont vérifiées :

– il existe un équilibre $\hat{x}$ dans I ;

– f' est continue sur un voisinage de $\hat{x}$;

– l'équilibre $\hat{x}$ est localement stable dans I.

alors $|f'(\hat{x})| \leqslant 1$.

On déduit de cette proposition :

Lorsque f est une fonction de I dans I, telle qu'il existe un équilibre $\hat{x}$ dans I et que f' est continue sur un voisinage de $\hat{x}$, si $|f'(\hat{x})| > 1$ alors l'équilibre $\hat{x}$ n'est pas localement stable dans I.

• Proposition 21 : Conditions suffisantes de stabilité locale

Soit I un intervalle de $\mathbb{R}$ et f une fonction de I dans I. Si les conditions suivantes sont vérifiées :

– il existe un équilibre $\hat{x}$ dans I ;

– f' est continue en $\hat{x}$ et $|f'(\hat{x})| < 1$;

alors $\hat{x}$ est localement stable dans I.

Démonstration : comme $|f'(\hat{x})| < 1$ il existe c tel que $|f'(\hat{x})| < c < 1$.

On va montrer qu'il existe un voisinage V de $\hat{x}$ tel que pour tout x dans V, $|f'(x)| < c < 1$. Comme f' est continue en $\hat{x}$ on a $\lim_{x \to \hat{x}} f'(x) = f'(\hat{x})$.

En utilisant la définition d'une limite *via* le langage des voisinages (définition 1 chapitre 4) on a alors pour ϵ fixé, $\epsilon = c - |f'(\hat{x})| > 0$, il existe $\eta_\epsilon > 0$ tel que, $\forall x$ au voisinage de $\hat{x}$, $|x - \hat{x}| < \eta_\epsilon \Longrightarrow |f'(x) - f'(\hat{x})| < \epsilon$ c'est-à-dire $|f'(x)| < \epsilon + |f'(\hat{x})| = c$. Donc $V =]\hat{x} - \eta_\epsilon, \hat{x} + \eta_\epsilon[$.

De plus on peut montrer que f va de $I \cap V$ dans $I \cap V$.

Soit $u_0 \in I \cap V$, et $(u_n)_n$ la suite solution de $u_{n+1} = f(u_n)$, de premier terme u_0. Le théorème des accroissements finis implique qu'il existe alors d strictement compris entre u_{n-1} et $\hat{x}$ tel que
$|u_n - \hat{x}| = |f(u_{n-1}) - f(\hat{x})| = |f'(d)(u_{n-1} - \hat{x}| \leqslant c|u_{n-1} - \hat{x}|$
et on obtient $|u_n - \hat{x}| \leqslant c^n |u_0 - \hat{x}|$. D'où $\lim_{n \to +\infty} u_n = \hat{x}$ car $\lim_{n \to +\infty} c^n = 0$.

Ceci signifie que $\hat{x}$ est localement stable dans I.

► Exemple

On considère l'équation $u_{n+1} = 2\sqrt{u_n} + \dfrac{u_n}{2}$. *la fonction* $f(x) = 2\sqrt{x} + \dfrac{x}{2}$ *est définie sur* $\mathbb{R}_+$ *et à valeurs dans* $\mathbb{R}_+$. *Cherchons les équilibres en résolvant* $f(x) = x$ *c'est-à-dire* $2\sqrt{x} + \dfrac{x}{2} = x$, *ce qui donne deux équilibres* $\hat{x}_1 = 0$ *et* $\hat{x}_2 = 16$.

Ici on ne peut pas avoir d'équilibre globalement stable puisqu'il y a deux équilibres.

© Dunod. Toute reproduction non autorisée est un délit.

$f'(x) = \dfrac{1}{\sqrt{x}} + \dfrac{1}{2}$, *$f'$ est continue au voisinage de $\hat{x}_2 = 16$. $f'(\hat{x}_2) =$ $f'(16) = \dfrac{1}{\sqrt{16}} + \dfrac{1}{2} = \dfrac{3}{4} < 1$ donc $\hat{x}_2$ est localement stable dans $\mathbb{R}_+$.*

En fait pour tout u_0 de $\mathbb{R}_+^*$, la suite $(u_n)_n$ solution de $u_{n+1} = 2\sqrt{u_n} + \dfrac{u_n}{2}$ de premier terme u_0 converge vers $\hat{x}_2$ et seule la suite constante $u_n = 0$ pour tout $n \in \mathbb{N}$ converge vers l'équilibre $\hat{x}_1 = 0$.

Exercices

Énoncés

Exercice n° 1

On considère le modèle de croissance suivant :

La production Y_t de la période t, est une fonction linéaire par rapport au capital K_t : $\forall t$, $Y_t = \dfrac{K_t}{r}$, $r > 1$. On suppose qu'il n'y a pas de dépréciation du capital. On désigne par C_t la fonction de consommation et on suppose que $C_t = cY_t + d$.

c est la propension à consommer ($0 < c < 1$) et d une constante positive.

Soit I_t l'investissement à la date t. On a $I_t = K_{t+1} - K_t$

L'équation d'équilibre des marchés est :

$$C_t + I_t = Y_t$$

Montrer que l'évolution de la production est donnée par une équation de récurrence linéaire d'ordre un et trouver la solution générale $(Y_t)_t$.

Exercice n° 2

Résoudre l'équation de récurrence linéaire d'ordre 1 :

$$u_{n+1} = 3u_n + 3^n n$$
$$u_0 = 1$$

Exercice n° 3

On suppose que l'évolution du revenu Y_n de l'année n en fonction du revenu des années précédentes est définie par :

$$Y_n = a_1 Y_{n-1} + a_2 Y_{n-2} + \ldots + a_m Y_{n-m} + r$$

a) Déterminer Y_n si $a_1 = \dfrac{3}{2}$, $a_2 = \ldots = a_m = 0$, $r = 12$, $Y_0 = 40$.

b) Même question si $a_1 = \dfrac{3}{2}$, $a_2 = \dfrac{-27}{64}$, $a_3 = \ldots = a_m = 0$, $r = 15$, $Y_0 = 40$, $Y_1 = 45$.

Exercice n° 4

On considère le modèle de croissance suivant :

On suppose que chaque individu offre une unité de travail. La production Y_t de la période t, est une fonction homogène de degré 1, du capital K_t et de la population active N_t : $\forall t, Y_t = F(K_t, N_t)$. On désigne par n le taux de croissance de la population : $N_{t+1} = (1+n)N_t$.

On désigne par C_t la fonction de consommation et on suppose que $C_t = (1-s)Y_t$. s est le taux d'épargne.

Soit I_t l'investissement à la date t : $I_t = K_{t+1} - (1-\delta)K_t$. δ est le taux de dépréciation du capital.

L'équation d'équilibre des marchés est :

$$C_t + I_t = Y_t$$

Montrer que l'évolution du rapport capital par tête (c'est-à-dire du rapport capital par unité de travail) k_t est donnée par une équation de récurrence d'ordre un. Appliquer au cas où $F(K, N) = AK^{\alpha}N^{1-\alpha}$ pour trouver les équilibres et étudier leur stabilité.

Exercice n° 5

Résoudre les équations de récurrence linéaires d'ordre 2 suivantes :

a) $u_{n+2} + u_{n+1} - 20u_n = (1/2)^n, \quad n \in \mathbb{N}$
$u_0 = 1, \quad u_1 = 2$

b) $u_{n+2} - \sqrt{2}u_{n+1} + (1/2)u_n = n+1, \quad n \in \mathbb{N}$
$u_0 = 2(3 + 2\sqrt{2}), \quad u_1 = 4(7 + 5\sqrt{2})$

© Dunod. Toute reproduction non autorisée est un délit.

Corrigés des exercices

Chapitre 1

Exercice n° 1

Pour A,B,C respectivement F,V,F, la proposition (A ⇒ B) ⇒ C est F, la proposition A ⇒ (B ⇒ C) est V. Ainsi la valeur de vérité de l'expression A ⇒ B ⇒ C dépend de la place des parenthèses mises lors de sa lecture. Cette écriture ne désigne donc pas une proposition (principe de non contradiction).
N.B. Il n'en est rien avec le OU car (A OU B) OU C = A OU (B OU C) que l'on peut donc écrire sans ambiguïté A OU B OU C et idem avec le ET.

Exercice n° 2

Méditer sur le « flou » du langage courant de base si on se contente d'un regard superficiel !

Exercice n° 3

a)

Tableau C.1

A	B	A ou exclusif B
V	V	F
V	F	V
F	V	V
F	F	F

© Dunod. Toute reproduction non autorisée est un délit.

b)

Tableau C.2

A	B	¬A OU B	¬A ou exclusif B
V	V	V	V
V	F	F	F
F	V	V	F
F	F	V	V

- « ¬A OU B » est par définition la proposition A $\Longrightarrow$ B (définition 5)
- « ¬A ou exclusif B » est la proposition A $\Longleftrightarrow$ B (définition 6)
- Dans le langage courant, la maladie du « ou » avec son ambiguïté de sens (ou exclusif ? ou non ?) contamine le « si ceci, alors cela » qui peut passer de « implique » à « équivalent » ! On comprend mieux désormais les difficultés des étudiants... qui se soigneront définitivement en se référant systématiquement à la table de vérité de « $\Longrightarrow$ »... et rien d'autre !

Exercice n° 4

Oui – oui – non.

Exercice n° 5

Aucune difficulté. Les propositions sont équivalentes.

Exercice n° 6

$E = \{0\}$.

Exercice n° 7

a) $\neg(A \subset B) = \exists x \in A$ tel que $x \in A$ ET $x \notin B$

b) La proposition P $\Longrightarrow$ Q est vraie dès que P est faux. Or $a \in \emptyset$ est une proposition toujours fausse. $\emptyset \subset \{\emptyset\}$.

c) Les parties de A sont : $\emptyset$, $\{a\}$, $\{b\}$, $\{c\}$, $\{a, b\}$, $\{a, c\}$, $\{b, c\}$, $\{a, b, c\}$. Ce sont les huit éléments de P(A) appelé ensemble des parties de A.

d) P(A) contient toujours la famille des parties à un élément $a \in A$, notées $\{a\}$ et appelées singletons.

Exercice n° 8

$A = B = \{0\}$; $C = \emptyset$; $D = E = \mathbb{R} =]-\infty, +\infty[$.

Exercice n° 9

a) P_1 est vraie si et seulement si f surjective. Idem pour P_2. P_3 est vraie si et seulement si f injective. P_4 est vraie si et seulement si f bijective.

b) $x \in f^{-1}(B_1 \cap B_2) \Rightarrow f(x) \in B_1 \cap B_2 \Rightarrow \begin{cases} f(x) \in B_1 \\ f(x) \in B_2 \end{cases} \Rightarrow \begin{cases} x \in f^{-1}(B_1) \\ x \in f^{-1}(B_2) \end{cases} \Rightarrow x \in f^{-1}(B_1) \cap f^{-1}(B_2)$

Conclusion : $f^{-1}(B_1 \cap B_2) \subset f^{-1}(B_1) \cap f^{-1}(B_2)$

enfin l'inclusion réciproque est vraie car les implications ci-dessus ont leur réciproque vraie (aucune difficulté).

c) $(y \in f(A_1 \cap A_2)) \Rightarrow (y = f(x), x \in A_1 \cap A_2)$
$\Rightarrow (y = f(x), x \in A_1)$ ET $(y = f(x), x \in A_2)$
$\Rightarrow \Big(y \in f(A_1)$ ET $y \in f(A_2)\Big) \Rightarrow \Big(y \in f(A_1) \cap f(A_2)\Big)$
Conclusion : $f(A_1 \cap A_2) \subset f(A_1) \cap f(A_2)$.
La réciproque de cette inclusion est fausse, il suffit de le vérifier sur l'exemple de la figure C.1.

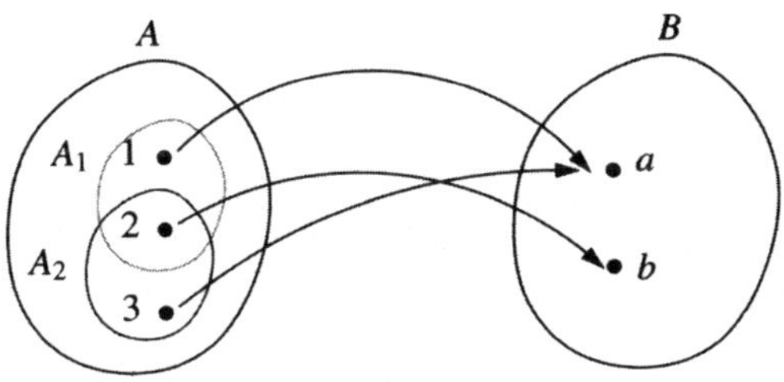

Figure C.1

$f(A_1) = \{a, b\}$, $f(A_2) = \{a, b\}$
$f(A_1 \cap A_2) = f(\{2\}) = \{b\}$
et $f(A_1) \cap f(A_2) = \{a, b\} \not\subset f(A_1 \cap A_2) = \{b\}$

Chapitre 2

Exercice n° 1

a) La récurrence ne présente aucune difficulté.

$$(1 + q + q^2 + \ldots + q^n)(1 - q) = 1 - q^{n+1}$$

d'où directement la formule (2.1) pour $q \neq 1$.

b) $$\begin{array}{ccccccccc} 1 + & 2 & + & 3 & + \ldots + (n-1) + n & & & & \\ & & & & +n + (n-1) + (n-2) + \ldots + & 2 & +1 & = & n(n+1) \end{array}$$

d'où directement la formule (2.2)

c) $\displaystyle\sum_{k=1}^{n}(2k - 1) = \sum_{k=1}^{n} 2k - \sum_{k=1}^{n} 1 = 2\sum_{k=1}^{n} k - n = 2n(n+1) \times \frac{1}{2} - n = n^2$
Quant à la démonstration par récurrence elle ne présente aucune difficulté.

Exercice n° 2

a) Sachant que :

$$1 + 2 + 3 + \ldots + n = \frac{1}{2}n^2 + \frac{1}{2}n$$

© Dunod. Toute reproduction non autorisée est un délit.

polynôme de degré 2, il paraît raisonnable de proposer $1^2 + 2^2 + \ldots + n^2 = P(n)$ avec $P(n) = an^3 + bn^2 + cn + d$, polynôme de degré 3. Aucune assurance sur l'existence d'une « formule » P(n) polynômiale ou pas.

b) Si $P(n) = an^3 + bn^2 + cn + d$ vérifie l'égalité (2.4), alors :

$$\begin{array}{lll} P(0) = 0 & \text{d'où} & d = 0 \\ P(1) = 1 & \text{d'où} & a + b + c = 1 \\ P(2) = 5 & \text{d'où} & 8a + 4b + 2c = 5 \\ P(3) = 14 & \text{d'où} & 27a + 9b + 3c = 14 \end{array}$$

Système linéaire de 4 équations à 4 inconnues :
Solution : $a = \frac{1}{3}, b = \frac{1}{2}, c = \frac{1}{6}, d = 0.$

c) La démonstration par récurrence de : pour tout $n \in \mathbb{N}$

$$1^2 + 2^2 + \ldots + n^2 = \frac{1}{3}n^3 + \frac{1}{2}n^2 + \frac{1}{6}n = \frac{n(n+1)(2n+1)}{6}$$

ne présente aucune difficulté, mais sa nécessité est absolue si on veut valider la formule (2.4) pour tout $n \in \mathbb{N}$.

d) L'idée de la généralisation est claire : pour tout $k \in \mathbb{N}$

$$1^k + 2^k + \ldots + n^k = \text{polynôme de degré } (k+1)$$

Quant à la démonstration on peut imaginer une récurrence sur $k \in \mathbb{N}$... ce que nous ne ferons pas !

Exercice n° 3

Soit E un ensemble de n éléments, $a \in E, b \in E$.

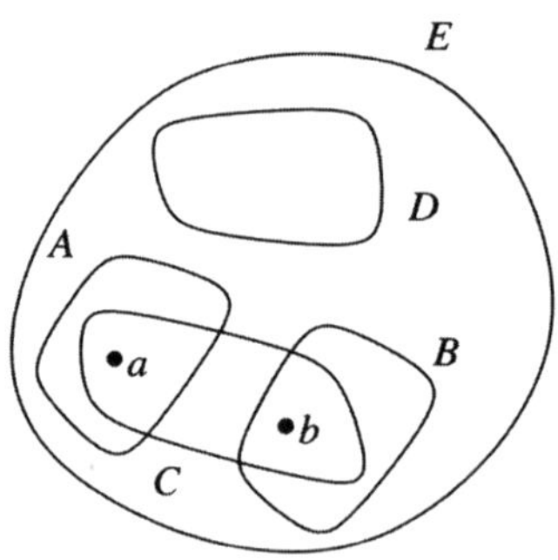

Figure C.2

- Il y a C_{n-2}^{k-1} parties à k éléments telles que A qui contient a ;
- il y a C_{n-2}^{k-1} parties à k éléments telles que B qui contient b ;
- il y a C_{n-2}^{k-2} parties à k éléments telles que C qui contient a et b ;
- il y a C_{n-2}^{k} parties à k éléments telles que D qui ne contient ni a ni b ;

- toute partie à k éléments étant soit de type A, soit de type B, soit de type C, soit de type D, on en déduit : C_n^k le nombre de parties à k éléments de E est tel que

$$C_n^k = C_{n-2}^{k-2} + 2C_{n-2}^{k-1} + C_{n-2}^k$$

Exercice n° 4

À toute partie A à n éléments d'un ensemble à $2n$ éléments est associée sa partie A^c qui est aussi à n éléments.

Exercice n° 6

a) Utiliser les inégalités $(a+b)^2 \geqslant 0$ et $(a-b)^2 \geqslant 0$.

b) Élever au carré les inégalités et utiliser a).

c) d) Vérifier cas par cas $a > b$, $a < b$, $a = b$.

Exercice n° 7

On fait une récurrence sachant que $1 + 2 + ... + n = \dfrac{n(n+1)}{2}$.

Exercice n° 8

a) $S_1 = 1, S_2 = 1/2, S_3 = 5/6$

b) Soit $n \in \mathbb{N}^*$, $n \geqslant 3$ et l'hypothèse $S_{n-2} \geqslant \dfrac{1}{2}$ et $S_{n-1} \geqslant \dfrac{1}{2}$

Si n est impair, alors $S_n = S_{n-1} + \dfrac{(-1)^{n+1}}{n} = S_{n-1} + \dfrac{1}{n} \geqslant \dfrac{1}{2} + \dfrac{1}{n} \geqslant \dfrac{1}{2}$

Si n est pair, alors
$$S_n = S_{n-2} + \frac{(-1)^n}{n-1} + \frac{(-1)^{n+1}}{n} = S_{n-2} + \frac{1}{n-1} - \frac{1}{n}$$
$$= S_{n-2} + \frac{1}{n(n-1)} \geqslant \frac{1}{2} + \frac{1}{n(n-1)} \geqslant \frac{1}{2}$$

Conclusion : $\forall n \geqslant 3,\ S_n \geqslant \dfrac{1}{2}$

c) *Via* a) et b) on a fait une récurrence à « deux coups » c'est-à-dire la proposition $(S_n \geqslant \dfrac{1}{2})$ nécessite $S_{n-2} \geqslant \dfrac{1}{2}$ et $S_{n-1} \geqslant \dfrac{1}{2}$.

Donc $\forall n \in \mathbb{N}^*,\ S_n \geqslant \dfrac{1}{2}$

Exercice n° 9

a) OK Chapitre 1.

b) Définir une application f, c'est :

n choix possibles pour $f(a_1)$ l'unique image de a_1 dans $\{b_1, b_2, ..., b_n\}$
n choix possibles pour $f(a_2)$ l'unique image de a_2 dans $\{b_1, b_2, ..., b_n\}$
.
.
.
n choix possibles pour $f(a_p)$ l'unique image de a_p dans $\{b_1, b_2, ..., b_n\}$
d'où n^p applications de A dans B.

© Dunod. Toute reproduction non autorisée est un délit.

c) Soit $p = n = 4$ et, mieux qu'un long discours, un dessin !... qui montre que si f non injective (car $f(a_3) = f(a_4)$) alors f non surjective (car b_4 n'est pas image). Et réciproquement. On conclut par contraposition.

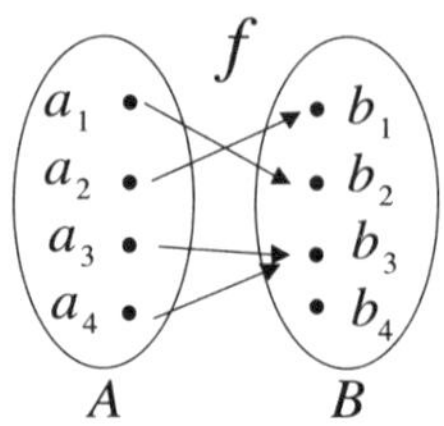

d) Si $p > n$, aucune injection.
Si $p \leqslant n$, définir une injection f, c'est :
n choix possibles pour $f(a_1)$ dans $\{b_1, b_2, ..., b_n\}$
$(n - 1)$ choix possibles pour $f(a_2)$ dans $\{b_1, b_2, ..., b_n\} \setminus \{f(a_1)\}$
$(n - 2)$ choix possibles pour $f(a_3)$ dans $\{b_1, b_2, ..., b_n\} \setminus \{f(a_1), f(a_2)\}$
.
.
.
$(n-(p-1))$ choix possibles pour $f(a_n)$ dans $\{b_1, b_2, ..., b_n\} \setminus \{f(a_1), f(a_2), ..., f(a_{p-1})\}$
d'où $n \times (n - 1) \times (n - 2) \times ... \times (n - (p - 1))$ injections de A dans B.
Remarque : Si $n = p$, il y a $n!$ injections, d'où $n!$ surjections, $n!$ bijections d'après c).

e) Si $p < n$, aucune surjection.
Si $p \geqslant n$, définir une surjection f, c'est :
Étape 1 : Choisir une partie à n éléments de A : C_p^n choix possibles.
Étape 2 : Choisir une bijection entre la partie choisie à l'étape 1 et B : $n!$ choix possibles.
Étape 3 : Donner des images aux $(p - n)$ éléments non choisis à l'étape 1 : n^{p-n} choix possibles.
d'où $C_p^n \times n! \times n^{p-n}$ surjections de A dans B.

Remarque : Si $n = p$, il y a $C_n^n \times n! \times n^0 = n!$ surjections qui sont des injections d'après c), démonstration en d)... avec le même résultat... ce qui est la moindre des choses !

Chapitre 3

Exercice n° 1

a) est fausse. Par exemple, la suite $(u_n)_n$ définie par $u_n = (-1)^n$ est telle que $\lim_{n\to+\infty} |u_n| = 1$, et $\lim_{n\to+\infty} u_n$ n'existe pas. La réciproque est vraie (*cf.* proposition 3 c)).

b) est fausse. Il suffit de considérer le même exemple que pour a).

c) est vraie. Par l'absurde, supposons que $\lim_{n\to+\infty} u_n = l \neq 0$; alors $\lim_{n\to+\infty} \dfrac{u_n}{u_{n+1}} = \dfrac{l}{l} = 1$ ce qui contredit l'hypothèse.
Donc $\lim_{n\to+\infty} u_n = 0$.

d) est vraie.

Exercice n° 2

> **Point méthode**
>
> a) penser à la quantité conjuguée.
>
> On a $u_n = \sqrt{n+1} - \sqrt{n} = \dfrac{(\sqrt{n+1}-\sqrt{n})(\sqrt{n+1}+\sqrt{n})}{\sqrt{n+1}+\sqrt{n}} = \dfrac{1}{\sqrt{n+1}+\sqrt{n}}$.
>
> On a alors $0 \leqslant u_n \leqslant \dfrac{1}{\sqrt{n}}$.
>
> On en déduit par la proposition 3 g), que $\lim_{n\to+\infty} u_n = 0$.

b) La suite de terme général $u_n = 5 - \dfrac{8}{5}n$, est une suite arithmétique de raison $-\dfrac{8}{5}$. La suite est donc divergente.

c) La suite de terme général $u_n = 7^n$, est une suite géométrique de raison $r = 7 > 1$, donc divergente.

d) La suite de terme général $u_n = \left(-\dfrac{1}{9}\right)^n$ est une suite géométrique de raison $r = -\dfrac{1}{9}$. Comme $|r| < 1$, la suite est convergente et $\lim_{n\to+\infty} u_n = 0$.

e) On a $u_1 = 1 + \dfrac{1}{3}$, $u_2 = 1 + \dfrac{1}{3} + \dfrac{1}{3^2}$, $u_3 = 1 + \dfrac{1}{3} + \dfrac{1}{3^2} + \dfrac{1}{3^3}$. On reconnaît donc la somme des $n+1$ premiers termes d'une suite géométrique de raison $\dfrac{1}{3}$ et de terme initial $u_0 = 1$, dont on connaît une formule explicite :

$$u_n = 1 + \frac{1}{3} + \ldots + \frac{1}{3^n} = \frac{1 - \dfrac{1}{3^{n+1}}}{1 - \dfrac{1}{3}} = \frac{3}{2} - \frac{1}{2}\frac{1}{3^n}$$

On a donc $\lim_{n\to+\infty} u_n = \dfrac{3}{2}$.

f) On a $u_1 = 1$, $u_2 = 1 + \dfrac{1}{2^2}$, $u_3 = 1 + \dfrac{1}{2^2} + \dfrac{1}{3^2}$. On ne connaît pas de formule explicite donnant u_n, mais si on remarque que :

$$\forall k \geqslant 2,\ \frac{1}{k^2} \leqslant \frac{1}{k(k-1)} = \frac{1}{k-1} - \frac{1}{k}$$

alors :

$$u_n \leqslant 1 + \left(1 - \frac{1}{2}\right) + \left(\frac{1}{2} - \frac{1}{3}\right) + \left(\frac{1}{3} - \frac{1}{4}\right) + \ldots + \left(\frac{1}{n-1} - \frac{1}{n}\right)$$

d'où $u_n \leqslant 2 - \dfrac{1}{n} < 2$. Donc $(u_n)_n$ est majorée par 2. De plus elle est croissante, puisque $u_{n+1} - u_n = \dfrac{1}{(n+1)^2} > 0$, $\forall n \in \mathbb{N}$. Le théorème 1 implique alors qu'elle converge. On montre par des méthodes plus sophistiquées que :

$$\lim_{n\to+\infty}\left(1 + \frac{1}{2^2} + \frac{1}{3^2} + \ldots + \frac{1}{n^2}\right) = \frac{\pi^2}{6}$$

© Dunod. Toute reproduction non autorisée est un délit.

g) La suite est croissante. En effet $u_{n+1} - u_n = \dfrac{1}{n+1} > 0$. On va montrer qu'elle n'est pas majorée.

Remarque : $u_{2n} \geqslant \dfrac{1}{2} + u_n, \forall n \in \mathbb{N}$.

Montrons par récurrence sur p que :

1) $\forall p \in \mathbb{N}, u_{2^p} \geqslant \dfrac{p}{2}$

L'inégalité est vraie pour $p = 1$, car $u_{2^1} = 1 + \dfrac{1}{2} \geqslant \dfrac{1}{2}$. Supposons l'inégalité vraie pour p, et montrons qu'elle est vraie pour $p + 1$:

$$u_{2^{p+1}} \geqslant u_{2\times 2^p} \geqslant \frac{1}{2} + u_{2^p} \geqslant \frac{1}{2} + \frac{p}{2} \quad \text{(hypothèse de récurrence)}$$
$$= \frac{p+1}{2}$$

qui est bien l'inégalité écrite pour l'entier $p + 1$.

Donc 1) est bien vérifiée. On déduit alors de 1) que :

2) $\forall A > 0, \exists \eta_A$ tel que $\forall n \in \mathbb{N}, n \geqslant \eta_A \Longrightarrow u_n \geqslant A$, c'est-à-dire $\lim_{n\to+\infty} u_n = +\infty$.

Exercice n° 3

La suite $(u_n)_n$ est croissante car :

$$\forall n \in \mathbb{N}, \quad u_{n+1} - u_n = \frac{1}{(n+1)!} > 0$$

La suite $(v_n)_n$ est décroissante car :

$$\forall n \geqslant 1, \; v_{n+1} - v_n = 2\frac{1}{(n+1)!} - \frac{1}{n!} = \frac{1-n}{(n+1)!} \leqslant 0$$

De plus $\lim_{n\to+\infty}(v_n - u_n) = \lim_{n\to+\infty} \dfrac{1}{n!} = 0$.

Donc $(u_n)_n$ et $(v_n)_n$ sont adjacentes et d'après le théorème 2, $\lim_{n\to+\infty} u_n = \lim_{n\to+\infty} v_n$.

Remarque : On montre que $\lim_{n\to+\infty} \left(1 + \dfrac{1}{1!} + \dfrac{1}{2!} + \ldots + \dfrac{1}{n!}\right) = \mathrm{e}$.

Exercice n° 4

Pour les deux exercices suivants reprenons la démarche exposée pour l'étude d'une suite de la forme $u_{n+1} = f(u_n)$.

a) $\forall n \in \mathbb{N}^*$, $u_n > 0$ donc la suite est bien définie. On considère $f(x) = \sqrt{1+x}$, $x \geqslant 0$. f est croissante, ce qui implique que $(u_n)_n$ est monotone. Comme $u_0 = 0$ et $u_1 = 1$, $u_1 > u_0$, $(u_n)_n$ est croissante.

$(u_n)_n$ est majorée par 2. En effet $u_0 < 2$. Supposons que $u_n < 2$ et montrons que $u_{n+1} < 2$. $u_{n+1} = \sqrt{1+u_n} < \sqrt{1+2} = \sqrt{3} < 2$. Donc $\forall n \in \mathbb{N}$, $u_n < 2$. On conclut que $(u_n)_n$ croissante et majorée converge. Soit l sa limite. On peut écrire la suite sous la forme :

$$u_{n+1}{}^2 = 1 + u_n, \; \forall n \in \mathbb{N}, \; u_0 = 0$$

En passant à la limite on a $l^2 = 1 + l$ par la proposition 3 d). Les solutions de cette équation sont $\dfrac{1-\sqrt{5}}{2}$ et $\dfrac{1+\sqrt{5}}{2}$. La suite étant à termes strictement positifs, sa limite est positive ou nulle donc $l = \dfrac{1+\sqrt{5}}{2}$.

b) $\forall n \in \mathbb{N}$, $u_n > 0$ donc la suite est bien définie et tous les termes de la suite sont strictement positifs.

Calculons quelques premiers termes : $u_1 = \frac{3}{2} = 1{,}5$, $u_2 = \frac{17}{12} = 1{,}416\ldots$

D'après l'étude graphique de la suite, il semblerait que l'on ait : $(u_n)_n$ décroissante, $(u_n)_n$ minorée par 0, et $u_n \to l$, quand $n \to +\infty$, telle que $l = \sqrt{2}$.

En fait, dans cet exercice, il faudra d'abord trouver un bon minorant pour montrer que la suite est décroissante. Pour cela, procédons ainsi : si la suite converge alors sa limite l vérifie $l = \frac{1}{2}\left[l + \frac{2}{l}\right]$ (par la proposition 3), c'est-à-dire $l = f(l)$. Cette équation s'écrit $l^2 = 2$ et a deux solutions $\sqrt{2}$ et $-\sqrt{2}$ mais comme la suite est à termes strictement positifs, si elle converge alors $l = \sqrt{2}$.

Montrons que $\sqrt{2}$ est un minorant. $u_0 = 2 > \sqrt{2}$. Supposons que $u_n \leqslant \sqrt{2}$ et montrons que $u_{n+1} \geqslant \sqrt{2}$. On a :

$$u_{n+1} - \sqrt{2} = \frac{1}{2}\left[u_n + \frac{2}{u_n}\right] - \sqrt{2} = \frac{(u_n^2 + 2 - 2\sqrt{2}u_n}{2u_n} = \frac{\left(u_n - \sqrt{2}\right)^2}{2u_n} \geqslant 0$$

Puisque $\forall n \in \mathbb{N}$, $u_n > 0$. On a donc $u_{n+1} \geqslant \sqrt{2}$. Ainsi $\forall n \in \mathbb{N}$, $u_n \geqslant \sqrt{2}$. On va montrer ensuite que la suite est décroissante. Comme $\forall n \in \mathbb{N}$, $u_n > 0$, on peut comparer $\frac{u_{n+1}}{u_n}$ à 1.

$\frac{u_{n+1}}{u_n} = \frac{1}{2}\left[1 + \frac{2}{u_n^2}\right]$. On a $\forall n \in \mathbb{N}$, $\frac{1}{2}\left[1 + \frac{2}{u_n^2}\right] \leqslant 1$ car $u_n^2 \geqslant 2$ puisque $\forall n \in \mathbb{N}$, $u_n \geqslant \sqrt{2}$.

Donc la suite est décroissante. Étant décroissante et minorée, elle est convergente et sa limite est $\sqrt{2}$.

Remarque : $\forall n \in \mathbb{N}$, $u_n \in Q$ l'ensemble des nombres rationnels et $\lim_{n\to+\infty} u_n = \sqrt{2} \notin Q$. Il existe donc des suites de nombres rationnels qui convergent vers un nombre réel qui n'est pas rationnel. Suite à ce concept on dit que Q n'est pas complet, motivant ainsi la construction de $\mathbb{R}$, ensemble plus grand que Q, avec $\mathbb{R}$, lui, complet.

c) 1) On fait une récurrence sur $n \in \mathbb{N}$ (aucune difficulté).

2) $y_{n+1} - x_{n+1} = \frac{1}{2}(x_n + y_n) - \sqrt{x_n y_n} = \frac{1}{2}(\sqrt{y_n} - \sqrt{x_n})^2 \geqslant 0$. On en déduit : $y_{n+1} = \frac{1}{2}(x_n + y_n) \leqslant \frac{1}{2}(y_n + y_n) = y_n$ et $x_{n+1} = \sqrt{x_n y_n} \geqslant \sqrt{x_n x_n} = |x_n| = x_n$.

3) $(y_n)_n$ est décroissante et minorée par x_0 donc convergente.
$(x_n)_n$ est croissante et majorée par y_0 donc convergente.

4) $\frac{y_{n+1} - x_{n+1}}{y_n - x_n} = \frac{\frac{1}{2}(\sqrt{y_n} - \sqrt{x_n})^2}{(\sqrt{y_n} - \sqrt{x_n})(\sqrt{y_n} + \sqrt{x_n})} = \frac{1}{2}\frac{\sqrt{y_n} - \sqrt{x_n}}{\sqrt{y_n} + \sqrt{x_n}} \leqslant \frac{1}{2}$, car $\forall n \in \mathbb{N}$, $0 \leqslant \frac{\sqrt{y_n} - \sqrt{x_n}}{\sqrt{y_n} + \sqrt{x_n}} \leqslant 1$. Il en résulte : $y_n - x_n \leqslant \frac{1}{2}(y_{n-1} - x_{n-1}) \leqslant \left(\frac{1}{2}\right)^2 (y_{n-2} - x_{n-2}) \leqslant \ldots \leqslant \left(\frac{1}{2}\right)^n (y_0 - x_0)$. Donc $0 \leqslant y_n - x_n \leqslant \left(\frac{1}{2}\right)^n (y_0 - x_0)$ et par passage à la limite quand $n \to +\infty$, sachant que $\lim_{n\to+\infty} \left(\frac{1}{2}\right)^n (y_0 - x_0) = 0$ on a $0 \leqslant \beta - \alpha \leqslant 0$ c'est-à-dire $\alpha = \beta$. Il est clair que les suites $(x_n)_n$ et $(y_n)_n$ sont adjacentes.

© Dunod. Toute reproduction non autorisée est un délit.

Exercice n° 5

a) On a une série géométrique. $r = \frac{1}{3}$ et $u_0 = 1$. Comme $r < 1$, la série est convergente de limite $\frac{1}{1-\frac{1}{3}} = \frac{3}{2}$.

Remarque : Cet exercice est le même que l'exercice 2) e).

b) Cette série est la suite

$$S_n = 1 + \frac{1}{2^2} + \frac{1}{3^2} + \ldots + \frac{1}{n^2}, \quad (n \in \mathbb{N}^*),$$

étudiée à l'exercice 2) f).

c) Cette série est la suite

$$S_n = 1 + \frac{1}{2} + \ldots + \frac{1}{n}, \quad (n \in \mathbb{N}^*)$$

étudiée à l'exercice 2) g).

d) On a :

$$\lim_{n\to+\infty} u_n = \lim_{n\to+\infty} \left(1 + \frac{1}{n}\right)^n = \mathrm{e} \neq 0$$

Donc la série diverge par la propriété 6.

e) La règle de Cauchy donne :

$$\lim_{n\to+\infty} (|u_n|)^{\frac{1}{n}} = \lim_{n\to+\infty} \left(\left|\left(\frac{-1}{3+2n+4n^2}\right)^n\right|\right)^{\frac{1}{n}} = 0 < 1$$

Donc la série converge.

f) La règle de d'Alembert donne :

$$\lim_{n\to+\infty} \left|\frac{u_{n+1}}{u_n}\right| = \lim_{n\to+\infty} \frac{\dfrac{n+1}{1+3^{(n+1)}}}{\dfrac{n}{1+3^n}} = \frac{1}{3} < 1$$

Donc la série converge.

g) $u_n = \dfrac{1 \times 4 \times 7 \times \ldots \times (3n+1)}{(n+1)!} c^n$, $c \in \mathbb{R}_+^*$.

$\lim\limits_{n\to+\infty} \dfrac{u_{n+1}}{u_n} = \lim\limits_{n\to+\infty} \dfrac{3n+4}{n+2} \times c = 3c$. Donc d'après la règle de d'Alembert : si $c < \frac{1}{3}$ la série est convergente ; si $c > \frac{1}{3}$ la série est divergente. Pour $c = \frac{1}{3}$, $\lim\limits_{n\to+\infty} \dfrac{u_{n+1}}{u_n} = 1$ donc la règle de d'Alembert ne permet pas de conclure.

Point méthode

Dans ce cas on peut essayer d'appliquer la règle de Raabe-Duhamel :

Soit $\alpha = \lim\limits_{n\to+\infty} n \left[\left|\dfrac{u_n}{u_{n+1}}\right| - 1\right]$.

Si $\alpha < 1$, la série diverge.

Si $\alpha > 1$, la série converge.

Dans notre exemple $\alpha = \lim_{n\to+\infty} n\left[\left|\frac{u_n}{u_{n+1}}\right| - 1\right] = \frac{2}{3} < 1$. Donc la série est divergente pour $c = \frac{1}{3}$.

Récapitulation : $c < \frac{1}{3}$ la série $\sum u_n$ est convergente. $c \geqslant \frac{1}{3}$ la série $\sum u_n$ est divergente.
Autres cas d'application de la règle de Raabe-Duhamel.

Soit la série $\sum \frac{1}{n^2}$ (voir exercice 5 b) ci-dessus).

$\lim_{n\to+\infty}\left|\frac{u_{n+1}}{u_n}\right| = 1$, cas sans réponse de la règle de d'Alembert. On applique alors la règle de Raabe-Duhamel : $\alpha = \lim_{n\to+\infty} n\left[\left|\frac{u_n}{u_{n+1}}\right| - 1\right] = 2 > 1$. On conclut : la série est convergente.

Soit la série $\sum \frac{1}{n}$ (voir exercice 5c) ci-dessus).

$\lim_{n\to+\infty}\left|\frac{u_{n+1}}{u_n}\right| = 1$, cas sans réponse de la règle de d'Alembert. On applique alors la règle de Raabe-Duhamel : $\alpha = \lim_{n\to+\infty} n\left[\left|\frac{u_n}{u_{n+1}}\right| - 1\right] = 1$, cas sans réponse de la règle de Raabe-Duhamel. On a vu par d'autres méthodes que cette série est divergente.

h) La série est alternée. $|u_n| = \frac{1}{\sqrt{n}}$ donc la suite $(|u_n|)_n$ est décroissante.

$\lim_{n\longrightarrow\infty} \frac{1}{\sqrt{n}} = 0$. La Proposition 12 permet alors de conclure que la série est convergente.

i) Soit $S_n = \sum_{k=1}^{n} u_k = \sum_{k=1}^{n} \ln(1+\frac{1}{k}) = \sum_{k=1}^{n} \ln(\frac{k+1}{k}) = \sum_{k=1}^{n}(\ln(k+1) - \ln(k)) = \ln(n+1)$.
$\lim_{n\to+\infty} S_n = +\infty$. Donc la suite $(S_n)_n$ diverge c'est-à-dire que la série diverge.

j) $\forall n \in \mathbb{N}^*, \quad n(n+2) < (n+2)^2$ donc $\forall n \in \mathbb{N}^*, \quad \frac{1}{\sqrt{n(n+2)}} > \frac{1}{\sqrt{(n+2)^2}} = \frac{1}{(n+2)} > 0$

Comme $\sum \frac{1}{(n+2)}$ diverge alors la série $\sum \frac{1}{\sqrt{n(n+2)}}$ diverge.

k) $\forall n \in \mathbb{N}^*, 0 \leqslant \frac{\ln n}{n^2} \leqslant \frac{\sqrt{n}}{n^2} = \frac{1}{n^{3/2}}$. Comme $\sum \frac{1}{n^{3/2}}$ converge (série de Riemann avec $\alpha = 3/2 > 1$) alors $\sum \frac{\ln n}{n^2}$ converge.

Exercice n° 6

a) $u_2 = 1/2,\ u_3 = 3/4,\ u_4 = 5/8$

b) Non : $u_2 - u_1 = -1/2 < 0$ alors que $u_3 - u_2 = 1/4 > 0$. On ne peut pas déduire qu'elle n'a pas de limite

c) $u_n = \sum_{k=0}^{n-1}(-1)^k \frac{1}{2^k}, q = \frac{-1}{2}$

d) $\sum_{k=0}^{n-1}(-1)^k \frac{1}{2^k} = \frac{1-(-1/2)^n}{1-(-1/2)}$. $\lim_{n\longrightarrow\infty} u_n = \lim_{n\longrightarrow\infty} \frac{1-(-1/2)^n}{1-(-1/2)} = 2/3$

© Dunod. Toute reproduction non autorisée est un délit.

Chapitre 4

Exercice n° 1

a) On remarque l'inégalité suivante : $0 \leqslant |f(x) - \sqrt{a}| = |\sqrt{x} - \sqrt{a}| = \dfrac{|x-a|}{\sqrt{x}+\sqrt{a}} \leqslant \dfrac{|x-a|}{\sqrt{a}}$.
Alors pour tout choix de $\epsilon > 0$, en prenant $\eta_\epsilon = \epsilon\sqrt{a}$ on a : $|x-a| < \eta_\epsilon \Rightarrow |f(x) - \sqrt{a}| < \epsilon$, c'est-à-dire $\lim\limits_{x \to a} f(x) = \sqrt{a}$.

b) Ayant l'inégalité obtenue en a) : $0 \leqslant |f(x) - \sqrt{a}| \leqslant \dfrac{|x-a|}{\sqrt{a}}$
on peut appliquer la proposition 3 g), qui donne $\lim\limits_{x \to a} |f(x) - \sqrt{a}| = 0$, c'est-à-dire $\lim\limits_{x \to a} f(x) = \sqrt{a}$.

c) f est définie à droite de 0 (car sur tout intervalle $]0, 0+\alpha[=]0, \alpha[$, $\alpha > 0$). On peut alors appliquer la définition 3.
Pour tout choix de $\epsilon > 0$, en prenant $\eta_\epsilon = \epsilon^2$ on a l'implication :
$0 < x - 0 < \eta_\epsilon \Rightarrow |f(x) - 0| = |\sqrt{x} - 0| < \epsilon$, c'est-à-dire $\lim\limits_{x \to 0^+} f(x) = 0$.
f n'est pas définie à gauche de 0 (car si $x < 0$, $\sqrt{x}$ n'est pas un nombre réel). On ne peut donc parler de $\lim\limits_{x \to 0^-} f(x)$.

d) f est continue sur $\mathbb{R}_+^*$, continue à droite de 0. Donc f est continue sur $\mathbb{R}_+ = [0, +\infty[$.

Exercice n° 2

a) $f(x) = \dfrac{(x^2+7x^3)(x+3)}{x^5+x^2}$.
Au voisinage de $x = 0$, d'après la proposition 5 du chapitre 4 et sachant qu'un polynôme est équivalent à son monôme de plus bas degré, on a :

$$\left.\begin{array}{rl} x^2+7x^3 & \sim_0 x^2 \\ x+3 & \sim_0 3 \end{array}\right\} \Longrightarrow (x^2+7x^3)(x+3) \sim_0 x^2 \times 3$$

$$\left.\begin{array}{rl} (x^2+7x^3)(x+3) & \sim_0 x^2 \times 3 \\ x^5+x^2 & \sim_0 x^2 \end{array}\right\} \Longrightarrow f(x) \sim_0 \frac{3x^2}{x^2} = 3$$

c'est-à-dire $\lim\limits_{x \to 0} \dfrac{f(x)}{3} = 1$ d'où $\lim\limits_{x \to 0} f(x) = 3$.
De la même manière, au voisinage de $x = +\infty$, on a :

$$\left.\begin{array}{rl} x^2+7x^3 & \sim_{+\infty} 7x^3 \\ x+3 & \sim_{+\infty} x \end{array}\right\} \Longrightarrow (x^2+7x^3)(x+3) \sim_{+\infty} 7x^4$$

$$\left.\begin{array}{rl} (x^2+7x^3)(x+3) & \sim_{+\infty} 7x^4 \\ x^5+x^2 & \sim_{+\infty} x^5 \end{array}\right\} \Longrightarrow f(x) \sim_{+\infty} \frac{7x^4}{x^5} = \frac{7}{x}$$

$\lim\limits_{x \to +\infty} f(x) = 0$.
Au voisinage de $x = -1$. On a :

$$f(x) = \frac{(1+7x)(x+3)}{x^3+1} = \frac{(1+7x)(x+3)}{(x+1)(x^2-x+1)}$$

d'où $\lim_{x\to -1}(x+1)f(x) = \lim_{x\to -1}\frac{(1+7x)(x+3)}{x^2-x+1} = -4$

d'où $\lim_{x\to -1}\frac{f(x)}{\frac{-4}{x+1}} = 1$ c'est-à-dire $f(x) \sim_{-1} \frac{-4}{x+1}$. $\lim_{x\to -1} f(x)$ n'existe pas.

b) L'ensemble de définition de f est $]1, +\infty[$.

$$f(x) = \frac{x^2-1}{\sqrt{x-1}} = \frac{(x-1)(x+1)}{\sqrt{x-1}} = \frac{(\sqrt{x-1})(\sqrt{x-1})(x+1)}{\sqrt{x-1}} = (\sqrt{x-1})(x+1)$$

$$\lim_{x\to 1^+}\frac{x^2-1}{\sqrt{x-1}} = \lim_{x\to 1^+}(\sqrt{x-1})(x+1) = 0.$$

Exercice n° 3

a) L'ensemble de définition de f est $[-1, 1]$

b)

$$\frac{\sqrt{1+x^2}-\sqrt{1-x^2}}{x} = \frac{(\sqrt{1+x^2}-\sqrt{1-x^2})(\sqrt{1+x^2}+\sqrt{1-x^2})}{x(\sqrt{1+x^2}+\sqrt{1-x^2})}$$

$$= \frac{(1+x^2)-(1-x^2)}{x(\sqrt{1+x^2}+\sqrt{1-x^2})} = \frac{2x^2}{x(\sqrt{1+x^2}+\sqrt{1-x^2})}$$

$$= \frac{2x}{(\sqrt{1+x^2}+\sqrt{1-x^2})}$$

$$\lim_{x\to 0}\frac{\sqrt{1+x^2}-\sqrt{1-x^2}}{x} = \lim_{x\to 0}\frac{2x}{(\sqrt{1+x^2}+\sqrt{1-x^2})} = 0$$

f n'est pas continue en 0 car $\lim_{x\to 0} f(x) = 0 \neq f(0) = 1$.

Exercice n° 4

a)

$$f(x) = \begin{cases} 14x/100 & \text{si } 0 \leqslant x \leqslant 1\,000 \\ 140 + (x - 1\,000)10/100 & \text{si } 1\,000 \leqslant x \leqslant 1\,500 \\ 190 + (x - 1\,500)6/100 & \text{si } 1\,500 \leqslant x \leqslant 3\,000 \\ 280 + (x - 3\,000)4/100 & \text{si } x \geqslant 3\,000 \end{cases}$$

c'est-à-dire

$$f(x) = \begin{cases} 0{,}14x & \text{si } 0 \leqslant x \leqslant 1\,000 \\ 0{,}1x + 40 & \text{si } 1\,000 < x \leqslant 1\,500 \\ 0{,}06x + 100 & \text{si } 1\,500 < x \leqslant 3\,000 \\ 0{,}04x + 160 & \text{si } x > 3\,000 \end{cases}$$

b) f est une fonction affine par morceaux.

Elle est continue sur l'intervalle $[0, 1\,000]$ (car continue en tout point de l'intervalle ouvert $]0, 1\,000[$ et continue à gauche en $1\,000$ et à droite en 0).

f est continue sur l'intervalle ouvert $]1\,000, 1\,500[$.

Examinons sa continuité en $x = 1\,000$.

© Dunod. Toute reproduction non autorisée est un délit.

$\lim_{x\to 1\,000^+} f(x) = \lim_{x\to 1\,000^+} 0{,}1x + 40 = 140 = f(1\,000)$

donc f est aussi continue à droite en $x = 1\,000$ ce qui permet de déduire que f est continue en $x = 1\,000$.

On démontre de la même façon que f est continue aux points 1 500 et 3 000 en montrant qu'elle est continue à gauche et à droite en ces points.

f est donc continue sur $[0, +\infty[$.

Exercice n° 5

a) Au voisinage de 0 un polynôme est équivalent à son terme de plus bas degré (voir commentaires définition 8 chapitre 4), donc $f_1 \sim_0 g_1$ et $f_2 \sim_0 g_2$. Par contre : $(f_1 + f_2)(x) = 2x^2$, $(g_1 + g_2)(x) = 2x^3$ et $\lim_{x\to 0} \dfrac{(g_1 + g_2)(x)}{(f_1 + f_2)(x)} = 0 \neq 1$, donc les fonctions $f_1 + f_2$ et $g_1 + g_2$ ne sont pas équivalentes au voisinage de 0. Conclusion : La proposition 5 du chapitre 4 ne s'étend pas au cas de l'addition.

b) Au voisinage de $+\infty$ (ou de $-\infty$) un polynôme est équivalent à son terme de plus haut degré (voir commentaires définition 9 chapitre 4), donc $h_1 \sim_{+\infty} h_2$. Par contre : $\dfrac{\exp \circ h_1(x)}{\exp \circ h_2(x)} = \dfrac{e^{x+1}}{e^x} = e \to_{x\to+\infty} e \neq 1$, donc les fonctions $\exp \circ h_1$ et $\exp \circ h_2$ ne sont pas équivalentes au voisinage de 0.

Conclusion : La proposition 5 du chapitre 4 ne s'étend pas au cas de la composition des fonctions.

c) $f_1 \sim_{+\infty} f_2$ avec les mêmes arguments qu'à la question 2 et

$$\lim_{x\to+\infty} |f_1(x) - f_2(x)| = +\infty.$$

Conclusion : Ne pas confondre être équivalents et avoir des valeurs proches.

Exercice n° 6

a) f est continue sur $D = [0, 1] \bigcup [2, 3]$ ensemble fermé borné, mais D n'est pas un intervalle (voir commentaires chapitre 2 II-C-2-a).

b) $f(D) = \{1, 2\}$ qui n'est pas un intervalle.

Exercice n° 7

$\dfrac{\ln u_n}{\ln \frac{1}{n}} = 1 + \dfrac{1}{n}$, d'où $\lim_{n\to+\infty} \dfrac{\ln u_n}{\ln \frac{1}{n}} = 1$. $\quad \dfrac{u_n}{\frac{1}{n}} = \dfrac{1}{n^{\frac{1}{n}}} = \dfrac{1}{e^{\frac{1}{n}\ln n}}$, d'où $\lim_{n\to+\infty} \dfrac{u_n}{\frac{1}{n}} = \dfrac{1}{e^0} = 1$.

$\dfrac{\ln v_n}{\ln \frac{1}{n}} = 1 + 2\dfrac{\ln(\ln n)}{\ln n}$, d'où $\lim_{n\to+\infty} \dfrac{\ln v_n}{\ln \frac{1}{n}} = 1$. $\quad \dfrac{v_n}{\frac{1}{n}} = \dfrac{1}{(\ln n)^2}$, d'où $\lim_{n\to+\infty} \dfrac{v_n}{\frac{1}{n}} = 0$.

Commentaires : De $\ln v_n \sim_{+\infty} \ln \frac{1}{n}$, on ne peut déduire $e^{\ln v_n} \sim_{+\infty} e^{\ln \frac{1}{n}}$. La relation d'équivalence des fonctions n'est pas stable pour la composition des fonctions.

Chapitre 5

Exercice n° 1

f est dérivable sur l'intervalle $[0, 1\,000[$. f est dérivable à gauche en 1 000, $f'_-(1\,000) = 0{,}14$; f est dérivable à droite en 1 000, $f'_+(1\,000) = 0{,}1$. Comme $f'_+(1\,000) \neq f'_-(1\,000)$, f n'est pas dérivable en 1 000.

De même f est dérivable sur les intervalles $]1\,000, 1\,500[$, $]1\,500, 3\,000]$ et $]3\,000, +\infty[$ mais n'est pas dérivable en $x = 1\,500$ et $x = 3\,000$ car en chacun de ces points la dérivée à gauche et la dérivée à droite de f existent mais ne sont pas égales.

Exercice n° 2

f est dérivable en tout point x différent de 0 car c'est une composée de fonctions dérivables. Étudions la dérivabilité en 0 en passant par la définition :

$$\lim_{x\to 0} \frac{f(x) - f(0)}{x - 0} = \lim_{x\to 0} \frac{x^2 \sin(\frac{1}{x}) - 0}{x - 0} = \lim_{x\to 0} x \sin\left(\frac{1}{x}\right) = 0$$

Donc f est dérivable en 0 et $f'(0) = 0$.

Pour $x \neq 0$ on a :

$$f'(x) = 2x \sin\left(\frac{1}{x}\right) + x^2 \cos\left(\frac{1}{x}\right)\left(-\frac{1}{x^2}\right) = 2x \sin\left(\frac{1}{x}\right) - \cos\left(\frac{1}{x}\right)$$

$\lim_{x\to 0} f'(x)$ n'existe pas car $\lim_{x\to 0} x \sin\left(\frac{1}{x}\right) = 0$ et $\lim_{x\to 0} \cos\left(\frac{1}{x}\right)$ n'existe pas. Donc f' n'est pas continue en 0.

Exercice n° 3

a) l'ensemble de définition de f est $[-2, 2]$.

b)

$$\lim_{x\to 0} f(x) = \lim_{x\to 0} \frac{(x+2)^2 - (4 - x^2)}{x((x+2) + \sqrt{4 - x^2})} = \lim_{x\to 0} \frac{2x^2 + 4x}{x(x + 2 + \sqrt{4 - x^2})}$$
$$= \lim_{x\to 0} \frac{x(2x+4)}{x(x + 2 + \sqrt{4 - x^2})} = 1$$

f est continue en 0 car $\lim_{x\to 0} f(x) = f(0) = 1$.

c) Pour $x \in]-2, 2[\setminus\{0\}$, on a $f'(x) = \dfrac{1}{x^2}\left(\dfrac{x^2}{\sqrt{4 - x^2}} - 2 + \sqrt{4 - x^2}\right)$.

$\lim_{x\to 0} f'(x) = \dfrac{1}{4}$

d) $\lim_{x\to 0} \dfrac{f(x) - f(0)}{x} = \lim_{x\to 0} \dfrac{\dfrac{x + 2 - \sqrt{4 - x^2}}{x} - 1}{x} = \dfrac{1}{4}$

Donc f est dérivable en 0 et $f'(0) = \dfrac{1}{4}$

© Dunod. Toute reproduction non autorisée est un délit.

e) f' est continue en 0 car $\lim_{x \to 0} f'(x) = f'(0) = \dfrac{1}{4}$

Exercice n° 4

a) Étudions d'abord $\lim_{x \to +\infty} \dfrac{a^x}{x}$. $\dfrac{a^x}{x}$ est de la forme indéterminée $\dfrac{+\infty}{+\infty}$ lorsque $x \longrightarrow +\infty$, la règle de l'Hôpital donne $\lim_{x \to +\infty} \dfrac{a^x}{x} = \lim_{x \to +\infty} \dfrac{a^x \ln a}{1} = e^{x \ln a} \ln a = +\infty$.

Donc $\lim_{x \to +\infty} \dfrac{x}{a^x} = 0$. $\dfrac{x^r}{a^x} = \left(\dfrac{x}{a^{x/r}}\right)^r = \left(\dfrac{x}{c^x}\right)^r = g \circ f(x)$ avec $c = a^{1/r} > 1$ où $f(x) = \dfrac{x}{c^x}$, et $g(z) = z^r$. On a $\lim_{x \to +\infty} f(x) = 0$ et g est une fonction puissance donc continue en 0, donc $\lim_{x \to +\infty} \dfrac{x^r}{a^x} = \lim_{x \to +\infty} g \circ f(x) = g(0) = 0$ par la proposition 9 du chapitre 4.

Finalement $\lim_{x \to +\infty} \dfrac{a^x}{x^r} = +\infty$.

b) $(x+1)\ln(x+1) - x \ln x = \ln(1 + \dfrac{1}{x})^x + \ln(x+1) \to 1 + \infty = +\infty$, quand $x \to +\infty$; d'où la forme indéterminée $\dfrac{\infty}{\infty}$ pour f quand $x \to +\infty$, d'où la règle de l'Hôpital appliquée deux fois ; d'où $\lim\limits_{x \to +\infty} f(x) = 1$.

Exercice n° 5

a) f est deux fois dérivable sur $\mathbb{R}$. On cherche les candidats en résolvant $f'(x) = 0$ c'est-à-dire $5x^4 - 20 = 0$. La résolution de cette équation fournit deux candidats $x_1 = -\sqrt{2}$ et $x_2 = \sqrt{2}$.
$f''(x) = 20x^3$ d'où $f''(x_1) = f''(-\sqrt{2}) = -40\sqrt{2} < 0$ et $f''(x_2) = f''(\sqrt{2}) = 40\sqrt{2} > 0$. Les CS2 impliquent donc que f admet un maximum local strict en x_1 et un minimum local strict en x_2. Ils ne sont pas globaux car $\lim\limits_{x \to +\infty} f(x) = +\infty$ et $\lim\limits_{x \to -\infty} f(x) = -\infty$.

b) f est définie et deux fois dérivable sur $\mathbb{R}$. On cherche des candidats en résolvant $f'(x) = 0$ c'est-à-dire $e^{2x}(1 + 2x) = 0$ ce qui donne $x = -1/2$. $f''(x) = 4e^{2x}(1 + x)$ donc $f''(-1/2) = 2e^{-1} > 0$. Les CS2 impliquent donc que $x = -1/2$ fournit un minimum local strict à f sur $\mathbb{R}$. On peut montrer qu'il est global.

c) f est définie et deux fois dérivable sur $\mathbb{R}_+^*$. On cherche des candidats en résolvant $f'(x) = 0$ c'est-à-dire $-\ln x + 3 = 0$ ce qui donne $x = e^3$. $f''(x) = -\dfrac{1}{x}$ d'où $\forall x \in \mathbb{R}_+^*,\ f''(x) < 0$ donc f est strictement concave sur $\mathbb{R}_+^*$. Donc $x = e^3$ fournit un maximum global strict à f sur $\mathbb{R}_+^*$.

d) f est 2 fois dérivable sur $\mathbb{R}$. On cherche les candidats en résolvant : $f'(x) = 0$.
$f'(x) = 4x^3 - 12x^2 + 12x - 4 = 4(x^3 - 3x^2 + 3x - 1) = 4(x-1)^3$ Il y a donc 1 candidat $x = 1$.
$f''(x) = 12(x-1)^2$.
$\forall x \in \mathbb{R}$, $f''(x \geqslant 0$. Donc f est convexe sur $\mathbb{R}$. Donc f admet un minimum global en 1. (CNS) (de plus il est strict car on peut montrer que f est strictement convexe).

e) f est 2 fois dérivable sur $\mathbb{R}$. On cherche les candidats en résolvant : $f'(x) = 0$.
$f'(x) = -12x^2 + 6$.
$-12x^2 + 6 = 0$ donne $x^2 = 1/2$. Il y a donc 2 candidats $x = \sqrt{1/2}$ et $x = -\sqrt{1/2}$.
$f''(x) = -24x$.

$f''(\sqrt{1/2}) = -24\sqrt{1/2} < 0$. Donc f admet un maximum local strict en $\sqrt{1/2}$. (CS2)
$f''(-\sqrt{1/2}) = 24\sqrt{1/2} > 0$. Donc f admet un minimum local strict en $-\sqrt{1/2}$. (CS2)
Comme $\lim_{x \longrightarrow -\infty} f(x) = +\infty$, le maximum local n'est pas global.
Comme $\lim_{x \longrightarrow +\infty} f(x) = -\infty$, le minimum local n'est pas global.

Exercice n° 6

a) Le coût moyen $C_M(q) = \dfrac{C(q)}{q} = 2q^2 - q + 4$.

$C'_M(q) = 4q - 1 = 0$ d'où $q = 1/4$ est candidat. Comme $C''_M(q) = 4$, pour tout q, C_M est une fonction strictement convexe donc $q = 1/4$ minimise le coût moyen. ($q = 1/4$ fournit un minimum global strict)

La fonction de coût marginal est $C'(q) = 6q^2 - 2q + 4$. $C'(1/4) = 31/8$ et $C_M(1/4) = 31/8$.

b) Si q^* minimise le coût moyen $C_M(q) = \dfrac{C(q)}{q}$, alors $C'_M(q^*) = 0$ (CN1).

$C'_M(q) = \dfrac{C'(q)q - C(q)}{q^2}$. $C'_M(q^*) = 0$ donne $C'(q^*)q^* = C(q^*)$ c'est-à-dire :

$$C'(q^*) = \frac{C(q^*)}{q^*} = C_M(q^*)$$

Exercice n° 7

Comme f est continue et strictement croissante sur $[0, +\infty[$, f^{-1} existe et est définie sur $[0, l[$ (proposition 12 chapitre 4). La fonction de demande d'input contrainte par q est donnée par $v = f^{-1}(q)$. Donc le profit est $\Pi(q) = pq - wf^{-1}(q)$.

$\Pi'(q) = 0$ implique $w[f^{-1}]'(q) = p$, $w\frac{1}{f'(f^{-1}(q))} = p$. Si un tel point q existe alors en notant que Π est une fonction strictement concave (car $\forall q \in [0, l[$,

$\Pi''(q) = wf''[f^{-1}(q)]\left[\dfrac{1}{f'(f^{-1}(q))}\right]^3 < 0$ par hypothèse) on déduit que q fournit un maximum global strict au profit.

Exercice n° 8

a) Non. Les fonctions f et g dérivables en a (par hypothèse) sont donc continues en a, d'où : $\lim_{x \to a} f(x) = f(a) = 0$ et $\lim_{x \to a} g(x) = g(a) = 0$. En écrivant $\lim_{x \to a} \dfrac{f(x)}{g(x)} = \dfrac{\lim_{x \to a} f(x)}{\lim_{x \to a} g(x)}$ on tomberait sur la forme indéterminée $\frac{0}{0}$... qui ne demande à être déterminée que par la règle de l'Hôpital, règle particulièrement efficace dans ce cas.

b) $\varphi(x) = \varphi(a) = 0$, φ continue sur $[a, x]$ (cas $x > a$), φ dérivable sur $]a, x[$, on peut donc appliquer le théorème de Rolle à φ sur $[a, x]$, donc il existe $c \in]a, x[$ tel que $\varphi'(c) = 0$ et en écrivant $c = a + \theta(x - a)$ (voir représentation paramétrique d'un intervalle), on conclut : $\exists \theta \in]0, 1[$ tel que $\varphi'(a + \theta(x - a)) = 0$. (Le cas $x < a$ se traite de la même manière).

c) $\varphi'(t) = g(x).f'(t) - f(x).g'(t)$ et en appliquant le résultat de la question ci-dessus :

$\exists \theta \in]0, 1[$ tel que $\dfrac{f(x)}{g(x)} = \dfrac{f'(a + \theta(x - a))}{g'(a + \theta(x - a))}$ (1).

Il est clair que θ dépend du x choisi dans $I \setminus \{a\}$ donc on écrit $\theta = \theta_x$ pour la suite.

© Dunod. Toute reproduction non autorisée est un délit.

d) $\forall x \in I\backslash\{a\}, \exists \theta = \theta_x \in]0,1[$ tel que (1). $\theta_x \in]0,1[$ donc θ_x borné d'où $\lim_{x\to a} \big(a+\theta(x-a)\big) = a$ et donc $\lim_{x\to a} \dfrac{f(x)}{g(x)} = \lim_{x\to a} \dfrac{f'(a+\theta_x(x-a))}{g'(a+\theta_x(x-a))} = \dfrac{u}{v}$.

Exercice n° 9

a) On applique la règle de l'Hôpital à $\dfrac{f}{g}$ puis à $\dfrac{f'}{g'}$, il vient :

$$\lim_{x\to 0} \frac{f(x)}{x^2} = \lim_{x\to 0} \frac{f'(x)}{2x} = \lim_{x\to 0} \frac{f''(x)}{2} = -\frac{3}{2}.$$

b) $f \sim_0 g$ avec $g(x) = -\frac{3}{2}x^2$.

c)
$$\ln(1+x) = f_1(x) \sim_0 g_1(x) = x$$
$$-x - x^2 = f_2(x) \sim_0 g_2(x) = -x$$

mais il est faux que $f_1 + f_2 \sim_0 g_1 + g_2$, en effet $f_1 + f_2 = f \sim_0 g$ avec $g(x) = -\frac{3}{2}x^2$ d'après b).

N.B. : $g_1 + g_2 = 0$ la fonction constante identiquement nulle et dire qu'une fonction f est équivalente à 0 en un point n'a pas de sens (voir la définition de $f \sim_a g$.)

Exercice n° 10

$\left(\dfrac{f(x)}{x}\right)' = \dfrac{f'(x)x - f(x)}{x^2} < 0, \forall x \in \mathbb{R}_+^*$. En effet comme f est strictement concave et dérivable sur $\mathbb{R}_+$ on a $\forall x, y \in \mathbb{R}_+, x \neq y \Longrightarrow f(x) - f(y) > f'(x)(x-y)$. (Proposition 19, commentaires). En particulier pour $y = 0$ et sachant que $f(0) = 0$ on a $\forall x \in \mathbb{R}_+^*, f(x) > f'(x)x$. Donc $\forall x \in \mathbb{R}_+^*, f'(x)x - f(x) < 0$. Donc la fonction $\dfrac{f(x)}{x}$ est strictement décroissante sur $\mathbb{R}_+^*$.

Exercice n° 11

a) $D_f =]2, +\infty[$.

b) f est continue sur $]2, +\infty[$; $\lim_{x\to+\infty} f(x) = -\infty$, $\lim_{x\to 2^+} f(x) = +\infty$. Donc l'équation $f(x) = 0$ a une solution dans $]2, +\infty[$.

f est dérivable sur D_f et $f'(x) = \dfrac{-1}{(x-2)^2} - \dfrac{1}{x-2} < 0$ sur $]2, +\infty[$ donc f est strictement décroissante sur $]2, +\infty[$. Donc la solution est unique. On peut remarquer que cette solution est $x = 3$

d) $D_g =]2, +\infty[$

e) g est dérivable sur D car somme de fonctions dérivables....

$$g'(x) = \frac{3-x}{x-2} - \ln(x-2) = f(x).$$

f) g est 2 fois dérivable sur $]2, +\infty[$. $g''(x) = f'(x) < 0, \forall x \in]2, +\infty[$, donc g est strictement concave sur $]2, +\infty[$.

g) $f(3) = 0$ donc $g'(3) = 0$ c"est-à-dire que 3 est un candidat. Comme g est strictement concave, ce candidat fournit un maximum global strict à g sur $]2, +\infty[$.

h) $g' = f$; $f(3) = 0$ et f est strictement décroissante sur $]2, +\infty[$ donc $f(x) < 0$ pour $x > 3$. D'où $g'(x) < 0$ pour $x > 3$ donc g strictement décroissante sur $]3, +\infty[$ donc sur $[5, 20]$. Ainsi g atteint son maximum global strict sur $[5, 20]$ en 5 et son minimum global strict sur $[5, 20]$ en 20.

Exercice n° 12

a) $\forall x, y \in I,\ \ \forall \lambda \in [0,1],\ \ (f+g)(\lambda x + (1-\lambda)y) = f(\lambda x + (1-\lambda)y) + g(\lambda x + (1-\lambda)y) \geqslant \lambda f(x) + (1-\lambda)f(y) + \lambda g(x) + (1-\lambda)g(y) = \lambda(f+g)(x) + (1-\lambda)(f+g)(y)$. Donc $f+g$ concave sur I.

b) $\forall x, y \in I,\ \ \forall \lambda \in [0,1], \forall \alpha > 0\ \ \ \alpha f(\lambda x + (1-\lambda)y) \geqslant \alpha[\lambda f(x) + (1-\lambda)f(y)] = \lambda\alpha f(x) + (1-\lambda)\alpha f(y)$. Donc αf concave sur I.

c) $\forall x, y \in I,\ \ \forall \lambda \in [0,1], \forall \alpha < 0\ \ \ \alpha f(\lambda x + (1-\lambda)y) \leqslant \alpha[\lambda f(x) + (1-\lambda)f(y)] = \lambda\alpha f(x) + (1-\lambda)\alpha f(y)$. Donc αf convexe sur I.

Exercice n° 13

a) $D = \mathbb{R}$.

b) f est 2 fois dérivable sur $\mathbb{R}$.

$$f'(x) = \frac{-2x}{2\sqrt{x^2+1}} - 2x = -\frac{x}{\sqrt{x^2+1}} - 2x$$

$$f''(x) = -\frac{\sqrt{x^2+1} - x\dfrac{x}{\sqrt{x^2+1}}}{x^2+1} - 2 = -\ \frac{(x^2+1) - x^2}{\sqrt{x^2+1}(x^2+1)} - 2$$

$$= \frac{-1}{\sqrt{x^2+1}(x^2+1)} - 2 < 0,\quad \forall x \in \mathbb{R}.$$ Donc f est strictement concave sur $\mathbb{R}$.

Chapitre 6

Exercice n° 1

On reprend les arguments utilisés en II.B.5) dans « Mesure des surplus ». Les calculs ne présentent aucune difficulté.

Exercice n° 2

$$\int_{-\infty}^{+\infty} f(x)\mathrm{d}x = \int_0^2 f(x)\mathrm{d}x = \int_0^1 f(x)\mathrm{d}x + \int_1^2 f(x)\mathrm{d}x = \frac{1}{2} + \frac{1}{2} = 1$$

$$E = \int_0^2 xf(x)\mathrm{d}x = \int_0^1 x^2\mathrm{d}x + \int_1^2 x(2-x)\mathrm{d}x = \left[\frac{x^3}{3}\right]_0^1 + \left[\left(x^2 - \frac{x^3}{3}\right)\right]_1^2 = 1$$

Exercice n° 3

a) L'intégrale existe si $\alpha > 1$ et elle vaut :

$$I = \int_1^{+\infty} f(x)\mathrm{d}x = a\left[\frac{1}{(-\alpha+1)x^{\alpha-1}}\right]_1^{+\infty} = \frac{a}{\alpha - 1}$$

I vaut 1 à la condition que $a = \alpha - 1$.

© Dunod. Toute reproduction non autorisée est un délit.

b) J existe bien si $\alpha > 2$; elle vaut :

$$J = (\alpha - 1)\int_1^{+\infty} \frac{dx}{x^{\alpha-1}} = \left[\frac{(\alpha-1)}{(-\alpha+2)x^{\alpha-2}}\right]_1^{+\infty} = \frac{\alpha-1}{\alpha-2}$$

Exercice n° 4

(a) $I(a) = 1 - e^{-a}(1+a)$ et $J(a) = -a^2e^{-a} + 2I(a)$

b) $I = \Big[-(\sin x)e^{-x}\Big]_0^{\pi} + \int_0^{\pi}(\cos x)e^{-x}dx = \Big[-(\cos x)e^{-x}\Big]_0^{\pi} - \int_0^{\pi}(\sin x)e^{-x}dx$

On obtient donc : $2I = (1 + e^{-\pi})$

c) $K = \Big[(\ln x)^2\Big]_1^2 - \int_1^2 \frac{\ln x}{x}dx = (\ln 2)^2 - K$; $K = \frac{(\ln 2)^2}{2}$.

$\left(f(x) = \ln x \text{ et } g'(x) = \frac{1}{x}\right)$

Par changement de variable : $t = \ln x$; $K = \int_0^{\ln 2} t\,dt = \frac{(\ln 2)^2}{2}$.

Exercice n° 5

a)

$$I = \frac{1}{2}\int_1^2 \frac{dt}{t^2} = \frac{1}{2}\left[-\frac{1}{t}\right]_1^2 = \frac{1}{4}$$

b)

$$L(a) = \frac{1}{2}\int_0^{a^2} e^{-t}dt = \frac{1}{2}(1 - e^{-a^2}) \to \frac{1}{2} \text{ si } a \to +\infty$$

c) $I = \int_0^{\ln 2} t^2e^t dt = J(\ln 2)$ où J est définie et calculée dans le 2e exemple de II.C.3. On trouve :

$$I = 2\left((\ln 2)^2 - 2\ln 2 + 1\right)$$

Exercice n° 6

On détermine a et b par identification algébrique dans l'égalité :

$$\frac{a}{x} + \frac{b}{x+1} = \frac{(a+b)x + a}{x(x+1)} = \frac{1}{x(x+1)} \quad \text{d'où : } a = 1 \text{ et } b = -1$$

On en déduit :

$$I = \int_1^3 \frac{dx}{x} - \int_1^3 \frac{dx}{x+1} = [\ln x]_1^3 - [\ln(x+1)]_1^3 = \ln\left(\frac{3}{2}\right)$$

Exercice n° 7

a) Pour x assez grand, on a :

$$\sqrt{x} > 2\ln x, \quad \text{soit : } 0 < e^{-\sqrt{x}} \leqslant e^{-2\ln x} = \frac{1}{x^2}$$

$\frac{1}{x^2}$ étant intégrable en $+\infty$, il en est de même de $e^{-\sqrt{x}}$.

b) La fonction $f(x) = \dfrac{x^\alpha}{1+x^2}$ est équivalente en $+\infty$ à $\dfrac{1}{x^{2-\alpha}}$. Donc l'intégrale de f existe si et seulement si $(2-\alpha) > 1$; c'est-à-dire $\alpha < 1$.

c) Supposons $\alpha = 1+\delta$, avec $\delta > 0$. Posons $\gamma = 1 + \dfrac{\delta}{2}$. Les résultats sur la croissance comparée de $(\ln x)$ et x en $+\infty$ nous disent que pour x grand :

$$0 \leqslant f(x) = \frac{(\ln x)^\beta}{x^\alpha} \leqslant \frac{1}{x^\gamma}, \quad \gamma = 1 + \frac{\delta}{2} > 1$$

et l'intégrale existe en $+\infty$. Si $\alpha \leqslant 1$, on utilise la minoration $f(x) \geqslant x^{-\alpha}$ pour conclure à la non-existence de l'intégrale en $+\infty$. Conclusion : I existe si et seulement si $\alpha > 1$.

Exercice n° 8

a) $S_n = \dfrac{1}{n}\displaystyle\sum_{k=0}^{n-1} e^{k/n} = \dfrac{1}{n}\left[1 + q + q^2 + \dots + q^{n-1}\right]$ avec $q = e^{1/n} = \dfrac{1}{n}\left[\dfrac{1-q^n}{1-q}\right]$ (voir exercice n° 1 chapitre 2).

b) Voir figure ci-dessous.

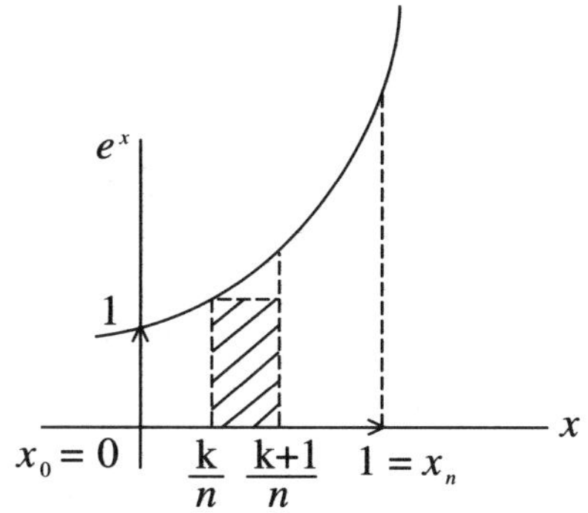

c) $S_n = \dfrac{1}{n}\dfrac{1-e}{1-e^{1/n}} \to_{n\to+\infty} -1+e$. (N.B $\displaystyle\lim_{n\to+\infty} \frac{1-e^{1/n}}{1/n} = \lim_{z\to 0}\frac{1-e^z}{z}$ (on a posé $z = 1/n$) $= \displaystyle\lim_{z\to 0}\frac{(1-e^z)'}{z'}$ (règle de l'Hôpital)$= \displaystyle\lim_{z\to 0}(-e^z) = -1$.) D'où $\displaystyle\lim_{n\to+\infty} S_n = -1+e$.

Exercice n° 9

Si $\alpha > 0, \quad \alpha \neq 1$: $\dfrac{1}{(k+1)^\alpha} \leqslant \displaystyle\int_k^{k+1} \frac{1}{x^\alpha}dx \leqslant \frac{1}{k^\alpha}$ car l'application $f(x) = \dfrac{1}{x^\alpha}$ (avec $\alpha > 0$) est décroissante sur $]0, +\infty[$. D'où $\displaystyle\sum_{k=2}^{n+1}\frac{1}{k^\alpha} \leqslant \int_1^{n+1}\frac{1}{x^\alpha}dx \leqslant \sum_{k=1}^{n}\frac{1}{k^\alpha}$. Ce qui donne $\displaystyle\sum_{k=2}^{n+1}\frac{1}{k^\alpha} \leqslant \frac{(n+1)^{-\alpha+1}-1}{-\alpha+1} \leqslant \sum_{k=1}^{n}\frac{1}{k^\alpha}$.

Si $0 < \alpha < 1$: $\sum_{k=1}^n \dfrac{1}{k^\alpha} \geqslant \dfrac{(n+1)^{-\alpha+1}-1}{-\alpha+1} \to +\infty$. Donc la suite des sommes partielles diverge c'est-à-dire que la série diverge.

Si $\alpha > 1$: $\displaystyle\sum_{k=2}^{n+1}\frac{1}{k^\alpha} \leqslant \frac{(n+1)^{-\alpha+1}-1}{-\alpha+1} \leqslant \frac{1}{\alpha-1}$. Donc la suite des sommes partielles est bornée. Comme de plus elle est croissante on en déduit qu'elle converge. Donc la série converge.

© Dunod. Toute reproduction non autorisée est un délit.

Si $\alpha = 1$: La série diverge (résultat déjà démontré dans l'exercice 5 c) du Chapitre 3). Autre démonstration :

$\forall k \geqslant 1, \quad \dfrac{1}{k} \geqslant \displaystyle\int_k^{k+1} \frac{1}{x}dx$ car l'application $f(x) = \dfrac{1}{x}$ est décroissante sur $]0, +\infty[$. D'où $\forall n \geqslant 1, \ \displaystyle\sum_{k=1}^{n} \frac{1}{k} \geqslant \int_1^{n+1} \frac{1}{x}dx = \ln(n+1)$. Donc la série diverge.

Si $\alpha < 0$: $\lim\limits_{n \to +\infty} u_n = +\infty$ donc la série diverge.

Chapitre 7

Exercice n° 1

a) Si S est libre alors R est vraie, P et Q sont fausses.

b) P et Q sont équivalentes. R est le contraire de P. R est le contraire de Q.

Exercice n° 2

« $\Longrightarrow$ » Hypt : $\{\vec{u}, \vec{v}\}$ libre. Alors :

$$\begin{aligned} & \alpha(\vec{u} + \vec{v}) + \beta\vec{v} = \vec{0} \\ \Longrightarrow\ & \alpha\vec{u} + (\alpha + \beta)\vec{v} = \vec{0} \\ \Longrightarrow\ & \alpha = 0 \quad \text{et} \quad \alpha + \beta = 0 \quad (\text{car } \{\vec{u}, \vec{v}\} \text{ libre}) \\ \Longrightarrow\ & \alpha = \beta = 0 \end{aligned}$$

Conclusion : $\{\vec{u} + \vec{v}, \vec{v}\}$ libre.

« $\Longleftarrow$ » Hypt : $\{\vec{u} + \vec{v}, \vec{v}\}$ libre. Alors :

$$\begin{aligned} & \alpha\vec{u} + \beta\vec{v} = \vec{0} \\ \Longrightarrow\ & \alpha(\vec{u} + \vec{v}) + (\beta - \alpha)\vec{v} = \vec{0} \\ \Longrightarrow\ & \alpha = 0 \quad \text{et} \quad \beta - \alpha = 0 \quad (\text{car } \{\vec{u} + \vec{v}, \vec{v}\} \text{ libre}) \\ \Longrightarrow\ & \alpha = \beta = 0 \end{aligned}$$

Conclusion : $\{\vec{u}, \vec{v}\}$ libre.

Exercice n° 3

$$AB = 1 \times 4 + 2 \times 5 + 3 \times 6 = \begin{bmatrix} 32 \end{bmatrix} \quad \text{matrice de format } (1, 1)$$

$$BA = \begin{bmatrix} 4 & 8 & 12 \\ 5 & 10 & 15 \\ 6 & 12 & 18 \end{bmatrix} \quad \text{matrice de format } (3, 3)$$

Exercice n° 4

10 équations à 10 inconnues.

Exercice n° 5

I – a) et b) S est un système libre. On en déduit S système générateur de $\mathbb{R}^3$ car $\dim \mathbb{R}^3 = 3$ (Théorème 1)

II – a) $S = \{\vec{f_1}, \vec{f_2}, \vec{f_3}\}$ est une base d'après le résultat de la question I. Donc φ bijective (Théorème 3), donc φ injective et surjective.

b) $\operatorname{Ker}\varphi = \{\vec{0}\}$ espace vectoriel de dimension zéro. $\varphi(\mathbb{R}^3) = \mathbb{R}^3$.

c) $\varphi(\vec{u}) = \varphi(x\vec{e}_1 + y\vec{e}_2 + z\vec{e}_3) = x\varphi(\vec{e}_1) + y\varphi(\vec{e}_2) + z\varphi(\vec{e}_3)$
$= (x, 5x, -x) + (0, -2y, y) + (0, 2z, 2z) = (x, 5x - 2y + 2z, -x + y + 2z)$

d'où :

$$\begin{array}{cccc} \varphi & : & \mathbb{R}^3 & \longrightarrow \mathbb{R}^3 \\ & & \vec{u} = (x, y, z) & \mapsto \varphi(\vec{u}) = (a, b, c) \end{array} \quad \text{tel que} \begin{cases} a = x \\ b = 5x - 2y + 2z \\ c = -x + y + 2z \end{cases}$$

III – a) $A = \begin{bmatrix} 1 & 0 & 0 \\ 5 & -2 & 2 \\ -1 & 1 & 2 \end{bmatrix}$

b)

$$AU = V \iff \begin{bmatrix} 1 & 0 & 0 \\ 5 & -2 & 2 \\ -1 & 1 & 2 \end{bmatrix} \begin{bmatrix} x \\ y \\ z \end{bmatrix} = \begin{bmatrix} a \\ b \\ c \end{bmatrix}$$

$$\iff \begin{cases} x & & & = a \\ 5x & - 2y & + 2z & = b \\ -x & + y & + 2z & = c \end{cases} \qquad \text{(C.1)}$$

c) Le système (C.1) a pour solution :

$$\begin{cases} x = a \\ y = 2a - \frac{1}{3}b + \frac{1}{3}c \\ z = -\frac{1}{2}a + \frac{1}{6}b + \frac{1}{3}c \end{cases}$$

d) Sous forme matricielle, la solution de (C.1) s'écrit :

$$\begin{bmatrix} x \\ y \\ z \end{bmatrix} = \underbrace{\begin{bmatrix} 1 & 0 & 0 \\ 2 & -\frac{1}{3} & \frac{1}{3} \\ -\frac{1}{2} & \frac{1}{6} & \frac{1}{3} \end{bmatrix}}_{\text{matrice } B} \begin{bmatrix} a \\ b \\ c \end{bmatrix}$$

IV – a) $AB = \begin{bmatrix} 1 & 0 & 0 \\ 5 & -2 & 2 \\ -1 & 1 & 2 \end{bmatrix} \begin{bmatrix} 1 & 0 & 0 \\ 2 & -\frac{1}{3} & \frac{1}{3} \\ -\frac{1}{2} & \frac{1}{6} & \frac{1}{3} \end{bmatrix} = \begin{bmatrix} 1 & 0 & 0 \\ 0 & 1 & 0 \\ 0 & 0 & 1 \end{bmatrix}$

$AB = I_3$ donc B est l'inverse de A... et A est l'inverse de B. On peut poser $B = A^{-1}$.

© Dunod. Toute reproduction non autorisée est un délit.

1. $B = A^{-1}$ est la matrice de φ^{-1} relativement à la base canonique de $\mathbb{R}^3$.
2. B étant la matrice de φ^{-1}, on en déduit :

$$\varphi^{-1}(\vec{e}_1) = \vec{e}_1 + 2\vec{e}_2 - \frac{1}{2}\vec{e}_3 = \left(1, 2, -\frac{1}{2}\right)$$
$$\varphi^{-1}(\vec{e}_2) = -\frac{1}{3}\vec{e}_2 + \frac{1}{6}\vec{e}_3 = \left(0, -\frac{1}{3}, \frac{1}{6}\right)$$
$$\varphi^{-1}(\vec{e}_3) = \frac{1}{3}\vec{e}_2 + \frac{1}{3}\vec{e}_3 = \left(0, \frac{1}{3}, \frac{1}{3}\right)$$

d'où :

$$\begin{aligned}
\varphi^{-1}(\vec{v}) &= \varphi^{-1}(a\vec{e}_1 + b\vec{e}_2 + c\vec{e}_3)\\
&= a\varphi^{-1}(\vec{e}_1) + b\varphi^{-1}(\vec{e}_2) + c\varphi^{-1}(\vec{e}_3)\\
&= \left(a, 2a, -\frac{1}{2}a\right) + \left(0, -\frac{1}{3}b, \frac{1}{6}b\right) + \left(0, \frac{1}{3}c, \frac{1}{3}c\right)\\
&= \left(a, 2a - \frac{1}{3}b + \frac{1}{3}c, -\frac{1}{2}a + \frac{1}{6}b + \frac{1}{3}c\right)
\end{aligned}$$

d'où :

$$\begin{array}{cccc}
\varphi^{-1} & : & \mathbb{R}^3 & \longrightarrow \mathbb{R}^3\\
 & & \vec{v} = (a, b, c) & \mapsto \varphi^{-1}(\vec{v}) = (x, y, z)
\end{array}$$

tel que $x = a$; $y = 2a - \frac{1}{3}b + \frac{1}{3}c$; $z = -\frac{1}{2}a + \frac{1}{6}b + \frac{1}{3}c$

On peut vérifier : $\varphi^{-1}(\vec{f}_1) = \vec{e}_1$, $\varphi^{-1}(\vec{f}_2) = \vec{e}_2$, $\varphi^{-1}(\vec{f}_3) = \vec{e}_3$, résultats auxquels il fallait s'attendre puisque $\varphi(\vec{e}_1) = \vec{f}_1$, $\varphi(\vec{e}_2) = \vec{f}_2$, $\varphi(\vec{e}_3) = \vec{f}_3$.

On vient de montrer dans ce problème que :

$$\text{l'inverse de } A = \begin{bmatrix} 1 & 0 & 0\\ 5 & -2 & 2\\ -1 & 1 & 2 \end{bmatrix} \text{ est : } \begin{bmatrix} 1 & 0 & 0\\ 2 & -\frac{1}{3} & \frac{1}{3}\\ -\frac{1}{2} & \frac{1}{6} & \frac{1}{3} \end{bmatrix} = B = A^{-1}$$

On a montré dans le cours (*cf.* IV.C.3.f) que :

$$\text{l'inverse de } A^T = \begin{bmatrix} 1 & 5 & -1\\ 0 & -2 & 1\\ 0 & 2 & 2 \end{bmatrix} \text{ est : } \begin{bmatrix} 1 & 2 & -\frac{1}{2}\\ 0 & -\frac{1}{3} & \frac{1}{6}\\ 0 & \frac{1}{3} & \frac{1}{3} \end{bmatrix} = B^T = (A^T)^{-1}$$

Où A^T (respectivement B^T) désigne la matrice transposée de A (respectivement B).
On vérifie sur cet exemple le résultat général suivant : la transposée de l'inverse, c'est l'inverse de la transposée ou encore, dit autrement $(A^{-1})^T = (A^T)^{-1}$.

Il est clair que cette vérification n'a aucune valeur de démonstration.

Exercice n° 6

Rang $S = 4$.

Exercice n° 7

a) On pose $AB = C$ où $c_{ij} = \sum_{k=1}^{p} a_{ik}b_{kj}$.

Les termes de la matrice transposée C^T seront notés c^T_{ji}.

$(AB)^T = C^T$ où $c^T_{ji} = c_{ij} = \sum_{k=1}^{p} a_{ik}b_{kj}$.

On pose $B^TA^T = D$. On a $d_{ji} = \sum_{k=1}^{p} b^T_{jk}a^T_{ki} = \sum_{k=1}^{p} b_{kj}a_{ik}$. Donc $(AB)^T = B^TA^T$.

b) $B^{-1}A^{-1}AB = B^{-1}I_nB = I_n$ donc AB inversible et $(AB)^{-1} = B^{-1}A^{-1}$.

Exercice n° 8

a) On vérifie (aucune difficulté) :
$\forall \vec{u}, \vec{v} \in \mathbb{R}^4, \forall \lambda \in \mathbb{R}, \varphi(\vec{u} + \vec{v}) = \varphi(\vec{u}) + \varphi(\vec{v})$ et $\varphi(\lambda\vec{u}) = \lambda\varphi(\vec{u})$.

b) Ker $\varphi = \{\vec{u} = (x, y, z, t) \in \mathbb{R}^4$ tel que $x = z, y = t\} = \{\vec{u} = (x, y, x, y) \in \mathbb{R}^4$ tel que $x \in \mathbb{R}, y \in \mathbb{R}\} = \{\vec{u} = x(1, 0, 1, 0) + y(0, 1, 0, 1),\ x \in \mathbb{R}, y \in \mathbb{R}\} = \{\vec{u} = x\vec{e}_1 + y\vec{e}_2,$ $x \in \mathbb{R}, y \in \mathbb{R}\}$
d'où $\{\vec{e}_1, \vec{e}_2\}$ engendre Ker φ. De plus $\{\vec{e}_1, \vec{e}_2\}$ libre.

c) S est un système libre de 4 vecteurs de $\mathbb{R}^4$ donc S est une base de $\mathbb{R}^4$.

d) $\varphi(\vec{e}_3) = (-1, 0, -1, -2)$, $\varphi(\vec{e}_4) = (0, -1, -1, -3)$. Ces 2 vecteurs forment un système libre, montrons qu'ils engendrent $\varphi(\mathbb{R}^4)$.

$$\begin{aligned}
\vec{v} \in \varphi(\mathbb{R}^4) &\Longrightarrow \vec{v} = \varphi(\vec{u}),\quad \vec{u} \in \mathbb{R}^4\\
&\Longrightarrow \vec{v} = \varphi(\alpha_1\vec{e}_1 + \alpha_2\vec{e}_2 + \alpha_3\vec{e}_3 + \alpha_4\vec{e}_4),\quad \alpha_1, \alpha_2, \alpha_3, \alpha_4 \in \mathbb{R}\\
&\Longrightarrow \vec{v} = \alpha_1\varphi(\vec{e}_1) + \alpha_2\varphi(\vec{e}_2) + \alpha_3\varphi(\vec{e}_3) + \alpha_4\varphi(\vec{e}_4)\\
&\Longrightarrow \vec{v} = \alpha_3\varphi(\vec{e}_3) + \alpha_4\varphi(\vec{e}_4) \text{ comme } \varphi(\vec{e}_1) = 0_{\mathbb{R}^4}, \varphi(\vec{e}_2) = 0_{\mathbb{R}^4}.
\end{aligned}$$

e) dim Kerφ + dim$\varphi(\mathbb{R}^4) = 4 =$ dim$\mathbb{R}^4$.

f) Non,non,non.

g) $A = L(\{\vec{e}_3, \vec{e}_4\})$ ou $A = L(\{\vec{e}_3\})$ ou $A = L(\{\vec{e}_4\})$.

Exercice n° 9

a)

$$P = \begin{bmatrix} 1 & 0 & 1 \\ 0 & 1 & 1 \\ 1 & 1 & 1 \end{bmatrix} \quad Q = \begin{bmatrix} 0 & -1 & 1 \\ -1 & 0 & 1 \\ 1 & 1 & -1 \end{bmatrix}$$

b) $PQ = QP = I_3$ donc $Q = P^{-1}$.

c) (1) peut s'écrire

$$PX = \begin{bmatrix} a \\ b \\ c \end{bmatrix} \quad \text{avec } X = \begin{bmatrix} x \\ y \\ z \end{bmatrix} \quad \text{donc } X = Q\begin{bmatrix} a \\ b \\ c \end{bmatrix}$$

© Dunod. Toute reproduction non autorisée est un délit.

De même dans (2),

$$X = P \begin{bmatrix} a' \\ b' \\ c' \end{bmatrix}$$

d) Si

$$X_{\mathcal{E}} = \begin{bmatrix} a \\ b \\ c \end{bmatrix}_{\mathcal{E}}, \quad \text{alors } X_{\mathcal{F}} = QX_{\mathcal{E}} = \begin{bmatrix} -b+c \\ -a+c \\ a+b-c \end{bmatrix}_{\mathcal{F}}.$$

De même

$$Y_{\mathcal{E}} = PY_{\mathcal{F}} = \begin{bmatrix} a'+c' \\ b'+c' \\ a'+b'+c' \end{bmatrix}$$

e)

$$A = \begin{bmatrix} 0 & 1 & 1 \\ 1 & 0 & 1 \\ 1 & 1 & 0 \end{bmatrix} \quad B = P^{-1}AP = \begin{bmatrix} -1 & 0 & 0 \\ 0 & -1 & 0 \\ 2 & 2 & 2 \end{bmatrix}$$

Exercice n° 10

a) Soit $A, B \in \mathcal{M}(2,2)$. $A + B = (a_{ij} + b_{ij})_{\substack{i=1,2 \\ j=1,2}}$
$\text{tr}(A+B) = a_{11} + b_{11} + a_{22} + b_{22} = a_{11} + a_{22} + b_{11} + b_{22} = tr(A) + tr(B)$
Soit $A \in \mathcal{M}(2,2)$ et $\alpha \in \mathbb{R}$, $\text{tr}(\alpha A) = \alpha a_{11} + \alpha a_{22} = \alpha(a_{11} + a_{22}) = \alpha tr(A)$
Donc $\text{tr} \in \mathcal{L}(\mathcal{M}(2,2), \mathbb{R})$. Donc tr est une application linéaire de $\mathcal{M}(2,2)$ dans $\mathbb{R}$

b) Soit $A, C \in \mathcal{M}(2,2)$
$\Phi(A+C) = (A+C)^T \times B = (A^T + C^T) \times B = A^T \times B + C^T \times B$
Soit $A \in \mathcal{M}(2,2)$ et $\alpha \in \mathbb{R}$. $\Phi(\alpha A) = (\alpha A)^T \times B = \alpha A^T \times B = \alpha\Phi(A)$
Donc Φ est une application linéaire de $\mathcal{M}(2,2)$ dans $\mathcal{M}(2,2)$
De même $\Psi(B+D) = A^T \times (B+D) = A^T \times B + A^T \times D = \Psi(B) + \Psi(D)$
$\Psi(\alpha B) = A^T \times (\alpha B) = \alpha A^T \times B$. Donc Ψ est une application linéaire de $\mathcal{M}(2,2)$ dans $\mathcal{M}(2,2)$.

Exercice n° 11

a) $M^2 - M - 2I_3 = 0$.

b) Comme $M^2 - M - 2I_3 = 0$ on a $M^2 - M = 2I_3$, $M(M - I_3)/2 = I_3$. Donc M est inversible et $M^{-1} = (M - I_3)/2$.

c) $M^{-1} = (M - I_3)/2 = \frac{1}{2} \begin{bmatrix} -1 & m & m^2 \\ 1/m & -1 & m \\ 1/m^2 & 1/m & -1 \end{bmatrix}$

d) La matrice N est la matrice M où $m = 1$. Donc $N^{-1} = \frac{1}{2} \begin{bmatrix} -1 & 1 & 1 \\ 1 & -1 & 1 \\ 1 & 1 & -1 \end{bmatrix}$

Exercice n° 12

$B^3 = \theta$, la matrice nulle. Il existe donc des matrices, telles que B et B^2 dont le produit $B^2 \times B = \theta$ avec $B \neq \theta$ et $B^2 = \begin{bmatrix} 6 & -18 & 12 \\ 6 & -18 & 12 \\ 6 & -18 & 12 \end{bmatrix} \neq \theta$. Situation nouvelle par rapport aux ensembles connus munis de la multiplication tels que $(\mathbb{N}, .)$, $(Q, .)$, $(\mathbb{R}, .)$, $(\mathbb{C}, .)$.

Exercice n° 13

4 équations pour 3 inconnues. Les 3 premières équations ont pour solution unique : $x = 1$, $y = 2, z = -1$. En reportant ces valeurs dans la 4ème équation on obtient : $1 + 2 - m = 2m$. $\Leftrightarrow m = 1$.
Donc si $m = 1$, les 4 équations sont compatibles et le système admet la solution unique $(1, 2, -1)$.
si $m \neq 1$, le système n'admet pas de solution.

Exercice n° 14

2 équations pour 4 inconnues. Le système admet une infinité de solutions :

$$\begin{cases} x = -3k - k' + 4 \\ y = 2k - k' - 2 \\ z = k \\ t = k', \quad \text{avec } k \in \mathbb{R},\ k' \in \mathbb{R} \end{cases}$$

Chapitre 8

Exercice n° 1

Il s'agit donc de démontrer quelques propriétés du conjugué, données en I-B-2.

Soit $z = a + ib$, $z' = a' + ib'$, $a \in \mathbb{R}$, $b \in \mathbb{R}$, $a' \in \mathbb{R}$, $b' \in \mathbb{R}$.

$\overline{z + z'} = \overline{(a + a') + i(b + b')} = (a + a') - i(b + b') = (a - ib) + (a' - ib') = \bar{z} + \bar{z'}$.

$\overline{z \times z'} = \overline{(a + ib)(a' + ib')} = (aa' - bb') - i(ab' + a'b)$.

$\bar{z} \times \bar{z'} = (a - ib)(a' - ib') = (aa' - bb') - i(ab' + a'b)$.

On a vu en 1-B-3 : $\dfrac{1}{z} = \dfrac{a}{a^2 + b^2} - i\dfrac{b}{a^2 + b^2}$

d'où $\overline{\left(\dfrac{1}{z}\right)} = \dfrac{a}{a^2 + b^2} + i\dfrac{b}{a^2 + b^2}$. Par ailleurs $\dfrac{1}{\bar{z}} = \dfrac{z}{\bar{z}z} = \dfrac{z}{a^2 + b^2} = \dfrac{a}{a^2 + b^2} + i\dfrac{b}{a^2 + b^2}$.

Donc $\overline{\left(\dfrac{1}{z}\right)} = \dfrac{1}{\bar{z}}$ d'où $\overline{\left(\dfrac{z'}{z}\right)} = \overline{\left(z' \times \dfrac{1}{z}\right)} = \bar{z'}\overline{\left(\dfrac{1}{z}\right)} = \bar{z'}\dfrac{1}{\bar{z}} = \dfrac{\bar{z'}}{\bar{z}}$.

Exercice n° 2

$z_1 = -5 + 10i, \quad z_2 = \dfrac{3}{13} - \dfrac{2}{13}i, \quad z_3 = -7 + 24i, \quad z_4 = -i.$

Exercice n° 3

On sait que $|z| = \sqrt{z\bar{z}}$ (I-D-2-a), d'où en utilisant les propriétés I-B-2, on a :

$$\left|\frac{z}{z'}\right| = \sqrt{\left(\frac{z}{z'}\right) \times \overline{\left(\frac{z}{z'}\right)}} = \sqrt{\frac{z}{z'} \times \frac{\bar{z}}{\bar{z'}}} = \frac{\sqrt{z\bar{z}}}{\sqrt{z'\bar{z'}}} = \frac{|z|}{|z'|}.$$

© Dunod. Toute reproduction non autorisée est un délit.

Exercice n° 4

$z_1 = \pm\frac{\sqrt{2}}{2}(1+i)$, $z_2 = \pm\left(\sqrt{(\sqrt{2}+1)} + i\sqrt{(\sqrt{2}-1)}\right)$, $z_3 = \pm(2+i)$.

Exercice n° 5

Les solutions sont : $z_1 = 2 - i$ et $z_2 = 1 + 2i$.

Exercice n° 6

Soit $z = |z|e^{i\theta}$. On a $2 = 2e^{i0}$

L'équation s'écrit alors $|z|^3 e^{3i\theta} = 2e^{i0}$

Or deux nombres complexes sont égaux si et seulement s'ils ont même module et même argument à $2k\pi$ près : $|z|^3 = 2$ et $3\theta = 0 + 2k\pi$, $k = 0, 1, \ldots$. D'où $|z| = 2^{1/3}$ et :

- Pour $k = 0$, $\theta = 0$, $z_1 = 2^{1/3}e^{i0} = 2^{1/3}$
- Pour $k = 1$, $\theta = 2\pi/3$, $z_2 = 2^{1/3}e^{i2\pi/3} = 2^{1/3}e^{i2\pi/3}$
- Pour $k = 2$, $\theta = 4\pi/3$, $z_3 = 2^{1/3}e^{i4\pi/3} = 2^{1/3}e^{i4\pi/3}$
- Pour $k = 3$, $\theta = 2\pi$, on obtient $2^{1/3}e^{i2\pi} = 2^{1/3}e^{i0} = 2^{1/3}$, on retrouve donc la racine z_1

Il y a donc 3 racines dont une est réelle.

Chapitre 9

Exercice n° 1

On désignera par A_1, A_2, A_3 les trois colonnes de la matrice A et on notera $A = (A_1, A_2, A_3)$.

$$\det(A_1, A_2, A_3) = \det(A_1, A_2 - 2A_1 + A_3, A_3) = \begin{vmatrix} 8 & 0 & -14 \\ -6 & 0 & 9 \\ -6 & 0 & 11 \end{vmatrix} = 0$$

On désignera par L_1, L_2, L_3 les trois lignes de la matrice B et on notera $B = (L_1, L_2, L_3)$.

$$\det(L_1, L_2, L_3) = \det(L_1, L_2 - 2L_3, L_3) = \begin{vmatrix} -1 & 2 & -3 \\ 8 & 0 & 0 \\ -2 & 2 & -6 \end{vmatrix} = -8(-12+6) = 48$$

Exercice n° 2

Si λ est valeur propre de A alors :

$$0 = \mathcal{P}_A(\lambda) = \det(A - \lambda I) = \det(A - \lambda I)^T = \det(A^T - \lambda I) = \mathcal{P}_{A^T}(\lambda)$$

Or $\mathcal{P}_{A^T}(\lambda) = 0$ implique que λ est valeur propre de A^T.

Exercice n° 3

$\vec{x} = (4, -2, -2)$, $\vec{y} = (-1, -3, 2)$, $\vec{z} = (-3, 2, 2)$. Trois vecteurs $\vec{x}, \vec{y}, \vec{z}$ de $\mathbb{R}^3$ sont linéairement indépendants $\iff \det(\vec{x}, \vec{y}, \vec{z}) \neq 0$

$$\det(\vec{x}, \vec{y}, \vec{z}) = \begin{vmatrix} 4 & -1 & -3 \\ -2 & -3 & 2 \\ -2 & 2 & 2 \end{vmatrix} = -10$$

donc les trois vecteurs sont linéairement indépendants.

Exercice n° 4

Les valeurs propres de A sont les racines du polynôme caractéristique de A :

$$\mathcal{P}_A(\lambda) = \det(A - \lambda I) = (2 - \lambda)(-\lambda) + 2 = \lambda^2 - 2\lambda + 2$$

Il y a donc deux valeurs propres complexes conjuguées $\lambda_1 = 1 + i$ et $\lambda_2 = 1 - i$. Donc A est diagonalisable dans $\mathbb{C}$, mais pas dans $\mathbb{R}$.

B est diagonalisable dans $\mathbb{R}$ car c'est une matrice réelle symétrique.

Pour C on a :

$$\mathcal{P}_C(\lambda) = \begin{vmatrix} 2-\lambda & 1 & 0 \\ -1 & 4-\lambda & 1 \\ 0 & 0 & 5-\lambda \end{vmatrix} = (5-\lambda)\Big((2-\lambda)(4-\lambda)+1\Big) = (5-\lambda)(\lambda-3)^2$$

Il y a donc une valeur propre simple $\lambda_1 = 5$ et une valeur propre double $\lambda_2 = 3$.

L'espace propre E_1 associé à $\lambda_1 = 5$ est un sous-espace vectoriel de $\mathbb{R}^3$ de dimension un. Cherchons l'espace propre E_2 associé à $\lambda_2 = 3$. Il faut résoudre $(C - 3I)V = 0$:

$$\begin{cases} -x + y = 0 \\ -x + y + z = 0 \\ 2z = 0 \end{cases}$$

ce qui donne $z = 0$, $x = y$, $E_2 = \{(x, y, z) \in \mathbb{R}^3 \text{ tel que } x = y,\, z = 0\}$.

Une base en est $\{(1, 1, 0)\}$. Donc E_2 est un sous-espace vectoriel de $\mathbb{R}^3$ de dimension un. $\dim E_2 < 2 =$ ordre de multiplicité de λ_2.

Donc C n'est pas diagonalisable dans $\mathbb{R}$ (ni dans $\mathbb{C}$).

Exercice n° 5

a) Les valeurs propres de A sont les racines du polynôme caractéristique de A :

$$\mathcal{P}_A(\lambda) = \det(A - \lambda I) = (6 - \lambda)(-5 - \lambda)(6 - \lambda)$$

Il y a donc une valeur propre simple : $\lambda_1 = -5$ et une valeur propre double $\lambda_2 = 6$.
L'espace propre E_1 associé à $\lambda_1 = -5$ est un sous-espace vectoriel de $\mathbb{R}^3$ de dimension un.
Il faut résoudre $(A + 5I)V = 0$:

$$\begin{cases} 11x = 0 \\ -11x - 33z = 0 \\ 11z = 0 \end{cases} \qquad E_1 = \{(x, y, z) \in \mathbb{R}^3 \text{ tel que } x = 0,\ z = 0\}$$

Une base en est $\{(0, 1, 0)\}$.

© Dunod. Toute reproduction non autorisée est un délit.

Cherchons l'espace propre E_2 associé à $\lambda_2 = 6$. Il faut résoudre $(A - 6I)V = 0$:

$$\begin{cases} 0 = 0 \\ -11x - 11y - 33z = 0 \\ 0 = 0 \end{cases} \qquad E_2 = \{(x, y, z) \in \mathbb{R}^3 \text{ tel que } -11x - 11y - 33z = 0\}$$

C'est un sous-espace vectoriel de $\mathbb{R}^3$ de dimension deux.
Une base en est $\{(0, -3, 1), (-3, 0, 1)\}$.
Donc A est diagonalisable dans $\mathbb{R}$.

$$D = \begin{bmatrix} -5 & 0 & 0 \\ 0 & 6 & 0 \\ 0 & 0 & 6 \end{bmatrix} \quad P = \begin{bmatrix} 0 & 0 & -3 \\ 1 & -3 & 0 \\ 0 & 1 & 1 \end{bmatrix}$$

Le calcul de P^{-1} donne $P^{-1} = \begin{bmatrix} 1 & 1 & 3 \\ 1/3 & 0 & 1 \\ -1/3 & 0 & 0 \end{bmatrix}$.

b) Montrons par récurrence que pour tout $n \in \mathbb{N}$, $A^n = PD^nP^{-1}$.

$$A^2 = PDP^{-1}PDP^{-1} = PD^2P^{-1}$$

Supposons que $A^n = PD^nP^{-1}$, alors $A^{n+1} = PDP^{-1}PD^nP^{-1} = PD^{n+1}P^{-1}$. Donc pour tout n, $A^n = PD^nP^{-1}$.

$$D^n = \begin{bmatrix} (-5)^n & 0 & 0 \\ 0 & 6^n & 0 \\ 0 & 0 & 6^n \end{bmatrix}$$

donc :

$$A^n = \begin{bmatrix} 0 & 0 & -3 \\ 1 & -3 & 0 \\ 0 & 1 & 1 \end{bmatrix} \begin{bmatrix} (-5)^n & 0 & 0 \\ 0 & 6^n & 0 \\ 0 & 0 & 6^n \end{bmatrix} \begin{bmatrix} 1 & 1 & 3 \\ 1/3 & 0 & 1 \\ -1/3 & 0 & 0 \end{bmatrix}$$

$$= \begin{bmatrix} 6^n & 0 & 0 \\ (-5)^n - 6^n & (-5)^n & 3\left((-5)^n - 6^n\right) \\ 0 & 0 & 6^n \end{bmatrix}$$

Exercice n° 6

a) $\dim E = n^2$. Pour $n = 3$ on a la base canonique

$$J_1 = \begin{bmatrix} 1 & 0 & 0 \\ 0 & 0 & 0 \\ 0 & 0 & 0 \end{bmatrix} \quad J_2 = \begin{bmatrix} 0 & 1 & 0 \\ 0 & 0 & 0 \\ 0 & 0 & 0 \end{bmatrix} \quad ,\ldots, J_9 = \begin{bmatrix} 0 & 0 & 0 \\ 0 & 0 & 0 \\ 0 & 0 & 1 \end{bmatrix}$$

b)

$$\begin{bmatrix} 1 & 2 & 3 \\ 2 & 5 & 4 \\ 3 & 4 & 7 \end{bmatrix}, \quad \begin{bmatrix} 0 & -2 & -3 \\ 2 & 0 & -4 \\ 3 & 4 & 0 \end{bmatrix}, \quad \begin{bmatrix} 1 & 2 & 3 \\ 4 & 5 & 6 \\ 7 & 8 & 9 \end{bmatrix}$$

matrices respectivement symétrique, antisymétrique, ni l'une ni l'autre.

c) $\mathcal{S} \subset E$ qui est un $\mathbb{R}$ e.v., il suffit donc de vérifier que l'addition interne et la multiplication externe sont stables dans $\mathcal{S}$. Soit $A \in \mathcal{S}$ et $B \in \mathcal{S}$, alors $(A + B)^T = A^T + B^T = A + B$. Donc $A + B \in \mathcal{S}$. Idem $(\lambda A)^T = \lambda A^T = \lambda A$, $\lambda \in \mathbb{R}$. Donc $\lambda A \in \mathcal{S}$. Conclusion $\mathcal{S} \subset E$ qui est un $\mathbb{R}$ e.v. Idem pour $\mathcal{T}$.

Au feeling $\dim \mathcal{S} = n + \frac{n(n-1)}{2}$ et $\dim \mathcal{T} = \frac{n(n-1)}{2}$.

$\mathcal{S} \cap \mathcal{T} = \{\theta\}$ où θ est la matrice nulle.

d)

$$\frac{1}{2}(A + A^T) = \begin{bmatrix} 1 & 3 & 5 \\ 3 & 5 & 7 \\ 5 & 7 & 9 \end{bmatrix}, \quad \frac{1}{2}(A - A^T) = \begin{bmatrix} 0 & -1 & -2 \\ 1 & 0 & -1 \\ 2 & 1 & 0 \end{bmatrix}, \quad M + N = A$$

$\forall A \in E, A = M + N$ avec $M = \frac{1}{2}(A + A^T)$ et $N = \frac{1}{2}(A - A^T)$ ceci d'après les règles de calcul dans un $\mathbb{R}$ e.v. Enfin sachant que $(M + N)^T = M^T + N^T$; $(\lambda M)^T = \lambda M^T$; $(M^T)^T = M$ on en déduit $M \in \mathcal{S}$ et $N \in \mathcal{T}$.

Remarque : E est la somme directe des 2 sous-espaces vectoriels $\mathcal{S}$ et $\mathcal{T}$ et on note $E = \mathcal{S} \oplus \mathcal{T}$ (voir chapitre 7, proposition 3).

Exercice n° 7

a) $q(1, 1, 1) = 0$ donc les réponses sont :1) non. 2) *wait and see*. 3) non. 4) *wait and see*.

b) $B = \begin{bmatrix} 1 & -1/2 & -1/2 \\ -1/2 & 1 & -1/2 \\ -1/2 & -1/2 & 1 \end{bmatrix}$ et en calculant les déterminants des sous-matrices :

$\det[1] = 1 > 0$ $\det \begin{bmatrix} 1 & -1/2 \\ -1/2 & 1 \end{bmatrix} = 3/4 > 0$, $\det(B) = 0$. Réponses :1) non. 2) *wait and see*. 3) non. 4) non.

c) $D = \begin{bmatrix} 0 & 0 & 0 \\ 0 & 3/2 & 0 \\ 0 & 0 & 3/2 \end{bmatrix}$, $P = \begin{bmatrix} 1 & 1 & 0 \\ 1 & 0 & 1 \\ 1 & -1 & -1 \end{bmatrix}$, $P^{-1} = \frac{1}{3} \begin{bmatrix} 1 & 1 & 1 \\ 2 & -1 & -1 \\ -1 & 2 & -1 \end{bmatrix}$. 0 est valeur propre simple et $3/2$ valeur propre double. les vecteurs propres respectivement associés à ces valeurs propres sont $(1, 1, 1), (1, 0, -1), (0, 1, -1)$. Les valeurs propres sont toutes $\geqslant 0$ donc 1) non. 2) oui. 3) non. 4) non.

d) $p(x) = x^2 - \beta x + \gamma$, $\Delta = -3(y - z)^2 \leqslant 0$, le trinôme $p(x)$ a donc un signe constant pour tout x de $\mathbb{R}$. par ailleurs $p(x) \longrightarrow +\infty$ quand $x \longrightarrow +\infty$ et donc $\forall x \in \mathbb{R}$, $p(x) \geqslant 0$. or $p(x) = q(x, y, z)$ qui s'annule pour $(1, 1, 1)$. Réponses : 1) non. 2) oui. 3) non. 4) non.

e) $(x - \frac{1}{2}y - \frac{1}{2}z)^2 + \frac{3}{4}(y - z)^2 = q(x, y, z)$ d'où $q(x, y, z) \geqslant 0$ et nul pour $x = y = z$. Réponses : 1) non. 2) oui. 3) non. 4) non.

Exercice n° 8

a) Comme A est définie positive, ses n valeurs propres sont strictement positives. Or le déterminant de A est égal au produit des valeurs propres de A. Donc le déterminant de A est strictement positif, donc différent de 0 donc A est inversible.

b) Si λ est une valeur propre de A alors il existe $V \neq 0$ tel que $AV = \lambda V$. Comme A est inversible, on peut écrire $A^{-1}AV = A^{-1}\lambda V$ d'où $V = \lambda A^{-1}V$ et $A^{-1}V = \dfrac{1}{\lambda}V$. Donc $\dfrac{1}{\lambda}$ est une valeur propre de A^{-1}. Les valeurs propres de A étant notées $\lambda_1, ..., \lambda_n$, les valeurs propres de A^{-1} sont donc $\dfrac{1}{\lambda_1}, ..., \dfrac{1}{\lambda_n}$.

© Dunod. Toute reproduction non autorisée est un délit.

c) $\frac{1}{\lambda_1}, ..., \frac{1}{\lambda_n}$ sont strictement positives donc A^{-1} est définie positive.

d) $A^{-1}A = I_n$, d'où $(A^{-1}A)^T = I_n^T$ d'où $A^T(A^{-1})^T = I_n$. Or A symétrique donc $A^T = A$. On a donc $A(A^{-1})^T = I_n$ ce qui signifie que $A^{-1} = (A^{-1})^T$ (par la définition de la matrice inverse et son unicité) donc A^{-1} est symétrique.

e) Si λ est une valeur propre de A alors il existe $V \neq 0$ tel que $AV = \lambda V$. D'où $5AV = 5\lambda V$ qui s'écrit $BV = 5\lambda V$. Donc 5λ est une valeur propre de B. Les valeurs propres de B sont donc $5\lambda_1, ..., 5\lambda_n$.

Exercice n° 9

a) Les valeurs propres de A sont les racines de $\mathcal{P}_A(\lambda) = det(A - \lambda I) = -(\lambda+1)(\lambda-1)(\lambda-2)$. $\lambda_1 = -1$, $\lambda_2 = 1$, $\lambda_3 = 2$. Toutes les valeurs propres de A sont réelles et distinctes donc A est diagonalisable dans $\mathbb{R}$.

b)

$$D = \begin{bmatrix} -1 & 0 & 0 \\ 0 & 1 & 0 \\ 0 & 0 & 2 \end{bmatrix}, P = \begin{bmatrix} 1 & 0 & 1 \\ 1 & 1 & 0 \\ 1 & 1 & 1 \end{bmatrix}, P^{-1} = \begin{bmatrix} 1 & 1 & -1 \\ -1 & 0 & 1 \\ 0 & -1 & 1 \end{bmatrix}$$

c) $A^n = PD^nP^{-1}$. $D^n = \begin{bmatrix} (-1)^n & 0 & 0 \\ 0 & 1 & 0 \\ 0 & 0 & 2^n \end{bmatrix}$ d'où

$$A^n = \begin{bmatrix} (-1)^n & (-1)^n - 2^n & -(-1)^n + 2^n \\ (-1)^n - 1 & (-1)^n & -(-1)^n + 1 \\ (-1)^n - 1 & (-1)^n - 2^n & -(-1)^n + 1 + 2^n \end{bmatrix}$$

d) On pose pour tout k dans $\mathbb{N}$, $U_k = \begin{bmatrix} u_k \\ v_k \\ w_k \end{bmatrix}$.

Le système s'écrit $U_{n+1} = AU_n$. Démontrons par recurrence qu'on a $U_n = A^nU_0$. Pour $n = 0$, $U_0 = A^0U_0 = U_0$. Pour $n = 1$, $U_1 = AU_0 = A^1U_0$. Supposons que $U_n = A^nU_0$ et montrons $U_{n+1} = A^{n+1}U_0$. $U_{n+1} = AU_n = AA^nU_0 = A^{n+1}U_0$. Donc pour tout $n \in \mathbb{N}$, $U_n = A^nU_0$.

e) On a donc :

$$\begin{cases} u_n = (-1)^n u_0 + [(-1)^n - 2^n]v_0 + [-(-1)^n + 2^n]w_0 = 2(-1)^n - 2^n \\ v_n = [(-1)^n - 1]u_0 + (-1)^n v_0 + [-(-1)^n + 1]w_0 = 2(-1)^n - 1 \\ w_n = [(-1)^n - 1]u_0 + [(-1)^n - 2^n]v_0 + [-(-1)^n + 1 + 2^n]w_0 = 2(-1)^n - 1 - 2^n \end{cases}$$

Chapitre 10

Exercice n° 1

a) $\forall \vec{x} = (x_1, x_2) \neq (0,0), \forall \lambda > 0, f(\lambda x_1, \lambda x_2) = \frac{(\lambda x_1)^2(\lambda x_2)^2}{(\lambda x_1)^2 + (\lambda x_2)^2} = \lambda^2 f(x_1, x_2).$

Donc f est positivement homogène de degré 2.

b) $\forall \vec{x} = (x_1, x_2) \neq (0,0)$,

$$x_1 f'_{x_1}(\vec{x}) + x_2 f'_{x_2}(\vec{x}) = x_1 \frac{2x_1x_2^2(x_1^2+x_2^2) - 2x_1(x_1^2x_2^2)}{(x_1^2+x_2^2)^2} + x_2 \frac{2x_1^2x_2(x_1^2+x_2^2) - 2x_2(x_1^2x_2^2)}{(x_1^2+x_2^2)^2}$$
$$= \frac{(x_1^2+x_2^2)(2x_1^2x_2^2 + 2x_1^2x_2^2) - (2x_1^2+2x_2^2)(x_1^2x_2^2)}{(x_1^2+x_2^2)^2}$$
$$= \frac{(x_1^2+x_2^2)(2x_1^2x_2^2 + 2x_1^2x_2^2 - 2x_1^2x_2^2)}{(x_1^2+x_2^2)^2} = \frac{2x_1^2x_2^2}{(x_1^2+x_2^2)} = 2f(x)$$

c) $ug'_u(u,v) + vg'_v(u,v) = u\Big(f'_{x_1}(u+v, u-v) + f'_{x_2}(u+v, u-v)\Big) + v\Big(f'_{x_1}(u+v, u-v) - f'_{x_2}(u+v, u-v)\Big) = (u+v)f'_{x_1}(u+v, u-v) + (u-v)f'_{x_2}(u+v, u-v) = 2f(u+v, u-v) = 2g(u,v)$

Exercice n° 2

a) $f'x_1(x_1, x_2) = 4x_2^2 - 2x_1$, $f'x_2(x_1, x_2) = 5x_2^4 - 16x_2^3 + 8x_1x_2$.

b) f est une fonction de 2 variables de classe C^1 sur $\mathbb{R}^2$. $f(1,1) = 0$ et $f'x_2(1,1) = -3 \neq 0$.
le TFI implique alors qu'il existe un intervalle ouvert I contenant 1, un intervalle ouvert J contenant 1, et une unique fonction $\phi : I \longrightarrow J$ de classe C^1 tels que :

$$\forall x_1 \in I,\ \ f\Big(x_1, \phi(x_1)\Big) = 0,\ \ \phi(1) = 1$$

c) Le TFI donne : $\phi'(1) = -\dfrac{f'x_1(1,1)}{f'x_2(1,1)} = -\dfrac{2}{-3} = \dfrac{2}{3}$

d'où l'équation de la tangente au graphe de ϕ en $(1, 1)$: $x_2 - 1 = \dfrac{2}{3}(x_1 - 1)$

Exercice n° 3

a) f est de classe C^2 en tout $(x,y) \neq (0,0)$ car c'est le quotient de deux fonctions de classe C^2 (qui sont des produits de fonctions projections).
f est même de classe C^∞.

b) $f'_x(x,y) = \dfrac{x^4y + 4x^2y^3 - y^5}{(x^2+y^2)^2}$, $f'_y(x,y) = \dfrac{x^5 - 4x^3y^2 - xy^4}{(x^2+y^2)^2}$.
Comme $\dfrac{f(x,0) - f(0,0)}{x - 0} = 0$ on a $f'_x(0,0) = \lim_{x\to 0} \dfrac{f(x,0)-f(0,0)}{x-0} = 0$.
De même $f'_y(0,0) = 0$.

$$f''_{xy}(0,0) = \lim_{y\to 0} \frac{f'_x(0,y) - f'_x(0,0)}{y - 0} = \lim_{y\to 0} \frac{\frac{-y^5}{y^4}}{y} = -1$$

$$f''_{yx}(0,0) = \lim_{x\to 0} \frac{f'_y(x,0) - f'_y(0,0)}{x - 0} = \lim_{x\to 0} \frac{\frac{x^5}{x^4}}{x} = 1$$

$$f''_{xy}(0,0) \neq f''_{yx}(0,0)$$

c) Comme $f''_{xy}(0,0) \neq f''_{yx}(0,0)$ alors f''_{xy} et f''_{yx} ne sont pas continues en $(0,0)$ (Théorème de Schwarz).

© Dunod. Toute reproduction non autorisée est un délit.

Exercice n° 4

$F(t) = f\left(t^{\frac{1}{2}} + 3t^{\frac{1}{3}}, \dfrac{t^3}{e^{t^2}}\right)$

1) $F'(t) = f'_x\left(t^{\frac{1}{2}} + 3t^{\frac{1}{3}}, \dfrac{t^3}{e^{t^2}}\right)\left(\dfrac{1}{2}t^{-\frac{1}{2}} + t^{-\frac{2}{3}}\right)$

$$+f'_y\left(t^{\frac{1}{2}} + 3t^{\frac{1}{3}}, \frac{t^3}{e^{t^2}}\right)\left(\frac{3t^2e^{t^2} - 2t^4e^{t^2}}{e^{2t^2}}\right) \text{ d'où :}$$

2) $f(x,y) = 2x + y$. $f'_x(x,y) = 2$, $f'_y(x,y) = 1$

$$F'(t) = 2\left(\frac{1}{2}t^{-\frac{1}{2}} + t^{-\frac{2}{3}}\right) + \left(\frac{3t^2e^{t^2} - 2t^4e^{t^2}}{e^{2t^2}}\right)$$

Exercice n° 5

On pose $h(\vec{x}) = \sqrt{x_1^2 + x_2^2}$. On calcule $\lim\limits_{x_1 \longrightarrow 0} \dfrac{h(x_1,0) - h(0,0)}{x_1} = \lim\limits_{x_1 \longrightarrow 0} \dfrac{\sqrt{x_1^2}}{x_1} = \lim\limits_{x_1 \longrightarrow 0} \dfrac{|x_1|}{x_1}$

Or cette limite n'existe pas. Donc la dérivée partielle de h par rapport à x_1 en $(0,0)$ n'existe pas. D'où $h(\vec{x}) = \sqrt{x_1^2 + x_2^2}$ n'est pas dérivable en $(0,0)$. (La dérivée partielle de h par rapport à x_2 en $(0,0)$ n'existe pas non plus).

Exercice n° 6

a) $D_f = \mathbb{R}^2$.

b) f est dérivable car composée de fonctions dérivables. $f = \sqrt{} \circ g$ où $g(x_1,x_2) = x_1^2 + x_2^2 + 3$ est dérivable sur $\mathbb{R}^2$ et est à valeurs dans $\mathbb{R}_+^*$, et $\sqrt{}$ est dérivable sur $\mathbb{R}_+^*$.

$f'_{x_1}(\vec{x}) = \dfrac{x_1}{\sqrt{x_1^2 + x_2^2 + 3}}$ et $f'_{x_2}(\vec{x}) = \dfrac{x_2}{\sqrt{x_1^2 + x_2^2 + 3}}$ sont continues sur $\mathbb{R}^2$. Donc f est de classe C^1 sur $\mathbb{R}^2$ donc f est différentiable sur $\mathbb{R}^2$ ou bien f est de classe C^1 sur $\mathbb{R}^2$ car composée des fonctions $f = \sqrt{} \circ g$ où $g(x_1,x_2) = x_1^2 + x_2^2 + 3$ est de classe C^1 sur $\mathbb{R}^2$ et est à valeurs dans $\mathbb{R}_+^*$, et $\sqrt{}$ est de classe C^1 sur $\mathbb{R}_+^*$. Donc f est différentiable sur $\mathbb{R}^2$.

c) $df(2,3)$ est l'application linéaire qui à $\vec{h} = (h_1,h_2) \in \mathbb{R}^2$ associe $df(2,3)(\vec{h}) = f'_{x_1}(2,3)h_1 + f'_{x_2}(2,3)h_2 = (1/2)h_1 + (3/4)h_2$.

d) $f(2{,}1; 3{,}08) \approx f(2,3) + df(2,3)(0{,}1; 0{,}08) = 4 + (1/2) \times 0{,}1 + (3/4) \times 0{,}08 = 4{,}11$

Exercice n° 7

$f(x_1,x_2) = (x_1^2 + x_2 + 1)e^{3x_1}$. f est de classe C^2 sur $\mathbb{R}^2$.

$f'_{x_1}(\vec{x}) = (2x_1 + 3x_1^2 + 3x_2 + 3)e^{3x_1}$, $f'_{x_2}(\vec{x}) = e^{3x_1}$

$f''_{x_1x_1}(\vec{x}) = (12x_1 + 9x_1^2 + 9x_2 + 11)e^{3x_1}$, $f''_{x_1x_2}(\vec{x}) = 3e^{3x_1}$, $f''_{x_2x_2}(\vec{x}) = 0$

$f(\vec{0}) = 1$, $f'_{x_1}(\vec{0}) = 3$, $f'_{x_2}(\vec{0}) = 1$

$f''_{x_1x_1}(\vec{0}) = 11$, $f''_{x_1x_2}(\vec{0}) = 3$, $f''_{x_2x_2}(\vec{0}) = 0$

$$f(\vec{h}) = f(\vec{0}) + f'_{x_1}(\vec{0})h_1 + f'_{x_2}(\vec{0})h_2 + \frac{1}{2}f''_{x_1x_1}(\vec{0})h_1^2 + f''_{x_1x_2}(\vec{0})h_1h_2 + \frac{1}{2}f''_{x_2x_2}(\vec{0})h_2^2 + (h_1^2 + h_2^2)\psi(\vec{h})$$

où $\lim_{\vec{h}\longrightarrow\vec{0}} \psi(\vec{h}) = 0$.

$$f(\vec{h}) = 1 + 3h_1 + h_2 + \tfrac{11}{2}h_1^2 + 3h_1h_2 + (h_1^2 + h_2^2)\psi(\vec{h}) \quad \text{où} \quad \lim_{\vec{h}\longrightarrow\vec{0}} \psi(\vec{h}) = 0$$

L'approximation affine de f au voisinage de $(0,0)$: $f(\vec{h}) \approx 1 + 3h_1 + h_2$

L'approximation quadratique de f au voisinage de $(0,0)$: $f(\vec{h}) \approx 1 + 3h_1 + h_2 + \frac{11}{2}h_1^2 + 3h_1h_2$

Approximation affine de $f(0,09, 0,08)$: 1,35

Approximation quadratique de $f(0,09, 0,08)$: 1,41615

Valeur de $f(0,09; 0,08)$ donnée par une calculatrice : 1,42537

Exercice n° 8

a) $\forall(x_1, x_2) \neq (0,0)$, f est dérivable car quotient de deux fonctions dérivables qui sont des fonctions polynômes. $f'_{x_1} = \dfrac{4x_1x_2^2}{(x_1^2 + x_2^2)^2}$, $f'_{x_2} = -\dfrac{4x_1^2x_2}{(x_1^2 + x_2^2)^2}$

b) En tout point $(x_1, x_2) \neq (0,0)$, f est différentiable car quotient de deux fonctions différentiables qui sont des fonctions polynômes.

Soit $(a,b) \neq (0,0)$, $df(a,b)(h_1,h_2) = f'_{x_1}(a,b)h_1 + f'_{x_2}(a,b)h_2 = \dfrac{4ab^2}{(a^2+b^2)^2}h_1 - \dfrac{4a^2b}{(a^2+b^2)^2}h_2$.

c) $\forall(x_1, 0)$ t. q. $x_1 \neq 0$, $f(x_1, 0) = \dfrac{x_1^2}{x_1^2} = 1$

Donc f prend la valeur constante 1 le long de la droite $x_2 = 0$. Or $f(0,0) = 0$ donc f n'est pas continue en $(0,0)$

d) f n'est pas différentiable en $(0,0)$ car f n'est pas continue en $(0,0)$.

e) $\lim_{x_1\longrightarrow 0} \dfrac{f(x_1,0) - f(0,0)}{x_1 - 0} = \lim_{x_1\longrightarrow 0} \dfrac{\frac{x_1^2}{x_1^2}}{x_1} = \lim_{x_1\longrightarrow 0} \dfrac{1}{x_1}$ qui n'existe pas. Donc f n'est pas dérivable en $(0,0)$. (la dérivée partielle par rapport à x_2 en $(0,0)$ n'existe pas non plus.)

Exercice n° 9

a) On pose $u(x) = x$, $v(x) = x$. $g(x) = f(u(x), v(x))$.
u est de classe C^2 sur $\mathbb{R}$, v est de classe C^2 sur $\mathbb{R}$ et f une fonction de classe C^2 sur $\mathbb{R}^2$ donc g est de classe C^2 sur $\mathbb{R}$.

$$g'(x) = f'_u(u(x), v(x))u'(x) + f'_v(u(x), v(x))v'(x) = f'_u(x,x) + f'_v(x,x)$$
$$g''(x) = f''_{uu}(u(x), v(x))u'(x) + f''_{uv}(u(x), v(x))v'(x) + f''_{vu}(u(x), v(x))u'(x)$$
$$+ f''_{vv}(u(x), v(x))v'(x) = f''_{uu}(x,x) + 2f''_{uv}(x,x) + f''_{vv}(x,x)$$

b) $f(u,v) = 2uv^2$. $f'_u(u,v) = 2v^2$, $f'_v(u,v) = 4uv$, d'où $f'_u(x,x) = 2x^2$, $f'_v(x,x) = 4x^2$.
$g'(x) = 6x^2$.
$f''_{uu}(u,v) = 0$, $f''_{uv}(u,v) = 4v = f''_{vu}(u,v)$, $f''_{vv}(u,v) = 4u$ d'où $f''_{uu}(x,x) = 0$, $f''_{uv}(x,x) = 4x$, $f''_{vv}(x,x) = 4x$.
$g''(x) = 12x$.

© Dunod. Toute reproduction non autorisée est un délit.

c) On pose $u(x) = x$, $v(x) = 2x^2 + x + 1$. $h(x) = f(u(x), v(x))$.
$h'(x) = f'_u(u(x), v(x))u'(x) + f'_v(u(x), v(x))v'(x) = f'_u(x, 2x^2+x+1) + f'_v(x, 2x^2+x+1)(4x+1)$
$h''(x) = f''_{uu}(u(x), v(x))u'(x) + f''_{uv}(u(x), v(x))v'(x) + f''_{vu}(u(x), v(x))u'(x)(4x+1) + f''_{vv}(u(x), v(x))v'(x)(4x+1) + f'_v(u(x), v(x)) \times 4 = f''_{uu}(x, 2x^2+x+1) + f''_{uv}(x, 2x^2+x+1)(4x+1) + f''_{vu}(x, 2x^2+x+1)(4x+1) + f''_{vv}(x, 2x^2+x+1)(4x+1)^2 + 4f'_v(x, 2x^2+x+1)$
si $f(u, v) = 2uv^2$, alors $h'(x) = 2(2x^2+x+1)^2 + 4x(2x^2+x+1)(4x+1)$, $h''(x) = ...$

Chapitre 11

Exercice n° 1

a) $f(x, y) = -x^2 - 3y^2 + 2x + 3y + 10$. f est de classe C^2 sur $\mathbb{R}^2$. On cherche les candidats en écrivant la CN1 c'est-à-dire en résolvant grad $f(x, y) = 0$, ce qui donne

$$f'_x(x, y) = -2x + 2 = 0$$
$$f'_y(x, y) = -6y + 3 = 0$$

La résolution de ce svstème donne un point candidat : $(1, 1/2)$.

$$\text{Hess}\big(f, (x, y)\big) = \begin{bmatrix} f''_{xx}(x, y) & f''_{xy}(x, y) \\ f''_{yx}(x, y) & f''_{yy}(x, y) \end{bmatrix} = \begin{bmatrix} -2 & 0 \\ 0 & -6 \end{bmatrix}$$

Donc pour tout (x, y), $\text{Hess}\big(f, (x, y)\big)$ est définie négative. D'ou f est strictement concave. $(1, 1/2)$ fournit alors un maximum global strict à f.

b) L'ensemble de définition de f est $\mathbb{R} \times \mathbb{R}_+^*$. f est de classe C^2 sur cet ensemble. On cherche les candidats en résolvant grad $f(\vec{x}) = \vec{0}$ c'est-à-dire

$$\begin{cases} f'_{x_1}(\vec{x}) = 2x_1x_2 = 0 \\ f'_{x_2}(\vec{x}) = \ln^2 x_2 + x_1^2 + x_2\left(2\dfrac{\ln x_2}{x_2}\right) = 0 \end{cases}$$

On obtient $x_1 = 0$ car $x_2 > 0$, d'où $\ln x_2(\ln x_2 + 2) = 0$, ce qui donne 2 candidats $(0, 1)$ et $(0, \mathrm{e}^{-2})$
Calculons $\text{Hess}(f, \vec{x})$.

$$\text{Hess}(f, \vec{x}) = \begin{bmatrix} 2x_2 & 2x_1 \\ 2x_1 & 2\dfrac{\ln x_2}{x_2} + \dfrac{2}{x_2} \end{bmatrix}$$

On note que f n'est ni concave ni convexe.

$$\text{Hess}\big(f, (0, 1)\big) = \begin{bmatrix} 2 & 0 \\ 0 & 2 \end{bmatrix}$$

Les 2 valeurs propres de cette matrice sont strictement positives donc $\text{Hess}\big(f, (0, 1)\big)$ est définie positive donc f admet un minimum local strict en $(0, 1)$. (CS2).

Notons qu'il est en fait global car $\forall (x_1, x_2) \in \mathbb{R} \times \mathbb{R}_+^*$, $f(x_1, x_2) \geqslant 0 = f(0, 1)$.

$$\text{Hess}\big(f, (0, \text{e}^{-2})\big) = \begin{bmatrix} 2\text{e}^{-2} & 0 \\ 0 & \dfrac{-2}{\text{e}^{-2}} \end{bmatrix}$$

det $= -4 < 0$ donc les 2 valeurs propres sont de signes opposés. Donc $\text{Hess}\big(f, (0, \text{e}^{-2})\big)$ est indéfinie. D'où f n'admet ni maximum ni minimum en $(0, \text{e}^{-2})$.

c) f est de classe C^2 sur $\mathbb{R}^2$. On cherche les candidats en résolvant :
$\begin{cases} f'_{x_1}(x_1, x_2) = 0 \\ f'_{x_2}(x_1, x_2) = 0 \end{cases}$, c'est-à-dire $\begin{cases} 8x_1^3 - 12x_2 = 0 \\ 2x_2 - 12x_1 = 0 \end{cases}$
ce qui donne $x_2 = 6x_1$ et $8x_1^3 - 72x_1 = 0$ qui s'écrit $8x_1(x_1^2 - 9) = 0$. D'où $x_1 = 0$ ou 3 ou -3. Il y a donc trois candidats $(0, 0), (3, 18), (-3, -18)$.
On calcule $\text{Hess}(f, (x_1, x_2)) = \begin{bmatrix} 24x_1^2 & -12 \\ -12 & 2 \end{bmatrix}$
En $(0, 0)$, $\text{Hess}(f, (0, 0)) = \begin{bmatrix} 0 & -12 \\ -12 & 2 \end{bmatrix}$. D'où det $= -144 < 0$, donc $\text{Hess}(f, (0, 0))$ est indéfinie, donc $(0, 0)$ ne fournit ni max ni min à f.
En $(3, 18)$, $\text{Hess}(f, (3, 18)) = \begin{bmatrix} 216 & -12 \\ -12 & 2 \end{bmatrix}$. D'où det $= 216 \times 2 - 144 = 288 > 0$. Les deux valeurs propres sont du même signe.
trace $= 216 + 2 = 218 > 0$. Donc les deux valeurs propres sont strictement positives. Ainsi $\text{Hess}(f, (3, 18))$ est définie positive ce qui implique que $(3, 18)$ fournit un minimum local strict à f (CS2).

Idem en $(-3, -18)$.

d) g est de classe C^2 sur $\mathbb{R}^2$. On cherche les candidats en résolvant :
$\begin{cases} g'_{x_1}(x_1, x_2) = 0 \\ g'_{x_2}(x_1, x_2) = 0 \end{cases}$, c'est-à-dire $\begin{cases} -12x_1 + 5 + 4x_2 = 0 \\ -8x_2 + 4x_1 = 0 \end{cases}$ ce qui donne un candidat $(\frac{1}{2}, \frac{1}{4})$.
On calcule $\text{Hess}(g, (x_1, x_2)) = \begin{bmatrix} -12 & 4 \\ 4 & -8 \end{bmatrix}$
$\forall (x_1, x_2) \in \mathbb{R}^2$, det $\text{Hess}(g, (x_1, x_2)) = 80 > 0$ et trace $\text{Hess}(g, (x_1, x_2)) = -20 < 0$, donc $\forall (x_1, x_2) \in \mathbb{R}^2$, les deux valeurs propres de $\text{Hess}(g, (x_1, x_2))$ sont strictement négatives, donc $\forall (x_1, x_2) \in \mathbb{R}^2$, $\text{Hess}(g, (x_1, x_2))$ est définie négative ce qui implique que g est strictement concave sur $\mathbb{R}^2$. Donc le candidat $(\frac{1}{2}, \frac{1}{4})$ fournit un maximum global strict à g (CNS).

Exercice n° 2

On étudie donc le problème :
Maximiser $2x_1^{1/2} + 5x_2^{1/2}$
sous la contrainte $g(x_1, x_2) = p_1x_1 + p_2x_2 - R = 0$

Première méthode :

On transforme le problème en un problème de maximisation d'une fonction d'une seule variable sans contrainte.

$$x_2 = \frac{R - p_1x_1}{p_2}$$

$$\tilde{U}(x_1) = U\left(x_1, \frac{R - p_1x_1}{p_2}\right) = 2x_1^{1/2} + 5\Big((R - p_1x_1)/p_2\Big)^{1/2}$$

© Dunod. Toute reproduction non autorisée est un délit.

$R - p_1x_1 > 0$. $\tilde{U}$ est 2 fois dérivable sur $\mathbb{R}_+^*$.

On résout $\tilde{U}'(x_1) = x_1^{-1/2} - (5p_1/2)\Big((R - p_1x_1)p_2\Big)^{-1/2} = 0$, ce qui donne $\hat{x}_1 = \dfrac{R}{p_1 + 25p_1^2/(4p_2)}$, $\hat{x}_1$ est candidat.

$\tilde{U}''(x_1) = -(1/2)x_1^{-3/2} - (5/4)(p_1)^2(R - p_1x_1)^{-3/2}p_2^{-1/2}$ $\forall x_1 > 0$, $\tilde{U}''(x_1) < 0$ donc $\tilde{U}$ strictement concave donc le candidat est un maximum global strict de $\tilde{U}$.

$\hat{x}_2 = \dfrac{R}{p_2 + 4p_2{}^2/(25p_1)}$ donc $\left(\dfrac{R}{p_1 + 25p_1{}^2/(4p_2)}, \dfrac{R}{p_2 + 4p_2{}^2/(25p_1)}\right)$ est une solution globale stricte au problème car $\forall x_1 > 0$, $(x_1 \neq \hat{x}_1)$, $\tilde{U}\left(\dfrac{R}{p_1 + 25p_1{}^2/(4p_2)}\right) > \tilde{U}(x_1)$ c'est-à-dire

$$\forall x_1 > 0,\ (x_1 \neq \hat{x}_1),\ U\left(\frac{R}{p_1 + 25p_1{}^2/(4p_2)}, \frac{R}{p_2 + 4p_2{}^2/(25p_1)}\right) > U\left(x_1, \frac{R - p_1x_1}{p_2}\right)$$

c'est-à-dire

$$\forall x_1 > 0, \quad (x_1 \neq \hat{x}_1), \quad x_2 = \frac{R - p_1x_1}{p_2},$$
$$U\left(\frac{R}{p_1 + 25p_1{}^2/(4p_2)}, \frac{R}{p_2 + 4p_2{}^2/(25p_1)}\right) > U(x_1, x_2)$$

Deuxième méthode :

U est de classe C^2 sur $\mathbb{R}_+^* \times \mathbb{R}_+^*$, g est de classe C^2 sur $\mathbb{R}_+^* \times \mathbb{R}_+^*$

grad $g(x_1, x_2) = (p_1, p_2) \neq (0, 0)$ donc la qualification des contraintes est satisfaite en tout point de $\mathbb{R}_+^* \times \mathbb{R}_+^*$.

On pose $L(x_1, x_2, \lambda) = 2x_1^{1/2} + 5x_2^{1/2} + \lambda(p_1x_1 + p_2x_2 - R)$

et on résout :

$$\begin{cases} L'_{x_1}(x_1, x_2, \lambda) = 0 \\ L'_{x_2}(x_1, x_2, \lambda) = 0 \\ p_1x_1 + p_2x_2 - R = 0 \end{cases} \quad \text{c'est-à-dire} \quad \begin{cases} x_1^{-1/2} + \lambda p_1 = 0 \\ (5/2)x_2^{-1/2} + \lambda p_2 = 0 \\ p_1x_1 + p_2x_2 - R = 0 \end{cases}$$

d'où :

$$x_2 = (25/4)(p_1/p_2)^2x_1 \quad \text{et} \quad p_1x_1 + p_2\Big(25/4(p_1/p_2)^2x_1\Big) = R$$

ce qui donne :

$$x_1 = \frac{R}{p_1 + 25p_1{}^2/(4p_2)}, \quad x_2 = \frac{R}{p_2 + 4p_2{}^2/(25p_1)}$$

$$\lambda = -\sqrt{\frac{p_1 + 25p_1{}^2/(4p_2)}{Rp_1^2}}.$$

Le point :

$$(x_1, x_2) = \left(\frac{R}{p_1 + 25p_1{}^2/(4p_2)}, \frac{R}{p_2 + 4p_2{}^2/(25p_1)}\right)$$

est donc candidat.

$$\text{Hess}\Big(U,(x_1,x_2)\Big) = \begin{bmatrix} \dfrac{-1}{2x_1^{3/2}} & 0 \\ 0 & \dfrac{-5}{4x_2^{3/2}} \end{bmatrix}$$

$\forall (x_1, x_2) \in \mathbb{R}_+^* \times \mathbb{R}_+^*$, $\text{Hess}\Big(U,(x_1,x_2)\Big)$ est définie négative donc la fonction U est strictement concave. De plus, la fonction g est affine. Le problème est donc convexe. On conclut que $\left(\dfrac{R}{p_1 + 25{p_1}^2/(4p_2)}, \dfrac{R}{p_2 + 4{p_2}^2/(25p_1)}\right)$ fournit une solution globale stricte au problème (Proposition 12) de maximisation sous contrainte.

D'autre part les fonctions de demande sont données par :

$$x_1^d(p_1,p_2,R) = \frac{R}{p_1 + 25{p_1}^2/(4p_2)}, \quad x_2^d(p_1,p_2,R) = \frac{R}{p_2 + 4{p_2}^2/(25p_1)}$$

Montrons qu'elles sont homogènes de degré zéro par apport aux prix et au revenu :

$$\forall t > 0,\ x_1^d(tp_1,tp_2,tR) = \frac{tR}{tp_1 + 25t^2p_1^2/(4tp_2)} = \frac{tR}{t\Big(p_1 + 25{p_1}^2/(4p_2)\Big)} = x_1^d(p_1,p_2,R),$$

$$x_2^d(tp_1,tp_2,tR) = \frac{tR}{tp_2 + 4t^2p_2^2/(25tp_1)} = x_2^d(p_1,p_2,R)$$

Exercice n° 3

Il s'agit ici de minimiser la dépense, un niveau de production étant fixé.

$$\begin{cases} \text{Minimiser} & w_1v_1 + w_2v_2 \\ \text{sous la contrainte} & \bar{q} = v_1^{1/3}v_2 \end{cases}$$

$v_1 > 0$, $v_2 > 0$, $w_1 > 0$, $w_2 > 0$.

Première méthode :

on transforme le problème en un problème de minimisation d'une fonction d'une seule variable sans contrainte. $v_2 = \dfrac{\bar{q}}{v_1^{1/3}}$. On pose :

$$\tilde{f}(v_1) = f\left(v_1, \frac{\bar{q}}{v_1^{1/3}}\right) = w_1v_1 + w_2\frac{\bar{q}}{v_1^{1/3}}$$

$\tilde{f}$ est de classe C^2 sur $\mathbb{R}_+^*$.

On considère le problème de minimisation d'une fonction d'une seule variable sans contrainte :

Minimiser $\tilde{f}(v_1) = w_1v_1 + w_2\dfrac{\bar{q}}{v_1^{1/3}}$, $v_1 \in \mathbb{R}_+^*$.

On résout $\tilde{f}'(v_1) = 0$, c'est-à-dire $w_1 - (1/3)w_2\bar{q}v_1^{-4/3} = 0$, ce qui donne $\hat{v}_1 = \bar{q}^{3/4}(w_2/3w_1)^{3/4}$.

$\tilde{f}''(v_1) = 4/9w_2\bar{q}v_1^{-7/3}$, pour tout $v_1 > 0$, $\tilde{f}''(v_1) > 0$ donc $\tilde{f}$ est strictement convexe et $\hat{v}_1$ est un minimum global strict de $\tilde{f}$. On calcule $\hat{v}_2$ ce qui donne $\hat{v}_2 = \bar{q}^{3/4}(w_2/3w_1)^{-1/4}$. $\forall v_1 > 0$,

© Dunod. Toute reproduction non autorisée est un délit.

$\tilde{f}(v_1) > \tilde{f}(\hat{v}_1)$ c'est-à-dire $\forall v_1 > 0$, $(v_1 \neq \hat{v}_1)$, $f\left(v_1, \dfrac{\bar{q}}{v_1^{1/3}}\right) > f\left(\hat{v}_1, \dfrac{\bar{q}}{\hat{v}_1^{1/3}}\right)$ c'est-à-dire $\forall(v_1, v_2) \neq (\hat{v}_1, \hat{v}_2)$ et tel que $v_1 > 0$, $v_2 = \dfrac{\bar{q}}{v_1^{1/3}}$, $f(v_1, v_2) > f(\hat{v}_1, \hat{v}_2)$. Ainsi $(\hat{v}_1, \hat{v}_2)$ est un minimum global strict de f sous la contrainte c'est-à-dire ce sont les quantités des différents facteurs qui minimisent la dépense, le niveau de production étant fixé à $\bar{q}$.

Deuxième méthode :

$$f(v_1, v_2) = w_1 v_1 + w_2 v_2$$

$$g(v_1, v_2) = \bar{q} - v_1^{1/3} v_2 = 0$$

f est de classe C^2 sur $\mathbb{R}_+^* \times \mathbb{R}_+^*$. g est de classe C^2 sur $\mathbb{R}_+^* \times \mathbb{R}_+^*$

$\operatorname{grad} g(v_1, v_2) = \left((-1/3)v_1^{-2/3} v_2, -v_1^{1/3}\right) \neq (0, 0)$ donc la qualification des contraintes est satisfaite en tout point de $\mathbb{R}_+^* \times \mathbb{R}_+^*$.

On pose $L(v_1, v_2, \lambda) = w_1 v_1 + w_2 v_2 + \lambda(\bar{q} - v_1^{1/3} v_2)$

et on résout :

$$\begin{cases} L'_{v_1}(v_1, v_2, \lambda) = 0 \\ L'_{v_2}(v_1, v_2, \lambda) = 0 \\ \bar{q} - v_1^{1/3} v_2 = 0 \end{cases} \quad \text{c'est-à-dire :} \quad \begin{cases} w_1 - \lambda(1/3)v_1^{-2/3} v_2 = 0 \\ w_2 - \lambda v_1^{1/3} = 0 \\ \bar{q} - v_1^{1/3} v_2 = 0 \end{cases}$$

d'où : $\lambda = 3\dfrac{w_1}{v_1^{-2/3} v_2} = \dfrac{w_2}{\bar{q}^{1/4}(w_2/3w_1)^{1/4}}$, ce qui donne en utilisant $\bar{q} - v_1^{1/3} v_2 = 0$: $\hat{v}_1 = \bar{q}^{3/4}(w_2/3w_1)^{3/4}$, $\hat{v}_2 = \bar{q}^{3/4}(w_2/3w_1)^{-1/4}$, $\lambda = \dfrac{w_2}{v_1^{1/3}}$. On obtient donc un candidat $(\hat{v}_1, \hat{v}_2)$.

Essayons d'appliquer les CS2 (proposition 13). Soit $\vec{h} = (h_1, h_2)$ tel que $g'_{v_1}(\hat{v}_1, \hat{v}_2)h_1 + g'_{v_2}(\hat{v}_1, \hat{v}_2)h_2 = 0$ c'est-à-dire $-(1/3)\hat{v}_1^{-2/3}\hat{v}_2 h_1 - \hat{v}_1^{1/3} h_2 = 0$. Alors $h_2 = -\dfrac{h_1 \hat{v}_2}{3\hat{v}_1} = -\dfrac{h_1 w_1}{w_2}$ et $h_1 \neq 0$ sinon $(h_1, h_2) = (0, 0)$.

$$H^T\left[\operatorname{Hess}\left(f, (\hat{v}_1, \hat{v}_2)\right) + \lambda \operatorname{Hess}\left(g, (\hat{v}_1, \hat{v}_2)\right)\right] H$$

$$= \left[h_1, -\frac{h_1 w_1}{w_2}\right] \frac{w_2}{\hat{v}_1^{1/3}} \begin{bmatrix} (2/9)\bar{q}^{-1/2}(w_2/3w_1)^{-3/2} & -(1/3)\bar{q}^{-1/2}(w_2/3w_1)^{-1/2} \\ -(1/3)\bar{q}^{-1/2}(w_2/3w_1)^{-1/2} & 0 \end{bmatrix} \begin{bmatrix} h_1 \\ -\dfrac{h_1 w_1}{w_2} \end{bmatrix}$$

$$= \frac{w_2}{\hat{v}_1^{1/3}} \left(h_1^2 (2/9)\bar{q}^{-1/2}(w_2/3w_1)^{-3/2} + \frac{2h_1^2 w_1}{w_2} \frac{\bar{q}^{-1/2}(w_2/3w_1)^{-1/2}}{3} \right) > 0$$

donc $(\hat{v}_1, \hat{v}_2)$ est solution locale stricte de notre problème. On peut montrer qu'elle est globale.

Ce sont les quantités des différents facteurs qui minimisent la dépense, le niveau de production étant fixé à $\bar{q}$.

Exercice n° 4

$V(R) = U(x_1(R), x_2(R))(= L(x_1(R), x_2(R), \lambda(R), R)) = 2(x_1(R))^{1/2} + 5(x_2(R))^{1/2} = \sqrt{29R}$.
D'où $V'(R) = \dfrac{1}{2}\sqrt{\dfrac{29}{R}}$. Par ailleurs $\lambda(R) = -(x_1(R))^{-1/2} = -\dfrac{1}{2}\sqrt{\dfrac{29}{R}}$.
Résultat que l'on peut obtenir en appliquant le théorème de l'enveloppe, R étant le paramètre noté y dans le théorème :
$L(x_1, x_2, \lambda, R) = U(x_1, x_2) + \lambda(x_1 + x_2 - R)$. D'où $L'_R(x_1, x_2, \lambda, R) = -\lambda$. Le théorème de l'enveloppe implique $V'(R) = L'_R(x_1(R), x_2(R), \lambda(R), R) = -\lambda(R)$.

Exercice n° 5

U est définie sur $\mathcal{O} = \mathbb{R}_+^* \times \mathbb{R}_+^* \times \mathbb{R}_+^*$ qui est ouvert et convexe.

On pose $g(x_1, x_2, x_3) = p_1x_1 + p_2x_2 + p_3x_3 - R$.

U et g sont de classe C^2 sur $\mathcal{O}$.

$\operatorname{grad} g(x_1, x_2, x_3) = (p_1, p_2, p_3) \neq (0, 0, 0)$.

Donc la qualification des contraintes est vérifiée en tout point de $\mathcal{O}$.

On pose $L(x_1, x_2, x_3, \lambda) = U(x_1, x_2, x_3) + \lambda g(x_1, x_2, x_3)$ c'est-à-dire
$L(x_1, x_2, x_3, \lambda) = \sum_{i=1}^{3} \alpha_i \ln x_i + \lambda(\sum_{i=1}^{3} p_i x_i - R)$ et on résout :

$$\begin{cases} L'_{x_1}(x_1, x_2, x_3, \lambda) = 0 \\ L'_{x_2}(x_1, x_2, x_3, \lambda) = 0 \\ L'_{x_3}(x_1, x_2, x_3, \lambda) = 0 \\ g(x_1, x_2, x_3) = 0 \end{cases} \quad \text{c'est-à-dire :} \quad \begin{cases} \alpha_1/x_1 + \lambda p_1 = 0 \\ \alpha_2/x_2 + \lambda p_2 = 0 \\ \alpha_3/x_3 + \lambda p_3 = 0 \\ p_1x_1 + p_2x_2 + p_3x_3 - R = 0 \end{cases}$$

d'où l'on tire $\alpha_1 = -\lambda p_1 x_1$, $\alpha_2 = -\lambda p_2 x_2$, $\alpha_3 = -\lambda p_3 x_3$. Comme $\sum_{i=1}^{3} \alpha_i = 1$ on obtient $-\lambda(p_1x_1 + p_2x_2 + p_3x_3) = 1$ et donc $-\lambda R = 1$ ou encore $\lambda = -1/R$.

Ce qui donne $x_1 = -\alpha_1/(\lambda p_1) = R\alpha_1/p_1$, $x_2 = R\alpha_2/p_2$, $x_3 = R\alpha_3/p_3$.

$(R\alpha_1/p_1, R\alpha_2/p_2, R\alpha_3/p_3)$ est donc candidat. Comme U est strictement concave (voir ci-dessous) et g affine, $(R\alpha_1/p_1, R\alpha_2/p_2, R\alpha_3/p_3)$ est solution globale stricte du problème.

$$\operatorname{Hess}\Big(U, (x_1, x_2, x_3)\Big) = \begin{bmatrix} \dfrac{-\alpha_1}{{x_1}^2} & 0 & 0 \\ 0 & \dfrac{-\alpha_2}{{x_2}^2} & 0 \\ 0 & 0 & \dfrac{-\alpha_3}{{x_3}^2} \end{bmatrix}$$

Pour tout $(x_1, x_2, x_3) \in \mathcal{O}$, $\operatorname{Hess}(U, (x_1, x_2, x_3))$ est définie négative donc U est strictement concave.

Exercice n° 6

Posons $g(x_1, x_2) = x_1^2 + x_2^2 - 5$. f et g sont de classe C^1 sur $\mathbb{R}^2$.

$\operatorname{grad} g(\vec{x}) = (2x_1, 2x_2) \neq (0, 0)$ pour $(x_1, x_2) \neq (0, 0)$. Or $(0, 0)$ ne vérifie pas la contrainte donc la condition de qualification des contraintes est vérifiée en tout point qui vérifie la contrainte d'égalité.

© Dunod. Toute reproduction non autorisée est un délit.

Cherchons des candidats. Posons $L(\vec{x}, \lambda) = x_1 x_2 + \lambda(x_1^2 + x_2^2 - 5)$ et résolvons

$$\begin{cases} L'_{x_1}(\vec{x}, \lambda) = 0 \\ L'_{x_2}(\vec{x}, \lambda) = 0 \\ g(\vec{x}) = 0 \end{cases} \quad \text{c'est-à-dire} \quad \begin{cases} x_2 + 2\lambda x_1 = 0 \\ x_1 + 2\lambda x_2 = 0 \\ x_1^2 + x_2^2 - 5 = 0 \end{cases}$$

ce qui donne 4 candidats $\left(\sqrt{\frac{5}{2}}, \sqrt{\frac{5}{2}}\right)$ avec $\lambda = -1/2$, $\left(-\sqrt{\frac{5}{2}}, -\sqrt{\frac{5}{2}}\right)$ avec $\lambda = -1/2$, $\left(-\sqrt{\frac{5}{2}}, \sqrt{\frac{5}{2}}\right)$ avec $\lambda = 1/2$ et $\left(\sqrt{\frac{5}{2}}, -\sqrt{\frac{5}{2}}\right)$ avec $\lambda = 1/2$.

Soit $K = \{\vec{x} \in \mathbb{R}^2 / g(\vec{x}) = 0\}$.

K est fermé car g est continue sur $\mathbb{R}^2$. K est borné. Donc K est compact. Comme f est continue sur K compact, le théorème d'optimisation de Weierstrass assure que f atteint son maximum global et son minimum global sur K. Examinons alors les valeurs de f aux points candidats :

$$f\left(\sqrt{\tfrac{5}{2}}, \sqrt{\tfrac{5}{2}}\right) = f\left(-\sqrt{\tfrac{5}{2}}, -\sqrt{\tfrac{5}{2}}\right) = 5/2 > f\left(-\sqrt{\tfrac{5}{2}}, \sqrt{\tfrac{5}{2}}\right) = f\left(\sqrt{\tfrac{5}{2}}, -\sqrt{\tfrac{5}{2}}\right) = -5/2$$

donc $\left(\sqrt{\frac{5}{2}}, \sqrt{\frac{5}{2}}\right)$ et $\left(-\sqrt{\frac{5}{2}}, -\sqrt{\frac{5}{2}}\right)$ fournissent un maximum global à f sous la contrainte et $\left(-\sqrt{\frac{5}{2}}, \sqrt{\frac{5}{2}}\right)$ et $\left(\sqrt{\frac{5}{2}}, -\sqrt{\frac{5}{2}}\right)$ fournissent un minimum global à f sous la contrainte.

Exercice n° 7

Il y a une contrainte d'égalité et une contrainte d'inégalité : $g(x_1, x_2) = x_1 + x_2 + x_3 - 6 = 0$ et $f_1(x_1, x_2) = x_1^2 + x_2^2 + x_3^2 - 16 \leqslant 0$.

$\mathcal{O} = \mathbb{R}_+^* \times \mathbb{R}_+^* \times \mathbb{R}_+^*$ ouvert convexe.

f, g et f_1 sont de classe C^2 sur $\mathcal{O}$.

f est strictement concave. En effet :

$$\text{Hess}\Big(f, (x_1, x_2, x_3)\Big) = \begin{bmatrix} \dfrac{-1}{{x_1}^2} & 0 & 0 \\ 0 & \dfrac{-1}{{x_2}^2} & 0 \\ 0 & 0 & \dfrac{-1}{{x_3}^2} \end{bmatrix}$$

Pour tout $(x_1, x_2, x_3) \in \mathcal{O}$, $\text{Hess}\big(f, (x_1, x_2, x_3)\big)$ est définie négative donc f est strictement concave.

g est affine.

f_1 est strictement convexe.

En effet :

$$\text{Hess}\Big(f_1, (x_1, x_2, x_3)\Big) = \begin{bmatrix} 2 & 0 & 0 \\ 0 & 2 & 0 \\ 0 & 0 & 2 \end{bmatrix}$$

Pour tout $(x_1, x_2, x_3) \in \mathcal{O}$, $\text{Hess}\big(f_1, (x_1, x_2, x_3)\big)$ est définie positive donc f est strictement convexe.

On est donc en présence d'un problème convexe.

$\text{grad}\, g(\vec{x}) = (1, 1, 1) \neq (0, 0, 0)$.

Il existe $\vec{y} \in \mathcal{O}$ tel que $g(\vec{y}) = 0$ et $f_1(\vec{y}) < 0$. On peut prendre $\vec{y} = (1,2,3)$ car $g(1,2,3) = 0$ et $f_1(1,2,3) = -2 < 0$. La condition de Slater est donc vérifiée.

Par la proposition 19, les conditions de Kuhn et Tucker sont nécessaires (car la condition de qualification est vérifiée) et suffisantes (car le problème est convexe).

On pose : $L(x_1, x_2, x_3, \lambda, \mu) = f(x_1, x_2, x_3) + \lambda g(x_1, x_2, x_3) + \mu f_1(x_1, x_2, x_3)$

$$= \ln(x_1 x_2 x_3) + \lambda(x_1 + x_2 + x_3 - 6) + \mu(x_1^2 + x_2^2 + x_3^2 - 16)$$

et on résout :

$$\forall i = 1, \ldots, 3 \quad L'_{x_i}(x_1, x_2, x_3, \lambda, \mu) = 0 \qquad \text{(C1)}$$

$$\mu f_1(x_1, x_2, x_3) = 0 \qquad \text{(C2)}$$

$$\mu \leqslant 0, \qquad \text{(C3)}$$

$$\text{et} \qquad g(x, x_2, x_3) = 0$$

c'est-à-dire :

$$\begin{cases} L'_{x_1}(x_1, x_2, x_3, \lambda, \mu) = \dfrac{1}{x_1} + \lambda + 2\mu x_1 = 0 & \\ L'_{x_2}(x_1, x_2, x_3, \lambda, \mu) = \dfrac{1}{x_2} + \lambda + 2\mu x_2 = 0 & \text{(C1)} \\ L'_{x_3}(x_1, x_2, x_3, \lambda, \mu) = \dfrac{1}{x_3} + \lambda + 2\mu x_3 = 0 & \\ \mu(x_1^2 + x_2^2 + x_3^2 - 16) = 0 & \text{(C2)} \\ \mu \leqslant 0, & \text{(C3)} \end{cases}$$

$$\text{et} \quad x_1 + x_2 + x_3 = 6$$

- Si $\mu \neq 0$

  alors (C2) donne $(x_1^2 + x_2^2 + x_3^2 - 16) = 0$, (C1) s'écrit $\begin{cases} \dfrac{1 + \lambda x_1 + 2\mu x_1^2}{x_1} = 0 \\ \dfrac{1 + \lambda x_2 + 2\mu x_2^2}{x_2} = 0 \\ \dfrac{1 + \lambda x_3 + 2\mu x_3^2}{x_3} = 0 \end{cases}$

  Comme $x_1 > 0$, $x_2 > 0$, $x_3 > 0$, on a $\begin{cases} 2\mu x_1^2 + \lambda x_1 + 1 = 0 \\ 2\mu x_2^2 + \lambda x_2 + 1 = 0 \\ 2\mu x_3^2 + \lambda x_3 + 1 = 0 \end{cases}$ ce qui indique que x_1, x_2, x_3 sont les racines de la même équation du second degré dont le discriminant $\lambda^2 - 8\mu$ est strictement positif car (C3) impose $\mu \leqslant 0$. Les racines de cette équation étant $(-\lambda - \sqrt{\lambda^2 - 8\mu})/(4\mu) > 0$, $(-\lambda + \sqrt{\lambda^2 - 8\mu})/(4\mu) < 0$, on a donc $x_1 = x_2 = x_3 = (-\lambda - \sqrt{\lambda^2 - 8\mu})/(4\mu)$ car $x_1 > 0$, $x_2 > 0$, $x_3 > 0$. La contrainte d'égalité implique alors $3x_1 = 6$, d'où $x_1 = x_2 = x_3 = 2$ mais $(2,2,2)$ ne vérifie pas $(x_1^2 + x_2^2 + x_3^2 - 16) = 0$.

  Donc ce cas est impossible.

© Dunod. Toute reproduction non autorisée est un délit.

- Si $\mu = 0$

(C1) donne $\begin{cases} \dfrac{1}{x_1} + \lambda = 0 \\ \dfrac{1}{x_2} + \lambda = 0 \\ \dfrac{1}{x_3} + \lambda = 0 \end{cases}$. D'où on tire $-\lambda = \dfrac{1}{x_1} = \dfrac{1}{x_2} = \dfrac{1}{x_3}$ c'est-à-dire $x_1 = x_2 = x_3$.

La contrainte d'égalité implique alors $x_1 = x_2 = x_3 = 2$. On a donc le point $(2, 2, 2)$ et $\lambda = -\dfrac{1}{2}$. (C3) est vérifiée car $\mu = 0$ donc $\mu \leqslant 0$. Ainsi il existe λ, μ vérifiant (C1), (C2), (C3), ce qui est équivalent au fait que $(2, 2, 2)$ est solution globale stricte du problème par la proposition 19.

Exercice n° 8

f, f_1 et f_2 sont de classe C^2 sur $\mathbb{R}^2$.

f est concave car linéaire.

f_1 est strictement convexe.

En effet

$$\text{Hess}\Big(f_1, (x_1, x_2)\Big) = \begin{bmatrix} 6 & 0 \\ 0 & 2 \end{bmatrix}$$

Pour tout $(x_1, x_2) \in \mathbb{R}^2$, $\text{Hess}\big(f_1, (x_1, x_2)\big)$ est définie positive donc f_1 est strictement convexe.

f_2 est convexe car affine.

On est donc en présence d'un problème convexe.

Il existe $\vec{y} \in \mathbb{R}^2$ tel que $f_1(\vec{y}) < 0$ et $f_2(\vec{y}) < 0$. On peut prendre $\vec{y} = (-1/3, 1/2)$ car $f_1(-1/3, 1/2) = -5/12 < 0$ et $f_2(-1/3, 1/2) = -5/6 < 0$. La condition de Slater est donc vérifiée.

Par la proposition 19, les conditions de Kuhn et Tucker sont nécessaires (car la condition de qualification est vérifiée) et suffisantes (car le problème est convexe).

On pose :

$$\begin{aligned} L(x_1, x_2, \mu_1, \mu_2) &= f(x_1, x_2) + \mu_1 f_1(x_1, x_2) + \mu_2 f_2(x_1, x_2) \\ &= x_1 + 2x_2 + \mu_1(3x_1^2 + x_2^2 - 1) + \mu_2(x_1 - 3x_2 + 1) \end{aligned}$$

et on résout :

$$\forall i = 1, 2 \; L'_{x_i}(x_1, x_2, \mu_1, \mu_2) = 0 \qquad \text{(C1)}$$

$$\begin{cases} \mu_1 f_1(x_1, x_2) = 0 \\ \mu_2 f_2(x_1, x_2) = 0 \end{cases} \qquad \text{(C2)}$$

$$\mu_1 \leqslant 0, \; \mu_2 \leqslant 0, \qquad \text{(C3)}$$

c'est-à-dire

$$\begin{cases} 1 + 6\mu_1 x_1 + \mu_2 = 0 \\ 2 + 2\mu_1 x_2 - 3\mu_2 = 0 \end{cases} \tag{C1}$$

$$\begin{cases} \mu_1(3x_1^2 + x_2^2 - 1) = 0 \\ \mu_2(x_1 - 3x_2 + 1) = 0 \end{cases} \tag{C2}$$

$$\mu_1 \leqslant 0,\ \mu_2 \leqslant 0 \tag{C3}$$

- Si $\mu_1 = 0, \mu_2 = 0$
  alors (C1) implique $1 = 0$ et $2 = 0$. Donc ce cas est impossible.
- Si $\mu_1 = 0, \mu_2 \neq 0$
  alors (C1) implique $\mu_2 = -1$ et $\mu_2 = 2/3$. Donc ce cas est impossible.
- Si $\mu_1 \neq 0, \mu_2 = 0$
  alors (C2) implique $3x_1^2 + x_2^2 - 1 = 0$. En utilisant (C1) on obtient $\mu_1 = -1/(6x_1) = -1/x_2$, $(x_1 \neq 0, x_2 \neq 0)$
  Et par la suite $3x_1^2 + 36x_1^2 - 1 = 0$ donne $x_1 = 1/\sqrt{39}$, $x_2 = 6/\sqrt{39}$ ou $x_1 = -1/\sqrt{39}$, $x_2 = -6/\sqrt{39}$. On exclut ce second cas car il donne $\mu_1 = \sqrt{39}/6 > 0$.
  Si $(x_1, x_2) = \left(1/\sqrt{39}, 6/\sqrt{39}\right)$ alors $\mu_1 = -\sqrt{39}/6 < 0$ et $\mu_2 = 0$ donc $\mu_2 \leqslant 0$. Ainsi il existe μ_1, μ_2 vérifiant (C1), (C2), (C3), ce qui est équivalent au fait que $\left(1/\sqrt{39}, 6/\sqrt{39}\right)$ est solution globale du problème par la proposition 19.
  Pour vérifier qu'il n'y a pas d'autre solution globale on examine le dernier cas :
- Si $\mu_1 \neq 0, \mu_2 \neq 0$
  (C2) implique $3x_1^2 + x_2^2 - 1 = 0$ et $x_1 - 3x_2 + 1 = 0$. Ceci utilisé avec (C1) donne $(x_1, x_2) = (1/2, 1/2)$ ou $(x_1, x_2) = (-4/7, 1/7)$. $(x_1, x_2) = (1/2, 1/2)$ implique $\mu_2 = 1/2 > 0$ donc ce n'est pas une solution ((C3) n'est pas vérifiée).
  $(x_1, x_2) = (-4/7, 1/7)$ implique $\mu_1 = 1/2 > 0$ donc ce n'est pas une solution ((C3) n'est pas vérifiée).
  $\left(1/\sqrt{39}, 6/\sqrt{39}\right)$ est donc l'unique solution globale du problème.

Exercice n° 9

a) L'ensemble de définition de f est $\mathbb{R}^2$.

b) On peut écrire $f = g \circ h$ où $h(x_1, x_2) = x_1^2 + x_2^2 + 1 > 0$ et $g(y) = \ln y$
h est de classe C^2 sur $\mathbb{R}^2$ et $h(\mathbb{R}^2) \subset \mathbb{R}_+^*$. g est de classe C^2 sur $\mathbb{R}_+^*$. Donc $f = g \circ h$ est de classe C^2 sur $\mathbb{R}^2$.

$$f'_{x_1}(x_1, x_2) = \frac{2x_1}{x_1^2 + x_2^2 + 1}, \quad f'_{x_2}(x_1, x_2) = \frac{2x_2}{x_1^2 + x_2^2 + 1}$$

$$\text{Hess}(f, (x_1, x_2)) = \frac{1}{(x_1^2 + x_2^2 + 1)^2} \begin{bmatrix} -2x_1^2 + 2x_2^2 + 2 & -4x_1x_2 \\ -4x_1x_2 & 2x_1^2 - 2x_2^2 + 2 \end{bmatrix}$$

c)
$$\begin{aligned} \det \text{Hess}(f, (x_1, x_2)) &= \frac{1}{(x_1^2 + x_2^2 + 1)^4}(-4x_1^4 - 4x_2^4 - 8x_1^2x_2^2 + 4) \\ &= \frac{-4}{(x_1^2 + x_2^2 + 1)^4}[(x_1^2 + x_2^2)^2 - 1] \end{aligned}$$

© Dunod. Toute reproduction non autorisée est un délit.

det Hess$(f,(x_1,x_2)) > 0$ si $(x_1^2+x_2^2)^2 < 1$

trace Hess$(f,(x_1,x_2)) = \dfrac{4}{(x_1^2+x_2^2+1)^2} > 0$

Donc Hess$(f,(x_1,x_2))$ est définie positive sur $D = \{(x_1,x_2) \in \mathbb{R}^2 / x_1^2+x_2^2 < 1\}$. (C'est la boule ouverte de centre $(0,0)$ et de rayon 1.). Donc f est strictement convexe sur D.

d) On pose $g(x_1,x_2) = x_1 - x_2 - 1$. g est affine.

grad $g(x_1,x_2) = (1,-1) \neq (0,0)$ donc la condition de qualification des contraintes est verifiée pour tout point.

On pose $L(x_1,x_2,\lambda) = \ln(x_1^2+x_2^2+1) + \lambda(x_1 - x_2 - 1)$ et on cherche les candidats en résolvant :

$$\begin{cases} L'_{x_1}(x_1,x_2,\lambda) = 0 \\ L'_{x_2}(x_1,x_2,\lambda) = 0 \\ g(x_1,x_2) = 0 \end{cases} \text{, c'est-à-dire } \begin{cases} \dfrac{2x_1}{x_1^2+x_2^2+1} + \lambda = 0 \\ \dfrac{2x_2}{x_1^2+x_2^2+1} - \lambda = 0 \\ x_1 - x_2 - 1 = 0 \end{cases}$$

Ce qui donne $\lambda = \dfrac{2x_1}{x_1^2+x_2^2+1} = -\dfrac{2x_2}{x_1^2+x_2^2+1}$, d'où $x_1 = -x_2$. Et comme $x_1 - x_2 - 1 = 0$, on obtient un candidat $(\frac{1}{2}, -\frac{1}{2})$. On note que $(\frac{1}{2}, -\frac{1}{2}) \in D$. Comme f est strictement convexe sur D et g affine,

$(\frac{1}{2}, -\frac{1}{2})$ fournit un minimum global strict à f sur D sous la contrainte. (CNS pour un problème convexe.)

Exercice n° 10

a) on pose $f_1(x_1,x_2) = x_1^2 + 2x_2^2 - 5$. Soit $K = \{\vec{x} \in \mathbb{R}^2,\ t.q.\ x_1^2+2x_2^2-5 \leqslant 0\}$. K est fermé car f_1 est continue sur $\mathbb{R}^2$. K est borné car $\forall \vec{x} \in K,\ \ |x_1| \leqslant \sqrt{5},\ \ |x_2| \leqslant \sqrt{5/2}$. K est donc compact car fermé et borné dans $\mathbb{R}^2$. Comme f est continue sur le compact K, le théorème d'optimisation de Weierstrass implique que f atteint son maximum global (et son minimum global) sur K. Donc le problème admet une solution.

b) f et f_1 sont de classe C^2 sur $\mathbb{R}^2$. f_1 est strictement convexe : en effet $\forall \vec{x} \in \mathbb{R}^2$, Hess$(f_1,\vec{x}) = \begin{bmatrix} 2 & 0 \\ 0 & 4 \end{bmatrix}$ donc $\forall \vec{x} \in \mathbb{R}^2$, Hess$(f_1,\vec{x})$ est définie positive. La condition de Slater est vérifiée : $\vec{y} = (1,1)$ vérifie $f_1(1,1) = -2 < 0$.

Donc les conditions de Kuhn et Tucker sont nécessaires (puisque la condition de Slater est vérifiée).

On pose $L(\vec{x},\mu) = f(\vec{x}) + \mu f_1(\vec{x}) = x_1^2 + 2x_2 + \mu(x_1^2 + 2x_2^2 - 5)$. Les conditions de Kuhn et Tucker s'écrivent :

$$(C1)\begin{cases} L'_{x_1}(\vec{x},\mu) = 0 \\ L'_{x_2}(\vec{x},\mu) = 0 \end{cases} \qquad\qquad (C1)\begin{cases} 2x_1 + 2\mu x_1 = 0 \\ 2 + 4\mu x_2 = 0 \end{cases}$$

$$(C2)\ \ \mu f_1(\vec{x}) = 0 \qquad \text{c'est-à-dire} \qquad (C2)\ \ \mu(x_1^2+2x_2^2-5) = 0$$

$$(C3)\ \ \mu \leqslant 0 \qquad\qquad (C3)\ \ \mu \leqslant 0$$

• $\mu = 0$. $(C1)$ implique que ce cas est impossible $(2 = 0)$.

• $\mu \neq 0$. $(C2)$ implique $x_1^2 + 2x_2^2 - 5 = 0$ et $(C1)$ implique $x_1(1+\mu) = 0$. D'où $\mu = -1$ ou $x_1 = 0$.

Si $x_1 = 0$, on a $x_2^2 = 5/2$, d'où $x_2 = \sqrt{5/2}$ ou $-\sqrt{5/2}$.

Comme $2 + 4\mu x_2 = 0$, si $x_2 = \sqrt{5/2}$, alors $\mu < 0$. Donc $(C3)$ est vérifiée. $(0, \sqrt{5/2})$ est donc candidat.

Si $x_2 = -\sqrt{5/2}$ alors $\mu = \dfrac{1}{2\sqrt{5/2}} > 0$ ce qui contredit $(C3)$.
Si $\mu = -1$ alors $(C1)$ implique $x_2 = 1/2$. D'où $x_1^2 = 9/2$ et on a 2 candidats $(3/\sqrt{2}, 1/2)$ et $(-3/\sqrt{2}, 1/2)$.
Il y a donc 3 candidats : $(0, \sqrt{5/2})$, $(3/\sqrt{2}, 1/2)$ et $(-3/\sqrt{2}, 1/2)$.
Sachant que le problème admet une solution, les candidats qui donnent à f la plus grande valeur sont les solutions du problème : $f(0, \sqrt{5/2}) = \sqrt{5}$, $f(3/\sqrt{2}, 1/2) = 11/2$, $f(-3/\sqrt{2}, 1/2) = 11/2$. Comme $11/2 > \sqrt{5}$, $(3/\sqrt{2}, 1/2)$ et $(-3/\sqrt{2}, 1/2)$ sont solutions globales.

Chapitre 12

Exercice n° 1

On a les équations suivantes :

$$\begin{aligned} I_t &= K_{t+1} - K_t \\ C_t &= cY_t + d \\ C_t + I_t &= Y_t \end{aligned}$$

d'où $cY_t + d + r(Y_{t+1} - Y_t) = Y_t$ ce qui donne $rY_{t+1} + Y_t(c - r - 1) + d = 0$ qui s'écrit $Y_{t+1} + \dfrac{(c - r - 1)}{r} Y_t + \dfrac{d}{r} = 0$ et qui est une équation de récurrence linéaire d'ordre 1 avec second membre. L'équation homogène associée est $v_{t+1} = \dfrac{(1 + r - c)}{r} v_t$, équation d'une suite géométrique de solution générale $v_t = \left(\dfrac{(1 + r - c)}{r}\right)^t v_0$, $t \in \mathbb{N}$.

Cherchons une solution particulière de l'équation avec second membre :

Comme $\phi(t) = -\dfrac{d}{r}$ et $a \neq 1$ une solution particulière est donnée par l'équilibre.

$$w_t = \frac{d}{(1 - c)}$$

La solution générale de l'équation avec second membre est donnée par

$$Y_t = \left(\frac{(1 + r - c)}{r}\right)^t \left(Y_0 - \frac{d}{(1 - c)}\right) + \frac{d}{(1 - c)}$$

On note que Y_t tend vers l'infini quand t tend vers l'infini car

$$\frac{(1 + r - c)}{r} > 1 \quad (0 < c < 1,\ r > 1)$$

Exercice n° 2

Soit à résoudre l'équation de récurrence linéaire d'ordre 1 avec second membre

$$\begin{aligned} u_{n+1} &= 3u_n + 3^n n \\ u_0 &= 1 \end{aligned}$$

© Dunod. Toute reproduction non autorisée est un délit.

L'équation homogène associée est $v_{n+1} = 3v_n$, équation d'une suite géométrique de solution générale $v_n = 3^n v_0$ $n \in \mathbb{N}$

Cherchons une solution particulière :

Comme $\phi(n) = k^n \mathcal{P}(n) = 3^n n$, on a $k = 3$ et $\mathcal{P}(n) = n$, donc $\mathcal{P}$ est un polynôme de degré 1. Comme $k = a$, une solution particulière est $(w_n)_n$ telle que pour tout n, $w_n = n3^n \mathcal{Q}(n)$ avec $\mathcal{Q}$ polynôme de degré 1, donc $\mathcal{Q}(n) = cn+d$. Pour déterminer c et d on reporte w_n dans l'équation, ce qui donne

$$(n+1)3^{n+1}\Big(c(n+1)+d\Big) = 3n3^n(cn+d) + 3^n n$$

et après calcul

$$\forall n \in \mathbb{N},\ (6c-1)n + (3c+3d) = 0 \Longleftrightarrow \begin{cases} 6c - 1 = 0 \\ 3c + 3d = 0 \end{cases}$$

d'où $c = 1/6$, $d = -1/6$.

$(w_n)_n$ est la suite telle que $\forall n \in \mathbb{N}$, $w_n = n3^n\Big((1/6)n - 1/6\Big)$.

La solution générale de l'équation $u_{n+1} = 3u_n + 3^n n$ est donnée par : $u_n = 3^n v_0 + n3^n\Big((1/6)n - 1/6\Big)$, $n \in \mathbb{N}$. La solution unique qui vérifie $u_0 = 1$ est obtenue en déterminant v_0 en fonction la condition initiale $u_0 = 1$:

$1 = u_0 = v_0$, donc $v_0 = 1$ et la solution unique de premier terme $u_0 = 1$ est :

$u_n = 3^n + n3^n\Big((1/6)n - 1/6\Big)$, $n \in \mathbb{N}$.

Exercice n° 3

a) On a une équation de récurrence linéaire d'ordre 1 avec second membre.

$$Y_{n+1} = \frac{3}{2}Y_n + 12$$
$$Y_0 = 40$$

L'équation homogène associée est $v_{n+1} = \frac{3}{2}v_n$, équation d'une suite géométrique de solution générale $v_n = \left(\frac{3}{2}\right)^n v_0$, $n \in \mathbb{N}$

Cherchons une solution particulière de l'équation avec second membre :

Comme $\phi(n) = 12$ et $a \neq 1$ une solution particulière est donnée par l'équilibre. $\forall n \in \mathbb{N}$, $w_n = 12/(1 - 3/2) = -24$

La solution générale de l'équation avec second membre est donnée par $Y_n = v_0\left(\frac{3}{2}\right)^n - 24$

Si $Y_0 = 40$, $v_0 = 64$. La solution unique de premier terme $Y_0 = 40$ est

$$Y_n = 64\left(\frac{3}{2}\right)^n - 24, \quad n \in \mathbb{N}$$

b) On a une équation de récurrence linéaire d'ordre deux avec second membre.

$$Y_{n+2} = \frac{3}{2}Y_{n+1} - \frac{27}{64}Y_n + 15$$
$$Y_0 = 40, \quad Y_1 = 45$$

1. La solution de l'équation homogène associée :
   On écrit l'équation homogène associée

$$v_{n+2} = \frac{3}{2}v_{n+1} - \frac{27}{64}v_n, \quad n \in \mathbb{N}$$

   On écrit l'équation caractéristique :

$$\lambda^2 - \frac{3}{2}\lambda + \frac{27}{64} = 0$$

   $\Delta = \frac{9}{16}$
   Donc l'équation caractéristique a deux racines réelles distinctes : $\lambda_1 = \frac{9}{8}, \lambda_2 = \frac{3}{8}$
   La solution générale de l'équation homogène est :

$$v_n = \alpha\left(\frac{9}{8}\right)^n + \beta\left(\frac{3}{8}\right)^n, \quad n \in \mathbb{N}$$

2. Recherche d'une solution particulière de l'équation
   Ici $\phi(n) = 15$ donc comme $a+b \neq 1$, une solution particulière est donnée par l'équilibre.
   On résout $\gamma - \frac{3}{2}\gamma + \frac{27}{64}\gamma - 15 = 0$
   $\forall n \in \mathbb{N}, w_n = \gamma = -192$
3. La solution générale est : $Y_n = \alpha\left(\frac{9}{8}\right)^n + \beta\left(\frac{3}{8}\right)^n - 192, n \in \mathbb{N}$
4. Détermination de la solution unique telle que $Y_0 = 40$, $Y_1 = 45$.

$$\begin{cases} 40 = \alpha + \beta - 192 \\ 45 = \alpha\frac{9}{8} + \beta\frac{3}{8} - 192 \end{cases} \iff \begin{cases} \alpha = 200 \\ \beta = 32 \end{cases}$$

   Ainsi la solution unique telle que $Y_0 = 40$, $Y_1 = 45$ est :

$$Y_n = 200\left(\frac{9}{8}\right)^n + 32\left(\frac{2}{8}\right)^n - 192, \quad n \in \mathbb{N}$$

Exercice n° 4

Comme la production Y_t de la période t, est une fonction homogène de degré 1, du capital K_t et de la population active N_t : $\forall t, Y_t = N_t F(K_t/N_t, 1)$.

On pose $k_t = K_t/N_t$.

On a $K_{t+1} = (1-\delta)K_t + sF(K_t, N_t)$ donc $(1+n)k_{t+1} = (1-\delta)k_t + sF(k_t, 1)$

$$k_{t+1} = \frac{1}{(1+n)}[(1-\delta)k_t + sF(k_t, 1)]$$

$$k_{t+1} = \frac{1}{(1+n)}[(1-\delta)k_t + sAk_t^{\alpha}] = g(k_t)$$

© Dunod. Toute reproduction non autorisée est un délit.

k_t est donc solution d'une équation de récurrence d'ordre 1 non linéaire. Cherchons les équilibres en résolvant $g(k) = k$ c'est-à-dire $\frac{1}{(1+n)}[(1-\delta)k + sAk^\alpha] = k$ ce qui donne deux équilibres : $\hat{k}_1 = 0$ et $\hat{k}_2 = \left(\frac{n+\delta}{sA}\right)^{1/(\alpha-1)}$.

$g'(k) = \frac{1}{(1+n)}[(1-\delta) + sA\alpha k^{\alpha-1}]$.

g' est continue sur $\mathbb{R}_+^*$ et $g'(\hat{k}_2) = \frac{1}{(1+n)}[(1-\delta) + \alpha(n+\delta)]$.

Si $\frac{1}{(1+n)}[(1-\delta) + +\alpha(n+\delta)] < 1$, alors $\hat{k}_2$ est localement stable dans $\mathbb{R}_+$ par la proposition 21 et en fait on peut montrer qu'il est globalement stable dans $\mathbb{R}_+^*$.

Exercice n° 5

a) Recherche d'une solution de l'équation homogène associée :

$$v_{n+2} + v_{n+1} - 20v_n = 0, \quad n \in \mathbb{N}$$

L'équation caractéristique : $\lambda^2 + \lambda - 20 = 0$ a pour discriminant $\Delta = 81$ donc elle admet 2 racines réelles distinctes $\lambda_1 = -5$ et $\lambda_2 = 4$. D'où $v_n = \alpha(-5)^n + \beta 4^n, \quad n \in \mathbb{N}$.
Recherche d'une solution particulière : comme $\phi(n) = (1/2)^n$ et $1/2$ n'est pas racine de l'équation caractéristique on cherche une solution particulière $(w_n)_n$ telle que $w_n = \gamma(1/2)^n$, $n \in \mathbb{N}$. D'où en reportant $(w_n)_n$ dans l'équation :

$$\gamma(1/2)^{n+2} + \gamma(1/2)^{n+1} - 20\gamma(1/2)^n = (1/2)^n \text{ pour tout } n \in \mathbb{N}, \text{ implique } \gamma = -4/77.$$

On a ainsi $w_n = -(4/77)(1/2)^n, \quad n \in \mathbb{N}$.
La solution générale $(u_n)_n$ de l'équation est telle que :

$$u_n = v_n + w_n = \alpha(-5)^n + \beta 4^n - (4/77)(1/2)^n, \quad n \in \mathbb{N}.$$

La solution unique de premiers termes $u_0 = 1, \quad u_1 = 2$ est obtenue en identifiant α et β :

$$1 = u_0 = \alpha + \beta - 4/77$$
$$2 = u_1 = -5\alpha + 4\beta - 2/77$$

ce qui donne $\alpha = 56/231$ et $\beta = 187/231$.
Finalement $u_n = (56/231)(-5)^n + (187/231)4^n - (4/77)(1/2)^n, \quad n \in \mathbb{N}$.

b) Recherche d'une solution de l'équation homogène associée :

$$v_{n+2} - \sqrt{2}v_{n+1} + (1/2)v_n = 0, \quad n \in \mathbb{N}$$

L'équation caractéristique : $\lambda^2 - \sqrt{2}\lambda + 1/2 = 0$ a pour discriminant $\Delta = 0$ donc elle admet une racine double $\lambda = \sqrt{2}/2$. D'où $v_n = \alpha(\sqrt{2}/2)^n + \beta n(\sqrt{2}/2)^n, \quad n \in \mathbb{N}$.
Recherche d'une solution particulière : comme $\phi(n) = n + 1$, polynôme de degré 1 et $a + b = \sqrt{2} - 1/2 \neq 1$, on cherche une solution particulière $(w_n)_n$ telle que $w_n = cn + d$, $n \in \mathbb{N}$ (polynôme de degré 1). En reportant $(w_n)_n$ dans l'équation on a : $c(n+2) + d - \sqrt{2}(c(n+1)+d) + (1/2)(cn+d) = n+1$, pour tout $n \in \mathbb{N}$ c'est-à-dire

$n(c - \sqrt{2}c + (1/2)c - 1) + 2c + d - \sqrt{2}(c + d) + (1/2)d - 1 = 0$, pour tout $n \in \mathbb{N}$. D'où $c = 2(3 + 2\sqrt{2})$, $d = -2(3 + 2\sqrt{2})^2$.
On a ainsi $w_n = 2(3 + 2\sqrt{2})n - 2(3 + 2\sqrt{2})^2, \quad n \in \mathbb{N}$.
La solution générale $(u_n)_n$ de l'équation est telle que :

$$u_n = v_n + w_n = \alpha(\sqrt{2}/2)^n + \beta n(\sqrt{2}/2)^n + 2(3 + 2\sqrt{2})n - 2(3 + 2\sqrt{2})^2 \quad n \in \mathbb{N}.$$

La solution unique de premiers termes $u_0 = 2(3 + 2\sqrt{2}), \quad u_1 = 4(7 + 5\sqrt{2})$ est obtenue en identifiant α et β :

$$\begin{aligned}
&2(3 + 2\sqrt{2}) = u_0 = \alpha - 2(3 + 2\sqrt{2})^2 \\
&4(7 + 5\sqrt{2}) = u_1 = \alpha(\sqrt{2}/2) + \beta(\sqrt{2}/2) + 2(3 + 2\sqrt{2}) - 2(3 + 2\sqrt{2})^2 \\
&\alpha = 40 + 28\sqrt{2}, \quad \beta = 40 + 28\sqrt{2}.
\end{aligned}$$

Finalement $u_n = (40 + 28\sqrt{2})(\sqrt{2}/2)^n + (40 + 28\sqrt{2})n(\sqrt{2}/2)^n + 2(3 + 2\sqrt{2})n - 2(3 + 2\sqrt{2})^2$, $n \in \mathbb{N}$.

© Dunod. Toute reproduction non autorisée est un délit.

Index

© Dunod. Toute reproduction non autorisée est un délit.

E

F

© Dunod. Toute reproduction non autorisée est un délit.

T

U

V

© Dunod. Toute reproduction non autorisée est un délit.

Dans la même collection

- B. Bernier et Y. Simon, ***Initiation à la macroéconomie***, 9e éd., 2009.
- B. Bernier et H.-L. Védie, ***Initiation à la microéconomie***, 3e éd., 2009.
- R. Bourbonnais et M. Terraza, ***Analyse des séries temporelles***, 3e éd., 2010.
- R. Bourbonnais, ***Économétrie***, 9e éd., 2015.
- M. Delaplace, ***Monnaie et financement de l'économie***, 4e édition 2013.
- G. Deleplace, ***Histoire de la pensée économique***, 2e éd., 2009.
- B. Goldfarb et C. Pardoux, ***Introduction à la méthode statistique***, 7e éd., 2013.
- B. Guillochon, A. Kawecki et B. Venet, ***Économie internationale***, 7e éd., 2012.
- N. Hayek et J.-P. Leca, ***Mathématiques pour l'économie***, 5e éd., 2015.
- F. Huart, ***Économie des finances publiques***, 2012.
- J.-P. Lecoutre, ***Statistique et probabilités***, 5e édition, 2012.
- P. de Lima, ***Économie bancaire et croissance économique***, 2012.
- T. de Montbrial et E. Fauchart-Foray, ***Introduction à l'économie***, 4e éd., 2009.
- P. Petauton et M. Fromenteau, ***Théorie et pratique de l'assurance vie***, 4e éd., 2012.
- F. Poulon, ***Économie générale***, 7e éd., 2011.
- M. Raffinot, ***Économie du développement***, 2015.
- M. Yildizoglu, ***Introduction à la théorie des jeux***, 2e éd., 2011.

TD Éco Sup

- S. Brana et M.-C. Bergouignan, ***TD Comptabilité nationale***, 3e éd., 2011.
- S. Brana, M. Cazals et P. Kauffmann, ***TD Économie monétaire et financière***, 4e éd., 2012.
- S. Brana et M.-C. Bergouignan, ***TD Macroéconomie***, 5e éd., 2015.
- J. Héricourt et J. Reynaud, ***TD Économétrie***, 2007.
- K. Jouaber Snoussi et M.-J. Rigobert, ***TD Finance d'entreprise***, 2e éd., 2010.
- J.-P. Lecoutre et Ph. Pilibossian, ***TD Algèbre***, 4e éd., 2014.
- J.-P. Lecoutre et Ph. Pilibossian, ***TD Analyse***, 5e éd., 2013.
- J.-P. Lecoutre, ***TD Statistique et probabilités***, 6e éd., 2015.
- P. Médan, ***TD Microéconomie***, 5e éd., 2015.
- J.-L. Monino, J.-M. Kosianski et F. Le Cornu, ***TD Statistique descriptive***, 4e éd., 2010.
- G. Neuberg, ***TD Mathématiques financières et actuarielles***, 2012.
- F. Poulon, ***TD Économie générale***, 2e éd., 2015.

72255 - (I) - (2,2) - OSB 80° - EPS - JRF

JOUVE
1, rue du Docteur Sauvé, 53100 MAYENNE
N° 2204410C
Dépôt légal : mai 2015

Imprimé en France